本书研究工作得到国家自然科学基金项目（31460270）
和内蒙古自治区自然科学基金项目（2017MS0311）资助

中国蒙古族体质人类学研究

李咏兰　郑连斌　著

科学出版社

北　京

内 容 简 介

蒙古族是对世界历史进程产生过重要影响的民族。本书研究了我国蒙古族17个族群的头面部形态特点，报道了当代我国蒙古族身高、体重现状，探讨了我国蒙古族在高度、长度、围度、皮褶厚度、身体比例、体型、身体密度、身体质量指数、体脂率、身体肥胖指数、身体组成成分等方面的特征，给出了我国蒙古族总计资料的主要指标、指数值，分析了主要体质指标、指数与经度、纬度、年平均温度、年龄之间的相关关系。本书还对我国内蒙古自治区蒙古族9个族群的不对称行为特征、舌运动类型，以及头面部、与手足有关表型进行了遗传学分析。书中配有研究团队开展研究工作的照片。本书是第一部对中国蒙古族体质进行多族群、大样本研究的指标众多、内容全面的科学专著。

本书适合生物学、体质人类学、民族学、医学、卫生学、体育科学、民族生态学、人类遗传学、社会学、考古学、文化人类学等学科的学生、研究人员使用，也可供对蒙古族体质特征感兴趣的人阅读。

审图号：GS（2018）4432号

图书在版编目（CIP）数据

中国蒙古族体质人类学研究/李咏兰，郑连斌著. —北京：科学出版社，2018.12
ISBN 978-7-03-057811-2

Ⅰ.①中… Ⅱ.①李… ②郑… Ⅲ.①蒙古族–体质人类学–研究–中国 Ⅳ.①Q983

中国版本图书馆CIP数据核字(2018)第116450号

责任编辑：李 迪 / 责任校对：严 娜
责任印制：吴兆东 / 封面设计：北京图阅盛世文化传媒有限公司

科学出版社 出版
北京东黄城根北街16号
邮政编码：100717
http://www.sciencep.com

北京虎彩文化传播有限公司 印刷
科学出版社发行 各地新华书店经销

*

2018年12月第 一 版　开本：787×1092　1/16
2018年12月第一次印刷　印张：22 1/2
字数：530 000

定价：180.00元

（如有印装质量问题，我社负责调换）

前　　言

　　蒙古人在你心目中体格、长相是什么样的呢？估计很多人会说蒙古人很壮实，很剽悍。至于长相，多数人可能认为蒙古人脸盘大。我也问过一些蒙古族朋友，什么样的长相最"蒙古"？有人会说很多蒙古人颧骨高、眼睛细窄。他们说的对不对，目前蒙古人身材有多高，体重有多重，体型是什么样，各地的蒙古人体质都一样吗？这就是本书要解决的问题，还是让书中详细的数据来回答吧。

　　蒙古族对世界历史进程产生过很大影响。随着蒙古帝国疆域的扩展，历史上蒙古人的足迹遍布东亚、中亚、西亚、北亚，甚至抵达欧洲。蒙古国的蒙古族大约有265万人（2006年），其中80%是喀尔喀蒙古人。俄罗斯西伯利亚有布里亚特人（约40万人）、卡尔梅克人、杜尔伯特人。另外，分布在阿富汗、伊朗等地的哈扎拉族人（近400万人）是蒙古人和中亚其他民族的混血后代。据2010年第六次全国人口普查，中国蒙古族总数达598万人。中国蒙古族聚居地域辽阔，主要分布在中国北方，从中国的东北、华北，一直分布到西北，主要分布在内蒙古（422万人）、辽宁（65万人）、河北（18万）、新疆（15万人）、吉林（14万人）、黑龙江（12万人）、青海（10万人）。由于历史的原因，河南安阳、四川盐源和木里、云南玉溪等也有蒙古族聚居。

　　现代、当代多数学者认为蒙古人出自东胡一支。东胡是具有同一族源、操有不同方言、各有名号的大小部落的总称。4世纪中叶，居于兴安岭以西（今呼伦贝尔地区）的鲜卑人的一支称为"室韦"。6世纪以后，室韦人分为南室韦、北室韦等5部，各部又分为若干分支。12世纪时，这部分人子孙繁衍，氏族支出，渐分布于今鄂嫩河、克鲁伦河、土拉河三河上源和肯特山以东一带，组成部落集团。其中较著名的有乞颜、札答兰、泰赤乌、弘吉刺、兀良哈等部落。当时还有使用蒙古族语言的塔塔儿部、蔑儿乞部、斡亦剌部。另外，还有三个信奉景教的突厥部落，即占据回鹘汗庭故地周围的克烈部，其西的乃蛮部，以及靠近阴山地区的汪古部。这些部落按其生活方式和发展水平，大致分为"草原游牧民"与"森林狩猎民"两类。1206年，铁木真在斡难河畔举行的忽里勒台上被推举为蒙古大汗，称成吉思汗，统一各个部落，建立了大蒙古国。蒙古汗国的建立，对蒙古族的形成具有重要意义。从此，大漠地区第一次出现了强大、稳定和不断发展的民族——蒙古族，其统辖的漠南、漠北地区的各个部落的居民统称蒙古人。在成吉思汗的带领下，从1219年到1260年，蒙古人先后建立横跨欧亚的窝阔台、察合台、钦察、伊利四大汗国。从成吉思汗到忽必烈，历经70余年征战，确立了地域庞大的蒙古帝国。随着疆域的扩张，蒙古人散及世界，和当地居民发生过一定的基因交流。明王朝建立后，蒙古势力退居草原，史称北元。后期蒙古族分为东西两部：东部蒙古族游牧于漠北和漠南，其首领为元室后裔，被视为蒙古的正统；游牧于漠西的瓦刺部被称为西部蒙古族。15世纪，东西部蒙古族被达延汗重新统一，将东部蒙古族分为喀尔喀、兀良哈、鄂尔多斯、土默特、察哈尔、喀刺沁（永谢布）6部。明末清初。蒙古族处于分裂割据状态，以大漠为界，分为漠南蒙古、漠北（喀尔喀）蒙古、漠西（厄鲁特）蒙古三部分。清朝建立后，朝廷为了扫除后方的威胁，大举用兵，花了一个半世纪的时间统一了蒙古族各部，实施盟旗制度。由于游牧生活方式和盟旗制度的建立，蒙古族内部形成了相对独立的部落。

中国蒙古族是由诸多部落组成的民族共同体。各部落相对隔离、居住分散，族源、生活环境、习俗均不完全一致，不同部落的体质特征也有一定的差异。早在20世纪三四十年代，就有日本学者对蒙古族体质进行过测量。自20世纪80年代开始，郑连斌等在呼和浩特市开展了包括蒙古族在内的民族人类群体遗传学数据调查，90年代初又在兴安盟开展了蒙古族、汉族、朝鲜族遗传学性状调查。1990年朱钦研究了蒙古族学生的发育情况，1991年率领研究组开展了乌拉特部（男为208例，女为196例）的体质测量工作。1993年王静兰等报道了新疆巴音布鲁克草原蒙古族土尔扈特部的体质数据。1994年艾琼华和赵建新报道了伊犁地区蒙古族的体质数据。1994年卫生部、国家统计局、国家民族事务委员会主持的"中国少数民族人口健康素质抽样调查"项目在全国实施。1995年朱钦率领调查组在内蒙古自治区测量了科尔沁部（男为200例，女为200例）、锡林郭勒蒙古族（男为190例，女为200例）的体质数据。1996年国家自然科学基金项目"内蒙古7个民族18项指标的人类群体遗传学研究"（39660032）获批。1997~2000年郑连斌、陆舜华、李咏兰、栗淑媛、王双喜带领研究组在内蒙古自治区各个盟、市完成了18个人群的群体遗传学指标调查工作，其中包括蒙古族9个族群（3914例）的数据。1998年吕泉报道了赤峰蒙古族（男为303例，女为298例）的体质数据。2001年国家自然科学基金项目"中国11个少数民族体质特征的人类学研究"（30170482）获批。2005年郑连斌率领研究组赴云南省通海县测量蒙古族（男为202例，女为237例）的体质。2005年国家自然科学基金项目"中国僜人、克木人等6个人群的体质人类学研究"（30570978）获批。2007年郑连斌率领研究组完成了布里亚特部（男为152例，女为158例）的体质数据采集工作。2013年，内蒙古自然科学基金项目"巴尔虎等4个蒙古族族群的体质人类学和群体遗传学研究"（2013MS0518）获批。2013年李咏兰率领研究组赴呼伦贝尔草原完成了巴尔虎部（男为196例，女为204例）的人体数据测量工作，又赴鄂托克草原完成鄂尔多斯部（男为142例，女为194例）的体质测量工作。2015年国家自然科学基金项目"中国北方蒙古族10个族群的体质人类学研究与精细遗传结构分析"（31460270）获批。2015年李咏兰率领研究组赴额济纳旗开展了额济纳土尔扈特部（男为84例，女为112例）的人体测量工作。2016年7月李咏兰率领研究组来到青海省海西州德令哈市开展了青海和硕特部（男为166例，女为195例）的体质数据测量工作。2016年8月李咏兰率领研究组完成了黑龙江省杜尔伯特部（男为85例，女为154例）、吉林省郭尔罗斯部（男为177例，女为224例）、辽宁省阜新蒙古族（男为158例，女为246例）和喀左县蒙古族（男为136例，女为272例）的人体测量工作。2017年8~9月李咏兰率领研究组完成了新疆察哈尔部（男为217例，女为226例）、新疆土尔扈特部（男为112例，女为127例）的人体测量工作。2017年9月李咏兰率领研究组完成了阿拉善和硕特部（男为89例，女为144例）的体质数据测量工作。这样我们基本掌握了中国蒙古族主要族群的体质数据，研究的蒙古族样本量共10 118例（体质测量男性2817例，女性3387例，经典遗传学指标调查3914例），中国蒙古族17个族群分布见图1。多年来，国家自然科学基金的多次资助，保证了蒙古族体质人类学研究工作的持续开展和顺利完成。

图 1　中国蒙古族 17 个族群分布

阜新蒙古族（在阜新市测量的蒙古族）包括土默特部、兀良哈部、察哈尔部等；喀左县蒙古族（在喀喇沁左翼蒙古族自治县测量的蒙古族）包括喀喇沁部、兀良哈部；赤峰蒙古族（在赤峰市测量的蒙古族）包括翁牛特部、巴林部；锡林郭勒蒙古族（在锡林郭勒盟测量的蒙古族）包括阿巴嘎部、察哈尔部；云南蒙古族（在云南省测量的蒙古族）为蒙古族多部落的混合人群；土尔扈特部测量地点为新疆维吾尔自治区精河县、内蒙古自治区额济纳旗；和硕特部测量地点为内蒙古自治区阿拉善盟、青海省德令哈市

在体质测量工作中，遵循知情同意原则，采用随机取样方法确定测量对象。被测者均为身体无残疾、世居当地三代以上的蒙古族。测量时严格按照《人体测量方法》和《人

体测量手册》的规定进行操作，并严格执行学术界对人体测量的质量控制要求。

测量蒙古族体质数据存在一定的难度。例如，研究者都是教师，学校有繁重的教学任务，测量多在暑假和 9 月初进行，这个季节往往正值牧人都在草原上的夏营地放牧，被测者分散，无法集中，测量难度很大。即使是以农业为主的东北三省蒙古族，夏季也正是农忙的时候，寻找可以测量的样本很困难。当地各级政府、民族事务管理部门给予了大力的支持，否则完成这样多族群、大样本的民族体质测量工作是很困难的。在此，对帮助过我们的各位朋友表示深深的感谢！对所有参加这项工作的被测者表示衷心的感谢！

本书研究的蒙古族 17 个族群按照聚居地可以分为东北三省蒙古族、内蒙古蒙古族、西部蒙古族、云南蒙古族。阿拉善和硕特部、额济纳土尔扈特部聚居地归属内蒙古，这两个族群都源于新疆的卫拉特蒙古族，分别和青海和硕特的科尔沁部、新疆的土尔扈特部同出一源，而且内蒙古西部的阿拉善地区属于中国的西部地区，鉴于此，在统计时把这两个族群作为西部蒙古族的支系族群。中国南方蒙古族人数较少，选择云南蒙古族作为南方蒙古族的代表，与北方蒙古族体质进行对比。研究显示，离开北方草原 700 多年的云南蒙古族体质已经发生了变化。科尔沁部、赤峰蒙古族、锡林郭勒蒙古族、乌拉特部原始测量数据散佚，目前只能见到经统计已经发表的资料。因此，共有 13 个族群的原始数据保留，可以进行分年龄组统计。由于蒙古族各族群的研究工作是在不同时期开展的，各个项目的研究指标并不完全一致，早期的研究项目包含的指标数量少，近期的项目包含的指标数量多，因此书中有些章节给出的是 17 个族群的统计结果，有些章节给出的是 13 个族群的统计结果。身体组成成分是中国近年才兴起的新的研究方向，我们研究组紧跟体质人类学中这一学术动态，在进行东北三省 4 个蒙古族族群和西部蒙古族 4 个族群的体质测量时增加了身体组成成分的内容，并且把这部分内容作为第十五章奉献给读者。

本书共分 17 章。前 4 章分别简述东北三省蒙古族、内蒙古蒙古族、西部蒙古族、云南蒙古族的族源，给出主要的体质数据，对其体质特征予以简要总结。第五至七章研究蒙古族的头面部特征，从测量指标、观察指标、头面部指数三个方面进行详细的分析。由于身高、体重是最重要的体质指标，也是大家最为关心的体质问题，因此单独把蒙古族的身高、体重作为第八章的研究内容。而体部特征、体部指数、围度、皮褶厚度分别作为第九至十二章的研究内容。人的体型无疑是体质研究的重要方面。我们采用 Heath-Carter 体型测量法研究了蒙古族的体型，以此作为第十三章。体型与超重、肥胖是互相关联的，肥胖是困扰多数中老年人的重要问题，因此专门对蒙古族的超重、肥胖问题进行了研究，作为第十四章。第十五章是本书的特色内容之一，介绍了蒙古族 8 个族群的身体组成成分，给出了蒙古族肌肉量、体脂率、推定骨量、水分率、内脏脂肪等级、四肢脂肪率、四肢肌肉量、躯干脂肪率、躯干肌肉量的具体数据，并进行了身体组成成分与经度、纬度、年平均温度、年龄的相关分析。第十六章也是本书的特色内容之一，专门介绍了内蒙古蒙古族 9 个族群的不对称行为特征、舌运动类型，以及与头面部和手足有关的经典遗传学指标的研究结果。第十七章介绍了蒙古族总计资料的主要指标、指数值。书中配有研究组开展研究工作的照片，给大家一些感性的认识，也是我们对这终生难忘的岁月的一点回忆和纪念。

参加本书原始数据采集的人员有李咏兰、郑连斌、陆舜华、朱钦、刘文忠、李志军、张静、泰格勒扎布、张兴来、阎桂彬、刘东海、崔成立、王树勋、齐连枝、乌云达赖、王宏斌、红胜、清格勒、吕泉、袁生华、代素娥、才宝华、栗淑媛、王双喜、刘燕、韩在柱、旺庆、额尔敦图、于会新、刘海萍、董其格其、刘海燕、谢宾、沈向阳、张君瑞、倪晓璐、李鹏飞、冯晨露、巴德日胡、董文静、任佳易、胡慧媛、杜慧敏、王雅轩、廉伟、刘慧霞、李永山、包金萍、刘璐、王迪、谢彦明、王佳丽、王子善、李永花、赵险飞、杨兴鑫、严明亮。一些研究生参与录入数据、统计数据工作。王迪、杨兴鑫、严明亮、王丹、靳晓红、何紫薇、吴超、魏榆、贾亚兰、王文佳、杜慧敏、王雅萱、张洪明、李珊、孙思凡、珠娜参与了书稿校对工作。在此，对他们的辛勤劳动表示感谢。

李咏兰撰写本书的第一章、第二章、第三章、第四章、第八章、第九章、第十章、第十三章、第十五章、第十六章、第十七章。郑连斌撰写本书的第五章、第六章、第七章、第十一章、第十二章、第十四章。特别应该指出的是，内蒙古师范大学生命科学与技术学院的研究生张君瑞、廉伟、刘璐、王迪、严明亮、杨兴鑫在蒙古族的体质测量、数据录入、校对与统计、表格和图的制作等方面做了很多工作，本书的研究内容是他们硕士学位论文的一部分。

鉴于作者水平有限，书中不足之处在所难免，恳请同行和读者批评指正。

李咏兰
2018年3月于呼和浩特

目 录

第一章 东北三省蒙古族的体质特征 1
第一节 杜尔伯特部 1
一、杜尔伯特部简介 1
二、杜尔伯特部的体质数据 2
三、杜尔伯特部的体质特征 4
第二节 郭尔罗斯部 5
一、郭尔罗斯部简介 5
二、郭尔罗斯部的体质数据 7
三、郭尔罗斯部的体质特征 10
第三节 阜新蒙古族 11
一、阜新蒙古族简介 11
二、阜新蒙古族的体质数据 12
三、阜新蒙古族的体质特征 15
第四节 喀左县蒙古族 15
一、喀左县蒙古族简介 15
二、喀左县蒙古族的体质数据 16
三、喀左县蒙古族的体质特征 19
第五节 东北三省蒙古族 20
一、东北三省蒙古族的体质数据 20
二、东北三省蒙古族的体质特征分析 20
参考文献 23

第二章 内蒙古蒙古族的体质特征 24
第一节 巴尔虎部 24
一、巴尔虎部简介 24
二、巴尔虎部的体质数据 25
三、巴尔虎部的体质特征 28
第二节 布里亚特部 30
一、布里亚特部简介 30
二、布里亚特部的体质数据 31
三、布里亚特部的体质特征 34
第三节 科尔沁部 36
一、科尔沁部简介 36
二、科尔沁部的体质数据 37

    三、科尔沁部的体质特征 37
  第四节　赤峰蒙古族 39
    一、赤峰蒙古族简介 39
    二、赤峰蒙古族的体质数据 40
    三、赤峰蒙古族的体质特征 41
  第五节　锡林郭勒蒙古族 41
    一、锡林郭勒蒙古族简介 41
    二、锡林郭勒蒙古族的体质数据 42
    三、锡林郭勒蒙古族的体质特征 43
  第六节　乌拉特部 43
    一、乌拉特部简介 43
    二、乌拉特部的体质数据 44
    三、乌拉特部的体质特征 45
  第七节　鄂尔多斯部 46
    一、鄂尔多斯部简介 46
    二、鄂尔多斯部的体质数据 46
    三、鄂尔多斯部的体质特征 49
  第八节　内蒙古蒙古族 50
    一、内蒙古蒙古族的体质数据 50
    二、内蒙古蒙古族的体质特征分析 52
  参考文献 52
第三章　西部蒙古族的体质特征 55
  第一节　阿拉善和硕特部 55
    一、阿拉善和硕特部简介 55
    二、阿拉善和硕特部的体质数据 56
    三、阿拉善和硕特部的体质特征 59
  第二节　额济纳土尔扈特部 60
    一、额济纳土尔扈特部简介 60
    二、额济纳土尔扈特部的体质数据 61
    三、额济纳土尔扈特部的体质特征 61
  第三节　青海和硕特部 65
    一、青海和硕特部简介 65
    二、青海和硕特部的体质数据 66
    三、青海和硕特部的体质特征 70
  第四节　新疆察哈尔部 71
    一、新疆察哈尔部简介 71
    二、新疆察哈尔部的体质数据 72
    三、新疆察哈尔部的体质特征 76
  第五节　新疆土尔扈特部 76

一、新疆土尔扈特部简介 76
　　二、新疆土尔扈特部的体质数据 78
　　三、新疆土尔扈特部的体质特征 81
　第六节　西部蒙古族 82
　　一、西部蒙古族的体质数据 82
　　二、西部蒙古族的体质特征分析 84
　参考文献 85

第四章　云南蒙古族的体质特征 87
　　一、云南蒙古族简介 87
　　二、云南蒙古族的体质数据 87
　　三、云南蒙古族的体质特征分析 89
　参考文献 91

第五章　中国蒙古族头面部的测量指标 92
　第一节　中国蒙古族各个族群头面部测量指标 92
　　一、中国蒙古族各个族群头面部测量指标的均数 92
　　二、中国蒙古族17个族群与北方汉族头面部测量指标均数的多元分析 95
　第二节　中国蒙古族头面部测量指标 100
　　一、中国蒙古族头面部测量指标的均数 100
　　二、中国蒙古族头面部测量指标与经度、纬度、年平均温度、年龄的相关分析 101
　参考文献 103

第六章　中国蒙古族头面部的观察指标 105
　第一节　中国蒙古族各个族群头面部观察指标的出现率 105
　　一、东北三省蒙古族头面部观察指标的出现率 105
　　二、内蒙古蒙古族头面部观察指标的出现率 110
　　三、西部蒙古族头面部观察指标的出现率 115
　　四、云南蒙古族头面部观察指标的出现率 120
　　五、4个地区蒙古族头面部观察指标的出现率 121
　第二节　中国蒙古族头面部观察指标的平均级 122
　第三节　中国蒙古族10个族群头面部观察指标出现率的多元分析 124
　第四节　蒙古族等11个少数民族头面部观察指标出现率的多元分析 126
　参考文献 127

第七章　中国蒙古族的头面部指数 128
　第一节　中国蒙古族头面部指数的均数 128
　　一、男性头面部指数的均数 128
　　二、女性头面部指数的均数 129
　　三、性别间、各年龄组间头面部指数值比较 131
　　四、头面部指数值的主成分分析 132
　第二节　中国蒙古族头面部指数的分型 133

一、东北三省蒙古族头面部指数的分型……133
　　　二、内蒙古蒙古族头面部指数的分型……136
　　　三、西部蒙古族头面部指数的分型……139
　　　四、云南蒙古族头面部指数的分型……141
　　　五、中国蒙古族头面部指数的分型分析……142
　　第三节　中国蒙古族头面部指数与经度、纬度、年平均温度、年龄的相关分析……142
　　　一、男性头面部指数与经度、纬度、年平均温度、年龄的相关分析……142
　　　二、女性头面部指数与经度、纬度、年平均温度、年龄的相关分析……143
　　第四节　中国蒙古族与其他少数民族头的面部指数……144
　　　一、中国蒙古族与其他少数民族头面部指数的均数……144
　　　二、中国蒙古族与其他少数民族头面部指数均数的主成分分析……145
　　参考文献……146

第八章　中国蒙古族的身高、体重……147
　　第一节　中国蒙古族的身高……147
　　　一、中国蒙古族各个族群的身高……147
　　　二、中国蒙古族不同年龄组之间的身高排序……149
　　　三、38年间中国蒙古族身高的变化……150
　　　四、4个地区蒙古族身高的比较……151
　　　五、中国蒙古族身高分型……151
　　　六、影响中国蒙古族身高的形态学因素……154
　　第二节　中国蒙古族的体重……155
　　　一、中国蒙古族各个族群的体重……155
　　　二、4个地区蒙古族体重的比较……156
　　　三、脂肪质量与去脂质量……157
　　　四、中国蒙古族体重与经度、纬度、年平均温度、年龄的相关分析……161
　　　五、影响中国蒙古族体重的形态学指标……162
　　第三节　中国蒙古族的身体比例……163
　　　一、中国蒙古族13个族群与身体比例有关的指标、指数……163
　　　二、中国蒙古族身体比例的指标、指数与经度、纬度、年平均温度、年龄的相关分析……168
　　参考文献……169

第九章　中国蒙古族的体部特征……171
　　第一节　中国蒙古族13个族群体部主要指标的均数……171
　　第二节　中国蒙古族13个族群的肱骨内外上髁间径、股骨内外上髁间径……173
　　　一、中国蒙古族13个族群肱骨内外上髁间径、股骨内外上髁间径的均数……173
　　　二、中国蒙古族三个年龄组肱骨内外上髁间径、股骨内外上髁间径的均数……174
　　第三节　中国蒙古族13个族群体部指标均数的多元分析……175
　　　一、中国蒙古族体部指标均数的主成分分析……175
　　　二、中国蒙古族体部指标均数的聚类分析……178

		第四节 中国蒙古族的体部特征分析	179
	参考文献		181
第十章	中国蒙古族的体部指数		183
	第一节	中国蒙古族17个族群的体部指数	183
		一、中国蒙古族17个族群体部指数的均数	183
		二、中国蒙古族17个族群体部指数均数的主成分分析	186
	第二节	中国蒙古族各个族群各年龄组体部指数的均数	187
		一、中国蒙古族合计资料各年龄组体部指数的均数	187
		二、中国蒙古族各年龄组之间体部指数值的方差分析	188
	第三节	中国蒙古族体部指数的分型	188
		一、东北三省蒙古族男性体部指数的分型	188
		二、内蒙古蒙古族体部指数的分型	190
		三、西部蒙古族男性体部指数的分型	191
		四、云南蒙古族体部指数的分型	193
		五、中国蒙古族体部指数的分型	194
	第四节	中国蒙古族体部指数与经度、纬度、年平均温度、年龄的相关分析	195
		一、男性体部指数与经度、纬度、年平均温度、年龄的相关分析	195
		二、女性体部指数与经度、纬度、年平均温度、年龄的相关分析	196
	第五节	中国蒙古族与其他族群的体部指数	197
		一、中国26个族群6项体部指数的均数	197
		二、中国26个族群体部指数均数的主成分分析	198
	参考文献		199
第十一章	中国蒙古族的围度		201
	第一节	中国蒙古族9项围度值	201
		一、中国蒙古族13个族群男性9项围度值	201
		二、中国蒙古族13个族群女性9项围度值	202
		三、中国蒙古族各个族群间9项围度值的方差分析	203
	第二节	中国蒙古族族群间围度值的主成分分析	203
		一、男性围度值的主成分分析	203
		二、女性围度值的主成分分析	205
		三、中国蒙古族不同年龄组围度均数的比较	205
	第三节	中国蒙古族围度指标与经度、纬度、年平均温度、年龄的相关分析	206
	第四节	中国蒙古族与其他民族围度值的比较	207
		一、中国蒙古族与汉族围度值的比较	207
		二、中国蒙古族与其他少数民族围度值的比较	208
	参考文献		209
第十二章	中国蒙古族的皮褶厚度		210
	第一节	中国蒙古族各个族群皮褶厚度的均数	210
		一、各个族群男性皮褶厚度的均数	210

二、各个族群女性皮褶厚度的均数 212
　　　三、中国蒙古族13个族群皮褶厚度均数的主成分分析 213
　　　四、中国蒙古族的皮褶厚度分析 214
　第二节　中国蒙古族皮褶厚度指标与经度、纬度、年平均温度、年龄的相关
　　　　　分析 215
　　　一、男性皮褶厚度指标与经度、纬度、年平均温度、年龄的相关分析 215
　　　二、女性皮褶厚度指标与经度、纬度、年平均温度、年龄的相关分析 216
　第三节　中国蒙古族与其他民族皮褶厚度值的比较 217
　参考文献 218

第十三章　中国蒙古族的体型 219
　第一节　Heath-Carter体型测量法 219
　　　一、Heath-Carter体型测量法简介 219
　　　二、Heath-Carter体型研究方法 219
　第二节　东北三省蒙古族的体型 220
　　　一、东北三省蒙古族体型3个因子的均数 220
　　　二、东北三省蒙古族13种体型的分布 220
　　　三、东北三省蒙古族的体型图 221
　第三节　内蒙古蒙古族的体型 222
　　　一、内蒙古蒙古族体型3个因子的均数 222
　　　二、内蒙古蒙古族13种体型的分布 222
　　　三、内蒙古蒙古族的体型图 223
　第四节　西部蒙古族的体型 223
　　　一、西部蒙古族体型3个因子的均数 223
　　　二、西部蒙古族13种体型的分布 225
　　　三、西部蒙古族的体型图 225
　第五节　云南蒙古族的体型 226
　　　一、云南蒙古族体型3个因子的均数 226
　　　二、云南蒙古族13种体型的分布 226
　　　三、云南蒙古族的体型图 227
　第六节　中国蒙古族的体型分析 228
　　　一、中国蒙古族体型10项指标的均数 228
　　　二、中国蒙古族体型的现状 231
　第七节　中国蒙古族与其他族群体型的比较 238
　参考文献 240

第十四章　中国蒙古族的超重与肥胖 242
　第一节　中国蒙古族的身体密度 242
　　　一、中国蒙古族13个族群的身体密度 242
　　　二、中国蒙古族身体密度与经度、纬度、年平均温度、年龄的相关分析 243
　第二节　中国蒙古族的身体质量指数 244

一、中国蒙古族 13 个族群身体质量指数的均数 245
　　二、4 个地区蒙古族身体质量指数的均数 246
　　三、中国蒙古族 13 个族群超重、肥胖率 247
　　四、4 个地区蒙古族超重、肥胖率 247
　　五、中国蒙古族身体质量指数与经度、纬度、年平均温度、年龄的相关
　　　　分析 248
第三节　中国蒙古族的体脂率 249
　　一、体脂率的计算方法 249
　　二、中国蒙古族 13 个族群体脂率的均数 249
　　三、4 个地区蒙古族体脂率的均数 250
　　四、中国蒙古族体脂率与经度、纬度、年平均温度、年龄的相关分析 ... 251
第四节　中国蒙古族的身体肥胖指数 252
　　一、身体肥胖指数的提出 252
　　二、中国蒙古族 13 个族群的身体肥胖指数 253
　　三、4 个地区蒙古族身体肥胖指数的均数 253
　　四、4 个地区蒙古族身体肥胖指数的分级 254
　　五、中国蒙古族身体肥胖指数与血压、心率的相关分析 254
第五节　中国蒙古族的脂肪质量指数与去脂质量指数 255
　　一、脂肪质量指数与去脂质量指数 255
　　二、中国蒙古族脂肪质量指数、去脂质量指数的均数 256
　　三、4 个地区蒙古族脂肪质量指数、去脂质量指数的均数 258
　　四、中国蒙古族脂肪质量指数、去脂质量指数与经度、纬度、年平均温度、
　　　　年龄的相关分析 259
参考文献 259

第十五章　中国蒙古族的身体组成成分 263
　第一节　中国蒙古族 8 个族群不同年龄组的身体组成成分 264
　　一、男性的身体组成成分 264
　　二、女性的身体组成成分 269
　　三、东北三省蒙古族与西部蒙古族的身体组成成分 273
　　四、中国蒙古族的身体组成成分分析 277
　第二节　中国蒙古族族群间、性别间、年龄组间身体组成成分的比较 279
　　一、中国蒙古族各个族群之间身体组成成分指标的方差分析 279
　　二、中国蒙古族身体组成成分的性别间差异 279
　　三、中国蒙古族三个年龄组之间身体组成成分指标的方差分析 281
　第三节　中国蒙古族体成分指标与经度、纬度、年平均温度、年龄的相关分析 ... 281
　第四节　中国蒙古族 8 个族群身体组成成分指标的多元分析 283
　　一、中国蒙古族 8 个族群身体组成成分指标的均数 283
　　二、中国蒙古族 8 个族群身体组成成分均数的主成分分析 284
　　三、中国蒙古族 8 个族群身体组成成分均数的聚类分析 285

第五节　中国蒙古族等少数民族身体组成成分指标均数的主成分分析 286
　　一、男性身体组成成分指标均数的主成分分析 286
　　二、女性身体组成成分指标均数的主成分分析 287
参考文献 289

第十六章　中国蒙古族的经典遗传学指标研究 290
第一节　内蒙古蒙古族7项不对称行为特征的研究 290
　　一、不对称行为特征的研究概况 291
　　二、内蒙古18个族群7项不对称行为特征的聚类分析和主成分分析 293
第二节　内蒙古蒙古族舌运动类型的研究 297
　　一、舌运动类型的研究简介 297
　　二、内蒙古18个族群舌运动类型的出现率 298
　　三、内蒙古18个族群舌运动类型的多元分析 299
第三节　内蒙古蒙古族13项遗传指标的聚类分析与主成分分析 302
　　一、内蒙古蒙古族13项遗传指标的研究方法 302
　　二、内蒙古18个族群13项遗传指标的出现率 303
参考文献 307

第十七章　中国蒙古族体质特征 311
第一节　中国蒙古族体质数据 311
　　一、中国蒙古族头面部测量指标的均数 311
　　二、中国蒙古族体部指标的均数 311
　　三、中国蒙古族头面部观察指标的平均级 314
　　四、中国蒙古族头面部、体部指数的均数 315
　　五、中国蒙古族体脂发育指标、指数的均数 317
　　六、中国蒙古族的血压与心率 318
　　七、中国蒙古族和汉族体质指标、指数的比较 318
第二节　中国蒙古族体质指标与经度、纬度、年平均温度、年龄相关分析 319
　　一、中国蒙古族头面部测量指标与经度、纬度、年平均温度、年龄的相关分析 320
　　二、中国蒙古族体部指标与经度、纬度、年平均温度、年龄的相关分析 322
　　三、中国蒙古族头面部观察指标与经度、纬度、年平均温度、年龄的相关分析 325
　　四、中国蒙古族体质指数与经度、纬度、年平均温度、年龄的相关分析 328
　　五、中国蒙古族血压、心率与经度、纬度、年平均温度、年龄的相关分析 331
　　六、中国蒙古族体脂发育指标、指数与经度、纬度、年平均温度、年龄的相关分析 331
第三节　中国蒙古族各个族群之间体质指标的方差分析 332
　　一、中国蒙古族各个族群头面部测量指标的方差分析 332
　　二、中国蒙古族各个族群体部指标的方差分析 333

三、中国蒙古族各个族群头面部观察指标平均级的方差分析··················334
　　四、中国蒙古族各个族群体质指数的方差分析··················334
　　五、中国蒙古族各个族群体脂发育指标、指数的方差分析··················335
第四节　中国蒙古族年龄组间体质数据的方差分析··················336
　　一、中国蒙古族三个年龄组测量指标的方差分析··················336
　　二、中国蒙古族三个年龄组头面部观察指标分级的方差分析··················337
　　三、中国蒙古族三个年龄组体质指数的方差分析··················338
　　四、中国蒙古族三个年龄组体脂发育指标、指数的方差分析··················338
参考文献··················339

第一章　东北三省蒙古族的体质特征

东北三省地域辽阔，北至黑龙江，西依大兴安岭，东傍乌苏里江、图们江、鸭绿江，南临渤海、黄海，广袤的东北平原上生活着汉族、满族、蒙古族等众多民族。东北三省是除内蒙古自治区以外的中国蒙古族人数最多的地区。东北三省蒙古族多聚居于东北平原东部毗邻内蒙古自治区的地区，随着时间的流淌，东北三省蒙古族各个族群由游牧民族逐渐转变为半农半牧或完全农耕的族群，他们与内蒙古东部蒙古族有着比较密切的联系。

第一节　杜尔伯特部

一、杜尔伯特部简介

10世纪末叶，成吉思汗（铁木真）第十一世祖朵奔篾儿干的哥哥都蛙锁豁儿有4个儿子。在都蛙锁豁儿去世后，4个儿子离开斡难河（今蒙古国鄂嫩河）东移，回到蒙古族的发源地呼伦贝尔，称朵儿边氏。朵儿边又称杜尔伯特，杜尔伯特在蒙古语中意为"四"。12世纪，杜尔伯特部逐渐东移到嫩江、通肯河一带。

1547年（嘉靖二十六年），北元第十七任大汗卜赤汗卒后，其子达赉孙库登继汗位，为了躲避蒙古右翼势力的要挟，库登汗率部东迁。此时，驻牧在呼伦贝尔草原的哈撒尔第十四世孙奎蒙克塔斯哈喇为了辅佐库登汗，遂从呼伦贝尔草原徙牧于大兴安岭以东地区，开始称自己的部落为嫩（诺恩）科尔沁部。当时杜尔伯特部放牧于嫩江中游左畔之地，与扎赉特部隔江相望。1648年（顺治五年），设杜尔伯特旗，隶属哲里木盟（现通辽市）[1-3]。2016年8月研究组来到黑龙江省杜尔伯特蒙古族自治县巴彦查干乡，开展了杜尔伯特部的体质测量工作，共测量蒙古族239例（男性85例，女性154例）。测量地点的地理坐标为北纬46°51′、东经124°26′，年平均温度为4.0℃。将测量资料分为20～44岁组、45～59岁组、60～80岁组三个年龄组统计数据，三个年龄组样本量男性分别为24例、27例、34例，女性分别为22例、71例、61例。

初到黑龙江省杜尔伯特蒙古族自治县巴彦查干乡　　　测量杜尔伯特部妇女血压

二、杜尔伯特部的体质数据

杜尔伯特部头面部测量指标均数见表1-1，体部指标均数见表1-2，头面部观察指标平均级见表1-3，体质指数均数见表1-4，血压、心率均数见表1-5，体型数据见表1-6。

表1-1　杜尔伯特部头面部测量指标均数（mm，Mean±SD）

指标	男性 20~44岁组	男性 45~59岁组	男性 60~80岁组	男性 合计	女性 20~44岁组	女性 45~59岁组	女性 60~80岁组	女性 合计	u
头长	184.5±5.8	182.9±7.2	180.7±5.6	182.5±6.3	172.6±6.5	172.5±5.9	174.3±5.4	173.3±5.9	11.05**
头宽	160.8±6.1	158.0±5.9	155.6±5.5	157.8±6.1	151.2±3.9	148.7±5.3	148.6±4.9	149.1±5.0	11.23**
额最小宽	107.1±3.9	105.6±4.8	104.1±4.1	105.4±4.4	104.4±2.7	103.5±3.4	102.4±3.6	103.2±3.4	4.00**
面宽	146.2±5.5	144.4±6.5	141.3±4.8	143.7±5.9	135.8±3.6	135.0±4.7	133.9±4.3	134.7±4.5	12.24**
下颌角间宽	113.3±7.9	111.7±6.6	108.7±6.9	110.9±7.3	105.0±3.6	104.7±4.2	103.9±5.2	104.4±4.5	7.46**
眼内角间宽	34.8±3.2	33.1±2.5	33.1±2.1	33.6±2.6	33.5±2.4	32.4±2.2	32.3±2.6	32.5±2.4	3.22**
眼外角间宽	93.4±5.1	91.4±4.4	89.3±4.2	91.1±4.8	89.6±2.9	86.4±4.5	85.8±4.5	86.6±4.5	7.09**
鼻宽	38.3±2.3	39.1±3.0	39.5±3.1	39.0±2.9	34.8±1.9	35.1±2.4	36.1±3.3	35.5±2.8	9.04**
口宽	50.3±2.7	52.1±4.5	51.1±4.0	51.2±3.9	45.0±3.7	47.1±3.2	47.4±3.8	46.9±3.5	8.46**
容貌面高	193.8±9.1	191.8±10.0	194.3±7.6	193.4±8.8	188.9±6.3	185.1±7.8	182.3±7.3	184.5±7.7	7.82**
形态面高	122.0±8.4	120.6±7.5	122.2±7.4	121.6±7.6	113.3±6.1	112.8±5.6	114.2±5.8	113.4±5.7	8.69**
鼻高	49.6±4.4	50.1±4.0	52.4±3.7	50.9±4.1	46.1±2.9	46.3±3.4	47.6±2.8	46.8±3.1	8.04**
鼻长	43.6±4.5	43.4±3.9	45.5±4.0	44.3±4.2	40.1±2.7	39.9±3.4	40.4±2.7	40.1±3.1	8.08**
上唇皮肤部高	17.5±2.6	18.2±2.4	20.1±2.4	18.8±2.7	15.9±2.1	17.0±2.7	18.2±2.5	17.3±2.6	4.17**
唇高	17.1±4.8	15.0±3.1	12.7±4.1	14.7±4.4	17.5±3.6	15.0±3.5	13.8±3.2	14.8±3.6	0.18
红唇厚度	8.5±2.0	6.5±1.6	5.9±1.8	6.8±2.1	7.9±1.4	7.1±1.7	6.4±1.6	6.9±1.7	0.38
容貌耳长	64.5±6.1	66.0±5.4	65.9±5.1	65.5±5.5	58.2±5.7	59.4±4.5	62.3±4.0	60.4±4.8	7.17**
容貌耳宽	34.2±4.3	35.6±3.4	35.7±3.2	35.2±3.6	31.7±2.5	33.1±2.1	34.3±2.5	33.4±2.4	4.13**
耳上头高	139.6±10.3	132.9±11.2	130.7±11.8	133.9±11.7	133.0±10.9	128.5±10.0	128.3±10.1	129.1±10.2	3.17**

注：u为性别间u检验值，**表示P<0.01，差异具有统计学意义

表1-2　杜尔伯特部体部指标均数（mm，Mean±SD）

指标	男性 20~44岁组	男性 45~59岁组	男性 60~80岁组	男性 合计	女性 20~44岁组	女性 45~59岁组	女性 60~80岁组	女性 合计	u
体重/kg	73.9±14.3	73.8±15.0	67.1±11.4	71.1±13.7	61.5±10.0	63.1±10.0	61.0±10.4	62.1±10.1	5.31**
身高	1695.0±65.7	1676.5±74.7	1629.0±74.4	1662.7±76.9	1588.8±50.5	1545.2±59.3	1533.7±49.4	1546.0±56.1	12.30**
耳屏点高	1555.4±60.6	1543.6±75.6	1498.3±70.7	1528.8±73.4	1455.9±48.3	1416.6±57.6	1405.4±51.5	1416.9±55.2	12.27**
颏下点高	1459.1±60.9	1451.5±67.7	1402.4±67.7	1434.0±70.1	1369.1±53.0	1336.0±65.6	1322.5±51.1	1334.7±59.6	11.04**
肩峰点高	1377.3±61.6	1367.8±67.1	1329.2±66.8	1355.0±68.2	1293.2±45.2	1261.7±53.5	1251.0±44.7	1261.1±49.8	11.16**
胸上缘高	1385.4±57.2	1379.3±67.4	1332.8±63.5	1362.4±66.9	1298.9±41.6	1265.7±52.2	1257.1±48.3	1266.3±50.3	11.56**
桡骨点高	1059.7±47.6	1057.6±59.3	1017.3±53.8	1042.1±57.1	995.4±37.7	967.1±40.0	963.0±34.8	968.8±38.1	10.60**
茎突点高	826.0±41.5	816.5±50.1	779.2±49.6	804.2±51.5	778.3±30.2	747.3±36.0	739.8±38.3	748.8±37.5	8.79**
髂前上棘点高	991.2±49.8	987.4±50.2	961.0±42.9	977.9±48.7	934.5±39.3	906.3±41.5	903.7±34.2	909.1±39.7	11.14**
胫上点高	460.8±29.2	459.7±29.6	450.0±28.7	456.1±29.2	425.9±17.0	422.4±23.0	422.5±21.0	422.8±21.3	9.24**
内踝下点高	57.7±6.8	58.6±6.5	56.2±5.9	57.4±6.4	49.5±3.6	49.3±3.8	49.4±2.9	49.6±3.4	10.45**

续表

指标	男性 20~44岁组	男性 45~59岁组	男性 60~80岁组	男性 合计	女性 20~44岁组	女性 45~59岁组	女性 60~80岁组	女性 合计	u
坐高	911.5±37.2	897.4±36.3	869.4±42.3	890.2±42.6	862.1±25.3	839.6±35.8	827.5±34.1	837.6±35.1	9.71**
肩宽	387.3±20.7	382.4±22.3	370.5±18.1	379.1±21.3	355.1±16.1	354.3±17.1	347.1±15.3	351.5±16.6	10.34**
骨盆宽	281.5±17.1	290.0±18.6	286.1±14.1	286.1±16.6	278.6±12.6	285.2±16.6	285.5±19.2	284.5±17.3	0.70
躯干前高	601.8±32.5	600.2±28.9	573.3±38.9	589.9±36.5	572.1±22.4	560.1±35.6	550.9±32.5	557.9±33.3	6.69**
上肢全长	732.0±41.3	733.8±37.9	730.5±34.0	732.0±37.0	682.7±34.5	681.0±36.8	680.2±27.8	680.7±33.0	10.66**
下肢全长	953.3±45.0	949.6±45.5	928.1±37.9	942.0±43.5	904.5±37.0	878.8±38.1	876.8±31.2	881.8±36.5	10.86**

注：u 为性别间 u 检验值，**表示 P<0.01，差异具有统计学意义

表 1-3　杜尔伯特部头面部观察指标平均级（Mean±SD）

指标	男性 20~44岁组	男性 45~59岁组	男性 60~80岁组	男性 合计	女性 20~44岁组	女性 45~59岁组	女性 60~80岁组	女性 合计	u
前额倾斜度	1.5±0.5	1.5±0.5	1.4±0.5	1.4±0.5	1.9±0.6	1.8±0.4	1.6±0.5	1.7±0.5	4.44**
眉毛发达度	2.0±0.5	1.9±0.6	1.7±0.7	1.9±0.6	1.3±0.5	1.7±0.6	1.5±0.5	1.5±1.0	3.86**
眉弓粗壮度	1.3±0.4	1.2±0.4	1.1±0.2	1.2±0.4	1.0±0.0	1.2±1.4	1.0±0.2	1.1±1.3	0.88
上眼睑皱褶	1.9±1.3	2.0±1.3	1.8±1.4	1.9±1.3	2.2±1.2	2.2±1.1	1.7±1.4	2.0±1.3	0.57
蒙古褶	1.1±1.1	0.6±0.9	0.3±0.8	0.6±1.0	0.8±0.9	0.6±0.8	0.4±0.9	0.6±0.8	0.00
眼裂高度	1.6±0.6	1.5±0.5	1.4±0.6	1.5±0.5	2.0±0.5	1.7±0.6	1.6±0.5	1.7±0.5	2.61**
眼裂倾斜度	2.7±0.5	2.3±0.5	2.3±0.5	2.4±0.5	2.9±0.3	2.5±0.5	2.6±0.5	2.6±0.5	2.96**
鼻根高度	1.8±0.4	1.6±0.6	1.6±0.6	1.7±0.5	1.4±0.5	1.5±0.5	1.3±0.5	1.4±0.5	4.44**
鼻背侧面观	2.1±0.7	2.1±0.3	2.1±0.6	2.1±0.5	1.8±0.4	1.8±0.6	1.9±0.5	1.8±0.5	4.44**
鼻基部	1.6±0.5	1.7±0.5	1.9±0.6	1.7±0.6	1.5±0.5	1.4±0.5	1.3±0.5	1.4±0.7	3.48**
颧部突出度	2.3±0.8	1.8±0.8	1.8±0.9	2.0±0.9	1.4±0.7	1.3±0.5	1.3±0.7	1.3±0.3	6.96**
耳垂类型	2.3±1.0	2.3±1.0	1.9±1.0	2.1±1.0	2.3±0.9	2.1±0.9	2.1±1.0	2.1±0.9	0.00
下颏类型	2.0±0.7	2.3±0.6	1.8±0.4	2.0±0.6	1.9±0.5	2.0±0.5	2.0±0.6	2.0±0.5	0.00

注：u 为性别间 u 检验值，**表示 P<0.01，差异具有统计学意义

表 1-4　杜尔伯特部体质指数均数（Mean±SD）

指标	男性 20~44岁组	男性 45~59岁组	男性 60~80岁组	男性 合计	女性 20~44岁组	女性 45~59岁组	女性 60~80岁组	女性 合计	u
头长宽指数	87.2±2.9	86.5±3.8	86.1±3.7	86.5±3.5	87.7±3.4	86.3±3.8	85.3±3.5	86.1±3.7	0.83
头长高指数	75.7±5.4	72.8±6.4	72.3±6.6	73.4±6.3	77.0±5.8	74.4±5.6	73.7±6.2	74.6±5.9	1.44
头宽高指数	86.9±6.0	84.1±6.0	84.0±6.5	84.8±6.2	88.0±7.4	86.5±6.8	86.4±7.0	86.7±7.0	2.16*
容貌面指数	132.7±7.3	133.0±7.6	137.6±5.8	134.8±7.2	139.1±4.8	137.3±7.2	136.2±6.3	137.1±6.6	2.43*
形态面指数	83.5±6.2	83.6±6.0	86.5±5.2	84.8±5.9	83.4±4.3	83.7±4.4	85.3±4.6	84.3±4.5	0.68
头面宽指数	91.0±3.1	91.4±3.2	90.9±3.4	91.1±3.2	89.9±1.8	90.8±3.2	90.1±2.2	90.4±2.7	1.71
头面高指数	87.8±8.7	91.3±8.8	94.0±8.1	91.4±8.8	85.7±7.6	88.3±7.6	89.4±7.2	88.3±7.5	2.74**
颧额宽指数	73.3±3.3	73.2±2.9	73.7±2.5	73.4±2.9	76.9±1.6	76.7±2.4	76.5±2.6	76.7±2.4	8.94**
鼻指数	77.6±8.1	78.4±7.5	75.6±6.2	77.1±7.2	75.9±6.8	76.2±7.0	76.2±8.8	76.2±7.7	0.90
口指数	34.2±10.0	29.1±6.8	24.9±8.5	28.9±9.2	39.1±9.0	31.9±7.5	29.2±6.5	31.7±7.9	2.37*
容貌耳指数	53.0±4.5	54.1±4.0	54.3±4.8	53.9±4.5	54.9±5.8	56.0±4.5	55.1±4.6	55.6±4.7	2.75**
身高坐高指数	53.8±1.1	53.5±1.0	53.4±1.4	53.5±1.2	54.3±1.1	54.3±1.4	54.0±1.5	54.2±1.4	4.06**

续表

指标	男性 20~44岁组	男性 45~59岁组	男性 60~80岁组	男性 合计	女性 20~44岁组	女性 45~59岁组	女性 60~80岁组	女性 合计	u
身高体重指数	434.8±75.5	438.3±77.4	411.2±61.9	426.5±71.3	386.9±62.0	407.7±58.8	397.1±62.5	401.3±60.4	2.76**
身高胸围指数	57.4±4.3	58.3±4.0	58.6±4.3	58.1±4.2	56.1±5.1	59.3±4.4	59.5±4.6	59.0±4.6	1.53
身高肩宽指数	22.9±1.0	22.8±1.0	22.8±1.2	22.8±1.1	22.4±0.9	22.9±1.0	22.6±0.8	22.7±0.9	0.72
身高骨盆宽指数	16.6±0.8	17.3±1.0	17.2±0.8	17.2±0.9	17.5±0.8	18.5±1.0	18.6±1.2	18.4±1.1	9.10**
肩宽骨盆宽指数	72.7±2.9	75.9±4.5	77.3±4.3	75.6±4.4	78.6±3.9	80.6±4.7	82.3±4.9	81.0±4.8	8.79**
马氏指数	86.0±3.8	86.8±3.5	87.4±5.0	86.8±4.3	84.3±3.9	84.1±4.6	85.5±5.2	84.7±4.8	3.47**
坐高下身长指数	1.2±0.1	1.2±0.0	1.1±0.1	1.2±0.1	1.2±0.1	1.2±0.1	1.2±0.1	1.2±0.1	0.00
身高上肢长指数	43.2±1.6	43.8±1.6	44.9±1.5	44.0±1.7	43.0±1.4	44.1±1.5	44.4±1.7	44.0±1.6	0.00
身高下肢长指数	56.2±1.9	56.7±1.5	57.0±1.6	56.7±1.5	56.9±1.6	56.9±1.6	57.2±1.4	57.0±1.5	1.48
上下肢长指数	76.8±4.0	77.3±3.0	78.7±2.8	77.8±3.3	75.5±2.9	77.5±3.5	77.6±3.5	77.3±3.5	1.10
体质指数	−1.6±19.3	−3.8±18.9	0.5±16.0	−1.5±17.8	8.3±17.4	0.0±14.4	1.1±16.0	1.3±15.4	1.22

注：u 为性别间 u 检验值，*表示 P<0.05，**表示 P<0.01，差异具有统计学意义

表 1-5　杜尔伯特部血压、心率均数（mmHg，Mean±SD）

指标	男性 20~44岁组	男性 45~59岁组	男性 60~80岁组	男性 合计	女性 20~44岁组	女性 45~59岁组	女性 60~80岁组	女性 合计	u
收缩压	135.0±20.1	132.3±24.3	149.2±24.0	139.8±24.0	117.5±23.1	125.7±16.5	146.4±23.0	132.5±23.1	2.28*
舒张压	85.5±13.5	80.2±11.9	86.1±15.7	84.2±14.0	74.6±15.3	83.3±10.9	86.5±13.5	83.3±13.2	0.49
心率/(次/min)	81.4±14.4	77.9±13.9	83.4±16.0	81.1±14.9	80.5±11.4	80.4±13.3	79.8±11.9	80.3±12.4	0.42

注：u 为性别间 u 检验值，*表示 P<0.05，差异具有统计学意义

表 1-6　杜尔伯特部体型（Mean±SD）

指标	男性 20~44岁组	男性 45~59岁组	男性 60~80岁组	男性 合计	女性 20~44岁组	女性 45~59岁组	女性 60~80岁组	女性 合计
内因子	4.8±1.2	4.6±1.1	4.9±1.1	4.7±1.3	6.2±1.0	6.5±1.0	6.3±1.0	6.4±1.0
中因子	5.2±1.3	5.4±1.4	5.3±1.0	5.3±1.2	4.3±1.2	5.1±1.1	5.0±1.3	5.0±1.2
外因子	1.5±1.4	1.2±0.8	1.2±0.8	1.3±1.1	1.4±1.3	0.7±0.8	0.8±0.9	0.8±0.9
HWR	40.7±2.3	40.2±1.8	40.1±1.9	40.4±2.0	40.5±2.4	39.0±1.9	39.2±2.0	39.3±2.1
X	−3.3±2.6	−3.4±1.9	−3.7±1.9	−3.5±2.1	−4.8±2.1	−5.8±1.7	−5.5±1.7	5.5±1.8
Y	4.1±3.2	5.0±2.8	4.4±2.3	4.5±2.7	0.9±3.2	3.1±2.4	2.8±2.9	2.7±2.8
SAM	2.7±1.1	2.1±1.4	1.7±0.7	2.1±1.1	3.4±1.1	2.9±0.9	2.6±0.8	2.8±1.0

注：内因子主要反映个体的相对肥胖程度，中因子反映人体骨骼和肌肉的发达程度，外因子反映身体线性度；HWR=身高（cm）/体重（kg）$^{1/3}$；X、Y 为直角坐标系中横坐标、纵坐标值；体型点表示族群在体型图中的位置，SAM 为各体型点到平均体型点的平均距离，下同

三、杜尔伯特部的体质特征

杜尔伯特部头宽、额最小宽、面宽、下颌角间宽、眼内角间宽、眼外角间宽、唇高、耳上头高均数都是 20~44 岁组最大，45~59 岁组次之，60~80 岁组最小，提示这些指标值随年龄增长而下降，红唇厚度也呈此规律。有些指标均数正好相反，如鼻宽、鼻高、上唇皮肤部高及女性的口宽、容貌耳长均数。除了唇高、红唇厚度值的性别间差异无统计学意义外，其余 17 项头面部测量指标值性别间差异均具有统计学意义（P<0.01），而

且都是男性大于女性（表1-1）。

　　杜尔伯特部男性体重较大，为71.1kg±13.7kg，身高为1662.7mm±76.9mm，属于中等身材，20～44岁组身高为1695.0mm±65.7mm，属于超中等身材。杜尔伯特部女性体重为62.1kg±10.1kg，身高为1546.0mm±56.1mm，属于中等身材，20～44岁组身高为1588.8mm±50.5mm，已经达到超中等身材的上限。除骨盆宽值男性与女性接近外，男性体部其他指标值都大于女性（表1-2）。在蒙古族各族群中，杜尔伯特部男性、女性的体重均属于中等，身材较矮。

　　根据头面部观察指标平均级的性别间比较（表1-3）可知，与女性相比，杜尔伯特部男性额部较倾斜，眉毛较密，眉弓粗壮度和上眼睑皱褶、蒙古褶发达程度与女性接近，眼裂较为狭窄，眼外角高型率较低，鼻根较高，鼻背更直，鼻基部更趋于水平，颧骨不太突出，耳垂和下颏类型形态与女性接近。

　　根据体质指数（表1-4）可知，杜尔伯特部男性属于特圆头型、高头型、中头型（已经达到中头型的上限）、中面型、中鼻型、长躯干型、中腿型、宽胸型、中肩型、中骨盆型。女性属于特圆头型、高头型、狭头型、中面型、中鼻型、长躯干型（刚刚达到长躯干型的下限）、亚短腿型（接近亚短腿型的下限）、宽胸型、宽肩型（刚刚达到宽肩型的下限）、中骨盆型。

　　杜尔伯特部男性（139.8mmHg±24.0mmHg）、女性（132.5mmHg±23.1mmHg）收缩压均数均小于140mmHg，还没有进入高血压范围；但是男性收缩压均数已经达到正常值的上限，男性、女性60～80岁组的收缩压均数已经进入高血压范围。男性（84.2mmHg±14.0mmHg）、女性（83.3mmHg±13.2mmHg）舒张压均数小于90mmHg，没有进入高血压范围（表1-5）。男性、女性的心率均数都正常。男性的收缩压高于女性，舒张压、心率与女性接近。

　　在蒙古族各族群中，杜尔伯特部男性、女性的内、中、外因子值中等。男性20～44岁组为内胚层-中胚层均衡体型，45～59岁组为偏内胚层的中胚层体型，60～80岁组为内胚层-中胚层均衡体型，合计为偏内胚层的中胚层体型。女性三个年龄组及合计资料均为偏中胚层的内胚层体型（表1-6）。男性的内因子值小于女性，中、外因子值大于女性。男性HWR值大于女性，表明其身体充实度小于女性。男性SAM值小于女性，表明男性个体之间体型点比女性更集中一些。

　　在体型散点图（图1-1A）上可以看到，男性三个年龄组的点很接近，位于中因子轴实线半轴和外因子轴虚线半轴所夹的近似扇形中；女性三个年龄组的点略分散，位于内因子轴实线半轴和外因子轴虚线半轴所夹的近似扇形中。男性的点比女性的点更靠近外因子轴虚线半轴。女性有两个年龄组的点已经分布在近似扇形之外，这是由于女性45～59岁组和60～80岁组的外因子值很小。

第二节　郭尔罗斯部

一、郭尔罗斯部简介

　　"一个古老神奇的地方，创造了阿阑豁阿女神，松花嫩江手牵手与你结缘，养育了一代神弓骁勇子孙。上苍赐予你仙女查干高娃，天骄都为之敬佩祭献贡品。啊！我的家乡前郭尔罗斯，你是我心中永远的母亲。"这首充满了浓郁蒙古族民歌风味的歌曲向我们介绍了生活在吉林省东部松花江和嫩江汇流之处的郭尔罗斯部落的历史传说。郭尔罗

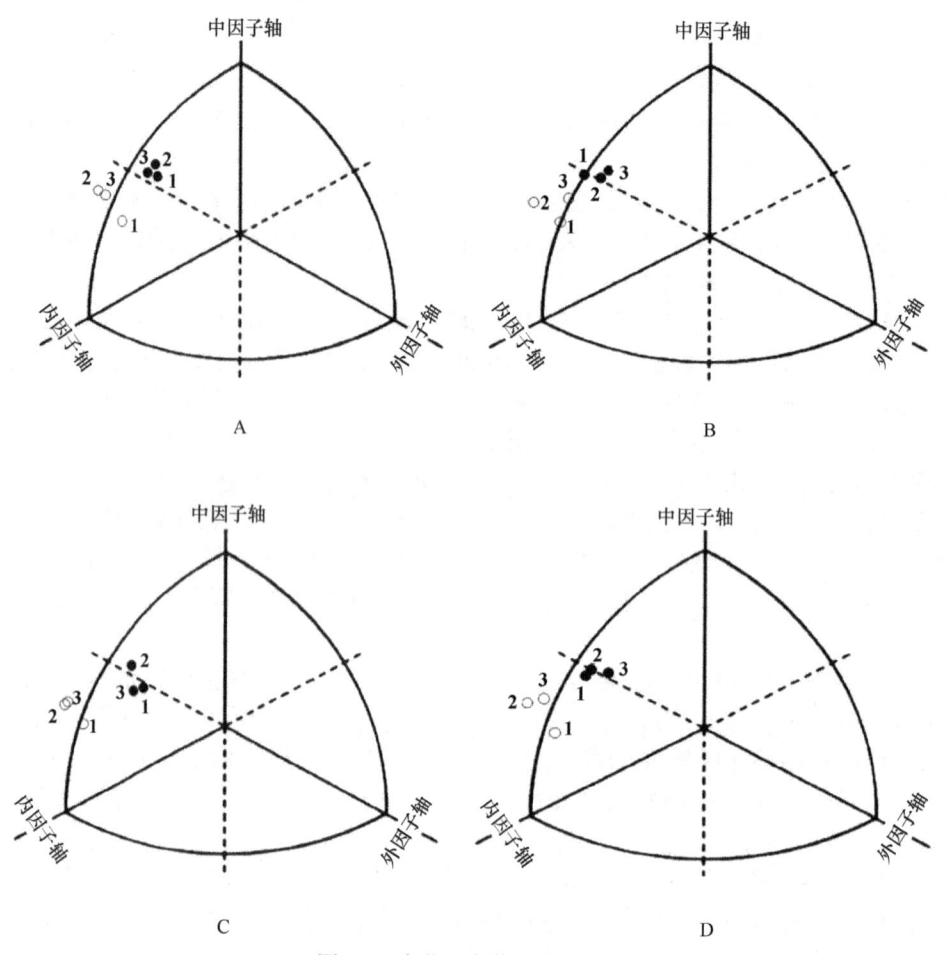

图 1-1　东北三省蒙古族体型图
A. 杜尔伯特部，B. 郭尔罗斯部，C. 阜新蒙古族，D. 喀左县蒙古族；
●男性，○女性；1. 20~44 岁组，2. 45~59 岁组，3. 60~80 岁组

斯部历史上属于哲里木十旗，在蒙古族族群中属于嫩科尔沁部落，最早是由成吉思汗的弟弟哈撒尔统领。大约 10 世纪时，迭尔列勤蒙古中的弘吉剌部游牧于呼伦贝尔草原，它的一个分支豁罗剌思部游牧于弘吉剌惕部的东侧，这个豁罗剌思部，即今郭尔罗斯部，逐步顺洮儿河迁徙到嫩江、松花江汇合处两岸驻牧[4,5]。成吉思汗建大蒙古国，遣弟哈撒尔征战郭尔罗斯部，郭尔罗斯部成为哈撒尔的属民，构成科尔沁万户的一支。蒙古人最早来嫩江流域游牧的是古杜尔伯特部和郭尔罗斯部。郭尔罗斯部二旗附科尔沁左翼，天聪七年，台吉古木及布木巴降后金（清朝前身），台吉古木弟世袭掌前旗，布木巴世袭掌后旗，前后两旗以松花江为界。

前郭尔罗斯蒙古族自治县属于温带大陆性季风气候，位于吉林省西北部，松嫩平原南部，县城与松原市共处一城，总人口 60 万人（2013 年），其中蒙古族 5.04 万人。这里四季分明，最高气温和最低气温分别在 36℃和-36℃左右。春季干旱多风，夏季湿热多雨，秋季凉爽、昼夜温差较大，冬季寒冷、降雪少、冰冻期长。全年晴天日数平均为 110 天，年平均日照时数为 2879h，年平均降水量为 400~500mm。前郭尔罗斯蒙古族自治县地形由高到低呈西南-东北走向，松花江和嫩江从东部与北部边境流过，形成沿江冲积平原。

2016年8月研究组来到吉林省前郭尔罗斯蒙古族自治县（以下简称前郭县）查干花镇，开展了蒙古族的体质测量工作，共测量郭尔罗斯部401例（男性177例，女性224例）。测量地点的地理坐标为北纬44°36′、东经124°05′，年平均温度为4.5℃。分为20～44岁组、45～59岁组、60～80岁组三个年龄组统计数据，三个年龄组样本量男性分别为64例、73例、40例，女性分别为71例、106例、47例。

前郭县查干花镇小学校长为我们拉起了马头琴　　我们的向导包学良是哈撒尔的嫡系后裔

二、郭尔罗斯部的体质数据

郭尔罗斯部头面部测量指标均数见表1-7，体部指标均数见表1-8，头面部观察指标平均级见表1-9，体质指数均数见表1-10，血压、心率均数见表1-11，体型数据见表1-12。

表1-7　郭尔罗斯部头面部测量指标均数（mm，Mean±SD）

指标	男性 20～44岁组	男性 45～59岁组	男性 60～80岁组	男性 合计	女性 20～44岁组	女性 45～59岁组	女性 60～80岁组	女性 合计	u
头长	181.6±6.9	180.0.±6.8	181.0±7.2	180.8±6.9	171.1±5.1	172.7±5.9	172.4±5.1	172.1±5.5	13.69**
头宽	158.7±6.5	156.2±5.6	153.9±6.3	156.6±6.3	149.0±5.4	148.5±4.9	148.3±5.6	148.6±5.2	13.62**
额最小宽	108.1±7.2	104.8±3.9	103.4±3.2	105.7±5.6	102.1±3.0	102.8±3.4	102.6±4.1	102.5±3.4	6.69**
面宽	146.7±5.6	143.3±5.6	141.6±5.7	144.1±5.9	136.5±4.3	136.1±5.2	134.9±5.5	136.0±5.0	14.59**
下颌角间宽	112.6±5.5	111.1±6.2	109.3±6.8	111.2±6.2	105.2±4.6	104.8±4.6	104.4±4.7	104.8±4.6	11.46**
眼内角间宽	33.9±2.6	31.8±2.7	31.8±2.4	32.6±2.7	31.9±1.6	32.0±2.1	32.9±2.1	32.2±2.0	1.65
鼻宽	38.3±2.8	37.8±2.9	38.7±3.3	38.2±3.0	34.5±2.3	34.8±2.4	35.7±2.7	34.9±2.5	11.76**
口宽	47.4±3.4	47.5±3.0	48.4±4.6	47.7±3.6	43.9±3.0	44.2±3.8	46.4±3.4	44.6±3.1	9.10**
容貌面高	194.5±9.1	192.8±8.3	193.5±9.2	193.6±8.8	184.4±9.1	183.5±9.3	181.5±9.5	183.4±9.2	11.30**
形态面高	122.5±7.4	122.4±6.6	124.9±6.5	123.0±6.8	112.9±6.1	114.5±5.5	115.0±5.8	114.1±5.8	13.88**
鼻高	53.1±3.5	53.4±3.5	55.0±4.6	53.6±3.7	48.9±3.0	49.7±3.6	50.0±3.3	49.5±3.4	11.42**
鼻长	46.3±3.8	47.3±4.0	48.9±4.1	47.3±4.0	42.9±3.0	43.0±3.4	43.6±3.6	43.1±3.4	11.15**
上唇皮肤部高	17.8±2.8	19.1±2.5	19.1±3.2	18.6±2.8	15.5±2.2	17.9±2.5	18.7±2.5	17.3±2.7	4.69**
唇高	17.5±3.3	15.0±3.6	13.9±3.9	15.7±3.9	16.7±3.0	14.5±3.1	12.7±3.8	14.9±3.5	2.13*
红唇厚度	7.8±1.8	6.6±1.9	5.8±2.1	6.8±2.1	7.2±1.5	6.5±1.5	5.7±1.7	6.5±1.6	1.57
容貌耳长	62.8±5.0	64.8±4.8	66.8±5.3	64.6±5.2	56.6±4.4	59.7±4.4	64.4±4.9	59.7±5.3	9.29**
容貌耳宽	32.4±2.7	33.2±2.7	34.0±4.1	33.1±3.1	30.4±2.7	32.0±2.4	33.1±2.6	31.7±2.8	4.69**
耳上头高	135.3±8.3	131.7±9.2	130.0±10.5	132.6±9.4	127.5±8.9	124.8±10.2	125.4±8.2	125.8±9.4	7.19**

注：u为性别间u检验值，**表示P<0.01，*表示P<0.05，差异具有统计学意义

表 1-8 郭尔罗斯部体部指标均数（mm，Mean±SD）

指标	男性 20~44岁组	男性 45~59岁组	男性 60~80岁组	男性 合计	女性 20~44岁组	女性 45~59岁组	女性 60~80岁组	女性 合计	u
体重/kg	78.0±13.4	71.1±11.0	67.6±11.3	72.8±12.7	60.3±9.1	62.8±8.8	57.7±11.6	60.9±9.7	10.31**
身高	1680.7±58.2	1646.8±58.2	1621.1±65.2	1653.2±64.0	1560.6±47.8	1533.2±49.8	1504.9±49.5	1536.0±52.9	19.63**
耳屏点高	1545.4±56.2	1515.1±57.1	1491.1±62.5	1520.6±61.5	1433.1±47.7	1408.4±48.2	1379.5±49.1	1410.2±51.7	19.13**
颏下点高	1456.1±53.0	1429.7±55.8	1405.0±64.0	1433.7±59.8	1349.6±45.5	1330.1±45.6	1298.5±46.7	1329.7±49.0	18.70**
肩峰点高	1367.2±54.8	1345.9±53.0	1332.5±56.0	1350.6±55.9	1275.7±44.6	1255.0±46.2	1232.6±45.8	1256.9±48.0	17.73**
胸上缘高	1378.3±48.9	1355.1±50.5	1334.4±58.0	1358.8±54.2	1277.0±51.7	1261.4±41.0	1236.6±44.0	1261.1±47.3	18.95**
桡骨点高	1061.3±41.4	1038.4±44.9	1024.8±43.3	1043.6±45.5	979.8±33.6	969.3±35.7	951.1±42.2	968.8±37.8	17.59**
茎突点高	822.6±31.2	801.7±37.4	796.6±38.4	808.1±37.1	769.1±27.7	757.9±33.6	734.9±45.7	756.6±36.8	13.85**
髂前上棘点高	938.8±39.5	925.9±37.4	925.6±45.5	930.5±40.5	878.9±32.9	868.2±37.0	860.7±38.1	870.0±36.5	15.51**
胫上点高	462.1±22.6	456.2±20.2	454.1±21.9	457.8±21.6	425.7±22.2	419.5±19.5	413.9±21.8	420.3±21.2	17.40**
内踝下点高	56.1±4.4	55.2±4.4	54.1±4.3	55.3±4.4	47.2±2.1	46.2±2.3	45.9±2.5	46.5±2.3	24.13**
坐高	904.9±28.5	879.5±33.0	856.6±34.1	883.5±36.6	856.4±28.1	833.7±31.2	806.6±35.3	835.2±35.6	13.28**
肩宽	390.1±23.5	382.5±18.2	371.8±17.1	382.8±21.1	356.4±14.8	351.9±14.4	339.6±17.3	350.7±16.2	16.72**
骨盆宽	291.4±17.0	293.9±16.2	295.6±15.9	293.4±16.5	279.0±15.9	286.9±17.9	289.7±15.2	285.0±17.2	4.97**
躯干前高	602.5±22.6	587.8±30.6	569.9±27.9	589.1±29.8	572.8±42.6	561.9±25.3	538.4±30.9	560.4±34.8	8.89**
上肢全长	723.6±40.9	721.4±34.7	713.7±38.0	720.5±37.8	674.1±35.4	663.6±32.0	663.3±32.2	666.9±33.2	14.87**
下肢全长	901.8±35.0	891.4±34.0	893.1±42.1	895.5±36.5	850.2±31.0	841.0±33.9	836.4±35.3	843.0±33.6	14.81**

注：u 为性别间 u 检验值，**表示 P<0.01，差异具有统计学意义

表 1-9 郭尔罗斯部头面部观察指标平均级（Mean±SD）

指标	男性 20~44岁组	男性 45~59岁组	男性 60~80岁组	男性 合计	女性 20~44岁组	女性 45~59岁组	女性 60~80岁组	女性 合计	u
前额倾斜度	1.4±0.5	1.5±0.5	1.6±0.5	1.5±0.5	1.9±0.4	1.8±0.5	1.7±0.5	1.8±0.5	5.97**
眉毛发达度	2.2±0.6	2.0±0.7	1.9±0.8	2.1±0.7	1.7±0.6	1.6±0.6	1.5±0.6	1.6±0.6	7.56**
眉弓粗壮度	1.3±0.5	1.2±0.4	1.1±0.3	1.2±0.4	1.1±0.2	1.0±0.2	1.0±0.2	1.0±0.2	6.08**
上眼睑皱褶	2.4±1.3	2.6±1.3	2.9±1.3	2.6±1.3	2.8±1.3	2.8±1.2	2.4±1.3	2.8±1.3	1.53
蒙古褶	2.2±1.1	1.3±0.7	1.2±0.7	1.6±1.0	2.2±1.1	1.4±0.6	1.2±0.4	1.6±0.9	0.00
眼裂高度	1.4±0.5	1.3±0.5	1.4±0.5	1.4±0.5	1.9±0.5	1.6±0.5	1.8±0.5	1.7±0.5	5.97**
眼裂倾斜度	2.6±0.5	2.4±0.5	2.2±0.4	2.4±0.5	2.9±0.4	2.6±0.5	2.4±0.5	2.6±0.5	3.98**
鼻根高度	1.5±0.5	1.6±0.5	1.6±0.5	1.6±0.5	1.5±0.5	1.5±0.5	1.7±0.5	1.6±0.5	0.00
鼻背侧面观	2.1±0.6	2.1±0.7	2.3±0.6	2.2±0.6	1.8±0.5	1.9±0.6	2.0±0.5	1.9±0.5	5.35**
鼻基部	1.6±0.5	1.6±0.5	1.8±0.4	1.7±0.5	1.5±0.5	1.6±0.6	1.6±0.6	1.6±0.6	1.82
颧部突出度	1.7±0.9	2.0±1.0	1.9±1.0	1.8±0.9	1.6±0.9	1.6±0.8	1.6±0.8	1.6±0.9	2.21*
耳垂类型	2.3±0.9	2.2±0.9	2.0±1.0	2.2±0.9	2.3±0.9	2.3±0.9	2.1±1.0	2.2±0.9	0.00
下颏类型	2.0±0.5	2.0±0.5	1.8±0.5	2.0±0.5	2.0±0.6	1.9±0.5	1.9±0.6	2.0±0.5	0.00

注：u 为性别间 u 检验值，**表示 P<0.01，*表示 P<0.05，差异具有统计学意义

表 1-10　郭尔罗斯部体质指数均数（Mean±SD）

指标	男性 20~44岁组	45~59岁组	60~80岁组	合计	女性 20~44岁组	45~59岁组	60~80岁组	合计	u
头长宽指数	87.5±4.1	86.9±4.5	85.1±3.9	86.7±4.3	87.1±3.7	86.0±3.4	86.1±3.7	86.4±3.6	0.74
头长高指数	74.6±4.9	73.2±5.6	71.8±5.3	73.4±5.4	74.6±5.6	72.3±5.8	72.8±4.8	73.1±5.6	0.54
头宽高指数	85.4±5.7	84.4±6.0	84.5±5.8	84.7±5.8	85.6±6.1	84.1±6.7	84.6±5.0	84.7±6.2	0.00
容貌面指数	132.8±7.2	134.7±6.6	136.8±6.9	134.5±6.9	135.2±7.4	135.0±7.9	134.7±8.1	135.0±7.7	0.68
形态面指数	83.5±4.6	85.5±5.2	88.3±4.7	85.4±5.0	82.8±5.0	84.2±4.9	85.4±5.2	84.0±5.1	2.76**
头面宽指数	92.5±2.8	91.8±3.0	92.0±2.6	92.1±2.8	91.7±2.4	91.7±3.1	91.0±3.0	91.5±2.9	2.10*
头面高指数	90.7±6.6	93.4±8.0	96.5±7.4	93.1±7.5	89.0±9.0	92.4±9.3	92.2±8.5	91.3±9.1	2.17*
颧额宽指数	73.7±4.5	73.2±2.6	73.1±2.3	73.4±3.4	74.8±2.6	75.6±2.4	76.1±2.7	75.4±2.6	6.47**
鼻指数	72.4±6.6	71.2±7.3	70.7±7.1	71.6±6.8	70.6±6.0	70.2±6.6	71.7±7.1	70.7±6.5	1.34
口指数	37.1±7.4	31.8±7.9	28.9±8.5	33.1±8.5	38.4±7.5	33.0±7.2	27.4±7.9	33.5±8.3	0.47
容貌耳指数	51.8±4.3	51.3±3.9	51.0±6.0	51.4±4.6	53.9±4.4	53.7±4.1	51.6±4.1	53.3±4.3	4.23**
身高坐高指数	53.9±1.3	53.4±1.3	52.9±1.2	53.5±1.3	54.9±1.3	54.4±1.3	53.6±1.4	54.4±1.4	6.65**
身高体重指数	464.1±77.7	431.2±60.4	415.7±59.0	439.6±69.4	385.9±55.0	409.4±54.6	383.6±75.7	396.6±60.7	6.51**
身高胸围指数	57.9±5.2	57.8±3.6	58.9±3.6	58.1±4.2	56.2±4.4	59.1±4.3	59.4±5.4	58.2±4.7	0.22
身高肩宽指数	23.2±1.4	23.2±0.9	22.9±0.9	23.2±1.1	22.8±0.8	23.0±0.8	22.6±1.1	22.8±0.9	3.91**
身高盆宽指数	17.3±1.0	17.8±0.8	18.2±0.7	17.8±0.9	17.9±1.0	18.7±1.2	19.3±1.2	18.6±1.3	7.27**
身高躯干前高指数	35.9±1.4	35.7±1.7	35.2±1.2	35.6±1.5	36.7±2.7	36.7±1.4	35.8±1.5	36.5±2.0	5.15**
肩宽骨盆宽指数	74.9±5.1	76.9±4.0	79.5±3.4	76.8±4.6	78.3±4.2	81.6±5.1	85.5±5.2	81.4±5.4	9.21**
马氏指数	85.8±4.5	87.3±4.5	89.3±4.2	87.2±4.6	82.3±4.2	84.0±4.3	86.7±4.8	84.0±4.6	6.92**
坐高下身长指数	1.2±0.1	1.1±0.1	1.1±0.1	1.1±0.1	1.2±0.1	1.2±0.1	1.2±0.1	1.2±0.1	9.94**
身高上肢长指数	43.0±1.4	43.8±1.3	44.0±1.6	43.6±1.5	43.2±1.9	43.3±1.4	44.1±2.1	43.4±1.8	1.21
身高下肢长指数	53.7±1.0	54.1±1.2	55.1±2.1	54.2±1.5	54.5±1.4	54.9±1.4	55.6±1.8	54.9±1.5	4.64**
上下肢长指数	80.2±3.3	81.0±3.4	80.0±3.5	80.5±3.4	79.3±3.1	78.9±3.2	79.4±4.6	79.2±3.5	3.75**
身体质量指数	27.6±4.7	26.2±3.5	25.6±3.2	26.6±4.0	24.7±3.5	26.7±3.6	25.5±5.1	25.8±4.0	1.99*

注：u 为性别间 u 检验值，*表示 $P<0.05$，**表示 $P<0.01$，差异具有统计学意义

表 1-11　郭尔罗斯部血压、心率均数（mmHg，Mean±SD）

指标	男性 20~44岁组	45~59岁组	60~80岁组	合计	女性 20~44岁组	45~59岁组	60~80岁组	合计	u
收缩压	133.2±17.3	137.8±21.6	151.2±24.8	139.6±21.7	116.9±25.1	131.8±20.0	138.6±25.3	129.5±24.3	4.39**
舒张压	84.8±14.0	86.9±13.8	89.5±17.6	86.8±14.0	76.5±13.7	82.5±12.3	81.5±10.6	80.6±12.5	4.62**
心率/(次/min)	78.6±13.6	78.3±14.0	77.0±10.8	78.1±13.1	83.6±9.9	78.9±8.6	79.7±12.0	80.4±10.5	1.90

注：u 为性别间 u 检验值，**表示 $P<0.01$，差异具有统计学意义

表 1-12　郭尔罗斯部体型（Mean±SD）

指标	男性 20~44岁组	45~59岁组	60~80岁组	合计	女性 20~44岁组	45~59岁组	60~80岁组	合计
内因子	5.6±1.2	5.1±1.2	4.8±1.2	5.2±1.3	6.6±0.9	7.1±0.7	6.2±1.3	6.7±1.0
中因子	5.5±1.5	5.2±1.0	5.2±1.0	5.3±1.2	4.3±1.1	5.0±1.1	4.9±1.5	4.8±1.2

续表

指标	男性 20~44岁组	男性 45~59岁组	男性 60~80岁组	男性 合计	女性 20~44岁组	女性 45~59岁组	女性 60~80岁组	女性 合计
外因子	1.0±1.2	1.0±1.0	1.0±0.9	1.0±1.0	1.1±0.9	0.6±0.7	1.0±1.2	0.8±0.9
HWR	39.6±2.4	39.9±1.8	40.0±1.7	39.8±2.0	40.0±1.9	38.7±1.8	39.3±2.7	39.2±2.1
X	−4.6±2.3	−4.0±2.0	−3.7±1.9	−4.2±2.1	−5.5±1.6	−6.5±1.3	−5.2±2.4	−5.9±1.7
Y	4.4±3.2	4.2±2.4	4.7±2.3	4.4±2.7	1.0±2.7	2.4±2.3	2.7±3.0	2.0±2.7
SAM	2.9±1.5	1.8±0.7	1.8±0.9	2.2±1.2	3.7±1.0	4.3±0.9	3.7±1.4	4.0±1.1

三、郭尔罗斯部的体质特征

除眼内角间宽、红唇厚度值男性接近女性外，郭尔罗斯部男性头面部的其他测量指标值大于女性（表1-7）。郭尔罗斯部男性体重较大（72.8kg±12.7kg），超过杜尔伯特部男性，身高达到1653.2mm±64.0mm，属于中等身材，20~44岁组身高为1680.7mm±58.2mm，属于超中等身材。郭尔罗斯部女性体重较大（60.9kg±9.7kg），但轻于杜尔伯特部女性，身高为1536.0mm±52.9mm，属于中等身材，20~44岁组身高为1560.6mm±47.8mm，刚刚达到超中等身材的下限。郭尔罗斯部女性身高矮于杜尔伯特部女性。郭尔罗斯部男性体部指标值都大于女性（表1-8）。

根据头面部观察指标平均级的性别间比较（表1-9）可知，与女性相比，郭尔罗斯部男性额部较倾斜，眉毛较密，眉弓比女性粗壮，上眼睑皱褶、蒙古褶发达程度与女性接近，眼裂较为狭窄，眼外角高型率较低，鼻根高度与女性接近，鼻背更直，鼻基部更趋于水平，颧骨不太突出，耳垂与下颏类型形态与女性接近。

根据体质指数（表1-10）可知，郭尔罗斯部男性属于特圆头型、高头型、中头型（接近中头型的上限）、中面型、中鼻型、长躯干型、中腿型、宽胸型、宽肩型（刚刚达到宽肩型的下限）、宽骨盆型（刚刚达到宽骨盆型的下限）。女性属于特圆头型、高头型、中头型（已经达到中头型的上限）、中面型、中鼻型（接近中鼻型的下限）、长躯干型（接近长躯干型的下限）、亚短腿型、宽胸型、宽肩型（刚刚达到宽肩型的下限）、宽骨盆型（刚刚达到宽骨盆型的下限）。

郭尔罗斯部男性收缩压均数（139.6mmHg±21.7mmHg）已经接近高血压诊断的下限140mmHg，女性收缩压（129.5mmHg±24.3mmHg）则小于140mmHg，还没有进入高血压范围；但男性60~80岁组的收缩压均数（151.2mmHg±24.8mmHg）已经进入高血压范围。男性（86.8mmHg±14.0mmHg）、女性（80.6mmHg±12.5mmHg）舒张压均数均小于90mmHg，没有进入高血压范围（表1-12）。男性、女性的心率均数都正常。男性的收缩压、舒张压高于女性，心率与女性接近（表1-11）。

在蒙古族各族群中，郭尔罗斯部男性体重中等，女性体重略大些。男性、女性在蒙古族各族群中属于身材矮的族群。郭尔罗斯部男性内因子值低，中因子值中等，外因子值低。女性内因子值高，中、外因子值低。男性20~44岁组、45~59岁组和60~80岁组为内胚层-中胚层均衡体型，合计资料亦为内胚层-中胚层均衡体型。女性三个年龄组及合计资料均为偏中胚层的内胚层体型。男性的内因子值小于女性，中因子值大于女性，外因子值有些年龄组接近女性。男性 HWR 值大于女性，表明其身体充实度小于女性。男性 SAM 值小于女性，表明男性个体之间的体型点比女性更集中一些（表 1-12）。

在体型散点图（图 1-1B）上可以看到，男性三个年龄组的点很接近，位于外因子轴虚线半轴线上或附近；女性三个年龄组的点略分散，位于内因子轴实线半轴和外因子轴虚线半轴所夹的近似扇形中，有两个点位于近似扇形的轮廓线上，一个点在轮廓线外。可以看出男性、女性的外因子值都很小，也就是线性度小。女性位点对应的内因子值比男性大，体现出女性体脂肪较多、身体比较丰满的体型特点。

第三节 阜新蒙古族

一、阜新蒙古族简介

"蒙古贞"部落是一个历史悠久、人数众多、古老而又强悍、活跃的蒙古部落。史书记载为"忙豁勒真""蒙郭勒津""满官嗔"等，至近代又称为"蒙古贞""蒙古镇"等，现今称为"蒙古贞"。

1200 多年前，"忙豁勒真"部落的美丽女子与成吉思汗十三代先祖孛尔只吉孛蔑儿干结发，得姓受氏。后来蒙古贞部落在其领主火筛的统辖下，与土默特部落处于一个共同体中，为"满官嗔"万户，驻牧于河套地区。后易领主阿拉坦汗，于明代万历年间迁徙到宣府边外。为避林丹汗，蒙古贞部落于 17 世纪 20 年代向东迁移到今朝阳、阜新地区定居。居于朝阳地区者，乃鄂穆布楚琥尔所率领的土默特部落的一部；居于阜新地区者，乃跟随土默特部落的蒙古贞部落。在蒙古贞部落迁居此地之前，兀良哈部落的一支莽古岱已居于此地 30 多年，加之兀良哈部落与土默特部有联姻关系，又桀骜雄强，这样蒙古贞部落无领主，逐步被莽古岱的孙善巴接管。后金天聪三年（1629 年），善巴率其属众，归顺后金。

后金天聪九年（1635 年）招编所部佐领，命善巴任扎萨克。后金崇德元年（1636 年），封善巴为达尔汉镇国公，众称善巴公。后金崇德二年（1637 年），借土默特部落之名，建土默特左、中、右三旗。善巴主左翼旗。土默特左翼旗管辖蒙古贞部落所驻地区，即现在的阜新地区（包括阜新蒙古族自治县、阜新市区、郊区）。因此将土默特左翼旗俗称为蒙古贞旗，现在人们称为"蒙古贞旗"[6]。清代，为区别东、西路土默特，称居于呼和浩特的土默特为归化城土默特，称以喜峰口作贡道的东路土默特为喜峰口土默特，而喜峰口土默特又分为左、右翼二旗。

阜新蒙古族自治县（以下简称阜蒙县）属北温带半干旱大陆性季风气候区。多年平均日照时数为 2865.5h，太阳总辐射量为 138.5kcal/cm^2[①]。阜蒙县大于或等于 10℃活动年积温为 3298.3℃，无霜期为 150 天左右。阜蒙县多年平均降水量为 500mm 左右，5~9 月降水量为 425mm，占全年的 85%。雨热同季，四季分明。截至 2013 年，阜蒙县总人口为 73.0687 万人，有蒙古族、汉族、满族、回族、锡伯族、朝鲜族等 21 个民族。蒙古族占阜新县总人口的 20%，分布在阜蒙县各地，其中在佛寺、大板、王府等乡镇聚居较多。

2016 年 8 月研究组来到辽宁省阜新县佛寺镇，开展了蒙古族的体质测量工作，共测量阜新蒙古族 404 例（男性 158 例，女性 246 例）。测量地点的地理坐标为北纬 41°55′、

[①] 1 kcal=4.184kJ

东经121°26′,年平均温度为7.2℃。分为20~44岁组、45~59岁组、60~80岁组三个年龄组统计数据,三个年龄组样本量男性分别为46例、67例、45例,女性分别为63例、116例、67例。

阜新县学生用鲜花迎接老师

我们来到阜新县

二、阜新蒙古族的体质数据

阜新蒙古族头面部测量指标均数见表1-13,体部指标均数见表1-14,头面部观察指标平均级见表1-15,体质指数均数见表1-16,血压、心率均数见表1-17,体型数据见表1-18。

表1-13 阜新蒙古族头面部测量指标均数(mm,Mean±SD)

指标	男性 20~44岁组	男性 45~59岁组	男性 60~80岁组	男性 合计	女性 20~44岁组	女性 45~59岁组	女性 60~80岁组	女性 合计	u
头长	178.6±6.5	182.2±6.7	181.0±5.4	180.8±6.4	170.3±4.7	172.6±6.6	174.3±5.1	172.5±5.9	13.11**
头宽	156.6±6.6	156.3±5.6	155.4±5.7	156.1±5.9	151.1±6.0	149.4±5.9	150.9±4.8	150.3±5.7	9.77**
额最小宽	105.7±4.8	105.0±3.8	103.9±6.4	104.9±4.9	102.9±3.3	102.0±3.4	102.3±3.7	102.3±3.5	5.79**
面宽	143.6±5.1	143.7±5.3	140.9±4.5	142.8±5.2	138.1±4.5	135.9±4.8	136.0±4.6	136.5±4.8	12.24**
下颌角间宽	109.8±5.7	111.1±13.4	109.7±5.7	110.3±9.7	105.7±4.2	106.6±5.0	106.8±4.3	106.4±4.6	4.72**
眼内角间宽	33.7±2.5	32.1±2.5	32.5±2.4	32.6±2.6	32.7±2.3	31.4±2.1	32.2±2.7	32.0±2.4	2.33*
眼外角间宽	90.1±3.6	89.1±4.1	86.3±3.6	88.6±4.1	87.2±3.4	84.3±3.4	84.8±3.8	85.2±3.7	8.45**
鼻宽	37.8±2.1	38.1±2.7	38.6±2.9	38.2±2.6	35.0±2.2	35.3±2.1	36.5±2.6	35.5±2.3	10.65**
口宽	45.8±2.9	47.5±2.9	47.8±3.2	47.1±3.1	43.8±3.2	44.3±2.6	45.5±3.6	44.5±3.1	8.23**
容貌面高	192.7±10.9	193.3±9.0	195.6±8.0	193.8±9.3	186.1±7.5	182.7±8.0	184.6±6.9	184.1±7.7	10.92**
形态面高	121.6±5.8	124.7±6.1	125.0±6.2	123.9±6.2	113.6±5.7	115.4±5.7	117.4±5.4	115.5±5.8	13.63**
鼻高	52.7±3.7	54.4±3.7	55.5±3.1	54.2±3.7	48.8±3.5	49.5±3.4	50.7±3.2	49.7±3.5	12.18**
鼻长	47.0±3.5	48.4±4.1	49.5±2.7	48.3±3.7	42.9±3.7	43.4±3.3	44.1±3.1	43.5±3.3	13.27**
上唇皮肤部高	15.3±2.2	18.2±2.3	19.2±2.7	17.6±2.8	14.7±2.4	17.2±2.2	18.5±2.3	16.9±2.7	2.49*
唇高	18.7±3.7	15.4±4.1	14.1±3.3	16.0±4.2	17.5±3.0	15.7±2.9	14.3±3.7	15.8±3.4	0.50
红唇厚度	8.4±2.2	6.7±2.0	6.2±1.7	7.1±2.2	7.7±1.7	7.0±1.4	6.2±1.8	7.0±1.7	0.49
容貌耳长	61.2±3.8	63.8±3.4	65.9±5.0	63.6±4.4	57.1±4.2	59.3±4.3	62.7±4.4	59.7±4.7	8.46**
容貌耳宽	31.4±2.7	32.5±2.3	34.1±2.5	32.7±2.6	29.9±2.6	30.8±2.7	33.2±2.7	31.2±3.0	5.32**
耳上头高	132.5±10.2	129.5±9.8	127.3±9.5	129.8±9.9	126.1±8.5	123.4±10.2	123.1±7.7	124.0±9.2	5.91**

注:u为性别间u检验值,**表示P<0.01,*表示P<0.05,差异具有统计学意义

表 1-14　阜新蒙古族体部指标均数（mm，Mean±SD）

指标	男性 20~44岁组	45~59岁组	60~80岁组	合计	女性 20~44岁组	45~59岁组	60~80岁组	合计	u
体重/kg	68.8±9.5	70.3±11.4	65.4±10.0	68.5±10.6	61.4±8.8	62.8±8.0	61.8±9.5	62.2±8.6	6.26**
身高	1682.4±57.5	1656.5±60.1	1645.7±58.1	1661.0±60.0	1579.7±53.0	1555.8±48.7	1537.4±53.7	1556.9±52.8	17.82**
耳屏点高	1549.8±55.5	1527.1±57.4	1518.4±57.9	1531.2±57.8	1453.6±50.8	1432.4±45.2	1414.3±53.9	1432.9±50.5	17.51**
颏下点高	1454.7±51.5	1428.1±54.5	1418.1±56.8	1433.0±55.7	1363.8±51.3	1340.4±48.2	1323.1±48.7	1341.6±50.9	16.64**
肩峰点高	1365.1±50.5	1345.3±53.9	1343.7±52.0	1350.6±52.7	1282.6±49.5	1265.6±44.5	1253.7±50.0	1266.7±48.1	16.15**
胸上缘高	1373.1±48.1	1353.6±54.0	1351.1±53.0	1358.5±52.4	1292.2±46.9	1276.0±43.5	1261.6±51.5	1276.2±47.5	15.97**
桡骨点高	1053.5±39.0	1036.8±42.8	1032.0±44.7	1040.3±42.8	992.2±41.9	980.0±35.5	967.2±40.1	979.6±39.2	14.37**
茎突点高	829.5±31.2	817.5±37.5	803.9±36.2	817.1±36.4	785.7±37.3	771.3±31.1	755.9±35.8	770.8±35.5	12.60**
髂前上棘点高	929.1±33.8	905.5±35.4	913.0±39.7	914.7±37.2	896.6±37.3	883.4±31.6	876.5±36.9	884.9±35.3	8.01**
胫上点高	458.4±19.6	449.0±17.6	450.5±19.6	452.2±19.0	408.8±23.5	407.6±24.1	405.3±22.4	407.3±23.4	21.14**
内踝下点高	52.8±3.7	51.3±3.7	50.9±3.4	51.6±3.7	44.9±2.7	45.1±2.2	44.8±2.2	45.0±2.4	19.89**
坐高	900.5±32.9	884.2±36.1	873.9±34.0	886.0±35.7	855.0±30.9	842.3±27.1	826.8±31.3	841.3±30.7	12.96**
肩宽	389.5±20.5	384.0±21.2	375.4±17.3	383.2±20.5	358.8±15.6	353.0±14.4	343.3±21.6	351.8±17.7	15.83**
骨盆宽	284.9±13.1	293.7±15.0	290.3±12.4	290.2±14.1	283.2±15.3	291.2±16.3	295.8±14.1	290.4±16.2	0.13
躯干前高	591.2±30.0	581.3±35.3	579.3±33.5	583.6±33.4	567.6±26.6	562.5±25.0	551.1±32.5	560.7±28.2	7.14**
上肢全长	717.2±32.8	706.8±35.8	718.3±35.2	713.1±34.8	665.0±29.6	662.4±32.8	666.6±36.2	664.2±32.9	14.08**
下肢全长	891.9±29.9	870.3±31.3	879.9±35.3	879.3±33.0	866.7±35.1	855.0±29.8	849.2±34.4	856.4±33.1	6.80**

注：u 为性别间 u 检验值，**表示 $P<0.01$，差异具有统计学意义

表 1-15　阜新蒙古族头面部观察指标平均级（Mean±SD）

指标	男性 20~44岁组	45~59岁组	60~80岁组	合计	女性 20~44岁组	45~59岁组	60~80岁组	合计	u
前额倾斜度	1.4±0.5	1.5±0.5	1.4±0.5	1.4±0.5	1.9±1.5	1.7±0.5	1.8±0.4	1.8±0.9	5.73**
眉毛发达度	2.2±0.5	2.1±0.6	1.8±0.7	2.0±0.6	1.6±0.6	1.7±0.6	1.5±0.5	1.6±0.6	6.54**
眉弓粗壮度	1.4±0.5	1.2±0.5	1.1±0.3	1.2±0.4	1.0±0.1	1.0±0.2	1.0±0.1	1.0±0.1	6.16**
上眼睑皱褶	1.2±1.4	1.3±1.3	1.9±1.4	1.5±1.4	2.0±1.2	1.7±1.3	1.5±1.4	1.7±1.3	1.44
蒙古褶	1.5±1.2	0.3±0.5	0.1±0.3	0.6±0.9	1.5±0.9	0.6±0.9	0.2±0.6	0.7±1.0	1.04
眼裂高度	1.6±0.5	1.5±0.6	1.5±0.5	1.5±0.5	1.8±0.6	1.5±0.5	1.5±0.5	1.6±0.5	1.96*
眼裂倾斜度	2.7±0.4	2.3±0.5	2.3±0.5	2.5±0.5	2.8±0.5	2.5±0.5	2.3±0.5	2.5±0.5	0.00
鼻根高度	1.7±0.5	1.7±0.5	1.6±0.5	1.7±0.5	1.5±0.5	1.4±0.5	1.5±0.5	1.5±0.5	3.92**
鼻背侧面观	2.0±0.4	2.0±0.4	2.2±0.4	2.0±0.4	1.9±0.5	1.8±0.5	1.8±0.4	1.8±0.5	4.44**
鼻基部	1.6±0.5	1.6±0.5	1.7±0.7	1.7±0.5	1.5±0.5	1.5±0.5	1.5±0.5	1.5±0.5	3.48**
颧部突出度	2.0±0.9	1.9±1.0	2.2±0.9	2.0±1.0	1.7±0.9	1.6±0.9	1.8±1.0	1.7±0.9	3.06**
耳垂类型	2.2±0.9	2.0±0.9	2.1±1.0	2.1±0.9	2.5±0.7	2.2±0.9	2.3±0.9	2.3±0.9	2.18*
下颏类型	2.1±0.4	2.0±0.4	2.0±0.5	2.0±0.4	2.1±0.5	2.0±0.4	1.9±0.4	2.0±0.5	0.00

注：u 为性别间 u 检验值，*表示 $P<0.05$，**表示 $P<0.01$，差异具有统计学意义

表 1-16　阜新蒙古族体质指数均数（Mean±SD）

指标	男性 20~44岁组	45~59岁组	60~80岁组	合计	女性 20~44岁组	45~59岁组	60~80岁组	合计	u
头长宽指数	87.7±3.8	85.9±4.2	85.9±3.8	86.4±4.0	88.8±4.9	86.7±4.7	86.6±3.5	87.2±4.6	1.85
头长高指数	74.2±5.6	71.1±5.3	70.4±5.4	71.8±5.6	74.1±5.5	71.5±6.1	70.7±4.8	72.0±5.8	0.35
头宽高指数	84.7±6.2	82.9±6.3	82.0±6.3	83.2±6.3	83.5±5.8	82.6±6.7	81.6±5.3	82.6±6.1	0.95
额顶宽度指数	67.6±3.5	67.3±2.9	66.9±3.7	67.2±3.3	68.2±2.7	68.3±2.7	67.8±3.0	68.2±2.8	3.15**

续表

指标	男性 20~44岁组	男性 45~59岁组	男性 60~80岁组	男性 合计	女性 20~44岁组	女性 45~59岁组	女性 60~80岁组	女性 合计	u
容貌面指数	134.3±6.8	134.6±6.4	139.0±6.5	135.8±6.8	134.9±6.7	134.5±6.3	135.9±7.2	135.0±6.6	1.17
形态面指数	84.8±4.0	86.9±4.6	88.8±5.1	86.8±4.8	82.3±4.6	85.0±4.6	86.4±4.6	84.7±4.8	4.29**
头面宽指数	91.7±2.8	92.0±2.9	90.7±2.0	91.5±2.7	91.5±3.2	91.0±3.2	90.2±3.0	90.9±3.2	2.03*
头面高指数	92.2±7.4	96.8±8.1	98.7±9.0	96.0±8.5	90.4±7.0	94.1±8.4	95.7±7.1	93.6±8.0	2.83**
颧额宽指数	73.7±2.9	73.2±2.6	73.8±4.2	73.5±3.2	74.6±2.6	75.1±2.7	75.2±2.8	75.0±2.7	4.88**
鼻指数	72.1±7.5	70.3±6.2	69.7±5.9	70.7±6.6	72.1±7.1	71.6±6.7	72.2±6.7	71.9±6.8	1.76
口指数	41.0±8.3	32.5±9.1	29.7±7.2	34.2±9.4	40.1±7.0	35.6±6.7	31.7±8.4	35.7±7.9	1.66
容貌耳指数	51.4±4.1	51.1±3.3	51.9±3.7	51.4±3.6	52.4±4.2	52.0±4.0	53.1±4.1	52.4±4.1	2.58**
身高坐高指数	53.5±1.2	53.4±1.2	53.1±1.4	53.4±1.2	54.1±1.3	54.2±1.3	53.8±1.3	54.1±1.3	5.54**
身高体重指数	408.6±53.0	423.2±60.0	396.7±52.1	411.4±56.4	389.2±56.0	403.6±48.1	401.0±55.1	399.2±52.4	2.18*
身高胸围指数	54.3±3.7	57.1±3.6	55.9±4.1	55.9±3.9	55.4±4.6	57.9±4.0	59.0±4.1	57.6±4.4	4.06**
身高肩宽指数	23.2±1.0	23.2±1.1	22.8±0.9	23.1±1.0	22.7±1.1	22.7±1.0	22.3±1.4	22.6±1.1	4.71**
身高骨盆宽指数	16.9±0.8	17.7±0.7	17.7±0.7	17.5±0.8	17.9±1.1	18.7±0.9	19.3±0.9	18.7±1.1	12.67**
身高躯干前高指数	35.2±1.6	35.1±1.7	35.2±1.7	35.1±1.7	35.9±1.3	36.2±1.5	35.8±1.7	36.0±1.5	5.43**
肩宽骨盆宽指数	73.3±4.2	76.6±4.1	77.4±3.5	75.9±4.3	79.0±3.9	82.6±4.9	86.5±7.2	82.7±6.0	13.25**
马氏指数	86.9±4.1	87.4±4.2	88.4±5.0	87.5±4.4	84.8±4.4	84.8±4.6	86.0±4.6	85.1±4.6	5.26**
坐高下身长指数	1.2±0.1	1.1±0.1	1.1±0.1	1.1±0.1	1.2±0.1	1.2±0.1	1.2±0.1	1.2±0.1	9.81**
身高上肢长指数	42.6±1.2	42.7±1.5	43.6±1.5	42.9±1.5	42.1±1.5	42.6±1.7	43.4±1.7	42.7±1.7	1.24
身高下肢长指数	53.0±1.3	52.6±1.3	53.5±1.5	53.0±1.4	54.9±1.6	55.0±1.3	55.3±1.8	55.0±1.5	13.62**
上下肢长指数	80.4±3.0	81.2±3.1	81.7±2.9	81.1±3.0	76.8±3.1	77.5±3.5	78.6±4.6	77.6±3.8	10.29**

注：u 为性别间 u 检验值，*表示 $P<0.05$，**表示 $P<0.01$，差异具有统计学意义

表 1-17　阜新蒙古族血压心率均数（mmHg，Mean±SD）

指标	男性 20~44岁组	男性 45~59岁组	男性 60~80岁组	男性 合计	女性 20~44岁组	女性 45~59岁组	女性 60~80岁组	女性 合计	u
收缩压	132.3±14.5	135.5±17.5	137.7±16.7	135.3±16.5	118.3±18.0	135.8±23.4	146.7±20.2	133.9±23.7	0.70
舒张压	78.6±11.5	84.5±11.2	85.5±8.4	83.2±10.8	77.7±13.0	86.6±16.4	86.9±15.2	84.2±15.7	0.76
心率/（次/min）	80.0±13.9	79.3±13.2	79.6±12.2	79.6±13.0	77.3±12.8	77.7±11.8	80.8±11.8	78.4±12.0	0.93

注：u 为性别间 u 检验值

表 1-18　阜新蒙古族体型（Mean±SD）

指标	男性 20~44岁组	男性 45~59岁组	男性 60~80岁组	男性 合计	女性 20~44岁组	女性 45~59岁组	女性 60~80岁组	女性 合计
内因子	4.8±1.2	4.8±1.0	4.7±1.2	4.8±1.1	6.8±0.7	6.9±0.7	6.8±0.9	6.9±0.8
中因子	4.6±1.2	5.2±1.2	4.4±1.0	4.9±1.4	4.1±1.4	4.6±1.1	4.5±1.0	4.4±1.2
外因子	1.7±1.2	1.2±1.0	1.6±1.0	1.5±1.1	1.3±1.1	0.7±0.7	0.6±0.7	0.8±0.8
HWR	41.2±1.9	40.3±1.7	41.0±1.6	40.8±1.7	40.2±2.2	39.3±1.7	39.1±1.7	39.4±1.8
X	−3.1±2.2	−3.6±1.8	−3.2±2.0	−3.4±2.0	−5.5±1.6	−6.2±1.3	−6.1±1.5	−6.0±1.5
Y	2.7±2.9	4.3±2.6	2.5±2.6	3.5±3.3	0.1±3.3	1.5±2.3	1.7±2.1	1.2±2.6
SAM	2.4±1.1	2.6±1.1	2.3±0.9	2.5±1.2	3.6±0.7	3.1±0.8	4.3±1.2	3.6±1.0

三、阜新蒙古族的体质特征

阜新蒙古族男性唇高、红唇厚度值与女性接近，其余头面部测量指标值都大于女性（表 1-13）。阜新蒙古族男性体重（68.5kg±10.6kg）轻于杜尔伯特部、郭尔罗斯部男性，身高为 1661.0mm±60.0mm，属于中等身材，20～44 岁组身高为 1682.4mm±57.5mm，属于超中等身材。阜新蒙古族女性体重为 62.2kg±8.6kg，身高为 1556.9mm±52.8mm，接近中等身材的上限，高于郭尔罗斯部，20～44 岁组身高为 1579.7mm±53.0mm，属于超中等身材，高于郭尔罗斯部。阜新蒙古族男性骨盆宽值与女性接近，其余体部指标值都大于女性（表 1-14）。

根据头面部观察指标平均级的性别间比较（表 1-15）可知，与女性相比，阜新蒙古族男性额部较倾斜，眉毛较密，眉弓比女性粗壮，上眼睑皱褶、蒙古褶发达程度与女性接近，眼裂较为狭窄，眼裂倾斜度与女性接近，鼻根高于女性，鼻背更直，鼻基部更趋于水平，颧骨不太突出，圆形耳垂更多一些，下颏形态与女性接近。

根据体质指数（表 1-16）可知，阜新蒙古族男性属于特圆头型、高头型、中头型、中面型、中鼻型（刚刚达到中鼻型的下限）、长躯干型（刚刚达到长躯干型的下限）、中腿型、中胸型（已经达到中胸型的上限）、宽肩型（刚刚达到宽肩型的下限）、中骨盆型（已经达到中骨盆型的上限）。女性属于特圆头型、高头型、中头型、中面型（已经达到中面型的上限）、中鼻型、长躯干型（刚刚达到长躯干型的下限）、中腿型（刚刚达到中腿型的下限）、宽胸型、宽肩型（刚刚达到宽肩型的下限）、宽骨盆型（刚刚达到宽骨盆型的下限）。

阜新蒙古族男性（135.3mmHg±16.5mmHg）、女性（133.9mmHg±23.7mmHg）收缩压均数小于高血压诊断的下限 140mmHg，还没有进入高血压范围；但女性的 60～80 岁组收缩压均数为 146.7mmHg±20.2mmHg，已经超过高血压诊断的下限（表 1-17）。男性（83.2mmHg±10.8mmHg）、女性（84.2mmHg±15.7mmHg）舒张压均数均小于 90mmHg，没有进入高血压范围。男性、女性的心率均数都正常。男性的收缩压、舒张压、心率与女性接近。

阜新蒙古族男性内因子均数值为 4.8±1.1，中因子均数值为 4.9±1.4，外因子均数值为 1.5±1.1。女性内因子均数值为 6.9±0.8，中因子均数值为 4.4±1.2，外因子均数值为 0.8±0.8。男性三个年龄组及合计资料均为内胚层-中胚层均衡体型。女性三个年龄组及合计资料均为偏中胚层的内胚层体型（表 1-18）。男性的内因子值小于女性，中、外因子值大于女性。男性 HWR 值大于女性，表明其身体充实度小于女性。男性 SAM 值小于女性，表明男性个体之间的体型点比女性更集中一些。

在体型散点图（图 1-1C）上可以看到，男性、女性各自的三个年龄组的点很接近，男性有两个组的点到了外因子轴虚线半轴的下方，女性三个点位于内因子轴实线半轴和外因子轴虚线半轴所夹的近似扇形中，有两个点已经分布在近似扇形之外。男性 20～44 岁组与 60～80 岁组的点很接近，女性 45～59 岁组与 60～80 岁组的点很接近。

第四节 喀左县蒙古族

一、喀左县蒙古族简介

喀喇沁是个古老部落，喀喇沁部名称源于元朝的哈剌赤（牧人、制黑马奶酒者，

"喀喇"即黑）。喀喇沁部的起源还有着另一种不同的意见，有人认为他们起源于伊朗、土库曼斯坦等国交界地区的呼罗珊，为乌古思突厥的主要支系之一合拉什。15世纪30年代，当时的喀喇沁军和他们的家属及喀喇沁牧户逐渐发展演变成为一个强盛的部族，称为喀喇沁部，他们仍然游牧在元朝时期的漠北地区。1454年卫拉特部势力瓦解，也先余部迅速退出东蒙古地区，失去了对喀喇沁部的统治权。此时，北元太师孛来担任喀喇沁部新的领主，并率领喀喇沁部、阿速特部于1456年进入黄河河套地区。达延汗在1510年再度控制了蒙古诸部，这时的喀喇沁部活动地域已经从鄂尔多斯地区迁出，驻牧于宣府张家口、独石口边外。这一带已经深入到了兀良哈三卫的驻牧地域，兀良哈三卫和喀喇沁部存在十分密切的关系。1628年，林丹汗于土默特赵城（今呼和浩特）大败喀喇沁部，喀喇沁部溃散。喀喇沁部领导权由黄金家族彻底转入兀良哈人手中，兀良哈人成为喀喇沁部的新领主。这也标志着新的喀喇沁部落是以兀良哈人为主体重新组成的。可以说，喀喇沁旗蒙古族的来源一部分是兀良哈部蒙古人，另一部分是明朝末年从鄂尔多斯东迁过来的喀喇沁部蒙古人。有学者认为兀良哈蒙古族来源于汉朝时期的匈奴[7]。兀良哈部和喀喇沁部在形成、迁移的过程中融合到一起，形成喀喇沁旗[8-10]。后金和清初喀喇沁部分为三个旗：喀喇沁右旗、喀喇沁左旗、喀喇沁中旗。喀喇沁部是与清朝皇室联姻关系最为密切的部落之一。

辽宁省喀喇沁左翼蒙古族自治县（以下简称喀左县）地处温带半干旱西辽河州向暖温带半湿润冀北山地过渡地带，属大陆性季风气候。春季少雨、多旱风，夏季炎热、雨集中，秋季晴朗、日照足，冬季寒冷、稀降雪。年均降水量为491.5mm左右，年平均日照时数为2807.8h，平均无霜期为144天。全县总人口43万人，城市人口13万人（2013年），县域内有蒙古族、汉族、满族、回族等18个民族，少数民族中人口以蒙古族为多，共有9万人，占总人口的21%，是蒙古族风情浓郁的地区。

2016年8~9月研究组来到辽宁省喀左县，在蒙古族聚居村落开展了蒙古族的体质测量工作，共测量喀左县蒙古族408例（男性136例，女性272例）。测量地点的地理坐标为北纬41°07′、东经119°44′，年平均温度为8.7℃。分为20~44岁组、45~59岁组、60~80岁组三个年龄组统计数据，三个年龄组样本量男性分别为22例、54例、60例，女性分别为64例、116例、92例。

研究组来到喀左县五道营子村　　在村主任家的院子里测量喀左县蒙古族

二、喀左县蒙古族的体质数据

喀左县蒙古族头面部测量指标均数见表1-19，体部指标均数见表1-20，头面部观察指标平均级见表 1-21，体质指数均数见表 1-22，血压、心率均数见表 1-23，体型数据见表 1-24。

表 1-19　喀左县蒙古族头面部测量指标均数（mm，Mean±SD）

指标	男性 20~44岁组	男性 45~59岁组	男性 60~80岁组	男性 合计	女性 20~44岁组	女性 45~59岁组	女性 60~80岁组	女性 合计	u
头长	181.0±6.7	181.4±6.2	182.1±5.9	181.6±6.1	170.7±5.8	171.1±6.6	173.0±6.1	171.6±6.3	15.44**
头宽	155.6±6.3	153.7±5.9	153.4±4.7	153.9±5.5	149.7±5.1	147.4±5.1	147.3±5.0	147.9±5.2	10.58**
额最小宽	104.2±8.1	102.6±5.9	100.9±3.8	102.1±5.6	99.5±3.7	98.5±3.4	97.4±3.8	98.4±3.7	6.98**
面宽	145.6±9.5	144.5±6.1	142.2±4.7	143.7±6.4	137.0±5.2	135.7±4.6	134.3±5.8	135.5±5.3	12.89**
下颌角间宽	113.5±11.2	112.2±5.8	112.6±6.1	112.6±7.0	105.0±4.5	105.6±5.3	105.6±4.6	105.5±4.9	10.60**
眼内角间宽	33.6±3.5	31.9±2.5	32.4±2.3	32.4±2.7	33.9±6.3	31.4±2.5	31.8±2.3	32.1±3.8	0.92
眼外角间宽	91.5±5.3	88.9±5.0	85.7±4.1	87.9±5.1	87.0±4.1	84.1±4.0	82.2±4.2	84.2±4.4	7.22**
鼻宽	37.9±2.3	37.8±3.0	38.4±3.0	38.1±2.9	34.6±2.8	35.1±2.4	35.4±2.1	35.1±2.4	10.41**
口宽	46.6±3.0	47.8±2.7	48.1±3.3	47.8±3.0	42.5±2.9	45.2±3.0	44.4±3.3	44.3±3.3	10.74**
容貌面高	192.5±7.2	197.2±8.7	192.5±9.6	194.4±9.1	184.4±8.1	184.6±8.0	179.5±8.9	182.9±8.6	12.25**
形态面高	122.8±5.6	126.8±6.8	126.2±7.6	125.9±7.1	113.5±5.3	116.4±5.5	115.8±6.5	115.5±5.9	14.73**
鼻高	54.4±2.9	55.0±4.1	56.4±4.5	55.5±4.2	48.7±3.0	50.0±3.0	50.7±3.2	49.9±3.2	13.69**
鼻长	48.2±2.8	48.5±4.7	50.9±4.5	49.5±4.5	43.2±4.1	44.1±3.2	44.7±3.1	44.1±3.4	12.34**
上唇皮肤部高	16.0±2.3	17.7±2.5	18.7±2.8	17.9±2.7	14.7±2.1	16.0±2.4	17.2±2.7	16.1±2.6	6.43**
唇高	17.5±3.0	15.7±3.0	14.5±4.5	15.0±4.0	16.5±3.2	15.0±3.1	12.7±3.4	14.6±3.5	0.99
红唇厚度	8.0±1.8	7.2±1.6	5.7±2.4	6.6±2.2	7.6±1.5	7.0±1.5	5.7±2.0	6.7±1.8	0.46
容貌耳长	63.6±3.6	66.0±4.5	68.0±4.4	66.5±4.6	57.5±4.1	60.6±4.4	63.4±4.9	60.8±5.0	11.46**
容貌耳宽	31.1±2.3	33.1±2.6	34.2±2.8	33.3±2.9	29.7±2.6	31.5±2.3	32.6±2.9	31.5±2.8	5.98**
耳上头高	128.6±9.8	129.4±9.3	126.2±8.4	127.8±9.1	124.5±7.0	121.3±7.6	120.8±8.4	121.7±7.8	6.47**

注：u 为性别间 u 检验值，**表示 P<0.01，差异具有统计学意义

表 1-20　喀左县蒙古族体部指标均数（mm，Mean±SD）

指标	男性 20~44岁组	男性 45~59岁组	男性 60~80岁组	男性 合计	女性 20~44岁组	女性 45~59岁组	女性 60~80岁组	女性 合计	u
体重/kg	78.8±17.6	73.0±10.7	66.5±11.1	71.1±13.0	60.0±9.9	64.4±9.9	58.4±11.1	61.3±10.6	7.62**
身高	1703.3±62.8	1676.0±68.6	1633.0±56.4	1661.4±67.5	1581.2±57.7	1557.5±54.2	1516.7±61.4	1549.3±61.5	16.28**
耳屏点高	1574.7±59.4	1546.6±65.3	1506.8±57.4	1533.6±65.6	1456.6±55.6	1436.2±53.0	1395.9±60.1	1427.4±59.5	15.89**
颏下点高	1463.8±65.6	1434.0±62.8	1395.3±56.6	1421.7±65.3	1357.2±52.8	1334.5±61.3	1296.5±61.0	1327.0±62.1	14.03**
肩峰点高	1405.5±62.0	1383.4±63.5	1350.9±53.9	1372.7±62.2	1302.5±52.2	1284.6±51.1	1249.8±62.3	1277.0±57.7	15.00**
胸上缘高	1378.3±89.3	1370.2±60.2	1337.8±52.2	1357.2±64.5	1290.5±52.8	1272.5±63.6	1244.2±68.5	1267.2±64.0	13.32**
桡骨点高	1072.2±50.9	1054.5±49.8	1026.4±39.9	1045.0±48.6	1002.8±40.8	985.3±41.2	951.9±51.3	978.1±47.6	13.20**
茎突点高	839.9±41.8	823.7±42.9	799.9±35.5	815.8±42.0	792.0±42.1	776.0±41.4	743.7±48.5	768.8±46.5	10.28**
髂前上棘点高	918.1±37.1	910.1±39.2	900.3±39.2	907.1±39.3	875.1±30.2	860.5±33.2	834.8±40.2	855.3±37.8	12.71**
胫上点高	455.3±20.4	448.6±21.8	441.6±20.4	446.6±21.5	425.5±16.6	420.5±17.4	411.2±20.3	418.6±18.8	12.92**

续表

指标	男性 20~44岁组	男性 45~59岁组	男性 60~80岁组	男性 合计	女性 20~44岁组	女性 45~59岁组	女性 60~80岁组	女性 合计	u
内踝下点高	54.1±4.1	53.0±4.9	51.4±4.2	52.5±4.6	46.7±3.2	46.9±2.7	45.1±3.0	46.2±3.0	14.50**
坐高	923.0±40.4	895.1±38.5	868.3±31.3	887.8±40.8	858.8±36.3	848.8±30.4	821.6±42.4	841.9±38.2	10.94**
肩宽	407.1±19.0	392.6±18.9	380.9±16.6	389.8±20.1	357.6±15.2	360.6±15.2	345.8±18.1	354.9±17.5	17.24**
骨盆宽	297.6±21.7	297.1±16.7	296.9±14.3	297.1±16.4	282.9±16.1	295.9±14.6	294.4±14.4	292.3±15.8	2.82**
躯干前高	598.0±79.3	589.3±33.6	573.1±30.2	583.5±43.9	568.1±34.1	563.8±48.0	549.2±51.4	559.9±45.8	5.05**
上肢全长	748.5±38.4	740.4±39.8	729.0±34.0	736.6±37.6	676.0±43.1	676.9±42.7	673.4±35.0	675.5±40.3	15.10**
下肢全长	878.5±31.3	873.5±34.2	866.6±35.8	871.3±34.6	845.0±26.8	832.1±31.1	809.6±37.0	827.5±34.5	12.07**

注：u 为性别间 u 检验值，**表示 P<0.01，差异具有统计学意义

表 1-21　喀左县蒙古族头面部观察指标平均级（Mean±SD）

指标	男性 20~44岁组	男性 45~59岁组	男性 60~80岁组	男性 合计	女性 20~44岁组	女性 45~59岁组	女性 60~80岁组	女性 合计	u
前额倾斜度	1.5±0.5	1.4±0.5	1.6±0.5	1.5±0.5	1.9±0.5	1.7±0.5	1.8±0.4	1.8±0.5	5.71**
眉毛发达度	2.1±0.6	2.0±0.7	1.8±0.8	2.0±0.7	1.6±0.6	1.8±0.6	1.3±0.5	1.6±0.6	5.70**
眉弓粗壮度	1.5±0.5	1.4±0.5	1.2±0.4	1.3±0.5	1.0±0.2	1.1±0.3	1.1±0.3	1.1±0.2	4.49**
上眼睑皱褶	1.6±1.3	1.8±1.3	1.1±1.3	1.4±1.4	1.5±1.1	1.6±1.3	1.2±1.4	1.5±1.3	0.70
蒙古褶	1.1±1.0	0.2±0.5	0.1±0.3	0.3±0.7	1.7±0.9	0.6±0.8	0.3±0.6	0.7±0.9	4.93**
眼裂高度	1.6±0.5	1.4±0.5	1.4±0.6	1.4±0.5	2.0±0.6	1.7±0.5	1.5±0.5	1.7±0.6	5.34**
眼裂倾斜度	2.5±0.5	2.2±0.5	2.2±0.6	2.2±0.6	2.7±0.5	2.5±0.6	2.4±0.5	2.5±0.6	4.76**
鼻根高度	1.6±0.5	1.7±0.5	1.7±0.5	1.7±0.5	1.6±0.5	1.6±0.5	1.5±0.5	1.5±0.5	3.81**
鼻背侧面观	2.1±0.5	2.1±0.4	2.2±0.5	2.1±0.5	1.8±0.5	1.9±0.5	1.9±0.5	1.9±0.5	3.81**
鼻基部	1.7±0.5	1.6±0.5	1.7±0.7	1.7±0.6	1.6±0.5	1.6±0.5	1.5±0.5	1.6±0.5	1.67
颧部突出度	2.8±0.5	2.6±0.8	2.7±0.7	2.7±0.7	2.7±0.7	2.6±0.7	2.7±0.7	2.7±0.7	0.00
耳垂类型	2.3±0.8	2.2±0.9	2.0±0.9	2.2±0.9	2.3±0.8	2.3±0.9	2.2±0.9	2.3±0.9	1.06
下颏类型	2.1±0.3	2.0±0.5	1.9±0.4	2.0±0.4	2.1±0.4	2.1±0.5	2.1±0.4	2.1±0.4	2.38*

注：u 为性别间 u 检验值，*表示 P<0.05，**表示 P<0.01，差异具有统计学意义

表 1-22　喀左县蒙古族体质指数均数（Mean±SD）

指标	男性 20~44岁组	男性 45~59岁组	男性 60~80岁组	男性 合计	女性 20~44岁组	女性 45~59岁组	女性 60~80岁组	女性 合计	u
头长宽指数	86.0±2.6	84.8±3.6	84.4±4.0	84.8±3.7	87.8±3.8	86.3±3.9	85.2±4.0	86.3±4.0	3.76**
头长高指数	71.1±5.1	71.4±5.1	69.3±4.9	70.4±5.1	73.0±4.3	71.0±4.9	69.9±5.0	71.1±4.9	1.32
头宽高指数	82.7±5.6	84.2±5.5	82.3±5.9	83.1±5.7	83.3±4.6	82.4±5.7	82.0±5.7	82.5±5.5	1.01
额顶宽度指数	67.0±5.1	66.8±3.8	65.8±2.5	66.4±3.6	66.6±3.0	66.9±2.6	66.2±2.8	66.6±2.7	0.57
容貌面指数	132.6±7.7	136.7±7.2	135.4±6.5	135.5±7.1	134.7±6.4	136.2±7.3	133.9±8.3	135.1±7.5	0.53
形态面指数	84.6±5.4	87.9±5.1	88.8±5.4	87.7±5.5	83±4.6	85.9±4.8	86.4±5.9	85.4±5.3	4.03**
头面宽指数	93.6±5.0	94.0±3.5	92.7±2.7	93.4±3.5	91.6±3.0	92.1±2.6	91.2±3.5	91.7±3.0	4.84**
头面高指数	95.9±6.8	98.4±7.9	100.5±9.4	98.9±8.6	91.4±6.0	96.3±7.0	96.3±7.6	95.1±7.2	4.43**

续表

指标	男性 20~44岁组	男性 45~59岁组	男性 60~80岁组	男性 合计	女性 20~44岁组	女性 45~59岁组	女性 60~80岁组	女性 合计	u
颧额宽指数	71.7±6.0	71.1±3.5	71.0±2.6	71.1±3.7	72.7±2.5	72.6±2.3	72.6±3.4	72.6±2.8	4.17**
鼻指数	69.8±5.2	69.2±7.4	68.5±7.2	69.0±7.0	71.2±6.6	70.4±5.8	70.2±5.5	70.5±5.8	2.16*
口指数	37.7±6.9	32.9±6.1	28.1±9.4	31.5±8.6	39.0±8.1	33.3±6.9	28.8±8.2	33.1±8.5	1.78
容貌耳指数	48.9±3.6	50.3±3.6	50.5±4.7	50.2±4.1	51.7±4.1	52.2±4.1	51.6±4.5	51.9±4.2	3.92**
身高坐高指数	54.2±1.3	53.4±1.6	53.2±1.3	53.4±1.4	54.3±1.2	54.5±1.2	54.2±2.4	54.4±1.7	6.32**
身高体重指数	461.0±91.8	435.0±56.5	407.3±65.0	427.0±69.4	379.3±59.4	413.6±60.2	384.3±66.9	400.2±62.0	3.81**
身高胸围指数	56.0±4.3	56.7±3.5	57.0±4.7	56.7±4.2	54.5±4.9	58.4±4.6	58.8±5.6	57.6±5.3	1.86
身高肩宽指数	23.9±0.7	23.4±1.0	23.3±0.9	23.5±0.9	22.6±4.2	23.2±0.8	22.8±1.1	22.9±1.0	6.11**
身高骨盆宽指数	17.5±0.9	17.7±0.8	18.2±0.9	17.9±0.9	17.9±0.8	19.0±0.9	19.4±1.0	18.9±1.1	9.80**
肩宽骨盆宽指数	73.1±3.7	75.7±3.9	78.0±4.1	76.3±4.3	79.2±4.6	82.1±3.6	85.3±4.8	82.5±4.8	13.20**
马氏指数	84.7±4.5	87.3±5.4	88.1±4.5	87.3±5.0	84.2±4.2	83.5±4.1	84.8±7.3	84.1±5.4	5.93**
坐高下身长指数	1.2±0.1	1.1±0.1	1.1±0.1	1.1±0.1	1.2±0.1	1.2±0.1	1.2±0.1	1.2±0.1	9.52**
身高上肢长指数	43.9±1.4	44.2±1.4	44.6±1.3	44.3±1.3	42.8±2.3	43.5±2.3	44.4±2.1	43.6±2.3	3.92**
身高下肢长指数	51.6±0.7	52.1±1.1	53.1±1.4	52.5±1.3	53.5±1.2	53.4±1.2	53.4±1.6	53.4±1.3	6.59**
上下肢长指数	85.2±3.2	84.8±3.0	84.1±3.0	84.6±3.0	80.0±4.7	81.4±4.6	83.3±4.2	81.7±4.6	7.64**

注：u 为性别间 u 检验值，*表示 $P<0.05$，**表示 $P<0.01$，差异具有统计学意义

表 1-23 喀左县蒙古族血压、心率均数（mmHg，Mean±SD）

指标	男性 20~44岁组	男性 45~59岁组	男性 60~80岁组	男性 合计	女性 20~44岁组	女性 45~59岁组	女性 60~80岁组	女性 合计	u
收缩压	128.6±16.6	138.0±19.1	150.4±23.2	137.9±29.6	117.6±21.9	133.8±19.8	147.4±24.9	134.6±24.4	1.11
舒张压	80.5±8.6	87.9±12.3	89.8±19.2	85.1±18.3	76.3±13.7	84.3±13.3	84.9±12.0	82.6±13.4	1.39
心率/（次/min）	76.8±12.5	76.9±12.8	73.1±11.6	73.4±15.7	79.6±12.7	75.4±10.1	77.5±11.8	77.1±11.4	2.41*

注：u 为性别间 u 检验值，*表示 $P<0.05$，差异具有统计学意义

表 1-24 喀左县蒙古族体型（Mean±SD）

指标	男性 20~44岁组	男性 45~59岁组	男性 60~80岁组	男性 合计	女性 20~44岁组	女性 45~59岁组	女性 60~80岁组	女性 合计
内因子	5.4±1.4	5.2±1.1	4.9±1.2	5.1±1.2	6.8±0.9	7.0±0.9	6.6±1.2	6.8±1.0
中因子	5.1±1.5	5.2±1.0	5.0±1.1	5.1±1.1	3.9±1.3	4.7±1.2	4.8±1.3	4.6±1.3
外因子	1.2±1.4	1.2±0.9	1.4±1.2	1.3±1.1	1.5±1.4	0.7±0.9	0.9±1.0	1.0±1.0
HWR	40.1±2.4	40.2±1.8	40.5±2.2	40.3±2.1	40.6±2.1	39.0±2.0	39.4±2.2	39.5±2.2
X	−4.2±2.7	−4.0±1.9	−3.4±2.3	−3.8±2.2	−5.3±1.9	−6.3±1.6	−5.7±2.1	−5.9±1.9
Y	3.6±3.4	4.0±2.4	3.8±2.5	3.8±2.6	−0.4±3.3	1.7±2.5	2.0±2.7	1.3±2.9
SAM	3.2±1.2	2.7±1.2	2.5±1.3	2.7±1.3	3.9±0.8	4.2±1.0	3.9±1.2	4.0±1.0

三、喀左县蒙古族的体质特征

喀左县蒙古族男性眼内角间宽、唇高、红唇厚度值与女性接近，其余头面部测量指标值都大于女性（表 1-19）。喀左县蒙古族男性体重（71.1kg±13.0kg）重于阜新蒙古族

男性，身高为 1661.4mm±67.5mm，与阜新蒙古族接近，属于中等身材，20~44 岁组身高为 1703.3mm±62.8mm，已经属于高身材。喀左县蒙古族女性体重为 61.3kg±10.6kg，身高为 1549.3mm±61.5mm，属于中等身材，矮于阜新蒙古族，20~44 岁组身高为 1581.2mm±57.7mm，属于超中等身材，高于阜新蒙古族。喀左县蒙古族男性体部指标值都大于女性（表 1-20）。

根据头面部观察指标平均级的性别间比较（表 1-21）可知，与女性相比，喀左县蒙古族男性额部较倾斜，眉毛较密，眉弓较为粗壮，上眼睑皱褶发达程度与女性接近，蒙古褶欠发达，眼裂较为狭窄，眼裂倾斜度更显水平，鼻根高于女性，鼻背更直，鼻基部更趋于水平，颧部突出度与女性接近，耳垂形状接近女性，下颏更直些。

根据体质指数（表 1-22）可知，喀左县蒙古族男性属于圆头型、高头型、中头型、中面型、狭鼻型（已经达到狭鼻型的上限）、长躯干型（刚刚达到长躯干型的下限）、中腿型、宽胸型、宽肩型、宽骨盆型（刚刚达到宽骨盆型的下限）。女性属于特圆头型、高头型、中头型、狭面型、中鼻型（刚刚达到中鼻型的下限）、长躯干型（处于长躯干型的下限）、亚短腿型、宽胸型、宽肩型、宽骨盆型（刚刚达到宽骨盆型的下限）。

喀左县蒙古族男性收缩压均数（137.9mmHg±29.6mmHg）已经接近高血压诊断的下限 140mmHg，女性收缩压（134.6mmHg±24.4mmHg）则小于 140mmHg，还没有进入高血压范围（表 1-23）。男性 60~80 岁组的收缩压（150.4mmHg±23.2mmHg）、女性 60~80 岁组的收缩压（147.4mmHg±24.9mmHg）已经进入高血压范围。男性（85.1mmHg±18.3mmHg）、女性（82.6mmHg±13.4mmHg）舒张压均数均小于 90mmHg，没有进入高血压范围（表 1-26）。男性、女性的心率均数都正常。男性的收缩压、舒张压与女性接近，心率低于女性。

在蒙古族各族群中，喀左县蒙古族男性内因子值高，中因子值低，外因子值中等。女性内因子值高，中、外因子值低（表 1-24）。男性的内因子值小于女性，中、外因子值大于女性。男性 HWR 值大于女性，表明其身体充实度小于女性。男性 SAM 值小于女性，表明男性个体之间的体型点比女性更集中一些。

在体型散点图（图 1-1D）上可以看到，男性三个年龄组的点很接近，位于外因子轴虚线半轴的两侧；女性三个年龄组的点略分散，处于内因子轴实线半轴和外因子轴虚线半轴所夹的近似扇形中，其中有两个点在近似扇形之外。

第五节 东北三省蒙古族

一、东北三省蒙古族的体质数据

东北三省蒙古族头面部测量指标均数见表 1-25，体部指标均数见表 1-26，头面部观察指标平均级见表 1-27，体质指数均数见表 1-28，血压、心率均数见表 1-29。

二、东北三省蒙古族的体质特征分析

东北三省蒙古族男性唇高、红唇厚度值与女性接近，其余头面部测量指标值都大于

表 1-25　东北三省蒙古族头面部测量指标均数（mm，Mean±SD）

指标	男性 20～44岁组	男性 45～59岁组	男性 60～80岁组	男性 合计	女性 20～44岁组	女性 45～59岁组	女性 60～80岁组	女性 合计	u
头长	181.1±6.8	181.4±6.7	181.3±6.0	181.3±6.5	170.9±5.3	172.2±6.3	173.5±5.6	172.2±5.9	26.57**
头宽	158.0±6.6	155.8±5.8	154.4±5.5	156.0±6.1	150.0±5.4	148.5±5.4	148.7±5.2	149.0±5.4.0	22.32**
额最小宽	106.7±6.4	104.4±4.7	102.8±4.7	104.6±5.4	101.8±3.6	101.5±3.9	100.7±4.5	101.4±4.0	11.82**
面宽	145.5±6.2	143.8±5.7	141.6±4.9	143.6±5.8	137.0±4.6	135.7±4.9	134.8±5.2	135.9±5.0	25.91**
下颌角间宽	112.0±7.1	111.4±8.9	110.4±6.5	111.3±7.7	105.3±4.3	105.5±4.9	105.3±4.8	105.4±4.7	16.06**
眼内角间宽	33.9±2.8	32.1±2.6	32.4±2.3	32.7±2.7	32.9±3.9	31.7±2.3	32.2±2.5	32.2±2.8	3.70**
眼外角间宽	91.3±4.6	89.5±4.5	86.8±4.2	88.9±4.8	87.1±3.5	84.8±4.0	84.2±4.3	85.3±4.1	14.92**
鼻宽	38.1±2.5	38.1±2.9	38.7±3.1	38.3±2.9	34.7±2.4	35.1±2.3	35.9±2.7	35.2±2.5	21.22**
口宽	47.3±3.4	48.1±3.4	48.7±3.9	48.1±3.6	43.6±3.2	45.0±3.1	45.7±3.7	44.9±3.4	16.84**
容貌面高	193.6±9.4	193.9±9.0	193.9±8.8	193.8±9.0	185.4±8.2	183.9±8.3	181.8±8.4	183.7±8.4	21.20**
形态面高	122.2±6.8	124.0±6.9	124.8±7.1	123.7±7.0	113.3±5.7	115.0±5.7	115.7±6.1	114.5±5.9	25.13**
鼻高	52.6±3.8	53.7±4.0	55.1±4.3	53.8±4.2	48.5±3.2	49.2±3.6	49.8±3.4	49.2±3.5	22.17**
鼻长	46.4±3.9	47.5±4.4	49.1±4.3	47.7±4.4	42.7±3.6	42.9±3.6	43.4±3.5	42.9±3.6	21.46**
上唇皮肤部高	16.8±2.7	18.4±2.5	19.2±2.8	18.2±2.8	15.1±2.3	17.0±2.5	18.0±2.6	16.8±2.7	9.16**
唇高	17.8±3.7	15.3±3.6	13.6±4.0	15.4±4.1	17.0±3.1	15.1±3.1	13.4±3.5	15.1±3.5	1.52
红唇厚度	8.1±2.0	6.8±1.8	5.9±2.1	6.9±2.1	7.5±1.6	6.9±1.5	6.0±1.8	6.8±1.7	0.37
容貌耳长	62.7±4.8	65.0±4.5	66.8±5.0	64.9±5.0	57.2±4.4	59.8±4.4	63.2±4.6	60.0±5.0	18.22**
容貌耳宽	32.2±3.1	33.3±2.8	34.4±3.2	33.3±3.1	30.2±2.7	31.7±2.6	33.2±2.8	31.7±2.9	9.85**
耳上头高	134.2±9.9	130.6±9.7	128.2±10.0	130.8±10.1	126.8±8.8	124.1±9.8	123.9±9.0	124.8±9.4	11.44**

注：u 为性别间 u 检验值，**表示 $P<0.01$，差异具有统计学意义

表 1-26　东北三省蒙古族体部指标均数（mm，Mean±SD）

指标	男性 20～44岁组	男性 45～59岁组	男性 60～80岁组	男性 合计	女性 20～44岁组	女性 45～59岁组	女性 60～80岁组	女性 合计	u
体重/kg	74.8±13.8	71.7±11.6	66.6±10.9	70.9±12.4	60.6±9.3	63.3±9.1	59.7±10.7	61.8±9.8	14.65**
身高	1686.6±59.9	1660.5±64.4	1632.7±62.6	1658.9±65.9	1574.9±53.2	1548.6±53.3	1523.7±55.9	1549.5±57.2	32.34**
耳屏点高	1552.4±57.4	1529.9±62.6	1504.6±61.7	1528.1±63.6	1448.1±51.8	1424.5±51.7	1399.8±55.8	1424.7±55.8	31.54**
颏下点高	1457.2±55.3	1433.0±58.8	1404.5±60.7	1430.6±61.8	1357.8±50.2	1335.4±54.8	1309.6±54.7	1335.6±56.5	29.55**
肩峰点高	1373.5±56.9	1357.6±59.7	1340.9±56.8	1356.7±59.2	1287.2±49.3	1267.5±49.7	1248.0±53.1	1268.0±52.6	28.95**
胸上缘高	1377.9±56.8	1361.3±56.7	1339.4±56.0	1358.9±58.3	1287.5±50.0	1269.4±51.1	1250.2±56.7	1269.8±54.3	29.05**
桡骨点高	1060.3±43.1	1044.2±47.9	1025.7±44.6	1042.8±47.4	991.6±39.4	976.5±38.6	958.1±43.9	976.0±42.3	27.16**
茎突点高	827.6±34.7	813.7±41.2	796.2±40.0	812.0±40.9	780.5±34.3	764.1±34.7	744.3±43.3	763.3±39.6	22.30**
髂前上棘点高	941.1±45.0	923.4±46.3	920.8±46.5	927.5±46.7	888.4±38.2	877.0±38.8	865.6±45.8	877.5±41.7	20.65**
胫上点高	459.9±22.5	452.6±21.5	448.2±22.7	453.2±22.6	420.8±21.9	416.9±21.7	412.8±22.0	417.0±22.0	29.98**
内踝下点高	55.1±4.9	53.9±5.2	52.8±4.8	53.9±5.1	46.6±3.1	46.7±3.1	46.1±3.3	46.6±3.2	30.57**
坐高	907.2±33.5	886.9±36.2	867.3±35.1	886.3±38.3	857.3±31.1	841.4±31.2	821.6±37.3	840.7±35.6	22.67**
肩宽	391.9±22.3	385.4±20.1	375.5±17.6	384.1±21.0	357.3±15.2	355.1±15.5	344.4±18.4	352.8±17.2	29.52**
骨盆宽	288.8±17.4	294.1±16.3	292.9±14.7	292.2±16.2	281.3±15.5	290.4±16.8	291.9±16.1	288.6±16.8	4.06**
躯干前高	598.4±38.7	587.7±32.9	574.0±32.3	586.3±35.7	569.9±34.2	562.3±34.8	548.1±39.9	561.0±37.1	12.93**
上肢全长	726.5±39.3	723.1±38.7	723.2±35.6	724.1±37.9	674.6±31.7	671.0±34.5	671.5±33.7	672.4±33.6	26.40**
下肢全长	903.5±41.3	887.7±42.6	887.5±43.2	892.1±43.0	858.8±36.1	849.1±36.5	839.6±43.0	849.6±39.1	18.95**

注：u 为性别间 u 检验值，**表示 $P<0.01$，差异具有统计学意义

表 1-27　东北三省蒙古族头面部观察指标平均级（Mean±SD）

指标	男性 20～44岁组	男性 45～59岁组	男性 60～80岁组	男性 合计	女性 20～44岁组	女性 45～59岁组	女性 60～80岁组	女性 合计	u
前额倾斜度	1.5±0.5	1.5±0.5	1.5±0.5	1.5±0.5	1.9±0.9	1.7±0.5	1.7±0.5	1.8±0.6	9.94**
眉毛发达度	2.2±0.6	2.0±0.7	1.8±0.7	2.0±0.7	1.6±0.6	1.7±0.6	1.4±0.6	1.6±0.6	11.54**
眉弓粗壮度	1.4±0.5	1.3±0.5	1.1±0.4	1.2±0.4	1.0±0.2	1.1±0.6	1.0±0.2	1.1±0.5	7.58**
上眼睑皱褶	1.9±1.4	1.9±1.4	1.8±1.5	1.9±1.4	2.2±1.3	2.1±1.3	1.6±1.4	2.0±1.4	1.14
蒙古褶	1.7±1.2	0.6±0.8	0.4±0.7	0.8±1.0	1.7±1.0	0.8±0.8	0.4±0.7	0.9±1.0	1.79
眼裂高度	1.5±0.5	1.4±0.5	1.4±0.5	1.4±0.5	1.9±0.5	1.6±0.5	1.6±0.5	1.7±0.6	8.00**
眼裂倾斜度	2.6±0.5	2.3±0.5	2.3±0.5	2.4±0.5	2.8±0.4	2.5±0.5	2.4±0.5	2.6±0.5	6.02**
鼻根高度	1.6±0.5	1.6±0.5	1.6±0.5	1.6±0.5	1.5±0.5	1.5±0.5	1.5±0.5	1.5±0.5	4.52**
鼻背侧面观	2.1±0.5	2.1±0.5	2.2±0.5	2.1±0.5	1.8±0.5	1.8±0.5	1.9±0.5	1.9±0.5	9.59**
鼻基部	1.6±0.5	1.6±0.5	1.8±0.6	1.7±0.5	1.5±0.5	1.5±0.5	1.5±0.5	1.5±0.5	5.59**
颧部突出度	2.0±0.9	2.1±1.0	2.2±0.9	2.1±0.9	1.9±0.9	1.8±1.0	2.0±1.0	1.9±1.0	4.71**
耳垂类型	2.3±0.9	2.1±0.9	2.0±1.0	2.1±0.9	2.4±0.8	2.2±0.9	2.2±0.9	2.3±0.9	2.41*
下颏类型	2.1±0.5	2.1±0.5	1.9±0.5	2.0±0.5	2.1±0.5	2.0±0.5	1.9±0.5	2.0±0.5	0.03

注：u 为性别间 u 检验值，*表示 $P<0.05$，**表示 $P<0.01$，差异具有统计学意义

表 1-28　东北三省蒙古族体质指数均数（Mean±SD）

指标	男性 20～44岁组	男性 45～59岁组	男性 60～80岁组	男性 合计	女性 20～44岁组	女性 45～59岁组	女性 60～80岁组	女性 合计	u
头长宽指数	87.3±3.7	86.0±4.2	85.3±3.9	86.1±4.0	87.8±4.1	86.3±4.0	85.7±3.7	86.6±4.0	2.00*
头长高指数	74.2±5.3	72.1±5.6	70.7±5.5	72.2±5.6	74.2±5.3	72.1±5.7	71.4±5.4	72.5±5.6	0.88
头宽高指数	85.0±5.9	83.8±5.9	83.0±6.1	83.9±6.0	84.6±5.9	83.6±6.6	83.4±6.1	83.8±6.3	0.29
额顶宽度指数	67.6±4.3	67.1±3.1	66.6±2.8	67.1±3.4	67.9±2.9	68.4±2.8	67.8±3.1	68.1±2.9	6.04**
容貌面指数	133.2±7.1	134.9±6.9	137.0±6.6	135.1±7.0	135.4±6.8	135.6±7.2	135.1±7.6	135.4±7.2	0.66
形态面指数	84.0±4.8	86.3±5.2	88.2±5.2	86.3±5.3	82.8±4.7	84.8±4.8	85.9±5.2	84.6±5.0	6.03**
头面宽指数	92.2±3.3	92.3±3.2	91.7±2.8	92.1±3.1	91.4±2.8	91.5±3.0	90.7±3.0	91.3±3.0	5.06**
头面高指数	91.4±7.5	95.4±8.4	97.9±8.9	95.1±8.7	89.8±7.7	93.2±8.6	93.8±8.0	92.5±8.3	5.59**
颧额宽指数	73.4±4.2	72.7±3.0	72.7±3.2	72.9±3.5	74.3±2.8	74.8±2.9	74.8±3.4	74.7±3.0	10.25**
鼻指数	72.8±7.2	71.3±7.5	70.6±7.1	71.5±7.3	71.7±6.7	71.7±6.8	72.3±7.2	71.9±6.9	0.96
口指数	37.9±8.3	31.9±7.8	28.1±8.6	32.4±9.0	39.1±7.7	33.6±7.1	29.3±7.9	33.9±8.3	3.29**
容貌耳指数	51.5±4.3	51.3±3.8	51.7±5.0	51.5±4.4	52.9±4.5	53.2±4.4	52.8±4.6	53.0±4.5	6.48**
身高坐高指数	53.8±1.2	53.4±1.3	53.1±1.3	53.4±1.3	54.4±1.3	54.3±1.3	53.9±1.8	54.3±1.5	11.20**
身高体重指数	442.8±76.5	430.6±61.5	407.2±59.9	426.5±67.0	385.0±57.0	408.4±55.1	391.3±64.9	398.6±59.4	8.04**
身高胸围指数	56.5±4.8	57.4±3.6	57.5±4.4	57.2±4.2	55.4±4.7	58.6±4.4	59.1±5.0	57.9±4.9	3.26**
身高肩宽指数	23.2±1.2	23.2±1.0	23.0±1.0	23.2±1.0	22.7±1.0	22.9±0.9	22.6±1.1	22.8±1.0	6.81**
身高骨盆宽指数	17.1±0.9	17.7±0.8	17.9±0.9	17.6±0.9	17.9±1.0	18.8±1.1	19.2±1.1	18.6±1.1	18.66**
肩宽骨盆宽指数	73.8±4.4	76.4±4.0	78.1±3.9	76.2±4.4	78.8±4.2	81.9±4.6	84.9±5.8	81.9±5.4	21.95**
马氏指数	86.0±4.3	87.3±4.5	88.3±4.7	87.3±4.6	83.8±4.4	84.1±4.4	85.6±5.8	84.4±4.9	11.15**
坐高下身长指数	1.2±0.1	1.1±0.1	1.1±0.1	1.1±0.1	1.2±0.1	1.2±0.1	1.2±0.1	1.2±0.1	11.08**
身高上肢长指数	43.1±1.4	43.5±1.5	44.3±1.5	43.7±1.6	42.7±1.6	43.3±1.7	44.1±1.9	43.4±1.8	2.79**
身高下肢长指数	53.6±1.8	53.5±1.9	54.4±2.1	53.8±2.0	54.5±1.7	54.8±1.9	55.1±2.2	54.8±1.9	9.91**
上下肢长指数	80.5±4.0	81.5±3.8	81.6±3.7	81.2±3.9	78.6±3.4	79.1±3.9	80.1±4.8	79.2±4.1	9.45**

注：u 为性别间 u 检验值，*表示 $P<0.05$，**表示 $P<0.01$，差异具有统计学意义

表 1-29 东北三省蒙古族血压、心率均数（mmHg，Mean±SD）

指标	男性 20~44岁组	男性 45~59岁组	男性 60~80岁组	男性 合计	女性 20~44岁组	女性 45~59岁组	女性 60~80岁组	女性 合计	u
收缩压	132.5±16.9	136.6±20.7	146.9±22.6	139.0±21.2	117.7±21.4	132.6±20.7	145.6±23.5	132.7±24.1	5.25**
舒张压	82.0±12.5	85.6±12.5	87.9±16.0	85.5±13.9	76.6±13.6	84.5±13.8	85.2±13.0	82.7±13.9	3.64**
心率/(次/min)	79.2±13.6	78.1±13.3	77.4±12.9	78.1±13.2	79.8±12.2	77.6±11.2	79.2±11.9	78.5±11.7	0.55

注：u 为性别间 u 检验值，**表示 $P<0.01$，差异具有统计学意义

女性（表 1-25）。男性体重为 70.9kg±12.4kg，身高为 1658.9mm±65.9mm，属于中等身材，20~44 岁组身高为 1686.6mm±59.9mm，属于超中等身材。女性体重为 61.8kg±9.8kg，身高为 1549.5mm±57.2mm，属于中等身材，20~44 岁组身高为 1574.9mm±53.2mm，属于超中等身材。东北三省蒙古族男性体部指标值都大于女性（表 1-26）。

根据东北三省蒙古族头面部观察指标平均级的性别间比较（表 1-27）可知，与女性相比，男性额部较倾斜，眉毛较密，眉弓较为粗壮，上眼睑皱褶、蒙古褶发达程度与女性接近，眼裂较为狭窄，眼裂倾斜度更显水平，鼻根高度高于女性，鼻背更直，鼻基部更趋于水平，颧骨不如女性突出，有耳垂率更高些，下颏类型形状接近女性。

根据体质指数（表 1-28）可知，东北三省蒙古族男性属于特圆头型、高头型、中头型、中面型、中鼻型、中腿型、宽胸型、宽肩型、宽骨盆型。女性属于特圆头型、高头型、中头型、狭面型、中鼻型、亚短腿型、宽胸型、中肩型、宽骨盆型。

东北三省蒙古族男性（139.0mmHg±21.2mmHg）、女性（132.7mmHg±24.1mmHg）收缩压均数小于高血压诊断的下限 140mmHg，还没有进入高血压范围；但男性收缩压均数已经接近高血压诊断的下限，男性 60~80 岁组收缩压已经达到 146.9mmHg±22.6mmHg，女性 60~80 岁组收缩压均数为 145.6mmHg±23.5mmHg，都已经超过高血压诊断的下限（表 1-29）。男性（85.5mmHg±13.9mmHg）、女性（82.7mmHg±13.9mmHg）舒张压均数均小于 90mmHg，没有进入高血压范围。男性、女性的心率均数都正常。男性的收缩压、舒张压高于女性，二者心率接近。

参 考 文 献

[1] 王国志. 杜尔伯特蒙古族自治县志. 哈尔滨：黑龙江人民出版社, 1996.
[2] 王国志. 杜尔伯特探源. 黑龙江民族丛刊, 1992, (2): 77-78.
[3] 何学娟. 黑龙江蒙古部落迁徙考. 黑龙江民族丛刊, 2007, (6): 67-72.
[4] 杨中华. 蒙古人驻牧郭尔罗斯考. 黑龙江民族丛刊, 1994, (1): 86-87.
[5] 巴·浩图洛布尔诺. 嫩江流域蒙古族述略. 黑龙江民族丛刊, 1993, (1): 73-76.
[6] 苏立贤. 阜新县蒙古族自治县志. 沈阳：辽宁民族出版社, 1998.
[7] 姚海山, 胡国志. 乌梁海蒙古与清代喀喇沁部——辽宁省喀喇沁左翼蒙古族旗历史与探源. 满族研究, 2004, (4): 90-96.
[8] 张艳华. 喀喇沁旗蒙古族的来源及喀喇沁旗的形成. 赤峰学院学报(哲学社会科学版), 2014, (6): 23-25.
[9] 阿尔丁夫. 关于喀喇沁部的来源. 内蒙古大学学报(哲学社会科学版), 2008, 40(3): 34-40.
[10] 乌凤丽. 喀左蒙古族的来源及喀喇沁左翼旗的形成. 满族研究, 2004, (2): 67-70.

第二章　内蒙古蒙古族的体质特征

内蒙古自治区是中国蒙古族人口最多的地区。研究组完成了巴尔虎部、布里亚特部、鄂尔多斯部的蒙古族体质测量和研究工作，同时还搜集到科尔沁部、赤峰蒙古族、锡林郭勒蒙古族、乌拉特部的体质资料，本章将介绍内蒙古蒙古族的体质情况。

第一节　巴尔虎部

一、巴尔虎部简介

巴尔虎部旧称巴尔忽部，历史久远，早在蒙古统一之前巴尔虎的各种名称就已经屡见经传。《隋书》称之为"拔野固"，《新唐书》和《旧唐书》等称之为"拔野古"和"拔也古"等。如果从拔野古在公元3世纪就加入了以丁零为核心的部落联盟算起，巴尔虎部已经有2300多年的历史了。作为一个著名的部落，巴尔虎部至今已经有1300多年的历史，因其部族原在贝加尔湖以东巴尔古津河一带从事游牧和渔猎生产而得名。古代巴尔虎部是丁零民族群体中的一员。唐朝的时候，巴尔虎部成了薛延陀汗国的一员。745年，巴尔虎部被逐渐融合到统一的回纥汗国中，成吉思汗十三年其被成吉思汗长子术赤招降，其聚居地成为术赤的分地，是蒙古"林中百姓"的一部分。元朝灭亡，巴尔虎部分成两部分，西部的巴尔虎，兴盛时有数万之众，游牧于青海湖四周，最后除少数一部分融入留在青海的蒙古人中外，大多退回漠北，归入喀尔喀蒙古族，成为漠北喀尔喀蒙古族及漠西卫拉特部的属部。1732年，清政府为了加强呼伦贝尔地区的防守，将275名巴尔虎蒙古人迁驻在今陈巴尔虎旗境内。1734年，清政府又将喀尔喀蒙古族车臣汗部2984名巴尔虎蒙古人迁驻在克鲁伦河下游和呼伦湖两岸即今新巴尔虎左右两旗地区内。巴尔虎部定居呼伦贝尔已有270多年了，已成为呼伦贝尔的主要居民。中国的巴尔虎部的先民曾先后生活在西伯利亚、中国青海、蒙古国、中国内蒙古诸地域，经历了由突厥部落向蒙古族部落的转变，与周边的很多民族、种族发生过长期基因交流。应该说，巴尔虎部较为复杂的基因结构是其体质特征的遗传基础。

古代巴尔虎部是突厥语部族。巴尔虎部融入蒙古民族后，巴尔虎语大量吸收蒙古语成分，最终成为蒙古语族的一支。巴尔虎语和国外的布里亚特语接近，也称为巴尔虎-布里亚特语。国际上巴尔虎-布里亚特语为蒙古语族的9种语支之一。在中国境内，目前巴尔虎语和蒙古语的共同性不断增加，其逐渐演变为蒙古语的一种方言。巴尔虎-布里亚特语无论作为蒙古语族的一个语支，还是作为蒙古语的重要方言，都提示了巴尔虎部在蒙古族诸族群中的独特地位。巴尔虎语的发展过程反映了巴尔虎部与蒙古族其他族群的融合历程，也是巴尔虎部体质特征逐渐变化的过程。巴尔虎语已经列入联合国的《濒危语言红皮书》。

由于在众多蒙古族群中巴尔虎部有较为独特的语言（巴尔虎语）、习俗和族群历史，而成为蒙古族中一支独特的族群。

目前巴尔虎部主要聚居在中国的呼伦贝尔草原。在俄罗斯布里亚特共和国及蒙古国东方省的呼伦贝尔苏木和古尔班扎格尔苏木也有部分巴尔虎部聚居。

为探讨巴尔虎部的体质特征，结合巴尔虎部迁徙、发展的历史来分析其体质特征形成的遗传因素，探讨其独特的生活环境、饮食成分对体质特征形成的影响。2013 年课题组来到内蒙古自治区呼伦贝尔市新巴尔虎左旗，对巴尔虎部进行了体质测量，共测量 400 例（男性 196 例，女性 204 例）巴尔虎部。测量地点的地理坐标为北纬 48°13′、东经 118°18′，年平均温度为 0.2℃。分为 20～44 岁组、45～59 岁组、60～80 岁组三个年龄组统计数据，三个年龄组样本量男性分别为 100 例、60 例、36 例，女性分别为 88 例、73 例、43 例。现已经发表了巴尔虎部体质特征[1]、巴尔虎蒙古族成人围度特征[2]、巴尔虎部头面部形态特征的年龄变化[3]的研究成果。

呼伦贝尔草原，我们来了　　　　　　研究组在新巴尔虎左旗（著名的甘珠尔庙）

二、巴尔虎部的体质数据

巴尔虎部头面部测量指标均数见表 2-1，体部指标均数见表 2-2，体质指数均数见表 2-3，头面部观察指标平均级见表 2-4，体型数据见表 2-5。

表 2-1　巴尔虎部头面部测量指标均数（mm，Mean±SD）

指标	男性 20～44 岁组	男性 45～59 岁组	男性 60～80 岁组	男性 合计	女性 20～44 岁组	女性 45～59 岁组	女性 60～80 岁组	女性 合计	u
头长	189.0±7.2	190.2±7.8	188.3±9.2	189.2±7.8	180.0±6.3	181.3±6.8	181.2±6.8	180.7±6.6	11.92**
头宽	161.8±7.8	159.5±7.5	159.1±6.1	160.6±7.5	151.9±7.4	153.4±7.2	154.5±6.7	153.0±7.2	10.46**
额最小宽	107.0±7.1	104.7±9.4	101.1±7.3	105.2±8.2	100.8±7.4	100.9±7.1	99.6±7.0	100.6±7.2	6.04**
面宽	147.1±8.6	146.4±8.0	144.4±5.6	146.4±8.0	138.6±6.8	139.7±5.6	138.2±6.9	138.9±6.4	10.54**
下颌角间宽	116.9±8.7	118.4±8.9	114.5±9.3	116.9±8.9	109.2±6.6	109.7±8.1	108.2±7.3	109.2±7.3	9.68**
眼内角间宽	35.4±2.4	35.5±2.6	35.0±2.6	35.3±2.5	34.5±2.5	34.2±2.4	36.0±2.8	34.7±2.6	2.48*
眼外角间宽	86.9±5.5	86.6±6.0	85.4±4.7	86.5±5.5	84.2±5.3	82.7±5.1	80.9±5.1	83.0±5.3	6.75**
鼻宽	37.8±3.1	40.3±3.8	41.6±2.8	39.3±3.6	34.7±2.7	36.7±2.3	38.3±3.1	36.2±3.0	9.60**
口宽	48.4±5.0	51.1±3.9	51.5±4.0	49.8±4.7	43.5±4.4	47.2±3.7	47.1±5.3	45.6±4.7	9.11**
容貌面高	196.6±16.4	199.9±12.0	205.1±11.9	199.2±14.7	193.6±8.6	193.2±9.9	192.1±9.8	193.2±9.3	5.03**
形态面高	122.6±7.9	125.2±8.9	124.7±9.8	123.8±8.6	113.3±6.5	116.4±7.2	115.1±7.3	114.8±7.0	11.84**

续表

指标	男性 20~44岁组	男性 45~59岁组	男性 60~80岁组	男性 合计	女性 20~44岁组	女性 45~59岁组	女性 60~80岁组	女性 合计	u
鼻高	50.7±4.3	52.4±4.1	52.3±4.3	51.5±4.3	46.2±3.4	48.5±4.2	48.3±4.3	47.5±4.0	10.06**
鼻长	40.9±4.2	41.3±4.4	41.9±4.5	41.2±4.3	36.1±3.1	37.1±3.8	36.4±3.7	36.5±3.5	12.33**
上唇皮肤部高	13.5±2.4	14.0±2.6	15.5±2.7	14.0±2.6	12.5±2.2	14.2±2.3	13.8±3.0	13.4±2.6	2.59**
唇高	16.2±3.7	14.4±3.6	13.6±3.7	15.2±3.8	15.1±3.1	14.1±3.5	12.7±3.0	14.2±3.4	2.70**
红唇厚度	8.2±2.2	7.1±2.7	6.2±3.2	7.5±2.7	7.5±2.1	6.5±3.1	5.5±2.4	6.7±2.6	2.96**
容貌耳长	69.2±5.3	72.3±5.9	74.3±5.8	71.1±5.9	66.0±5.8	68.8±5.5	72.3±5.7	68.3±6.2	4.80**
容貌耳宽	38.8±4.3	40.2±4.3	40.8±4.6	39.6±4.4	37.0±4.6	39.6±3.7	40.3±4.3	38.6±4.5	2.25*
耳上头高	124.5±10.9	119.6±10.8	122±9.6	122.5±10.8	121.9±12.2	115.9±12.6	119.5±12.0	119.2±12.6	3.19**

注：u为性别间u检验值，*表示P<0.05，**表示P<0.01，差异具有统计学意义

表2-2 巴尔虎部体部指标均数（mm，Mean±SD）

指标	男性 20~44岁组	男性 45~59岁组	男性 60~80岁组	男性 合计	女性 20~44岁组	女性 45~59岁组	女性 60~80岁组	女性 合计	u
体重/kg	75.4±15.0	75.8±17.2	75.2±13.6	75.5±15.4	60.3±11.7	74.2±16.4	65.1±11.9	66.3±14.9	6.10**
身高	1711.4±65.3	1674.8±67.6	1679.8±65.2	1694.4±68.0	1580.5±52.4	1565.1±56.0	1541.0±54.7	1566.7±55.9	21.56**
耳屏点高	1586.9±63.1	1555.2±64.9	1557.8±64.4	1571.8±65.4	1458.6±50.2	1449.2±56.5	1421.5±54.6	1447.4±55.0	21.67**
肩峰点高	1399.7±60.7	1376.2±61.3	1381.6±63.0	1389.2±61.9	1293.1±48.8	1286.2±53.4	1259.7±47.8	1283.6±51.6	19.54**
胸上缘高	1401.5±57.9	1379.3±61.4	1387.4±57.9	1392.1±59.5	1292.5±51.2	1290.7±53.1	1268.5±44.3	1286.7±51.2	20.10**
桡骨点高	1077.6±51.5	1063.4±51.7	1061.7±50.9	1070.3±51.7	1002.3±40.8	996.8±41.9	969.1±43.1	993.3±43.4	17.10**
茎突点高	840.3±40.4	829.0±42.7	831.1±50.0	835.1±43.1	780.9±35.6	774.5±37.3	753.8±37.2	772.9±37.8	16.32**
髂前上棘点高	951.0±40.8	931.9±40.4	934.7±35.5	942.1±40.6	895.7±33.2	880.4±27.1	857.5±38.9	882.2±35.4	16.77**
胫上点高	442.4±23.6	433.6±19.9	433.3±14.5	438.0±21.4	418.9±20.0	409.4±16.8	404.0±17.3	412.4±19.2	13.46**
内踝下点高	75.0±4.8	73.4±6.9	71.2±6.4	73.8±5.9	69.7±4.8	69.2±5.0	68.7±4.5	69.3±4.8	8.84**
坐高	920.2±35.5	898.1±39.8	901.8±35.0	910.1±38.0	855.2±32.2	839.7±35.3	822.6±38.1	842.7±36.7	19.34**
肩宽	391.1±21.0	387.4±21.0	382.4±15.9	388.1±20.3	349.8±21.0	359.0±17.1	347.9±19.9	352.7±19.9	19.26**
骨盆宽	293.4±18.1	284.0±18.5	276.4±12.4	287.4±18.5	278.3±16.7	283.0±17.0	270.8±17.4	278.4±17.4	5.45**
躯干前高	610.4±31.5	602.6±35.4	609.4±28.7	607.8±32.3	566.9±32.5	565.3±34.7	550.0±29.7	562.7±33.3	15.47**
上肢全长	742.6±37.5	729.4±42.4	731.2±40.9	736.4±40.0	678.9±29.6	677.2±36.5	674.1±37.2	677.3±33.7	18.03**
下肢全长	911.3±36.4	895.0±35.5	896.6±31.6	903.6±36.0	866.0±30.7	851.9±25.3	829.8±35.8	853.3±32.9	16.48**

注：u为性别间u检验值，**表示P<0.01，差异具有统计学意义

表2-3 巴尔虎部体质指数均数（Mean±SD）

指标	男性 20~44岁组	男性 45~59岁组	男性 60~80岁组	男性 合计	女性 20~44岁组	女性 45~59岁组	女性 60~80岁组	女性 合计	u
头长宽指数	85.7±4.6	83.9±4.3	84.7±4.3	85.0±4.5	84.5±4.4	84.7±4.5	85.3±4.4	84.7±4.4	0.58
头长高指数	65.9±5.7	63.0±6.1	64.9±6.0	64.8±6.0	67.8±7.3	64.0±7.4	66.0±6.9	66.1±7.4	2.10*
头宽高指数	77.0±6.8	75.2±7.6	76.7±6.2	76.4±7.0	80.4±8.6	75.7±8.7	77.5±8.3	78.1±8.8	2.42*
额顶宽度指数	66.2±5.1	65.7±6.1	63.6±4.7	65.6±5.4	66.4±4.5	65.9±5.0	64.6±4.9	65.8±4.8	0.54
容貌面指数	134.0±12.1	136.9±10.4	142.2±9.4	136.4±11.5	140.0±8.3	138.4±7.6	139.2±8.1	139.3±8.0	3.40**
形态面指数	83.6±6.4	85.7±6.3	86.4±6.6	84.7±6.5	81.9±5.4	83.4±5.7	83.4±6.1	82.8±5.7	3.73**
头面宽指数	91.0±5.6	91.9±5.1	90.8±3.5	91.3±5.1	91.4±5.1	91.2±4.9	89.6±4.4	90.9±4.9	0.81

续表

指标	男性 20~44岁组	男性 45~59岁组	男性 60~80岁组	男性 合计	女性 20~44岁组	女性 45~59岁组	女性 60~80岁组	女性 合计	u
头面高指数	99.1±9.2	105.5±11.9	102.8±10.7	101.7±10.7	93.7±9.7	101.7±13.1	97.2±10.9	97.3±11.7	4.59**
颧额宽指数	73.0±6.9	71.6±6.7	70.0±5.1	72.0±6.6	72.9±5.7	72.3±5.1	72.1±4.8	72.5±5.3	0.96
鼻指数	75.0±8.0	77.3±8.3	79.9±8.7	76.6±8.4	75.4±7.9	76.2±8.4	80.1±10.6	76.7±8.9	0.08
口指数	33.8±8.3	28.4±7.1	26.7±8.0	30.8±8.4	35.2±8.3	30.2±8.7	27.4±7.6	31.7±8.8	1.25
容貌耳指数	56.2±6.2	55.8±5.7	55.1±6.3	55.9±6.0	56.3±6.5	57.9±6.2	55.8±5.7	56.8±6.3	1.70
身高坐高指数	53.8±1.4	53.6±1.2	53.7±1.4	53.7±1.3	54.1±1.4	53.7±1.3	53.4±1.6	53.8±1.4	0.60
身高体重指数	439.7±80.2	450.8±90.1	447.3±78.6	444.5±82.8	381.6±72.6	478.1±107.2	422.8±78.5	424.8±97.2	2.56*
身高胸围指数	56.1±4.5	58.2±4.7	58.5±5.0	57.2±4.7	55.1±5.8	62.9±5.8	60.2±6.1	59.0±6.8	3.58**
身高肩宽指数	22.9±1.1	23.1±1.1	22.8±1.1	22.9±1.1	22.1±1.4	22.9±0.9	22.6±1.2	22.5±1.2	4.07**
身高骨盆宽指数	17.2±0.9	17.0±1.0	16.5±0.8	17.0±0.9	17.6±1.2	18.1±1.1	17.6±1.2	17.8±1.1	9.19**
肩宽骨盆宽指数	75.0±2.0	73.3±1.9	72.2±2.0	74.0±2.1	79.8±5.6	78.8±3.3	77.9±3.9	79.0±4.6	16.82**
马氏指数	86.0±5.0	86.6±4.1	86.3±4.8	86.3±4.7	84.9±4.4	86.5±4.8	87.5±5.6	86.0±4.9	0.57
坐高下身长指数	1.2±0.1	1.2±0.1	1.2±0.1	1.2±0.1	1.2±0.1	1.2±0.1	1.1±0.1	1.2±0.1	0.65
身高上肢长指数	43.4±1.3	43.5±1.7	43.5±1.7	43.5±1.5	43.0±1.3	43.3±1.7	43.7±1.9	43.2±1.6	1.77
身高下肢长指数	53.3±1.5	53.5±1.4	53.4±1.6	53.4±1.5	54.8±1.2	54.5±1.5	53.8±1.1	54.5±1.3	9.69**
上下肢长指数	81.5±3.3	81.5±3.4	81.6±3.9	81.5±3.4	78.4±2.8	79.5±3.6	81.3±4.0	79.4±3.5	7.31**

注：u 为性别间 u 检验值，*表示 $P<0.05$，**表示 $P<0.01$，差异具有统计学意义

表 2-4 巴尔虎部头面部观察指标的平均级（Mean±SD）

指标	男性	女性	u	指标	男性	女性	u
上眼睑褶皱	1.5±0.5	1.4±0.5	2.00*	鼻孔类型	1.8±0.7	1.6±0.7	2.86**
蒙古褶	1.6±0.5	1.6±0.5	0.00	鼻翼宽	1.4±0.6	2.0±0.7	9.22**
眼裂倾斜度	1.3±0.5	1.4±0.6	1.81	耳垂类型	2.0±1.0	1.8±0.9	2.10*
眼倾斜	2.5±0.5	2.6±0.5	2.00*	上唇皮肤部高	1.7±0.6	1.6±0.6	1.67
鼻根高度	2.0±0.5	1.7±0.6	5.44**	红唇厚度	1.6±0.8	1.4±0.6	2.82**
鼻背侧面观	1.9±0.5	2.2±0.5	6.00**	鼻基部	1.9±0.6	1.7±0.6	3.33**
颧部突出度	1.3±0.7	1.1±0.4	3.49**	鼻翼高	2.0±0.4	1.9±1.4	0.98

注：u 为性别间 u 检验值，*表示 $P<0.05$，**表示 $P<0.01$，差异具有统计学意义

表 2-5 巴尔虎部体型（Mean±SD）

指标	男性 20~44岁组	男性 45~59岁组	男性 60~80岁组	男性 合计	女性 20~44岁组	女性 45~59岁组	女性 60~80岁组	女性 合计
内因子	4.5±1.4	4.5±1.2	4.4±1.1	4.5±1.3	5.5±1.1	6.2±0.8	5.9±0.7	5.9±1.0
中因子	5.7±1.5	6.3±1.5	6.0±1.4	6.0±1.5	5.4±1.7	7.2±1.9	6.6±1.8	6.3±2.0
外因子	1.6±1.3	1.1±1.0	1.2±1.0	1.4±1.2	1.6±1.3	0.4±0.6	0.7±0.8	1.0±1.1
HWR	40.8±2.3	39.9±2.2	40.0±2.3	40.4±2.3	40.6±2.6	37.5±2.4	38.6±2.5	39.1±2.9
X	−2.9±2.6	−3.4±2.1	−3.2±2.0	−3.1±2.3	−3.9±2.2	−5.9±1.2	−5.2±1.3	−4.9±2.0
Y	5.4±3.3	7.0±3.2	6.5±3.2	6.1±3.3	3.6±3.8	7.7±3.8	6.5±3.9	5.7±4.3
SAM	2.8±1.4	3.0±1.5	2.7±1.5	2.8±1.5	3.0±1.6	4.7±1.7	4.0±1.6	3.8±1.8

三、巴尔虎部的体质特征

巴尔虎部男性与已经发表的中国蒙古人种北亚类型其他族群体质数据（未列表）相比，头长值大，头、面宽值均很大，身材较高，鼻较宽，男性鼻宽均数为 39.3mm±3.6mm（蒙古人种男性鼻宽为 35～42mm），但鼻高值较小，眼内角间宽值中等，形态面高、口裂宽值小。巴尔虎部容貌特征另一个显著特点就是下颏明显前凸，男性下颏凸型率为 58.9%，女性为 61.3%，男女合计为 60.5%。这么高的下颏凸型率在中国其他族群中尚未见到。巴尔虎部女性与北亚类型诸族群比较，除眼内角间宽值较大以外，其余各项头面部指标与巴尔虎男性情况基本一致（表 2-1）。与 13 940 例中国南方汉族头面部资料[4]比较，巴尔虎部头长、头宽、面宽、下颌角间宽、眼内角间宽、鼻宽值大于南方汉族，额最小宽、口宽、鼻高、鼻深值小于南方汉族。巴尔虎部头宽、面宽、下颌角间宽值较大。蒙古人种北亚类型男性的鼻高为 50～55mm，鼻宽为 35～38mm，鼻指数为 70～77，面宽为 147～151mm，下颌角间宽为 115～117mm，形态面高为 120～125mm，凹鼻背率为 5%～40%，凸鼻背率为 5%～20%，厚唇率小于 30%，身高为 157～164cm[5]。本次测量巴尔虎部男性鼻高为 51.5mm±4.3mm，鼻宽为 39.3mm±3.6mm，鼻指数为 76.6±8.4，面宽为 146.4mm±8.0mm，下颌角间宽为 116.9mm±8.9mm，形态面高为 123.8mm±8.6mm，凹鼻背率为 16.3%，凸鼻背率为 10.5%，厚唇率为 13.8%。可以看出，巴尔虎部具有典型的蒙古人种北亚类型的面部特征。

巴尔虎部男性体重较大（75.5kg±15.4kg），身高达到 1694.4mm±68.0mm，属于超中等身材，20～44 岁组为 1711.4mm±65.3mm，属于高身材。巴尔虎部女性体重较大（66.3kg±14.9kg），身高为 1566.7mm±55.9mm，属于超中等身材，20～44 岁组为 1580.5mm±52.4mm，属于超中等身材（表 2-2）。男性体部指标值都大于女性。巴尔虎部体重大，男性身材较高，女性身材中等，皮下脂肪丰满，躯干围度值大。性别间比较，除腰、腹、臀围外，其余各项体部指标值性别间差异均具有统计学意义。巴尔虎部体部最明显的特征是体重大。在目前中国已经发表体质资料的各个族群中，巴尔虎部男性、女性体重较大。本次测量的巴尔虎部主要是牧业人口，相当于常说的乡村人口。考虑到这一因素，巴尔虎部男性的身高在中国北方族群中应该是较高的，巴尔虎女性身高则属于中等。

与已经发表的中国蒙古人种北亚类型其他族群体质指数比较，巴尔虎部男性头长宽指数、形态面指数值接近北亚类型。由于巴尔虎部耳上头高值较小，因此其头长高指数、头宽高指数值小于北亚类型。由于其躯干粗壮、下肢较长，因此其身高胸围指数、身高骨盆宽指数、马氏指数值大于北亚类型。巴尔虎女性与北亚类型其他族群的比较结果与男性基本一致。从身体质量指数均数来看，巴尔虎部男性（26.2）、女性（27.1）均达到超重水平，女性甚至接近肥胖水平的下限。近年来，我们研究组测量了中国汉族各族群乡村成人的身体质量指数均数，男性在 21.8～25.1，女性在 21.0～25.3。显然，巴尔虎部的身体质量指数远远超过中国当代汉族乡村人群。

根据体质指数（表 2-3）可知，巴尔虎部男性与女性均为圆头型、高头型、阔头型、中面型、中鼻型、宽胸型、中肩型（已经达到中肩型的上限）、中骨盆型、中腿型、矮胖型。男性为长躯干型，女性为中躯干型。

有学者认为[5]，西伯利亚和阿尔泰-萨彦岭的人种类型的形成是古代欧罗巴人种和蒙古人种长期混血的结果。在距今 5000~4000 年的南西伯利亚阿法纳西耶夫墓葬中发现具有鲜明欧罗巴人种特征的人类遗骸。有学者研究表明在新石器时代和青铜时代欧洲人曾经占据了西伯利亚西部和蒙古西部，之后亚洲人进入这些地方[6,7]。南西伯利亚人种主要分布在中亚、南西伯利亚及其邻近地区，其体质特征表明其属于蒙古人种和欧罗巴人种之间的过渡类型，在公元前后时期，蒙古人种的成分逐渐向该地区渗入，从而开始了南西伯利亚人种漫长而复杂的历史形成过程[8]。最近中国学者[9,10]研究证明，中国新疆和田地区流水村墓地族群是欧亚大陆东、西方族群的混合群体，这种混合最早可以追溯到公元前 1000 年。

巴尔虎部蒙古褶、眼裂倾斜度、上唇皮肤部高、鼻翼高平均级的性别间差异无统计学意义。与女性相比，男性上眼睑有皱褶率较高，鼻根较高，颧部不太突出，鼻孔纵型率更高一些，耳垂圆形率更低一些，红唇更厚一些，鼻基部更水平一些，眼更水平些，鼻背更凹一些，鼻翼更狭窄一些（表 2-4）。

巴尔虎部面宽、有蒙古褶率、头长、面宽、鼻宽、鼻高、体重、皮褶厚度、身体围度值均与属于中亚分支类型的布里亚特部[11]很接近。这提示巴尔虎部人种特征属于贝加尔分支类型与中亚分支类型之间的中间类型，在其体质特征中还包含欧罗巴人种的成分。

与蒙古族合计的内、中、外因子均数相比，巴尔虎部男性内因子值中等，中因子值高，外因子值中等。巴尔虎部女性内因子值低，中因子值高，外因子值中等。男性三个年龄组及合计资料均为偏内胚层的中胚层体型。女性 20~44 岁组为内胚层-中胚层均衡体型，45~59 岁组、60~80 岁组为偏内胚层的中胚层体型，合计资料为内胚层-中胚层均衡体型（表 2-5）。男性的内、中因子值小于女性，外因子值大于女性。男性 HWR 值大于女性。男性 SAM 值小于女性（表 2-5，图 2-1A）。

巴尔虎部生活的呼伦贝尔草原属于温带半湿润和半干旱大陆性气候，冬季漫长严寒，积雪期为 140 天左右，无霜期短。7 月平均气温为 21.3℃，1 月是最冷的月份，平均气温为-22.5℃。整个冬季干冷而漫长，气候条件恶劣。这种严冬酷寒的环境对巴尔虎体质特征有重要影响。

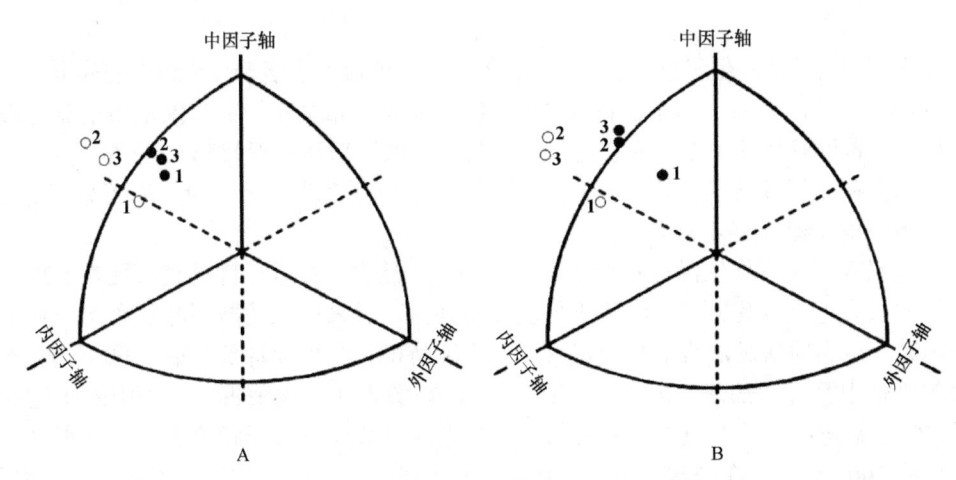

A

B

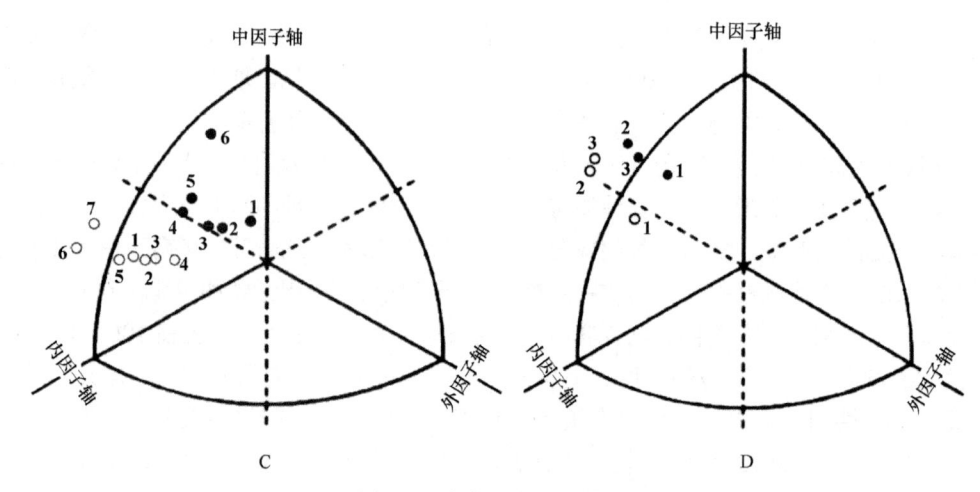

图 2-1 内蒙古蒙古族体型图

A. 巴尔虎部，B. 布里亚特部，C. 科尔沁部，D. 鄂尔多斯部

巴尔虎部、布里亚特部、鄂尔多斯部：●男性，○女性，1. 20～44 岁组，2. 45～59 岁组，3. 60～80 岁组。科尔沁部：●男性，1. 20～24 岁组，2. 25～29 岁组，3. 30～34 岁组，4. 35～39 岁组，5. 40～44 岁组，6. 45 岁以上；○女性，1. 18～19 岁组，2. 20～24 岁组，3. 25～29 岁组，4. 30～34 岁组，5. 35～39 岁组，6. 40～44 岁组，7. 45 岁以上

在严寒条件下，大型动物比小型动物单位体重消耗的能量少[12,13]，这一法则也适用于人类[14,15]。巴尔虎部体重增加，体型趋于肥胖，是对寒冷气候很好的适应。已有研究证实瘦体质量（lean body mass）与年平均温度呈显著负相关[16]，而温度对瘦体质量的影响在男性中更明显[17]。

呼伦贝尔是世界四大著名草原之一，水草丰美。巴尔虎部从事传统的畜牧业生产，在漫长寒冷的冬季，户外生产活动较少，终年以肉类、乳类为主要食物，高蛋白、高脂肪食物的摄入，也是导致他们身材较高、体格粗壮的原因。

第二节 布里亚特部

一、布里亚特部简介

在内蒙古自治区呼伦贝尔市鄂温克自治旗的锡尼河流域生活着一个独特的族群——布里亚特部。目前，世界上布里亚特部共有 60 万余人。布里亚特共和国是布里亚特部主要聚居区。布里亚特部主要分布在贝加尔湖周边。俄罗斯布里亚特部有 43.6 万人，主要分布在俄罗斯布里亚特共和国（20.69 万人），其余居住在赤塔州、伊尔库茨克州等地。在蒙古国布里亚特部有 4 万多人。

布里亚特部是古代生活在贝加尔湖周边的一个族群。布里亚特民族从种族上来看是厄鲁特蒙古人近支。其祖先原游牧于外贝加尔地区，后来向北发展到叶尼塞河与勒拿河之间地区，与当地居民混合而形成现代的布里亚特部。布里亚特部是成吉思汗儿子术赤降服的"林中百姓"部落，名为"不里牙惕"，被蒙古化，说蒙古语。中国的布里亚特部是 20 世纪初由俄罗斯境内迁入我国，被我国地方政府安置于呼伦贝尔草原锡尼河流域，目前 7000 余人。在中国，布里亚特部被归入蒙古族之中，成为蒙古族的一个族群。布里亚特部的服饰吸取了俄罗斯服饰特点并兼有蒙古族的特点。女式袍不系腰带，未婚姑娘穿溜肩式长袍,已婚妇女穿肩部带褶的妇人袍。布里亚特部饮食以俄罗斯面包、果酱、肉为主,自制甜点,具有"欧化"特征。随着社会的变化,俄罗斯、蒙古国的布里亚特部的民族习俗已日渐淡化,但中国布里亚特部还完整地保留着浓郁的本族群风俗。他们的服饰和内蒙古其他蒙古族差异较大,特别是帽子很有特色。布里亚特部见面时互相问候是用手臂互相接触。

布里亚特语属阿尔泰语系蒙古语族的北蒙古语支。布里亚特语在公元 13~14 世纪蒙古帝国崩溃之后,逐渐成为独立语言。在蒙古语族的诸语言中,布里亚特语与蒙古语较为接近。在中国,布里亚特语被认为是蒙古语的一个方言。

布里亚特部族属问题是学术界关注的一个问题。有学者将布里亚特部看作中国的未识别民族,他们的民族身份在学术界有一定的分歧。中国的布里亚特部被归入蒙古族。多年来,中国布里亚特部已逐渐认可自己为中国蒙古族的组成部分,与其他蒙古族族群的共性大于差异,刘牧等在对内蒙古东部蒙古族和布里亚特部血清 HP 表型分布及基因频率进行研究后,认为从血液遗传学角度不能证实布里亚特部是独立于蒙古族的单一民族[18]。刘牧等在对内蒙古东、西部蒙古族和布里亚特部血 EAP、ADA、AK1 遗传多态性研究后,认为未发现支持布里亚特部独立于蒙古族的任何证据[19]。1982 年朱钦调查了布里亚特部儿童的身高等 4 项指标[20]。布里亚特部成人的体质资料则一直未见报道。

2007 年研究组奔赴内蒙古自治区呼伦贝尔市鄂温克旗,开展了布里亚特部体质的研究,共测量 310 例(男性 152 例,女性 158 例)布里亚特部。测量地点的地理坐标为北纬 48°47′、东经 119°49′,年平均温度为–2.4℃。分为 20~44 岁组、45~59 岁组、60~80 岁组三个年龄组统计数据,三个年龄组样本量男性分别为 109 例、36 例、7 例,女性分别为 90 例、57 例、11 例。目前,已经发表了布里亚特部体质特征[11]、皮褶厚度[21,22]、体型[23]、围度[24]方面的研究论文,还有学者报道了布里亚特部族群 15 个 STR 基因座的遗传多态性[25]。

二、布里亚特部的体质数据

布里亚特部头面部测量指标均数见表 2-6,体部指标均数见表 2-7,体质指数均数见表 2-8,头面部观察指标调查结果见表 2-9,体型数据见表 2-10。

在西苏木测量布里亚特部上肢长度　　　　　　　测量布里亚特部坐高

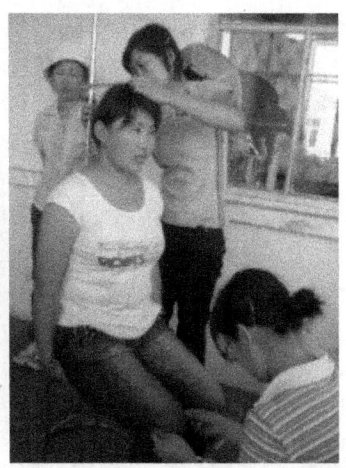

表 2-6 布里亚特部头面部测量指标均数（mm，Mean±SD）

指标	男性 20~44岁组	男性 45~59岁组	男性 60~80岁组	男性 合计	女性 20~44岁组	女性 45~59岁组	女性 60~80岁组	女性 合计	u
头长	185.4±6.5	187.4±6.8	194.7±5.7	186.3±6.8	176.9±6.8	179.1±5.8	183.5±4.9	178.2±6.6	10.74**
头宽	163.9±5.2	163.9±6.6	166.3±4.3	164.0±5.5	156.5±5.2	156.3±11.4	158.2±6.7	156.5±8.1	9.69**
额最小宽	112.4±7.2	111.5±6.7	113.7±3.4	112.2±7.0	108.6±6.5	110.0±7.9	110.7±5.5	109.2±7.0	3.83**
面宽	148.1±6.8	149.4±6.7	151.4±6.1	148.6±6.8	140.0±5.9	141.2±8.9	141.8±5.2	140.6±7.1	10.33**
下颌角间宽	103.1±6.2	105.8±7.1	110.4±7.5	104.0±6.7	97.0±7.1	99.0±6.7	99.2±6.6	97.9±7.0	8.01**
眼内角间宽	34.1±2.0	33.6±2.0	33.1±1.5	33.9±2.0	33.4±2.1	33.2±2.1	34.5±0.9	33.4±2.1	2.20*
眼外角间宽	90.9±4.8	90.9±4.1	89.1±5.4	90.8±4.7	86.2±5.2	86.4±5.0	87.0±4.5	86.4±5.0	8.21**
鼻宽	37.0±2.8	38.6±2.8	41.3±2.9	37.6±3.0	33.9±2.8	35.1±2.4	37.0±3.5	34.6±2.8	9.38**
口宽	52.2±3.5	55.2±7.4	56.3±3.0	53.1±4.9	48.8±3.9	49.4±4.7	51.9±4.9	49.2±4.3	7.70**
容貌面高	189.2±8.1	190.5±12.4	197.3±10.6	189.9±9.5	181.9±9.9	180.9±9.3	179.8±8.6	181.4±9.6	8.13**
形态面高	124.8±7.0	125.7±9.4	131.4±6.5	125.3±7.7	118.4±7.0	119.9±6.8	120.1±6.1	119.1±6.9	7.76**
鼻高	51.6±4.5	54.1±5.2	56.9±5.9	52.4±4.9	48.5±4.9	51.4±4.8	51.8±5.8	49.8±5.1	4.78**
上唇皮肤部高	17.0±2.7	18.5±2.3	20.6±3.0	17.5±2.7	15.8±2.4	17.6±2.6	18.2±4.1	16.6±2.7	3.42**
唇高	17.2±3.9	14.7±4.3	14.0±3.5	16.5±4.2	16.4±3.2	14.4±3.0	14.3±3.5	15.5±3.3	2.44*
容貌耳长	65.8±4.6	70.6±5.1	73.0±4.0	67.3±5.2	62.4±4.5	68.5±5.4	70.0±3.5	65.1±5.8	3.70**
容貌耳宽	32.3±3.1	33.9±3.4	37.9±3.5	32.9±3.4	30.3±3.3	32.5±2.7	32.8±2.1	31.2±3.2	4.77**
耳上头高	132.5±12.9	128.7±11.7	129.6±18.2	131.5±12.9	129.8±8.7	126.9±9.3	128.2±9.4	128.7±9.0	2.51*

注：u 为性别间 u 检验值，*表示 P<0.05，**表示 P<0.01，差异具有统计学意义

表 2-7 布里亚特部体部指标均数（mm，Mean±SD）

指标	男性 20~44岁组	男性 45~59岁组	男性 60~80岁组	男性 合计	女性 20~44岁组	女性 45~59岁组	女性 60~80岁组	女性 合计	u
体重/kg	72.4±15.9	80.7±20.0	80.8±12.7	74.7±17.1	60.2±12.2	74.5±19.9	70.0±13.4	66.1±16.8	4.49**
身高	1701.8±57.3	1678.1±56.1	1684.6±43.7	1695.4±57.1	1568.3±57.4	1545.4±64.4	1523.2±35.1	1556.9±60.2	21.96**
耳上头高	1569.3±55.1	1549.5±54.6	1555.0±52.0	1564.0±55.2	1438.5±55.7	1418.4±64.3	1395.0±37.5	1428.2±59.1	22.16**
肩峰点高	1391.8±51.6	1377.0±57.2	1386.0±53.4	1388.0±53.1	1277.5±54.9	1262.1±59.8	1242.5±26.1	1269.5±56.0	20.32**
胸上缘高	1399.3±51.2	1384.1±55.3	1394.6±51.9	1395.5±52.3	1281.9±51.7	1264.6±60.7	1244.5±34.2	1273.1±55.1	21.38**
桡骨点高	1077.4±45.1	1069.3±50.4	1074.0±41.8	1075.3±46.1	990.8±40.4	984.1±50.3	959.5±27.6	986.2±44.0	18.59**
茎突点高	829.7±41.4	825.4±43.1	809.7±42.8	827.7±41.8	762.7±34.4	760.5±45.8	731.2±19.1	759.7±38.8	15.90**
髂前上棘点高	928.9±38.1	914.0±37.2	913.9±50.4	924.7±38.8	871.6±44.7	862.2±47.9	856.7±32.1	867.2±45.2	12.93**
胫上点高	474.1±26.0	469.5±31.0	472.0±18.6	472.9±26.9	427.5±27.1	427.1±29.1	428.3±16.0	427.4±27.1	15.99**
内踝下点高	69.9±5.5	70.1±6.0	68.3±4.8	69.8±5.6	58.8±5.3	57.2±5.8	55.4±3.7	58.0±5.4	20.40**
坐高	902.4±31.5	889.1±31.9	886.6±25.6	898.6±31.8	835.3±35.1	829.5±34.1	791.4±23.0	830.1±35.6	19.37**
肱骨内外上髁间径	68.9±3.3	71.2±5.9	74.0±4.1	69.7±4.3	61.4±4.5	64.9±5.4	64.7±3.4	62.9±5.0	13.96**
股骨内外上髁间径	98.7±8.3	101.3±10.0	102.7±6.4	99.5±8.7	91.4±7.6	98.7±11.7	97.3±7.6	94.4±9.9	5.25**
肩宽	382.0±22.7	376.7±24.4	376.0±25.4	380.5±23.2	343.4±16.8	344.2±20.0	345.2±10.0	343.8±17.6	17.10**
骨盆宽	255.7±31.4	276.9±49.8	307.9±36.6	263.1±38.9	248.4±34.1	276.5±34.4	281.9±20.6	260.9±36.3	0.56
躯干前高	599.9±30.6	595.1±33.4	596.6±43.2	598.6±31.7	548.8±30.2	548.7±33.4	512.6±22.2	546.3±32.1	16.44**
上肢全长	738.1±31.9	724.8±38.6	757.9±31.8	735.8±34.2	676.4±44.8	664.8±39.9	680.5±29.8	672.4±42.4	16.85**
下肢全长	889.5±33.9	876.8±33.3	875.3±49.5	885.8±34.8	842.9±41.7	835.0±44.4	830.4±29.9	839.2±42.0	12.19**

注：u 为性别间 u 检验值，**表示 P<0.01，差异具有统计学意义

表 2-8 布里亚特部体质指数均数（Mean±SD）

指标	男性 20~44岁组	男性 45~59岁组	男性 60~80岁组	男性 合计	女性 20~44岁组	女性 45~59岁组	女性 60~80岁组	女性 合计	u
头长宽指数	88.4±3.6	87.5±3.9	85.4±2.5	88.1±3.7	88.6±4.4	87.3±6.5	86.2±3.0	87.9±5.2	0.46
头长高指数	71.5±6.9	68.8±7.2	66.6±9.8	70.6±7.2	73.5±5.5	70.9±5.5	69.9±5.9	72.3±5.7	2.69**
头宽高指数	80.9±7.8	78.6±7.0	77.8±10.2	80.2±7.8	83.0±5.9	81.9±10.7	81.2±7.0	82.5±8.0	3.00**
额顶宽度指数	68.6±3.9	68.1±4.0	68.4±2.5	68.5±3.8	69.4±3.9	71.0±10.0	70.1±4.4	70.0±6.8	2.83**
容貌面指数	128.0±7.5	127.7±8.8	130.4±8.3	128.0±7.8	130.0±7.2	128.7±11.0	127.0±8.6	129.3±8.8	1.62
形态面指数	84.4±6.1	84.2±6.3	86.9±4.9	84.5±6.1	84.7±5.4	85.2±6.8	84.8±5.5	84.9±5.9	0.69
头面宽指数	90.4±3.9	91.2±5.0	91.1±3.7	90.7±4.1	89.6±3.8	90.7±7.3	89.8±5.5	90.0±5.4	1.52
头面高指数	95.0±10.2	98.5±11.8	103.6±18.7	96.2±11.2	91.6±8.2	95.0±9.4	94.0±6.6	93.0±8.7	3.33**
颧额宽指数	76.0±6.7	74.7±4.0	75.2±4.3	75.7±6.1	77.5±3.5	78.3±9.6	78.1±4.0	77.9±6.4	3.68**
鼻指数	72.2±7.7	71.7±6.9	73.7±12.3	72.1±7.7	70.5±7.8	68.8±7.8	71.9±7.5	70.0±7.8	2.84**
口指数	33.1±7.9	27.0±8.1	24.8±5.5	31.3±8.4	33.9±7.3	29.2±6.1	27.5±6.5	31.8±7.2	0.67
容貌耳指数	49.2±4.5	48.1±4.7	51.9±5.1	49.1±4.6	48.6±5.2	47.7±4.5	47.0±3.7	48.2±4.9	2.00*
身高坐高指数	53.0±1.3	53.0±1.5	52.6±1.6	53.0±1.3	53.3±1.4	53.7±1.6	52.0±1.1	53.3±1.5	2.26*
身高体重指数	424.4±86.3	479.4±110.3	480.5±82.9	440.0±95.0	383.7±74.7	480.4±119.4	460.5±91.4	423.9±104.7	1.71
身高胸围指数	55.5±5.5	60.6±6.5	60.3±5.6	56.9±6.1	55.7±5.6	63.0±6.7	64.3±6.2	58.9±7.1	3.21**
身高肩宽指数	22.5±1.2	22.5±1.3	22.3±1.5	22.4±1.2	21.9±1.0	22.3±1.2	22.7±0.9	22.1±1.1	2.77**
身高骨盆宽指数	15.0±1.7	16.5±2.7	18.3±2.1	15.5±2.2	15.9±2.2	17.9±2.1	18.5±1.4	16.8±2.3	6.16**
肩宽骨盆宽指数	67.0±7.8	73.5±11.9	82.4±13.1	69.2±10.0	72.4±9.6	80.4±9.5	81.7±6.2	75.9±10.2	7.10**
马氏指数	88.6±4.6	88.8±5.5	90.1±5.7	88.8±4.9	87.9±5.0	86.4±5.5	92.5±4.0	87.7±5.3	2.31*
坐高下身长指数	1.1±0.1	1.1±0.1	1.1±0.1	1.1±0.1	1.1±0.1	1.2±0.1	1.1±0.0	1.1±0.1	0.00
身高上肢长指数	43.4±1.3	43.2±1.9	45.0±1.4	43.4±1.5	43.1±2.2	43.0±1.9	44.7±1.4	43.2±2.1	3.01**
身高下肢长指数	52.3±1.5	52.3±1.5	52.0±2.7	52.3±1.6	53.7±1.6	54.0±1.5	54.5±1.7	53.9±1.5	11.27**
上下肢长指数	83.0±3.2	82.7±4.5	86.7±3.9	83.1±3.6	80.3±4.1	79.7±4.1	82.0±4.4	80.2±4.2	9.13**

注：u 为性别间 u 检验值，*表示 $P<0.05$，**表示 $P<0.01$，差异具有统计学意义

表 2-9 布里亚特部 9 项头面部观察指标调查结果

指标	类型	男性 n	男性 %	女性 n	女性 %	合计 n	合计 %
上眼睑皱褶	有	75	49.34	92	58.23	167	53.87
	无	77	50.66	66	41.77	143	46.13
蒙古褶	有	80	52.63	76	48.10	156	50.32
	无	72	47.37	82	51.90	154	49.68
鼻根高度	低平**	45	29.61	85	53.80	130	41.94
	中等**	100	65.79	73	46.20	173	55.81
	较高*	7	4.61	0	0	7	2.26
鼻翼高度	低*	27	17.76	44	27.85	71	22.90
	中等	86	56.58	83	52.53	169	54.52
	高	39	25.66	31	19.62	70	22.58
眼色	褐	88	57.89	86	54.43	174	56.13
	深褐	19	12.50	14	8.86	33	10.65
	浅褐	33	21.71	45	28.48	78	25.16
	蓝	12	7.89	13	8.23	25	8.07

续表

指标	类型	男性 n	男性 %	女性 n	女性 %	合计 n	合计 %
耳垂类型	三角形	68	44.74	75	47.47	143	46.13
	圆形	70	46.05	69	43.67	139	44.84
	方形	14	9.21	14	8.86	28	9.03
上唇皮肤部高	低	3	1.97	3	1.90	6	1.94
	中等	121	79.61	135	85.44	256	82.58
	高	28	18.42	20	12.66	48	15.48
发色	黑	147	96.71	152	96.21	299	96.45
	棕黑	5	3.29	5	2.53	10	3.23
	棕	0	0	1	0.63	1	0.32
肤色	黄**	93	61.18	39	24.68	132	42.58
	浅黄	29	19.08	41	25.95	70	22.58
	暗黄	1	0.66	1	0.63	2	0.65
	粉白**	29	19.08	77	48.73	106	34.19

注：u 为性别间 u 检验值，*表示 $P<0.05$，**表示 $P<0.01$，差异具有统计学意义

表 2-10　布里亚特部体型（Mean±SD）

指标	男性 20~44岁组	男性 45~59岁组	男性 60~80岁组	男性 合计	女性 20~44岁组	女性 45~59岁组	女性 60~80岁组	女性 合计
内因子	3.7±1.8	4.5±1.6	4.4±1.3	3.9±1.8	5.6±1.5	6.6±1.1	6.6±1.1	6.0±1.4
中因子	5.4±1.5	6.5±1.9	6.8±1.8	5.7±1.7	5.2±1.6	7.5±2.4	6.9±1.7	6.1±2.2
外因子	1.9±1.4	1.0±1.0	0.9±1.2	1.6±1.4	1.4±1.2	0.5±0.7	0.4±0.7	1.0±1.1
HWR	41.2±2.5	39.3±2.5	39.2±2.7	40.6±2.6	40.3±2.5	37.2±2.8	37.2±2.7	39.0±3.0
X	−1.9±3.1	−3.5±2.5	−3.5±2.4	−2.3±3.0	−4.2±2.6	−6.1±1.6	−6.2±1.6	−5.0±2.4
Y	5.3±3.0	7.5±3.4	8.3±3.3	5.9±3.3	3.5±3.4	7.9±4.4	6.7±3.2	5.3±4.3
SAM	2.7±1.5	3.3±2.0	3.5±1.8	2.9±1.7	3.1±1.7	5.1±2.2	4.7±1.8	3.9±2.1

三、布里亚特部的体质特征

与中国蒙古人种北亚类型诸族群男性相比，布里亚特部男性头、面、口裂宽值均很大，身材较高，鼻宽值较大，但鼻高值较小，肩宽与头长值中等，形态面高值中等，眼内角间宽值很小。与北亚类型诸族群女性比较，布里亚特部女性头、面、鼻、口裂宽值均大，身高与形态面高值中等，肩宽、鼻高与眼内角间宽值均较小（表 2-6，表 2-7）。这与布里亚特部男性情况基本一致。从身体质量指数均数来看，布里亚特部均达到超重水平。随着年龄增长，男性与女性肥胖率均逐渐增加。男性 50 岁以后，女性 40 岁以后，肥胖率均超过 50%。

根据体质指数（表 2-8）可知，布里亚特部男性与女性均为特圆头型、高头型、中头型、中面型、中鼻型（接近中鼻型的下限）、宽胸型、中肩型、窄骨盆型、中腿型、中躯干型、矮胖型。

根据头面部观察指标出现率的性别间比较（表 2-9）可知，与女性相比，布里亚特部男性上眼睑皱褶、蒙古褶、眼色、耳垂类型、上唇皮肤部高、肤色、发色各类型出现率与

女性接近，鼻根高于女性，鼻翼略高于女性，肤色深于女性。

与蒙古族合计的内、中、外因子均数相比，布里亚特部男性内因子值低，中因子值中等偏高，外因子值高。巴尔虎部女性中因子值很高，内、外因子值中等。男性三个年龄组及合计资料均为偏内胚层的中胚层体型。女性 45~59 岁组为偏内胚层的中胚层体型，20~44 岁组、60~80 岁组、合计资料均为内胚层-中胚层均衡体型。男性的内、中因子值均小于女性，外因子值大于女性。男性 HWR 值大于女性。男性 SAM 值小于女性（表 2-10）。

布里亚特部的体型散点图很有意思（图 2-1B），男性、女性 20~44 岁组的点都在近似扇形之内，45~59 岁组和 60~80 岁组的点都在近似扇形之外，而且男性的后两个年龄组点的距离极小，女性也如此。女性的点比男性更靠近外因子轴虚线半轴。45 岁以后，布里亚特部的男性、女性体型发生了明显的改变，脂肪、骨骼、肌肉明显增多，身体线性度明显变小。这种现象在巴尔虎部女性也很明显，巴尔虎部男性也有类似的特点，如 45 岁后，巴尔虎部男性中因子值变大，外因子值变小。

我国北方地区诸少数民族体质主要属于蒙古人种北亚类型的中亚分支类型。北亚类型的西伯利亚分支类型诸族群主要分布在叶尼塞河以东的西伯利亚地区。目前认为，布里亚特部的体质可以分为两类：多数布里亚特部具有蒙古人种中亚类型体质，一部分布里亚特部具有西伯利亚类型体质。

中国布里亚特部具上眼睑皱褶、蒙古褶，鼻根中等或低，面阔并发黑，眼褐，肤黄，具有蒙古人种北亚类型的基本特征。布里亚特部的体质中已融入高加索人种的特征，即在历史发展过程中，布里亚特部与欧亚人种发生过基因交流。

中国的布里亚特部的先民曾生活在西伯利亚，经历过种族混杂融合的过程，他们的身高并不比内蒙古、新疆的其他蒙古族高。可以推测他们的祖先应该主要和身材不太高的欧亚人种族群发生过基因交流，但也不能完全排除与俄罗斯人发生过基因交流。

调查过程中发现，中国布里亚特部中年以后身体明显趋于肥胖，很像俄罗斯中老年人的体型，这反映了布里亚特部在历史发展过程中对欧亚人种成分的吸收（不排除俄罗斯人基因的融入），也与布里亚特部饮食（肉、乳食物较多）、生活习俗（中年以后劳动强度较小）有一定关系。

近年来，中国布里亚特部与生活在呼伦贝尔草原上的巴尔虎蒙古人、厄鲁特蒙古人、鄂温克人、达斡尔人存在着融合。和我国北方类型诸族群不同的是，他们的体质中已含有了明显的欧罗巴人种的特征。与现在生活在俄罗斯的布里亚特部相比，中国布里亚特部体质更接近于中国北方诸民族体质。

蒙古人种北亚类型男性族群鼻宽为 35~38mm，面宽为 147~151mm，形态面高为 120~125mm，鼻指数为 70~77。贝加尔湖西部的布里亚特部属于中亚类型体质，他们的形态面高（自眉下缘）为 135.9mm，面宽为 148.8mm。本研究得到的布里亚特部男性鼻宽为 37.6mm±3.0mm，面宽为 148.6mm±6.8mm，形态面高为 125.3mm±7.7mm，鼻指数为 72.1±7.7，基本符合北亚类型的特征值，这也可以从测量学角度证实布里亚特部属于蒙古人种北亚类型族群。中国布里亚特部与俄罗斯西部布里亚特部的面宽、形态面高值很接近，这提示中国布里亚特部应属于北亚类型中的中亚类型分支族群。

第三节　科尔沁部

一、科尔沁部简介

元太祖成吉思汗把二弟哈撒尔分封在今额尔古纳河、海拉尔河流域呼伦贝尔草原、外兴安岭一带的广袤土地，成为"东道诸王"之一。成吉思汗扩编的带弓箭的"豁儿臣"即科尔沁护卫军，哈撒尔为指挥者，负责大汗营帐警卫和警戒的重任。"科尔沁"由军事机构的名称逐渐演变成哈撒尔后裔所属各部的泛称，形成了著名的科尔沁部。蒙古族历史上赫赫有名的嫩科尔沁、阿鲁科尔沁、四子、茂明安、乌拉特及和硕特等部族均属科尔沁部分支，其中最著名的要数嫩科尔沁部。嘉靖三年（1524年），哈撒尔第十四世孙奎蒙克塔斯哈喇一系为躲避战乱，率部从世袭领地南迁游牧于嫩江流域，为区别于同族的阿鲁科尔沁，称嫩科尔沁，名称由此开始固定。天启四年（1624），科尔沁部首领与努尔哈赤刑白马乌牛正式结盟，嫩科尔沁所属4部10旗分左、右两翼会盟于科尔沁右翼中旗的哲里木山下，形成哲里木盟，又称"嫩江十旗"[26,27]。历史上，孝庄文皇后、孝端文皇后、福临的皇后、僧格林沁、嘎达梅林都来自内蒙古科尔沁草原。

居住在内蒙古通辽市的蒙古族有138万人（2017年），约占全国蒙古族总人口的1/4，该地是科尔沁部最有代表性的地区之一。科尔沁部是蒙古族重要的支系。科左后旗蒙古族属于科尔沁蒙古族的一部分。旗政府所在地是甘旗卡镇。科左后旗是乌力格尔、好来宝的发源地之一。这个地方还以著名的蒙古族正骨医疗而扬名。

1994年6月研究组来到内蒙古自治区通辽市科左后旗，开展了科尔沁部的体质测量工作，共测量400例（男性200例，女性200例）。测量地点的地理坐标为北纬42°56′、东经122°21′，年平均温度为5.6℃。科尔沁部的体质资料测量较早，当时测量指标较少，原始测量记录已经散佚无存，无法按照本次统计要求对原始资料进行重新处理，只好按照当时的分组（5个组）统计方法对结果进行分析。目前发表了科尔沁部体质研究的论文[28]。

研究组全体成员在科左后旗甘旗卡镇合影　　　　在科左后旗大青沟

二、科尔沁部的体质数据

科尔沁部头面部测量指标均数见表 2-11，体部指标均数见表 2-12，体质指数均数见表 2-13，男性体型数据见表 2-14，女性体型数据见表 2-15。

表 2-11 科尔沁部头面部测量指标均数（mm，Mean±SD）

指标	男	女	u	指标	男	女	u
头长	185.5±5.7	176.2±5.6	16.46**	口宽	50.3±4.1	47.2±5.1	6.70**
头宽	157.1±6.1	151.2±4.7	10.84**	容貌面高	193.6±10.0	183.8±8.1	10.77**
额最小宽	109.2±6.1	107.6±4.2	3.06**	形态面高	123.9±6.8	116.3±6.0	11.85**
面宽	144.5±5.1	138.0±4.7	13.25**	鼻高	53.9±3.4	49.8±3.3	12.24**
下颌角间宽	114.8±6.2	108.6±5.6	10.49**	唇高	16.3±2.2	16.2±2.3	0.39
眼内角间宽	36.1±2.7	35.7±2.6	1.51	容貌耳长	62.0±4.8	59.0±4.1	6.72**
眼外角间宽	98.3±4.4	95.1±4.3	7.36**	容貌耳宽	35.2±2.9	33.3±2.5	6.34**
鼻宽	36.1±2.7	33.4±3.0	9.46**	耳上头高	130.2±9.5	124.0±9.5	6.53**

注：u 为性别间 u 检验值，**表示 P<0.01，差异具有统计学意义

表 2-12 科尔沁部体部指标均数（mm，Mean±SD）

指标	男	女	u	指标	男	女	u
体重/kg	69.5±8.4	57.2±7.6	15.36**	胸围	921.0±61.6	842.3±58.0	13.15**
指距	1721.4±69.4	1586.1±60.5	20.78**	骨盆宽	284.1±16.8	283.5±15.6	0.37
身高	1682.1±60.5	1570.9±49.6	20.10**	躯干前高	586.8±25.7	545.5±20.7	17.80**
坐高	902.4±30.5	843.8±25.2	20.95**	上肢全长	734.1±55.6	684.2±75.8	7.51**
肩宽	375.1±17.7	346.8±14.1	17.69**	下肢全长	896.0±93.3	839.9±38.4	7.86**

注：u 为性别间 u 检验值，**表示 P<0.01，差异具有统计学意义

表 2-13 科尔沁部体质指数均数（Mean±SD）

指标	男	女	u	指标	男	女	u
头长宽指数	85.0±4.0	85.9±3.6	2.37*	身高坐高指数	53.6±1.5	53.7±1.3	0.71
头长高指数	70.2±5.3	70.4±5.6	0.37	身高胸围指数	55.2±6.4	53.7±3.9	2.83**
头宽高指数	82.7±6.3	82.1±6.6	0.93	身高肩宽指数	22.5±1.0	22.1±0.8	4.42**
额顶宽度指数	69.3±3.9	71.2±3.2	5.33**	身高骨盆宽指数	17.0±1.0	18.1±1.0	11.00**
容貌面指数	134.1±8.0	133.3±7.0	1.06	身高躯干前高指数	35.1±1.8	34.7±1.2	2.61**
形态面指数	85.8±5.4	84.3±5.0	2.88**	马氏指数	85.8±4.6	87.2±4.5	3.08**
头面宽指数	91.8±3.0	91.3±3.1	1.64	Rohrer 指数	136.6±16.5	147.5±19.6	6.02**
鼻指数	67.2±7.2	67.4±7.1	0.28	身高上肢长指数	43.9±5.1	43.6±4.5	0.62
口指数	32.6±6.3	34.1±5.0	2.64**	身高下肢长指数	53.4±1.2	53.5±1.6	0.71
容貌耳指数	57.1±5.3	56.7±5.1	0.77				

注：u 为性别间 u 检验值，*表示 P<0.05，**表示 P<0.01，差异具有统计学意义

三、科尔沁部的体质特征

科尔沁部头面部 16 项测量指标中只有眼内角间宽、唇高值性别间差异不具有统计

表 2-14　科尔沁部男性平均体型（Mean±SD）

指标	20~24岁组	25~29岁组	30~34岁组	35~39岁组	40~44岁组	45~	合计
内因子	3.2±0.9	3.9±1.5	4.1±1.5	4.6±1.3	4.2±1.4	4.6±1.5	4.0±1.4
中因子	4.2±1.2	4.2±0.9	4.7±1.0	4.7±1.0	4.9±1.0	4.2±1.2	4.4±1.1
外因子	2.6±0.8	2.3±0.9	2.0±1.1	1.6±0.9	1.5±1.0	1.8±1.1	2.1±1.0
X	−0.6	−1.6	−2.1	−3.0	−2.7	−2.8	−1.9
Y	2.6	2.2	2.3	3.2	4.1	2.0	2.9
HWR	42.6±1.1	42.2±1.3	41.6±1.7	41.2±1.4	40.9±1.6	41.5±1.7	41.9±1.5
SAM	1.5±0.8	1.7±0.8	1.9±0.9	1.7±0.7	1.7±1.0	1.8±1.2	

表 2-15　科尔沁部女性平均体型（Mean±SD）

指标	18~19岁组	20~24岁组	25~29岁组	30~34岁组	35~39岁组	40~44岁组	45~	合计
内因子	6.0±1.4	6.0±1.2	6.0±1.2	5.5±1.3	6.6±1.4	7.7±1.3	7.0±1.4	6.2±1.3
中因子	4.0±1.1	3.9±0.8	3.8±1.0	3.7±1.1	4.0±1.9	4.7±1.6	5.1±1.2	4.1±1.1
外因子	1.7±1.1	1.7±1.0	1.8±1.0	2.0±1.2	1.3±1.0	0.9±0.6	0.8±0.5	1.6±1.0
X	−4.3	−4.3	−4.2	−3.3	−5.3	−6.8	−6.2	−4.6
Y	0.3	0.1	−0.2	−0.1	0.1	0.8	2.4	0.2
HWR	41.3±1.9	41.1±1.6	41.4±1.6	41.6±1.8	40.5±1.8	39.1±2.1	38.9±1.9	41.0±1.8
SAM	1.7±0.9	1.6±0.9	1.7±0.7	1.9±1.0	1.7±1.1	2.1±0.7	2.0±1.2	

学意义，其他 14 项指标值都是男性高于女性（表 2-11）。科尔沁部男性体部 10 项指标中只有骨盆宽值性别间差异不具有统计学意义，其他 9 项指标值都是男性高于女性（表 2-12）。科尔沁部男性体重为 69.5kg±8.4kg，身高达到 1682.1mm±60.5mm，属于超中等身材。女性体重为 57.2kg±7.6kg，身高为 1570.9mm±49.6mm，属于超中等身材。科尔沁部在蒙古族各族群中，属于体重轻、身材较高的族群。需要说明的是，科尔沁部样本与其他蒙古族族群样本相比年龄较轻，年老的样本很少，所以会造成身材比较高。

根据体质指数（表 2-13）可知，科尔沁部男性属于圆头型、高头型、中头型、中面型、狭鼻型、长躯干型、中腿型、中胸型、中肩型、中骨盆型。女性属于特圆头型、高头型、中头型、中面型、狭鼻型、中躯干型、中腿型、中胸型、中肩型、中骨盆型（表 2-13）。

与蒙古族合计的内、中、外因子均数相比，科尔沁部男性内因子值高，中因子值低，外因子值高。科尔沁部女性内因子值中等，中因子值低，外因子值高（表 2-14）。科尔沁部男性平均体型为内胚层-中胚层均衡型，女性平均体型为偏中胚层的内胚层型（表 2-15）。蒙古族男性内、中、外三个因子变动范围依次为 1.2~7.7、0.6~6.9、0.1~2.5，女性则依次为 1.8~9.9、1.1~7.8、0.1~4.4。国外多数群体资料：内胚层型下限为 1、上限为 5~8；中胚层型下限为 1.5~2、上限为 8~9.5；外胚层型下限为 0.5~1、上限为 7。与国外多数资料相比，蒙古族内因子上下限值较高，中、外因子下限值较低。由于本资料中青年人样本量相对较大，因此合计的体型均值与低年龄组值相对接近些。

随年龄增长，科尔沁部男性体型点总的趋势是向 Y 轴的虚线半轴方向移动，即沿外因子轴反向移动，由偏内胚层型的中胚层型逐渐变成内胚层-中胚层均衡型，内因子值变大，中因子值略增大，外因子值减小（图 2-1C）。这表明，随年龄增长，男性体型变化主要表现出脂肪积累、身体线性度下降而肌肉骨骼系统变化不大的特点。女性各年龄组体型均为偏中胚层型的内胚层型，随年龄增长，体型点总的趋势是沿内因子轴顺向移动，内因子值明显增大，外因子值明显减小。35 岁以前女性体型变化不明显，35 岁以后女性体内脂肪积累显著加快，肌肉相对增多，身体线性度明显降低。这种变化特点是男性所没有的。HWR 值越小，说明身体充实程度越高。随年龄增大，科尔沁部男、女性 HWR 值均下降，说明身体相对充实程度增加。

第四节　赤峰蒙古族

一、赤峰蒙古族简介

赤峰蒙古族人数众多，主要有阿鲁科尔沁部、翁牛特部、巴林部、克什克腾部、敖汉部。阿鲁科尔沁部，曾驻牧杭爱山之北。嘉靖二十五年（1546 年），哈撒尔第十五世孙率游牧于额尔古纳河、海哈尔河、呼伦贝尔湖一带的阿鲁科尔沁部迁居今阿鲁科尔沁之地，始名阿鲁科尔沁，意即"北方弓箭手"。成吉思汗时代，巴林部从东向西迁，移到今阿尔泰山西北、额尔齐斯河上游。达延汗在位时代，巴林部在左翼三万户之一的喀尔喀万户名下。巴林部归附后金后，后金政权对巴林部的归降十分重视。此后，巴林部参与了后金征服察哈尔林丹汗和征伐明朝的战争，受到了后金的赏识，为后来定边立旗封爵打下了基础。后金统治者在征服了察哈尔林丹汗以后，为稳定和统治蒙古各部，于天聪八年（1634 年），划定巴林部的驻牧地在西拉木伦河中游北岸。翁牛特部最早来源于蒙古部族的乃蛮部，到元朝初，为成吉思汗异母弟别勒古台领有的属下。至元二十四年（1287 年）因乃颜叛乱，复置辽阳行省。此期，翁牛特部曾长期居住于辽阳行省的东北部。明朝（北元）时期，翁牛特部隶属于兀良哈三卫的泰宁卫。同一时期在辽东一带发生了多次战争，辽河中下游成为战火纷飞的战场。翁牛特部遂于 1598 年前后开始向辽阳行省的西北方向游牧迁徙。约 1615 年，翁牛特部在首领孙杜棱和栋岱青的率领下，沿着西拉木伦河一路向西游牧。1636 年 3 月，漠南蒙古 16 部 49 个大小领主齐聚沈阳，承认皇太极为汗。1639 年敖汉，奈曼，翁牛特左、右翼旗会盟于翁牛特左翼旗东部昭乌达地区，称昭乌达盟。克什克腾，汉译为"亲军""卫队"的意思。克什克腾是成吉思汗的亲军，以成吉思汗四杰木华黎、赤老温等为怯薛长。明朝置应昌卫。1652 年清廷招编克什克腾部为克什克腾旗。明朝后期，达延汗长子图鲁博罗特后裔岱青杜棱始称所属部为敖汉部，属察哈尔汗，天聪元年（1627 年）归附后金，清末分置左、右两旗，牧地跨老哈河，约当今内蒙古敖汉旗全境和辽宁建平县大部地区。

赤峰蒙古族有 67.7 万人（内蒙古大辞典编委会，1991），占内蒙古蒙古族的 19.85%。
研究组于 1996 年 7~9 月赴赤峰市翁牛特旗、西拉木伦河南岸的海拉苏苏木、巴林右旗大板镇、赤峰市红山区开展了体质研究。按随机抽样法共测 601 例，其中男性 303 例（城镇 140 例，牧区 163 例）、女性 298 例（城镇 159 例，牧区 139 例）。测量地点的地理坐标为北纬 43°15′、东经 119°33′，年平均温度为 6.4℃。目前，已经发表了赤峰蒙古族体质[29]和青少年身体发育的研究论文[30]。

二、赤峰蒙古族的体质数据

赤峰蒙古族头面部测量指标均数见表 2-16，体部指标均数见表 2-17，体质指数均数见表 2-18。

表 2-16　赤峰蒙古族头面部测量指标均数（mm，Mean±SD）

指标	男性	女性	u	指标	男性	女性	u
头长	184.3±7.1	174.7±6.2	17.62**	口宽	51.5±4.3	49.3±4.4	4.98**
头宽	158.9±7.2	152.6±6.1	9.36**	容貌面高	191.2±11.9	182.5±8.2	8.39**
额最小宽	109.8±7.0	107.4±5.7	3.70**	形态面高	135.2±8.1	127.7±7.7	9.41**
面宽	146.5±7.0	138.2±6.9	11.81**	鼻高	54.2±3.7	50.5±3.8	9.72**
下颌角间宽	111.7±7.0	107.0±6.7	6.80**	唇高	15.5±2.7	15.3±2.5	0.75
眼内角间宽	35.2±3.3	34.4±3.2	2.31*	容貌耳长	67.7±4.9	63.3±4.6	9.08**
眼外角间宽	101.1±5.3	99.1±4.8	4.09**	容貌耳宽	35.8±3.5	33.8±2.9	6.04**
鼻宽	37.7±2.9	35.1±2.3	9.68**	耳上头高	140.7±28.4	134.1±19.3	2.67**

注：u 为性别间 u 检验值，*表示 $P<0.05$，**表示 $P<0.01$，差异具有统计学意义

表 2-17　赤峰蒙古族体部指标均数（mm，Mean±SD）

指标	男性	女性	u	指标	男性	女性	u
体重/kg	66.6±9.8	58.1±9.8	17.62**	肩宽	375.7±1.9	344.3±1.6	132.51**
身高	1706.7±6.4	1590.7±5.7	10.53**	骨盆宽	288.8±1.9	28.2±1.9	216.72**
耳屏点高	1568.0±6.4	1455.9±5.6	235.53**	坐高	911.5±3.3	853.8±2.9	1672.32**
颏下点高	1468.6±6.0	1364.3±5.2	228.51**	头水平围	570.9±18.6	554.1±15.8	227.52**
肩峰点高	1397.7±6.1	1293.5±5.9	228.88**	胸围	891.9±6.8	853.9±7.2	11.96**
胸上缘高	1386.0±5.5	1291.4±4.8	211.99**	腰围	792.1±9.8	751.7±9.8	66.73**
指尖高	648.8±4.6	603.9±3.7	224.79**				

注：u 为性别间 u 检验值，**表示 $P<0.01$，差异具有统计学意义

表 2-18　赤峰蒙古族体质指数均数（Mean±SD）

指数	男性	女性	u	指数	男性	女性	u
头长宽指数	86.4±4.9	87.4±4.5	2.82**	身高坐高指数	53.4±1.3	53.7±1.4	3.34**
头长高指数	76.4±15.7	76.8±11.4	0.38	身高体重指数	389.1±52.3	365.1±57.6	5.33**
头宽高指数	88.6±17.3	88.0±12.9	0.48	身高胸围指数	62.2±4.0	53.7±5.0	23.14**
额顶宽度指数	69.2±4.4	70.5±3.8	3.84**	身高肩宽指数	22.0±1.0	21.7±0.9	4.28**
容貌面指数	130.8±9.5	132.4±9.1	2.10*	身高骨盆宽指数	16.9±1.0	17.7±1.1	9.85**
形态面指数	92.4±6.2	92.6±7.0	0.34	马氏指数	87.5±4.5	86.3±4.7	3.29**
头面宽指数	92.3±4.3	90.7±4.5	4.50**	Rohrer 指数	133.4±17.9	144.6±22.8	6.69**
鼻指数	69.7±6.4	69.8±6.7	0.13	身高上肢长指数	43.8±3.1	43.4±2.7	1.98*
口指数	30.3±6.1	31.4±7.5	2.04*	身高下肢长指数	56.4±2.9	56.4±2.4	0.28**
容貌耳指数	53.0±4.7	53.6±4.7	1.52	上下肢长指数	78.0±7.0	77.0±5.9	1.92

注：u 为性别间 u 检验值，*表示 $P<0.05$，**表示 $P<0.01$，差异具有统计学意义

三、赤峰蒙古族的体质特征

赤峰蒙古族男性头面部测量指标除唇高值接近女性外，其余指标值均大于女性（表2-16）。赤峰蒙古族男性体重为66.6kg±9.8kg，身高达到1706.7mm±6.4mm，属于高身材。赤峰蒙古族女性体重为58.1kg±9.8kg，身高为1590.7mm±5.7mm，属于高身材。男性体部指标值均大于女性（表2-17）。

赤峰蒙古族按头长宽指数分型，男性、女性为特圆头型；按头长高指数分型，男性、女性为高头型；按头宽高指数分型，男性、女性为狭头型；按形态面指数分型，男性为狭面型，女性为超狭面型；按鼻指数分型，男性、女性为狭鼻型；按身高分型，男性、女性均为高型；按坐高指数分型，男性为长躯干型，女性为中躯干型；按胸围指数分型，男性为宽胸型，女性为中胸型；按肩宽指数分型，男性、女性均为中肩型（接近中肩型的下限）；按骨盆宽指数分型，男性、女性均为中骨盆型；按马氏指数分型，男性、女性均为中腿型（表2-18）。

1938年今村丰等测得的昭乌达盟蒙古族男性身高平均为165.59cm，本次测得的赤峰蒙古族男性身高平均为1706.7mm，58年间共增长50.8mm，平均每10年增长9mm。在此期间，赤峰蒙古族男性也由中等身高类型（1640.0～1669.0mm）迈进了高身高类型（≥1700.0mm）行列。本次调查还显示，无论男女，体重均值为城市人均大于牧区人，差异有统计学意义。由此说明，本地区城乡间的总体生活水平仍存在着明显差别，据1987年资料，城镇居民人均生活费年支出为682元，而牧区仅为355元。但是从上、下肢长指数来看，牧区明显高于城镇。牧区女性肩宽明显大于城镇，这可能与牧区人口经常参加劳动有关。本次调查结果与1991年朱钦等在巴彦淖尔盟（现巴彦淖尔市）所测得的蒙古族体质资料比较，有明显的差别，出现这些差异可能与两地地理位置不同，生活条件各异和两地分属不同部落有关。

第五节　锡林郭勒蒙古族

一、锡林郭勒蒙古族简介

锡林郭勒盟（以下简称锡盟）位于内蒙古自治区的中部，以畜牧业生产为主体经济，新中国成立以前交通闭塞，保存有较多的蒙古民族特色，是锡林郭勒部最具代表性的分布地区之一。锡林郭勒蒙古族部落众多，北部从西向东依次是苏尼特部、阿巴嘎部、阿巴哈纳尔部、乌珠穆沁部，南部则是察哈尔部。

阿巴嘎、阿巴哈纳尔部的始祖为成吉思汗同父异母兄弟别里古台。阿巴嘎蒙古语意为"叔父"，阿巴哈纳尔为"叔父"的复数，意为"叔父们"。成吉思汗诸弟曾经为建立蒙古帝国立下过汗马功劳，其后裔与以蒙古大汗为首的黄金家族有着叔父辈分，故北元时期他们的所属部落统称为阿巴嘎。成吉思汗建立大蒙古国后，别里古台家族分得1500户属民，驻牧于克鲁伦河流域。在元朝，别里古台后王被封为广宁王，成为元朝东道诸王之一，地位显赫。15世纪中叶，别里古台后裔统治的部落发展成为"也可"万户。别里古台第十四世孙广宁王毛里孩一度控制北元蒙古汗廷，称霸东蒙古，毛里孩之子斡赤赉曾辅佐达延汗。阿巴嘎部自形成以来的几百年里，一直游牧在漠北克鲁伦河流域一带草原上。与其他东道诸王后裔统辖的部落共处在大兴安岭山阴之地，因此，阿巴嘎、阿巴哈纳尔部成为阿鲁蒙古诸部的重要组成部分。林丹汗西征，兼并战争威胁到阿巴嘎、阿巴哈纳尔部，他们不得不一度依附于喀尔喀。1632 年以后的 30 多年时间里，阿巴嘎、阿巴哈纳尔部诸台吉先后率所部自克鲁伦河南下至锡林郭勒草原投附清朝，清朝设置阿巴嘎左、右翼二旗，阿巴哈纳尔左、右翼二旗共 4 旗，归属锡林郭勒盟管辖，驻牧在锡林郭勒草原上。阿巴嘎、阿巴哈纳尔蒙古族现在主要生活在锡林郭勒盟阿巴嘎旗和锡林浩特市及周边旗县，现有人口约 5 万人。他们在锡林郭勒草原游牧 300 多年，较好地保持了传统的畜牧业经济和蒙古族的语言文字及风俗习惯。

察哈尔部是蒙古族最著名的部落之一，历史上号称蒙古中央万户。在北元时期是蒙古大汗的直属部落，其各鄂托克的领主历来都由黄金家族达延汗的长子图鲁博罗特和六子斡齐尔博罗特的子孙承袭。嘉靖二十六年（1547 年），察哈尔部达来逊汗惧为俺答所并，率领所属部十万南迁，移牧于大兴安岭东南半部，史称左翼蒙古南迁。到了清朝以后，苏尼特、乌珠穆沁、浩齐特、克什克腾、敖汉、奈曼等鄂托克脱离察哈尔部成为独立的蒙古部落，但是历史上他们源于察哈尔部，其领主都是察哈尔部的后裔，他们是察哈尔部派生出来的部落。康熙十四年（1675 年），清廷将察哈尔部众从辽西义州边外迁徙到宣化、大同边外安置，按满洲八旗建制，设置左、右两翼察哈尔八旗。至此，察哈尔部就特指两翼察哈尔八旗。

1995 年 7 月研究组在内蒙古自治区锡盟的阿巴嘎旗、正蓝旗、锡林浩特市进行了锡林郭勒蒙古族的体质测量工作。被测者父母均为蒙古族，年龄在 20~60 岁，身体健康，无残疾与畸形。调查人数 390 例（男性 190 例，女性 200 例）。测量地点的地理坐标为北纬 44°01′、东经 114°55′，年平均温度为 0.7℃。目前，已经发表了锡林郭勒蒙古族体质[31]和学生生长发育的研究论文[32,33]。

二、锡林郭勒蒙古族的体质数据

锡林郭勒蒙古族头面部测量指标均数见表 2-19，体部指标均数见表 2-20，体质指数均数见表 2-21。

表 2-19　锡林郭勒蒙古族测量头面部指标均数（mm，Mean±SD）

指标	男性	女性	u	指标	男性	女性	u
头长	184.8±6.5	176.4±7.1	12.20**	鼻宽	35.5±2.9	32.6±2.4	10.73**
头宽	153.7±5.5	148.2±5.9	9.53**	唇高	17.1±2.9	15.7±2.8	4.85**
耳上头高	134.2±11.9	128.6±11.7	4.68**	口裂宽	51.8±4.0	49.2±4.4	6.11**
面宽	145.0±5.5	139.2±2.2	13.54**	两眼内角间宽	36.4±2.8	35.3±2.8	3.88**
额最小宽	110.6±9.3	106.3±4.7	5.72**	两眼外角间宽	102.9±5.3	99.4±4.7	6.89**
容貌面高宽	192.1±16.7	184.0±8.4	6.00**	容貌耳长	63.9±5.5	61.3±4.3	5.18**
形态面高	134.5±7.8	125.8±6.0	12.30**	容貌耳宽	35.6±2.9	33.6±2.5	7.28**
鼻高	54.0±4.8	50.6±4.3	7.35**	头围	570.1±14.6	554.2±16.3	10.16**

注：u 为性别间 u 检验值，**表示 $P<0.01$，差异具有统计学意义

表 2-20　锡林郭勒蒙古族体部指标均数（mm，Mean±SD）

指标	男	女	u	指标	男	女	u
体重/kg	64.0±11.15	54.6±7.8	9.26**	上肢全长	745.0±37.6	679.6±42.8	16.05**
身高	1696.7±67.7	1564.1±67.9	19.31**	下肢全长	948.8±52.8	883.10±41.0	13.68**
坐高	912.3±35.0	849.1±59.6	12.85**	肩宽	383.0±20.9	346.2±17.5	17.42**
躯干前高	425.2±32.2	384.6±32.7	12.35**	骨盆宽	283.0±16.5	282.1±15.8	0.55
指距	1722.8±76.9	1587.2±73.0	17.84**	胸围	886.7±77.1	851.6±78.6	4.45**

注：u 为性别间 u 检验值，**表示 $P<0.01$，差异具有统计学意义

表 2-21　锡林郭勒蒙古族体质指数均数（Mean±SD）

指标	男性	女性	u	指标	男性	女性	u
头长宽指数	83.3±4.0	84.1±4.6	1.94	身高体重指数	376.7±61.0	348.9±54.6	4.74**
头长高指数	72.7±6.8	73.0±7.0	0.40	身高躯干前高指数	23.1±1.7	24.0±2.2	7.94**
头宽高指数	87.4±8.3	86.8±7.7	0.73	身高指距指数	101.5±3.3	101.6±2.4	0.03
额顶宽度指数	72.0±6.1	71.8±3.2	0.42	身高坐高指数	53.8±1.4	54.4±4.2	1.80
容貌面指数	132.67±12.03	133.3±9.7	0.57	身高上肢长指数	43.9±1.3	43.5±2.8	1.93
形态面指数	92.9±5.9	91.2±7.0	2.71**	身高下肢长指数	55.9±2.0	56.5±2.7	2.59**
头面宽度指数	94.3±3.9	94.1±3.9	0.66	身高肩宽指数	22.4±1.1	22.2±1.2	2.32*
鼻指数	65.5±6.1	64.4±5.4	1.85	身高骨盆宽指数	16.7±0.9	18.1±1.2	12.87**
口指数	33.2±6.1	32.1±6.3	1.79	身高胸围指数	55.5±5.4	54.5±5.5	1.68

注：u 为性别间 u 检验值，*表示 $P<0.05$，**表示 $P<0.01$，差异具有统计学意义

三、锡林郭勒蒙古族的体质特征

锡林郭勒蒙古族男性 16 项头面部测量指标值均大于女性（表 2-19）。锡林郭勒蒙古族男性体重为 64.0kg±11.2kg，身高达到 1696.7mm±67.7mm，属于超中等身材。女性体重较大，为 54.6kg±7.8kg，身高为 1564.1mm±67.9mm，属于超中等身材。男性体部除了骨盆宽值与女性接近外，其余指标值都大于女性（表 2-20）。

根据体质指数（表 2-21）可知，锡林郭勒蒙古族男性属于圆头型、高头型、狭头型、狭面型、狭鼻型、中胸型、中肩型、中骨盆型。女性属于圆头型、高头型、狭头型、超狭面型、狭鼻型、中胸型、中肩型、中骨盆型。

将本书调查结果与 1937~1938 年同一地区蒙古族的体质资料[34]比较，结果显示，体部各项指标值除躯干前高外均有明显的增长，差异具有统计学意义（$P<0.01$），以平均身高为例，60 年间增长了 58.9mm，每 10 年平均增长略小于 10mm。头面部测量指标与 60 年前资料比较，以各高度指标值增长最为显著，但宽度和头长指标值减小，头面部的形态呈高、窄、短的变化趋势。

第六节　乌 拉 特 部

一、乌拉特部简介

乌拉特部落是蒙古诸部之一，是元太祖成吉思汗胞弟哈撒尔第十五世孙布尔海的

嫡系后裔。乌拉特部属科尔沁部的一个分支。明朝正统年间其避居额尔古纳河与石勒喀河之间，始号所部为乌拉特，后来部众归顺后金，乌拉特部被迫内迁至呼伦贝尔草原。

天聪七年（公元 1633 年），乌拉特部归附后金，从呼伦贝尔草原迁徙到大兴安岭山阳的西拉木伦河北岸。天聪八年（1634 年）起，乌拉特部随后金大军攻打明朝、朝鲜、喀尔喀蒙古及山海关内外，立有战功。顺治年间为了能够加强防守喀尔喀诸部及卫拉特蒙古，进而可以保卫归化城，清朝政府将四子、乌拉特及茂明安等阿鲁蒙古部落整体迁徙到阴山一带[35,36]。顺治五年（1648 年），将乌拉特部分置为乌拉特前、中、后三旗。自此，乌拉特部从呼伦贝尔草原和大兴安岭西迁至黄河北岸、阴山南北，繁衍生息至今。

1991 年 7 月对内蒙古自治区巴彦淖尔市乌拉特后旗的 20～60 岁乌拉特部 404 例（男性 208 例，女性 196 例）进行了活体观察与测量。测量地点的地理坐标为北纬 41°05′、东经 107°04′，年平均温度为 3.8℃。测量在旗政府所在地赛乌素镇和牧区钱德门、宝音图、宝力格、潮格尔苏木（乡）进行。目前已经发表研究乌拉特部体质特征的论文[37]。

二、乌拉特部的体质数据

乌拉特部头面部测量指标均数见表 2-22，体部指标均数见表 2-23，体质指数均数见表 2-24。

表 2-22　乌拉特部头面部测量指标均数（mm，Mean±SD）

指标	男性	女性	u	指标	男性	女性	u
头长	186.2±6.2	175.6±7.0	16.08**	口宽	54.9±3.9	50.7±3.9	13.20**
头宽	156.1±5.9	148.8±5.3	15.96**	容貌面高	198.9±8.8	184.7±8.7	19.89**
额最小宽	110.8±6.3	106.4±5.2	9.34**	形态面高	121.9±7.1	109.3±5.4	24.51**
面宽	146.6±5.4	136.7±5.5	22.26**	鼻高	51.9±3.7	45.3±3.1	23.72**
下颌角间宽	116.5±7.2	107.5±5.6	17.12**	唇高	17.2±3.1	15.9±2.8	5.40**
眼内角间宽	36.1±3.2	34.0±2.6	8.84**	容貌耳长	68.5±5.5	62.0±4.7	15.58**
眼外角间宽	106.5±5.1	100.0±4.8	16.09**	容貌耳宽	36.5±3.2	33.3±3.1	12.45**
鼻宽	38.9±3.2	33.9±2.5	21.37**	耳上头高	129.7±7.3	125.4±7.5	7.12**

注：u 为性别间 u 检验值，**表示 $P<0.01$，差异具有统计学意义

表 2-23　乌拉特部体部指标均数（mm，Mean±SD）

指标	男性	女性	u	指标	男性	女性	u
体重/kg	68.5±11.1	56.9±9.7	11.20**	腰围	833.0±113.7	768.0±106.2	7.24**
身高	1712.0±68.1	1574.0±50.0	28.35**	躯干前高	448.0±25.9	413.0±26.0	16.53**
肩宽	389.0±20.7	350.0±16.8	25.38**	上肢全长	740.0±34.1	678.0±30.2	23.61**
骨盆宽	295.0±16.9	289.0±14.5	4.67**	下肢全长	949.0±43.2	866.0±36.3	25.52**
胸围	924.0±74.7	844.0±77.8	12.86**				

注：u 为性别间 u 检验值，**表示 $P<0.01$，差异具有统计学意义

表 2-24 乌拉特部体质指数均数（Mean±SD）

指标	男性	女性	u	指标	男性	女性	u
头长宽指数	84.0±4.3	85.0±4.3	2.39*	身高坐高指数	53.8±1.3	54.2±1.1	3.46**
头长高指数	69.9±5.5	71.2±5.3	2.54*	身高体重指数	404.1±62.8	359.3±58.8	7.40**
头宽高指数	83.2±6.0	84.2±5.8	1.66	身高胸围指数	54.6±4.5	53.5±5.0	2.37*
额顶宽度指数	71.0±2.9	71.3±3.0	0.88	身高肩宽指数	22.7±1.2	22.2±0.9	4.80**
容貌面指数	135.9±7.1	134.6±7.0	1.84	身高骨盆宽指数	17.1±0.8	18.3±0.9	14.34**
形态面指数	83.0±5.0	79.8±4.8	6.51**	身高躯干前高指数	26.3±1.2	26.2±1.1	0.18
头面宽指数	93.5±3.0	92.1±2.9	4.89**	Vervaeck 指数	94.6±10.0	90.4±9.3	4.29**
鼻指数	75.1±7.3	75.2±7.5	0.15	Rohrer 指数	141.1±23.4	145.2±24.6	1.69
口指数	31.3±2.5	31.0±2.8	1.22	身高上肢长指数	43.7±1.2	43.1±1.4	4.17**
容貌耳指数	53.5±5.6	53.7±6.1	0.33	身高下肢长指数	55.4±1.3	55.0±1.5	3.04**

注：u 为性别间 u 检验值，*表示 P<0.05，**表示 P<0.01，差异具有统计学意义

三、乌拉特部的体质特征

乌拉特部男性 16 项头面部测量指标值都大于女性（表 2-22）。乌拉特部男性体重较大，为 68.5kg±11.1kg，身高达到 1712.0mm±68.1mm，属于高身材。女性体重为 56.9kg±9.7kg，身高为 1574.0mm±50.0mm，属于超中等身材。男性体部 9 项指标值均大于女性（表 2-23）。

按头长宽指数分型，乌拉特部男、女均属圆头型；按头长高指数分型，男、女均属高头型；按头宽高指数分型，男、女均属中头型；按形态面指数分型，男、女均属阔面型；按鼻指数分型，男、女均属中鼻型；按身高分型，男性属高型，女性属超中等型；按身高坐高指数、身高胸围指数、身高肩宽指数和身高骨盆宽指数分型，男、女躯干部分别可判别为长躯干型、中胸型、中肩型和中骨盆型（表 2-24）。

关于青少年体质在生长发育过程中的长期趋势，国内外已有过许多报道[38]。这种长期趋势在成人身高表现为不断增长。横尾安夫[39]测得蒙古族男性的身高约为 164cm，这个高度仅及 1985 年蒙古族 16 岁学生的水平[40]。世界各国的儿童、少年体格发育都存在着城乡差别，在同一地区、同一民族，身高、体重都是大城市优越，县镇次之，乡村最差[41]。但乌拉特部（成年人）的各项测量指标值中除男性的身高、下肢全长、肩宽和骨盆宽及女性的坐高是城镇大于牧区（差异具有统计学意义）外，其余各项指标值的差异均不具有统计学意义。表明本次调查的乌拉特部成年女性的体质和体型，以及男性的体型无明显的城乡差异。季成叶[42]用身高、坐高等 7 项指标对 27 个少数民族女青少年生长发育状况进行聚类分析，蒙古族城乡女学生均聚在生长水平最高的 1 类内，且无差异表现。究其原因，可能与下列情况有关：①乌拉特后旗为 5 万人口的小旗县，其城乡生活水平不如大中城市。②牧民的消费水平与城镇接近，远高于农民。据内蒙古 1990 年资料[43]显示，城镇居民人均生活费支出为 982.32 元，牧民为 905.67 元，而农民仅 491.88 元。此外，牧民的饮食以肉、乳为主，有较多的蛋白质摄入。③由于进城镇就业，出现人员流动，有些城镇人口就是昔日的牧民。

第七节　鄂尔多斯部

一、鄂尔多斯部简介

成吉思汗虽然没有都城，但有四大鄂尔多分布四处，当时起着首都的作用，是他的指挥中心。成吉思汗的每个鄂尔多，是由上千座营帐组成的帐幕群。每个鄂尔多均居住着成吉思汗的哈屯，负责管理鄂尔多的日常事务。周围众多的帐幕，是哈屯管辖的部落民众的居住处，来自大蒙古国的各万户、千户，也就是各万户、千户长选派的对成吉思汗最忠诚的人员组成的鄂尔多卫护部队。在几百年的历史中，这支卫队的后裔，世世代代继承了祖先的职业，一直聚集在成吉思汗奉祀之神周围，形成了守护诸多宫殿的部落——鄂尔多斯部。鄂尔多斯部的祖先，不是一个部落或一个氏族的人，而是来自诸多氏族：①兀良哈人。13世纪在肯特山孛儿罕哈里敦一带居住的兀良哈人，成吉思汗在世时，一部分作为他的门卫，另一部分为其母亲河额仑和四大鄂尔多服务，是成吉思汗可以依赖的部落。成吉思汗大将者勒蔑、者别、速不台等都为兀良哈人。1227年，成吉思汗去世后，兀良哈部派出一千人，日夜守护成吉思汗葬地伊克霍日克，并守护、祭祀成吉思汗灵帐和其河额仑母亲灵帐。15世纪，守护、祭祀成吉思汗奉祀之神的兀良哈人，随漠北的八白室一同入驻宝日陶亥。②成吉思汗亲军。1204年，成吉思汗挑选了身边的亲信精兵，在这基础上于1206年建立大蒙古国后扩充了亲信军。成吉思汗身边的亲军称"万名客什克腾"（万名受福者），也有史料记载为"怯薛军"（吉希亚，轮流值班守卫之意）。这是守护成吉思汗鄂尔多的精兵，其总数为一万人，成吉思汗去世后，这些亲军守护成吉思汗墓地和祭祀宫帐，并世代相传，成为鄂尔多斯部的祖先。③黄金家族。15世纪鄂尔多斯部进入河套时，也有一部分成吉思汗同氏族的人员加入。④成吉思汗大将。成吉思汗身边的一大批将领忠心耿耿为成吉思汗奋斗一生，并让子孙后代永远祭祀、守护成吉思汗奉祀之神，几百年之后，这些人的后裔也就成为鄂尔多斯部的一部分。

鄂尔多斯一词是古突厥语，意为"汗的殿宇、陵寝之地"。14世纪，守护成吉思汗陵寝的卫士们始称鄂尔多斯部，是全蒙古六万户之一的鄂尔多斯万户。

15世纪中叶成化年间，这一部落南移，进入河套地区。天聪九年（1635年）鄂尔多斯部附归清朝，各授札萨克，共6旗（后在雍正九年增设1旗，计7旗），所部6旗自为一盟，称伊克昭盟（现鄂尔多斯市）。

鄂尔多斯市属北温带半干旱大陆性气候，寒暑变化大，降水稀少。中部沙区，南部为典型的半荒漠草原。鄂尔多斯蒙古族（2018年）约17.7万人。

2013年9月研究组在内蒙古自治区鄂尔多斯市鄂托克旗共测量了鄂尔多斯部336例（男性142例，女性194例）的各项指标，计算了体质指数。测量地点的地理坐标为北纬39°05′、东经107°58′，年平均温度为6.4℃。分为20～44岁组、45～59岁组、60～80岁组三个年龄组统计数据，三个年龄组样本量男性分别为58例、45例、39例，女性分别为100例、63例、31例。被测者均为世居鄂尔多斯市的蒙古人，无残疾。目前已经发表了关于鄂尔多斯部体部特征[44]、头面部特征[45]、体型[46]及经典遗传学指标[47,48]的论文。

二、鄂尔多斯部的体质数据

鄂尔多斯部头面部测量指标均数见表2-25，体部指标均数见表2-26，体质指数均数见表 2-27，头面部观察指标调查结果见表 2-28，体型数据见表 2-29。

表 2-25　鄂尔多斯部头面部测量指标均数（mm，Mean±SD）

指标	男性 20～44岁组	男性 45～59岁组	男性 60～80岁组	男性 合计	女性 20～44岁组	女性 45～59岁组	女性 60～80岁组	女性 合计	u
头长	188.0±6.9	190.5±8.5	188.5±7.2	188.9±7.6	177.9±5.5	180.2±5.6	180.7±5.9	179.1±5.7	12.97**
头宽	160.7±7.2	158.5±6.3	156.0±7.5	158.7±7.3	151.5±5.9	149.5±5.2	148.0±7.0	150.3±6.0	11.25**
额最小宽	108.4±7.8	106.3±6.2	102.5±5.8	106.1±7.2	103.7±6.1	102.6±5.6	100.1±4.2	102.8±5.8	4.51**
面宽	148.2±8.3	149.0±5.6	145.1±7.0	147.6±7.3	139.6±5.4	138.7±5.6	135.2±4.0	138.6±5.4	12.45**
下颌角间宽	117.7±7.3	118.2±17.7	118.1±8.2	117.9±11.7	110.5±6.9	111.8±7.4	108.1±5.7	110.6±7.0	6.64**
眼内角间宽	35.5±2.6	34.8±2.2	34.7±2.3	35.1±2.4	34.5±2.8	33.5±2.7	33.1±2.6	33.9±2.8	4.23**
眼外角间宽	90.1±6.1	85.8±8.7	83.9±5.0	87.1±7.2	85.5±5.0	82.2±5.2	76.6±7.0	83.0±6.3	5.45**
鼻宽	38.4±2.7	40.2±3.7	40.9±3.7	39.6±3.5	35.2±2.6	36.5±2.5	36.1±2.9	35.8±2.7	10.83**
口宽	50.1±3.9	51.5±5.0	53.2±7.4	51.4±5.5	46.2±3.2	48.4±3.7	47.8±3.5	47.2±3.6	7.97**
容貌面高	196.2±9.2	199.4±7.5	198.7±7.2	197.9±8.2	191.3±7.9	188.4±8.3	183.4±9.8	189.1±8.8	9.45**
形态面高	119.8±6.7	122.3±6.3	122.1±8.2	121.2±7.1	114.6±6.2	113.7±6.5	113.6±7.9	114.2±6.6	9.22**
鼻高	50.7±16.6	49.6±3.7	50.2±4.2	50.2±11.0	46.4±3.5	46.6±3.4	46.2±3.4	46.4±3.4	3.99**
鼻长	41.4±3.6	43.8±4.3	43.1±4.7	42.6±4.1	39.7±3.5	40.0±3.5	38.8±3.2	39.6±3.5	7.06**
上唇皮肤部高	15.2±2.7	15.8±2.6	15.2±2.7	15.4±2.7	14.1±2.2	14.9±2.4	14.8±2.7	14.5±2.4	3.17**
唇高	16.9±3.6	14.6±3.1	12.9±3.1	15.1±3.7	15.5±2.8	13.2±2.9	11.1±3.4	14.0±3.4	2.79**
红唇厚度	9.1±2.8	7.0±2.3	5.4±2.5	7.4±3.0	8.2±2.1	6.8±2.1	4.5±2.5	7.1±2.5	0.97
容貌耳长	68.4±5.6	73.1±6.5	76.2±5.8	72.0±6.7	64.8±5.3	67.7±5.1	71.6±5.2	66.8±5.7	7.50**
容貌耳宽	33.3±3.6	34.2±3.4	34.2±3.7	33.8±3.6	31.9±3.5	32.6±3.3	32.9±2.8	32.3±3.3	3.92**
耳上头高	130.5±9.1	127.8±10.1	125.1±8.9	128.2±9.5	123.1±7.7	121.8±8.1	118.0±9.8	121.9±8.3	6.35**

注：u 为性别间 u 检验值，**表示 $P<0.01$，差异具有统计学意义

表 2-26　鄂尔多斯部体部指标均数（mm，Mean±SD）

指标	男性 20～44岁组	男性 45～59岁组	男性 60～80岁组	男性 合计	女性 20～44岁组	女性 45～59岁组	女性 60～80岁组	女性 合计	u
体重/kg	76.5±14.6	79.2±12.8	76.1±11.6	77.2±13.2	62.3±10.4	67.3±9.8	63.7±11.7	64.1±10.6	9.78**
身高	1714.8±49.7	1675.9±56.5	1670.1±49.9	1690.2±55.6	1598.6±51.3	1569.2±41.0	1525.5±59.9	1577.4±56.0	18.37**
耳屏点高	1584.3±49.3	1548.2±53.8	1545.0±49.2	1562.1±53.7	1475.5±49.0	1447.4±38.4	1407.5±55.8	1455.5±52.8	18.16**
肩峰点高	1396.4±45.9	1374.5±54.9	1366.0±48.8	1381.1±51.0	1299.5±47.4	1276.4±35.2	1247.1±55.9	1283.6±49	17.65**
胸上缘高	1400.2±44.1	1374.7±50.8	1366.5±47.4	1382.9±49.2	1302.1±46.6	1279.0±36.7	1250.4±52.6	1286.3±48.3	17.97**
桡骨点高	1083.7±39.1	1055.8±46.5	1037.9±38.6	1062.3±45.4	1008.1±36.4	986.4±30.9	954.8±45.0	992.6±40.9	14.54**
茎突点高	837.5±34.7	817.0±41.0	810.8±32.6	823.7±37.9	782.6±34.0	760.3±28.6	740.3±35.4	768.6±36.1	13.47**
髂前上棘点高	950.1±31.4	953.8±46.5	944.1±46.3	949.6±40.8	895.5±39.1	878.7±35.9	871.0±34.0	886.1±38.5	14.48**
胫上点高	464.3±24.9	461.1±20.6	457.6±19.6	461.5±22.2	435.7±21.7	426.9±18.4	421.3±24.3	430.6±21.8	12.74**
内踝下点高	66.8±4.5	66.3±3.8	66.4±3.3	66.6±4.0	62.7±3.0	62.6±2.9	61.5±3.4	62.4±3.0	10.56**
坐高	914.4±40.2	900.4±32.4	900.3±27.9	906.1±35.2	869.8±27.6	855.6±29.2	829.5±34.1	858.7±32.4	12.65**
肩宽	387.9±18.1	382.4±22.3	376.2±18.8	383.0±20.1	354.6±17.2	352.8±15.7	340.3±15.8	351.7±17.2	15.02**
骨盆宽	269.8±18.3	271.3±17.4	266.9±15.5	269.5±17.3	262.5±20.0	268.3±14.6	264.5±16.8	264.7±18.0	2.48*
躯干前高	599.8±39.0	599.2±29.3	596.7±26.1	598.7±32.7	573.2±24.4	565.3±26.4	554.3±29.9	567.2±26.8	9.31**
上肢全长	739.7±27.1	737.2±33.5	730.5±32.6	738.4±26.3	682.8±32.9	680.2±23.4	671.4±39.7	681.0±26.4	14.62**
下肢全长	909.2±28.6	917.1±41.8	908.2±43.5	911.5±37.4	864.9±36.6	849.2±34.6	844.6±30.3	856.5±35.9	13.59**

注：u 为性别间 u 检验值，*表示 $P<0.05$，**表示 $P<0.01$，差异具有统计学意义

表 2-27　鄂尔多斯部体质指数均数（Mean±SD）

指标	男性 20~44 岁组	男性 45~59 岁组	男性 60~80 岁组	男性 合计	女性 20~44 岁组	女性 45~59 岁组	女性 60~80 岁组	女性 合计	u
头长宽指数	85.6±4.9	83.4±4.9	82.9±5.6	84.1±5.2	85.3±4.3	83.1±3.8	82.0±4.9	84.0±4.4	0.19
头长高指数	69.5±5.1	67.1±5.2	66.5±5.6	67.9±5.4	69.3±4.7	67.6±4.4	65.4±5.7	68.1±4.9	0.35
头宽高指数	81.4±7.0	80.6±5.6	80.4±6.8	80.9±6.5	81.3±5.3	81.5±5.8	79.9±6.9	81.2±5.8	0.44
额顶宽度指数	67.6±5.5	67.2±4.0	65.8±4.4	66.9±4.8	68.5±4.2	68.7±3.9	67.8±4.6	68.4±4.2	2.99**
容貌面指数	132.7±8.9	134.0±7.2	137.2±8.6	134.4±8.5	137.2±7.0	136.0±7.1	135.7±6.8	136.6±7.0	2.53*
形态面指数	81.0±5.9	82.1±4.7	84.4±7.7	82.3±6.2	82.2±4.8	82.1±5.7	84.1±6.4	82.5±5.4	0.31
头面宽指数	92.3±4.2	94.1±3.1	93.1±3.8	93.1±3.8	92.2±3.6	92.8±3.0	91.4±3.4	92.3±3.4	2.00*
头面高指数	92.1±7.4	96.2±7.6	97.9±7.9	95.0±7.9	93.4±7.3	93.8±8.3	96.8±9.5	94.1±8.0	1.03
颧额宽指数	73.3±6.5	71.4±4.0	70.8±4.6	72.0±5.4	74.4±5.0	74.1±4.4	74.1±3.7	74.2±4.6	3.94**
鼻指数	79.1±13.2	81.3±9.0	82.1±9.8	80.6±11.1	76.3±7.8	78.8±7.4	78.4±8.0	77.5±7.8	2.86**
口指数	34.1±7.8	28.6±6.4	24.8±7.0	29.8±8.1	33.7±6.9	27.3±6.7	23.4±7.4	30.0±8.0	0.23
容貌耳指数	48.9±5.5	46.9±5.1	45.2±5.7	47.3±5.6	49.3±4.9	48.3±5.4	46.2±4.7	48.5±5.1	2.02*
身高坐高指数	53.3±1.7	53.7±1.5	53.9±1.2	53.6±1.5	54.4±1.3	54.5±1.2	54.4±1.4	54.4±1.3	5.12**
身高体重指数	445.2±79.8	472.1±70.2	455.3±68.3	456.5±74.2	389.5±63.7	428.0±56.3	416.5±68.5	406.3±64.4	6.49**
身高胸围指数	56.5±5.2	59.7±4.4	59.1±4.9	58.2±5.0	56.4±5.0	60.3±4.2	60.7±4.5	58.3±5.1	0.18
身高肩宽指数	22.6±1.0	22.8±1.3	22.5±1.1	22.7±1.1	22.2±1.1	22.5±0.9	22.3±1.0	22.3±1.0	3.43**
身高骨盆宽指数	15.7±1.0	16.2±1.0	16.0±0.8	15.9±1.0	16.4±1.2	17.1±0.8	17.3±0.9	16.8±1.1	7.83**
肩宽骨盆宽指数	69.6±3.8	71.1±5.0	71.0±3.6	70.4±4.2	74.1±5.2	76.1±3.5	77.8±4.7	75.3±4.8	9.97**
马氏指数	87.7±6.1	86.2±5.2	85.6±4.0	86.7±5.3	83.9±4.6	83.5±4.1	84.0±4.6	83.8±4.4	5.33**
坐高下身长指数	1.1±0.1	1.2±0.1	1.2±0.1	1.2±0.1	1.2±0.1	1.2±0.1	1.2±0.1	1.2±0.1	0.00
身高上肢长指数	43.7±2.5	44.0±1.5	43.7±1.3	43.8±1.2	42.7±1.4	43.3±1.2	44.0±1.7	43.0±1.3	2.19*
身高下肢长指数	54.4±6.3	54.7±1.6	54.4±1.9	53.9±1.8	54.1±1.2	54.1±1.6	55.4±1.4	54.3±1.5	2.16*
上下肢长指数	78.4±13.4	80.5±3.7	80.5±3.8	79.8±2.9	79.0±2.7	80.2±3.0	79.5±3.8	79.6±2.7	3.22**

注：u 为性别间 u 检验值，*表示 P<0.05，**表示 P<0.01，差异具有统计学意义

表 2-28　鄂尔多斯部头面部观察指标调查结果

指标	类型	男性 n	男性 %	女性 n	女性 %	合计 n	合计 %	u
上眼睑皱褶	有	101	71.1	155	79.9	256	76.2	1.86
	无	41	28.9	39	20.1	80	23.8	1.86
鼻根高度	低平	32	22.5	67	34.5	99	29.5	2.38*
	中等	92	64.8	123	63.4	215	64.0	0.26
	较高	18	12.7	4	2.1	22	6.5	3.89**
鼻翼高度	低	16	11.3	38	19.6	54	16.1	2.05*
	中等	117	82.4	152	78.4	269	80.1	0.92
	高	9	6.3	4	2.1	13	3.9	2.01*
耳垂类型	圆形	67	47.2	86	44.3	153	45.5	0.52
	方形	59	41.5	15	7.7	74	22.0	7.39**
	三角形	16	11.3	93	47.9	109	32.4	7.09**
眼色	黑褐	9	6.3	23	11.9	32	9.5	1.70
	褐	119	83.8	160	82.5	279	83.0	0.15
	浅褐	12	8.5	10	5.2	22	6.5	1.21

续表

指标	类型	男性 n	男性 %	女性 n	女性 %	合计 n	合计 %	u
上唇皮肤部高	蓝	2	1.4	1	0.5	3	0.9	0.86
	低	10	7.0	24	12.4	34	10.1	1.60
	中等	112	78.9	161	83.0	273	81.3	0.95
	高	20	14.1	9	4.6	29	8.6	3.05**
蒙古褶	有	57	40.1	124	63.9	181	53.9	4.32**
	无	85	59.9	70	36.1	155	46.1	4.32**
鼻背侧面观	凸形	14	9.9	14	7.2	28	8.3	0.87
	直形	120	84.5	144	74.2	264	78.6	2.27*
	凹形	8	5.6	36	18.6	44	13.1	3.47**
颧部突出度	扁平	103	72.5	160	82.5	263	78.3	2.18*
	中等	21	14.8	28	14.4	49	14.6	0.09
	微弱	18	12.7	6	3.1	24	7.1	3.37**
红唇厚度	薄唇	77	54.2	113	58.2	190	56.5	0.73
	中唇	35	24.6	69	35.6	104	31.0	2.14*
	厚唇	30	21.1	12	6.2	42	12.5	4.09**

注：u 为性别间 u 检验值，*表示 $P<0.05$，**表示 $P<0.01$，差异具有统计学意义

表 2-29 鄂尔多斯部体型（Mean±SD）

指标	男性 20~44岁组	男性 45~59岁组	男性 60~80岁组	男性 合计	女性 20~44岁组	女性 45~59岁组	女性 60~80岁组	女性 合计
内因子	4.4±1.2	5.1±1.1	4.8±1.1	4.7±1.2	5.6±1.1	6.2±0.8	6.0±0.8	5.9±1.0
中因子	5.9±1.6	6.9±1.4	6.4±1.4	6.4±1.6	5.0±1.5	6.4±1.3	6.6±1.4	5.7±1.6
外因子	1.5±1.3	0.8±0.9	1.0±0.9	1.1±1.1	1.5±1.2	0.5±0.7	0.5±0.5	1.0±1.1
HWR	40.7±2.3	39.2±2.0	39.6±2.0	39.9±2.2	40.6±2.3	38.7±1.6	38.4±1.8	39.6±2.2
X	−2.8±2.5	−4.3±1.8	−3.9±1.9	−3.6±2.2	−4.1±2.1	−5.7±1.3	−5.5±1.1	−4.8±1.9
Y	5.9±3.6	7.9±3.0	7.0±2.6	6.8±3.3	3.0±3.4	6.1±2.7	6.6±2.8	4.6±3.5
SAM	2.8±1.5	3.7±1.6	3.1±1.6	3.2±1.6	3.0±1.2	4.1±1.1	4.1±1.4	3.5±1.3

三、鄂尔多斯部的体质特征

鄂尔多斯部男性除了红唇厚度值接近女性外，其余头面部测量指标值都大于女性（表 2-25）。鄂尔多斯部男性体重较大（77.2kg±13.2kg），身高达到 1690.2mm±55.6mm，属于超中等身材，20~44 岁组身高为 1714.8mm±49.7mm，属于高身材。鄂尔多斯部女性体重较大（64.1kg±10.6kg），身高为 1577.4mm±56.0mm，属于超中等身材，20~44 岁组身高为 1598.6mm±51.3mm，属于高身材。男性 16 项体部指标值均大于女性（表 2-26）。

根据体质指数（表 2-27）可知，鄂尔多斯部男性属于圆头型、高头型、中头型、阔面型、中鼻型、长躯干型、中腿型、宽胸型、中肩型、窄骨盆型。女性属于圆头型、高头型、中头型、中面型、中鼻型、长躯干型、亚短腿型、宽胸型、中肩型、窄骨

盆型。

鄂尔多斯部上眼睑多有皱褶，有一半的人有蒙古褶，鼻根高度、鼻翼高度、上唇皮肤部高多为中等型，眼色多为褐色，唇薄，直鼻背，颧骨突出。与女性相比，男性鼻根较高，鼻翼中等，耳垂圆形率高、方形率较低、三角形率较高，蒙古褶出现率中等，鼻背更直，颧骨不太突出，红唇较厚。

鄂尔多斯部男性三个年龄组及合计资料均为偏内胚层的中胚层体型。女性20~44岁组为偏中胚层的内胚层体型、45~59岁组为内胚层-中胚层均衡体型，60~80岁组为偏内胚层的中胚层体型，合计资料为内胚层-中胚层均衡体型（表2-29）。男性的内因子值小于女性，中因子值均大于女性，外因子值与女性接近。男性HWR值略大于女性。男性SAM值略小于女性。

鄂尔多斯部体型散点图与布里亚特部的情况比较一致。男性三个点呈一线排列，男性和女性的20~44岁组都在近似扇形之内，45~59岁组和60~80岁组都出了近似扇形，而且男性的点距离近，女性也如此，女性的点比男性更靠近外因子轴虚线半轴。45岁以后，鄂尔多斯部男性、女性体型发生了明显的改变，内因子、中因子值明显增大，外因子值变小，这种现象在蒙古族其他族群也存在（图2-1D）。

第八节　内蒙古蒙古族

一、内蒙古蒙古族的体质数据

内蒙古蒙古族头面部测量指标均数见表2-30，体部指标均数见表2-31，体质指数均数见表2-32。

表2-30　内蒙古蒙古族头面部测量指标均数（mm，Mean±SD）

指标	男性 20~44岁组	男性 45~59岁组	男性 60~80岁组	男性 合计	女性 20~44岁组	女性 45~59岁组	女性 60~80岁组	女性 合计	u
头长	187.4±7.0	189.5±7.8	189.0±8.1	188.3±7.5	178.2±6.3	180.3±6.2	181.3±6.3	179.4±6.4	20.52**
头宽	162.4±6.8	160.3±7.2	158.3±7.2	161.1±7.2	153.2±6.6	153.0±8.6	152.6±7.7	153.1±7.5	17.60**
额最小宽	109.5±7.7	106.9±8.3	102.8±7.2	107.6±8.1	104.4±7.3	104.2±7.9	101.2±6.9	103.8±7.5	7.85**
面宽	147.8±7.8	148.0±7.1	145.4±6.6	147.4±7.5	139.4±6.0	139.4±6.8	137.6±6.1	139.3±6.4	18.68**
下颌角间宽	111.4±10.2	115.1±13.2	115.9±8.8	113.2±11.1	105.7±9.2	107.2±9.2	107.0±7.3	106.4±8.9	10.85**
眼内角间宽	34.9±2.4	34.8±2.5	34.7±2.5	34.8±2.4	34.1±2.6	33.7±2.4	34.8±2.9	34.1±2.6	4.53**
眼外角间宽	89.2±5.6	87.4±6.9	85.0±5.0	88.0±6.1	85.3±5.2	83.6±5.4	80.1±6.6	83.9±5.8	11.11**
鼻宽	37.6±3.0	39.8±3.6	41.2±3.2	38.9±3.5	34.6±2.7	36.2±2.5	37.3±3.2	35.6±2.9	16.49**
口宽	50.3±4.5	52.2±5.6	52.7±6.0	51.3±5.2	46.2±4.4	48.3±4.1	48.0±4.9	47.2±4.5	13.56**
容貌面高	193.5±12.6	197.3±11.5	201.4±10.2	195.9±12.3	189.0±10.1	188.0±10.5	187.4±10.8	188.4±10.3	10.62**
形态面高	122.9±7.5	124.4±8.4	124.0±9.1	123.5±8.1	115.4±6.9	116.6±7.3	115.2±7.6	115.8±7.1	16.26**
鼻高	51.1±8.6	51.9±4.6	51.7±4.7	51.4±7.1	47.0±4.1	48.8±4.6	48.0±4.5	47.8±4.4	9.71**
鼻长	41.1±4.0	42.4±4.2	42.5±4.6	41.8±4.3	38.0±3.8	38.4±4.0	37.4±3.7	38.0±3.8	15.07**
上唇皮肤部高	14.1±2.7	14.7±2.8	15.4±2.7	14.6±2.7	13.3±2.4	14.5±2.4	14.2±2.9	13.9±2.5	4.34**
唇高	16.8±3.8	14.6±3.6	13.3±3.4	15.5±3.9	15.7±3.1	13.9±3.2	12.3±3.4	14.5±3.4	4.40**

续表

指标	男性 20~44岁组	男性 45~59岁组	男性 60~80岁组	男性 合计	女性 20~44岁组	女性 45~59岁组	女性 60~80岁组	女性 合计	u
红唇厚度	8.5±2.5	7.0±2.5	5.8±2.9	7.5±2.8	7.9±2.1	6.6±2.7	5.1±2.5	6.9±2.6	3.58**
容貌耳长	67.6±5.3	72.1±6.0	75.1±5.7	70.2±6.3	64.4±5.4	68.3±5.3	71.8±5.3	66.9±6.0	8.65**
容貌耳宽	35.0±4.8	36.7±4.9	37.4±5.1	35.9±5.0	33.0±4.7	35.2±4.8	36.6±5.1	34.3±5.0	5.17**
耳上头高	129.1±11.9	124.5±11.6	124.1±10.3	126.9±11.8	124.9±10.2	121.1±11.2	120.1±11.3	122.8±10.9	5.82**

注：u 为性别间 u 检验值，**表示 $P<0.01$，差异具有统计学意义

表 2-31 内蒙古蒙古族体部指标均数（mm，Mean±SD）

指标	男性 20~44岁组	男性 45~59岁组	男性 60~80岁组	男性 合计	女性 20~44岁组	女性 45~59岁组	女性 60~80岁组	女性 合计	u
体重/kg	74.4±15.3	78.2±16.8	76.1±12.6	75.8±15.4	61.0±11.4	72.0±16.1	65.2±12.1	65.5±14.2	11.20**
身高	1708.2±59.0	1676.0±60.9	1675.6±56.4	1693.5±61.2	1583.1±55.0	1560.6±55.0	1533.1±54.7	1567.6±57.7	34.13**
耳屏点高	1579.1±57.5	1551.5±58.7	1551.5±56.3	1566.6±59.2	1458.2±53.7	1439.5±55.4	1413.0±53.5	1444.8±56.4	33.98**
肩峰点高	1395.8±54.0	1375.9±57.9	1374.6±55.8	1386.5±56.2	1290.3±51.0	1275.9±51.1	1252.9±48.9	1279.6±52.3	31.74**
胸上缘高	1400.3±52.3	1379.0±56.4	1378.1±53.2	1390.5±54.6	1292.4±50.3	1279.1±51.8	1258.8±47.0	1282.7±51.6	32.72**
桡骨点高	1078.9±46.4	1062.5±49.7	1051.5±46.1	1069.6±48.4	1000.6±39.7	989.6±41.7	962.6±42.3	991.0±42.8	27.69**
茎突点高	835.3±39.8	824.3±42.3	819.6±42.6	829.5±41.4	775.6±35.7	765.7±38.0	746.0±35.4	767.6±37.8	25.15**
髂前上棘点高	941.8±39.1	934.3±44.1	937.4±42.5	938.9±41.2	887.8±40.8	874.5±37.7	862.3±36.5	879.3±40.2	23.64**
胫上点高	460.1±28.6	451.6±28.1	448.2±22.1	455.6±27.9	427.7±24.0	420.3±23.1	413.5±22.1	423.0±24.0	20.14**
内踝下点高	71.1±5.9	70.3±6.5	68.7±5.5	70.5±6.1	63.6±6.2	63.5±6.8	64.4±6.3	63.7±6.4	17.60**
坐高	911.7±35.8	896.6±35.6	899.8±31.0	905.3±35.6	854.0±34.6	841.9±34.5	821.0±36.7	844.7±36.7	27.10**
肩宽	386.7±21.5	383.1±22.5	378.9±18.2	384.4±21.4	349.4±18.8	352.6±18.5	344.8±17.7	349.8±18.7	27.70**
骨盆宽	272.9±29.6	278.1±29.8	274.6±20.1	274.7±28.3	263.0±27.3	276.3±23.7	270.0±18.2	268.7±25.6	3.58**
躯干前高	603.8±33.2	599.6±32.9	602.3±29.2	602.3±32.5	563.3±30.8	560.4±32.6	546.7±31.6	559.8±32.0	21.28**
上肢全长	629.0±93.2	629.1±93.6	634.2±93.1	629.9±93.1	567.5±81.8	572.7±87.0	592.0±89.9	573.1±85.1	10.26**
下肢全长	901.9±35.2	897.4±39.9	900.3±39.9	900.4±37.4	858.1±38.0	846.0±35.4	835.3±33.5	850.4±37.4	21.60**

注：u 为性别间 u 检验值，**表示 $P<0.01$，差异具有统计学意义

表 2-32 内蒙古蒙古族体质指数均数（Mean±SD）

指标	男性 20~44岁组	男性 45~59岁组	男性 60~80岁组	男性 合计	女性 20~44岁组	女性 45~59岁组	女性 60~80岁组	女性 合计	u
头长宽指数	86.8±4.5	84.7±4.7	83.9±4.9	85.7±4.8	86.1±4.7	84.9±5.3	84.2±4.7	85.4±4.9	1.00
头长高指数	69.0±6.6	65.8±6.6	65.8±6.1	67.5±6.7	70.2±6.3	67.2±6.6	66.3±6.4	68.5±6.6	2.43*
头宽高指数	79.6±7.5	77.8±7.2	78.5±7.0	78.9±7.4	81.6±6.8	79.4±9.0	78.8±7.7	80.4±7.8	3.19**
额顶宽度指数	67.5±4.8	66.8±5.1	65.0±4.6	66.9±4.9	68.1±4.4	68.3±6.9	66.5±5.1	67.9±5.5	3.11**
容貌面指数	131.2±10.1	133.6±9.7	138.8±9.5	133.2±10.3	135.8±8.5	134.8±9.5	136.4±8.6	135.5±8.9	3.84**
形态面指数	83.4±6.3	84.2±6.0	85.5±7.0	84.0±6.4	82.9±5.3	83.5±6.1	83.8±6.1	83.3±5.7	1.86
头面宽指数	91.1±4.7	92.4±4.6	91.9±3.8	91.6±4.6	91.1±4.3	91.6±5.3	90.3±4.3	91.1±4.7	1.74
头面高指数	95.9±9.6	100.7±11.4	100.5±10.5	98.1±10.6	93.0±8.4	97.1±11.2	96.6±9.9	95.0±9.9	4.87**
颧额宽指数	74.3±6.9	72.3±5.5	70.8±5.0	73.1±6.3	74.9±5.2	74.6±7.0	73.6±4.7	74.6±5.8	3.99**
鼻指数	74.7±9.6	77.2±8.9	80.4±9.7	76.4±9.6	74.2±8.2	74.8±8.9	78.4±9.6	75.0±8.8	2.45*
口指数	33.6±8.0	28.1±7.2	25.6±7.3	30.7±8.3	34.2±7.5	29.0±7.4	26.0±7.6	31.1±8.1	0.79

续表

指标	男性 20~44岁组	男性 45~59岁组	男性 60~80岁组	男性 合计	女性 20~44岁组	女性 45~59岁组	女性 60~80岁组	女性 合计	u
容貌耳指数	51.8±6.4	51.0±6.7	50.1±7.6	51.3±6.7	51.3±6.5	51.7±7.3	51.2±6.9	51.4±6.8	0.24
身高坐高指数	53.4±1.4	53.5±1.4	53.7±1.3	53.5±1.4	54.0±1.4	54.0±1.4	53.6±1.6	53.9±1.5	4.46**
身高体重指数	434.6±82.8	464.9±90.4	453.9±73.8	446.6±84.6	385.1±70.1	462.5±100.3	425.4±77.1	418.1±89.8	5.29**
身高胸围指数	55.9±5.0	59.3±5.2	58.9±5.0	57.4±5.3	55.8±5.5	62.1±5.7	60.9±5.7	58.7±6.3	3.63**
身高肩宽指数	22.6±1.1	22.9±1.3	22.6±1.1	22.7±1.2	22.1±1.2	22.6±1.0	22.5±1.1	22.3±1.1	5.60**
身高骨盆宽指数	16.0±1.6	16.6±1.6	16.4±1.1	16.2±1.6	16.6±1.7	17.7±1.4	17.6±1.2	17.2±1.6	10.10**
肩宽骨盆指数	70.6±6.5	72.6±6.8	72.5±5.4	71.5±6.5	75.3±7.7	78.4±6.1	78.4±4.7	76.9±6.9	13.04**
马氏指数	87.5±5.2	87.0±4.9	86.3±4.6	87.1±5.0	85.5±4.9	85.5±5.0	86.9±5.7	85.7±5.1	4.48**
坐高下身长指数	1.1±0.1	1.2±0.1	1.2±0.1	1.2±0.1	1.2±0.1	1.2±0.1	1.2±0.1	1.2±0.1	0.00
身高上肢长指数	36.8±5.2	37.5±5.4	37.8±5.3	37.2±5.3	35.9±5.0	36.7±5.3	38.6±5.5	36.6±5.3	1.83
身高下肢长指数	52.8±1.5	53.6±1.7	53.7±2.0	53.2±1.7	54.2±1.4	54.2±1.5	54.5±1.5	54.3±1.5	11.04**
上下肢长指数	69.7±9.6	70.2±10.4	70.5±10.5	70.0±10.0	66.1±8.8	67.7±9.8	71.0±11.1	67.4±9.7	4.26**

注：u 为性别间 u 检验值，*表示 P<0.05，**表示 P<0.01，差异具有统计学意义

二、内蒙古蒙古族的体质特征分析

内蒙古蒙古族男性头面部测量指标值均大于女性（P<0.01）（表2-30）。内蒙古蒙古族男性体重较大（75.8kg±15.4kg），身高达到1693.5mm±61.2mm，属于超中等身材，20~44岁组身高为1708.2mm±59.0mm，属于高身材。内蒙古蒙古族女性体重较大，为65.5kg±14.2kg，身高为1567.6mm±57.7mm，属于超中等身材，20~44岁组身高为1583.1mm±55.0mm，仍属于超中等身材。男性体部指标值均大于女性（P<0.01）（表2-31）。

根据体质指数（表2-32）可知，内蒙古蒙古族男性属于特圆头型、高头型、阔头型、中面型（刚刚达到中面型的下限）、中鼻型、长躯干型、中腿型、宽胸型、中肩型、窄骨盆型。女性属于圆头型、高头型、中头型、中面型、中鼻型、中躯干型、中腿型、宽胸型、中肩型、窄骨盆型。

内蒙古蒙古族男性头面高指数、鼻指数、身高体重指数、身高肩宽指数、马氏指数、上下肢长指数值大于女性（P<0.01 或 P<0.05），头长高指数、头宽高指数、额顶宽指数、容貌面指数、颧额宽指数、身高坐高指数、身高胸围指数、身高骨盆宽指数、肩宽骨盆宽指数、身高下肢长指数值小于女性（P<0.01 或 P<0.05），男性与女性的头长宽指数、形态面指数、头面宽指数、口指数、容貌耳指数、坐高下身长指数、身高上肢长指数值的差异无统计学意义（P>0.05）（表2-32）。这说明与女性相比，内蒙古蒙古族男性鼻更阔些，肩更宽一些，腿更长一些，头更高、更狭一些，躯干显得短一些，胸更窄一些，骨盆更窄一些。

参 考 文 献

[1] 李咏兰, 郑连斌. 中国巴尔虎部的体质特征. 人类学学报, 2016, 35(3): 431-444.
[2] 张君瑞, 李咏兰, 郑连斌, 等. 巴尔虎蒙古族成人围度特征. 解剖学杂志, 2015, (3): 348-351.

[3] 谢宾, 李咏兰, 郑连斌, 等. 巴尔虎部头面部形态特征的年龄变化. 安徽师范大学学报(自然科学版), 2015, 38(3): 260-266.
[4] Li YL, Zheng LB, Yu KL, et al. Variation of head and facial morphological characteristics with increased age of Han in Southern China. Chin Sci Bull, 2013, 58(4-5): 517-524.
[5] 雅·雅·罗金斯基, 马·格·列文. 人类学. 王培英, 汪连兴, 史庆礼译. 北京: 警官教育出版社, 1993.
[6] 韩康信. 丝绸之路古代居民种族人类学研究. 乌鲁木齐: 新疆人民出版社, 2009.
[7] 王治来. 中亚通史（古代卷上）. 乌鲁木齐: 新疆人民出版社, 2007: 19-24.
[8] 朱泓. 体质人类学. 北京: 高等教育出版社, 2004: 336-345.
[9] 张建波, 巫新华, 李黎明, 等. 新疆于田流水墓地青铜时代人类颅骨的非连续性特征研究. 人类学学报, 2011, 30(4): 379-403.
[10] 谭婧泽, 李黎明, 张建波, 等. 新疆西南部青铜时代欧亚东西方人群混合的颅骨测量学证据. 科学通报, 2012, 57: 2666-2673.
[11] 李咏兰, 郑连斌, 陆舜华, 等. 中国布里亚特部的体质特征. 人类学学报, 2011, 30(4): 357-367.
[12] Bergmann C. Über die verhältnisse der wärmeökonomie der thiere zu ihrer grösse. Göttinger Studien, 1847, 3: 595-708.
[13] Paterson JD. Coming to America: acclimation in macaque body structures and Bergmann's Rule. Int J Primatol, 1996, 17: 585-612.
[14] Roberts DF. Body weight, race and climate. Am J Phys Anthropol, 1953, 11: 533-558.
[15] Katzmarzyk PT, Leonard WR. Climatic influences on human body size and proportions: ecological adaptations and secular trends. Am J Phys Anthropol, 1998, 106: 483-503.
[16] Leonard WR, Katzmarzyk PT. Body size and shape: climatic and nutritional influences on human body morphology. *In*: Muehlenbein MP. Human Evolutionary Biology. Cambridge: Cambridge University Press, 2010: 157-169.
[17] Jonathan CK. Wells. Ecogeographical associations between climate and human body composition: analyses based on anthropometry and skinfolds. Am J Phys Anthropol, 2012, 147: 169-186.
[18] 刘牧, 沈淑萍, 谢立平, 等. 内蒙古东部蒙古族和布里亚特蒙古族人血清HP表型分布及基因频率的研究. 遗传, 1992, (4): 42-43.
[19] 刘牧, 沈淑萍, 李琳, 等. 中国内蒙古西部蒙古族和布里亚特人血EAP、ADA、AK1遗传多态性研究. 人类学学报, 2001, 20(4): 316-318.
[20] 朱钦, 王树勋, 巴特尔, 等. 蒙古族(布里亚特)儿童体质发育调查. 人类学学报, 1984, (4): 363-364.
[21] 董其格其, 谢宾, 陆舜华, 等. 布里亚特蒙古族成人皮褶厚度及其年龄变化. 沈阳师范大学学报(自然科学版), 2009, 27(1): 100-104.
[22] 廉伟, 李咏兰, 郑连斌, 等. 蒙古族四个族群皮褶厚度的比较. 解剖学杂志, 2016, 39(1): 108-112.
[23] 陆舜华, 郑连斌, 董其格其, 等. 图瓦人和布里亚特部体型特点. 解剖学杂志, 2011, 34(4): 544-547.
[24] 刘海燕, 陆舜华, 郑连斌, 等. 布里亚特蒙古族成人身体围度特征分析. 内蒙古师大学报(自然汉文版), 2009, 38(3): 299-303.
[25] 顾明波, 李晓平, 杜庆新, 等. 中国布里亚特蒙古族人群15个STR基因座的遗传多态性. 中国法医学杂志, 2004, 19(4): 229-230.
[26] 塔娜. 蒙古科尔沁部的迁徙、分化. 黑龙江民族丛刊, 1994, (4): 66-73.
[27] 徐艺峰. 蒙古科尔沁部源流初探. 佳木斯大学社会科学学报, 2000, (2): 61-65.
[28] 朱钦, 刘文忠, 崔成立, 等. 内蒙古自治区哲里木地区蒙古族成人体质现状及六十年回顾//内蒙古人口健康素质研究调查组. 蒙古族人口健康素质研究. 呼和浩特: 内蒙古人民出版社, 1998.
[29] 吕泉, 袁生华, 代素娥, 等. 内蒙古赤峰地区蒙古族成人体质特征的研究. 人类学学报, 1998, (1):

32-44.
- [30] 于国君, 于增祥, 胡景霞. 克什克腾旗蒙古族学生1981年与2000年生长发育情况分析. 中国学校卫生, 2002, 23(3): 256-257.
- [31] 齐连枝, 王树勋, 朱钦, 等. 内蒙古锡林郭勒盟蒙古族体质现状. 内蒙古医科大学学报, 2001, 23(3): 141-146.
- [32] 王永新, 焦福荣. 锡林浩特市蒙古族学生生长发育现状调查. 内蒙古预防医学, 1999, (4): 163-164.
- [33] 彭爱云, 王永新. 锡林郭勒盟蒙古族学生1985年与2000年生长发育比较. 中国学校卫生, 2002, 23(6): 538-539.
- [34] 今村丰, 岛五郎. 蒙古族及ひ通古斯の体质人类学の研究补遗 (其三). 人类学杂志, 1938, 53(4): 23-78.
- [35] 齐木德道尔吉. 乌喇忒部迁徙考. 中央民族大学学报(哲学社会科学版), 2006, (3): 81-86.
- [36] 吴红霞. 探秘乌拉特部落西迁史. 中国民族博览, 2017, (6): 93-94.
- [37] 朱钦, 刘文忠, 李志军, 等. 蒙古族的体格、体型和半个多世纪以来的变化. 人类学学报, 1993, 12(4): 347-356.
- [38] 林琬生, 肖建文, 叶恭绍. 中国汉族儿童生长的长期趋势. 人类学学报, 1989, 8(4): 355-366.
- [39] 横尾安夫. 蒙古人·先史学讲座. 人类学. 2版. 东京: 雄山阁, 1941: 11.
- [40] 朱钦. 蒙古族学生体质发育现状分析. 人类学学报, 1989, 8(1): 1-7.
- [41] 唐锡麟. 儿童少年生长发育. 北京: 人民卫生出版社, 1991: 75-77.
- [42] 季成叶. 27个少数民族女青年生长发育的现状分析. 人类学学报, 1991, 10(4): 314-320.
- [43] 内蒙古大辞典编委会. 内蒙古大辞典. 呼和浩特: 内蒙古人民出版社, 1991.
- [44] 李咏兰, 郑连斌, 旺庆. 鄂尔多斯蒙古族的体部特征. 解剖学杂志, 2015, 38(6): 723-727.
- [45] 李咏兰, 郑连斌, 旺庆. 鄂尔多斯蒙古族头面部的人体测量学. 解剖学报, 2015, 46(5): 684-689.
- [46] 李咏兰, 郑连斌. 鄂尔多斯蒙古族的体型. 华中师范大学学报(自然科学版), 2015, 49(3): 420-423.
- [47] 栗淑媛, 郑连斌, 陆舜华, 等. 鄂尔多斯蒙古族、汉族 4 项人类遗传学指标的研究. 生物学通报, 2003, 38(3): 20-21.
- [48] 栗淑媛, 郑连斌, 陆舜华. 鄂尔多斯蒙古族、汉族 5 项遗传学指标研究. 天津师范大学学报(自然科学版), 2003, 23(2): 19-22.

第三章　西部蒙古族的体质特征

清朝蒙古族分为三部：漠南蒙古、漠北蒙古、漠西蒙古。漠西蒙古就是位于中国西部的卫拉特蒙古人。卫拉特蒙古人主要聚居于新疆，后来逐渐扩展到了青海、甘肃，最后到达今天的内蒙古西部地区。

第一节　阿拉善和硕特部

一、阿拉善和硕特部简介

和硕特部是卫拉特蒙古的重要一支。和硕特部在青藏高原、甘肃肃北、新疆博斯腾湖地区、内蒙古阿拉善盟定居。俄罗斯和今天的蒙古国也有部分和硕特人。

和硕特部的祖先分布在蒙古高原北部及贝加尔湖西南、中国北方额尔古纳河下游和海拉尔河下游呼伦贝尔及科尔沁草原等广大的森林地带。和硕特部起码有2000年的历史。

15世纪初，和硕特蒙古人西迁进入新疆，加入卫拉特蒙古联盟，一直到17世纪中叶游牧在乌鲁木齐一带。由于和硕特部为成吉思汗的直系血统，在四大部中地位最高，势冠四卫拉特部。前后经4代100多年，博尔济吉特氏贵族和硕特首领一直担任盟主，统处四大部落事务。

由于历史原因，17世纪30年代和硕特部的部分民众东迁进入青海，部分民众西迁进入伏尔加河流域，和硕特部落首领顾实汗率领卫拉特联军，由今新疆地区攻取青海，继而统一青海高原，建立了和硕特汗庭，汗庭统治青藏高原长达80余年，时间上与崇德、顺治、康熙三朝（1636~1722年）大体相当。由于和硕特汗庭的建立，青海至今仍为卫拉特蒙古人聚居区之一。

康熙年间，卫拉特内各部封建主争权夺位，噶尔丹闻讯，从西藏返回卫拉特，于康熙十六年（1677年）向和硕特部鄂齐尔图汗发动战争，击败鄂齐尔图汗，夺其属众和牧地。鄂齐尔图汗侄子和罗哩，避噶尔丹进攻，率族属移牧于甘州和凉州边外居住，向清朝寻求保护。康熙二十五年（1686年）11月，清廷召集和罗哩、鄂齐尔图汗之孙及达赖喇嘛使者等，划定牧地，始定牧贺兰山（即阿拉善）麓定远城。康熙三十六年（1697年），清廷在阿拉善编佐设旗。阿拉善和硕特部是卫拉特蒙古诸部中最早归附清朝的一支，其与青海和硕特部同为固始汗嫡系子孙，与达赖喇嘛地方政权有深厚关系[1,2]。

阿拉善盟地处亚洲大陆腹地，为内陆高原，远离海洋，周围群山环抱，形成典型的大陆性气候。干旱少雨，风大沙多，冬寒夏热，四季气候特征明显，昼夜温差大。降雨量从东南部的200mm多，向西北部递减至40mm以下；而蒸发量则由东南部的2400mm向西北部递增到4200mm。年日照时数达2600~3500h。全盟常住人口18万人（2004年），其中蒙古族为44 635人。

2017年研究组来到阿拉善左旗开展了阿拉善和硕特部的体质人类学研究，共测量233例（男性89例，女性144例）和硕特部，测量地点的地理坐标为北纬38°49′、东经

105°39′，年平均温度为 7.2℃。分为 20～44 岁组、45～59 岁组、60～80 岁组三个年龄组统计数据，三个年龄组样本量男性分别为 22 例、28 例、39 例，女性分别为 51 例、38 例、55 例。目前已经发表了和硕特部眼部特征[3]、舌运动类型[4]、4 项人类群体遗传学指标[5]的研究论文。

我们来到了著名的阿拉善蒙古族完全中学　　　　　阿拉善和硕特部小女孩

二、阿拉善和硕特部的体质数据

阿拉善和硕特部头面部测量指标均数见表 3-1，体部指标均数见表 3-2，头面部观察指标平均级见表 3-3，体质指数均数见表 3-4，血压、心率均数见表 3-5，体型数据见表 3-6。

表 3-1　阿拉善和硕特部头面部测量指标均数（mm，Mean±SD）

指标	男性 20～44 岁组	45～59 岁组	60～80 岁组	合计	女性 20～44 岁组	45～59 岁组	60～80 岁组	合计	u
头长	179.4±5.7	180.5±7.6	181.6±7.9	180.7±7.3	167.3±6.9	168.0±6.8	171.6±7.9	169.1±7.5	10.19**
头宽	151.0±5.2	152.0±7.3	152.4±7.1	151.9±6.7	143.0±5.7	144.3±6.9	142.6±6.9	143.2±6.5	6.34**
额最小宽	106.9±4.6	108.9±5.2	109.5±5.5	108.7±5.3	101.9±4.2	102.7±4.1	102.9±5.5	102.5±4.7	6.40**
面宽	137.6±5.8	139.6±8.3	139.0±8.4	138.9±7.7	129.1±5.4	128.5±4.9	126.3±6.7	127.9±5.9	7.03**
下颌角间宽	112.7±6.2	118.2±7.8	115.9±7.9	115.8±7.7	107.3±6.2	108.6±5.5	106.8±7.4	107.4±6.5	6.28**
眼内角间宽	32.8±3.4	31.5±3.7	31.4±3.3	31.8±3.4	31.9±2.7	30.4±3.5	31.3±3.1	31.3±3.1	3.32**
眼外角间宽	98.1±3.8	98.3±5.3	95.5±4.2	97.0±4.7	94.4±3.8	94.4±4.8	92.5±5.4	93.6±4.8	4.82**
鼻宽	37.1±2.4	38.3±3.4	39.1±3.3	38.3±3.2	33.3±2.3	34.5±2.2	34.9±3.4	34.2±2.8	9.23**
口宽	49.6±3.3	51.9±3.4	53.0±4.2	51.8±3.9	47.3±4.2	48.4±4.3	49.9±3.4	48.6±4.1	6.11**
容貌面高	199.5±10.1	199.3±11.8	200.6±13.2	199.9±11.9	187.8±8.0	185.6±8.9	183.6±8.4	185.6±8.5	7.92**
形态面高	123.7±6.1	123.4±5.8	123.9±8.0	123.7±6.8	113.4±5.5	116.1±6.0	117.1±6.9	115.5±6.3	11.40**
鼻高	52.2±2.6	52.7±2.8	54.6±3.6	53.4±3.3	47.4±2.9	49.4±3.3	50.0±3.1	48.9±3.3	9.09**
鼻长	48.4±2.3	48.4±3.3	50.6±4.1	49.4±3.6	43.7±3.4	45.3±3.4	46.2±3.5	45.1±3.6	9.84**
上唇皮肤部高	17.7±1.8	18.0±3.0	19.8±2.5	18.7±2.6	15.8±1.9	17.6±2.2	18.7±2.8	17.4±2.6	5.33**
唇高	18.3±4.1	15.1±4.1	11.9±4.7	14.5±5.1	16.1±2.7	14.1±3.5	10.9±4.0	13.6±4.1	2.56*
红唇厚度	9.1±2.4	7.4±2.4	5.6±2.3	7.0±2.8	8.0±1.5	7.0±1.5	4.9±1.8	6.6±2.1	2.27*
容貌耳长	65.2±4.6	67.8±4.8	71.3±4.3	68.7±5.2	60.6±4.1	64.4±4.5	67.5±6.7	64.3±5.7	5.69**
容貌耳宽	32.0±2.6	34.0±2.7	34.6±2.1	33.8±2.6	29.3±2.5	32.3±2.6	32.9±2.6	31.5±3.0	4.85**
耳上头高	129.2±8.0	129.9±9.3	127.3±9.9	128.6±9.3	128.5±9.6	122.7±10.1	122.4±8.1	124.6±9.5	5.71**

注：u 为性别间 u 检验值，*表示 $P<0.05$，**表示 $P<0.01$，差异具有统计学意义

表 3-2 阿拉善和硕特部体部指标均数（mm，Mean±SD）

指标	男性 20~44岁组	男性 45~59岁组	男性 60~80岁组	男性 合计	女性 20~44岁组	女性 45~59岁组	女性 60~80岁组	女性 合计	u
体重/kg	77.1±8.2	79.8±15.6	72.4±15.5	75.9±14.3	64.2±12.9	67.6±9.9	62.1±13.6	64.3±12.6	5.77**
身高	1692.8±56.3	1687.0±65.1	1652.2±59.0	1673.2±62.6	1591.8±59.8	1587.3±57.7	1516.2±61.1	1561.8±69.4	14.10**
耳屏点高	1563.6±54.4	1557.0±66.2	1524.8±58.1	1544.6±61.8	1463.3±60.1	1464.7±60.3	1393.8±59.5	1437.1±68.6	13.72**
颏下点高	1456.8±55.5	1450.2±64.9	1419.2±54.4	1438.3±60.0	1369.3±56.8	1368.9±55.4	1295.5±57.2	1341.0±66.7	13.10**
肩峰点高	1398.3±55.7	1401.8±62.9	1375.2±53.9	1389.3±58.0	1314.7±53.8	1314.8±60.1	1253.6±55.6	1291.4±63.3	14.01**
胸上缘高	1376.6±53.4	1381.8±64.2	1355.2±51.0	1368.9±56.7	1295.6±52.7	1300.5±52.5	1238.9±51.5	1275.2±59.3	13.35**
桡骨点高	1071.3±43.4	1079.8±60.7	1049.4±50.7	1064.4±53.7	1007.0±47.5	1010.8±47.9	958.4±52.0	989.4±54.8	13.00**
茎突点高	827.6±34.9	837.4±47.2	807.9±40.9	822.0±43.2	780.4±34.8	783.2±37.8	733.6±44.8	763.3±45.8	10.84**
指尖高	646.9±35.0	657.6±40.5	633.8±37.9	644.5±39.0	615.0±29.5	612.3±38.7	571.5±43.7	597.6±42.9	9.30**
髂前上棘点高	876.8±44.5	912.5±48.6	895.1±50.8	896.0±49.9	860.1±43.1	856.1±41.2	820.8±47.8	844.1±47.9	8.05**
胫上点高	438.5±30.4	458.3±30.0	442.7±21.6	446.6±27.7	419.8±22.9	422.8±23.3	405.7±23.3	415.2±24.2	10.64**
内踝下点高	61.0±6.3	60.8±5.9	61.4±5.4	61.1±5.7	53.4±3.5	55.1±4.8	55.0±5.8	54.5±4.9	3.86**
坐高	903.3±37.9	895.1±39.0	882.3±39.4	891.5±39.4	857.3±31.3	853.7±36.1	804.9±40.5	836.3±43.8	11.0**
肩宽	388.3±22.8	388.0±19.0	380.8±16.1	384.9±19.0	359.4±17.7	360.8±16.3	347.6±18.2	355.3±18.4	14.57**
骨盆宽	301.0±15.4	309.9±22.7	308.7±18.9	307.2±19.5	298.4±18.1	307.6±12.9	301.7±16.1	302.1±16.4	0.05
躯干前高	587.1±39.3	589.9±37.3	585.3±35.5	587.2±36.6	561.1±27.9	566.9±33.2	527.5±35.5	549.8±36.7	7.78**
上肢全长	751.5±35.2	744.1±31.2	741.4±30.3	744.7±31.8	699.7±34.8	702.5±42.9	682.2±32.3	693.8±37.1	11.96**
下肢全长	838.2±40.9	875.0±43.9	860.2±47.4	859.4±46.4	829.7±40.5	825.8±39.0	795.5±45.1	815.7±44.6	7.11**

注：u 为性别间 u 检验值，**表示 $P<0.01$，差异具有统计学意义

表 3-3 阿拉善和硕特部头面部观察指标平均级（Mean±SD）

指标	男性 20~44岁组	男性 45~59岁组	男性 60~80岁组	男性 合计	女性 20~44岁组	女性 45~59岁组	女性 60~80岁组	女性 合计	u
前额倾斜度	1.3±0.5	1.3±0.5	1.4±0.5	1.3±0.5	1.8±0.4	1.7±0.5	1.7±0.5	1.7±0.4	4.04**
眉毛发达度	2.2±0.5	1.8±0.6	1.6±0.6	1.8±0.6	1.7±0.5	1.7±0.5	1.6±0.5	1.6±0.5	5.36**
眉弓粗壮度	1.4±0.5	1.2±0.4	1.2±0.4	1.2±0.4	1.0±0.2	1.0±0.2	1.1±0.3	1.0±0.2	2.62**
上眼睑皱褶	1.6±1.4	2.0±1.2	1.8±1.4	1.8±1.3	2.0±1.1	2.1±1.2	1.7±1.3	1.9±1.2	0.68
蒙古褶	1.3±1.2	0.4±0.8	0.1±0.4	0.5±0.9	1.6±0.9	0.6±0.8	0.1±0.2	0.7±1.0	0.33
眼裂高度	1.4±0.5	1.6±0.6	1.5±0.6	1.5±0.6	1.9±0.5	1.7±0.5	1.4±0.5	1.6±0.6	1.65
眼裂倾斜度	2.4±0.6	2.4±0.6	2.3±0.6	2.4±0.6	2.8±0.5	2.6±0.5	2.9±3.1	2.8±1.9	2.61**
鼻根高度	1.8±0.4	1.6±0.5	1.9±0.4	1.8±0.5	1.8±0.5	1.7±0.5	1.6±0.5	1.7±0.5	0.81
鼻背侧面观	2.2±0.8	1.9±0.8	2.2±0.5	2.1±0.7	1.9±0.7	1.9±0.6	2.0±0.8	1.9±0.7	4.38**
鼻基部	1.7±0.5	1.8±0.6	1.9±0.6	1.8±0.6	1.5±0.6	1.6±0.6	1.5±0.5	1.5±0.5	2.18*
颧部突出度	1.9±1.0	2.2±0.9	2.1±1.0	2.1±1.0	2.1±0.9	1.9±1.0	1.6±0.9	1.8±1.0	2.70**
耳垂类型	2.0±1.0	2.0±0.9	1.7±0.9	1.9±0.9	2.3±0.9	2.1±0.9	1.7±0.9	2.0±0.9	1.38
下颏类型	2.1±0.7	2.4±0.5	2.0±0.5	2.2±0.6	2.2±0.5	2.2±0.4	2.1±0.4	2.2±0.4	0.86

注：u 为性别间 u 检验值，*表示 $P<0.05$，**表示 $P<0.01$，差异具有统计学意义

表3-4　阿拉善和硕特部体质指数均数（Mean±SD）

指标	男性 20～44岁组	男性 45～59岁组	男性 60～80岁组	男性 合计	女性 20～44岁组	女性 45～59岁组	女性 60～80岁组	女性 合计	u
头长宽指数	84.3±3.7	84.4±5.3	84.0±4.5	84.2±4.5	85.6±4.2	85.9±4.1	83.2±4.7	84.8±4.5	3.49**
头长高指数	72.1±4.8	72.1±6.2	70.2±6.0	71.3±5.8	77.0±6.5	73.1±6.9	71.5±5.8	73.9±6.8	0.23
头宽高指数	85.6±6.1	85.6±6.6	83.6±6.5	84.7±6.4	90.0±6.4	85.2±8.2	86.0±6.7	87.2±7.3	2.22*
额顶宽度指数	70.8±2.8	71.7±3.4	72.0±4.3	71.6±3.7	71.3±3.0	71.3±3.4	72.2±3.6	71.7±3.4	1.03
容貌面指数	145.2±9.2	142.9±8.2	144.6±10.7	144.2±9.5	145.6±7.4	144.6±7.7	145.7±8.9	145.4±8.0	1.26
形态面指数	90.0±5.2	88.6±4.8	89.4±7.4	89.3±6.1	88.0±5.5	90.5±5.8	92.9±6.8	90.5±6.4	3.90**
头面宽指数	91.1±3.2	91.9±4.6	91.3±4.2	91.4±4.1	90.3±3.2	89.2±3.7	88.7±4.2	89.4±3.8	2.12*
头面高指数	96.1±7.4	95.5±8.2	97.8±9.0	96.6±8.4	88.7±7.5	95.4±11.1	95.9±7.3	93.2±9.1	1.39
颧额宽指数	77.7±2.9	78.1±3.6	78.9±4.9	78.4±4.1	79.0±2.7	80.0±3.1	81.5±3.5	80.2±3.3	1.30
鼻指数	71.2±4.9	72.9±7.1	71.9±8.5	72.1±7.3	70.5±5.9	70.1±5.9	70.1±8.8	70.3±7.1	0.77
口指数	37.0±8.6	29.3±8.3	22.5±9.1	28.2±10.4	34.2±6.2	29.0±6.7	21.9±8.0	28.2±8.8	0.72
容貌耳指数	49.1±3.3	50.2±3.9	48.7±3.6	49.3±3.7	48.4±3.9	50.3±4.3	48.9±4.4	49.1±4.3	0.14
身高坐高指数	53.4±1.5	53.1±1.1	53.4±1.5	53.3±1.4	53.9±1.6	53.8±1.6	53.1±1.4	53.6±1.6	2.07*
身高体重指数	455.1±45.9	471.4±82.5	438.4±93.1	452.9±80.9	402.8±72.3	425.5±56.5	409.4±86.0	411.3±74.3	2.94**
身高胸围指数	56.1±3.9	58.3±4.5	57.9±5.6	57.6±4.9	55.5±4.8	58.3±4.6	59.6±6.4	57.8±5.7	3.21**
身高肩宽指数	22.9±1.1	23.0±0.9	23.1±1.2	23.0±1.1	22.6±0.9	22.7±1.0	22.9±1.2	22.8±1.0	3.64**
身高骨盆宽指数	17.8±0.9	18.4±1.1	18.7±1.1	18.4±1.1	18.8±1.1	19.4±0.8	19.9±1.2	19.4±1.2	9.49**
肩宽骨盆宽指数	77.7±4.6	79.9±4.2	81.2±5.0	79.9±4.8	83.1±4.2	85.3±3.9	86.9±4.5	85.1±4.6	12.64**
马氏指数	87.5±5.5	88.5±3.8	87.4±5.5	87.8±5.0	85.8±5.7	86.1±5.7	88.5±5.0	86.9±5.5	2.08*
坐高下身长指数	1.1±0.1	1.1±0.0	1.1±0.1	1.1±0.1	1.2±0.1	1.2±0.1	1.1±0.1	1.2±0.1	2.06*
身高上肢长指数	44.4±1.4	44.1±1.1	44.9±1.3	44.5±1.3	44.0±1.6	44.3±2.2	45.0±1.8	44.4±1.9	0.88
身高下肢长指数	49.5±1.7	51.9±1.8	52.1±2.3	51.4±2.3	52.1±1.8	52.0±1.6	52.5±2.4	52.2±2.0	6.68**
上下肢长指数	89.7±4.0	85.1±3.5	86.3±4.2	86.8±4.3	84.4±3.7	85.1±4.1	85.9±5.3	85.2±4.5	5.27**

注：u为性别间u检验值，*表示P<0.05，**表示P<0.01，差异具有统计学意义

表3-5　阿拉善和硕特部血压、心率均数（mmHg，Mean±SD）

指标	男性 20～44岁组	男性 45～59岁组	男性 60～80岁组	男性 合计	女性 20～44岁组	女性 45～59岁组	女性 60～80岁组	女性 合计	u
收缩压	128.0±11.8	138.1±21.3	144.7±22.3	138.5±20.8	111.3±18.2	125.2±19.4	135.1±27.5	124.0±24.6	2.65**
舒张压	79.7±9.1	87.6±11.9	84.5±13.9	84.3±12.5	74.7±11.7	83.6±12.4	83.0±11.7	80.2±12.5	1.67
心率/(次/min)	76.8±9.8	78.0±10.3	77.7±12.4	77.6±11.0	78.4±8.6	75.2±8.5	81.7±12.3	78.8±10.4	0.83

注：u为性别间u检验值，**表示P<0.01，差异具有统计学意义

表3-6　阿拉善和硕特部体型（Mean±SD）

指标	男性 20～44岁组	男性 45～59岁组	男性 60～80岁组	男性 合计	女性 20～44岁组	女性 45～59岁组	女性 60～80岁组	女性 合计
内因子	4.8±0.9	5.2±1.0	5.1±1.2	5.1±1.1	6.0±0.9	6.1±1.0	6.2±1.1	6.1±1.0
中因子	4.7±1.0	5.1±1.4	5.1±1.5	5.0±1.4	3.8±1.3	4.5±1.2	5.2±1.8	4.5±1.6
外因子	0.9±0.8	0.9±1.0	1.2±1.1	1.0±1.0	1.2±1.2	0.7±0.7	0.8±1.3	0.9±1.1
HWR	39.9±1.5	39.5±2.1	40.0±2.6	39.8±2.2	40.0±2.3	39.1±1.7	38.6±2.9	39.3±2.5
X	−3.9±1.5	−4.3±1.6	−3.9±2.2	−4.0±1.8	−4.9±2.0	−5.4±1.4	−5.3±2.2	−5.2±1.9
Y	3.6±2.5	4.1±3.1	3.9±3.2	3.9±3.0	0.5±3.2	2.2±2.5	3.5±4.0	2.1±3.6
SAM	2.5±0.8	3.0±1.0	2.8±1.4	2.8±1.1	3.5±0.7	3.5±0.9	3.9±1.3	3.7±1.0

观察阿拉善部拇指类型　　　　　　　　　测量阿拉善和硕特部头面部

三、阿拉善和硕特部的体质特征

阿拉善和硕特部男性头面部测量指标值大于女性（表3-1）。阿拉善和硕特部男性体重大（75.9kg±14.3kg），身高达到1673.2mm±62.6mm，属于超中等身材，20～44岁组身高为1692.8mm±56.3mm，属于超中等身材。阿拉善和硕特部女性体重较大（64.3kg±12.6kg），身高为1561.8mm±69.4mm，刚达到超中等身材，20～44岁组身高为1591.8mm±59.8mm，已经达到高身材。阿拉善和硕特部在蒙古族各族群中，属于体重略大、男性身材中等、女性身材较高的族群。男性除骨盆宽值与女性接近外，其余体部指标值均大于女性（表3-2）。

根据头面部观察指标平均级的性别间比较（表3-3）知，与女性相比，男性额部较倾斜，眉毛较密，眉弓比女性粗壮，上眼睑皱褶、蒙古褶发达程度和眼裂高度与女性接近，眼裂倾斜度更趋于水平，鼻根高度与女性接近，鼻背更直，鼻基部更趋于水平，颧骨不太突出，耳垂形态、下颏类型形态与女性接近。

根据体质指数（表3-4）可知，阿拉善和硕特部男性属于圆头型、高头型、中头型、狭面型、中鼻型、中腿型、宽胸型、中肩型、宽骨盆型。女性属于圆头型、高头型、狭头型、超狭面型、中鼻型、中腿型、宽胸型、宽肩型、宽骨盆型。

阿拉善和硕特部男性收缩压均数（138.5mmHg±20.8mmHg）接近高血压诊断的下限，女性收缩压（124.0mmHg±24.6mmHg）小于140mmHg，没有进入高血压范围；但男性60～80岁组的收缩压（144.7mmHg±22.3mmHg）已经超过高血压诊断的下限（表3-5），所以男性应该警惕高血压的发生。男性（84.3mmHg±12.5mmHg）、女性（80.2mmHg±12.5mmHg）舒张压均数均小于90mmHg，没有进入高血压范围。男性、女性心率均数都正常。男性收缩压高于女性，舒张压、心率与女性接近。

与蒙古族合计的内、中、外因子均数相比，阿拉善和硕特部男性内因子值高，中、外因子值低。阿拉善和硕特部女性内因子值中等，中因子值低，外因子值中等。阿拉善和硕特部男性三个年龄组及合计资料均为内胚层-中胚层均衡体型。女性三个年龄组及合计资料均为偏中胚层的内胚层体型。男性的内因子值小于女性，中因子值均大于女性，外因子值与女性接近（表3-6）。男性HWR值略大于女性。男性SAM值略小于女性。

从阿拉善和硕特部的体型散点图（图3-1A）上可以看到，男性三个年龄组的点几乎都排列在外因子轴虚线半轴附近；女性三个年龄组的点略微分散，位于内因子轴实线半轴和外因子轴虚线半轴所夹的近似扇形中，女性45～59岁组、60～80岁组的点在近似扇形之外。

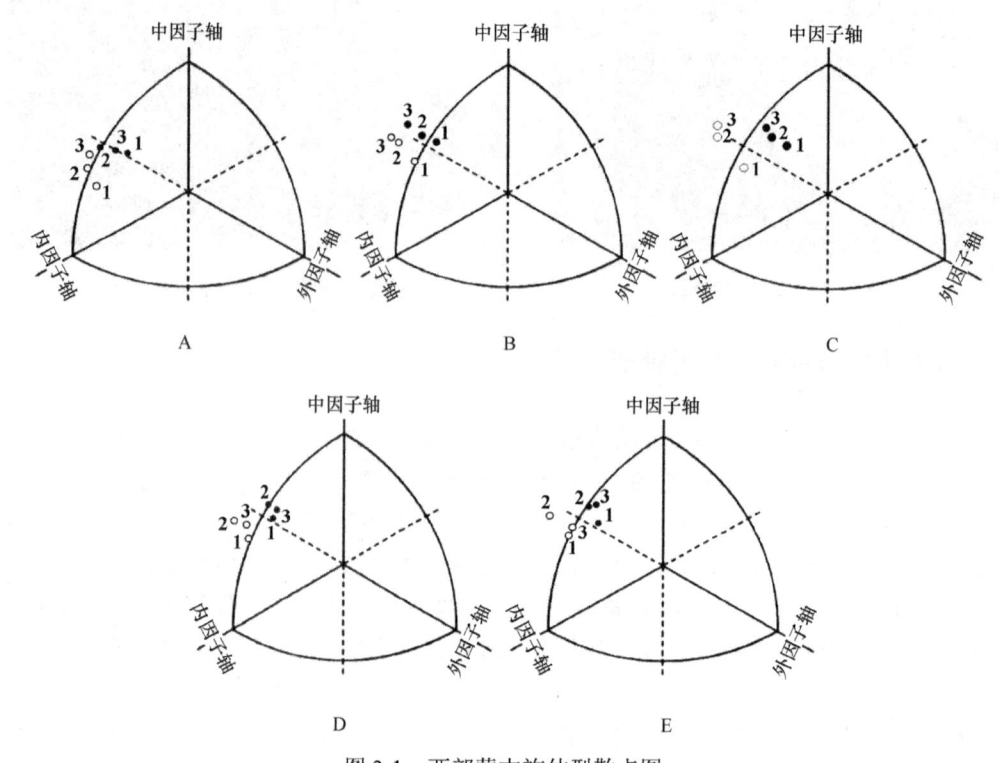

图3-1 西部蒙古族体型散点图
A. 阿拉善和硕特部，B. 额济纳土尔扈特部，C. 青海和硕特部，D. 新疆察哈尔部，E. 新疆土尔扈特部；
●男性，○女性；1. 20～44岁组，2. 45～59岁组，3. 60～80岁组

第二节 额济纳土尔扈特部

一、额济纳土尔扈特部简介

土尔扈特部是蒙古族一个独特的部落，自300年前从伏尔加河回归中国后，分别驻牧于今新疆巴州（巴音郭楞蒙古自治州）、博州（博尔塔拉蒙古自治州）和内蒙古自治区额济纳旗。除了中国以外，土尔扈特部在蒙古国、俄罗斯也有分布[6]。土尔扈特部源自于历史上的克列特部，始祖可追溯至王罕。土尔扈特部明朝时期为新疆四卫拉特部之一，游牧于今新疆塔尔巴哈台一带。崇祯二年（1630年），土尔扈特部20余万部众，在首领和鄂尔勒克的带领下，西徙至伏尔加河流域居住，并建立了土尔扈特汗国。康熙三十七年（1698年），阿拉布珠尔率领土尔扈特部13个家族以进藏熬茶礼佛为名离俄回国，在藏地居住了几年后，因归途道路受阻，转而在党河游牧，后迁徙到额济纳河流域居住，1731年定牧于额济纳旗。乾隆十八年（1753年），其编为独立旗，授给扎萨克印，为额济纳土尔扈特旗，直属理藩院[7-9]。阿拉布珠尔及其部属遂成为土尔扈特蒙古人东归的先驱，也是额济纳旗土尔扈特部的始祖。1771年初，渥巴锡汗带领10余万土尔扈特人回归故土，驻牧于今新疆巴州和博州。迄于渥巴锡在1771年带

领东归祖国，土尔扈特部在异乡生活了 141 年。乾隆十八年（1753 年），设置额济纳旧土尔扈特特别旗。

额济纳，即古文献中的"亦集乃"，为匈奴最早的首都。元狩二年（公元前 121 年），骠骑将军霍去病入居延收河西，史籍始见"居延"，后置居延都尉府，汉献帝建安末，改立西海郡。唐朝设安北都护府和宁寇军。西夏设黑水镇燕军司。元世祖至元二十三年（1286 年），设亦集乃路总管府。北元时期一直为蒙古人游牧地。

额济纳旗地处内蒙古西北，面积辽阔（114 606km²），境内多为无人居住的沙漠区域。额济纳旗属内陆干燥气候，干旱少雨（年均降雨量为 37mm），蒸发量大（年均蒸发量为 3841.51mm），日照充足，温差较大，风沙多，年均气温 8.3℃，春、冬季多大风，常伴随沙尘暴。

额济纳旗人口有 3.2 万人（2010 年），以蒙古族、汉族为主，蒙古族人口为 5217 人。现今额济纳蒙古人主要为土尔扈特人、和硕特人和来自蒙古国的喀尔喀人。近年来土尔扈特人与和硕特人、喀尔喀人有通婚。额济纳土尔扈特人生活在相对封闭、干旱、多风、少雨的沙漠、戈壁，生活环境较为艰苦。

研究组于 2015 年 9 月在内蒙古自治区额济纳旗达来呼布镇共测量了土尔扈特部 196 例（男性 84 例，女性 112 例）的 86 项体质指标。测量地点的地理坐标为北纬 41°57′、东经 101°03′，年平均温度为 8.3℃。分为 20～44 岁组、45～59 岁组、60～80 岁组三个年龄组统计数据，三个年龄组样本量男性分别为 32 例、27 例、25 例，女性分别为 40 例、42 例、30 例。目前已经发表了额济纳土尔扈特部人体测量学特点[10]和身体围度[11]的研究论文。

蒙古包前与土尔扈特部妇女合影　　　　测量土尔扈特部头面部

二、额济纳土尔扈特部的体质数据

额济纳土尔扈特部头面部测量指标均数见表 3-7，体部指标均数见表 3-8，头面部观察指标平均级见表 3-9，体质指数均数见表 3-10，体型数据见表 3-11，额济纳土尔扈特部与巴州土尔扈特部体质的比较见表 3-12。

三、额济纳土尔扈特部的体质特征

额济纳土尔扈特部男性除上唇皮肤部高值接近女性外，其余头面部测量指标与女性的差异均具有统计学意义（表 3-7）。额济纳土尔扈特部男性体重很大（81.6kg±12.7kg），身

表 3-7 额济纳土尔扈特部头面部测量指标均数（mm，Mean±SD）

指标	男性 20~44岁组	男性 45~59岁组	男性 60~80岁组	男性 合计	女性 20~44岁组	女性 45~59岁组	女性 60~80岁组	女性 合计	u
头长	189.9±7.1	189.2±6.5	188.6±6.1	189.3±6.6	178.7±5.6	180.0±5.4	180.8±28.7	179.8±5.8	10.54**
头宽	163.3±6.6	159.7±6.5	163.9±5.7	161.9±6.6	154.4±5.7	153.6±5.7	154.0±24.2	154.0±5.5	8.93**
额最小宽	116.5±5.6	113.3±8.3	113.5±5.7	114.6±7.0	112.6±5.2	111.7±5.4	108.9±17.5	111.3±5.5	3.59**
面宽	152.9±5.0	149.6±5.7	152.6±5.7	151.4±5.6	142.2±6.7	141.5±6.8	140.8±22.2	141.6±6.5	11.35**
下颌角间宽	118.5±6.2	117.1±7.2	116.9±8.6	117.6±7.1	108.5±6.1	111.0±6.2	109.7±17.5	109.7±6.0	8.26**
眼内角间宽	32.4±3.2	29.8±2.8	30.5±3.2	30.9±3.2	31.3±2.6	28.5±2.4	29.8±5.2	29.8±2.9	2.49*
眼外角间宽	93.6±4.7	89.9±3.6	92.5±4.2	91.8±4.5	88.8±4.6	86.0±3.7	85.5±13.8	86.9±4.5	7.57**
鼻宽	38.8±3.1	41.5±3.3	44.4±4.4	41.0±4.0	35.3±2.7	36.5±2.8	37.6±6.4	36.4±2.9	8.96**
口宽	49.8±3.5	52.1±3.9	53.7±4.8	51.6±4.2	46.9±3.5	47.3±3.3	49.0±8.3	47.6±3.7	6.97**
容貌面高	199.9±10.9	197.7±11.6	200.6±14.0	199.1±11.8	188.5±7.2	188.8±6.7	182.1±29.6	186.9±8.2	8.15**
形态面高	127.2±7.3	127.8±8.7	128.0±6.6	127.6±7.8	117.4±6.0	121.3±5.6	117.2±19.1	118.8±6.3	8.51**
鼻高	53.9±3.9	55.1±4.8	56.9±4.4	55.0±4.5	50.2±3.6	50.5±3.7	52.4±9.2	50.9±4.2	6.52**
鼻长	45.7±4.1	47.8±4.3	49.6±3.8	47.3±4.3	42.2±3.1	43.2±3.8	44.1±7.6	43.1±3.7	7.21**
上唇皮肤部高	14.3±2.3	15.5±2.7	16.1±2.2	15.1±2.6	13.7±2.8	14.5±1.7	15.2±3.1	14.4±2.4	1.93
唇高	17.4±3.2	15.1±4.8	12.3±4.0	15.4±4.5	14.8±3.1	13.9±2.8	12.0±4.3	13.7±3.5	2.88**
红唇厚度	7.1±1.5	6.5±2.1	5.4±1.4	6.5±1.9	6.4±1.3	5.8±1.4	5.4±1.9	5.9±1.5	2.40*
容貌耳长	66.9±4.8	70.3±4.7	74.6±4.9	69.8±5.5	64.3±5.1	67.9±4.4	72.4±11.7	67.8±5.7	2.49*
容貌耳宽	34.9±2.7	37.0±2.7	37.8±2.3	36.4±2.8	33.1±3.3	35.1±3.2	35.4±6.2	34.5±3.4	4.30**
耳上头高	139.3±8.7	135.1±10.3	135.1±10.3	135.6±9.3	129.5±10.5	128.3±9.7	127.2±21.8	128.4±10.4	5.90**

注：u 为性别间 u 检验值，*表示 $P<0.05$，**表示 $P<0.01$，差异具有统计学意义

表 3-8 额济纳土尔扈特部体部指标均数（mm，Mean±SD）

指标	男性 20~44岁组	男性 45~59岁组	男性 60~80岁组	男性 合计	女性 20~44岁组	女性 45~59岁组	女性 60~80岁组	女性 合计	u
体重/kg	81.2±14.0	81.1±10.6	83.7±14.8	81.6±12.7	65.9±14.0	71.7±11.6	64.4±13.3	67.7±12.6	7.63**
身高	1732.2±43.1	1697.0±50.4	1670.6±69.3	1705.4±56.3	1596.3±53.0	1582.0±61.0	1519.8±244.6	1570.4±67.8	15.25**
耳屏点高	1592.9±43.3	1561.9±45.4	1534.9±72.1	1568.6±54.6	1466.8±49.6	1453.7±60.6	1392.6±224.3	1442.0±65.4	14.79**
肩峰点高	1403.9±45.2	1388.5±48.6	1366.2±63.0	1390.2±51.6	1296.4±49.8	1281.5±54.7	1236.6±199.2	1274.7±59.2	14.60**
胸上缘高	1414.5±43.9	1389.7±46.8	1375.3±63.6	1396.4±51.1	1301.8±47.1	1292.3±56.1	1241.0±200.1	1281.9±59.3	14.53**
桡骨点高	1092.5±40.4	1073.4±47.7	1054.3±65.2	1077.0±50.3	1009.9±40.1	991.7±45.4	943.7±153.8	985.3±52.4	12.45**
茎突点高	845.4±37.3	829.4±40.9	808.1±50.7	831.5±43.3	783.0±34.5	761.0±40.7	721.0±118.0	758.2±46.5	11.40**
髂前上棘点高	945.4±30.2	947.3±37.4	933.4±47.7	943.9±37.0	881.9±33.4	881.5±40.3	830.1±139.5	867.9±49.3	12.36**
胫上点高	464.1±18.5	459.4±22.6	452.5±25.6	459.9±21.9	427.4±23.2	427.5±18.3	407.6±71.0	422.1±27.1	10.82**
内踝下点高	65.2±3.9	63.7±3.1	63.1±3.7	64.2±3.6	58.9±3.5	59.3±3.4	57.9±9.3	58.8±3.5	10.55**
坐高	933.1±24.7	909.5±27.6	899.1±35.8	916.5±31.1	866.3±25.6	865.0±31.3	816.3±132.7	852.4±39.0	12.83**
肩宽	396.6±26.2	389.7±19.5	381.1±21.0	390.7±23.0	352.3±16.4	349.1±16.7	341.8±54.8	348.3±16.9	14.31**
骨盆宽	298.6±14.0	300.6±16.3	301.6±19.4	300.0±16.0	292.7±17.1	299.2±16.9	296.2±47.8	296.1±17.3	1.64
躯干前高	615.4±27.2	602.2±28.7	602.8±27.7	599.2±30.8	571.8±24.5	575.3±30.9	537.5±88.2	563.9±33.0	10.07**
上肢全长	732.7±32.8	733.7±30.7	733.7±30.7	721.2±42.1	672.5±30.5	674.4±29.3	676.1±107.9	674.2±30.3	13.13**
下肢全长	903.8±25.8	909.6±33.8	909.6±33.8	889.1±40.9	851.4±31.1	851.3±38.2	803.7±134.8	838.6±46.3	12.12**

注：u 为性别间 u 检验值，**表示 $P<0.01$，差异具有统计学意义

表 3-9　额济纳土尔扈特部头面部观察指标平均级（Mean±SD）

指标	男性 20~44岁组	男性 45~59岁组	男性 60~80岁组	男性 合计	女性 20~44岁组	女性 45~59岁组	女性 60~80岁组	女性 合计	u
上眼睑皱褶	1.4±0.5	1.2±0.4	1.4±0.5	1.3±0.5	1.3±0.4	1.2±0.4	1.4±0.5	1.3±0.5	0.00
蒙古褶	1.3±0.5	1.7±0.5	1.9±0.3	1.6±0.5	1.2±0.4	1.5±0.5	1.9±0.4	1.5±0.5	1.39
眼裂高度	1.5±0.5	1.7±0.6	1.3±0.6	1.5±0.6	1.9±0.7	1.8±0.7	1.6±0.6	1.8±0.6	3.48**
眼裂倾斜度	2.8±0.4	2.6±0.6	2.4±0.6	2.7±0.5	2.9±0.2	2.6±0.6	2.7±0.6	2.8±0.4	1.51
鼻根高度	1.9±0.5	1.9±0.4	1.9±0.5	1.9±0.5	1.6±0.5	1.6±0.5	1.6±0.6	1.6±0.5	4.17**
鼻背侧面观	1.9±0.5	1.9±0.4	1.9±0.5	1.9±0.5	2.1±0.5	2.2±0.5	2.1±0.5	2.1±0.5	2.78**
颧部突出度	1.3±0.7	1.1±0.4	1.1±0.5	1.2±0.5	1.1±0.4	1.1±0.4	1.0±0.2	1.1±0.3	1.63
鼻基部	1.7±0.7	2.0±0.7	2.3±0.7	1.9±0.7	1.7±0.5	1.8±0.7	1.9±0.7	1.8±0.6	1.06
耳垂类型	2.3±0.9	1.9±1.0	1.9±1.0	2.1±1.0	1.9±0.9	1.9±0.9	1.5±0.9	1.8±0.9	2.18*

注：u 为性别间 u 检验值，*表示 P<0.05，**表示 P<0.01，差异具有统计学意义

表 3-10　额济纳土尔扈特部体质指数均数（Mean±SD）

指标	男性 20~44岁组	男性 45~59岁组	男性 60~80岁组	男性 合计	女性 20~44岁组	女性 45~59岁组	女性 60~80岁组	女性 合计	u
头长宽指数	86.1±3.8	84.5±3.9	87.0±4.8	85.6±4.1	86.4±3.7	85.4±3.5	85.3±13.6	85.7±3.7	0.18
头长高指数	73.4±4.1	71.5±6.0	72.0±5.5	72.3±5.3	73.1±4.7	71.8±5.7	69.9±11.8	71.8±5.6	0.64
头宽高指数	85.4±5.9	84.6±5.9	82.8±5.6	84.6±5.8	83.8±5.7	83.6±6.3	82.6±13.9	83.4±6.1	1.41
额顶宽度指数	71.4±3.6	71.0±5.8	69.3±4.4	70.9±4.8	73.0±3.7	72.8±3.4	70.8±11.5	72.3±3.7	2.23*
容貌面指数	130.8±7.6	132.3±8.4	131.5±8.9	131.6±8.1	132.9±7.5	133.7±7.3	129.6±21.2	132.3±7.8	0.61
形态面指数	83.2±5.2	85.5±6.5	84.0±5.4	84.4±5.8	82.7±5.0	85.8±4.5	83.4±13.9	84.1±5.3	0.37
头面宽指数	93.8±3.2	93.7±3.1	93.1±4.0	93.6±3.3	92.1±3.7	92.2±3.4	91.5±14.8	92.0±3.8	3.16**
头面高指数	91.7±8.5	95.1±10.0	94.9±9.4	93.8±9.4	91.2±7.9	95.1±8.3	92.8±16.7	93.1±8.5	0.54
颧额宽指数	76.2±3.3	75.8±6.0	74.4±3.7	75.7±4.7	79.3±3.4	79.0±3.6	77.4±12.4	78.7±3.6	4.90**
鼻指数	72.3±6.8	75.9±9.0	78.0±4.9	74.9±7.8	70.7±7.8	72.6±7.4	72.4±13.8	71.9±7.8	2.67**
口指数	35.1±7.0	29.1±9.3	22.9±7.6	30.2±9.2	31.9±7.3	29.6±6.3	24.8±9.1	29.1±8.0	0.88
容貌耳指数	52.3±4.1	52.7±3.6	50.8±4.2	52.2±3.9	51.6±5.1	51.8±4.2	49.0±8.9	51.0±4.8	1.93
身高坐高指数	53.9±1.0	53.6±1.4	53.8±1.2	53.8±1.2	54.3±1.3	54.7±1.7	53.7±8.5	54.3±1.5	2.60**
身高体重指数	468.1±77.4	477.3±56.5	500.0±81.0	478.2±70.0	411.6±79.9	453.1±70.5	423.0±81.7	430.2±73.3	4.67**
身高胸围指数	58.3±4.9	61.1±3.9	63.3±4.8	60.5±4.8	60.1±5.1	63.2±5.3	64.0±10.5	62.3±5.4	2.47*
身高肩宽指数	22.9±1.5	23.0±0.9	22.8±1.0	22.9±1.2	22.1±0.7	22.1±0.9	22.5±3.6	22.2±0.8	4.65**
身高骨盆宽指数	17.2±0.7	17.7±0.9	18.1±1.2	17.6±0.9	18.3±0.9	18.9±1.0	19.5±3.1	18.9±1.1	9.12**
肩宽骨盆宽指数	75.5±4.8	77.2±4.1	79.3±6.6	77.0±5.1	83.2±4.6	85.7±3.8	86.7±13.9	85.1±4.5	11.61**
马氏指数	85.7±3.3	86.7±5.4	85.8±4.2	86.1±4.4	84.3±4.5	83.0±5.4	86.3±13.9	84.3±5.2	2.63**
坐高下身长指数	1.2±0.0	1.2±0.1	1.2±0.1	1.2±0.1	1.2±0.1	1.2±0.1	1.2±0.2	1.2±0.1	0.00
身高上肢长指数	42.3±1.6	43.2±1.4	43.7±1.4	43.0±1.6	42.1±1.3	42.6±1.3	44.5±7.0	43.0±1.7	0.00
身高下肢长指数	52.2±1.2	53.6±1.6	53.8±1.8	53.1±1.7	53.4±1.6	53.8±1.8	52.9±8.5	53.4±2.0	1.14
上下肢长指数	81.1±3.6	80.7±3.5	81.3±4.3	81.0±3.7	79.0±3.4	79.3±3.5	84.4±13.7	80.6±4.6	0.68

注：u 为性别间 u 检验值，*表示 P<0.05，**表示 P<0.01，差异具有统计学意义

表 3-11 额济纳土尔扈特部体型（Mean±SD）

指标	男性 20~44岁组	男性 45~59岁组	男性 60~80岁组	男性 合计	女性 20~44岁组	女性 45~59岁组	女性 60~80岁组	女性 合计
内因子	5.2±1.1	5.4±0.9	6.0±1.1	5.4±1.1	6.2±1.0	6.7±0.8	6.8±1.0	6.5±1.0
中因子	5.7±1.4	5.8±0.9	6.5±1.1	5.9±1.2	5.1±1.6	6.0±1.7	6.3±1.1	5.8±1.6
外因子	1.3±1.2	0.7±0.7	0.5±0.5	0.9±0.9	1.1±1.0	0.5±0.8	0.4±0.7	0.7±0.9
HWR	40.2±2.2	39.3±1.5	38.4±1.9	39.5±2.0	39.8±2.2	38.3±2.2	38.1±1.9	38.8±2.2
X	−3.9±2.1	−4.7±1.5	−5.5±1.5	−4.6±1.8	−5.1±1.8	−6.2±1.4	−6.4±1.6	−5.8±1.7
Y	4.9±3.4	5.5±2.0	6.6±1.9	5.5±2.7	3.0±3.3	4.8±3.4	5.3±2.3	4.3±3.3
SAM	2.9±1.5	3.2±1.1	4.0±1.4	3.2±1.3	3.5±1.4	4.4±1.3	4.5±1.2	4.1±1.4

表 3-12 额济纳土尔扈特人与巴州土尔扈特人体质的比较（mm，Mean±SD）

性别	地点	头长	头宽	面宽	形态面高	鼻宽	口裂宽	唇高	身高	肩宽
男性	额济纳	189.3±6.6	161.9±6.6	151.4±5.6	127.6±7.8	41.0±4.0	51.6±4.2	15.4±4.5	1705.4±56.3	390.7±23.0
男性	巴州	186.6±5.7	157.0±5.4	147.6±5.6	122.6±5.6	35.1±1.9	50.1±3.6	17.5±3.2	1673.3±60.2	375.8±17.7
男性	u	2.90**	5.37**	4.51**	4.85**	12.32**	2.54*	3.46**	3.67**	4.79**
女性	额济纳	179.8±5.8	154.0±5.5	141.6±6.5	118.8±6.3	36.4±2.9	47.6±3.7	13.7±3.5	1570.4±67.8	348.3±16.9
女性	巴州	179.3±7.2	149.4±5.3	140.8±4.6	116.2±5.4	32.2±1.4	47.6±3.8	16.1±3.0	1564.7±63.5	346.2±17.3
女性	u	0.45	5.21**	0.92	2.76**	12.62**	0.00	4.65**	0.53	0.74

注：u 为额济纳土尔扈特人与巴州土尔扈特人体质数据的 u 检验值，*表示 $P<0.05$，**表示 $P<0.01$，差异具有统计学意义

高达到 1705.4mm±56.3mm，属于高身材，20~44 岁组身高为 1732.2mm±43.1mm，属于高身材。额济纳土尔扈特部女性体重大（67.7kg±12.6kg），身高为 1570.4mm±67.8mm，属于超中等身材，20~44 岁组身高为 1596.3mm±53.0mm，属于高身材。男性骨盆宽值与女性接近，其余指标值均大于女性（表 3-8）。

根据头面部观察指标平均级的性别间比较（表 3-9）可知，与女性相比，额济纳土尔扈特部男性上眼睑皱褶、蒙古褶发达程度、眼裂倾斜度、颧部突出度、鼻基部平均级与女性接近，眼裂较为狭窄，鼻根更高些，鼻背更直，耳垂类型平均级高于女性。

根据体质指数（表 3-10）可知，额济纳土尔扈特部男性属于特圆头型、高头型、中头型、中面型、中鼻型、中腿型、宽胸型、中肩型、宽骨盆型。女性属于特圆头型、高头型、中头型、中面型、中鼻型、亚短腿型、宽胸型、中肩型、宽骨盆型。

额济纳土尔扈特部与巴州土尔扈特部均是从伏尔加河流域回归的土尔扈特部的后裔。额济纳土尔扈特部聚居在内蒙古沙漠戈壁，巴州土尔扈特部聚居在新疆巴音布鲁克草原。

与蒙古族合计的内、中、外因子均数相比，额济纳土尔扈特部男性内、中因子值高，外因子值低。额济纳土尔扈特部女性内因子值较高，中因子值高，外因子值低。额济纳土尔扈特部男性三个年龄组及合计资料均为内胚层-中胚层均衡体型。女性 20~44 岁组、45~59 岁组及合计资料为偏中胚层的内胚层体型，女性 60~80 岁组为内胚层-中胚层均衡体型（表 3-12）。男性的内因子值小于女性，中因子值与女性接近，外因子值大于女性。

男性 HWR 值略大于女性。男性 SAM 值小于女性。三个年龄组间比较，20~44 岁组内、中因子值低，外因子值最高，60~80 岁组正好相反，内因子、中因子值高，外因子值最低，45~59 岁组的 3 个因子值居中。

额济纳土尔扈特部男性除唇高值小于巴州土尔扈特部外，其余 8 项指标值均大于巴州土尔扈特部（表 3-12）。额济纳土尔扈特部女性唇高值小于巴州土尔扈特部，头宽、形态面高、鼻宽 3 项指标值均大于巴州土尔扈特部，头长、面宽、口裂宽、身高、肩宽 5 项指标值二者差异无统计学意义。总的说来，二者男性间体质不同，女性间体部特征接近，头面部特征既有共同之处，又有明显的区别。首先，从族源上来说，虽然二者都源于卫拉特土尔扈特部，但巴州土尔扈特部是数万东归的土尔扈特部的后裔，额济纳土尔扈特部来自经过挑选的土尔扈特部中较为特殊、具有一定技艺的 13 个家族的后裔。由于遗传漂变或建立者效应，二者体质不同。其次，巴州土尔扈特部在新疆生活过程中，长期与周边维吾尔族、汉族相处，会存在一定的基因交流，而本研究测量的额济纳土尔扈特部是族群内通婚，这也会导致二者遗传结构出现不同。再次，国家为了稳定沙漠地区额济纳旗蒙古族人口，给予土尔扈特部经济扶持，把他们迁居到城镇及周边，额济纳土尔扈特部生活比较富足、闲逸。本研究选择的巴州土尔扈特人，是生活在巴音布鲁克草原牧人。二者的生产方式、劳作强度不同，这也会造成体质特征的区别。新疆巴州蒙古族体质数据为 20 世纪 90 年代初发表，额济纳土尔扈特部的体质数据是 2015 年测量得到，巴州土尔扈特人的调查时间是 1990 年，二者测量时间相距 25 年之久。另外，近年来蒙古族的生活水平、饮食成分、生产方式、医疗卫生条件都发生了较大改善，必然会影响到体质的变化。

在体型散点图（图 3-1B）上可以看到，男性、女性三个年龄组的点排列在外因子轴虚线半轴的上下，男性 20~44 岁组的位点还在近似扇形之中，但另外两个点则分布在近似扇形之外，女性三个年龄组的点都分布在近似扇形之外，这体现了额济纳土尔扈特部身体线性度很小的体型特点。

第三节　青海和硕特部

一、青海和硕特部简介

青海省是我国东部地区通往新疆、西藏的重要通道，其战略位置十分重要。元朝时期，蒙古人跟随蒙古大军和诸宗王出镇入居青海。明朝中后期大批蒙古人开始进入青海。

和硕特部主要分布于我国新疆（和硕县等）、青海（海西州等）、甘肃、内蒙古阿拉善盟，以及蒙古国西部科布多省、俄罗斯联邦卡尔梅克共和国（伏尔加河流域）等地区。和硕特蒙古族在海西蒙古族藏族自治州和巴州和硕县等地是主体民族。

和硕特部于 15 世纪初西迁进入新疆，加入厄鲁特蒙古（清朝称卫拉特蒙古）联盟，一直到 17 世纪中叶游牧在乌鲁木齐一带。和硕特加入卫拉特后，在卫拉特蒙古中长期处于高级地位，当时和硕特部落的游牧地推进到北自额尔齐斯河、中亚古斯河、巴尔喀什湖东岸，南到塔拉斯、楚河一带，东部则与哈密为邻。固始汗时期原游牧于天山北麓，后受到准噶尔部的排挤，转移至天山南麓发展。

固始汗及其祖父都兼任过卫拉特盟主。17世纪30年代，和硕特部部分民众跟着土尔扈特部（因为与准噶尔部冲突）西迁进入伏尔加河流域，游牧在天山南北的和硕特部在其首领固始汗的带领下东进青藏高原，部分留居乌鲁木齐周围。

由于西藏藏巴汗王国是噶玛噶举派政权，数十年来严厉打压新兴教派格鲁派，而固始汗是尊信格鲁派的，而且早就被格鲁派赠以"大国师"称号，因此，1634年西藏格鲁派摄政者及名义领袖五世达赖及其师傅四世班禅共同致信固始汗，请求其出兵救援。1636年，固始汗亲自赴拉萨与达赖商议出兵事宜，抵拉萨后接受达赖五世、班禅四世赠予的"丹增却杰"（执敬法王）称号。1637年，在准噶尔部援助下，固始汗率军进入青海，控制青海地域。在西藏，他确立了五世达赖和其师傅四世班禅等格鲁派领导的统治地位，并且重修布达拉宫和扩建大昭寺，立都拉萨，庇护达赖政府。另外，五世达赖进北京传法和会晤顺治帝也是和硕特汗国的重大事件，进一步巩固了汗国，也进一步巩固了格鲁派地位。1717年，准噶尔汗国军队发动突然袭击，南下翻越昆仑山脉，攻入拉萨，杀死了和硕特汗国最后一任君主拉藏汗，和硕特汗国灭亡[12]。

固始汗经营青藏高原时，派其八子驻牧青海，世袭领地，形成了青海八台吉，并划分左、右二翼，各设翼长。青海蒙古族的实际领导者——珲台吉对内约束部众，处理内部纠纷，对外则代表青海诸台吉，遇到重大事件，由珲台吉召集会盟，共同商议。清朝平定罗卜藏丹津叛乱后，仿照内扎萨克制度，在青海蒙古诸部划界编旗，将5部蒙古划分为29旗，分布在青海湖四周。清朝保留青海蒙古族的祭海会盟活动，借此控制、管理青海蒙古诸部。清朝青海蒙古族经济结构单一，以畜牧业生产为主，主要经营马、牛、羊、骆驼等牲畜，虽然也存在农业、采盐业，但是规模不大且生产方式落后。青海蒙古族在语言文字、服饰等方面出现了不同程度的藏化。青海蒙古族主要信仰藏传佛教，同时存在大量的自然崇拜，受周边回族的影响，部分蒙古族信仰伊斯兰教[13,14]。

和硕特部势力从进入青海到最后在西藏消亡，经历了固始汗、达延额齐尔汗、达赖汗、拉藏汗4代人的经营。和硕特蒙古族进入青海，统治青藏高原，使蒙、藏两个民族间发生了密切的关系。青海蒙古族主要聚居于德令哈周边。

2016年研究组在完成西藏珞巴族、门巴族、夏尔巴人体质测量后，移师青海德令哈开展了和硕特部的体质测量工作，共测量361例（男性166例，女性195例）。测量地点的地理坐标为北纬37°22′、东经97°22′，年平均温度为4.3℃。分为20~44岁组、45~59岁组、60~80岁组三个年龄组统计数据，三个年龄组样本量男性分别为64例、62例、40例，女性分别为86例、71例、38例。

二、青海和硕特部的体质数据

青海和硕特部头面部测量指标均数见表3-13，体部指标均数见表3-14，体质指数均数见表3-15，血压、心率均数见表3-16，头面部观察指标平均级见表3-17，体型数据见表3-18。

研究组来到德令哈阿力腾寺　　　　　　青海蒙古族妇女民族服饰

表 3-13　青海和硕特部头面部测量指标均数（mm，Mean±SD）

指标	男性 20~44岁组	男性 45~59岁组	男性 60~80岁组	男性 合计	女性 20~44岁组	女性 45~59岁组	女性 60~80岁组	女性 合计	u
头长	189.6±6.7	189.3±6.1	191.9±7.7	190.0±6.8	182.8±5.0	182.8±6.3	183.6±5.6	182.9±5.6	10.71**
头宽	160.6±7.0	158.9±8.0	159.4±6.9	159.7±7.3	154.6±4.9	154.6±5.2	152.4±5.3	154.2±5.1	8.16**
额最小宽	109.5±7.3	107.3±5.6	107.2±6.5	108.1±6.6	103.2±4.8	104.9±7.6	101.9±6.5	103.5±6.3	6.74**
面宽	150.1±7.0	149.5±6.2	148.5±5.8	149.5±6.4	141.5±6.2	142.2±5.9	138.4±6.1	141.2±6.2	12.46**
下颌角间宽	116.3±7.9	117.1±7.5	117.1±7.4	116.8±7.6	108.6±6.8	110.5±6.8	107.2±6.2	109.0±6.8	10.20**
眼内角间宽	33.0±3.2	32.9±3.3	33.6±2.2	33.1±3.0	32.6±3.0	32.1±2.7	32.4±2.9	32.4±2.9	2.24*
眼外角间宽	95.1±5.6	92.5±5.8	91.4±4.1	93.2±5.6	92.2±4.7	90.5±6.0	88.3±5.4	90.8±5.5	4.09**
鼻宽	40.2±3.4	41.6±3.4	43.2±3.1	41.4±3.5	35.9±2.7	37.4±2.7	39.1±2.8	37.1±3.0	12.42**
口宽	47.5±3.3	50.8±3.3	50.2±3.5	49.4±3.6	45.1±3.0	46.6±3.2	47.6±3.3	46.1±3.3	9.02**
容貌面高	191.9±6.1	192.2±6.3	191.9±9.0	192.0±6.9	185.6±6.9	186.3±7.1	182.8±7.5	185.3±7.2	9.01**
形态面高	121.0±5.6	121.7±4.6	124.2±6.1	122.0±5.5	112.4±5.3	115.6±4.7	114.2±5.9	113.9±5.4	14.06**
鼻高	49.8±3.9	51.1±3.6	52.7±3.8	50.9±3.9	46.8±3.4	47.5±3.3	47.9±3.1	47.3±3.3	9.37**
鼻长	46.0±3.5	48.2±3.1	49.6±3.8	47.7±3.7	43.6±3.0	44.1±3.5	44.5±3.2	44.0±3.2	10.07**
上唇皮肤部高	15.3±2.4	16.6±2.9	17.4±2.9	16.3±2.8	13.5±2.0	15.0±2.7	15.9±2.5	14.5±2.5	6.39**
唇高	17.3±3.1	15.7±3.0	15.7±3.5	16.3±3.3	15.4±2.8	15.3±3.4	13.8±3.1	15.1±3.1	3.54**
红唇厚度	7.6±2.1	6.7±2.3	6.2±2.3	6.9±2.3	6.7±1.8	6.2±2.2	4.9±1.8	6.2±2.1	3.00**
容貌耳长	63.8±5.5	66.5±5.4	70.6±5.9	66.5±6.1	60.5±4.8	65.1±5.0	65.6±4.6	63.2±5.4	5.40**
容貌耳宽	36.5±4.7	38.9±5.5	39.8±3.9	38.2±5.0	32.7±3.2	36.2±3.8	35.9±3.8	34.6±3.9	7.53**
耳上头高	131.1±10.0	124.2±9.8	124.8±11.0	127.0±10.6	121.9±8.6	121.7±8.8	117.9±7.6	121.1±8.6	5.74**

注：u 为性别间 u 检验值，*表示 $P<0.05$，**表示 $P<0.01$，差异具有统计学意义

表 3-14　青海和硕特部体部指标均数（mm，Mean±SD）

指标	男性 20~44岁组	男性 45~59岁组	男性 60~80岁组	男性 合计	女性 20~44岁组	女性 45~59岁组	女性 60~80岁组	女性 合计	u
体重/kg	71.0±11.9	72.5±13.5	71.0±13.1	71.9±11.9	62.2±13.1	68.8±13.9	64.0±12.3	65.0±13.5	4.76**
身高	1699.6±55.7	1663.3±57.4	1661.5±51.5	1676.9±58.0	1581.2±53.8	1570.6±56.5	1509.5±55.0	1563.4±61.0	18.09**
耳屏点高	1568.5±52.1	1539.1±55.3	1536.8±47.9	1549.9±54.1	1459.3±53.0	1448.9±54.8	1391.5±53.4	1442.3±59.3	18.02**
颏下点高	1472.6±54.9	1442.1±54.2	1431.8±52.8	1451.4±56.5	1367.6±49.1	1357.9±52.3	1298.6±61.7	1350.6±58.7	16.59**
肩峰点高	1392.1±50.1	1368.4±55.6	1369.3±50.5	1377.8±53.2	1293.9±50.9	1290.7±53.8	1233.9±50.3	1281.1±56.6	16.71**
胸上缘高	1396.1±49.9	1371.0±53.0	1373.1±45.5	1381.2±51.2	1300.9±47.4	1295.2±50.5	1239.4±51.6	1286.7±54.4	16.98**
桡骨点高	1067.8±37.4	1048.1±46.3	1040.9±42.6	1054.0±43.4	996.0±37.0	996.5±43.6	947.1±41.1	986.6±44.6	14.52**
茎突点高	827.1±30.4	813.0±35.5	806.3±31.7	816.8±33.6	774.2±30.8	772.9±34.4	731.5±35.2	765.4±36.9	13.84**
指尖高	653.4±29.4	641.2±34.5	633.7±29.2	644.1±32.1	611.0±28.4	608.1±31.9	567.0±32.5	601.4±34.8	12.12**
髂前上棘点高	945.2±40.4	943.3±37.2	943.6±42.2	944.1±39.5	890.3±37.4	889.5±38.2	848.7±39.4	881.9±41.3	14.60**
胫上点高	427.9±19.1	423.2±20.3	424.5±16.7	425.3±19.0	408.2±17.6	404.6±18.8	383.2±18.5	402.0±20.4	11.22**
内踝下点高	57.3±4.1	57.0±4.8	57.5±3.7	57.2±4.3	52.3±2.9	52.4±3.2	50.0±3.3	51.8±3.2	13.34**
坐高	909.7±29.4	892.9±34.4	882.1±31.5	896.8±33.6	852.9±30.2	846.3±31.1	809.6±32.7	842.0±34.9	15.17**
肩宽	379.9±18.3	372.9±16.7	366.3±22.6	374.0±19.5	346.3±18.0	344.7±14.6	330.3±14.6	342.6±17.3	16.05**
骨盆宽	276.7±20.8	278.9±18.9	281.9±17.6	278.8±19.4	271.5±21.6	277.0±23.4	279.2±19.8	275.0±22.1	1.74
躯干前高	606.3±26.7	600.6±32.0	593.7±28.9	601.1±29.5	572.3±25.1	570.9±28.4	539.6±31.6	565.4±30.3	11.32**
上肢全长	738.7±29.3	727.2±34.1	735.7±35.6	733.7±32.9	682.9±31.4	682.6±33.5	666.9±31.2	679.7±32.6	15.61**
下肢全长	906.6±36.7	907.9±33.5	907.9±38.7	907.4±35.8	860.8±34.9	860.2±35.4	823.7±36.6	853.3±38.1	13.89**

注：u 为性别间 u 检验值，**表示 $P<0.01$，差异具有统计学意义

表 3-15　青海和硕特部体质指数均数（Mean±SD）

指标	男性 20~44岁组	男性 45~59岁组	男性 60~80岁组	男性 合计	女性 20~44岁组	女性 45~59岁组	女性 60~80岁组	女性 合计	u
头长宽指数	84.8±4.0	84.0±4.8	83.2±5.1	84.1±4.6	84.6±3.3	84.7±3.9	83.1±3.5	84.4±3.6	0.68
头长高指数	69.2±5.1	65.7±5.9	65.1±5.6	66.9±5.8	66.7±4.9	66.6±5.0	64.3±4.3	66.2±4.9	1.23
头宽高指数	81.7±6.2	78.2±5.8	78.4±7.8	79.6±6.6	78.9±5.5	78.8±5.9	77.5±5.3	78.6±5.6	1.54
额顶宽度指数	68.2±3.8	67.6±4.0	67.4±4.8	67.8±4.1	66.8±3.0	67.8±4.6	66.9±4.1	67.2±3.8	1.43
容貌面指数	128.0±6.1	128.7±5.5	129.4±6.7	128.6±6.0	131.3±6.1	131.2±7.0	132.2±7.1	131.4±6.6	4.22**
形态面指数	80.7±3.9	81.5±4.2	83.8±5.3	81.8±4.5	79.5±4.0	81.4±4.3	82.6±4.5	80.8±4.4	2.13*
头面宽指数	92.0±12.2	94.2±3.5	93.3±4.8	93.1±8.2	91.6±3.1	92.0±3.8	90.9±3.4	91.6±3.4	2.20*
头面高指数	92.8±7.7	98.6±9.1	100.3±10.0	96.8±9.3	92.6±7.3	95.4±6.9	97.3±8.3	94.5±7.5	2.56*
颧额宽指数	73.0±4.7	71.8±3.3	72.2±4.3	72.4±4.1	73.0±3.4	73.8±4.7	73.7±4.6	73.4±4.1	2.31*
鼻指数	81.2±9.0	81.9±8.6	82.4±8.1	81.7±8.6	77.0±7.6	79.1±7.3	81.8±7.1	78.7±7.6	3.48**
口指数	36.6±6.8	31.1±5.9	31.4±7.6	33.3±7.2	34.3±6.6	32.9±7.5	29.3±7.0	32.8±7.2	0.66
容貌耳指数	57.2±5.8	58.5±7.0	56.4±4.2	57.5±6.0	54.2±5.3	55.8±6.0	54.9±6.5	54.9±5.8	4.17**
身高坐高指数	53.5±1.3	53.7±1.1	53.1±1.2	53.5±1.2	54.0±1.5	53.9±1.5	53.6±1.4	53.9±1.5	2.81**

续表

指标	男性 20~44岁组	45~59岁组	60~80岁组	合计	女性 20~44岁组	45~59岁组	60~80岁组	合计	u
身高体重指数	417.1±66.4	435.0±72.8	427.0±75.6	428.3±65.9	392.8±78.7	437.8±84.0	423.9±79.6	415.2±83.0	1.34
身高胸围指数	54.8±4.8	57.8±4.5	58.3±3.7	56.8±4.7	56.8±5.5	60.7±5.2	61.9±6.5	59.2±6.0	4.26**
身高肩宽指数	22.4±1.0	22.4±0.9	22.0±1.2	22.3±1.0	21.9±1.0	22.0±1.0	21.9±0.8	21.9±0.9	3.96**
身高骨盆宽指数	16.3±1.1	16.8±1.0	17.0±1.0	16.6±1.1	17.2±1.3	17.6±1.5	18.5±1.4	17.6±1.5	7.29**
肩宽骨盆宽指数	72.9±5.3	74.8±4.5	77.2±5.8	74.7±5.4	78.5±5.8	80.4±6.5	84.6±6.2	80.4±6.5	9.10**
马氏指数	86.9±4.4	86.4±4.0	88.4±4.4	87.1±4.3	85.5±5.2	85.7±5.1	86.5±4.9	85.8±5.1	2.63**
坐高下身长指数	1.2±0.1	1.2±0.1	1.1±0.1	1.2±0.1	1.2±0.1	1.2±0.1	1.2±0.1	1.2±0.1	0.00
身高上肢长指数	43.5±1.0	43.7±1.3	44.3±1.5	43.8±1.3	43.2±1.2	43.5±1.3	44.2±1.3	43.5±1.3	2.19*
身高下肢长指数	53.3±1.5	54.6±1.4	54.6±1.4	54.1±1.6	54.4±1.4	54.8±1.2	54.6±1.6	54.6±1.4	3.13**
上下肢长指数	81.5±2.6	80.1±3.4	81.1±3.2	80.9±3.1	79.4±2.6	79.4±2.6	81.0±3.6	79.7±2.9	3.78**

注：u 为性别间 u 检验值，*表示 $P<0.05$，**表示 $P<0.01$，差异具有统计学意义

表3-16 青海和硕特部血压、心率均数（mmHg，Mean±SD）

指标	男性 20~44岁组	45~59岁组	60~80岁组	合计	女性 20~44岁组	45~59岁组	60~80岁组	合计	u
收缩压	117.5±17.2	129.7±20.2	148.9±19.1	129.7±22.1	114.0±14.5	132.6±23.0	144.5±24.3	128.4±23.6	0.54
舒张压	72.8±10.2	84.3±18.5	92.7±12.1	82.1±16.3	79.5±9.5	87.5±12.5	83.5±13.1	83.6±12.0	0.98
心率/（次/min）	71.3±12.3	74.1±11.8	78.5±13.5	74.1±12.5	80.0±11.1	74.3±14.8	75.8±10.7	76.8±12.8	2.02*

注：u 为性别间 u 检验值，*表示 $P<0.05$，差异具有统计学意义

表3-17 青海和硕特部头面部观察指标平均级（Mean±SD）

指标	男性 20~44岁组	45~59岁组	60~80岁组	合计	女性 20~44岁组	45~59岁组	60~80岁组	合计	u
前额倾斜度	1.4±0.5	1.3±0.5	1.3±0.5	1.3±0.5	1.9±0.5	1.6±0.5	1.4±0.5	1.7±0.5	7.58**
眉毛发达度	2.3±0.7	1.8±0.6	1.6±0.5	1.9±0.7	1.5±0.5	1.4±0.5	1.5±0.6	1.5±0.5	6.15**
眉弓粗壮度	1.6±0.6	1.3±0.4	1.1±0.3	1.3±0.5	1.0±0.3	1.0±0.0	1.1±0.3	1.0±0.2	7.25**
上眼睑皱褶	1.6±1.5	1.9±1.4	2.2±1.3	1.9±1.4	2.3±1.1	2.2±1.3	1.7±1.5	2.2±1.3	2.10*
蒙古褶	1.5±1.1	0.3±0.5	0.1±0.3	0.7±1.0	1.1±1.2	0.3±0.7	0.2±0.5	0.6±1.0	0.95
眼裂高度	1.3±0.5	1.4±0.5	1.4±0.6	1.4±0.5	1.7±0.6	1.5±0.5	1.5±0.5	1.6±0.5	3.45**
眼裂倾斜度	1.5±0.5	1.6±0.5	1.7±0.5	1.6±0.5	1.3±0.5	1.5±0.5	1.6±0.5	1.5±0.5	1.89
鼻根高度	1.7±0.5	1.6±0.6	1.6±0.5	1.6±0.5	1.5±0.5	1.5±0.5	1.5±0.5	1.5±0.6	1.73
鼻背侧面观	2.2±0.7	2.2±0.5	2.1±0.5	2.2±0.5	1.9±0.6	1.8±0.5	2.0±0.4	1.9±0.5	5.11**
鼻基部	1.8±0.5	1.9±0.6	2.1±0.7	1.9±0.6	1.7±0.6	1.7±0.6	1.8±0.6	1.7±0.6	3.16**
颧部突出度	1.4±0.7	1.3±0.6	1.4±0.8	1.3±0.7	1.1±0.3	1.1±0.4	1.2±0.5	1.1±0.4	3.26**
耳垂类型	2.0±0.9	1.9±1.0	1.6±0.9	1.9±0.9	2.0±1.0	1.8±0.9	1.6±0.9	1.8±0.9	1.00
下颏类型	2.3±0.5	2.3±0.6	2.1±0.4	2.2±0.5	2.3±0.5	2.3±0.6	2.3±0.6	2.3±0.5	1.89

注：u 为性别间 u 检验值，*表示 $P<0.05$，**表示 $P<0.01$，差异具有统计学意义

表 3-18　青海和硕特部体型（Mean±SD）

指标	男性 20~44岁组	男性 45~59岁组	男性 60~80岁组	男性 合计	女性 20~44岁组	女性 45~59岁组	女性 60~80岁组	女性 合计
内因子	4.1±1.6	4.4±1.4	4.6±1.1	4.3±1.4	5.8±1.4	6.5±1.1	6.4±1.3	6.2±1.3
中因子	5.2±1.2	6.0±1.1	5.8±1.2	5.6±1.2	4.9±1.4	6.3±1.4	6.8±1.4	5.7±1.6
外因子	1.8±1.4	1.2±1.0	1.6±3.3	1.5±2.1	1.4±1.2	0.6±0.8	0.5±0.9	0.9±1.1
HWR	41.3±2.2	40.1±2.0	40.7±4.7	40.3±5.1	40.2±2.4	38.6±2.3	38.0±2.5	39.2±2.6
X	−2.2±2.8	−3.3±2.3	−3.0±2.3	−2.8±3.0	−4.5±2.5	−5.9±1.8	−5.9±2.0	−5.3±2.3
Y	4.6±2.7	6.3±2.2	5.4±4.0	5.4±3.1	2.5±3.0	5.4±2.6	6.5±2.8	4.4±3.2
SAM	2.4±1.2	2.7±1.4	3.1±2.8	3.0±1.9	3.2±1.5	4.3±1.5	4.5±1.7	3.8±1.6

德令哈阿力腾寺的佛事活动　　　　坐在寺院大殿外面等候祝福的信教族群

三、青海和硕特部的体质特征

青海和硕特部男性头面部测量指标值均大于女性（表 3-13）。青海和硕特部男性体重较大（71.9kg±11.9kg），身高达到 1676.9mm±58.0mm，属于超中等身材，20~44 岁组身高为 1699.6mm±55.7mm，属于超中等身材，但接近高身材的下限。青海和硕特部女性体重较大（65.0kg±13.5kg），身高为 1563.4mm±61.0mm，属于超中等身材，20~44 岁组身高为 1581.2mm±53.8mm，属于超中等身材。男性骨盆宽值与女性接近，其余体部指标值均大于女性（表 3-14）。

根据体质指数（表 3-15）可知，青海和硕特部男性属于圆头型、高头型、中头型、阔面型、中鼻型、中腿型、宽胸型、中肩型、中骨盆型。女性属于圆头型、高头型、阔头型、阔面型、中鼻型、中腿型、宽胸型、中肩型、中骨盆型。

青海和硕特部男性（129.7mmHg±22.1mmHg）、女性（128.4mmHg±23.6mmHg）收缩压均数小于高血压诊断的下限 140mmHg，还没有进入高血压范围，但男性、女性 60~80 岁组收缩压均数分别达到 148.9mmHg±19.1mmHg 和 144.5mmHg±24.3mmHg，已经超过高血压诊断的下限（表 3-16）。男性（82.1mmHg±16.3mmHg）、女性（83.6 mmHg± 12.0mmHg）舒张压均数均小于高血压诊断的下限 90mmHg，没有进入高血压范围。男性、女性的心率均数都正常。男性的收缩压、舒张压均与女性接近，心率低于女性。

根据头面部观察指标平均级的性别间比较（表 3-17）可知，与女性相比，青海和硕特部男性额部更倾斜些，眉毛比较浓密，眉弓更粗壮，上眼睑皱褶不太发达，蒙古褶发达程度与女性接近，眼裂较为狭窄，眼裂倾斜度、鼻根高度与女性接近，鼻背更直，鼻基部更显水平，颧骨不太突出，耳垂形态、下颏类型形态与女性接近。

在蒙古族各族群中，青海和硕特部男性内、中、外因子值均为中等。青海和硕特部女性内因子值中等，中因子值高，外因子值中等。青海和硕特部男性三个年龄组及合计资料均为偏内胚层的中胚层体型（表 3-18）。女性 20~44 岁组为偏中胚层的内胚层体型，45~59 岁组、60~80 岁组及合计资料均为内胚层-中胚层均衡体型。男性的内因子值小于女性，中因子值与女性接近，外因子值大于女性。男性 HWR 值略大于女性。男性 SAM 值小于女性。

在体型散点图上可以看到，青海和硕特部男性三个年龄组的点比较接近，位于外因子轴虚线半轴附近；女性三个年龄组的点分散，随着年龄的增大，体型点向外因子轴虚线半轴方向靠近（图 3-1C），女性有两个年龄组的点已经分布在近似扇形之外，男性三个点都还在近似扇形之中。

第四节　新疆察哈尔部

一、新疆察哈尔部简介

察哈尔部是蒙古族最著名的部落之一，历史上号称蒙古中央万户。元朝灭亡，蒙古人退回漠北以后，蒙古人仍保留着其旧制。达延汗再度统一蒙古后，把六万户分成左翼三万户和右翼三万户，大汗驻帐于察哈尔中央万户中。察哈尔中央万户划分为左、右两翼，大汗驻帐于居中的老察哈尔营，建立了自己的护卫军——中央察哈尔万户。嘉靖二十六年（1547 年），察哈尔部达来逊汗惧为俺答所并，率领所部 10 万南迁，移牧于大兴安岭东南半部。康熙十四年（1675 年），清廷将察哈尔部众从辽西义州边外迁徙到宣化、大同边外安置，设置左、右两翼察哈尔八旗。察哈尔部驻牧地在张家口、宣化、大同边外，其牧地东界为克什克腾，西界为归化城土默特，南界为直隶独石、张家口及大同，北界为浩齐特、苏尼特及四子部落，袤延千里。

察哈尔部作为游牧民族，本身具有骁勇、强悍、善于骑射的特长，素称"强劲"，为大清一统立下了汗马功劳，具有一定的资历和声望。乾隆二十五年（1760 年），乌鲁木齐办事大臣安泰因"乌鲁木齐马匹较多，需蒙古兵丁放牧"而上奏清廷，翌年 9 月，大学士傅恒拣选察哈尔官兵携眷移驻伊犁等处事宜上了一道长篇奏折。1761 年 10 月，理藩院尚书富德专程前往察哈尔八旗牧地多伦诺尔，挑选了 1000 名年轻力壮、技艺娴熟的察哈尔兵丁，这些就是第一批西迁新疆的察哈尔蒙古兵。1763 年 2 月 9 日，大学士傅恒建议再续 1000 名察哈尔官兵携眷前往伊犁驻防，此议又得到乾隆皇帝的批准，这就是第二批西迁新疆的察哈尔蒙古兵。

1762 年 5 月 9 日，1000 名西迁官兵汇集在察哈尔八旗中心达兰图鲁，他们背负弓箭，腰挎战刀，骑着战马，携带妻儿，告别家乡，陆陆续续出发了，一路上沿着蒙古草原"如同游牧，养畜徐行"。1763 年 3 月 6 日，1000 名官兵陆续抵达乌鲁木齐，于 4 月 15 日抵达赛里木湖。第二批携眷移驻的 1000 名察哈尔官兵，与第一批不同的是，他们要解送大批牲畜到伊犁。第二批西迁兵丁分两队出发，前队 500 名官兵于 1763 年 5 月

11日起程,"携带羊群,徐徐前行",花了1年2个月的时间到达伊犁,比第一批及后队多用了2个月的时间。后队500名兵丁于1763年6月8日起程,于1764年5月15日抵达精河,5月底抵达伊犁。察哈尔官兵在行走途中是很辛苦的,他们拖儿携女,还要照看牲畜,长途跋涉在茫茫的戈壁滩,遇到干旱,还会出现人和牲畜渴死的现象。乾隆二十八年(1763年)冬,清政府鉴于边防巡卡的需要,对察哈尔蒙古人做了调整:一是决定将留驻乌鲁木齐的150户和库尔喀喇乌苏的50户察哈尔蒙古人移驻塔尔巴哈台;二是将驻牧登努勒台、赛里木湖一带的1843户察哈尔蒙古人移驻博尔塔拉[15-20]。

博尔塔拉地处西部边陲(当时只有北面与沙俄接壤),历来是扼控亚欧腹部通道的中段要冲,是兵家必争之地。另外博尔塔拉地域辽阔,水源充足,该处有冬夏两季好牧场,且土地肥沃,于游牧兵丁滋生牲畜殊有裨益,虽然博尔塔拉在战略位置及地理环境上都很重要,但空旷无人,因此,清政府决定让游牧的察哈尔部驻守博尔塔拉,不仅适合其自身的游牧生活,更重要的是以便开发和保卫这块西陲宝地。

2017年8月研究组入新疆抵达博尔塔拉蒙古自治州温泉县开展了新疆察哈尔部体质测量工作,共测量443例(男性217例,女性226例)。测量地点的地理坐标为北纬45°00′、东经81°37′,年平均温度为3.7℃。分为20~44岁组、45~59岁组、60~80岁组三个年龄组统计数据,三个年龄组样本量男性分别为109例、85例、23例,女性分别为114例、84例、28例。

在温泉县哈日布呼镇街边测量　　温泉县边境村落的牧民小伙子都是护边员

二、新疆察哈尔部的体质数据

新疆察哈尔部头面部测量指标均数见表3-19,体部指标均数见表3-20,头面部观察指标平均级见表3-21,体质指数均数见表3-22,血压、心率均数见表3-23,体型数据见表3-24。

表 3-19　新疆察哈尔部头面部测量指标均数（mm，Mean±SD）

指标	男性 20~44岁组	男性 45~59岁组	男性 60~80岁组	男性 合计	女性 20~44岁组	女性 45~59岁组	女性 60~80岁组	女性 合计	u
头长	178.4±7.3	180.8±5.5	177.7±7.0	179.3±6.7	168.0±6.2	169.9±6.2	170.0±9.3	168.9±6.7	16.20**
头宽	152.7±6.0	152.3±5.7	149.9±6.5	152.2±6.0	145.3±4.6	145.7±4.6	145.7±6.6	145.5±4.9	13.00**
额最小宽	110.4±5.2	110.5±4.6	108.8±5.5	110.2±5.0	106.0±4.5	105.5±5.2	103.4±5.1	105.5±4.9	10.17**
面宽	131.1±6.8	131.1±5.8	128.8±7.3	130.9±6.5	124.7±5.5	124.4±5.5	119.3±6.7	123.9±5.9	11.71**
下颌角间宽	113.0±7.0	113.8±6.7	110.3±9.8	113.0±7.3	105.6±5.7	105.5±6.2	100.8±7.5	105.0±6.3	12.47**
眼内角间宽	34.4±3.1	33.5±3.1	33.4±3.5	33.9±3.1	33.8±3.8	33.4±3.0	34.1±2.7	33.7±3.5	0.84
眼外角间宽	100.3±5.1	98.6±6.9	97.3±6.3	99.3±6.1	96.4±4.8	94.8±4.2	90.5±5.8	95.0±5.1	8.07**
鼻宽	36.8±2.7	38.2±3.1	38.1±1.9	37.5±2.9	34.2±2.6	34.6±3.0	36.0±2.4	34.5±2.8	10.99**
口宽	50.9±4.5	52.6±4.1	53.1±4.0	51.8±4.4	47.4±3.7	48.5±4.3	46.9±4.6	47.8±4.1	10.09**
容貌面高	195.7±9.2	195.3±9.5	191.5±8.8	195.1±9.3	185.2±7.8	184.5±7.1	181.5±7.3	184.5±7.7	13.06**
形态面高	136.8±6.8	136.8±6.5	134.1±8.4	136.5±6.9	127.8±6.1	129.1±6.3	126.1±5.4	128.1±6.2	13.59**
鼻高	53.4±4.0	54.2±3.4	53.6±3.8	53.9±3.8	48.8±3.2	50.2±3.4	50.1±3.4	49.5±3.2	13.35**
鼻长	49.2±3.8	51.0±3.4	49.5±3.7	49.9±3.7	44.6±3.2	46.0±2.8	45.8±2.4	45.3±3.1	14.3**
上唇皮肤部高	17.4±2.6	18.7±2.4	18.0±2.5	18.0±2.6	16.1±2.1	17.7±2.7	17.9±2.3	16.9±2.5	4.49**
唇高	16.0±3.8	13.5±3.5	12.5±3.2	14.7±3.9	15.2±3.2	13.4±2.8	11.3±3.4	14.0±3.4	1.79
红唇厚度	7.9±2.1	6.6±2.2	5.6±2.0	7.1±2.3	7.3±1.6	6.6±1.4	5.3±1.9	6.8±1.7	1.81
容貌耳长	66.3±4.7	69.8±5.3	71.4±4.6	68.2±5.3	62.2±5.4	67.2±4.2	70.3±4.4	65.1±5.8	5.98**
容貌耳宽	34.1±2.8	35.0±3.7	35.5±2.4	34.6±3.2	30.9±2.7	32.8±2.7	34.3±3.0	32.0±3.0	8.79**
耳上头高	130.1±9.3	127.3±9.2	122.6±9.3	128.2±9.5	123.0±9.4	122.5±10.5	121.5±10.3	122.6±9.8	6.07**

注：u 为性别间 u 检验值，**表示 $P<0.01$，差异具有统计学意义

表 3-20　新疆察哈尔部体部指标均数（mm，Mean±SD）

指标	男性 20~44岁组	男性 45~59岁组	男性 60~80岁组	男性 合计	女性 20~45岁组	女性 45~59岁组	女性 60~80岁组	女性 合计	u
体重/kg	78.2±14.7	79.7±13.9	71.2±14.1	78.1±14.5	63.6±11.2	69.1±11.0	61.6±11.3	65.4±11.5	10.20**
身高	1692.5±67.3	1680.0±62.3	1625.3±70.1	1680.5±68.4	1565.1±59.6	1553.6±53.7	1510.3±51.7	1554.0±58.7	20.84**
耳屏点高	1562.4±63.5	1552.7±61.9	1502.7±66.4	1552.3±65.3	1442.1±58.8	1431.1±52.5	1388.8±50.7	1431.4±57.7	20.60**
颏下点高	1461.6±69.5	1452.0±61.9	1405.8±65.1	1451.9±67.9	1351.2±58.5	1338.3±50.7	1291.3±52.6	1339.0±57.8	18.81**
肩峰点高	1382.7±58.1	1378.0±57.1	1339.5±49.5	1376.2±58.1	1278.3±54.5	1268.5±48.8	1230.8±47.9	1268.8±53.4	20.25**
胸上缘高	1372.8±59.4	1364.1±57.2	1322.7±54.4	1364.1±59.6	1272.2±54.7	1259.9±47.3	1219.4±42.7	1261.1±52.9	19.19**
桡骨点高	1069.3±47.8	1068.8±47.3	1037.2±44.7	1065.7±48.1	987.7±40.6	977.5±39.2	951.1±43.2	979.4±41.8	20.13**
茎突点高	826.0±39.5	831.4±40.1	805.4±40.7	826.0±40.4	766.7±37.6	757.7±32.5	729.3±39.5	758.7±37.8	18.07**
指尖高	639.9±33.2	645.4±36.2	615.0±36.4	639.4±35.7	592.0±32.0	582.2±29.5	558.1±33.6	584.1±32.9	16.93**
髂前上棘点高	937.0±36.0	947.9±37.1	930.4±34.8	940.6±36.7	890.8±36.6	886.3±36.6	863.7±40.8	885.8±38.0	15.45**
胫上点高	455.5±24.1	453.6±25.0	445.1±23.2	453.6±24.5	418.0±22.0	415.3±22.0	410.0±15.9	416.0±21.2	17.28**
内踝下点高	57.7±5.1	58.0±4.8	55.3±5.5	57.6±5.1	52.8±4.8	52.6±4.4	50.3±4.4	52.4±4.6	11.11**

续表

指标	男性 20~44岁组	45~59岁组	60~80岁组	合计	女性 20~45岁组	45~59岁组	60~80岁组	合计	u
坐高	914.3±39.4	903.0±33.5	861.9±33.8	904.3±39.6	855.5±34.8	844.0±30.0	804.5±28.9	844.9±36.0	16.48**
肩宽	392.8±17.9	386.3±21.1	377.9±19.4	388.7±19.9	352.9±15.4	356.5±16.8	344.5±15.5	353.2±16.3	20.51**
骨盆宽	310.5±21.4	314.1±20.1	311.2±22.1	312.0±20.9	299.4±18.8	308.5±20.0	304.1±14.7	303.4±19.1	4.52**
躯干前高	594.5±34.2	587.1±31.5	559.3±36.5	587.9±34.9	562.6±36.2	550.3±28.9	513.6±26.9	552.0±35.9	10.69**
上肢全长	742.8±38.6	732.6±31.8	724.5±35.9	736.8±36.2	686.4±36.7	686.3±31.5	672.7±29.4	684.6±34.0	15.63**
下肢全长	898.1±31.5	910.5±33.0	897.4±31.8	902.9±32.6	862.3±33.6	858.1±34.1	839.1±37.3	857.9±34.9	14.05**

注：u 为性别间 u 检验值，**表示 P<0.01，差异具有统计学意义

表 3-21 新疆察哈尔部头面部观察指标平均级（Mean±SD）

指标	男性 20~44岁组	45~59岁组	60~80岁组	合计	女性 20~45岁组	45~59岁组	60~80岁组	合计	u
前额倾斜度	1.9±1.0	1.9±1.0	1.9±1.0	1.9±1.0	2.5±0.8	2.5±0.9	2.1±1.0	2.4±0.9	6.01**
眉毛发达度	2.0±0.6	1.7±0.6	1.6±0.7	1.9±0.6	1.3±0.5	1.4±0.5	1.2±0.4	1.3±0.5	10.09**
眉弓粗壮度	1.3±0.5	1.2±0.4	1.1±0.3	1.3±0.5	1.0±0.1	1.0±0.2	1.1±0.4	1.0±0.2	6.43**
上眼睑皱褶	1.5±1.4	2.0±1.3	2.1±1.2	1.8±1.4	2.2±1.2	2.1±1.2	1.9±1.3	2.1±1.2	2.96**
蒙古褶	0.9±1.0	0.3±0.6	0.1±0.4	0.5±0.9	0.8±1.0	0.3±0.6	0.1±0.4	0.5±0.9	0.10
眼裂高度	1.4±0.5	1.5±0.5	1.5±0.6	1.4±0.5	1.8±0.5	1.6±0.5	1.9±0.7	1.7±0.5	5.90**
眼裂倾斜度	2.5±0.5	2.4±0.5	2.3±0.5	2.5±0.5	2.7±0.5	2.5±0.6	2.4±0.5	2.6±0.5	3.27**
鼻根高度	1.9±0.4	2.1±2.2	1.8±0.4	2.0±1.4	1.8±0.4	1.7±0.5	1.9±0.4	1.8±0.5	1.73
鼻背侧面观	2.2±0.7	2.1±0.7	2.0±0.6	2.1±0.7	1.9±0.8	2.0±0.7	1.7±0.5	1.9±0.7	3.37**
鼻基部	1.8±0.5	1.9±0.5	2.0±0.4	1.9±0.5	1.6±0.5	1.8±0.5	1.8±0.7	1.7±0.6	2.99**
颧部突出度	2.1±1.0	2.0±1.0	1.9±1.0	2.1±1.0	1.7±0.9	1.5±0.8	1.8±1.0	1.6±0.9	4.74**
耳垂类型	2.0±0.9	1.7±0.9	1.5±0.9	1.8±0.9	1.8±0.9	1.4±0.8	1.1±0.4	1.6±0.9	3.07**
下颏类型	2.4±0.6	2.3±0.6	2.2±0.6	2.3±0.6	2.3±0.5	2.3±0.5	2.1±0.5	2.3±0.5	1.02

注：u 为性别间 u 检验值，**表示 P<0.01，差异具有统计学意义

表 3-22 新疆察哈尔部体质指数均数（Mean±SD）

指标	男性 20~44岁组	45~59岁组	60~80岁组	合计	女性 20~45岁组	45~59岁组	60~80岁组	合计	u
头长宽指数	85.7±4.4	84.3±3.9	84.5±4.1	85.0±4.2	86.6±4.0	85.9±3.5	85.9±4.9	86.2±4.0	3.07**
头长高指数	73.0±5.7	70.5±5.6	69.0±5.5	71.6±5.8	73.3±5.9	72.2±6.0	71.6±6.5	72.7±6.0	1.87
头宽高指数	85.3±6.4	83.7±6.5	82.0±8.2	84.3±6.7	84.7±6.7	84.1±7.3	83.5±7.3	84.3±6.9	0.06
额顶宽度指数	72.3±3.1	72.6±3.1	72.6±3.5	72.5±3.1	73.0±2.8	72.4±3.4	71.0±3.4	72.5±3.2	0.22
容貌面指数	149.6±9.0	149.3±9.8	148.9±6.4	149.4±9.1	148.7±7.6	148.5±7.2	152.5±8.1	149.1±7.7	0.35
形态面指数	104.5±6.1	104.6±6.7	104.3±6.6	104.5±6.4	102.6±5.3	103.9±5.8	106.0±7.3	103.5±5.8	1.78
头面宽指数	85.9±3.9	86.1±3.7	86.0±4.7	86.0±3.9	85.9±3.3	85.4±3.5	81.9±4.0	85.2±3.7	2.16*
头面高指数	105.7±8.8	108.0±9.2	109.9±9.6	107.0±9.1	104.4±8.6	106.0±9.3	104.4±8.5	105.0±8.8	2.38*
颧额宽指数	84.3±3.0	84.3±3.1	84.5±3.7	84.3±3.1	85.0±3.2	84.9±3.7	86.7±3.1	85.2±3.4	2.74**
鼻指数	69.3±7.2	70.1±6.3	71.3±5.6	69.8±6.7	70.3±6.8	69.1±7.1	72.0±6.6	70.1±6.9	0.36
口指数	31.8±8.1	25.8±6.7	23.5±5.6	28.5±8.0	32.1±6.7	27.8±6.3	24.2±7.3	29.6±7.3	1.41
容貌耳指数	51.6±4.2	50.3±5.0	49.8±4.3	50.9±4.6	49.9±4.2	48.8±3.9	48.9±4.4	49.4±4.1	3.67**

续表

指标	男性 20~44岁组	45~59岁组	60~80岁组	合计	女性 20~45岁组	45~59岁组	60~80岁组	合计	u
身高坐高指数	54.0±1.3	53.8±1.5	53.1±1.3	53.8±1.4	54.7±1.8	54.3±1.3	53.3±1.4	54.4±1.7	3.83**
身高体重指数	461.1±78.2	473.5±72.9	438.1±83.6	463.5±77.1	405.4±65.5	444.6±67.4	407.3±71.4	420.2±69.2	6.21**
身高胸围指数	57.3±5.3	59.1±4.4	60.1±6.3	58.3±5.2	58.2±5.1	62.0±5.8	61.9±5.9	60.1±5.7	3.47**
身高肩宽指数	23.2±1.0	23.0±1.0	23.3±1.1	23.1±1.0	22.6±0.9	23.0±0.9	22.8±1.1	22.7±1.0	4.35**
身高骨盆宽指数	18.4±1.2	18.7±1.0	19.2±1.3	18.6±1.1	19.1±1.0	19.9±1.1	20.2±1.1	19.5±1.1	8.85**
肩宽骨盆宽指数	79.1±4.2	81.4±4.8	82.4±5.4	80.3±4.7	84.9±4.7	86.6±4.7	88.3±4.0	85.9±4.7	12.50**
马氏指数	85.2±4.6	86.1±5.2	88.6±4.5	85.9±4.9	83.0±6.0	84.1±4.5	87.8±5.1	84.0±5.6	3.74**
坐高下身长指数	1.2±0.1	1.2±0.1	1.1±0.1	1.2±0.1	1.2±0.1	1.2±0.1	1.1±0.1	1.2±0.1	3.91**
身高上肢长指数	43.9±1.4	43.6±1.1	44.6±1.9	43.9±1.4	43.8±1.5	44.2±1.2	44.6±1.7	44.1±1.4	1.53
身高下肢长指数	53.1±1.5	54.2±1.4	55.3±1.9	53.8±1.7	55.1±1.4	55.2±1.5	55.6±1.6	55.2±1.4	9.77**
上下肢长指数	82.7±3.5	80.5±2.8	80.8±3.8	81.6±3.4	79.6±3.1	80.0±3.1	80.2±3.2	79.8±3.1	5.79**

注：u 为性别间 u 检验值，*表示 $P<0.05$，**表示 $P<0.01$，差异具有统计学意义

表 3-23　新疆察哈尔部血压、心率均数（mmHg，Mean±SD）

指标	男性 20~44岁组	45~59岁组	60~80岁组	合计	女性 20~45岁组	45~59岁组	60~80岁组	合计	u
收缩压	130.6±14.5	136.8±19.5	146.6±22.5	134.7±18.2	116.8±13.6	136.5±19.6	153.5±21.2	128.6±21.4	3.22**
舒张压	81.9±12.2	84.8±14.1	88.0±12.6	83.7±13.1	74.8±11.4	86.8±12.9	87.1±13.3	80.7±13.5	2.33*
心率/(次/min)	79.0±13.2	76.6±9.9	77.1±11.9	77.9±11.9	78.2±10.8	76.2±10.2	77.0±10.1	77.3±10.6	0.49

注：u 为性别间 u 检验值，*表示 $P<0.05$，**表示 $P<0.01$，差异具有统计学意义

表 3-24　新疆察哈尔部体型（Mean±SD）

指标	男性 20~44岁组	45~59岁组	60~80岁组	合计	女性 20~44岁组	45~59岁组	60~80岁组	合计
内因子	5.0±1.4	5.0±1.2	4.8±1.2	5.0±1.3	6.2±1.0	6.6±0.9	6.1±1.2	6.3±1.0
中因子	5.3±1.4	5.7±1.3	5.5±1.5	5.5±1.4	4.7±1.4	5.6±1.4	5.2±1.5	5.1±1.5
外因子	1.1±1.2	0.8±0.9	1.1±1.1	1.0±1.1	0.9±0.9	0.5±0.7	0.7±0.9	0.7±0.8
HWR	39.8±2.2	39.2±1.9	39.5±2.7	39.6±2.1	39.4±2.0	38.1±2.1	38.5±2.4	38.8±2.2
X	−3.9±2.4	−4.2±1.9	−3.7±2.2	−4.0±2.2	−5.3±1.7	−6.1±1.4	−5.4±2.0	−5.6±1.7
Y	4.4±3.0	5.7±2.8	5.2±3.1	5.0±3.0	2.4±3.0	4.1±2.8	3.7±2.9	3.2±3.0
SAM	3.0±1.3	3.1±1.2	2.8±1.5	3.0±1.3	3.6±1.1	4.1±1.2	3.7±1.4	3.8±1.2

新疆察哈尔部见到内蒙古察哈尔部格外亲切　　　研究组来到温泉县阿日夏特村

三、新疆察哈尔部的体质特征

新疆察哈尔部男性头面部测量指标中眼内角间宽、唇高、红唇厚度值与女性接近，其余指标值均大于女性（表 3-19）。新疆察哈尔部男性体重大，为 78.1kg±14.5kg，身高达到 1680.5mm±68.4mm，属于超中等身材，20～44 岁组身高为 1692.5mm±67.3mm，仍属于超中等身材。新疆察哈尔部女性体重也大（65.4kg±11.5kg），身高为 1554.0mm±58.7mm，属于中等身材，20～44 岁组身高为 1565.1mm±59.6mm，也属于中等身材（表 3-20）。在蒙古族各族群中，新疆察哈尔部属于男性体重很大、身材较高，女性体重值较大、身材中等的族群。男性体部指标值都大于女性。

根据头面部观察指标平均级的性别间比较（表 3-1）可知，与女性相比，新疆察哈尔部男性额部明显倾斜些，眉毛显得浓密，眉弓更粗壮，上眼睑皱褶发达程度较差，蒙古褶发育程度与女性接近，眼裂相对狭窄，眼裂更趋于水平，鼻根高度接近女性，鼻背更直，鼻基部更显水平，颧骨不显突出，耳垂更趋向三角形，下颏类型形态与女性接近。

根据体质指数（表 3-22）可知，新疆察哈尔部男性属于特圆头型、高头型、中头型、超狭面型、狭鼻型、中腿型、宽胸型、宽肩型、宽骨盆型。女性属于特圆头型、高头型、中头型、超狭面型、中鼻型、亚短腿型、宽胸型、中肩型、宽骨盆型。

新疆察哈尔部男性（134.7mmHg±18.2mmHg）、女性（128.6mmHg±21.4mmHg）收缩压均数均小于 140mmHg，还没有进入高血压范围；但男性、女性 60～80 岁组的收缩压已经进入高血压范围。男性（83.7mmHg±13.1mmHg）、女性（80.7mmHg±13.5mmHg）舒张压均数均小于 90mmHg，没有进入高血压范围（表 3-23）。男性、女性的心率均数都正常。男性收缩压、舒张压高于女性，心率与女性接近。

在蒙古族各族群中，新疆察哈尔部男性内因子值高，中因子值中等，外因子值低。新疆察哈尔部女性内、中因子值中等，外因子值低。新疆察哈尔部男性 20～44 岁组及合计资料为内胚层-中胚层均衡体型，45～59 岁组、60～80 岁组为偏内胚层的中胚层体型。女性三个年龄组及合计资料均为偏中胚层的内胚层体型（表 3-24）。男性内因子值小于女性，中、外因子值大于女性。男性 HWR 值略大于女性。男性 SAM 值小于女性。

在体型散点图（图 3-1D）上可以看到，男性、女性都是 20～44 岁组与 60～80 岁组的点接近，20～44 岁组与 45～59 岁组的点距离略远些；男性的三个点更靠近外因子轴虚线半轴的上方；女性三个点位于外因子轴虚线半轴下方，均分布在近似扇形之外。

第五节　新疆土尔扈特部

一、新疆土尔扈特部简介

土尔扈特部是蒙古族的一部分，源于历史上的克烈惕（克列特）部，其早期历史可上溯到八世纪和九世纪的九姓鞑靼，土尔扈特部始称翁罕，亦称王罕。乾隆四十年（1775 年），清廷设立的乌纳恩素珠克图旧土尔扈特南路盟，其中最大的一个旗就是"克列特"旗，也就是罕旗，各代汗王均属此旗。在西部蒙古专门使用的一种蒙古文字托忒文中，"土尔扈特"一词的词根中有"强大""强盛"的意思。厄鲁特部在明朝瓦剌之后，分为准噶尔、和硕特、杜尔伯特、土尔扈特四大部。土尔扈特部游牧于雅尔之额什尔努拉（新疆塔城地区西北及俄国境内的乌尔扎），17世纪初，其西部牧地已达额尔齐斯河上游一带。当时准噶尔部势力日益强大，土尔扈特部首领和鄂尔勒克在1628年遂率所部及部分杜尔伯特部、和硕特部牧民西迁，经过两年余，来到了当时人烟稀少的伏尔加河下游沿岸，曾遣使向清朝政府进表贡。当俄国政府扩大领土到伏尔加河沿岸后，开始压迫土尔扈特部，部众曾几次想重返祖国。1712年土尔扈特汗阿玉奇遣使假道西伯利亚，到北京贡方物于清朝。1771年1月5日，土尔扈特部启程回国，开始了艰苦卓绝的回国历程，俄国女皇叶卡捷琳娜二世立即派出军队追袭，土尔扈特部经过了多次战斗，忍受了饥饿疾病，终于在6月底、7月初进入中国新疆。土尔扈特部起程回国时，有3万多户共17万余人，在短短的几个月时间内，竟有一半人死于归途。乾隆帝得到奏报后，立即发布谕旨安署土尔扈特部于新疆。清朝按土尔扈特部原来的部落系统编设旗盟，将他们分别安置在今天的和静、和布克赛尔、布尔津、乌苏、精河等地，将随同西迁东归的和硕特部安置在今天的和硕。如今，生活在博州的土尔扈特人，是旧土尔扈特西路盟牧民的后裔，主要从事畜牧业[21]。目前王静兰等研究了新疆巴州土尔扈特部的体质特征[22]，艾琼华等报道了伊犁地区的蒙古族体质数据[23]，崔静和邵兴周对新疆土尔扈特部耳郭进行了活体观测[23]，王静兰和吐尔逊江研究了土尔扈特部手印与身高的关系[25]，崔静等分析了土尔扈特部体重、足长与身高的关系[26]，孙剑和王国元研究了新疆土尔扈特部成年人身体机能指标[27]，冯秀丽等对新疆土尔扈特族群血管紧张素转换酶基因多态性进行了分析[28]。

2017年8月研究组抵达博州，在完成察哈尔部测量后，来到精河县开展了新疆土尔扈特部体质测量工作，共测量239例（男性112例，女性127例）。测量地点的地理坐标为北纬44°33′、东经82°38′，年平均温度为7.7℃。分为20~44岁组、45~59岁组、60~80岁组三个年龄组统计数据，三个年龄组样本量男性分别为44例、40例、28例，女性分别为58例、43例、26例。

天山牧场草青青　在土尔扈特毡包前合影　　　　在精河县锦福社区测量

二、新疆土尔扈特部的体质数据

新疆土尔扈特部头面部测量指标均数见表 3-25，体部指标均数见表 3-26，头面部观察指标平均级见表 3-27，体质指数均数见表 3-28，血压、心率均数见表 3-29，体型数据见表 3-30。

表 3-25 新疆土尔扈特部头面部测量指标均数（mm，Mean±SD）

指标	男性 20~44岁组	男性 45~59岁组	男性 60~80岁组	男性 合计	女性 20~44岁组	女性 45~59岁组	女性 60~80岁组	女性 合计	u
头长	182.4±7.8	183.0±6.7	185.2±5.1	183.3±6.8	171.8±6.8	176.1±6.8	173.3±8.8	173.6±7.5	14.32**
头宽	149.0±6.0	150.2±5.7	148.6±4.5	149.3±5.5	143.6±5.7	146.6±5.7	142.8±6.2	144.4±5.9	8.92**
额最小宽	108.8±4.9	109.4±4.7	109.2±4.5	109.1±4.7	104.2±5.2	106.4±4.5	104.2±5.8	104.9±5.2	8.98**
面宽	131.9±6.2	132.3±6.2	130.4±4.9	131.7±5.9	125.1±6.0	128.4±6.0	123.0±7.8	125.8±6.6	9.85**
下颌角间宽	113.6±7.7	114.5±5.9	113.0±7.0	113.7±6.9	105.6±6.4	110.5±6.1	108.4±8.6	107.8±7.1	8.89**
眼内角间宽	34.1±2.8	33.8±3.0	33.8±2.7	33.9±2.8	32.8±2.9	32.7±2.5	32.2±2.8	32.7±2.8	4.72**
眼外角间宽	99.8±4.7	99.2±5.3	96.2±5.6	98.7±5.3	96.6±4.8	95.3±4.8	92.3±5.0	95.3±5.1	6.88**
鼻宽	36.4±2.4	37.7±2.4	38.2±3.7	37.3±2.9	33.2±3.0	33.8±2.6	35.0±2.6	33.8±2.8	13.11**
口宽	50.0±4.2	51.3±3.7	52.6±4.8	51.1±4.3	47.1±3.8	47.6±3.6	48.9±4.3	47.7±3.9	8.77**
容貌面高	197.0±10.2	200.5±10.5	200.9±11.8	199.2±10.8	189.7±8.2	188.9±10.0	183.9±9.7	188.3±9.3	11.41**
形态面高	136.6±6.5	139.2±5.7	139.9±6.5	138.4±6.3	128.4±5.2	129.3±6.6	127.8±8.5	128.6±6.4	16.15**
鼻高	53.4±3.8	54.5±3.6	55.0±3.6	54.2±3.7	48.5±3.5	49.8±3.8	51.4±4.8	49.5±4.0	12.78**
鼻长	49.6±3.8	50.5±3.9	51.5±4.0	50.4±3.9	44.6±3.2	45.7±3.6	46.8±3.0	45.4±3.4	14.17**
上唇皮肤部高	17.4±2.5	19.9±2.8	20.3±2.6	19.0±2.9	16.7±2.5	17.1±2.3	17.6±2.4	17.0±2.4	7.71**
唇高	17.1±3.3	15.5±3.0	11.9±5.6	15.2±4.4	15.4±3.4	13.4±3.3	10.7±3.8	13.8±3.9	3.68**
红唇厚度	8.2±1.7	7.6±1.7	6.1±2.9	7.5±2.2	7.7±2.2	6.6±1.7	5.2±2.0	6.8±2.2	3.21**
容貌耳长	67.5±5.6	69.6±4.7	69.6±5.0	68.8±5.2	62.9±3.6	65.0±4.5	69.0±5.2	64.9±4.8	8.14**
容貌耳宽	32.9±3.2	33.7±2.5	34.0±3.7	33.5±3.1	30.6±2.1	31.4±2.1	34.1±2.3	31.6±2.5	7.03**
耳上头高	126.5±9.7	130.0±8.5	124.9±9.8	127.3±9.4	121.8±8.5	119.3±9.2	118.0±9.8	120.2±9.1	8.13**

注：u 为性别间 u 检验值，**表示 $P<0.01$，差异具有统计学意义

表 3-26 新疆土尔扈特部体部指标均数（mm，Mean±SD）

指标	男性 20~44岁组	男性 45~59岁组	男性 60~80岁组	男性 合计	女性 20~44岁组	女性 45~59岁组	女性 60~80岁组	女性 合计	u
体重/kg	75.3±14.1	77.8±11.1	73.9±11.2	75.9±12.4	65.3±12.8	70.5±9.3	61.9±11.9	66.3±11.9	8.23**
身高	1700.0±57.3	1688.7±55.6	1660.7±65.9	1686.2±60.5	1576.4±53.8	1578.9±64.3	1550.0±61.5	1571.9±59.5	20.04**
耳屏点高	1573.6±56.1	1558.7±51.9	1535.8±63.5	1558.8±58.0	1454.7±53.4	1459.7±61.9	1432.0±58.9	1451.7±57.8	19.47**
颏下点高	1476.0±57.2	1467.7±57.2	1432.6±56.9	1462.2±59.3	1362.7±52.6	1368.7±58.9	1331.7±62.6	1358.4±57.9	18.64**
肩峰点高	1391.8±51.3	1379.0±50.7	1365.8±55.7	1380.7±52.8	1280.8±49.0	1293.2±56.0	1257.5±56.5	1280.2±53.9	19.82**
胸上缘高	1382.2±50.8	1368.8±49.3	1348.5±51.5	1369.0±51.7	1275.4±47.7	1283.7±57.3	1258.3±58.5	1274.6±53.6	18.87**
桡骨点高	1079.0±44.4	1060.5±41.8	1052.5±43.4	1065.7±44.3	990.1±38.8	995.6±45.5	964.1±57.9	986.6±46.5	18.34**
茎突点高	835.9±37.5	809.9±40.3	808.5±43.1	819.8±41.6	766.3±31.0	767.0±41.5	735.3±43.9	760.2±39.3	15.47**

续表

指标	男性 20~44岁组	男性 45~59岁组	男性 60~80岁组	男性 合计	女性 20~44岁组	女性 45~59岁组	女性 60~80岁组	女性 合计	u
指尖高	647.0±33.3	621.1±35.8	620.3±40.0	631.1±37.9	590.5±28.0	591.4±40.0	557.7±38.5	584.1±36.8	13.23**
髂前上棘点高	938.7±37.1	936.6±42.0	935.1±41.3	937.0±39.6	895.1±37.8	896.5±44.2	886.0±40.4	893.7±40.3	11.40**
胫上点高	455.2±20.7	451.7±24.0	449.4±22.4	452.5±22.3	421.4±19.7	421.4±24.5	421.8±14.7	421.5±20.4	15.24**
内踝下点高	57.3±5.1	56.7±5.1	54.3±4.8	56.3±5.1	54.0±3.5	54.3±3.9	53.0±3.9	53.9±3.7	5.65**
坐高	908.4±33.9	900.2±33.7	879.1±43.3	898.2±37.9	852.6±28.0	846.7±32.9	819.2±38.0	843.8±34.2	15.84**
肩宽	392.1±19.2	393.0±14.5	384.4±16.7	390.5±17.2	359.0±14.4	362.0±15.4	344.4±18.4	357.0±16.8	20.73**
骨盆宽	303.6±18.7	311.1±17.8	306.5±17.1	307.0±18.1	302.2±19.5	315.0±16.4	304.9±18.3	307.1±19.2	0.07
躯干前高	590.6±27.2	580.3±30.6	566.9±38.1	581.0±32.5	551.4±26.2	551.5±33.9	527.4±40.9	546.5±33.5	11.00**
上肢全长	744.9±25.6	757.9±30.6	745.5±35.9	749.7±30.6	690.3±33.2	701.8±34.0	699.8±48.6	696.1±37.1	16.61**
下肢全长	899.4±33.8	898.6±38.8	900.8±39.3	899.4±36.7	865.2±35.9	866.3±40.2	856.7±38.9	863.9±37.7	10.05**

注：u 为性别间 u 检验值，**表示 $P<0.01$，差异具有统计学意义

表 3-27 新疆土尔扈特部头面部观察指标平均级（Mean±SD）

指标	男性 20~44岁组	男性 45~59岁组	男性 60~80岁组	男性 合计	女性 20~44岁组	女性 45~59岁组	女性 60~80岁组	女性 合计	u
前额倾斜度	1.9±1.0	1.8±1.0	1.4±0.8	1.8±1.0	2.3±1.0	2.3±0.9	2.1±1.0	2.3±1.0	5.75**
眉毛发达度	2.0±0.5	1.7±0.7	1.8±0.6	1.8±0.6	1.5±0.6	1.3±0.6	1.3±0.5	1.4±0.5	7.75**
眉弓粗壮度	1.2±0.6	1.1±0.2	1.1±0.3	1.1±0.4	1.0±0.2	1.0±0.0	1.0±0.0	1.0±0.1	4.04**
上眼睑皱褶	1.6±1.4	1.6±1.4	2.1±1.2	1.7±1.4	1.8±1.2	2.1±1.2	1.6±1.5	1.8±1.3	0.97
蒙古褶	1.1±1.0	0.4±0.7	0.2±0.4	0.6±0.9	1.0±1.0	0.4±0.8	0.2±0.6	0.6±0.9	0.47
眼裂高度	1.7±0.5	1.6±0.5	1.6±0.5	1.6±0.5	1.8±0.6	1.8±0.5	1.5±0.5	1.8±0.5	2.31*
眼裂倾斜度	2.7±0.5	2.5±0.5	2.5±0.5	2.5±0.5	2.7±0.4	2.7±0.4	2.6±0.5	2.7±0.5	3.73**
鼻根高度	1.8±0.5	1.9±0.4	1.9±0.6	1.9±0.5	1.9±1.3	1.8±0.5	1.7±0.6	1.8±0.9	1.07
鼻背侧面观	2.2±0.6	2.2±0.6	2.0±0.5	2.2±0.6	1.8±0.6	1.8±0.6	1.8±0.4	1.8±0.6	6.27**
鼻基部	1.8±0.6	1.8±0.6	1.7±0.6	1.8±0.6	1.5±0.5	1.6±0.6	1.6±0.6	1.6±0.5	3.11**
颧部突出度	2.1±1.0	2.4±0.9	2.2±0.9	2.2±1.0	1.9±1.0	1.9±1.0	1.9±1.0	1.9±1.0	3.83**
下颏类型	2.3±0.5	2.2±0.5	2.2±0.5	2.2±0.5	2.2±0.5	2.2±0.5	2.1±0.7	2.2±0.5	1.21

注：u 为性别间 u 检验值，*表示 $P<0.05$，**表示 $P<0.01$，差异具有统计学意义

表 3-28 新疆土尔扈特部体质指数均数（Mean±SD）

指标	男性 20~44岁组	男性 45~59岁组	男性 60~80岁组	男性 合计	女性 20~44岁组	女性 45~59岁组	女性 60~80岁组	女性 合计	u
头长宽指数	81.8±4.2	82.1±3.4	80.3±2.8	81.5±3.7	83.7±4.6	83.3±3.4	82.5±3.5	83.3±4.0	4.90**
头长高指数	69.4±5.3	71.1±4.8	67.5±5.8	69.5±5.4	71.0±6.2	67.8±6.0	68.1±5.5	69.3±6.1	0.32
头宽高指数	85.0±7.4	86.6±5.6	84.1±7.4	85.4±6.8	84.9±6.3	81.5±7.0	82.8±7.8	83.3±7.0	3.15**
额顶宽度指数	73.1±3.1	72.9±3.0	73.5±3.3	73.1±3.1	72.6±3.7	72.7±3.1	72.9±2.8	72.7±3.3	1.45
容貌面指数	149.6±8.3	151.9±10.0	154.2±10.1	151.5±9.5	151.9±8.4	147.4±9.6	149.9±9.0	150.0±9.1	1.79

续表

指标	男性 20～44岁组	男性 45～59岁组	男性 60～80岁组	男性 合计	女性 20～44岁组	女性 45～59岁组	女性 60～80岁组	女性 合计	u
形态面指数	103.7±4.8	105.4±5.0	107.4±4.9	105.2±5.1	102.8±5.1	100.9±5.9	104.1±6.3	102.4±5.7	5.47**
头面宽指数	88.6±3.8	88.1±3.6	87.9±4.1	88.2±3.8	87.2±4.0	87.7±3.7	86.2±4.4	87.1±4.0	2.99**
头面高指数	108.5±8.5	107.4±6.7	112.8±10.9	109.2±8.8	105.9±8.0	109.1±9.8	108.8±8.4	107.6±8.8	1.97*
颧额宽指数	82.6±2.6	82.8±3.6	83.8±3.1	82.9±3.1	83.3±2.7	82.9±3.1	84.8±3.0	83.5±2.9	1.85
鼻指数	68.4±5.5	69.5±6.4	69.8±8.4	69.1±6.6	68.7±6.5	68.2±6.3	68.4±6.7	68.4±6.5	1.10
口指数	34.3±6.3	30.3±6.1	22.6±10.4	29.9±8.7	32.9±7.5	28.3±6.8	22.0±8.0	29.1±8.4	1.03
容貌耳指数	48.8±3.6	48.6±3.5	48.9±4.2	48.7±3.7	48.7±4.0	48.4±3.6	49.7±4.5	48.8±4.0	0.20
身高坐高指数	53.4±1.3	53.3±1.6	52.9±1.8	53.3±1.5	54.1±1.2	53.7±1.6	52.8±1.2	53.7±1.4	2.96**
身高体重指数	442.3±76.4	460.5±61.3	443.9±58.5	449.2±67.0	413.6±77.1	446.6±57.3	399.1±73.6	421.8±72.3	4.14**
身高胸围指数	56.7±4.7	59.1±4.3	59.6±3.5	58.3±4.4	59.3±5.9	62.5±5.1	59.7±6.6	60.5±5.9	4.41**
身高肩宽指数	23.1±1.0	23.3±0.9	23.2±0.7	23.2±0.9	22.8±0.8	22.9±0.9	22.2±1.1	22.7±1.0	5.10**
身高骨盆宽指数	17.9±0.9	18.4±0.9	18.5±0.9	18.2±1.0	19.2±1.2	20.0±1.1	19.7±1.2	19.5±1.2	13.16**
肩宽骨盆宽指数	77.5±3.8	79.2±4.2	79.8±3.9	78.6±4.0	84.2±4.6	87.1±4.1	88.6±4.6	86.1±4.8	17.59**
马氏指数	87.2±4.5	87.7±5.5	89.1±6.8	88.1±6.2	84.9±4.0	86.5±5.6	89.3±4.5	87.1±5.5	2.98**
坐高下身长指数	1.1±0.1	1.1±0.1	1.1±0.1	1.1±0.1	1.2±0.1	1.2±0.1	1.1±0.1	1.2±0.1	2.94**
身高上肢长指数	43.8±1.0	44.9±1.3	44.9±1.4	44.5±1.3	43.8±1.4	44.5±1.7	45.1±2.3	44.3±1.8	1.21
身高下肢长指数	52.9±1.2	53.2±1.9	54.3±2.1	53.4±1.8	54.9±1.7	54.9±1.8	55.3±1.9	55.0±1.8	9.49**
上下肢长指数	82.9±2.7	84.4±3.9	82.8±4.1	83.4±3.6	79.8±3.3	81.1±4.8	81.7±5.3	80.7±4.3	7.32**

注：u 为性别间 u 检验值，*表示 $P<0.05$，**表示 $P<0.01$，差异具有统计学意义

表 3-29　新疆土尔扈特部血压、心率均数（mmHg，Mean±SD）

指标	男性 20～44岁组	男性 45～59岁组	男性 60～80岁组	男性 合计	女性 20～44岁组	女性 45～59岁组	女性 60～80岁组	女性 合计	u
收缩压	128.5±19.1	134.3±18.0	143.4±22.8	134.3±20.4	119.7±14.5	128.5±20.2	141.4±22.3	127.1±19.9	3.76**
舒张压	78.9±11.3	82.3±12.7	82.1±8.9	80.9±11.3	76.4±10.5	79.3±10.2	81.5±11.9	78.4±10.7	2.38*
心率/（次/min）	80.2±11.9	83.2±11.8	78.3±11.0	80.8±11.7	77.3±9.4	76.0±9.6	80.1±9.9	77.4±9.6	3.28**

注：u 为性别间 u 检验值，*表示 $P<0.05$，**表示 $P<0.01$，差异具有统计学意义

表 3-30　新疆土尔扈特部体型（Mean±SD）

指标	男性 20～44岁组	男性 45～59岁组	男性 60～80岁组	男性 合计	女性 20～44岁组	女性 45～59岁组	女性 60～80岁组	女性 合计
内因子	4.9±1.3	4.9±1.4	4.5±1.3	4.8±1.3	6.1±1.0	6.6±1.4	5.9±1.4	6.2±1.3
中因子	5.2±1.2	5.8±1.3	5.7±1.2	5.5±1.2	5.2±1.5	6.0±1.7	5.2±1.5	5.5±1.6
外因子	1.4±1.3	1.0±0.9	0.9±0.8	1.1±1.1	1.0±0.9	0.5±0.7	1.0±1.3	0.8±1.0
HWR	40.5±2.2	39.7±1.9	39.7±1.6	40.0±2.0	39.4±2.4	38.3±2.0	39.5±2.7	39.1±2.4
X	−3.5±2.4	−4.0±2.2	−3.6±1.8	−3.7±2.2	−5.1±1.9	−6.1±2.0	−4.9±2.5	−5.4±2.1
Y	4.1±2.7	5.7±2.5	5.9±2.2	5.1±2.6	3.2±3.2	4.8±3.4	3.5±3.5	3.8±3.4
SAM	2.7±1.2	3.0±1.3	2.9±1.0	2.9±1.2	3.5±1.5	4.5±1.4	3.6±1.5	3.8±1.5

英雄部落的后裔——土尔扈特部小女孩 　　和著名的土尔扈特部民间歌手代丽在一起

三、新疆土尔扈特部的体质特征

新疆土尔扈特部男性头面部测量指标值均大于女性（表 3-25）。新疆土尔扈特部男性体重大，为 75.9kg±12.4kg，身高达到 1686.2mm±60.5mm，属于超中等身材，20～44 岁组身高为 1700.0mm±57.3mm，刚刚达到高身材。新疆土尔扈特部女性体重也大（66.3kg±11.9kg），身高为 1571.9mm±59.5mm，属于超中等身材，20～44 岁组为 1576.4mm±53.8mm，也属于超中等身材。在蒙古族各族群中，新疆土尔扈特部属于体重大，身材较高的族群。男性除了骨盆宽值接近女性外，其余体部指标值都大于女性（表3-26）。

根据头面部观察指标平级间的性别间比较（表3-27）可知，与女性相比，新疆土尔扈特部男性额部更倾斜些，眉毛显得浓密些，眉弓更粗壮，上眼睑皱褶发达程度、蒙古褶发达程度与女性接近，眼裂比较狭窄，眼裂更趋于水平，鼻根高度接近女性，鼻背更直，鼻基部更显水平，颧骨不显突出，下颏形态与女性接近。

根据体质指数（表 3-28）可知，新疆土尔扈特部男性属于圆头型、高头型、中头型、超狭面型、狭鼻型、中腿型、宽胸型、宽肩型、宽骨盆型。女性属于圆头型、高头型、中头型、超狭面型、狭鼻型、中腿型、宽胸型、中肩型、宽骨盆型。

新疆土尔扈特部男性（134.3mmHg±20.4mmHg）、女性（127.1mmHg±19.9mmHg）收缩压均数均小于140mmHg，还没有进入高血压范围；但男性、女性 60～80 岁组的收缩压已经进入高血压范围（表 3-29）。男性（80.9mmHg±11.3mmHg）、女性（78.4mmHg±10.7mmHg）舒张压均数均小于 90mmHg，没有进入高血压范围。男性、女性的心率均数都正常。男性的收缩压、舒张压、心率均高于女性。

在蒙古族各族群中，新疆土尔扈特部男性内因子略高，中因子值中等，外因子值低。新疆土尔扈特部女性内因子值中等，中因子值略高，外因子值低。新疆土尔扈特部男性三个年龄组及合计资料均为偏内胚层的中胚层体型。女性三个年龄组及合计资料均为偏中胚层的内胚层体型（表 3-30）。男性内因子值小于女性，中、外因子值大于女性。男性 HWR 值大于女性。男性 SAM 值小于女性。

在体型散点图（图 3-1E）上可以看到，新疆土尔扈特部男性、女性的点排列在外因子轴虚线半轴两侧，男性的点在上，女性的点在下，表明男性中因子值大于女性，女性的内因子值大于男性；女性的三个点都在近似扇形之外。

第六节　西部蒙古族

一、西部蒙古族的体质数据

西部蒙古族头面部测量指标均数见表 3-31，体部指标均数见表 3-32，头面部观察指标平均级见表 3-33，体质指数均数见表 3-34。

表 3-31　西部蒙古族头面部测量指标均数（mm，Mean±SD）

指标	男性 20~44岁组	男性 45~59岁组	男性 60~80岁组	男性 合计	女性 20~44岁组	女性 45~59岁组	女性 60~80岁组	女性 合计	u
头长	183.1±8.7	184.4±7.3	185.3±8.6	184.1±8.2	173.4±8.8	175.4±8.5	175.7±9.3	174.6±8.9	21.24**
头宽	155.1±8.0	154.6±7.5	154.4±8.2	154.8±7.9	148.0±7.2	149.1±6.9	147.1±7.8	148.2±7.2	16.54**
额最小宽	110.4±6.2	109.7±5.9	109.1±5.8	109.9±6.0	105.2±5.6	106.0±6.2	104.0±6.1	105.2±6.0	14.89**
面宽	138.8±11.3	139.4±10.5	139.8±10.9	139.3±10.9	131.6±9.7	132.7±9.7	129.9±10.3	131.6±9.9	14.02**
下颌角间宽	114.5±7.4	115.7±7.1	114.9±8.3	115.0±7.5	106.9±6.4	108.8±6.6	106.7±7.5	107.5±6.8	19.94**
眼内角间宽	33.7±3.2	32.6±3.4	32.7±3.1	33.1±3.3	32.8±3.3	31.8±3.4	31.8±3.2	32.2±3.3	4.86**
眼外角间宽	98.0±5.7	95.9±6.8	94.5±5.3	96.5±6.2	94.2±5.3	92.4±5.8	90.0±5.8	92.7±5.8	12.04**
鼻宽	37.8±3.2	39.5±3.6	40.4±4.1	39.0±3.7	34.4±2.9	35.5±3.0	36.4±3.4	35.2±3.1	20.88**
口宽	49.7±4.2	51.8±3.8	52.2±4.3	51.1±4.2	46.7±3.7	47.7±3.9	48.6±4.0	47.5±3.9	16.81**
容貌面高	195.8±9.4	196.2±10.0	196.8±12.1	196.2±10.2	186.9±7.8	186.4±8.0	182.9±8.4	185.8±8.2	21.10**
形态面高	130.8±9.5	130.7±9.5	129.1±9.5	130.4±9.5	120.8±9.2	122.7±8.5	119.4±8.3	121.2±8.8	19.19**
鼻高	52.5±4.1	53.6±3.9	54.2±3.9	53.3±4.1	48.2±3.5	49.3±3.5	50.2±4.1	49.0±3.7	20.78**
鼻长	48.0±4.0	49.5±3.8	50.2±3.9	49.0±4.0	44.0±3.3	44.9±3.5	45.5±3.5	44.6±3.4	22.46**
上唇皮肤部高	16.6±2.7	17.8±3.0	18.5±2.9	17.5±3.0	15.2±2.5	16.5±2.7	17.2±2.9	16.1±2.8	9.09**
唇高	16.9±3.6	14.8±3.7	13.1±4.6	15.2±4.1	15.4±3.1	14.1±3.2	11.7±3.8	14.1±3.6	5.54**
红唇厚度	7.9±2.1	6.9±2.2	5.8±2.3	7.1±2.3	7.2±1.8	6.4±1.7	5.1±1.8	6.5±2.0	5.10**
容貌耳长	65.9±5.2	68.8±5.3	71.2±5.2	68.1±5.6	61.9±4.9	66.1±4.7	68.6±5.5	64.8±5.7	11.30**
容貌耳宽	34.4±3.6	35.9±4.3	36.4±3.8	35.4±4.0	31.3±3.0	33.7±3.5	34.4±3.2	32.8±3.5	12.98**
耳上头高	130.7±9.9	128.4±10.0	126.3±10.6	128.9±10.2	124.1±9.6	122.6±9.9	121.5±9.7	123.0±9.8	11.16**

注：u 为性别间 u 检验值，**表示 P<0.01，差异具有统计学意义

表 3-32　西部蒙古族体部指标均数（mm，Mean±SD）

指标	男性 20~44岁组	男性 45~59岁组	男性 60~80岁组	男性 合计	女性 20~44岁组	女性 45~59岁组	女性 60~80岁组	女性 合计	u
体重/kg	76.3±13.8	77.8±13.4	73.4±14.2	76.2±13.8	63.8±12.5	69.5±11.5	62.8±12.2	65.6±12.4	15.44**
身高	1700.1±60.6	1680.5±59.4	1654.1±62.2	1682.7±62.9	1578.6±57.3	1570.6±58.5	1519.8±60.7	1562.9±62.8	36.41**
耳屏点高	1569.4±57.3	1552.1±57.3	1527.8±60.0	1553.8±59.9	1454.4±56.1	1448.0±57.7	1398.3±59.0	1439.9±61.4	35.92**
颏下点高	1466.8±62.4	1451.8±59.5	1423.6±56.7	1451.6±62.2	1360.9±54.8	1354.6±54.5	1302.5±59.4	1346.4±60.2	32.79**
肩峰点高	1390.2±53.7	1380.0±55.7	1365.2±54.2	1380.9±55.3	1290.0±53.3	1286.2±55.2	1243.8±54.7	1278.6±57.3	34.78**
胸上缘高	1385.1±55.2	1372.6±54.7	1355.9±53.9	1373.9±55.8	1286.6±52.1	1283.0±53.6	1239.6±53.1	1275.0±56.1	33.78**
桡骨点高	1073.4±44.2	1064.2±48.8	1046.5±47.9	1064.0±47.8	995.5±41.0	991.8±44.5	953.3±49.6	985.0±47.3	31.76**
茎突点高	830.3±36.9	823.8±41.0	807.2±39.6	822.8±40.0	772.3±34.6	767.1±37.3	730.8±41.9	761.4±40.6	29.14**
髂前上棘点高	935.3±41.2	940.9±40.5	925.8±47.5	935.3±42.7	885.9±39.1	883.8±40.9	844.8±51.3	876.2±45.7	25.63**

续表

指标	男性 20~44岁组	男性 45~59岁组	男性 60~80岁组	男性 合计	女性 20~44岁组	女性 45~59岁组	女性 60~80岁组	女性 合计	u
胫上点高	448.6±25.7	447.1±27.7	440.5±23.4	446.3±26.1	417.5±21.7	416.3±22.4	404.4±25.9	414.2±23.5	24.52**
内踝下点高	58.7±5.5	58.7±5.3	58.2±5.6	58.6±5.4	53.7±4.3	54.2±4.6	53.4±5.3	53.8±4.6	17.98**
坐高	913.6±35.3	900.1±33.9	880.2±37.7	901.2±37.5	855.9±31.3	849.4±32.3	810.0±37.2	843.6±37.6	29.35**
肩宽	389.7±20.4	384.7±19.9	377.1±20.2	385.1±20.7	353.2±16.9	353.8±17.2	341.8±17.8	350.9±17.9	33.57**
骨盆宽	299.2±23.6	302.5±23.8	300.5±22.0	300.7±23.3	292.0±22.8	300.1±23.6	296.7±19.6	295.8±22.7	4.10**
躯干前高	598.5±32.1	591.9±32.5	582.0±36.6	592.4±33.8	563.9±30.3	561.8±32.0	529.7±34.5	555.7±34.7	20.50**
上肢全长	741.7±33.8	736.7±33.4	736.7±34.9	738.7±33.9	686.7±34.4	688.0±34.9	679.2±35.7	685.5±35.0	29.56**
下肢全长	896.1±37.5	903.9±36.9	891.1±44.6	897.9±39.2	856.4±36.7	854.4±38.4	818.9±48.5	847.5±42.9	23.54**

注：u 为性别间 u 检验值，**表示 P<0.01，差异具有统计学意义

表 3-33　西部蒙古族头面部观察指标平均级（Mean±SD）

指标	男性 20~44岁组	男性 45~59岁组	男性 60~80岁组	男性 合计	女性 20~44岁组	女性 45~59岁组	女性 60~80岁组	女性 合计	u
前额倾斜度	1.7±0.9	1.6±0.9	1.4±0.7	1.6±0.8	2.2±0.8	2.1±0.8	1.8±0.8	2.0±0.8	9.68**
眉毛发达度	2.1±0.6	1.7±0.6	1.6±0.6	1.9±0.6	1.4±0.5	1.4±0.5	1.4±0.5	1.4±0.5	13.83**
眉弓粗壮度	1.4±0.6	1.2±0.4	1.1±0.4	1.2±0.5	1.0±0.2	1.0±0.1	1.1±0.3	1.0±0.2	10.87**
上眼睑皱褶	1.5±1.3	1.8±1.3	2.0±1.2	1.7±1.3	2.0±1.2	2.0±1.2	1.7±1.3	1.9±1.2	3.16**
蒙古褶	1.1±1.0	0.5±0.8	0.3±0.7	0.7±0.9	1.1±1.0	0.6±0.8	0.4±0.8	0.7±0.9	0.47
眼裂高度	1.5±0.5	1.5±0.5	1.5±0.6	1.5±0.5	1.8±0.5	1.6±0.5	1.5±0.6	1.7±0.6	6.95**
眼裂倾斜度	2.3±0.7	2.2±0.6	2.2±0.6	2.3±0.6	2.4±0.8	2.3±0.7	2.5±1.8	2.4±1.1	2.99**
鼻根高度	1.8±0.5	1.8±1.4	1.8±0.5	1.8±0.5	1.7±0.7	1.7±0.5	1.6±0.5	1.7±0.6	3.60**
鼻背侧面观	2.2±0.7	2.1±0.6	2.0±0.5	2.1±0.6	1.9±0.7	1.9±0.6	1.9±0.6	1.9±0.6	6.02**
鼻基部	1.8±0.5	1.9±0.6	2.0±0.6	1.9±0.6	1.6±0.5	1.7±0.6	1.7±0.6	1.7±0.6	6.05**
颧部突出度	1.8±0.9	1.8±0.9	1.8±1.0	1.8±0.9	1.6±0.9	1.5±0.8	1.5±0.8	1.5±0.8	6.29**
耳垂类型	2.0±0.9	1.9±0.9	1.6±0.9	1.9±0.9	1.9±0.9	1.7±0.9	1.5±0.9	1.7±0.9	2.37*
下颏类型	2.3±0.6	2.3±0.5	2.1±0.5	2.3±0.5	2.3±0.5	2.3±0.5	2.1±0.5	2.2±0.5	0.53

注：u 为性别间 u 检验值，*表示 P<0.05，**表示 P<0.01，差异具有统计学意义

表 3-34　西部蒙古族体质指数均数（Mean±SD）

指标	男性 20~44岁组	男性 45~59岁组	男性 60~80岁组	男性 合计	女性 20~44岁组	女性 45~59岁组	女性 60~80岁组	女性 合计	u
头长宽指数	84.8±4.4	83.9±4.3	83.5±4.7	84.2±4.5	85.5±4.1	85.1±3.7	83.9±4.4	85.0±4.1	3.63**
头长高指数	71.5±5.6	69.7±6.1	68.3±6.1	70.1±6.0	71.8±6.6	70.2±6.3	69.2±6.3	70.7±6.5	1.67
头宽高指数	84.4±6.6	83.1±6.8	82.0±7.5	83.4±6.9	84.0±7.0	82.4±7.2	82.7±7.3	83.2±7.2	0.66
额顶宽度指数	71.3±3.8	71.1±4.3	70.8±4.8	71.1±4.2	71.1±4.0	71.2±4.2	70.8±4.2	71.1±4.1	0.10
容貌面指数	141.9±12.7	141.5±12.8	141.5±13.0	141.7±12.8	142.7±11.1	141.1±10.8	141.7±12.1	141.9±11.3	0.43
形态面指数	95.1±12.0	94.5±11.9	93.1±11.5	94.4±11.9	92.5±11.5	93.1±10.8	92.6±10.9	92.7±11.1	2.77**
头面宽指数	89.1±7.3	90.2±5.1	90.5±5.2	89.8±6.1	88.9±4.3	89.0±4.6	88.2±5.1	88.8±4.6	3.67**
头面高指数	100.7±10.7	102.4±10.4	103.0±11.7	101.8±10.8	97.9±10.6	100.7±10.6	98.8±9.7	99.1±10.5	4.89**

续表

指标	男性 20~44岁组	男性 45~59岁组	男性 60~80岁组	男性 合计	女性 20~44岁组	女性 45~59岁组	女性 60~80岁组	女性 合计	u
颧额宽指数	79.9±5.8	79.1±6.4	78.4±6.4	79.3±6.2	80.2±5.7	80.2±5.7	80.4±5.9	80.2±5.7	3.19**
鼻指数	72.5±8.8	74.1±8.9	75.0±9.1	73.6±8.9	71.7±7.6	72.2±8.1	73.1±9.1	72.2±8.1	3.15**
口指数	34.1±7.7	28.7±7.3	25.2±9.1	30.1±8.7	33.1±6.9	29.7±7.1	24.3±8.3	30.0±8.0	0.36
容貌耳指数	52.3±5.3	52.4±6.3	51.2±5.2	52.1±5.7	50.7±5.1	51.2±5.4	50.4±5.4	50.8±5.2	4.51**
身高坐高指数	53.7±1.3	53.6±1.4	53.2±1.5	53.6±1.4	54.2±1.6	54.1±1.6	53.3±1.4	54.0±1.6	5.45**
身高体重指数	448.0±74.9	462.2±71.5	443.0±81.7	452.2±75.5	403.5±73.5	442.4±69.5	412.8±76.6	419.0±74.8	8.45**
身高胸围指数	56.6±5.0	59.0±4.5	59.3±5.0	58.1±5.0	57.8±5.4	61.5±5.4	61.2±6.3	59.8±5.9	6.14**
身高肩宽指数	22.9±1.1	22.9±0.9	22.8±1.2	22.9±1.1	22.4±0.9	22.5±1.0	22.5±1.1	22.5±1.0	7.87**
身高骨盆宽指数	17.6±1.3	18.0±1.2	18.2±1.3	17.9±1.3	18.5±1.4	19.1±1.5	19.5±1.3	18.9±1.5	14.69**
肩宽骨盆宽指数	76.8±5.1	78.7±5.1	79.8±5.6	78.2±5.3	82.7±5.5	84.8±5.5	86.9±5.0	84.3±5.7	21.57**
马氏指数	86.2±4.5	86.8±4.9	88.0±5.2	86.8±4.9	84.5±5.4	85.0±5.3	87.8±5.0	85.4±5.4	5.29**
坐高下身长指数	1.2±0.1	1.2±0.1	1.1±0.1	1.2±0.1	1.2±0.1	1.2±0.1	1.1±0.1	1.2±0.1	5.62**
身高上肢长指数	43.6±1.4	43.8±1.3	44.5±1.5	43.9±1.4	43.5±1.5	43.8±1.6	44.7±1.7	43.9±1.7	0.51
身高下肢长指数	52.7±1.8	53.8±1.8	53.9±2.2	53.4±2.0	54.3±1.8	54.4±1.9	53.9±2.4	54.2±2.0	8.24**
上下肢长指数	82.8±3.9	81.6±3.8	82.8±4.4	82.4±4.0	80.2±3.6	80.6±4.0	83.1±5.2	81.0±4.3	6.32**

注：u 为性别间 u 检验值，**表示 $P<0.01$，差异具有统计学意义

这是博州最西部的边境

我们来到温泉县塔秀乡

二、西部蒙古族的体质特征分析

西部蒙古族男性头面部测量指标值均大于女性（表 3-31）。西部蒙古族男性体重大，为 76.2kg±13.8kg，身高达到 1682.7mm±62.9mm，属于超中等身材，20~44 岁组身高为 1700.1mm±60.6mm，刚达到高身材。西部蒙古族女性体重大，为 65.6kg±12.4kg，身高为 1562.9mm±62.8mm，属于超中等身材，20~44 岁组身高为 1578.6mm±57.3mm，也属于超中等身材。在蒙古族各族群中，西部蒙古族属于体重大，身材较高的族群。男性体部指标值都大于女性（表 3-32）。

根据头面部观察指标平均级的性别间比较（表 3-33）可知，与女性相比，西部蒙古族男性额部更倾斜些，眉毛更浓密些，眉弓更粗壮些，上眼睑皱褶欠发达，蒙古褶发育

程度与女性接近，眼裂比较狭窄，眼裂较趋于水平，鼻根高于女性，鼻背更直些，鼻基部更显水平，颧骨突出不如女性明显，耳垂趋于三角形，下颏类型形态与女性接近。

根据体质指数（表 3-34）可知，西部蒙古族男性属于圆头型、高头型、中头型、超狭面型、中鼻型、中腿型、宽胸型、中肩型、宽骨盆型。女性属于圆头型、高头型、中头型、超狭面型、中鼻型、中腿型、宽胸型、中肩型、宽骨盆型。

与女性相比，西部蒙古族男性形态面指数、头面宽指数、头面高指数、鼻指数、容貌耳指数、身高体重指数、身高肩宽指数、马氏指数值大于女性（$P<0.01$ 或 $P<0.05$），头长宽指数、颧额宽指数、身高坐高指数、身高胸围指数、身高骨盆宽指数、肩宽骨盆宽指数、坐高下身长指数、身高下肢长指数值小于女性（$P<0.01$ 或 $P<0.05$），头长高指数、头宽高指数、额顶宽度指数、容貌面指数、口指数、身高上肢长指数值与女性接近。这说明与女性相比，西部蒙古族男性面更狭窄些，鼻更阔些，肩更宽一些，腿更长一些，头更狭窄一些，躯干显得短一些，胸更窄一些，骨盆更窄一些。

参 考 文 献

[1] 齐光. 蒙古阿拉善和硕特部的服属与清朝西北边疆形势. 中国边疆史地研究, 2014, 24(1): 66-80.
[2] 李儿只济特·道尔格. 阿拉善和硕特蒙古史略. 呼和浩特: 内蒙古大学出版社, 2016.
[3] 郑连斌, 布特格勒其. 阿拉善左旗蒙古族人眼部特征分析研究. 内蒙古师大学报(自然汉文版), 1989, (1): 45-49.
[4] 郑明霞, 郑连斌, 陆舜华, 等. 阿拉善盟蒙古族、汉族的舌运动类型. 解剖学杂志, 2003, 26(6): 606-608.
[5] 栗淑媛, 郑连斌, 陆舜华, 等. 阿拉善盟蒙古族、汉族 4 项人类群体遗传学指标的调查. 生物学通报, 2001, 36(3): 12-14.
[6] 宗永平. 历史上土尔扈特人在国外分布状况探析. 湖北成人教育学院学报, 2007, 13(6): 74-75.
[7] 马文. 额济纳旗土尔扈特蒙古历史文化变迁研究. 兰州: 兰州大学硕士学位论文, 2016.
[8] 李尔只济特·道尔格. 土尔扈特部及额济纳土尔扈特. 呼和浩特: 内蒙古文化出版社, 2013.
[9] 李儿只济特·道尔格. 额济纳土尔扈特蒙古史略. 呼和浩特: 内蒙古大学出版社, 2016.
[10] 李咏兰, 廉伟. 额济纳土尔扈特人的人体测量学特点. 解剖学报, 2016, 47(4): 544-550.
[11] 廉伟, 李咏兰. 额济纳土尔扈特人的身体围度. 解剖学杂志, 2017, 40(2): 197-200.
[12] 芈一之. 青海蒙古族历史简编. 西宁: 青海人民出版社, 1993.
[13] 南文渊. 青海蒙古族历史发展与文化变迁. 青海民族大学学报(社会科学版), 2008, 34(3): 38-42.
[14] 高铁泰. 清代青海蒙古族社会研究. 西安: 陕西师范大学, 2015.
[15] 吐娜. 新疆察哈尔蒙古社会历史概述. 内蒙古社会科学(汉文版), 1992, (6): 77-80.
[16] 爱丽曼. 西迁新疆的察哈尔蒙古正白旗人的记忆与认同研究. 乌鲁木齐: 新疆师范大学硕士学位论文, 2016.
[17] 吐娜. 西迁新疆察哈尔蒙古的戍边. 新疆社科信息, 2012, (2): 24-30.
[18] 董昊. 乾隆年间察哈尔蒙古西迁新疆的原因. 文化学刊, 2016, (6): 210-212.
[19] 宝音朝克图. 评《察哈尔蒙古西迁新疆史》. 西域研究, 2014, (4): 132-134.
[20] 史清海. 察哈尔蒙古人西迁新疆始末. 锡林郭勒职业学院学报, 2011, (1): 61-64.
[21] 武立德. 新疆博尔塔拉蒙古族发展简史. 北京: 民族出版社, 2003.
[22] 王静兰, 邵兴周, 崔静, 等. 新疆蒙古族土尔扈特部体质特征调查. 人类学学报, 1993, (2): 43-52.
[23] 艾琼华, 赵建新. 新疆蒙古族体质人类学研究. 人类学学报, 1994, (1): 46-55.

[24] 崔静, 邵兴周. 新疆蒙古族土尔扈特部耳郭的活体观测. 新疆医科大学学报, 1996, (2): 69-72.
[25] 王静兰, 吐尔逊江. 新疆蒙古族土尔扈特部手印与身高的关系. 局解手术学杂志, 2000, (4): 307-308.
[26] 崔静, 邵兴周, 王静兰. 新疆土尔扈特部蒙古族青年体重、足长与身高的关系. 局解手术学杂志, 1996, (3): 12-13.
[27] 孙剑, 王国元. 新疆土尔扈特部蒙古族成年人身体机能指标调查分析. 吉林体育学院学报, 2007, 23(1): 88-89.
[28] 冯秀丽, 杨忠伟, 江雪萍, 等. 新疆土尔扈特蒙古族人群血管紧张素转换酶(ACE)基因多态性分析. 细胞与分子免疫学杂志, 2008, 24(9): 873-874.

第四章 云南蒙古族的体质特征

一、云南蒙古族简介

绝大多数中国蒙古族都生活在中国北方，中国南方也有蒙古族分布。元朝时大量蒙古族人口迁入中国各地。元朝灭亡时，部分蒙古族退居故地，回到中国北方的蒙古高原，但有一部分蒙古族留居原地，逐渐融入当地民族之中。另有一些蒙古族虽留居当地，却顽强地保持着自己的生活习俗、文化传统。云南位于中国的西南部，云南通海县杞麓湖畔、凤山脚下至今仍生活着一个蒙古族族群。他们的祖先为忽必烈统领的蒙古军人，于1253年进入云南。元朝灭亡后，他们的祖先留在了云南，在云南生育繁衍，形成了现今云南通海县兴蒙乡蒙古族[1]。他们聚居在通海县新蒙乡的中村、下村、白阁、交椅湾和陶家嘴5个自然村，自称为"喀卓人"，目前共有数千余人。云南通海县蒙古族的生活习俗在760余年发展过程中，保留了一定的北方草原蒙古族的特点，又不可避免地受到当地其他民族（汉族、彝族、哈尼族、傣族、回族）的影响。云南通海县蒙古族说的是一种只在他们内部流传的语言，既不是北方蒙古语，也不是周边其他民族语言。女性穿着独特的民族服饰。云南蒙古族具有强烈的民族意识，对自己的族源有清晰的认识。他们祭祀成吉思汗、忽必烈、蒙哥，举办那达慕大会，经常派人到内蒙古去寻根祭祖，积极地吸收着北方草原的信息，进行文化交流，内蒙古流行的一些草原歌曲，会在很短时间内传到他们那里。由于生活环境的变迁，他们逐渐从游牧民族转变为渔猎民族，再转变为农耕民族。他们是南方蒙古族的典型代表。

人类的体质特征既受到遗传因素的影响，又受到环境因素的影响。云南蒙古族的基因中既包括古代北方蒙古族祖先的成分，又包括南方民族的成分。此外，云南蒙古族的饮食结构、居住地的气候环境与地理条件都与北方蒙古族差异很大，而和周边的一些云南民族一致。目前中国北方蒙古族的体质特征已有较多的资料报道，尚缺少南方蒙古族的体质资料。

2005年研究组开展了云南蒙古族的体质调查工作，共测量439例（男性202例，女性237例）。测量地点的地理坐标为北纬24°07′、东经102°46′，年平均温度为16.5℃。分为20～44岁组、45～59岁组、60～80岁组三个年龄组统计数据，三个年龄组样本量男性分别为135例、58例、9例，女性分别为172例、50例、15例。目前，已经发表了云南蒙古族体质特征[2]、云南蒙古族人类群体遗传学特征[3-5]的研究论文。

二、云南蒙古族的体质数据

云南蒙古族头面部测量指标均数见表4-1，体部指标均数见表4-2，体质指数均数见表4-3。

几个聊天的云南蒙古族妇女　　穿民族服装的云南蒙古族小姑娘（网络照片）

表4-1　云南蒙古族头面部测量指标均数（mm，Mean±SD）

指标	男性 20~44岁组	45~59岁组	60~80岁组	合计	女性 20~44岁组	45~59岁组	60~80岁组	合计	u
头长	189.0±5.6	188.9±7.1	189.2±6.1	189.0±6.1	178.1±5.5	178.5±4.9	179.5±5.8	178.3±5.4	19.35**
头宽	149.6±5.6	146.3±5.3	148.0±5.5	148.6±5.7	143.6±5.0	139.9±4.6	138.7±4.6	142.5±5.2	11.66**
额最小宽	107.2±5.0	104.6±4.6	105.6±5.9	106.4±5.1	103.9±4.6	102.6±4.5	102.1±3.9	103.5±4.5	6.28**
面宽	142.6±5.6	140.2±4.8	142.3±8.4	141.9±5.6	134.8±5.0	133.7±4.8	133.5±4.4	134.4±4.9	14.84**
下颌角间宽	109.3±6.0	108.4±6.1	111.0±6.5	109.1±6.0	104.1±4.7	103.8±5.4	104.7±4.7	104.1±4.9	9.48**
眼内角间宽	33.5±3.0	31.2±3.1	32.4±3.8	32.8±3.3	32.3±2.7	30.8±2.3	31.9±3.1	31.9±2.7	3.10**
眼外角间宽	89.7±3.9	87.0±4.3	86.3±4.4	88.8±4.2	86.1±3.6	84.5±3.9	84.6±3.7	85.6±3.7	8.42**
鼻宽	36.7±2.5	37.4±2.5	38.9±2.7	37.0±2.5	34.1±2.3	34.9±2.5	35.9±2.5	34.4±2.4	11.09**
口宽	50.7±3.4	53.1±3.5	53.2±4.1	51.5±3.6	48.1±3.9	50.0±3.5	51.1±2.6	48.7±3.8	7.94**
容貌面高	190.6±9.2	191.0±7.5	192.1±9.3	190.8±8.7	182.2±7.5	179.9±7.9	183.4±6.6	181.8±7.6	11.47**
形态面高	128.3±7.4	131.6±7.9	131.9±7.7	129.4±7.7	120.4±6.7	121.9±7.9	124.5±6.7	121.0±7.0	11.90**
鼻高	57.5±4.0	58.3±4.4	58.9±4.8	57.8±4.1	54.5±3.4	55.6±4.1	57.1±3.4	54.9±3.6	7.83**
上唇皮肤部高	13.1±2.3	15.5±2.3	15.1±2.4	13.9±2.6	12.1±1.8	13.4±2.2	14.6±2.7	12.5±2.1	6.15**
唇高	19.8±2.4	18.1±2.7	17.2±3.6	19.2±3.1	18.4±2.7	16.9±2.3	17.2±3.1	18.0±2.7	4.3**
容貌耳长	60.8±4.4	63.6±4.4	67.2±3.2	61.9±4.7	57.7±4.0	62.7±3.9	66.4±4.3	59.3±4.8	5.73**
容貌耳宽	31.1±2.5	32.7±2.8	33.4±3.5	31.6±2.8	30.4±3.0	33.0±2.8	34.4±3.9	31.2±3.3	1.38
耳上头高	123.3±8.5	118.7±9.9	120.8±7.1	121.9±9.0	115.8±9.7	105.4±10.7	109.7±6.5	113.2±10.7	9.27**

注：u为性别间u检验值，**表示$P<0.01$，差异具有统计学意义

表4-2　云南蒙古族体部指标均数（mm，Mean±SD）

指标	男性 20~44岁组	45~59岁组	60~80岁组	合计	女性 20~44岁组	45~59岁组	60~80岁组	合计	u
体重/kg	58.3±7.5	54.7±7.9	59.0±13.5	57.3±8.1	51.8±7.5	51.5±8.3	50.4±5.4	51.6±7.6	7.58**
身高	1643.1±46.8	1610.2±54.1	1606.0±56.8	1632.0±51.7	1540.0±55.2	1506.7±50.5	1477.0±43.5	1528.9±56.7	19.96**
耳上头高	1519.8±46.7	1491.5±52.1	1485.2±51.4	1510.1±50.2	1424.2±54.3	1401.3±49.9	1367.3±42.9	1415.7±54.8	18.87**
肩峰点高	1349.5±43.8	1324.2±51.7	1327.2±51.5	1341.3±47.7	1263.9±49.5	1239.4±47.9	1217.7±42.8	1255.8±50.6	18.24**
胸上缘高	1336.1±41.3	1313.1±44.9	1305.6±48.6	1328.1±43.9	1258.1±48.4	1236.3±42.4	1211.3±40.7	1250.5±48.5	17.63**
桡骨点高	1031.0±34.4	1005.5±41.1	1009.1±38.9	1022.7±38.3	970.0±39.6	946.5±38.8	927.0±38.0	962.2±41.4	15.93**

续表

指标	男性 20~44岁组	男性 45~59岁组	男性 60~80岁组	男性 合计	女性 20~44岁组	女性 45~59岁组	女性 60~80岁组	女性 合计	u
茎突点高	791.1±29.7	768.1±35.0	775.0±29.0	783.8±32.9	748.7±33.6	729.9±35.1	716.3±24.2	742.6±34.8	12.76**
髂前上棘高	919.8±33.0	901.9±38.3	909.6±39.6	914.2±35.7	863.8±40.0	848.9±43.3	831.3±36.8	858.6±41.5	15.12**
胫骨上点高	456.3±20.6	451.7±22.0	455.8±23.2	454.9±21.2	428.1±20.7	420.8±24.2	423.9±19.6	426.3±21.6	14.00**
内踝下点高	61.1±4.5	60.4±5.6	62.0±3.9	61.0±4.8	55.6±4.3	55.0±4.0	55.5±4.6	55.4±4.2	12.93**
坐高	884.0±27.2	862.6±31.0	853.2±24.7	876.5±30.2	828.8±30.6	803.0±27.1	784.3±26.5	820.5±32.8	18.65**
肩宽	372.8±16.5	359.8±16.0	359.8±23.8	368.5±17.8	333.2±14.2	322.3±16.1	316.5±11.7	329.8±15.5	24.14**
骨盆宽	267.1±13.7	271.3±12.7	277.1±12.6	268.7±13.6	262.3±15.8	268.1±15.0	270.1±13.1	264.0±15.7	3.37**
躯干前高	576.9±23.1	565.5±24.8	552.8±17.9	572.6±24.2	547.0±26.2	532.5±21.0	518.6±24.6	542.1±26.4	12.65**
上肢全长	733.6±31.0	730.5±36.6	727.4±34.8	732.4±32.7	677.1±30.5	671.2±29.4	662.1±29.9	675.0±25.2	77.81**
下肢全长	885.2±29.8	869.9±35.1	877.3±37.2	880.4±32.3	836.7±36.7	825.1±40.0	809.3±33.4	832.5±37.9	14.33**

注：u为性别间u检验值，**表示P<0.01，差异具有统计学意义

表 4-3　云南蒙古族体质指数均数（Mean±SD）

指标	男性 20~44岁组	男性 45~59岁组	男性 60~80岁组	男性 合计	女性 20~44岁组	女性 45~59岁组	女性 60~80岁组	女性 合计	u
头长宽指数	79.2±3.8	77.5±3.1	78.2±1.3	78.7±3.6	80.7±3.2	78.5±3.5	77.3±2.9	80.0±3.4	3.88**
头长高指数	65.3±4.8	62.9±5.5	63.8±3.3	64.5±5.1	65.1±5.5	59.1±6.3	61.2±5.0	63.6±6.2	1.67
头宽高指数	82.5±5.5	81.3±7.1	81.7±4.9	82.1±6.0	80.7±6.9	75.3±6.8	79.2±6.0	79.5±7.2	4.14**
额顶宽度指数	71.8±3.5	71.6±3.4	71.3±3.3	71.7±3.5	72.4±2.8	73.4±3.3	73.6±3.0	72.7±3.0	3.19**
容貌面指数	133.8±8.0	136.4±5.9	135.2±7.4	134.6±7.5	135.4±7.0	134.7±6.7	137.6±6.8	135.4±6.9	1.16
形态面指数	90.1±6.0	93.9±5.7	92.7±3.2	91.3±6.1	89.5±5.7	91.2±5.8	93.5±7.1	90.1±5.9	2.09*
头面宽指数	95.4±3.3	95.9±3.2	96.1±3.6	95.6±3.3	93.9±3.0	95.6±2.8	96.3±3.8	94.4±3.1	3.91**
头面高指数	104.5±9.5	111.5±10.1	109.4±6.4	106.7±10.1	104.8±11.1	116.8±14.0	113.9±8.3	107.9±12.7	1.10
颧额宽指数	75.2±2.8	74.7±3.5	74.2±3.4	75.0±3.0	77.2±3.1	76.7±3.1	76.5±2.7	77.0±3.1	6.87**
鼻指数	64.1±6.1	64.4±5.9	66.2±4.3	64.2±5.9	62.8±5.8	63.2±6.9	63.0±5.0	62.9±6.0	2.29*
口指数	39.2±6.3	34.3±5.5	32.3±5.9	37.4±6.5	38.5±6.9	33.8±4.7	33.7±6.2	37.2±6.8	0.32
容貌耳指数	51.3±4.6	51.6±4.9	49.8±5.6	51.3±4.7	52.9±5.6	52.7±4.3	52.1±7.7	52.8±5.5	3.09**
身高坐高指数	53.8±1.1	53.6±1.3	53.1±1.0	53.7±1.2	53.8±1.2	53.3±1.2	53.1±1.0	53.7±1.2	0.00
身高体重指数	354.7±42.8	339.1±45.0	366.2±72.9	350.8±45.5	335.7±45.1	341.3±50.3	341.2±37.5	337.3±45.7	3.10**
身高胸围指数	53.4±3.5	54.3±3.5	56.8±4.2	53.8±3.6	54.5±3.8	56.0±3.9	57.2±3.4	55.0±3.8	3.40**
身高肩宽指数	22.7±1.0	22.4±1.0	22.4±1.0	22.6±1.0	21.6±0.8	21.4±0.9	21.4±0.6	21.6±0.8	11.46**
身高骨盆宽指数	16.3±0.8	16.9±0.8	17.3±0.7	16.5±0.8	17.0±1.0	17.8±0.9	18.3±0.9	17.3±1.0	9.33**
肩宽骨盆宽指数	71.7±4.0	75.5±3.2	77.2±4.7	73.0±4.2	78.8±4.8	83.3±5.2	85.5±5.4	80.2±5.4	15.73**
马氏指数	85.9±4.0	86.7±4.4	88.2±3.4	86.3±4.1	85.9±4.3	87.7±4.2	88.4±3.7	86.4±4.3	0.25
坐高下身长指数	1.2±0.1	1.2±0.1	1.1±0.0	1.2±0.1	1.2±0.1	1.1±0.1	1.1±0.0	1.2±0.1	0.00
身高上肢长指数	44.6±1.3	45.4±1.5	45.3±1.1	44.9±1.4	44.0±1.2	44.5±1.2	44.8±1.2	44.3±1.1	93.08**
身高下肢长指数	53.9±1.2	54.0±1.3	54.6±1.0	54.0±1.3	54.3±1.3	54.7±1.5	54.8±1.4	54.4±1.3	3.22**
上下肢长指数	82.9±2.6	84.0±3.1	82.9±2.2	83.2±2.8	81.0±2.3	81.5±2.7	81.9±2.8	81.2±2.4	89.94**

注：u为性别间u检验值，*表示P<0.05，**表示P<0.01，差异具有统计学意义

三、云南蒙古族的体质特征分析

除了容貌耳宽值男性接近女性外，云南蒙古族男性头面部其他测量指标值都大

于女性（$P<0.01$）（表4-1）。云南蒙古族男性体重小，为57.3kg±8.1kg，身高低，为1632.0mm±51.7mm，属于亚中等身材，20～44岁组身高为1643.1mm±46.8mm，属于中等身材。云南蒙古族女性体重小，为51.6kg±7.6kg，身高为1528.9mm±56.7mm，属于亚中等身材，20～44岁组身高为1540.0±55.2mm，属于中等身材。男性体部指标值均大于女性（表4-2）。

根据体质指数（表4-3）可知，云南蒙古族男性属于中头型、高头型、中头型、狭面型、狭鼻型、中腿型、中胸型、中肩型、中骨盆型。女性属于中头型、高头型、中头型、超狭面型、狭鼻型、中腿型、中胸型、中肩型、窄骨盆型。表4-3显示，绝大多数体质指数均数在性别之间均存在明显的差异（$P<0.01$或$P<0.05$）。

人类的体质特征受环境因素、遗传因素的共同影响，一些中国南方族群由于源于古代的北方族群，虽迁居中国南方很久，但体质仍保持有一定的北方族群体质的一些特点。这些族群由于受到南方气候、地理环境的影响，同时饮食结构、经济发展水平发生了变化，亦与南方土著族群发生一定基因交流，其体质特征与北亚类型族群有较大的不同。但总体上来看，他们已成为南亚类型族群的一部分，他们是南亚类型中相对接近于北亚类型的一些族群，云南蒙古族就是这些族群中的一员。

据《兴蒙蒙古族乡志》[1]记载，1253年忽必烈率蒙古军入云南，灭大理国。1283年阿喇帖木儿率山东、江、冀、晋、关、陕一十五翼番汉军镇守云南曲陀关，命一部分从陕西带来的后勤部队驻扎在杞麓山脚。洪武十四年（1381年），明军30万征云南。这些蒙古军后勤部队因垦田、捕鱼而被视为土著人，因此免于战乱。现兴蒙乡蒙古族便是当年蒙古军后勤部队的后裔。

元朝覆灭后，蒙古官兵落籍云南，他们只能与当地民族通婚。据历史记载，当时居住于通海一带的是彝族，因此云南蒙古族基因中融入彝族基因。明清以来，兴蒙乡男性可娶外族女子，本族妇女不许外嫁。因此，兴蒙乡民族成分虽均为蒙古族，但与周围民族不断发生基因交流。

1981年《中华人民共和国婚姻法》施行，兴蒙乡民族结构出现变化。据2000年全国第五次人口普查显示，全乡5528人中有汉族134人，彝族24人，哈尼族10人，傣族5人，回族2人，其他民族3人。

这样看来，云南蒙古族族源的主源是北方蒙古族，但在漫长的760余年的繁衍中，已与当地彝族、傣族、汉族发生了一定规模的基因交流。这是云南蒙古族体质特征由蒙古族人种北亚类型逐渐转变为南亚类型，但仍保留一定北亚类型体质特征的主要原因。

元朝，通海蒙古族仍操北方蒙古语。元至正到明初，他们与当地彝族、白族通婚，语言中融入了彝、白族语言。此后，大量汉族入滇，他们与汉族交往增多，其语言中蒙古语成分逐渐减少，慢慢形成了蒙、彝、汉语合为一体的兴蒙乡蒙古语言。它有别于彝、汉语，与北方蒙古语差异较大，只能在内部交往时使用。这种语言是一种独立的语言，属汉藏语系藏缅语族彝语支。在由不同民族结合而形成的家庭中，子女使用的语言往往随母亲。这是云南蒙古语逐渐演变的内在因素。1976年内蒙古师范学院蒙语文调查组在《云南蒙古族语言初探》论文及1986年中央民族学院民语系在"关于云南蒙古语的特点及其性质"论文中均表述了上述看法。语言的演变过程也是云南蒙古族与邻近民族逐渐融合的过程。

云南蒙古族祖先生活的北方草原属内陆干旱气候,温差大,气候干燥,降水稀少,夏季酷热,冬季漫长而寒冷。入滇后,生活在低纬度高原,属亚热带高原季风气候,四季冷暖不分明,兴蒙乡年均气温夏季为 19.7℃,冬季为 9.8℃,旱雨季分明,年降水量为 889mm,年均湿度达 73%,年日照时数为 2286h,无霜期长达 320 天。

云南蒙古族祖先营游牧生活方式。入滇后,饮食结构由以肉、乳为主改变为以粮食、蔬菜为主。据《兴蒙蒙古族乡志》记载,元至正年间云南蒙古族开始种稻(约 500 亩[①])。水稻是他们最主要的粮食作物,其次是小麦、玉米、蚕豆。经济作物主要是烤烟、油菜、蔬菜等。畜牧业以生猪为主,牛、马、羊很少。

游牧生活劳动强度相对较小,漫长的冬季为休整期。食物中蛋白质、脂肪含量高,易形成身高体壮的体型特征。云南属亚热带气候,人的新陈代谢速率快,农耕劳作四季辛劳,劳动强度很大,饮食中粮食类较多,易形成身矮体瘦的体型特征。

760 多年前,云南蒙古族的祖先作为蒙古军的一部分进入云南。由于历史原因,他们无法返回北方祖居地,告别了祖先的游牧生活,转变为渔耕生活,饮食结构由以肉、乳为主改变为粮食、蔬菜为主,生活环境由北方草原变成群山中的平坝,气候环境由相对寒冷干旱变为温热多雨,并与当地彝族、傣族及南方汉族发生基因交流,最终云南蒙古族体质由蒙古人种北亚类型逐渐转变为南亚类型,但仍表现出一定的北亚类型体质的特征。

参 考 文 献

[1] 云南通海县兴蒙蒙古族乡志编纂组. 兴蒙蒙古族乡志. 玉图(报、刊)字, 2004018 号, 2004.
[2] 郑连斌, 陆舜华, 丁博, 等. 云南蒙古族体质特征. 人类学学报, 2011, 30(1): 74-85.
[3] 刘海萍, 郑连斌, 陆舜华, 等. 云南蒙古族 4 项人类群体遗传学特征研究. 天津师范大学学报(自然科学版), 2010, 30(4): 56-58.
[4] 刘海萍. 云南蒙古族体质特征与群体遗传特性研究. 呼和浩特: 内蒙古师范大学硕士学位论文, 2007.
[5] 刘海萍, 于会新, 陆舜华, 等. 云南省蒙古族 9 项头面部群体遗传学特征. 基础医学与临床, 2014, 34(2): 176-178.

---

① 1 亩≈666.67m²

第五章 中国蒙古族头面部的测量指标

中国蒙古族是由诸多部落组成的共同体。各部落相对隔离、居住分散，族源、生活环境、习俗不完全一致，不同部落的体质特征也有一定的差异。目前我国学者已对内蒙古蒙古族部分族群[1-7]、新疆蒙古族[8,9]、云南蒙古族[10]的体质特征进行了报道。体质是指在遗传性和获得性基础上表现出来的人体形态结构、生理功能和心理因素综合的、相对稳定的特征，是人类在生长、发育过程中所形成的与自然、社会环境相适应的人体个性特征，表现出个体差异性、群类趋同性、相对稳定性和动态可变性等特点[11]。目前主要是通过人的容貌特征来对个体进行识别。人的头面部测量指标是体质人类学指标中最重要的一部分，可以用来对人的容貌进行量化分析[12]。头面部测量指标与体部指标相比，更多地受遗传因素的影响。说到蒙古族头面部特征，大概大家首先想到的是眼睛小而细长，颧骨突出，其实蒙古族中也有人是大眼睛，也有人是低颧骨，所以这只是一种感觉，没有定量的数据支撑。要说明蒙古族的头面部特征，需要对大样本的蒙古族成年人进行头面部测量，还要和其他族群的头面部数据进行比较。这一章就是在大量测量数据的基础上，从体质人类学视角，探讨蒙古族各部落间头面部特征的相似与差异，为进一步探寻蒙古族各部落体质特征演变的原因和规律提供资料。

为了更好地反映蒙古族头面部形态特点，选取了东北汉族、华北汉族、西北汉族及北方汉族头面部资料作为参照数据，北方汉族资料是东北、华北、西北汉族资料合计所得，上述汉族资料取自郑连斌等[13]。

第一节 中国蒙古族各个族群头面部测量指标

头面部测量指标有很多，研究时可以选择一些最重要的指标。如何判断哪些指标重要？第一，这些指标反映了最主要的体质特征；第二，这些指标综合性强，包含的信息多。我们选择了头长、头宽、额最小宽、面宽、形态面高、鼻宽、眼内角间宽、唇高、口宽、耳上头高 10 项指标。采用 Excel 2007 和 SPSS19.0 统计软件对调查数据进行处理。对蒙古族 17 个族群的 10 项头面部测量指标均数进行聚类分析和主成分分析。采用欧式距离平方法（squared euclidean distance）计算群体间距离，选用组间连接法进行聚类分析。

一、中国蒙古族各个族群头面部测量指标的均数

蒙古族 17 个族群男性头面部测量指标的均数范围：头长为 179.3（新疆察哈尔部）～190.0mm（青海和硕特部），头宽为 148.6（云南蒙古族）～164.0mm（布里亚特部），面宽为 130.9（新疆察哈尔部）～151.4mm（额济纳土尔扈特部），额最小宽为 102.1（喀左县蒙古族）～114.6mm（额济纳土尔扈特部），眼内角间宽为 30.9（额济纳土尔扈特部）～

36.4mm（锡林郭勒蒙古族），鼻宽为 35.5（锡林郭勒蒙古族）～41.4mm（青海和硕特部），口宽为 47.1（阜新蒙古族）～54.9mm（乌拉特部），形态面高为 121.2（鄂尔多斯部）～138.4mm（新疆土尔扈特部），唇高为 14.5（阿拉善和硕特部）～19.2mm（云南蒙古族），耳上头高为 121.9（云南蒙古族）～140.7mm（赤峰蒙古族）（表 5-1）。

测量杜尔伯特部妇女肩胛下皮褶厚度　　　　古建筑昭示着杜尔伯特部的悠久历史

表5-1　蒙古族17个族群男性头面部测量指标均数（mm，Mean±SD）

族群	头长	头宽	面宽	额最小宽	眼内角间宽	鼻宽	口宽	形态面高	唇高	耳上头高
杜尔伯特部	182.5±6.3	157.8±6.1	143.7±5.9	105.4±4.4	33.6±2.6	39.0±2.9	51.2±3.9	121.6±7.6	14.7±4.4	133.9±11.7
郭尔罗斯部	180.8±6.9	156.6±6.3	144.1±5.9	105.7±5.6	32.6±2.7	38.2±3.0	47.7±3.6	123.0±6.8	15.7±3.9	132.6±9.4
阜新蒙古族	180.8±6.4	156.1±5.9	142.8±5.2	104.9±4.9	32.6±2.6	38.2±2.6	47.1±3.1	123.9±6.2	16.0±4.2	129.8±9.9
喀左县蒙古族	181.6±6.1	153.9±5.5	143.7±6.4	102.1±5.6	32.4±2.7	38.1±2.9	47.8±3.0	125.9±7.1	15.0±4.0	127.8±9.1
巴尔虎部	189.2±7.7	160.6±7.5	146.4±8.0	105.2±8.2	35.3±2.5	39.3±3.6	49.8±4.7	123.8±8.6	15.2±3.8	122.5±10.8
布里亚特部	186.3±6.8	164.0±5.5	148.6±6.8	112.2±7.0	33.9±2.5	37.6±3.0	53.1±4.9	125.3±7.7	16.5±4.2	131.5±12.9
赤峰蒙古族	184.3±7.1	158.9±7.2	146.5±7.0	109.8±7.0	35.2±3.3	37.7±2.9	51.5±4.3	135.2±8.1	15.5±2.7	140.7±28.4
乌拉特部	186.2±6.2	156.1±5.9	146.6±5.4	110.8±6.3	36.1±3.2	38.9±3.2	54.9±3.9	121.9±7.1	17.2±3.1	129.7±7.3
科尔沁部	185.5±5.7	157.1±6.1	144.5±5.1	109.2±6.1	36.1±2.7	36.1±2.2	50.3±4.1	123.6±6.8	16.3±2.8	130.2±9.5
锡林郭勒蒙古族	184.8±6.5	153.7±5.5	145.0±5.5	110.6±9.3	36.4±2.8	35.5±2.9	51.8±4.0	134.5±7.8	17.1±2.9	134.2±11.9
鄂尔多斯部	188.9±7.5	158.7±7.2	147.6±7.3	106.1±7.1	35.1±2.4	39.6±3.5	51.4±5.5	121.2±7.0	15.1±3.7	128.2±9.5
青海和硕特部	190.0±6.8	159.7±7.3	149.5±6.4	108.1±6.6	33.1±3.0	41.4±3.5	49.4±3.6	122.0±5.5	16.3±3.3	127.0±10.6
额济纳土尔扈特部	189.3±6.6	161.9±6.6	151.4±5.6	114.6±7.0	30.9±3.2	41.0±4.0	51.6±4.2	127.6±7.8	15.4±4.5	136.8±9.7
阿拉善和硕特部	180.7±7.3	151.9±6.7	138.9±7.7	108.7±5.3	31.8±3.4	38.3±3.2	51.8±3.9	123.7±6.8	14.5±5.1	128.6±9.3
新疆察哈尔部	179.3±6.7	152.2±6.0	130.9±6.5	110.2±5.0	33.9±3.1	37.5±2.9	51.8±4.4	136.5±6.9	14.7±3.9	128.2±9.5
新疆土尔扈特部	183.3±6.8	149.3±5.5	131.7±5.9	109.1±4.7	33.9±2.8	37.3±2.9	51.1±4.3	138.4±6.3	15.2±4.4	127.3±9.4
云南蒙古族	189.0±6.1	148.6±5.7	141.9±5.6	106.4±5.1	32.8±3.3	37.0±2.5	51.5±3.9	129.4±7.7	19.2±3.1	121.9±9.1
F	57.5	86.0	142.3	39.2	25.8	28.8	32.1	88.6	17.7	23.7
P	0.00	0.00	0.00	0.00	0.00	0.00	0.00	0.00	0.00	0.00
东北汉族	184.0±8.6	160.7±9.4	148.6±9.4	113.3±10.5	34.7±4.5	39.2±3.4	51.5±4.7	133.0±12.1	15.8±3.7	132.7±22.6
华北汉族	185.0±8.3	152.6±9.5	142.4±9.2	100.8±13.4	37.6±5.0	38.6±7.0	51.2±4.7	125.6±8.6	17.1±4.4	131.7±25.4
西北汉族	183.2±9.0	153.8±8.1	136.1±8.6	114.8±8.0	37.1±5.3	38.5±4.2	52.4±5.4	120.7±23.0	15.7±4.5	134.6±21.4
北方汉族	184.2±8.6	155.4±9.8	142.8±10.2	108.1±13.1	36.6±5.1	38.8±5.5	51.6±4.9	126.8±15.3	16.3±4.3	132.7±23.6

注：F 为蒙古族族群指标值间的方差分析值，$P<0.01$ 表示差异具有统计学意义

蒙古族 17 个族群女性头面部测量指标的均数范围：头长为 168.9（新疆察哈尔部）～182.9mm（青海和硕特部），头宽为 142.5（云南蒙古族）～156.5mm（布里亚特部），面宽为 123.9（新疆察哈尔部）～141.6mm（额济纳土尔扈特部），额最小宽为 98.4（喀左县蒙古族）～111.3mm（额济纳土尔扈特部），眼内角间宽为 29.8（额济纳土尔扈特部）～35.7mm（科尔沁部），鼻宽为 32.6（锡林郭勒蒙古族）～37.1mm（青海和硕特部），口宽为 44.3（喀左县蒙古族）～50.7mm（乌拉特部），形态面高为 109.3（乌拉特部）～128.6mm（新疆土尔扈特部），唇高为 13.6（阿拉善和硕特部）～18.0mm（云南蒙古族），耳上头高为 113.2（云南蒙古族）～134.1mm（赤峰蒙古族）（表 5-2）。

综合男性、女性资料可以发现，新疆察哈尔部头长和面宽值最小，喀左县蒙古族额最小宽值最小，锡林郭勒蒙古族鼻宽值最小，额济纳土尔扈特部面宽和额最小宽值最大，而眼内角间宽值最小，青海和硕特部头长和鼻宽值最大，布里亚特部头宽值最大，云南蒙古族唇高值最大，而耳上头高和头宽值最小，赤峰蒙古族耳上头高值最大，乌拉特部口宽值最大，新疆土尔扈特部形态面高值最大，阿拉善和硕特部唇高值最小。

对有原始数据的 13 个蒙古族族群进行族群间的方差分析，表明上述 10 项头面部测量指标男性族群间的差异具有统计学意义（$P<0.01$），女性族群间的差异也具有统计学意义（$P<0.01$）。

表 5-2　蒙古族 17 个族群女性头面部测量指标均数（mm，Mean±SD）

族群	头长	头宽	面宽	额最小宽	眼内角间宽	鼻宽	口宽	形态面高	唇高	耳上头高
杜尔伯特部	173.3±5.9	149.1±5.0	134.7±4.5	103.2±3.4	32.5±2.4	35.5±2.8	46.9±3.5	113.4±5.7	14.8±3.6	129.1±10.2
郭尔罗斯部	172.1±5.5	148.6±5.2	136.0±5.0	102.5±3.4	32.2±2.0	34.9±2.5	44.6±3.1	114.1±5.8	14.9±3.5	125.8±9.4
阜新蒙古族	172.5±5.9	150.3±5.7	136.5±4.8	102.3±3.5	32.0±2.4	35.5±2.3	44.5±3.1	115.5±5.8	15.8±3.4	124.0±9.2
喀左县蒙古族	171.6±6.3	147.9±5.2	135.5±5.3	98.4±3.7	32.1±3.8	35.1±2.4	44.3±3.3	115.5±5.9	14.6±3.5	121.9±7.8
巴尔虎部	180.7±6.6	153.0±7.2	138.9±6.4	100.6±7.2	34.7±2.6	36.2±3.0	45.6±4.7	114.8±7.0	14.2±3.4	119.2±12.5
布里亚特部	178.2±6.6	156.5±8.1	140.6±7.1	109.3±7.0	33.4±2.1	34.6±2.8	49.2±4.3	119.1±6.9	15.5±3.3	128.7±9.0
赤峰蒙古族	174.7±6.2	152.6±6.1	138.2±6.9	107.4±5.7	34.4±3.2	35.1±2.3	49.3±4.4	127.7±7.7	15.3±2.5	134.1±19.3
乌拉特部	175.6±7.0	148.8±5.3	136.7±5.5	106.4±5.2	34.0±2.6	33.9±2.5	50.7±3.9	109.3±5.4	15.9±2.8	125.4±7.5
科尔沁部	176.2±5.6	151.2±4.7	138.0±4.7	107.6±4.2	35.7±2.6	33.4±3.0	47.2±5.1	116.3±6.0	16.2±2.3	124.0±9.5
锡林郭勒蒙古族	176.4±7.1	148.2±5.9	139.2±2.2	106.3±4.7	35.3±2.8	32.6±2.4	49.2±4.4	125.8±6.0	15.7±2.8	128.6±11.7
鄂尔多斯部	179.1±5.7	150.3±6.0	138.6±5.9	103.8±5.8	33.9±2.8	35.8±2.7	47.2±3.6	114.2±6.5	14.0±3.4	121.9±8.3
青海和硕特部	182.9±5.6	154.2±5.1	141.2±6.2	103.5±6.3	32.4±2.9	37.1±3.0	46.1±3.3	113.9±5.4	15.1±3.1	121.1±8.6
额济纳土尔扈特部	179.8±5.8	154.0±5.5	141.6±6.5	111.3±5.5	29.8±2.9	36.4±2.9	47.6±3.7	118.8±6.3	13.7±3.5	128.4±10.4
阿拉善和硕特部	169.1±7.5	143.2±6.5	127.9±5.9	102.5±4.7	31.3±3.1	34.2±2.8	48.6±4.1	115.5±6.3	13.6±4.1	124.6±9.5
新疆察哈尔部	168.9±6.7	145.5±4.8	123.9±4.8	105.5±4.9	33.7±3.5	34.5±2.6	47.8±4.1	128.1±6.2	14.0±3.4	122.6±9.8
新疆土尔扈特部	173.6±7.5	144.4±7.1	125.8±6.6	104.9±5.2	32.7±2.8	33.8±2.5	47.7±3.9	128.6±6.4	13.8±3.9	120.2±9.1
云南蒙古族	178.3±5.4	142.5±5.2	134.5±5.0	103.5±4.5	32.0±2.7	34.4±2.4	48.7±3.8	121.0±7.1	18.0±2.7	113.2±10.7
F	107.3	102.9	179.0	74.2	31.5	21.8	42.5	123.3	25.1	39.5
P	0.000	0.000	0.000	0.000	0.000	0.000	0.000	0.000	0.000	0.000
东北汉族	176.9±9.3	155.4±9.0	142.0±9.0	110.2±9.7	33.7±4.1	36.0±3.0	48.6±4.6	125.7±14.0	15.7±5.7	125.6±29.7
华北汉族	176.1±8.4	145.3±7.4	134.7±8.2	97.9±12.1	36.5±4.5	35.4±3.2	48.3±4.5	117.3±7.9	15.9±3.7	126.5±26.2
西北汉族	173.9±8.9	147.0±6.7	132.8±7.1	106.4±10.7	36.0±5.0	35.5±3.4	48.6±4.7	113.0±9.0	16.3±3.9	130.4±16.8
北方汉族	175.8±8.9	148.9±9.0	136.6±9.1	103.9±12.3	35.5±4.7	35.6±3.2	48.5±4.6	119.0±11.6	16.0±4.5	127.2±25.6

注：F 为蒙古族族群指标值间的方差分析值，$P<0.01$ 表示差异具有统计学意义

二、中国蒙古族17个族群与北方汉族头面部测量指标均数的多元分析

（一）21个族群头面部10项测量指标均数的主成分分析

主成分分析用于多指标（变量）的综合评价，不仅能对族群进行分类，还能揭示指标在族群分组中的作用[15]。本研究运用主成分分析来探讨蒙古族各族群头面部的共同点、差异，对蒙古族和汉族头长、头宽、面宽、额最小宽、眼内角间宽、鼻宽、口宽、形态面高、唇高、耳上头高10项指标进行多元分析。

1. 男性

蒙古族和汉族男性21个族群前三个主成分的贡献率分别为28.666%、21.157%、17.627%，累计贡献率达到67.450%。PC Ⅰ载荷较大的指标有头宽（0.888）、面宽（0.858）、鼻宽（0.713），PC Ⅰ值越大，则头、面、鼻越宽。PC Ⅱ载荷较大的指标有口宽（0.825）、额最小宽（0.714），PC Ⅱ值越大，则口、额越宽。PC Ⅲ载荷较大的指标有唇高（0.788）、耳上头高（–0.629），PC Ⅲ值越大，则唇越厚，头越低。

以PC Ⅰ为横坐标、PC Ⅱ为纵坐标作散点图（图5-1A），可以看出21个族群大致可分为7个组：①第一象限的布里亚特部、赤峰蒙古族、乌拉特部、额济纳土尔扈特部、东北汉族组。②科尔沁部、北方汉族组。③新疆察哈尔部、新疆土尔扈特部组。④第三象限的郭尔罗斯部、阜新蒙古族、喀左县蒙古族组。⑤第四象限的鄂尔多斯部、青海和硕特部、巴尔虎部、杜尔伯特部组。⑥西北汉族、锡林郭勒蒙古族组。⑦阿拉善和硕特部、云南蒙古族、华北汉族组。

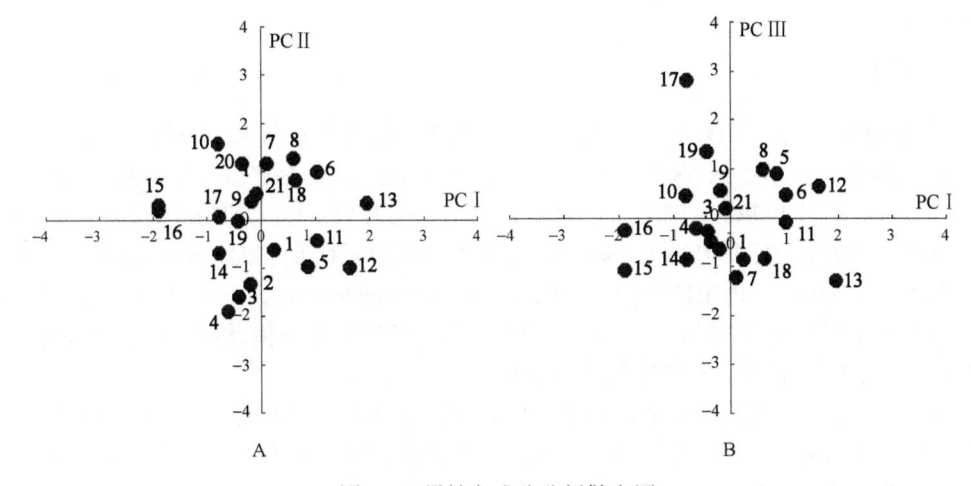

图5-1 男性主成分分析散点图

A. 第1、2主成分；B. 第1、3主成分；1. 杜尔伯特部，2. 郭尔罗斯部，3. 阜新蒙古族，4. 喀左县蒙古族，5. 巴尔虎部，6. 布里亚特部，7. 赤峰蒙古族，8. 乌拉特部，9. 科尔沁部，10. 锡林郭勒蒙古族，11. 鄂尔多斯部，12. 青海和硕特部，13. 额济纳土尔扈特部，14. 阿拉善和硕特部，15. 新疆察哈尔部，16. 新疆土尔扈特部，17. 云南蒙古族，18. 东北汉族，19. 华北汉族，20. 西北汉族，21. 北方汉族

图5-1A中第一象限的布里亚特部、赤峰蒙古族、乌拉特部、东北汉族的共同特征是PC Ⅰ值较大（如布里亚特部），PC Ⅱ值大，即在21个族群中头、面、鼻较宽，口宽、额最小宽值大。科尔沁部、北方汉族组的PC Ⅰ值中等，PC Ⅱ值较大，具有头宽、面宽、鼻宽值中等，口宽、额最小宽值较大的特点。新疆察哈尔部、新疆土尔扈特部的点分布

在PCⅠ轴负半轴的附近，PCⅠ值小，PCⅡ值中等，即在21个族群中头宽、面宽、鼻宽值小，而口宽、额最小宽值中等。第三象限的郭尔罗斯部、阜新蒙古族、喀左县蒙古族PCⅠ值较小，PCⅡ值小，即在21个族群中头宽、面宽、鼻宽值较小，口宽、额最小宽值小。第四象限的鄂尔多斯部、青海和硕特部、巴尔虎部、杜尔伯特部的共同特点是PCⅠ值大，PCⅡ值较小，即在21个族群中属于头宽、面宽、鼻宽值大，而口宽、额最小宽值较小的类型。西北汉族、锡林郭勒蒙古族的PCⅠ值小，PCⅡ值大，这两个族群头、面、鼻窄，口宽、额最小宽值大。阿拉善和硕特部、云南蒙古族、华北汉族的PCⅠ值小，PCⅡ值中等，具有头、面、鼻窄，口宽、额最小宽值中等的特点。

额济纳土尔扈特部的PCⅠ值很大，其位点与其他族群距离较远。

以PCⅠ为横坐标、PCⅢ为纵坐标作散点图（图5-1B），可以发现点的分布比较均匀，集中在原点四周。额济纳土尔扈特部位于右下角，云南蒙古族位于左上角，与其他族群距离较远。

图5-1B中青海和硕特部、乌拉特部、布里亚特部、巴尔虎部、鄂尔多斯部的PCⅠ值大，PCⅢ值较大，即在21个族群中头、面、鼻宽，唇较厚，头较低。科尔沁部、锡林郭勒蒙古族、北方汉族的PCⅠ值较小，PCⅢ值较大，头宽、面宽、鼻宽值较小，唇较高，头较低。郭尔罗斯部、阜新蒙古族、喀左县蒙古族、阿拉善和硕特部、西北汉族的PCⅠ值较小，PCⅢ值较小，头宽、面宽、鼻宽值较小，唇较薄，头较高。杜尔伯特部、赤峰蒙古族、东北汉族的PCⅠ值较大，PCⅢ值小，头宽、面宽、鼻宽值较大，唇薄，头高。新疆察哈尔部、新疆土尔扈特部PCⅠ值小，PCⅢ值较小，头、面、鼻的宽度小，唇较薄，头较高。云南蒙古族、华北汉族、额济纳土尔扈特部位点与其他族群位点距离较远。

2. 女性

蒙古族和汉族21个族群女性的前三个主成分的贡献率分别为29.580%、23.410%、15.445%，累计贡献率达到68.435%。PCⅠ载荷较大的指标有面宽（0.925）、头宽（0.907）、头长（0.793），PCⅠ值越大，则头、面越宽，头越长。PCⅡ载荷较大的指标有口宽（0.844）、额最小宽（0.672），PCⅡ值越大，则口、额越宽。PCⅢ载荷较大的指标有唇高（0.751）、眼内角间宽（0.566），PCⅢ值越大，则唇越高，两眼间距离越大。男性与女性PCⅠ、PCⅡ载荷较大的指标主要是头面部和五官的宽度，表明头面部和五官的宽度指标是区分蒙古族各个族群头面部形态特征的主要依据。

图5-2A显示，在第一象限的布里亚特部、东北汉族、赤峰蒙古族组成一个组。纵轴附近的科尔沁部、北方汉族、西北汉族、乌拉特部组成一个组。第二象限的新疆察哈尔部、新疆土尔扈特部组成一个组。云南蒙古族、华北汉族组成一个组。第三象限的杜尔伯特部、郭尔罗斯部、阜新蒙古族、喀左县蒙古族组成一个组。第四象限的巴尔虎部、鄂尔多斯部、青海和硕特部、额济纳土尔扈特部组成一个组。

布里亚特部、东北汉族、赤峰蒙古族的PCⅠ值较大，PCⅡ值大，具有头宽、面宽值较大，头较长，口、额最小宽值小的容貌特点。科尔沁部、北方汉族、西北汉族、乌拉特部的PCⅠ值中等，PCⅡ值较大，具有头宽、面宽、头长值中等，口宽值较大的容貌特点。阿拉善和硕特部、新疆察哈尔部、新疆土尔扈特部的PCⅠ值小，PCⅡ值中等，具有头宽、面宽、头长值小，口宽、额最小宽值中等的容貌特点。云南蒙古族、华北汉

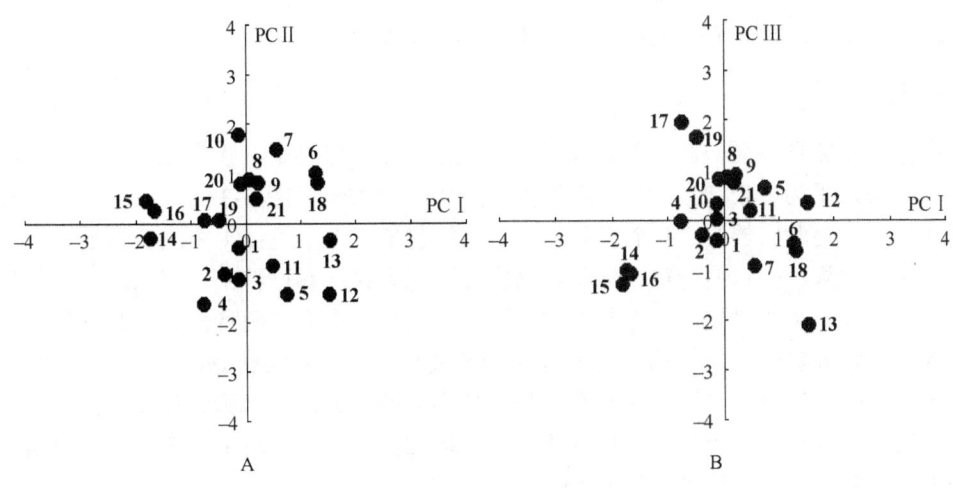

图 5-2 女性主成分分析散点图

A. 第1、2主成分，B. 第1、3主成分；1. 杜尔伯特部，2. 郭尔罗斯部，3. 阜新蒙古族，4. 喀左县蒙古族，5. 巴尔虎部，6. 布里亚特部，7. 赤峰蒙古族，8. 乌拉特部，9. 科尔沁部，10. 锡林郭勒蒙古族，11. 鄂尔多斯部，12. 青海和硕特部，13. 额济纳土尔扈特部，14. 阿拉善和硕特部，15. 新疆察哈尔部，16. 新疆土尔扈特部，17. 云南蒙古族，18. 东北汉族，19. 华北汉族，20. 西北汉族，21. 北方汉族

族的 PCⅠ值较小，PCⅡ值中等，具有头宽、面宽、头长值较小、口宽、额最小宽值中等的特点。杜尔伯特部、郭尔罗斯部、阜新蒙古族、喀左县蒙古族的 PCⅠ值较小、PCⅡ值小，具有头宽、面宽、头长值较小，口宽、额最小宽值小的容貌特点。巴尔虎部、鄂尔多斯部、青海和硕特部、额济纳土尔扈特部的 PCⅠ值较大，PCⅡ值小，具有头宽、面宽、头长值较大，口、额最小宽值小的容貌特点。锡林郭勒蒙古族的 PCⅡ值大，即口宽、额最小宽值大。

北方汉族、西北汉族的 PCⅠ值中等，PCⅡ值较大，二者与乌拉特部、科尔沁部头面部形态特征接近。华北汉族的 PCⅠ值小，PCⅡ值中等，与北方汉族、西北汉族距离较近。东北汉族的 PCⅠ值、PCⅡ值均大，与北方汉族、西北汉族、华北汉族距离较远。

图 5-2B 的散点形成 3 个集中区域：第四象限的布里亚特部、东北汉族、赤峰蒙古族成一个组。第三象限的阿拉善和硕特部、新疆察哈尔部、新疆土尔扈特部组成一个组。分布在第一、二、三象限的杜尔伯特部、郭尔罗斯部、阜新蒙古族、喀左县蒙古族、巴尔虎部、乌拉特部、科尔沁部、锡林郭勒蒙古族、鄂尔多斯部、西北汉族、北方汉族组成一个组，这个组位于核心区域。云南蒙古族、华北汉族位于第二象限，组成一个小组。青海和硕特部、额济纳土尔扈特部与其他族群距离较远，未进入到上述组中。

布里亚特部、东北汉族、鄂尔多斯部的 PCⅢ值较小，表明这三个族群唇较薄、两眼间距离较近。阿拉善和硕特部、新疆察哈尔部、新疆土尔扈特部的 PCⅢ值小，具有唇薄、两眼间距离近的特点。杜尔伯特部、郭尔罗斯部、阜新蒙古族、喀左县蒙古族、巴尔虎部、乌拉特部、科尔沁部、锡林郭勒蒙古族、鄂尔多斯部、西北汉族、北方汉族的位点由于 PCⅠ值和 PCⅢ值均不是特别大也不是特别小而互相靠近。额济纳土尔扈特部由于 PCⅠ值大，PCⅢ值小，云南蒙古族、华北汉族由于 PCⅠ值小，PCⅢ值大，位点远离其他族群位点。

（二）21个族群头面部10项测量指标均数的聚类分析

1. 男性

根据各个族群头面部测量指标均数进行聚类分析，探讨蒙古族头面部特征的分组情况。在聚合水平为14.5时，21个族群男性聚为三个大组（图5-3A）。第一大组包括郭尔罗斯部、云南蒙古族等14个族群。这个大组包括三个小组：①东北三省的郭尔罗斯部、阜新蒙古族、杜尔伯特部、喀左县蒙古族。②阿拉善和硕特部、科尔沁部、乌拉特部和北方汉族、华北汉族。③巴尔虎部、鄂尔多斯部和青海和硕特部。西北汉族和云南蒙古族最后加入第一大组。第二大组包括赤峰蒙古族、锡林郭勒蒙古族、布里亚特部、东北汉族、额济纳土尔扈特部这5个族群。其中赤峰蒙古族、锡林郭勒蒙古族聚为一个小组，布里亚特部、东北汉族、额济纳土尔扈特部聚为另一个小组。第三大组包括新疆察哈尔部、新疆土尔扈特部（图5-3A）。

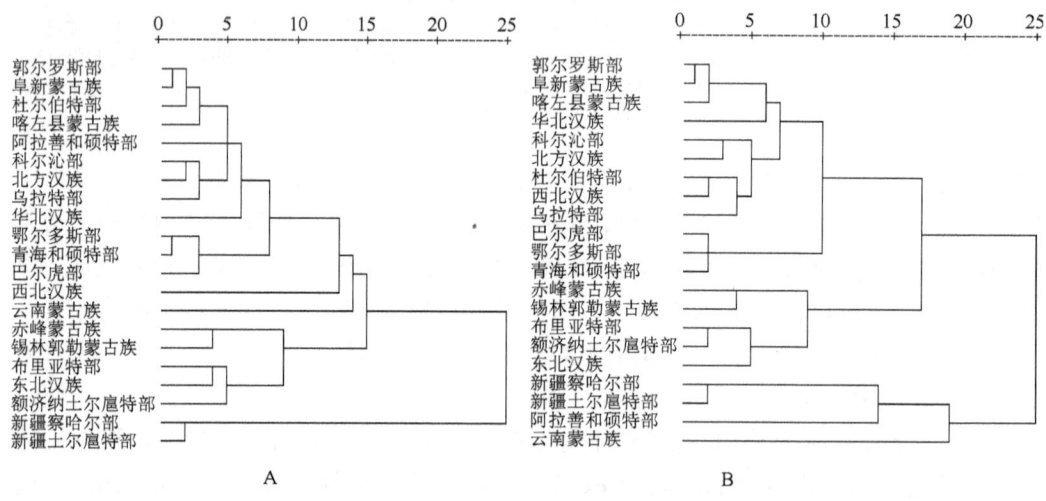

图5-3 蒙古族和汉族头面部测量指标均数聚类图
A. 男性；B. 女性

蒙古族与中国其他少数民族明显的不同之处是为相对独立的部落，各个部落的族源可能不同。各个部落有相对固定的地域分布，但蒙古族的游牧生活方式使得各个部落又具有一定的移动性，特别是当蒙古高原出现动乱、灾害的时候，部落往往迁徙到更适合生存的地域去。在漫长的历史演变过程中，部落之间也可能出现一定的融合、分离现象。这些在解释蒙古族族群头面部聚类分析结果时都要考虑。

东北三省蒙古族4个族群紧密聚在一起（图5-3A），显示东北三省蒙古族头面部形态特征具有共性。结合主成分分析结果可以认为，头宽、面宽、鼻宽值较小，口宽、额最小宽值小是东北三省蒙古族聚在一起的主要原因。

蒙古族历史上赫赫有名的嫩科尔沁、阿鲁科尔沁、四子部、茂明安、乌拉特及青海和硕特等部族均属科尔沁部分支。这是科尔沁部与乌拉特部男性聚在一起的原因。在女性聚类图上科尔沁部未与乌拉特部聚在一起。在主成分分析图上，这两个族群位点较为分散。科尔沁部与北方汉族在男性、女性聚类图上均紧密聚在一起，在主成分分析散点图上位置很接近。

和硕特部祖先曾生活在蒙古高原北部及贝加尔湖西南、我国北方额尔古纳河下游和海拉尔河下游呼伦贝尔草原与科尔沁草原等广大的森林地带。15世纪初，和硕特部西迁进入新疆，加入厄鲁特蒙古。1637年，和硕特部进入青海，控制青海区域。巴尔虎部是蒙古族中最古老的一支，其部族原在内贝加尔湖以东巴尔古津河一带从事游牧和渔猎生产，并因此而得名。元朝灭亡，巴尔虎部分成两部分，西部的巴尔虎，兴盛时有数万之众，游牧于青海湖四周，少数一部分融入留在青海的蒙古人中。和硕特部与巴尔虎部祖先均起源于蒙古高原北部及贝加尔湖周边，巴尔虎部曾游牧在青海湖周边，并且一部分部众融入了青海和硕特部之中。和硕特部曾归属科尔沁部。鄂尔多斯部的起源复杂，祖先来自诸多氏族，其中包括13世纪在蒙古高原北部的兀良哈人，也有科尔沁部的人员加入。这是青海和硕特部、鄂尔多斯部、巴尔虎部聚在一起的原因之一。结合主成分分析结果可以认为，头宽、面宽、鼻宽值大，而口宽、额最小宽值较小是这三个族群聚成一个小组的原因。

黑龙江的杜尔伯特部、吉林的郭尔罗斯部历史上属于哲里木十旗，也是科尔沁部的一部分。

这样看来，第一大组主要是以科尔沁部为核心的蒙古族族群的集群。

第二大组中的布里亚特部祖先从种族上来说，是厄鲁特蒙古人近支。其祖先原游牧于外贝加尔地区，后来向北发展到叶尼塞河与勒拿河之间地区，与当地居民混合而形成现代的布里亚特部。额济纳土尔扈特部是著名的厄鲁特四部之一。这是布里亚特部与额济纳土尔扈特部头面部特征最接近的原因。本研究的赤峰蒙古族包括翁牛特部、巴林部。成吉思汗时代，巴林部的3000户百姓大部分从东向西迁移到今新疆阿尔泰山西北、额尔齐斯河上游。推测这应该是赤峰蒙古族聚入第二大组的原因之一。本研究中锡林郭勒蒙古族主要包括阿巴嘎部和察哈尔部（正蓝旗）。察哈尔部是蒙古诸部中实力强大的部落，清朝以后从察哈尔部中独立出苏尼特、乌珠穆沁、浩齐特、克什克腾、敖汉、奈曼等部落。克什克腾部、敖汉部现在都属于赤峰蒙古族。这应该是锡林郭勒蒙古族与赤峰蒙古族头面部特征最接近的原因。结合主成分分析结果可以认为，头、面、鼻较宽，口宽、额最小宽值大是男性聚类图中第二大组聚在一起的主要原因。

第三大组中新疆察哈尔部是清朝时内蒙古察哈尔八旗西迁到新疆戍边的士兵的后裔，300多年与新疆当地民族或多或少发生了基因交流，容貌特征已经与内蒙古蒙古族诸部落有一些明显的不同。结合主成分分析结果可以认为，头宽、面宽、鼻宽值小，而口宽、额最小宽值中等是新疆察哈尔部、新疆土尔扈特部聚在一起的主要原因。

云南蒙古族是760多年前入滇的蒙古军与当地土著居民（主要是彝族）通婚的后裔，其头面部特征包含了南方少数民族的成分。云南蒙古族虽然聚入第一大组，但与北方蒙古族头面部特征差异较大。

此外，新疆土尔扈特部与额济纳土尔扈特部没有聚在一起，青海和硕特部与阿拉善和硕特部也没有聚在一起。提示原为同一个部落的两个支系，由于长期生活在不同的地区，容貌特征也会出现差异。产生这种差异的原因可能是与周边不同族群发生基因交流而导致这两个支系的遗传结构出现变化，也可能与环境不同、饮食成分不同有关。

华北汉族、西北汉族、东北汉族及合计的北方汉族并没有单独聚在一起，北方汉族、华北汉族、西北汉族聚入第一大组，东北汉族聚入第二大组。这反映了北方汉族与蒙古族头面部特征有一定的共性。值得注意的是，东北汉族没有和东北蒙古族聚在一起，其中原因尚不清楚。

2. 女性

女性聚类结果与男性基本一致（图 5-3B），聚合水平为 15 时，21 个族群也是聚为三个大组：郭尔罗斯部、青海和硕特部等 12 个族群为第一大组。第一大组的 12 个族群与男性第一大组的 14 个族群基本一致。在聚合水平为 7 时第一大组也分为与男性类似的三个小组。赤峰蒙古族、东北汉族等 5 个族群为第二大组，这也与男性的第二大组一致。第三大组为新疆的 2 个族群。云南蒙古族在聚合水平为 18 时聚入第三大组，这与男性的第一大组情况类似。女性的聚类结果与男性极为一致，对女性聚类结果的分析不再赘述。

第二节 中国蒙古族头面部测量指标

一、中国蒙古族头面部测量指标的均数

蒙古族男性、女性头面部 12 项测量指标值的差异都具有统计学意义（$P<0.01$），男性大于女性（表 5-3）。

表 5-3 蒙古族头面部测量指标的均数（mm，Mean±SD）

指标	男性 20~44 岁组	男性 45~59 岁组	男性 60~80 岁组	男性 合计	女性 20~44 岁组	女性 45~59 岁组	女性 60~80 岁组	女性 合计	u
头长	185.1±7.9	184.9±7.9	184.4±8.0	184.9±7.9	175.0±7.6	175.2±7.7	175.6±7.6	175.2±7.6	41.08**
头宽	157.1±8.3	155.5±7.6	155.1±7.1	156.1±7.9	149.1±7.1	149.1±7.1	148.5±7.0	149.0±7.1	30.90**
额最小宽	108.9±6.7	107.0±6.4	105.1±6.4	107.4±6.7	104.0±5.8	103.4±6.0	101.9±5.6	103.3±5.9	21.20**
面宽	143.6±9.4	142.7±8.7	141.7±8.1	142.9±8.9	135.4±7.8	135.6±7.5	133.6±7.8	135.1±7.7	30.56**
眼内角间宽	34.1±2.9	32.8±3.1	33.0±2.8	33.4±3.0	33.1±3.2	32.1±2.8	32.5±3.0	32.6±3.0	8.78**
鼻宽	37.6±2.9	38.9±3.4	39.8±3.6	38.5±3.4	34.5±2.6	35.4±2.6	36.3±3.0	35.2±2.8	34.44**
口宽	49.6±4.2	50.8±4.5	50.8±4.9	50.3±4.5	46.1±4.1	46.8±3.9	47.1±4.2	46.6±4.1	28.12**
形态面高	126.3±8.9	127.2±9.0	126.3±8.7	126.6±8.9	117.7±8.1	118.0±7.9	117.1±7.4	117.7±7.9	34.54**
鼻高	52.9±6.3	53.7±4.4	54.2±4.5	53.5±5.3	49.0±4.4	49.5±4.1	49.9±4.1	49.4±4.2	27.81**
唇高	17.5±3.7	15.2±3.7	13.4±4.1	15.8±4.1	16.3±3.2	14.6±3.2	12.8±3.8	14.9±3.6	7.61**
容貌耳长	65.0±5.6	67.8±5.9	70.0±6.1	67.1±6.1	60.8±5.6	63.6±5.9	66.3±6.0	63.1±6.2	21.43**
耳上头高	129.7±10.9	127.5±10.8	126.6±10.3	128.2±10.8	123.5±10.3	122.0±11.0	122.1±9.9	122.6±10.5	17.27**

注：u 为性别间 u 检验值，**表示 $P<0.01$，差异具有统计学意义。

与汉族[13]相比，蒙古族男性和女性头长、眼内角间宽、鼻宽、口宽、鼻高、唇高、耳上头高值小，头宽、额最小宽、面宽、容貌耳长值大，男性的形态面高值也大于汉族（表 5-4），可以认为，蒙古族的头比汉族更圆些，头和面更宽些，但鼻宽、口宽值小于汉族，唇更薄些。

表 5-4　蒙古族与汉族头面部测量指标值的 u 检验

指标	男性	女性	指标	男性	女性	指标	男性	女性
头长	5.66**	16.38**	眼内角间宽	25.35**	23.43**	鼻高	4.59**	12.62**
头宽	4.62**	3.20**	鼻宽	4.62**	11.29**	唇高	5.99**	12.87**
额最小宽	3.82**	3.39**	口宽	9.04**	22.41**	容貌耳长	15.43**	13.59**
面宽	4.54**	0.58	形态面高	6.52**	0.56	耳上头高	3.22**	8.39**

注：u 为蒙古族与汉族间 u 检验值，**表示 $P<0.01$，差异具有统计学意义

蒙古族男性绝大多数头面部测量指标值三个年龄组之间的差异都具有统计学意义（$P<0.01$）（表 5-5），女性亦然。男性和女性的头长、形态面高及女性的头宽三个年龄组之间的差异不具有统计学意义（$P>0.05$）。

表 5-5　蒙古族三个年龄组之间头面部测量指标值的方差分析

指标	男性 F	男性 P	女性 F	女性 P	指标	男性 F	男性 P	女性 F	女性 P
头长	1.1	0.350	1.3	0.271	口宽	16.6	0.000	12.3	0.000
头宽	12.6	0.000	1.6	0.202	形态面高	2.5	0.084	2.4	0.090
额最小宽	48.5	0.000	24.3	0.000	鼻高	9.6	0.000	7.1	0.001
面宽	6.3	0.002	13.4	0.000	唇高	171.1	0.000	202.5	0.000
眼内角间宽	41.5	0.000	26.5	0.000	容貌耳长	107.8	0.000	164.7	0.000
鼻宽	71.7	0.000	80.3	0.000	耳上头高	14.1	0.000	5.8	0.003

注：F 为蒙古族年龄组指标值间的方差分析值，$P<0.05$ 表示差异具有统计学意义

二、中国蒙古族头面部测量指标与经度、纬度、年平均温度、年龄的相关分析

蒙古族男性头宽、面宽、耳上头高与经度呈显著正相关，额最小宽、口宽、形态面高、鼻高、容貌耳长与经度呈显著负相关（表 5-6），即随着经度的增大（从中国西部到东部），蒙古族男性头、面更宽，头更高，额变窄，口变窄，形态面高变低，鼻变低，耳变短。

表 5-6　蒙古族男性头面部测量指标与经度、纬度、年平均温度、年龄的相关分析

指标	经度 r	经度 P	纬度 r	纬度 P	年平均温度 r	年平均温度 P	年龄 r	年龄 P	指标	经度 r	经度 P	纬度 r	纬度 P	年平均温度 r	年平均温度 P	年龄 r	年龄 P
额最小宽	−0.228**	0.000	0.075**	0.001	−0.117**	0.000	−0.234**	0.000	头长	0.019	0.399	−0.184**	0.000	0.044	0.056	−0.041	0.070
眼内角间宽	0.043	0.262	−0.336**	0.000	0.089**	0.000	−0.037**	0.000	头宽	0.290**	0.000	0.336**	0.000	−0.443**	0.000	−0.152**	0.000
鼻宽	−0.033	0.230	0.299	0.060	−0.115**	0.000	0.063**	0.000	鼻高	−0.063**	0.006	−0.238**	0.000	0.302**	0.000	0.128**	0.000
形态面高	−0.470**	0.000	−0.014	0.553	0.121**	0.000	0.040	0.077	唇高	0.012	0.588	−0.249**	0.000	0.188**	0.000	−0.426**	0.000
容貌耳长	−0.094**	0.000	0.268**	0.000	−0.264**	0.000	0.330**	0.000	面宽	0.439**	0.000	−0.026	0.263	−0.123**	0.000	−0.119**	0.000
耳上头高	0.079**	0.001	0.167**	0.000	−0.113**	0.000	−0.159**	0.000	口宽	−0.198**	0.000	−0.027	0.230	−0.029	0.204	0.139**	0.000

注：r 为相关系数，**表示 $P<0.01$，相关系数具有统计学意义

男性头宽、额最小宽、容貌耳长、耳上头高与纬度呈显著正相关，头长、眼内角间宽、鼻高、唇高与纬度呈显著负相关，即随着纬度增大（从中国南部到北部），蒙古族

男性头变宽，额变宽，耳变长，头变高、变短，两眼距离变窄，鼻变低，唇变薄。

除了头长、口宽外，男性其余 10 项测量指标值都随着年平均温度的变化而改变，眼内角间宽、形态面高、鼻高、唇高与年平均温度呈显著正相关，头宽、额最小宽、面宽、鼻宽、容貌耳长、耳上头高与年平均温度呈显著负相关，即随着年平均温度的增加，蒙古族男性两眼距离变宽，形态面高变高，鼻变高，唇变厚，头、额、面、鼻变窄，头变低。

男性的鼻宽、口宽、鼻高、容貌耳长与年龄呈显著正相关，头宽、额最小宽、面宽、眼内角间宽、唇高、耳上头高与年龄呈显著负相关，即随着年龄的增长，鼻、口变宽，鼻变高，耳变长，头、额、面、两眼距离变窄，唇变薄，头变低。

蒙古族女性头宽、面宽、鼻宽、唇高、耳上头高与经度呈显著正相关，额最小宽、口宽、形态面高、鼻高、容貌耳长与经度呈显著负相关（表 5-7），即随着经度的增大（从中国西部到东部），蒙古族女性头、面、鼻变宽，唇变厚，头变高，额变窄，口变窄，形态面高变低，鼻变低，耳变短。

表 5-7 蒙古族女性头面部测量指标与经度、围度、年平均温度、年龄的相关分析

指标	经度 r	经度 P	纬度 r	纬度 P	年平均温度 r	年平均温度 P	年龄 r	年龄 P	指标	经度 r	经度 P	纬度 r	纬度 P	年平均温度 r	年平均温度 P	年龄 r	年龄 P
额最小宽	−0.202**	0.000	0.050*	0.012	−0.102**	0.000	−0.136**	0.000	头长	0.008	0.676	−0.132**	0.000	−0.045*	0.024	0.030	0.139
眼内角宽	−0.018	0.361	0.145**	0.000	−0.201**	0.000	−0.147**	0.000	头宽	0.211**	0.000	0.295**	0.000	−0.398**	0.003	−0.059**	0.003
鼻宽	0.062**	0.002	0.032	0.112	−0.083**	0.000	0.279**	0.000	鼻高	−0.073**	0.000	−0.345**	0.000	0.368**	0.000	0.096**	0.000
容貌耳长	−0.184**	0.000	0.208**	0.000	−0.258**	0.000	−0.358**	0.000	唇高	0.061**	0.002	−0.227**	0.000	−0.193**	0.000	−0.419**	0.000
耳上头高	0.139**	0.000	0.284**	0.000	−0.245**	0.000	−0.085**	0.000	口宽	−0.220**	0.000	−0.114**	0.000	0.036	0.072	0.134**	0.000
形态面高	−0.485**	0.000	−0.029	0.154	0.091**	0.000	0.003	0.890	面宽	0.398**	0.000	−0.013	0.507	−0.120**	0.003	−0.099**	0.000

注：r 为相关系数，*表示 $P<0.05$，**表示 $P<0.01$，相关系数具有统计学意义

女性头宽、额最小宽、眼内角间宽、容貌耳长、耳上头高与纬度呈显著正相关，头长、口宽、鼻高、唇高与纬度呈显著负相关，即随着纬度增大（从中国南部到北部），女性头、额变宽，两眼距离变宽，耳变长，头变高、变短，口变窄，鼻变低，唇变薄。

除女性口宽外，其余 11 项测量指标值都随着年平均温度的变化而改变，鼻高、形态面高与年平均温度呈显著正相关，鼻宽、容貌耳长、头宽、额最小宽、面宽、眼内角间宽、耳上头高、头长与年平均温度呈显著负相关，即随着年平均温度的增加，女性头变窄、变低，额变窄，形态面高变高，面变窄，鼻变高、变窄，耳变短，唇变薄，两眼距离变窄。

女性的头长、形态面高与年龄不相关，鼻宽、鼻高、口宽与年龄呈显著正相关，头宽、额最小宽、面宽、眼内角间宽、容貌耳长、唇高、耳上头高与年龄呈显著负相关，即随着年龄的增长，女性鼻、口变宽，鼻变高，头、额、面变窄，两眼间距离变窄，耳变短，唇变薄，头变低。

将 17 个蒙古族族群按照所属地区分成东北三省蒙古族（杜尔伯特部、郭尔罗斯部、阜新蒙古族、喀左县蒙古族）、内蒙古蒙古族（巴尔虎部、布里亚特部、科尔沁部、赤峰蒙古族、锡林郭勒蒙古族、鄂尔多斯部、乌拉特部）、西部蒙古族（阿拉善和硕特部、青海和硕特部、额济纳土尔扈特部、新疆察哈尔部、新疆土尔扈特部）、云南蒙古族。

用地区内各个样本的指标值计算4个地区蒙古族指标的均数。

表5-8列出的北亚类型、东亚类型的面宽、鼻宽、形态面高参考值取自于雅·雅·罗金斯基和马·格·列文编著的《人类学》[16]。一般认为，蒙古族体质特征属于亚美人种的北亚类型，汉族属于东亚类型[17]。雅·雅·罗金斯基等认为，蒙古人属于北亚类型的中亚变种，可以推断其含有东亚人种的成分。北方汉族面高、鼻高、形态面高均数与东亚类型均数很接近。蒙古族头面部特征也接近东亚类型，而不是北亚类型。要得出蒙古族头面部特征的人种类型还需要进行更多指标（如唇高、面部扁平度）的比较。面宽、鼻宽是进行人种学研究的重要指标。

表5-8　不同地区蒙古族的面宽、鼻宽、形态面高均数（mm，Mean）

族群	面宽	鼻宽	形态面高	族群	面宽	鼻宽	形态面高
东北三省蒙古族	143.6	38.4	123.6	北方汉族	142.8	38.8	126.8
内蒙古蒙古族	146.4	37.6	127.3	北亚类型	147.0～151.0	35.0～38.0	120.0～125.0
西部蒙古族	140.5	39.1	129.6	东亚类型	143.0	37.0	125.0
云南蒙古族	141.9	37.0	129.4				

有资料对男性面宽值进行了比较，亚美人种为131～145mm，赤道人种为121～138mm，欧亚人种为124～139mm[16]。相比之下，亚美人种具有比较宽阔的面部。中国蒙古族的面宽达到了亚美人种面宽的上限。例如，内蒙古蒙古族面宽均数为146.4mm，东北三省蒙古族面宽均数为148.6mm，相比之下，西部蒙古族和南方蒙古族面宽均数略小一些（表5-8）。蒙古族各个族群头宽均数在148.6（云南蒙古族）～164.0mm（布里亚特部），北方汉族男性则为155.4mm，而2009年意大利的一项生长发育调查显示，17岁男孩头宽的中位数还不到14.5cm[18]。

关于北亚人、东亚人有一个比较宽阔的头部和面孔，学者给出了不同的解释。有学者认为这是由于东亚人的祖先在向东亚迁徙过程中，不断发生基因突变。尼安德特人是一群已经灭绝的史前人类，他们的身材高大，体格粗壮，头面部比晚期智人大得多。目前发现现代东亚人拥有比欧洲人多20%的尼安德特人基因。学者推断晚期智人在走出非洲后，在中东地区和尼安德特人相遇，出现了基因的交流；晚期智人的一支在向亚洲迁徙的过程中又与尼安德特人相遇，再次发生基因交流[19]。学者认为，东亚人头面部宽大的原因是其身上具有的相对较多的尼安德特人的基因在起作用。

参 考 文 献

[1] 朱钦, 刘文忠, 李志军, 等. 蒙古族的体格、体型和半个多世纪以来的变化. 人类学学报, 1993, 12(4): 347-356.

[2] 朱钦, 郑连斌, 金寅淳, 等. 现在の内蒙古哲里木地域の形态特征とその960年间の动向. Anthropological Science(日本), 1998, 106: 143-151.

[3] 吕泉, 袁生华, 代素娥, 等. 内蒙古赤峰地区蒙古族成人体质特征的研究. 人类学学报, 1998, 17(1): 32-44.

[4] 齐连枝, 王树勋, 朱钦, 等. 内蒙古锡林郭勒盟蒙古族体质现状. 内蒙古医学院学报, 2001, 23(3): 141-146.

[5] 李咏兰, 郑连斌, 陆舜华, 等. 中国布里亚特部的体质特征. 人类学学报, 2011, 30(4): 357-367.

[6] 李咏兰, 郑连斌, 旺庆. 鄂尔多斯蒙古族头面部的人体测量学. 解剖学报, 2015, 46(5): 684-689.
[7] 李咏兰, 郑连斌. 中国巴尔虎部的体质特征. 人类学学报, 2016, 35(3): 431-444.
[8] 艾琼华, 赵建新, 肖辉, 等. 新疆蒙古族体质人类学研究. 人类学学报, 1994, 13(1): 46-55.
[9] 王静兰, 邵兴周, 崔静. 新疆蒙古族土尔扈特部体质特征调查. 人类学学报, 1993, (2): 43-52.
[10] 郑连斌, 陆舜华, 丁博, 等. 云南蒙古族体质特征. 人类学学报, 2011, 30(1): 74-85.
[11] 陈明达, 于道中, 于葆, 等. 实用体质学. 北京: 北京医科大学、中国协和医科大学联合出版社, 1993.
[12] Li YL, Zheng LB, Yu KL, et al. Variation of head and facial morphological characteristics with increased age of Han in Southern China. Chin Sci Bull, 2013, 58(4-5): 517-524.
[13] 郑连斌, 李咏兰, 席焕久, 等. 中国汉族体质人类学研究. 北京: 科学出版社, 2017: 37-38.
[14] 席焕久, 陈昭. 人体测量方法. 北京: 科学出版社, 2010: 145-156.
[15] 林海明, 杜子芳. 主成分分析综合评价应该注意的问题. 统计研究, 2013, 30(8): 25-31.
[16] 雅·雅·罗金斯基, 马·格·列文. 人类学. 王培英, 汪连兴, 史庆礼译. 北京: 警官教育出版社, 1993: 525-528.
[17] 陈永龄. 民族词典. 上海: 上海辞书出版社, 1987.
[18] Sanna E, Palmas L, Soro MR, et al. Growth charts of head length and breadth for regional areas? A study in Sardinia (Italy). HOMO-Journal of Comparative Human Biology, 2012, 63(1): 67-75.
[19] Vernot B, Akey J. Complex history of admixture between modern humans and neandertals. The American Journal of Human Genetics, 2015, 96(3): 448-453.

第六章　中国蒙古族头面部的观察指标

人的头面部指标中除了测量指标外，还有一类观察指标，需要用眼睛观察来判断被测者的形态特征。头面部观察指标很多，也很重要。头面部观察指标与头面部测量指标，可用来分析人的容貌特征。观察头面部特征时，需要对各个指标的特点进行分型（也称分级）。学术界已经对各个观察指标的分类方法进行了规定。但是在实际测量中，如果没有长期的观察经验，是不容易准确判断的。所以观察指标的判断有一定难度。头面部的观察指标主要可以分为几大类。毛发：包括发型、前额发际、眉毛发达度、发旋等。额部：包括额头倾斜度、眉弓粗壮度等。眼部：包括上眼睑皱褶、蒙古褶（也称内眦褶）、眼裂高度、眼裂倾斜度等。鼻部：包括鼻根高度、鼻背侧面观、鼻基部、鼻孔最大径方向、鼻翼宽等。唇部：包括上唇侧面观、上唇皮肤部高、红唇厚度等。耳部：包括耳垂类型、达尔文结节等。舌运动类型：包括尖舌、卷舌、翻舌等。不对称行为特征：包括利手、扣手、交叉臂。还有拇指类型、下颏类型等。这些指标多为遗传表型。有些指标在进行人类学研究和遗传学研究时，调查方法是一致的，但有些指标则不一致，如耳垂形状，进行人类学研究时要分圆形、方形、三角形，而进行遗传学研究时，只记录有耳垂和无耳垂。

第一节　中国蒙古族各个族群头面部观察指标的出现率

一、东北三省蒙古族头面部观察指标的出现率

（一）杜尔伯特部头面部观察指标的出现率

杜尔伯特部男性额部多后斜，女性多直型。男性眉毛发达度多为中等，女性眉毛发达度稀少型率与中等型率相等。男性、女性的眉弓都不粗壮，上眼睑多有皱褶，眼内角多无蒙古褶。眼裂高度男性多为狭窄，女性多为中等。男性、女性眼外角多高于眼内角。男性鼻根高度多为中等，女性多为低平。男性、女性多为直鼻背。鼻基部男性多水平，女性多上翘。男性、女性颧部突出度扁平率最高。大约一半的男性、女性耳垂为三角形。男性、女性多为直型下颏，上唇皮肤部高多为中等，红唇多薄唇。男性鼻翼宽多大于眼内角间宽，女性鼻翼宽多与眼内角间宽接近（表6-1）。

（二）郭尔罗斯部头面部观察指标的出现率

郭尔罗斯部男性、女性额部多直型。一半的男性眉毛发达度为中等，女性眉毛发达度弱于男性。男性、女性的眉弓都不粗壮，上眼睑多有皱褶，眼内角多无蒙古褶。眼裂高度男性多为狭窄，女性多为中等。男性、女性眼外角多高于眼内角。有一半的男性、女性鼻根高度为中等。男性、女性多为直鼻背。鼻基部男性多水平，女性水平率为50.0%。

表 6-1　东北三省蒙古族头面部观察指标的出现率

指标		杜尔伯特部 男性 n	%	女性 n	%	郭尔罗斯部 男性 n	%	女性 n	%	阜新蒙古族 男性 n	%	女性 n	%	喀左县蒙古族 男性 n	%	女性 n	%
前额倾斜度	后斜	47	55.3	45	29.2	87	49.2	52	23.2	87	55.1	72	29.3	74	54.4	71	26.1
	直型	38	44.7	104	67.5	90	50.8	166	74.1	70	44.3	172	69.9	61	44.9	195	71.7
	前凸	0	0	5	3.2	0	0	6	2.7	1	0.6	2	0.8	1	0.7	6	2.2
眉毛发达度	稀少	23	27.1	75	48.7	39	22.0	106	47.3	30	19.0	111	45.1	38	27.9	134	49.3
	中等	52	61.2	75	48.7	89	50.3	100	44.6	92	58.2	124	50.4	66	48.5	119	43.8
	浓密	10	11.8	4	2.6	49	27.7	18	8.0	36	22.8	11	4.5	32	23.5	19	7.0
眉弓粗壮度	弱	71	83.5	146	94.8	143	80.8	213	95.1	120	75.9	241	98.0	91	66.9	254	93.4
	中等	14	16.5	7	4.5	33	18.6	11	4.9	37	23.4	5	2.0	43	31.6	18	6.6
	粗壮	0	0	1	0.6	1	0.6	0	0	1	0.6	0	0	2	1.5	0	0
上眼睑皱褶	有	61	71.8	120	77.9	118	66.7	166	74.1	93	58.9	171	69.5	80	58.8	174	64.0
	无	24	28.2	34	22.1	59	33.3	58	25.9	65	41.1	75	30.5	56	41.2	98	36.0
蒙古褶	有	32	37.6	58	37.7	64	36.2	89	39.7	52	32.9	108	43.9	24	17.6	124	45.6
	无	53	62.4	96	62.3	113	63.8	135	60.3	106	67.1	138	56.1	112	82.4	148	54.4
眼裂高度	狭窄	45	52.9	55	35.7	110	62.1	68	30.4	83	52.5	109	44.3	80	58.8	100	36.8
	中等	38	44.7	91	59.1	63	35.6	143	63.8	70	44.3	128	52.0	53	39.0	158	58.1
	较宽	3	3.5	8	5.2	4	2.3	13	5.8	5	3.2	9	3.7	3	2.2	13	4.8
眼裂倾斜度	内角高	0	0	1	0.6	0	0	2	0.9	2	1.3	3	1.2	9	6.6	12	4.4
	水平	51	60	65	42.2	75	42.4	76	33.9	81	51.3	109	44.3	86	63.2	123	45.2
	外角高	34	40	88	57.1	102	57.6	146	65.2	75	47.5	134	54.5	41	30.1	137	50.4
鼻根高度	低平	29	34.1	91	59.1	79	44.6	98	43.8	56	35.4	133	54.1	49	36.0	123	45.2
	中等	55	64.7	63	40.9	97	54.8	124	55.4	99	62.7	113	45.9	85	62.5	149	54.8
	较高	1	1.2	0	0	1	0.6	2	0.9	3	1.9	0	0	2	1.5	0	0
鼻背侧面观	凹型	8	9.4	7	4.5	12	6.8	43	19.2	10	6.3	50	20.3	4	2.9	52	19.1
	直型	69	81.2	115	74.7	134	75.7	169	75.4	133	84.2	189	76.8	111	81.6	205	75.4
	凸型	5	5.9	31	20.1	21	11.9	9	4.0	13	8.2	7	2.8	18	13.2	13	4.8
	波型	3	3.5	1	0.6	10	5.6	3	1.3	2	1.3	0	0	3	2.2	2	0.7
鼻基部	上翘	27	31.8	92	59.7	61	34.5	106	47.3	62	39.2	119	48.4	51	37.5	127	46.7
	水平	53	62.4	61	39.6	114	64.4	112	50	88	55.7	125	50.8	79	58.1	140	51.5
	下垂	5	5.9	1	0.6	2	1.1	6	2.7	8	5.1	2	0.8	6	4.4	5	1.8
颧部突出度	扁平	36	42.4	128	83.1	94	53.1	144	64.3	70	44.3	153	62.2	19	14.0	38	14.0
	中等	17	20	11	7.1	16	9.0	25	11.2	14	8.9	20	8.1	6	4.4	16	5.9
	微弱	32	37.6	15	9.7	67	37.9	55	24.6	74	46.8	73	29.7	111	81.6	218	80.1
耳垂类型	圆形	37	43.5	57	37.0	64	36.2	73	32.6	58	36.7	70	28.5	46	33.8	74	27.2
	方形	2	2.4	19	12.3	19	10.7	24	10.7	28	17.7	32	13.0	20	14.7	44	16.2
	三角形	46	54.1	78	50.6	94	53.1	127	56.7	72	45.6	144	58.5	70	51.5	154	56.6
下颏类型	后斜型	16	18.8	25	16.2	23	13.0	37	16.5	9	5.7	24	9.8	14	10.3	11	4.0
	直型	54	63.5	110	71.4	133	75.1	158	70.5	133	84.2	195	79.3	113	83.1	241	88.6
	凸型	15	17.6	19	12.3	21	11.9	29	12.9	16	10.1	27	11.0	9	6.6	20	7.4
上唇皮肤部高	低	0	0	0	0	1	0.6	2	0.9	4	2.5	7	2.8	1	0.7	10	3.7
	中等	51	60	117	76.0	105	59.3	169	75.4	107	67.7	189	76.8	70	51.5	227	83.5

续表

指标		杜尔伯特部				郭尔罗斯部				阜新蒙古族				喀左县蒙古族			
		男性		女性		男性		女性		男性		女性		男性		女性	
		n	%	n	%	n	%	n	%	n	%	n	%	n	%	n	%
上唇皮肤部高	高	34	40.0	37	24.0	71	40.1	53	23.7	47	29.7	50	20.3	65	47.8	35	12.9
红唇厚度	薄唇	56	65.9	105	68.2	113	63.8	166	74.1	99	62.7	155	63.0	88	64.7	172	63.2
	中唇	24	28.2	47	30.5	58	32.8	56	25.0	47	29.7	89	36.2	15	11.0	97	35.7
	厚唇	5	5.9	2	1.3	6	3.4	2	0.9	12	7.6	2	0.8	33	24.3	3	1.1
鼻翼宽	狭窄	2	2.4	6	3.9	1	0.6	6	2.7	3	1.9	4	1.6	2	1.5	10	3.7
	中等	22	25.9	87	56.5	54	30.5	130	58.0	41	25.9	117	47.6	37	27.2	137	50.4
	宽阔	61	71.8	61	39.6	122	68.9	88	39.3	114	72.2	125	50.8	97	71.3	125	46.0

男性、女性颧部突出度扁平率高。大约一半的男性、女性耳垂为三角形。男性、女性多为直型下颏，上唇皮肤部高多为中等，红唇多薄唇。男性鼻翼宽多大于眼内角宽，女性鼻翼宽多与眼内角宽接近（表6-1）。

（三）阜新蒙古族头面部观察指标的出现率

阜新蒙古族男性额部多后斜，女性额部多为直型。男性眉毛发达度多为中等，一半的女性眉毛发达度为中等且眉毛发达度浓密者很少。男性、女性的眉弓都不明显，上眼睑多有皱褶，眼内角多无蒙古褶。约一半的男性眼裂高度为狭窄，女性为中等。有一半的男性眼裂呈水平状，一半的女性则为眼外角高于眼内角。男性鼻根高度多为中等，一半的女性为低平。男性、女性多为直型鼻背。鼻基部男性多水平，女性水平率略高于50%。男性颧部突出度微弱型率、扁平型率型都较高，女性颧骨比较突出。男性耳垂为三角形率最高，女性耳垂多为三角形。男性、女性多为直型下颏，上唇皮肤部高多为中等，红唇多薄唇。多数男性和一半的女性鼻翼宽大于眼内角宽（表6-1）。

（四）喀左县蒙古族头面部观察指标的出现率

喀左县蒙古族男性额部多后斜，女性额部多为直型。男性眉毛发达度中等型率最高，女性眉毛发达度稀少型率最高，且眉毛发达度浓密者很少。男性、女性的眉弓不明显，上眼睑多有皱褶，眼内角多无蒙古褶。眼裂高度男性多狭窄，女性多为中等。男性眼裂多呈水平状，有一半的女性则为眼外角高于眼内角。男性、女性鼻根高度多为中等，多为直鼻背。鼻基部男性多水平，女性水平率略高于50%。男性、女性颧部突出度多为微弱型。男性耳垂三角形率略高于50%，女性耳垂多为三角形。男性、女性多为直型下颏。约一半的男性上唇皮肤部高为中等，女性上唇皮肤部高多为中等。喀左县蒙古族红唇多薄型。男性鼻翼宽多大于眼内角宽，有一半女性鼻翼宽接近眼内角宽（表6-1）。

（五）东北三省蒙古族头面部观察指标的出现率

东北三省4个族群男女合计资料显示（表6-2），额部多直型，眉毛发达度中等型率最高，眉弓不明显，上眼睑多有皱褶，眼内角多无蒙古褶，眼裂高度多为中等，眼裂水平率、眼外角高型率较高，鼻根高度多为中等，多为直鼻背，鼻基部水平率约50%，喀左县蒙古族颧部突出度多为微弱型，其他三个族群颧部突出度多为扁平型，耳垂多为三角形，多为直型下颏，上唇皮肤部高多为中等，红唇多为薄唇，鼻翼宽多大于眼内角宽。u 检验显示，4 个族群间多数指标出现率的差异不具有统计学意义（表 6-3），体现出了东北三省蒙古族头面部特征的一致性。族群间眼裂倾斜度、颧部突出度出现率的差异多具有统计学意义。

表 6-2 东北三省蒙古族头面部观察指标的出现率

指标		杜尔伯特部 n	%	郭尔罗斯部 n	%	阜新蒙古族 n	%	喀左县蒙古族 n	%
前额倾斜度	后斜	92	38.5	139	34.7	159	39.4	145	35.5
	直型	142	59.4	256	63.8	242	59.9	256	62.7
	前凸	5	2.1	6	1.5	3	0.7	7	1.7
眉毛发达度	稀少	98	41.0	145	36.2	141	34.9	172	42.2
	中等	127	53.1	189	47.1	216	53.5	185	45.3
	浓密	14	5.9	67	16.7	47	11.6	51	12.5
眉弓粗壮度	弱	217	90.8	356	88.8	361	89.4	345	84.6
	中等	21	8.8	44	11.0	42	10.4	61	15.0
	粗壮	1	0.4	1	0.2	1	0.2	2	0.5
上眼睑皱褶	有	181	75.7	284	70.8	264	65.3	254	62.3
	无	58	24.3	117	29.2	140	34.7	154	37.7
右蒙古褶	有	90	37.7	153	38.2	160	39.6	148	36.3
	无	149	62.3	248	61.8	244	60.4	260	63.7
眼裂高度	狭窄	100	41.8	178	44.4	192	47.5	180	44.1
	中等	129	54.0	206	51.4	198	49.0	211	51.7
	较宽	11	4.6	17	4.2	14	3.5	16	3.9
眼裂倾斜度	内角高	1	0.4	104	25.9	5	1.2	21	5.1
	水平	116	48.5	151	37.7	190	47.0	209	51.2
	外角高	122	51.0	146	36.4	209	51.7	178	43.6
鼻根高度	低平	120	50.2	177	44.1	189	46.8	172	42.2
	中等	118	49.4	221	55.1	212	52.5	234	57.4
	较高	1	0.4	3	0.7	3	0.7	2	0.5
鼻背侧面观	凹型	15	6.3	55	13.7	60	14.9	56	13.7
	直型	184	77.0	303	75.6	322	79.7	316	77.5
	凸型	36	15.1	30	7.5	20	5.0	31	7.6
	波型	4	1.7	13	3.2	2	0.5	5	1.2
鼻基部	上翘	119	49.8	167	41.6	181	44.8	178	43.6
	水平	114	47.7	226	56.4	213	52.7	219	53.7
	下垂	6	2.5	8	2.0	10	2.5	11	2.7
颧部突出度	扁平	164	68.6	238	59.4	223	55.2	57	14.0
	中等	28	11.7	41	10.2	34	8.4	22	5.4
	微弱	47	19.7	122	30.4	147	36.4	329	80.6

续表

指标		杜尔伯特部 n	%	郭尔罗斯部 n	%	阜新蒙古族 n	%	喀左县蒙古族 n	%
耳垂类型	圆形	94	39.3	137	34.2	128	31.7	120	29.4
	方形	21	8.8	43	10.7	60	14.9	64	15.7
	三角形	124	51.9	221	55.1	216	53.5	224	54.9
下颏类型	后缩	41	17.2	60	15.0	33	8.2	25	6.1
	直型	164	68.6	291	72.6	328	81.2	354	86.8
	凸型	34	14.2	50	12.5	43	10.6	29	7.1
上唇皮肤部高	低	0	0	3	0.7	11	2.7	11	2.7
	中等	168	70.3	274	68.3	296	73.3	297	72.8
	高	71	29.7	124	30.9	97	24.0	100	24.5
红唇厚度	薄唇	161	67.4	279	69.6	254	62.9	260	63.7
	中唇	71	29.7	114	28.4	136	33.7	112	27.5
	厚唇	7	2.9	8	2.0	14	3.5	36	8.8
鼻翼宽	狭窄	8	3.3	7	1.7	7	1.7	12	2.9
	中等	109	45.6	184	45.9	158	39.1	174	42.6
	宽阔	122	51.0	210	52.4	239	59.2	222	54.4

表 6-3 东北三省蒙古族头面部观察指标出现率的 u 检验

指标		$u1$	$u2$	$u3$	$u4$	$u5$	$u6$
前额倾斜度	后斜	0.98	0.22	0.75	1.38	0.26	1.12
	直型	1.12	0.12	0.84	1.15	0.32	0.83
	前凸	0.56	1.49	0.34	1.02	0.25	1.26
眉毛发达度	稀少	1.22	1.55	0.29	0.37	1.75	2.12*
	中等	1.47	0.08	1.92	1.80	0.51	2.31*
	浓密	3.99**	2.42*	2.71**	2.06*	1.70	0.38
眉弓粗壮度	弱	0.81	0.58	2.27*	0.26	1.76	2.03*
	中等	0.89	0.66	2.27*	0.26	1.68	1.95
	粗壮	0.37	0.38	0.13	0.01	0.56	0.57
上眼睑皱褶	有	1.35	2.76**	3.53**	1.67	2.58**	0.92
	无	1.35	2.76**	3.53**	1.67	2.58**	0.92
右蒙古褶	有	0.13	0.49	0.35	0.42	0.55	0.98
	无	0.13	0.49	0.35	0.42	0.55	0.98
眼裂高度	狭窄	0.63	1.40	0.56	0.89	0.08	0.97
	中等	0.64	1.22	0.56	0.67	0.10	0.77
	较宽	0.22	0.72	0.42	0.57	0.23	0.34
眼裂倾斜度	内角高	8.43**	1.04	3.20**	10.24**	8.18**	3.16**
	水平	2.70**	0.37	0.66	2.69**	3.88**	1.20
	外角高	3.63**	0.17	1.83	4.38**	2.09*	2.31*
鼻根高度	低平	1.49	0.84	1.99*	0.75	0.57	1.33
	中等	1.41	0.76	1.97*	0.75	0.64	1.40
	较高	0.51	0.51	0.13	0.01	0.47	0.46

续表

指标		u1	u2	u3	u4	u5	u6
鼻背侧面观	凹型	2.92**	3.27**	2.93**	0.46	0.00	0.46
	直型	0.41	0.81	0.14	1.41	0.63	0.78
	凸型	3.05**	4.39**	3.01**	1.49	0.06	1.55
	波型	1.19	1.50	0.47	2.88**	1.94	1.13
鼻基部	上翘	2.00*	1.23	1.52	0.90	0.57	0.34
	水平	2.12*	1.23	1.47	1.04	0.77	0.27
	下垂	0.43	0.03	0.14	0.46	0.66	0.20
颧部突出度	扁平	2.35*	3.36**	14.15**	1.19	13.41**	12.36**
	中等	0.59	1.37	2.91**	0.88	2.56*	1.70
	微弱	2.99**	4.46**	15.17**	1.79	14.38**	12.80**
耳垂类型	圆形	1.32	1.97*	2.59**	0.75	1.45	0.70
	方形	0.79	2.24*	2.51*	1.75	2.08*	0.33
	三角形	0.79	0.39	0.74	0.47	0.06	0.41
下颏类型	后斜型	0.74	3.45**	4.47**	3.02**	4.10**	1.13
	直型	1.07	3.63**	5.58**	2.90**	5.02**	2.17*
	凸型	0.64	1.35	2.95**	0.81	2.57*	1.77
上唇皮肤部高	低	1.34	2.57*	2.56*	2.14*	2.12*	0.02
	中等	0.52	0.81	0.68	1.54	1.39	0.15
	高	0.32	1.59	1.45	2.20*	2.04*	0.17
红唇厚度	薄唇	0.58	1.15	0.94	2.01*	1.76	0.25
	中唇	0.35	1.04	0.61	1.60	0.31	1.92
	厚唇	0.76	0.37	2.91**	1.28	4.28**	3.18**
鼻翼宽	狭窄	1.30	1.31	0.29	0.01	1.12	1.14
	中等	0.07	1.62	0.73	1.94	0.93	1.03
	宽阔	0.32	2.00*	0.83	1.94	0.58	1.37

注：u1 表示杜尔伯特部和郭尔罗斯部的 u 检验值，u2 表示杜尔伯特部和阜新蒙古族的 u 检验值，u3 表示杜尔伯特部和喀左县蒙古族的 u 检验值，u4 表示郭尔罗斯部和阜新蒙古族的 u 检验值，u5 表示郭尔罗斯部和喀左县蒙古族的 u 检验值，u6 表示阜新蒙古族和喀左县蒙古族的 u 检验值，*表示 $P<0.05$，**表示 $P<0.01$，差异具有统计学意义

二、内蒙古蒙古族头面部观察指标的出现率

（一）巴尔虎部头面部观察指标的出现率

巴尔虎部上眼睑多有皱褶，眼内角多无蒙古褶，眼裂多狭窄。男性眼裂倾斜度的水平型率与眼外角高型率很接近，女性眼外角多高于眼内角。男性、女性鼻根高度多为中等，多为直鼻背。鼻基部男性多水平，女性水平率略高于50%。男性、女性颧部突出度多为扁平型。男性耳垂的三角形率与圆形率接近，女性耳垂多为圆形。男性、女性上

唇皮肤部高多为中等，红唇多薄唇。男性鼻翼宽多小于眼内角宽，女性鼻翼宽接近眼内角宽（表6-4）。

巴尔虎部妇女侧面，鼻背与下颏类型凸形，颧部突出　　　　巴尔虎部小姑娘

表 6-4　巴尔虎部头面部观察指标的出现率

指标		男性 n	%	女性 n	%	指标		男性 n	%	女性 n	%
上眼睑皱褶	有	103	52.6	129	63.2	蒙古褶	有	80	40.8	80	39.2
	无	93	47.4	75	36.8		无	116	59.2	124	60.8
眼裂高度	狭窄	143	73.0	125	61.3	颧部突出度	扁平	158	80.6	195	95.6
	中等	52	26.5	67	32.8		中等	17	8.7	3	1.5
	较宽	1	0.5	12	5.9		微弱	21	10.7	6	2.9
眼裂倾斜度	内角高	1	0.5	0	0	耳垂类型	圆形	90	45.9	111	54.4
	水平	96	49.0	74	36.3		方形	16	8.2	18	8.8
	外角高	99	50.5	130	63.7		三角形	90	45.9	75	36.8
鼻根高度	低平	24	12.2	74	36.3	上唇皮肤部高	低	66	33.7	88	43.1
	中等	143	73.0	117	57.4		中等	116	59.2	106	52.0
	较高	29	14.8	13	6.4		高	14	7.1	10	4.9
鼻背侧面观	凹型	18	9.2	47	23.0	红唇厚度	薄唇	111	56.6	146	71.6
	直型	147	75.0	146	71.6		中唇	48	24.5	40	19.6
	凸型	31	15.8	11	5.4		厚唇	37	18.9	18	8.8
	波型	0	0	0	0	鼻翼宽	狭窄	124	63.3	59	28.9
鼻基部	上翘	51	26.0	72	35.3		中等	65	33.2	124	60.8
	水平	119	60.7	112	54.9		宽阔	7	3.6	21	10.3
	下垂	26	13.3	20	9.8						

（二）布里亚特部头面部观察指标的出现率

布里亚特部约有半数人有上眼睑皱褶和蒙古褶（表6-5）。鼻根高度男性多为中等，女性多为低平。耳垂男性圆形率最高，女性三角形率最高。上唇皮肤部高男、女均多为中等。布里亚特部多为直鼻背、直型下颏。

表 6-5　布里亚特部头面部观察指标的出现率

指标		男性 n	男性 %	女性 n	女性 %	指标		男性 n	男性 %	女性 n	女性 %
上眼睑皱褶	有	73	49.3	92	58.2	耳垂类型	圆形	69	46.6	69	43.7
	无	75	50.7	66	41.8		方形	27	18.2	14	8.9
蒙古褶	有	77	52.0	76	48.1		三角形	52	35.1	75	47.5
	无	71	48.0	82	51.9	下颏类型	后斜型	11	7.4	26	16.5
鼻根高度	低平	43	29.1	85	53.8		直型	101	68.2	92	58.2
	中等	98	66.2	73	46.2		凸型	36	24.3	40	25.3
	较高	7	4.7	0	0	上唇皮肤部高	低	3	2.0	3	1.9
鼻背侧面观	凹型	17	11.5	40	25.3		中等	117	79.1	135	85.4
	直型	100	67.6	110	69.6		高	28	18.9	20	12.7
	凸型	31	20.9	8	5.1						

注：男性 148 例，女性 158 例

（三）科尔沁部头面部观察指标的出现率

科尔沁部眼裂多为水平，多为直鼻背。男性耳垂圆形率最高，女性耳垂圆形率、三角形率接近。科尔沁部多有蒙古褶，上唇皮肤部高多为中等，红唇多中唇（表 6-6）。

表 6-6　科尔沁部头面部观察指标的出现率

指标		男性 n	男性 %	女性 n	女性 %	指标		男性 n	男性 %	女性 n	女性 %
眼裂倾斜度	内角高	4	2.0	3	1.5	蒙古褶	有	107	53.5	120	60.0
	水平	108	54.0	129	64.5		无	93	46.5	80	40.0
	外角高	88	44.0	68	34.0	上唇皮肤部高	低	1	0.5	4	2.0
鼻背侧面观	凹型	2	1.0	2	1.0		中等	197	98.5	191	95.5
	直型	178	89.0	192	96.0		高	2	1.0	5	2.5
	凸型	20	10.0	6	3.0	红唇厚度	薄唇	9	4.5	10	5.0
耳垂类型	圆形	89	44.5	80	40.0		中唇	178	89.0	161	80.5
	方形	71	35.5	83	41.5		厚唇	13	6.5	29	14.5
	三角形	40	20.0	37	18.5						

（四）赤峰蒙古族头面部观察指标的出现率

赤峰蒙古族缺少头面部观察指标出现率的表格，但原作者给出了一些具体数据。赤峰蒙古族眼内、外角在同一水平位占多数（男为 57.43%，女为 56.04%），眼裂高度以中等居多（男为 77.89%，女为 74.16%）。上眼睑皱褶女性发育较好，有皱褶的占多数，男性以无上眼睑皱褶和皱褶与睫毛距离为 1～2mm 者多见。大多数人有蒙古褶，鼻根高度多数为中等（男为 86.80%，女为 84.23%），鼻背侧面观以直型为主（男为 89.77%，女为 79.53%），鼻翼突出度以微突为多数（男为 85.81%，女为 87.25%），耳垂以圆形率最高（男为 61.72%，女为 47.99%），但在女性中三角形耳垂比例亦较高（38.25%），上唇皮肤部高以中等占多数，唇侧面观以正唇居多，所观察的人中男性凸唇率为 0。

（五）乌拉特部头面部观察指标的出现率

乌拉特部多有上眼睑皱褶。男性多无蒙古褶，女性多有蒙古褶。男性眼裂高度多为中等。有一半男性眼裂倾斜度呈水平状，女性眼裂倾斜度亦有一半呈水平状。男性、女性鼻根高度中等型率都略高于一半。男性、女性耳垂圆形率最高，多为直鼻背（表6-7）。

表6-7　乌拉特部头面部观察指标的出现率

指标		男性		女性		指标		男性		女性	
		n	%	n	%			n	%	n	%
上眼睑皱褶	有	168	80.8	165	84.2	鼻根高度	低平	27	11.0	77	39.3
	无	40	19.2	31	15.8		中等	108	51.9	102	52.0
蒙古褶	有	72	34.6	103	52.6		较高	73	35.1	17	8.7
	无	136	65.4	93	47.5	鼻背侧面观	凹型	5	2.4	10	5.1
眼裂高度	狭窄	52	25.0	33	16.8		直型	133	63.9	175	89.3
	中等	124	59.6	116	59.2		凸型	70	33.7	11	5.6
	较宽	32	15.4	47	24.0	耳垂类型	圆形	95	45.7	109	55.6
眼裂倾斜度	内角高	91	43.8	2	1.0		方形	63	30.3	33	16.8
	水平	107	51.4	96	49.0		三角形	50	24.0	54	27.6
	外角高	10	4.8	98	50.0						

（六）鄂尔多斯部头面部观察指标的出现率

鄂尔多斯部上眼睑多有皱褶，有蒙古褶率男性为40.9%，女性为63.9%，鼻根高度多为中等。男性耳垂以圆形率最高，女性以三角形率最高。男性、女性上唇皮肤部高多为中等，红唇多薄唇。男性鼻翼宽多大于眼内角宽，女性多接近眼内角宽。男性与女性相比，有蒙古褶率低，鼻根较高，耳垂圆形率高而三角形率低，上唇皮肤部较高，红唇较厚（表6-8）。

表6-8　鄂尔多斯部头面部观察指标的出现率

指标		男性		女性		指标		男性		女性	
		n	%	n	%			n	%	n	%
上眼睑皱褶	有	101	71.1	155	79.9	鼻基部	上翘	43	30.3	72	37.1
	无	41	28.9	39	20.1		水平	84	59.2	106	54.6
蒙古褶	有	58	40.9	124	63.9		下垂	15	10.6	16	8.3
	无	84	59.2	70	36.1	颧部突出度	扁平	103	72.5	160	82.5
眼裂高度	狭窄	100	70.4	81	41.8		中等	21	14.8	28	14.4
	中等	39	27.5	89	45.9		微弱	18	12.7	6	3.1
	较宽	3	2.1	24	12.4	耳垂类型	圆形	67	47.2	86	44.3
眼裂倾斜度	内角高	1	0.7	63	32.5		方形	16	11.3	15	7.7
	水平	82	57.8	2	1.0		三角形	59	41.6	93	47.9
	外角高	59	41.6	129	66.5	上唇皮肤部高	低	10	7.0	24	12.4
鼻根高度	低平	17	12.0	67	34.5		中等	122	85.9	165	85.1
	中等	107	75.4	123	63.4		高	10	7.0	5	2.6
	较高	18	12.7	4	2.1	红唇厚度	薄唇	80	56.3	113	58.3
鼻背侧面观	凹型	8	5.6	36	18.6		中唇	44	31.0	69	35.6
	直型	120	84.5	144	74.2		厚唇	18	12.7	12	6.2
	凸型	14	9.9	14	7.2	鼻翼宽	狭窄	4	2.8	19	9.8
	波型	0	0	0	0		中等	52	36.6	111	57.2
							宽阔	86	60.6	64	33.0

（七）内蒙古蒙古族头面部观察指标的出现率

内蒙古蒙古族中由于没有锡林郭勒蒙古族头面部观察指标的调查资料，赤峰蒙古族的头面部观察指标数量不多，因此表6-11只列出5个族群的统计数据。5个族群因为采样的时间不同，所以观察的指标数量也不一致（表6-9）。巴尔虎部与鄂尔多斯部观察指标相对较多。内蒙古蒙古族上眼睑多有皱褶。布里亚特部、科尔沁部、鄂尔多斯部多有蒙古褶，巴尔虎部、乌拉特部多无蒙古褶。巴尔虎部、鄂尔多斯部眼裂较狭窄，乌拉特部眼裂高度多为中等。巴尔虎部、鄂尔多斯部多为眼外角高于眼内角。科尔沁部、乌拉特部眼裂倾斜度多为水平。内蒙古蒙古族鼻根高度多为中等，多为直鼻背，鼻基部多水平，颧骨突出。4个族群耳垂的圆形率最高，鄂尔多斯部圆形率与三角形率接近。内蒙古蒙古族上唇皮肤部高多为中等。巴尔虎部、鄂尔多斯部红唇多为薄唇，科尔沁部多为中唇。巴尔虎部、鄂尔多斯部鼻翼宽接近眼内角宽。

表6-9　内蒙古蒙古族头面部观察指标的出现率

指标		巴尔虎部 n	%	布里亚特部 n	%	科尔沁部 n	%	乌拉特部 n	%	鄂尔多斯部 n	%
上眼睑皱褶	有	232	58.0	165	53.9			333	82.4	256	76.2
	无	168	42.0	141	46.1			71	17.6	80	23.8
蒙古褶	有	160	40.0	153	50.0	227	56.8	175	43.3	182	54.2
	无	240	60.0	153	50.0	173	43.3	229	56.7	154	45.8
眼裂高度	狭窄	268	67.0					85	21.0	181	53.9
	中等	119	29.8					240	59.4	128	38.1
	较宽	13	3.3					79	19.6	27	8.0
眼裂倾斜度	内角高	1	0.3			7	1.8	93	23.0	64	19.0
	水平	170	42.5			237	59.3	203	50.2	84	25.0
	外角高	229	57.3			156	39.0	108	26.7	188	56.0
鼻根高度	低平	98	24.5	128	41.8			104	25.7	84	25.0
	中等	260	65.0	171	55.9			210	52.0	230	68.5
	较高	42	10.5	7	2.3			90	22.3	22	6.5
鼻背观	凹型	65	16.3	57	18.6	26	6.5	15	3.7	44	13.1
	直型	293	73.3	210	68.6	370	92.5	308	76.2	264	78.6
	凸型	42	10.5	39	12.7	4	1.0	81	20.0	28	8.3
	波型	0	0							0	0
鼻基部	上翘	123	30.8							115	34.2
	水平	231	57.8							190	56.5
	下垂	46	11.5							31	9.2
颧部突出度	扁平	353	88.3							263	78.3
	中等	20	5.0							49	14.6
	微弱	27	6.8							24	7.1
耳垂类型	圆形	201	50.3	138	45.1	169	42.3	204	49.5	153	45.5
	方形	34	8.5	41	13.4	154	38.5	96	23.8	31	9.2
	三角形	165	41.3	127	41.5	77	19.3	104	25.7	152	45.2

续表

指标		巴尔虎部		布里亚特部		科尔沁部		乌拉特部		鄂尔多斯部	
		n	%	n	%	n	%	n	%	n	%
下颏类型	后斜型			37	12.1						
	直型			193	63.1						
	凸型			76	24.8						
上唇皮肤部高	低	154	38.5	6	2.0	5	1.3			34	10.1
	中等	222	55.5	252	82.4	388	97.0			287	85.4
	高	24	6.0	48	15.7	7	1.8			15	4.5
红唇厚度	薄唇	257	64.3			19	4.8			193	57.4
	中唇	88	22.0			339	84.8			113	33.6
	厚唇	55	13.8			42	10.5			30	8.9
鼻翼宽	狭窄	183	45.8							23	6.8
	中等	189	47.3							163	48.5
	宽阔	28	7.0							150	44.6

考察呼伦贝尔蒙古族的生态环境

诺门罕战役的铁甲车

三、西部蒙古族头面部观察指标的出现率

（一）阿拉善和硕特部头面部观察指标的出现率

阿拉善和硕特部男性额部多后斜，女性多为直型。男性、女性眉毛发达度多为中等，眉弓多不明显，上眼睑多有皱褶，眼内角多有蒙古褶。眼裂高度男性多为狭窄，女性多为中等。男性眼外角与眼内角高度接近，女性眼外角多高于眼内角。男性、女性鼻根高度多为中等，多为直鼻背，鼻基部多水平，女性鼻基部上翘型率也较高。男性颧部突出度微弱型率最高，女性多为扁平型。耳垂男性圆形率最高，女性三角形率最高。男性、女性多为直型下颏，上唇皮肤部高多为中等，红唇多薄唇，鼻翼宽宽阔型率最高（表6-10）。

表 6-10 西部蒙古族头面部观察指标出现率

指标		阿拉善和硕特部 男性 n	%	女性 n	%	额济纳土尔扈特部 男性 n	%	女性 n	%	青海和硕特部 男性 n	%	女性 n	%	新疆察哈尔部 男性 n	%	女性 n	%	新疆土尔扈特部 男性 n	%	女性 n	%
前额倾斜度	后斜	59	66.3	39	27.1					109	65.7	69	35.4	120	55.3	61	27.0	69	61.6	44	34.6
	直型	30	33.7	105	72.9					55	33.1	119	61.0	0	0	6	2.7	1	0.9	3	2.4
	前凸	0	0	0	0					2	1.2	7	3.6	97	44.7	159	70.4	42	37.5	80	63.0
眉毛发达度	稀少	27	30.3	53	36.8					43	25.9	110	56.4	61	28.1	159	70.4	34	30.4	80	63.0
	中等	53	59.6	89	61.8					92	55.4	82	42.1	123	56.7	63	27.9	73	65.2	44	34.6
	浓密	9	10.1	2	1.4					31	18.7	3	1.5	33	15.2	4	1.8	15	13.4	3	2.4
眉弓粗壮度	弱	71	79.8	137	95.1					115	69.3	189	96.9	167	77.0	221	97.8	100	89.3	125	98.4
	中等	17	19.1	7	4.9					46	27.7	5	2.6	45	20.7	4	1.8	9	8.0	2	1.6
	粗壮	1	1.1	0	0					5	3.0	1	0.5	5	2.3	1	0.4	3	2.7	0	0
上眼睑皱褶	有	63	70.8	113	78.5	60	71.4	79	70.5	109	65.7	152	77.9	146	67.3	184	81.4	58	51.8	93	73.2
	无	26	29.2	31	21.5	24	28.6	33	29.5	57	34.3	43	22.1	71	32.7	42	18.6	54	48.2	34	26.8
蒙古褶	有	24	27.0	32	22.2	36	42.9	56	50.0	74	44.6	74	37.9	76	35.0	71	31.4	62	55.4	48	37.8
	无	65	73.0	112	77.8	48	57.1	56	50.0	92	55.4	121	62.1	141	65.0	155	68.6	50	44.6	79	62.2
眼裂高度	狭窄	48	53.9	58	40.3	41	48.8	36	32.1	102	61.4	93	47.7	122	56.2	68	30.1	39	34.8	37	29.1
	中等	38	42.7	80	55.6	40	47.6	66	58.9	62	37.3	94	48.2	94	43.3	152	67.3	73	65.2	83	65.4
	较宽	3	3.4	6	4.2	3	3.6	10	8.9	2	1.2	8	4.1	1	0.5	6	2.7	0	0	7	5.5
眼裂倾斜度	内角高	3	3.4	0	0	1	1.2	0	0	2	1.2	3	1.5	1	0.5	3	1.3	0	0	0	0
	水平	51	57.3	54	37.5	27	32.1	27	24.1	97	58.4	90	46.2	117	53.9	82	36.3	51	45.5	36	28.3
	外角高	35	39.3	90	62.5	56	66.7	85	75.9	67	40.4	102	52.3	99	45.6	141	62.4	61	54.5	91	71.7
鼻根高度	低平	22	24.7	43	29.9	13	15.5	47	42.0	70	42.2	104	53.3	33	15.2	54	23.9	18	16.1	33	26.0
	中等	65	73.0	100	69.4	66	78.6	63	56.3	92	55.4	86	44.1	181	83.4	168	74.3	88	78.6	94	74.0
	较高	2	2.2	1	0.7	5	6.0	2	1.8	4	2.4	5	2.6	3	1.4	4	1.8	6	5.4	0	0
鼻背侧面观	凹型	12	13.5	33	22.9	5	6.0	21	18.8	9	5.4	40	20.5	24	11.1	55	24.3	9	8.0	30	23.6
	直型	61	68.5	96	66.7	66	78.6	86	76.8	130	78.3	145	74.4	150	69.1	146	64.6	78	69.6	91	71.7
	凸型	11	12.4	8	5.6	13	15.5	5	4.5	19	11.4	8	4.1	31	14.3	13	5.8	22	19.6	4	3.1
	波型	5	5.6	7	4.9	0	0	0	0	8	4.8	2	1.0	12	5.5	12	5.3	3	2.7	2	1.6
鼻基部	上翘	24	27.0	68	47.2	26	31.0	34	30.4	39	23.5	69	35.4	43	19.8	77	34.1	33	29.5	52	40.9
	水平	58	65.2	74	51.4	40	47.6	66	58.9	104	62.7	114	58.5	161	74.2	137	60.6	71	63.4	72	56.7
	下垂	7	7.9	2	1.4	18	21.4	12	10.7	23	13.9	12	6.2	13	6.0	12	5.3	8	7.1	3	2.4
颧部突出度	扁平	39	43.8	78	54.2	75	89.3	107	95.5	131	78.9	182	93.3	95	43.8	149	65.9	41	36.6	67	52.8
	中等	6	6.7	10	6.9	3	3.6	2	1.8	15	9.0	8	4.1	8	3.7	7	3.1	4	3.6	8	6.3
	微弱	44	49.4	56	38.9	6	7.1	3	2.7	20	12.0	5	2.6	105	48.4	70	31.0	67	59.8	52	40.9
耳垂类型	圆形	45	50.6	60	41.7	35	41.7	61	54.5	82	49.4	106	54.4	111	51.2	153	67.7	60	53.6	75	59.1
	方形	10	11.2	18	12.5	8	9.5	12	10.7	18	10.8	14	7.2	35	16.1	18	8.0	9	8.0	18	14.2
	三角形	34	38.2	66	45.8	41	48.8	39	34.8	66	39.8	75	38.5	71	32.7	55	24.3	43	38.4	34	26.8

续表

指标		阿拉善和硕特部				额济纳土尔扈特部				青海和硕特部				新疆察哈尔部				新疆土尔扈特部			
		男性		女性		男性		女性		男性		女性		男性		女性		男性		女性	
		n	%	n	%	n	%	n	%	n	%	n	%	n	%	n	%	n	%	n	%
下颏类型	后斜型	8	9.0	4	2.8					6	3.6	8	4.1	13	6.0	8	3.5	4	3.6	9	7.1
	直型	58	65.2	113	78.5					114	68.7	117	60.0	121	55.8	147	65.0	78	69.6	86	67.7
	凸型	23	25.8	27	18.8					46	27.7	70	35.9	83	38.2	71	31.4	30	26.8	32	25.2
上唇皮肤部高	低	1	1.1	1	0.7	4	4.8	12	10.7	4	2.4	19	9.7	1	0.5	3	1.3	2	1.8	1	0.8
	中等	53	59.6	115	79.9	75	89.3	97	86.6	137	82.5	170	87.2	157	72.4	190	84.1	57	50.9	105	82.7
	高	35	39.3	28	19.4	5	6.0	3	2.7	25	15.1	6	3.1	59	27.2	33	14.6	53	47.3	21	16.5
红唇厚度	薄唇	69	77.5	94	65.3	66	78.6	100	89.3	106	63.9	151	77.4	124	57.1	149	65.9	55	49.1	83	65.4
	中唇	20	22.5	47	32.6	15	17.9	12	10.7	51	30.7	38	19.5	36	16.6	72	31.9	49	43.8	39	30.7
	厚唇	0	0	3	2.1	3	3.6	0	0	9	5.4	6	3.1	57	26.3	5	2.2	8	7.1	5	3.9
鼻翼宽	狭窄	3	3.4	11	7.6	0	0	16	14.3	2	1.2	6	3.1	14	6.5	1	0.4	2	1.8	24	18.9
	中等	27	30.3	65	45.1	10	11.9	47	42.0	13	7.8	66	33.8	99	45.6	0	0	57	50.9	72	56.7
	宽阔	59	56.2	68	47.2	74	88.1	49	43.8	151	91.0	123	63.1	104	47.9	225	99.6	53	47.3	31	24.4

（二）额济纳土尔扈特部头面部观察指标的出现率

额济纳土尔扈特部上眼睑多有皱褶，有蒙古褶率男性为42.9%，女性为50.0%，眼裂高度男为中等，女为狭窄，鼻根高度多为中等，眼裂倾斜度多为眼外角高于眼内角，鼻翼宽宽阔型率最高，多为直鼻背，颧骨多突出，鼻基部多水平，耳垂圆形率与三角形率接近，上唇皮肤部高多为中等，红唇多薄唇（表6-10）。男性与女性多数指标的分型率接近。与女性相比，男性的眼裂狭窄型率、鼻基部下垂率、耳垂三角形率均较高，鼻根、凸鼻背率较高而凹鼻背率较低，薄唇率较低。

额济纳居延海的芦苇荡　　　　　　在额济纳土尔扈特部的毡包中

（三）青海和硕特部头面部观察指标的出现率

青海和硕特部男性额部多后斜，女性多为直型。男性眉毛发达度多为中等，女性眉毛发达度稀少型率最高。男性、女性的眉弓都不明显，上眼睑多有皱褶，眼内角多无蒙古褶。眼裂高度男性多狭窄，女性狭窄型率与中等型率接近。男性眼裂倾斜度多为水平，女性眼外角多高于眼内角。男性鼻根高度中等，女性鼻根高度多为低平。男性、女性多为直鼻背，鼻基部多水平，颧骨多突出，耳垂圆形率最高，多为直型下颏，上唇皮肤部高多为中等，红唇多薄唇，鼻翼宽多大于眼内角宽（表6-10）。

（四）新疆察哈尔部头面部观察指标的出现率

新疆察哈尔部男性额部多后斜，女性多前凸。男性眉毛发达度多为中等，女性眉毛发达度多稀少。男性、女性的眉弓多不明显，上眼睑多有皱褶，眼内角多无蒙古褶。眼裂高度男性多为狭窄，女性多为中等。男性眼裂倾斜度多为水平，女性眼外角多高于眼内角。男性、女性鼻根高度多为中等，多为直鼻背，鼻基部多水平。颧部突出度男性微弱型率最高，女性则多突出。男性、女性耳垂圆形率最高，多为直下型颏，上唇皮肤部高多为中等，红唇多薄唇，鼻翼宽多大于眼内角宽（表6-10）。

（五）新疆土尔扈特部头面部观察指标的出现率

新疆土尔扈特部男性额部多倾斜，女性多前凸。男性眉毛发达度多为中等，女性眉毛发达度稀少型率最高。男性、女性的眉弓都不明显，上眼睑多有皱褶。男性眼内角多有蒙古褶，女性眼内角多无蒙古褶。男性、女性眼裂高度多为中等，眼裂倾斜度眼外角多高于眼内角，鼻根高度多为中等，多为直鼻背，鼻基部多水平。颧部突出度男性多为微弱，女性多为扁平。男性、女性耳垂圆形率最高，多为直型下颏。男性上唇皮肤部高中等型率略高于50%，女性上唇皮肤部高多为中等。男性、女性红唇多薄唇，鼻翼宽中等型率略大于50%（表6-10）。

（六）西部蒙古族头面部观察指标的出现率

阿拉善和硕特部、新疆察哈尔部前额倾斜度多为直型，青海和硕特部、新疆土尔扈特部后斜型率与直型率接近。阿拉善和硕特部、青海和硕特部、新疆土尔扈特部眉毛发达度中等型率最高，新疆察哈尔部稀少型率最高。西部蒙古族眉弓都不明显，上眼睑多有皱褶。阿拉善和硕特部眼内角多有蒙古褶，其他4个族群多无蒙古褶。青海和硕特部眼裂高度狭窄型率最高，其他4个族群中等型率最高。青海和硕特部眼裂倾斜度水平型率最高，其他4个族群眼外角多高于眼内角。青海和硕特部鼻根高度中等型率最高，其他4个族群多为中等。西部蒙古族多为直鼻背，鼻基部多水平。新疆土尔扈特部颧部突出度微弱型率最高，其余4个族群扁平型率最高。西部蒙古族耳垂圆形率最高，多为直型下颏，上唇皮肤部高多为中等，红唇厚度薄唇率最高。新疆察哈尔部鼻翼宽多为中等，其他4个族群多为宽阔（表6-11）。

表6-11　西部蒙古族头面部观察指标的出现率

指标		阿拉善和硕特部		青海和硕特部		新疆察哈尔部		新疆土尔扈特部		额济纳土尔扈特部		u					
		n	%	n	%	n	%	n	%	n	%	u1	u2	u3	u4	u5	u6
前额倾斜度	后斜	98	42.1	178	49.3	181	40.9	113	47.3			1.73	0.30	1.14	2.40*	0.49	1.62
	直型	135	57.9	174	48.2	256	57.8	122	51.0			2.32*	0.04	2.41	2.71	0.32	2.73
	前凸	0	0	9	2.5	6	1.4	4	1.7			2.43*	1.78	1.98	1.19	0.67	0.33

续表

指标		阿拉善和硕特部		青海和硕特部		新疆察哈尔部		新疆土尔扈特部		额济纳土尔扈特部		u					
		n	%	n	%	n	%	n	%	n	%	u1	u2	u3	u4	u5	u6
眉毛发达度	稀少	80	34.3	153	42.4	220	49.7	114	47.7			1.96*	3.81**	2.95**	2.06*	1.28	0.49
	中等	142	60.9	174	48.2	186	42.0	117	49.0			3.04**	4.69**	2.62**	1.76	0.18	1.75
	浓密	11	4.7	34	9.4	37	8.4	18	7.5			2.11*	1.75	1.27	0.53	0.80	0.38
眉弓粗壮度	弱	208	89.3	304	84.2	388	87.6	225	94.1			1.75	0.64	1.92	1.37	3.69**	2.71**
	中等	24	10.3	51	14.1	49	11.1	11	4.6			1.37	0.30	2.36	1.31	3.75**	2.84**
	粗壮	1	0.4	6	1.7	6	1.4	3	1.3			1.36	1.13	0.98	0.36	0.40	0.11
上眼睑皱褶	有	176	75.5	261	72.3	330	74.5	151	63.2	139	70.9	0.87	0.30	2.91**	0.70	2.36*	3.09**
	无	57	24.5	100	27.7	113	25.5	88	36.8	57	29.1	0.87	0.30	2.91**	0.70	2.36*	3.09**
蒙古褶	有	136	58.4	148	41.0	147	33.2	110	46.0	92	46.9	4.14**	6.31**	2.68**	2.29*	1.22	3.30**
	无	97	41.6	213	59.0	296	66.8	129	54.0	104	53.1	4.14**	6.31**	2.68**	2.29*	1.22	3.30**
眼裂高度	狭窄	106	45.5	195	54.0	190	42.9	76	31.8	77	39.3	2.03*	0.65	3.06**	3.14**	5.35**	2.83**
	中等	118	50.6	156	43.2	246	55.5	156	65.3	106	54.1	1.77	1.21	3.22**	3.47**	5.29**	2.47
	较宽	9	3.9	10	2.8	7	1.6	7	2.9	13	6.6	0.74	1.86	0.56	1.17	0.11	1.19
眼裂倾斜度	内角高	3	1.3	5	1.4	4	0.9	0	0	1	0.5	0.10	0.47	1.76	0.65	1.83	1.47
	水平	105	45.1	187	51.8	199	44.9	87	36.4	54	27.6	1.60	0.04	1.92	1.94	3.71**	2.15*
	外角高	125	53.6	169	46.8	240	54.2	152	63.6	141	71.9	1.63	0.13	2.19*	2.08*	4.04**	2.37*
鼻根高度	低平	65	27.9	174	48.2	87	19.6	51	21.3	60	30.6	4.93**	2.44*	1.65	8.60**	6.65**	0.53
	中等	165	70.8	178	49.3	349	78.8	182	76.2	129	65.8	5.18**	2.31*	1.31	8.75**	6.57**	0.79
	较高	3	1.3	9	2.5	7	1.6	6	2.5	7	3.6	1.02	0.30	0.97	0.92	0.01	0.85
鼻背侧面观	凹型	45	19.3	49	13.6	79	17.8	39	16.3	26	13.3	1.87	0.47	0.85	1.64	0.93	0.50
	直型	157	67.4	275	76.2	296	66.8	169	70.7	152	77.6	2.35*	0.15	0.78	2.91**	1.49	1.04
	凸型	19	8.2	27	7.5	44	9.9	26	10.9	18	9.2	0.30	0.76	1.01	1.22	1.44	0.39
	波型	12	5.2	10	2.8	24	5.4	5	2.1	0	0	1.50	0.15	1.78	1.86	0.52	2.05*
鼻基部	上翘	92	39.5	108	29.9	120	27.1	85	35.6	60	30.6	2.41*	3.30**	0.88	0.89	1.45	2.30*
	水平	132	56.7	218	60.4	298	67.3	143	59.8	106	54.1	0.90	2.73**	0.70	2.02*	0.14	1.94
	下垂	9	3.9	35	9.7	25	5.6	11	4.6	30	15.3	2.65**	1.01	0.40	2.17*	2.30*	0.58
颧部突出度	扁平	117	50.2	313	86.7	244	55.1	108	45.2	182	92.9	9.71**	1.20	1.09	9.67**	10.88**	2.47*
	中等	16	6.9	23	6.4	15	3.4	12	5.0	5	2.6	0.24	2.06*	0.85	1.98*	0.69	1.04
	微弱	100	42.9	25	6.9	175	39.5	119	49.8	9	4.6	10.51**	0.86	1.50	10.63**	12.04**	2.59**
耳垂类型	圆形	105	45.1	188	52.1	264	59.6	135	56.5	96	49.0	1.67	3.61**	2.48	2.14	1.06	0.79
	方形	28	12.0	32	8.9	53	12.0	27	11.3	20	10.2	1.25	0.02	0.24	1.42	0.98	0.26
	三角形	100	42.9	141	39.1	126	28.4	77	32.2	80	40.8	0.94	3.79**	2.40*	3.18**	1.71	1.03
下颏类型	后斜型	12	5.2	14	3.9	21	4.7	13	5.4			0.74	0.24	0.14	0.60	0.90	0.40
	直型	171	73.4	231	64.0	268	60.5	164	68.6			2.39*	3.34**	1.14	1.02	1.17	2.10*
	凸型	50	21.5	116	32.1	154	34.8	62	25.9			2.83**	3.58**	1.14	0.79	1.63	2.36*

续表

指标		阿拉善和硕特部		青海和硕特部		新疆察哈尔部		新疆土尔扈特部		额济纳土尔扈特部		u					
		n	%	n	%	n	%	n	%	n	%	u1	u2	u3	u4	u5	u6
上唇皮肤部高	低	2	0.9	23	6.4	4	0.9	3	1.3	16	8.2	3.01**	0	0.54	4.28**	3.01**	0.44
	中等	168	72.1	307	85.0	347	76.1	162	67.8	172	87.8	3.21**	1.21	1.68	3.17**	5.01**	2.33*
	高	63	27.0	31	8.6	92	20.8	74	31.0	8	4.1	5.33**	2.61**	1.76	4.77**	7.06**	2.96**
红唇厚度	薄唇	163	70.0	257	71.2	273	61.6	138	57.7	166	84.7	7.47**	5.28**	3.78**	2.85**	3.40**	0.99
	中唇	67	28.8	89	24.7	108	24.4	88	36.8	27	13.8	1.11	1.23	1.87	0.09	3.20**	3.43**
	厚唇	3	1.3	15	4.2	62	14.0	13	5.4	3	1.5	9.00**	5.24**	7.20**	4.72**	0.73	3.41**
鼻翼宽	狭窄	14	6.0	8	2.2	15	3.4	26	10.9	16	8.2	1.69	0.86	2.49*	0.99	4.49**	3.93**
	中等	92	39.5	79	21.9	99	22.3	129	54.0	57	29.1	10.78**	11.17**	2.69**	0.16	8.09**	8.35**
	宽阔	127	54.5	274	75.9	329	74.3	84	35.1	123	62.8	11.25**	11.32**	1.39	0.53	9.96**	9.97**

注：u1 表示阿拉善和硕特部和青海和硕特部的 u 检验值，u2 表示阿拉善和硕特部和新疆察哈尔部的 u 检验值，u3 表示阿拉善和硕特部和新疆土尔扈特部的 u 检验值，u4 表示青海和硕特部和新疆察哈尔部的 u 检验值，u5 表示青海和硕特部和新疆土尔扈特部的 u 检验值，u6 表示新疆察哈尔部和新疆土尔扈特部的 u 检验值；由于额济纳土尔扈特部资料不全，未与其他西部族群进行 u 检验，**表示 $P<0.01$，*表示 $P<0.05$，差异具有统计学意义

四、云南蒙古族头面部观察指标的出现率

云南蒙古族多数人具有上眼睑皱褶；1/3 左右的人有蒙古褶，且女性蒙古褶出现率高于男性（$P<0.01$）；鼻根高度男性以中等型率最高，女性则以低平型率最高，男女差异极显著。鼻翼高度男、女均以中型率最高，男性较高型率次之，女性低平型率次之；大多数人的上唇皮肤部高中等，女性低型率明显高于男性；耳垂类型男、女均以三角形率最高，圆形率次之，方形率最低；发色几乎均为黑色；眼色以褐色率最高，浅褐色率次之，有 1 例女性虹膜颜色为蓝色；肤色多为黄色，男性暗黄色者较女性多，而女性浅黄色者较男性多，少数人肤色为粉白色，总之女性肤色浅于男性（表 6-12）。

表 6-12　云南蒙古族头面部观察指标的出现率

指标		男性		女性		合计		指标		男性		女性		合计	
		n	%	n	%	n	%			n	%	n	%	n	%
上眼睑皱褶	有	175	86.6	209	88.2	384	87.5	蒙古褶	有**	56	27.7	99	41.8	155	35.3
	无	27	13.4	28	11.8	55	12.5		无**	146	72.3	138	58.2	284	64.7
耳垂类型	三角形	101	50.0	112	47.3	213	48.5	发色	黑	200	99.0	234	98.7	434	98.9
	圆形*	61	30.2	98	41.4	159	36.2		偏黑	2	1.0	2	0.8	4	0.9
	方形*	40	19.8	27	11.4	67	15.3		偏黄	0	0	1	0.4	1	0.2
鼻根高度	低平**	63	31.2	134	56.5	197	44.9	眼色	浅褐	41	20.3	31	13.1	72	16.4
	中等**	133	65.8	102	43.0	235	53.5		褐	143	70.8	177	74.7	320	72.9
	高*	6	3.0	1	0.4	7	1.6		深褐	18	8.9	28	11.8	46	10.5
鼻翼高度	低平**	21	10.4	48	20.3	69	15.7		蓝	0	0	1	0.4	1	0.2
	中等	137	67.8	145	61.2	282	64.2	肤色	粉白	1	0.5	5	2.1	6	1.4
	较高	44	21.8	44	18.6	88	20.1		浅黄**	14	6.9	30	12.7	44	10.0
上唇皮肤部高	低**	35	17.3	75	31.7	110	25.1		黄	171	84.7	201	84.8	372	84.7
	中等**	164	81.2	161	67.9	325	74.0		暗黄	16	7.9	1	0.4	17	3.9
	高	3	1.5	1	0.4	4	0.9								

注：*表示 $P<0.05$，**表示 $P<0.01$，性别差异具有统计学意义

五、4 个地区蒙古族头面部观察指标的出现率

云南蒙古族与其他三个地区共同的头面部观察指标较少，所以表 6-13 主要是北方蒙古族观察指标的出现率。蒙古族上眼睑有皱褶率为 70.0%，有蒙古褶率为 42.9%，眼裂高度主要是中等和狭窄，眼裂倾斜度主要是眼外角高于眼内角和水平，鼻根高度多为中等，多直鼻背，鼻基部水平型率最高，颧骨突出，耳垂主要是圆形和三角形，直型下颌，上唇皮肤部高多为中等，红唇多薄唇，有 52.1%的蒙古族鼻翼宽大于眼内角宽，有 39.2%的蒙古族鼻翼宽与眼内角宽接近。

表6-13　4个地区蒙古族头面部观察指标的出现率

指标		东北三省蒙古族 n	%	内蒙古蒙古族 n	%	西部蒙古族 n	%	云南蒙古族 n	%	合计 n	%
上眼睑皱褶	有	983	67.7	986	68.2	1057	71.8	384	87.5	3410	70.9
	无	469	32.3	460	31.8	415	28.2	55	12.5	1399	29.1
蒙古褶	有	551	37.9	897	48.6	584	39.7	155	35.3	2187	42.0
	无	901	62.1	949	51.4	888	60.3	284	64.7	3022	58.0
眼裂高度	狭窄	650	44.8	534	46.8	644	43.8			1828	45.0
	中等	744	51.2	487	42.7	782	53.1			2013	49.5
	较宽	58	4.0	119	10.4	46	3.1			223	5.5
眼裂倾斜度	内角高	131	9.0	165	10.7	13	0.9			309	6.9
	水平	666	45.9	694	45.1	632	42.9			1992	44.6
	外角高	655	45.1	681	44.2	827	56.2			2163	48.5
鼻根高度	低平	658	45.3	414	28.6	437	29.7	197	44.9	1706	35.5
	中等	785	54.1	871	60.3	1003	68.1	235	53.5	2894	60.2
	较高	9	0.6	161	11.1	32	2.2	7	1.6	209	4.3
鼻背侧面观	凹型	186	12.8	207	11.1	238	16.2			631	13.2
	直型	1125	77.5	1445	78.3	1049	71.3			3619	75.9
	凸型	117	8.1	194	10.5	134	9.1			445	9.3
	波型	24	1.7	0	0	51	3.5			75	1.6
鼻基部	上翘	645	44.4	238	32.3	465	31.6			1348	30.2
	水平	772	53.2	421	57.2	897	60.9			2090	46.8
	下垂	35	2.4	77	10.5	110	7.5			222	5.0
颧部突出度	扁平	682	47.0	616	83.7	964	65.5			2262	62.0
	中等	125	8.6	69	9.3	71	4.8			265	7.3
	微弱	645	44.4	51	6.9	428	29.1			1124	30.8
耳垂类型	圆形	479	33.0	865	46.9	788	53.5	159	36.2	2291	44.0
	方形	188	12.9	356	19.3	160	10.9	67	15.3	771	14.8
	三角形	785	54.1	625	33.9	524	35.6	213	48.5	2147	41.2
下颌类型	后斜型	159	11.0	37	12.1	60	4.7			256	8.4
	直型	1137	78.3	193	63.1	834	65.4			2164	71.3
	凸型	156	10.7	76	24.8	382	29.9			614	20.2

续表

指标		东北三省蒙古族		内蒙古蒙古族		西部蒙古族		云南蒙古族		合计	
		n	%	n	%	n	%	n	%	n	%
上唇皮肤部高	低	25	1.7	199	13.8	48	3.3			271	6.2
	中等	1035	71.3	1149	79.7	1156	78.5			3293	75.4
	高	392	27.0	94	6.5	268	18.2			802	18.4
红唇厚度	薄唇	954	65.7	469	41.3	997	67.7			2420	59.6
	中唇	433	29.8	540	47.5	379	25.7			1352	33.3
	厚唇	65	4.5	127	11.2	96	6.5			288	7.1
鼻翼宽	狭窄	34	2.3	206	28.0	79	5.4			319	8.7
	中等	625	43.0	352	47.8	456	31.0			1433	39.2
	宽阔	793	54.6	178	24.2	937	63.7			1908	52.1

第二节 中国蒙古族头面部观察指标的平均级

采取传统的统计方法，计算指标的各种类型的出现率。观察指标的资料属于计数资料，方便进行比较，同时这些指标的分类呈连续等级。计算各个指标的平均级，将计数资料转变为计量资料，以便于进行族群间的比较。例如，前额倾斜度平均级的值越大，前额越趋于前凸，眼裂高度平均级的值越大，眼裂越宽；又如颧部突出度平均级的值越大，颧部突出程度越趋于微弱。

关于观察指标的分级，主要按照《人体测量方法》的规定进行，具体分级方法如下。

前额倾斜度：①后斜，②直型，③前凸。眉毛发达度：①稀少，②中等，③浓密。眉弓粗壮度：①弱，②中等，③粗壮。上眼睑皱褶：0级，1级，2级，3级。蒙古褶：0级，1级，2级，3级。眼裂高度：①狭窄，②中等，③较宽。眼裂倾斜度：①内角高，②水平，③外角高。鼻根高度：①低平，②中等，③较高。鼻背侧面观：①凹型，②直型，③凸型，④波浪型。鼻基部：①上翘，②水平，③下垂。鼻孔最大径：①水平，②倾斜，③矢状。上唇侧面观：①凸唇型，②正唇型，③缩唇型。上唇（皮肤部）高：①低，②中等，③高。红唇厚度：①薄唇，②中唇，③厚唇，④肿胀。颧部突出度：①扁平，②中等，③微弱。耳垂类型：①圆形，②方形，③三角形。下颏类型：①后斜型，②直型，③凸型。鼻翼宽：①狭窄，②中等，③宽阔。

男性8个族群间比较（表6-14），阿拉善和硕特部、青海和硕特部额部比较后斜，郭尔罗斯部、喀左县蒙古族额部比较直。阿拉善和硕特部、新疆土尔扈特部眉毛稀少，阜新蒙古族、喀左县蒙古族眉毛比较多一些。新疆土尔扈特部眉弓不明显，喀左县蒙古族、青海和硕特部、新疆察哈尔部眉弓较为明显。郭尔罗斯部上眼睑皱褶最为发达，喀左县蒙古族上眼睑皱褶最不发达。郭尔罗斯部蒙古褶最为发达，喀左县蒙古族蒙古褶最不发达。新疆土尔扈特部、杜尔伯特部、阜新蒙古族、阿拉善和硕特部眼裂高度较宽，其他4个族群较为狭窄。青海和硕特部眼裂最为水平，阜新蒙古族、新疆察哈尔部、新疆土尔扈特眼裂眼外角高于眼内角。郭尔罗斯部、青海和硕特部鼻根较低平，而新疆察哈尔部鼻根较高。阜新蒙古族鼻背更趋于凹型，郭尔罗斯部、青海和硕特部鼻背更趋于平或凸型。东北三省蒙古族鼻基部趋于上翘，而西部蒙古族鼻基部趋于水平。青海和硕特部颧骨最为突出，喀左县蒙古族颧部突出度微弱。东北三省蒙古族耳垂三角形率更高一些，西部蒙古族耳垂圆形率更高一些。西部蒙古族下颏更凸一些，东北三省蒙古族下颏更后缩一些。

表6-14　蒙古族8个男性族群头面部观察指标的平均级（Mean±SD）

族群	前额倾斜度	眉毛发达度	眉弓粗壮度	上眼睑皱褶	蒙古褶	眼裂高度	眼裂倾斜度	鼻根高度	鼻背侧面观	鼻基部	颧部突出度	耳垂类型	下颏类型
杜尔伯特部	1.4±0.5	1.9±0.6	1.2±0.4	1.9±1.3	0.6±1.0	1.5±0.6	2.4±0.5	1.7±0.5	2.1±0.5	1.7±0.6	2.0±0.9	2.1±1.0	2.0±0.6
郭尔罗斯部	1.5±0.5	2.1±0.7	1.2±0.4	2.6±1.3	1.6±1.0	1.4±0.5	2.4±0.5	1.6±0.5	2.2±0.6	1.7±0.5	1.8±0.9	2.2±0.9	2.0±0.5
阜新蒙古族	1.4±0.5	1.9±0.6	1.2±0.6	1.5±1.4	0.6±0.5	1.5±0.5	2.4±0.5	1.7±0.5	2.1±0.4	1.7±0.6	2.0±1.0	2.1±0.9	2.0±0.4
喀左县蒙古族	1.5±0.5	2.0±0.7	1.3±0.6	1.4±1.4	0.3±0.7	1.4±0.5	2.2±0.6	1.7±0.5	2.1±0.5	1.7±0.5	2.7±0.7	2.2±0.9	2.0±0.4
阿拉善和硕特部	1.3±0.5	1.8±0.6	1.2±0.6	1.8±1.3	0.5±0.9	1.5±0.6	2.4±0.5	1.8±0.5	2.1±0.7	1.8±0.6	2.1±1.0	1.9±0.9	2.2±0.6
青海和硕特部	1.3±0.5	1.8±0.7	1.2±0.6	1.8±1.4	0.7±0.5	1.6±0.5	1.6±0.5	1.6±0.5	1.9±0.5	1.8±0.5	2.4±0.7	1.8±0.9	2.2±0.5
新疆察哈尔部	1.4±0.5	1.9±0.6	1.2±0.6	1.8±1.3	0.5±0.6	1.5±0.5	2.5±0.5	2.0±1.4	2.1±0.7	1.9±0.6	2.1±1.0	1.8±0.9	2.3±0.6
新疆土尔扈特部	1.4±0.5	1.8±0.6	1.1±0.4	1.7±1.4	0.6±0.9	1.6±0.5	2.5±0.5	1.9±0.5	2.2±0.6	1.8±0.6	2.2±1.0	1.9±1.0	2.2±0.5
F	13.9	3.5	11.5	11.2	31.6	3.6	55.3	5.7	0.8	4.9	26.7	3.9	12.1
P	0.00	0.01	0.00	0.00	0.00	0.00	0.00	0.00	0.62	0.00	0.00	0.00	0.00

注：F为蒙古族族群指标平均级间的方差分析值，P<0.01表示差异具有统计学意义

女性8个族群间比较（表6-15），杜尔伯特部额部比较后斜，郭尔罗斯部、阜新蒙古族、喀左县蒙古族、新疆察哈尔部额部比较直。杜尔伯特部、新疆察哈尔部眉毛较稀少，郭尔罗斯部、阜新蒙古族、喀左县蒙古族、阿拉善和硕特部眉毛比较浓密一些。杜尔伯特部、喀左县蒙古族眉弓较为明显。郭尔罗斯部上眼睑皱褶最为发达，喀左县蒙古族上眼睑皱褶最不发达。杜尔伯特部、新疆察哈尔部蒙古褶最不发达，郭尔罗斯部最为发达。杜尔伯特部眼裂较宽，其他7个族群较为狭窄。杜尔伯特部、青海和硕特部眼裂更水平一些，阿拉善和硕特部、郭尔罗斯部、新疆土尔扈特部、新疆察哈尔部眼外角高于眼内角。阜新蒙古族、喀左县蒙古族、青海和硕特部鼻根较低平，而杜尔伯特部鼻根较高。杜尔伯特部鼻背更趋于凹型。阜新蒙古族、阿拉善和硕特部鼻基部趋于上翘，而杜尔伯特部、青海和硕特部、新疆察哈尔部鼻基部趋于水平。青海和硕特部颧骨最为突出，喀左县蒙古族颧部突出度微弱。东北三省蒙古族和阿拉善和硕特部耳垂三角形率更高一些，其他三个西部蒙古族族群耳垂圆形率更高一些。西部蒙古族下颏更凸一些，东北三省蒙古族下颏更后缩一些。

方差分析显示，13项指标值8个族群男性间的差异具有统计学意义（P<0.01）（表6-14），女性亦然（P<0.01）（表6-15）。

表6-15　蒙古族8个女性族群头面部观察指标的平均级（Mean±SD）

族群	前额倾斜度	眉毛发达度	眉弓粗壮度	上眼睑皱褶	蒙古褶	眼裂高度	眼裂倾斜度	鼻根高度	鼻背侧面观	鼻基部	颧部突出度	耳垂类型	下颏类型
杜尔伯特部	1.5±0.5	1.1±1.0	2.0±1.3	2.0±1.3	0.5±0.8	2.6±0.5	1.4±0.5	1.9±0.5	1.4±0.5	1.7±0.7	1.6±0.3	2.1±0.9	2.0±0.5
郭尔罗斯部	1.8±0.5	1.6±0.6	1.0±0.2	2.8±1.3	1.6±0.9	1.7±0.5	2.6±0.5	1.6±0.5	1.9±0.5	1.6±0.6	1.6±0.9	2.2±0.9	2.0±0.5
阜新蒙古族	1.8±0.9	1.6±0.6	1.0±0.1	1.7±1.3	0.7±1.0	1.6±0.5	2.5±0.5	1.5±0.5	1.8±0.5	1.5±0.5	1.7±0.9	2.3±0.9	2.0±0.5

续表

族群	前额倾斜度	眉毛发达度	眉弓粗壮度	上眼睑皱褶	蒙古褶	眼裂高度	眼裂倾斜度	鼻根高度	鼻背侧面观	鼻基部	颧部突出度	耳垂类型	下颏类型
喀左县蒙古族	1.8±0.5	1.6±0.6	1.1±0.2	1.5±1.3	0.7±0.9	1.7±0.6	2.5±0.6	1.5±0.5	1.9±0.5	1.6±0.5	2.7±0.7	2.3±0.9	2.1±0.4
阿拉善和硕特部	1.7±0.4	1.6±0.5	1.0±0.2	1.9±1.2	0.7±1.0	1.6±0.6	2.8±1.9	1.7±0.5	1.9±0.7	1.5±0.5	1.8±1.0	2.0±0.9	2.2±0.4
青海和硕特部	1.7±0.5	1.5±0.5	1.0±0.2	2.2±1.3	0.6±1.0	1.6±0.6	1.5±0.5	1.5±0.6	1.9±0.5	1.7±0.6	1.1±0.4	1.8±1.0	2.3±0.5
新疆察哈尔部	1.8±0.5	1.3±0.5	1.0±0.2	2.1±1.2	0.5±0.8	1.7±0.5	2.6±0.5	1.8±0.5	1.9±0.7	1.7±0.6	1.6±0.9	1.6±0.9	2.3±0.5
新疆土尔扈特部	1.7±0.5	1.4±0.5	1.0±0.1	1.8±1.3	0.6±0.5	1.8±0.5	2.7±0.5	1.8±0.9	1.8±0.6	1.6±0.5	1.9±1.0	1.7±0.9	2.2±0.5
F	35.9	8.3	1.5	23.5	35.3	3.6	53.1	12.0	3.8	7.7	80.4	19.5	15.3
P	0.00	0.00	0.15	0.00	0.00	0.00	0.00	0.00	0.00	0.00	0.00	0.00	0.00

注：F 为蒙古族族群指标平均级间的方差分析值，$P<0.01$ 表示差异具有统计学意义

第三节 中国蒙古族10个族群头面部观察指标出现率的多元分析

由于部分族群观察指标数量较少，因此在进行多元分析时因为缺项而不能参加。对蒙古族10个族群和汉族[1]12项观察指标的出现率（表6-16）进行聚类分析和主成分分析。

表6-16 蒙古族与汉族12项头面部观察指标的出现率（%）

族群	上眼睑有皱褶	有蒙古褶	眼裂窄	眼外角高	鼻根低平	直鼻背	鼻基部上翘	颧骨突出	三角形耳垂	上唇皮肤部高中等	红唇薄	宽鼻翼
杜尔伯特部	75.7	37.7	41.8	51.0	50.2	77.0	49.8	68.6	51.9	70.3	67.4	51.0
郭尔罗斯部	70.8	38.2	44.4	36.4	44.1	75.6	41.6	59.4	55.1	68.3	69.6	52.4
阜新蒙古族	65.3	39.6	47.5	51.7	46.8	79.7	44.8	55.2	53.5	73.3	62.9	59.2
喀左县蒙古族	62.3	36.3	44.1	43.6	42.2	77.5	43.6	14.0	54.9	72.8	63.7	54.4
巴尔虎部	58.0	40.0	67.0	57.3	24.5	73.3	30.8	88.3	41.3	55.5	64.3	7.0
鄂尔多斯部	76.2	54.2	53.9	56.0	25.0	78.6	34.2	78.3	45.2	85.4	57.4	44.6
阿拉善和硕特部	75.5	58.4	45.5	53.6	27.9	67.4	39.5	50.2	42.9	51.9	70.0	54.5
青海和硕特部	72.3	41.0	54.0	46.8	48.2	76.2	29.9	86.7	39.1	85.0	71.2	75.9
新疆察哈尔部	74.5	33.2	42.9	54.2	19.6	66.8	27.1	55.1	28.4	76.1	61.6	74.3
新疆土尔扈特部	63.2	46.0	31.8	63.6	21.3	70.7	35.6	45.2	32.2	67.8	57.7	35.1
北方汉族	65.1	38.1	36.3	47.3	35.3	67.8	40.3	33.5	40.7	69.6	54.3	39.8

在聚类水平为10时，11个族群聚为4个组，第一组包括郭尔罗斯部、青海和硕特部等5个族群。第二组包括新疆土尔扈特部、新疆察哈尔部等4个族群。喀左县蒙古族、巴尔虎部头面部观察指标出现率与其他9个族群差异较大，各成一组（图6-1）。东北三省杜尔伯特部、郭尔罗斯部、阜新蒙古族三个族群距离最近。北方汉族与东北三省蒙古族未聚入一个组中，而是与新疆土尔扈特部、阿拉善和硕特部、新疆察哈尔部三个西部蒙古族族群聚在一起，原因尚不清楚。西部的4个族群有三个族群聚入第二组，表明西部蒙古族各族群间遗传结构存在着一定的共性。

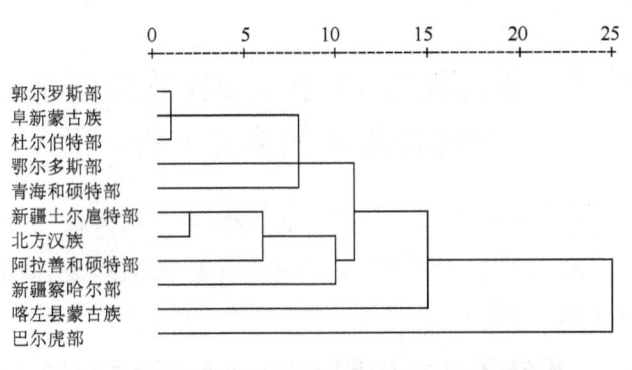

图 6-1 蒙古族头面部观察指标出现率的聚类图

蒙古族和汉族 11 个族群前三个主成分的贡献率分别为 31.663%、19.463%、17.346%，前三个主成分累计贡献率达到 68.472%。PC I 载荷较大的指标有鼻根低平（0.938）、三角形耳垂（0.853）、眼外角高（-0.786），PC I 值越大，则鼻根越低平、耳垂三角形率越高、眼外角高出现率越低。PC II 载荷较大的指标有颧骨突出（0.888）、眼裂窄（0.728），PC II 值越大，则颧骨越突出、眼裂越窄。

以 PC I 为横坐标、PC II 为纵坐标作散点图（图 6-2）。可以看出：①青海和硕特部位于第一象限，PC I 值大，PC II 值大，鼻根低平，眼外角高出现率低，颧骨突出，眼裂窄。②巴尔虎部、鄂尔多斯部、阿拉善和硕特部、新疆察哈尔部位于纵坐标的左侧，PC I 值小，PC II 值较大，鼻根较高，眼外角高出现率较高，颧骨较突出，眼裂较窄。③新疆土尔扈特部、北方汉族位于第三象限，PC I 值小或较小，PC II 值小，鼻根高或较高，耳垂三角形率低或较低，眼外角高出现率高或较高，颧骨不甚突出，眼裂较窄。④杜尔伯特部、郭尔罗斯部、阜新蒙古族、喀左县蒙古族均位于横坐标轴正半轴附近或下方，PC I 值大，PC II 值较小，鼻根低平，耳垂三角形率高，眼外角高出现率低，颧骨不甚突出，眼裂较宽。北方汉族由于 PC II 值小，具有颧骨较不突出、眼裂较宽的特点，与蒙古族族群距离较远，相对来说与新疆土尔扈特部较近。

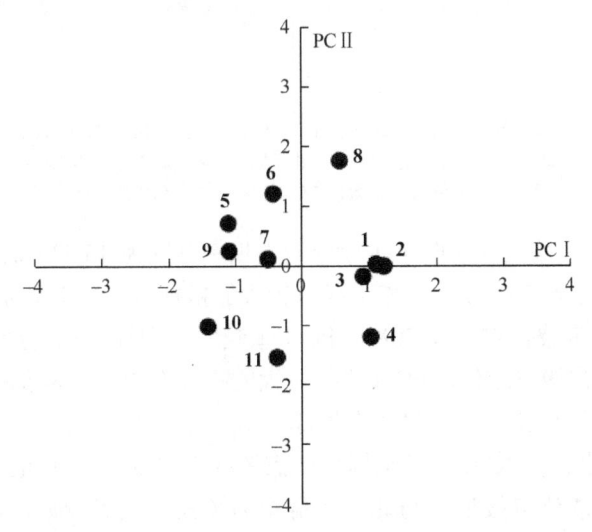

图 6-2 蒙古族 11 个族群头面部观察指标出现率主成分分析散点图
1. 杜尔伯特部，2. 郭尔罗斯部，3. 阜新蒙古族，4. 喀左县蒙古族，5. 巴尔虎部，6. 鄂尔多斯部，7. 阿拉善和硕特部，8. 青海和硕特部，9. 新疆察哈尔部，10. 新疆土尔扈特部，11. 北方汉族

第四节　蒙古族等 11 个少数民族头面部观察指标出现率的多元分析

选取蒙古族、乌孜别克族[2]、图瓦人[3]、俄罗斯族[4]、珞巴族[5]、僜人[6]、布依族[7]、佤族[8]、克木人[9]、仫佬族[10]、怒族[11]共 11 个中国少数民族 5 项头面部观察指标的出现率（表 6-17）进行主成分分析。

表 6-17　蒙古族等 11 个少数民族 5 项头面部观察指标出现率（%）

民族	样本量	上眼睑有皱褶	有蒙古褶	鼻根高中等	上唇皮肤部中等	三角形耳垂	民族	样本量	有上眼睑皱褶	有蒙古褶	鼻根高中等	上唇皮肤部高中等	三角形耳垂
蒙古族	2718	70.0	43.8	60.2	75.4	41.2	布依族	494	96.2	32.8	61.4	80.2	24.4
乌孜别克族	194	99.5	77.4	7.7	83.3	7.9	佤族	442	96.8	16.1	57.0	71.3	21.8
图瓦人	157	71.7	47.8	50.9	83.7	44.0	克木人	285	94.0	31.9	56.5	77.9	60.0
俄罗斯族	336	94.5	35.3	38.0	82.0	18.8	仫佬族	465	90.8	53.5	43.1	82.8	32.8
珞巴族	116	70.5	25.9	60.9	93.2	44.8	怒族	317	67.5	48.9	52.4	79.2	50.8
僜人	144	47.6	6.0	36.9	95.2	40.5							

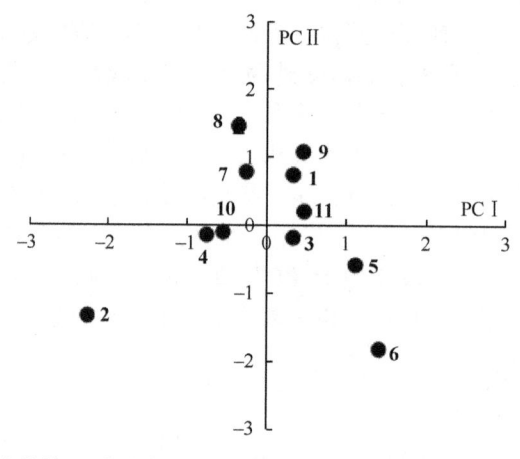

图 6-3　蒙古族等 11 个少数民族头面部观察指标出现率主成分分析散点图
1. 蒙古族；2. 乌孜别克族；3. 图瓦人；4. 俄罗斯族；5. 珞巴族；
6. 僜人；7. 布依族；8. 佤族；9. 克木人；10. 仫佬族；11. 怒族

蒙古族等 11 个少数民族前两个主成分的贡献率分别为 46.536%、29.496%，前两个主成分累计贡献率达到 76.032%。PC I 载荷较大的指标有三角形耳垂（0.799）、上眼睑有皱褶（−0.781）、有蒙古褶（−0.708），PC I 值越大，则耳垂三角形率越高，上眼睑有皱褶率越低，有蒙古褶率越低。PC II 载荷较大的指标有上唇皮肤部高中等（−0.851），PC II 值越大，则上唇皮肤部高中等型率越低。

以 PC I 为横坐标、PC II 为纵坐标作散点图（图 6-3）。可以看出：①蒙古族与克木人、布依族、怒族位点接近，与北方族群中的图瓦人位点较近，与俄罗斯族位点较远，与乌孜别克族位点距离很远。蒙古族与南方少数民族位点接近的原因应该是这次主成分分析选取的指标较少，族群也较少。②蒙古族 PC I 值中等，PC II 值较大，具有耳垂三角形率中等、上眼睑有皱褶率中等、有蒙古褶率中等、上唇皮肤部高中等型率较低的特点。

参 考 文 献

[1] 郑连斌，李咏兰，席焕久，等. 中国汉族体质人类学研究. 北京: 科学出版社, 2017.
[2] 郑连斌，崔静，陆舜华，等. 乌孜别克族体质特征研究. 人类学学报, 2004, 23(1): 35-45.
[3] 郑连斌，陆舜华，张兴华，等. 中国图瓦人体质特征. 人类学学报, 2013, 32(2): 182-192.
[4] 陆舜华，郑连斌，索利娅，等. 俄罗斯族体质特征分析. 人类学学报, 2005, 24(4): 291-300.
[5] 郑连斌，陆舜华，张兴华，等. 珞巴族与门巴族的体质特征. 人类学学报, 2009, 28(4): 401-407.
[6] 郑连斌，陆舜华，于会新，等. 中国僜人体质特征. 人类学学报, 2009, 28(2): 162-171.
[7] 郑连斌，张淑丽，陆舜华，等. 布依族体质特征研究. 人类学学报, 2005, 24(2): 127-144.
[8] 郑连斌，陆舜华，于会新，等. 佤族的体质特征. 人类学学报, 2007, 26(3): 249-258.
[9] 郑连斌，陆舜华，陈媛媛，等. 中国克木人的体质特征. 人类学学报, 2007, 26(1): 45-53.
[10] 郑连斌，陆舜华,丁博，等. 仫佬族体质特征研究. 人类学学报, 2006, 25(3): 242-250.
[11] 郑连斌，陆舜华，罗东梅，等. 怒族的体质调查. 人类学学报, 2008, 27(2): 158-166.

第七章　中国蒙古族的头面部指数

头面部指数是根据若干项头面部测量指标，通过一定的公式计算出来的派生数据。指数反映了头面部相互关联的指标之间的关系，从而更好地说明人的头面部形态特征。头面部指数比较多，我们选取了最重要的几个指数来定量分析蒙古族的头面部特征。

第一节　中国蒙古族头面部指数的均数

一、男性头面部指数的均数

头长宽指数是头宽与头长之比，反映头的圆狭程度，指数值越大，头越圆，指数值越小，头越狭。18个族群男性头长宽指数均数的范围为（78.7±3.6）～（88.1±3.7），按照指数均数从大到小的顺序排列，第1～3位依次是布里亚特部、郭尔罗斯部、杜尔伯特部，第16～18位依次是锡林郭勒蒙古族、新疆土尔扈特部、云南蒙古族。头长高指数是耳上头高与头长之比，反映的是头的相对高度，指数值越大，头越高，指数值越小，头越低。18个族群男性头长高指数均数的范围为（64.5±5.1）～（76.4±15.7），按照指数均数从大到小的顺序排列，第1～3位依次是赤峰蒙古族、杜尔伯特部、郭尔罗斯部，第16～18位依次是青海和硕特部、巴尔虎部、云南蒙古族。头宽高指数是耳上头高与头宽之比，反映头的阔狭程度，指数值越大，头越狭，指数值越小，头越阔。18个族群男性头宽高指数均数的范围为（76.4±7.0）～（88.6±17.3），按照指数均数从大到小的顺序排列，第1～3位依次是赤峰蒙古族、锡林郭勒蒙古族、新疆土尔扈特部，第16～18位依次是布里亚特部、青海和硕特部、巴尔虎部。额顶宽指数是额宽与头宽之比，指数值越大，额越宽，指数值越小，额越窄。18个族群男性额顶宽指数均数的范围为（65.6±5.4）～（73.1±3.1），按照指数均数从大到小的顺序排列，第1～3位依次是新疆土尔扈特部、新疆察哈尔部、锡林郭勒蒙古族，第16～18位依次是杜尔伯特部、喀左县蒙古族、巴尔虎部。形态面指数是形态面高与面宽之比，指数值越大，面越长，指数值越小，面越短。18个族群男性形态面指数均数的范围较大，为（81.8±4.5）～（105.2±5.1），表明蒙古族各族群之间面部长短差异较大，按照指数均数从大到小的顺序排列，第1～3位依次是新疆土尔扈特部、新疆察哈尔部、锡林郭勒蒙古族，第16～18位依次是乌拉特部、鄂尔多斯部、青海和硕特部。头面宽指数是面宽与头宽之比，指数值最大，面越宽，指数值越小，面越窄。18个族群男性头面宽指数均数的范围为（86.0±3.9）～（95.6±3.3），按照指数均数从大到小的顺序排列，第1～3位依次是云南蒙古族、锡林郭勒蒙古族、额济纳土尔扈特部，第16～18位依次是布里亚特部、新疆土尔扈特部、新疆察哈尔部。鼻指数是鼻宽与鼻高之比，指数值越大，鼻越宽，指数值越小，鼻越狭窄。鼻指数有明显的人种间差异，印欧人种多有狭窄的鼻子，亚美人种鼻指数值较大。18个族群男性鼻指数均数的范围为（64.2±6.0）～（81.7±8.6），按照指数均数从大到小的顺序排列，第1~3位依次是青海和硕特部、鄂尔多斯部、杜尔伯特部，第16~18的依次是科尔沁部、锡林郭勒蒙古族、云南蒙古族。口指数是唇高与口宽之比，指数值越大，唇越厚，指数值越小，唇越薄，口越细窄。印欧人种唇较薄，所以指数值较小，尼格罗人种唇相对较厚，所以指数值较大，口指数有明显的人种间差异。18个族群男性口指数均数的范围为（28.2±10.4）~（37.5±6.5），按照指数均数从大到小的顺序排列，第1~3位依次是云南蒙古族、阜新蒙古族、青海和硕特部，第16~18位依次是杜尔伯特部、新疆察哈尔部、阿拉善和硕特部（表7-1）。

方差分析结果显示，蒙古族男性族群间8项指数值的差异具有统计学意义（$P<0.01$）。

表7-1 蒙古族男性头面部指数的均数（Mean±SD）

族群	头长宽指数	头长高指数	头宽高指数	额顶宽指数	形态面指数	头面宽指数	鼻指数	口指数
杜尔伯特部	86.5±3.5	73.4±6.3	84.8±6.2	66.9±2.9	84.8±5.9	91.1±3.2	77.1±7.2	28.9±9.2
郭尔罗斯部	86.7±4.3	73.4±5.4	84.7±5.8	67.6±3.6	85.4±5.0	92.1±2.8	71.6±6.8	33.1±8.5
阜新蒙古族	86.4±4.0	71.8±5.6	83.2±6.3	67.2±3.3	86.8±4.8	91.5±2.7	70.7±6.6	34.2±9.4
喀左县蒙古族	84.8±3.7	70.4±5.1	83.1±5.7	66.4±3.6	87.7±5.5	93.4±3.5	69.0±7.0	31.5±8.6
巴尔虎部	85.0±4.5	64.8±6.0	76.4±7.0	65.6±5.4	84.7±6.5	91.3±5.1	76.6±8.4	30.8±8.4
布里亚特部	88.1±3.7	70.6±7.2	80.2±5.8	68.5±3.8	84.5±6.1	90.7±4.1	72.1±7.7	31.3±8.4
科尔沁部	85.0±4.0	70.2±5.3	82.7±6.3	69.3±3.9	85.8±5.4	91.8±3.0	67.2±7.2	32.6±6.3
赤峰蒙古族	86.4±4.9	76.4±15.7	88.6±17.3	69.2±4.4	92.4±6.2	92.3±4.3	69.7±6.4	30.3±6.1
锡林郭勒蒙古族	83.2±4.0	72.7±6.8	87.4±8.3	72.0±6.1	92.9±5.9	94.3±3.9	65.5±6.1	33.2±6.1
乌拉特部	84.0±4.3	69.9±5.5	83.2±6.0	71.0±2.9	83.0±5.0	93.5±3.0	75.1±7.3	31.3±2.5
鄂尔多斯部	83.9±5.6	68.2±5.9	80.9±6.5	67.9±9.9	82.4±6.3	93.1±3.8	80.0±12.3	30.1±8.8
阿拉善和硕特部	84.2±4.5	71.3±5.8	84.7±6.4	71.6±3.7	89.3±6.1	91.4±4.1	72.1±7.3	28.2±10.4
额济纳土尔扈特部	85.6±4.1	72.3±5.3	84.6±5.8	70.9±4.8	84.4±5.8	93.6±3.3	74.9±7.8	30.2±9.2
青海和硕特部	84.1±4.6	66.9±5.8	79.6±6.6	67.8±4.1	81.8±4.5	93.1±8.2	81.7±8.6	33.3±7.2
新疆察哈尔部	85.0±4.2	71.6±5.8	84.3±6.7	72.5±3.1	104.5±6.4	86.0±3.9	69.8±6.7	28.5±8.0
新疆土尔扈特部	81.5±3.7	69.5±5.4	85.4±6.8	73.1±3.1	105.2±5.1	88.2±3.8	69.1±6.6	29.9±8.7
云南蒙古族	78.7±3.6	64.5±5.1	82.1±6.0	71.7±3.5	91.3±6.1	95.6±3.3	64.2±6.0	37.5±6.5
汉族[1]	83.6±5.9	69.5±8.3	83.3±10.0	68.9±7.7	89.7±15.3	91.7±14.6	72.7±11.0	32.3±8.8
F	56.7	45.3	27.0	66.3	279.6	58.3	69.3	16.1
P	0.000	0.000	0.000	0.000	0.000	0.000	0.000	0.000

注：F 为蒙古族族群间指数值的方差分析值，$P<0.05$ 差异具有统计学意义

二、女性头面部指数的均数

18个族群女性头长宽指数均数的范围为（80.0±3.5）~（87.9±5.3），按照指数均数从大到小的顺序排列，第1~3位依次是布里亚特部、赤峰蒙古族、阜新蒙古族，第16~18位依次是汉族、新疆土尔扈特部、云南蒙古族。18个族群女性头长高指数均数的范围为（63.6±6.2）~（76.8±11.4），按照指数均数从大到小的顺序排列，第1~3位依次是赤峰蒙古族、杜尔伯特部、阿拉善和硕特部，第16~18位依次是青海和硕特部、巴尔虎部、云南蒙古族。18个族群女性头宽高指数均数的范围为（78.1±8.8）~（88.0±12.9），

按照指数均数从大到小的顺序排列，第 1～3 位依次是赤峰蒙古族、阿拉善和硕特部、锡林郭勒蒙古族，第 16～18 位依次是云南蒙古族、青海和硕特部、巴尔虎部。18 个族群女性额顶宽指数均数的范围为（65.8±4.8）～（72.7±3.3），按照指数均数从大到小的顺序排列，第 1～3 位依次是新疆土尔扈特部、云南蒙古族、新疆察哈尔部，第 16～18 位依次是青海和硕特部、喀左县蒙古族、巴尔虎部。18 个族群女性形态面指数均数的范围较大，为（79.8±4.8）～（103.5±5.8），表明蒙古族族群女性之间面部宽窄差异较大，按照指数均数从大到小的顺序排列，第 1～3 位依次是新疆察哈尔部、新疆土尔扈特部、赤峰蒙古族，第 16～18 位依次是鄂尔多斯部、青海和硕特部、乌拉特部。18 个族群女性头面宽指数均数的范围为（85.2±3.7）～（94.4±3.2），按照指数均数从大到小的顺序排列，第 1～3 位依次是云南蒙古族、锡林郭勒蒙古族、鄂尔多斯部，第 16～18 位依次是阿拉善和硕特部、新疆土尔扈特部、新疆察哈尔部。18 个族群女性鼻指数均数的范围为（62.9±6.0）～（78.7±7.6），按照指数均数从大到小的顺序排列，第 1～3 位依次是青海和硕特部、鄂尔多斯部、巴尔虎部，第 16～18 位依次是科尔沁部、锡林郭勒蒙古族、云南蒙古族。18 个族群女性口指数均数的范围为（28.2±8.8）～（37.2±6.8），按照指数均数从大到小的顺序排列，第 1～3 位依次是云南蒙古族、阜新蒙古族、科尔沁部，第 16～18 依次是新疆土尔扈特部、额济纳土尔扈特部、阿拉善和硕特部（表 7-2）。

方差分析结果显示，蒙古族女性族群间 8 项指数值的差异具有统计学意义（$P<0.01$）。

表 7-2　蒙古族女性头面部指数的均数（Mean±SD）

族群	头长宽指数	头长高指数	头宽高指数	额顶宽指数	形态面指数	头面宽指数	鼻指数	口指数
杜尔伯特部	86.1±3.7	74.6±5.9	86.7±7.0	69.3±2.7	84.3±4.5	90.4±2.7	76.2±7.7	31.7±7.9
郭尔罗斯部	86.4±3.6	73.1±5.6	84.7±6.2	69.0±2.5	84.0±5.1	91.5±2.9	70.7±6.5	33.5±8.3
阜新蒙古族	87.2±4.6	72.0±5.8	82.6±6.1	68.2±2.8	84.7±4.8	90.9±3.2	71.9±6.8	35.7±7.9
喀左县蒙古族	86.3±4.0	71.1±4.9	82.5±5.5	66.6±2.7	85.4±5.3	91.7±3.0	70.5±5.8	33.1±8.5
巴尔虎部	84.7±4.4	66.1±7.4	78.1±8.8	65.8±4.8	82.8±5.7	90.9±4.9	76.7±8.8	31.7±8.8
布里亚特部	87.9±5.3	72.3±5.7	82.5±8.0	70.0±6.8	84.9±5.9	90.0±5.4	70.0±7.8	31.8±7.2
科尔沁部	85.9±3.6	70.4±5.6	82.1±6.6	71.2±3.2	84.3±5.0	91.3±3.1	67.4±7.1	34.1±5.0
赤峰蒙古族	87.4±4.5	76.8±11.4	88.0±12.9	70.5±3.8	92.6±7.0	90.7±4.5	69.8±6.7	31.4±7.5
锡林郭勒蒙古族	84.1±4.6	73.0±7.0	86.8±7.7	71.8±3.2	91.2±7.0	94.1±3.9	64.4±5.4	32.1±6.3
乌拉特部	85.0±4.3	71.2±5.3	84.2±5.8	71.3±3.0	79.8±4.8	92.1±2.9	75.2±7.5	31.0±2.8
鄂尔多斯部	84.0±4.4	68.1±4.9	81.2±5.7	68.4±4.2	82.5±5.4	92.3±3.4	77.5±7.8	30.0±8.0
阿拉善和硕特部	84.8±4.5	73.9±6.8	87.2±7.3	71.7±3.4	90.5±6.4	89.4±3.8	70.3±7.1	28.2±8.8
额济纳土尔扈特部	85.7±3.7	71.7±5.5	83.4±6.1	72.3±3.7	84.1±5.3	92.0±3.8	71.9±7.8	29.1±8.0
青海和硕特部	84.4±3.6	66.2±4.9	78.6±5.6	67.2±3.8	80.8±4.4	91.6±3.0	78.7±7.6	32.8±7.2
新疆察哈尔部	86.2±4.0	72.7±6.0	84.3±6.9	72.5±3.2	103.5±5.8	85.2±3.7	70.1±6.9	29.6±7.3
新疆土尔扈特部	83.3±4.0	69.3±6.1	83.3±7.0	72.7±3.3	102.4±5.7	87.1±4.0	68.4±6.5	29.1±8.4
云南蒙古族	80.0±3.5	63.6±6.2	79.5±7.2	72.7±3.0	90.1±5.9	94.4±3.2	62.9±6.0	37.2±6.8
汉族	83.6±5.2	70.3±9.7	84.2±11.7	69.9±6.9	88.5±13.1	91.1±5.4	71.6±9.0	33.0±7.7
F	52.1	68.8	32.1	87.7	332.4	82.5	75.0	22.3
P	0.000	0.000	0.000	0.000	0.000	0.000	0.000	0.000

注：F 为蒙古族族群间指数值的方差分析值，$P<0.05$ 差异具有统计学意义

三、性别间、各年龄组间头面部指数值比较

蒙古族 13 个族群合计资料的 8 项指数中,有 7 项性别间差异具有统计学意义。男性的头长宽指数、头长高指数、额顶宽指数、口指数均数小于女性,形态面指数、头面宽指数、鼻指数均数大于女性,头宽高指数均数性别间差异无统计学意义(表 7-3)。与女性相比,男性头更狭一些、更低一些,额部更窄一些,口更细窄一些,面部更长一些,鼻更阔一些。男性三个年龄组中,20~44 岁组头长宽指数、头长高指数、头宽高指数、额顶宽指数、口指数均数最大,形态面指数、头面宽指数、鼻指数均数最小;45~59 岁组形态面指数、头面宽指数均数最大;60~80 岁组头长宽指数、头长高指数、头宽高指数、额顶宽指数、口指数均数最小,鼻指数均数最大。女性的情况与男性很相似。女性三个年龄组中,20~44 岁组头长宽指数、头长高指数、头宽高指数、额顶宽指数、口指数均数最大,形态面指数、头面宽指数、鼻指数均数最小;45~59 岁组头宽高指数均数最小,头面宽指数均数最大;60~80 岁组头长宽指数、头宽高指数、额顶宽指数、头面宽指数、口指数均数最小,鼻指数均数最大。

表 7-3 蒙古族 13 个族群合计资料头面部指数的均数(Mean±SD)

指标	男性 20~44 岁组	男性 45~59 岁组	男性 60~80 岁组	男性 合计	女性 20~44 岁组	女性 45~59 岁组	女性 60~80 岁组	女性 合计	u
头长宽指数	85.0±5.0	84.2±4.8	84.2±4.5	84.5±4.9	85.3±4.7	85.2±4.5	84.7±4.3	85.2±4.6	4.83**
头长高指数	70.2±6.4	69.1±6.7	68.8±6.1	69.5±6.5	70.7±6.7	69.8±6.9	69.6±6.3	70.2±6.7	3.50**
头宽高指数	82.7±7.0	82.1±7.0	81.7±7.0	82.3±7.0	82.9±6.9	81.9±7.7	82.3±7.0	82.4±7.2	0.46
额顶宽指数	69.4±4.6	68.9±4.6	67.9±4.6	68.9±4.6	69.8±4.1	69.5±4.6	68.7±4.2	69.5±4.4	4.37**
形态面指数	88.4±9.8	89.6±9.6	89.5±8.7	89.1±9.5	87.3±9.1	87.4±8.4	88.0±8.4	87.5±8.7	5.75**
头面宽指数	91.3±5.7	91.9±4.6	91.4±4.1	91.5±5.0	90.9±4.2	91.0±4.4	90.0±4.3	90.7±4.3	5.59**
鼻指数	71.9±9.1	73.0±8.9	74.0±9.2	72.7±9.1	70.9±8.2	72.1±8.0	73.3±8.7	71.8±8.3	3.38**
口指数	35.4±8.0	30.1±7.6	26.7±8.6	31.7±8.7	35.6±7.7	31.5±7.4	27.3±8.3	32.3±8.4	2.30*

注:u 为性别间指数值的 u 检验值,*表示 $P<0.05$,**表示 $P<0.01$,差异具有统计学意义

方差分析结果显示(表 7-4),除了头宽高指数、头面宽指数外,蒙古族合计资料男性三个年龄组间其余 6 项指数值的差异均具有统计学意义($P<0.01$ 或 $P<0.05$)。女性除了形态面指数外,其余 7 项指数值三个年龄组间的差异具有统计学意义($P<0.01$ 或 $P<0.05$)。

表 7-4 蒙古族三个年龄组之间头面部指数值的方差分析

指标	男性 F	男性 P	女性 F	女性 P	指标	男性 F	男性 P	女性 F	女性 P
头长宽指数	6.0**	0.002	4.2*	0.015	形态面指数	3.2*	0.043	1.3	0.267
头长高指数	8.6**	0.000	6.7**	0.001	头面宽指数	2.1	0.121	10.2**	0.000
头宽高指数	2.7	0.065	4.5*	0.011	鼻指数	8.0**	0.000	15.2**	0.000
额顶宽指数	15.8**	0.000	12.4**	0.000	口指数	186.7**	0.000	211.8**	0.000

注:F 为蒙古族年龄组间指数值的方差分析值,*表示 $P<0.05$,**表示 $P<0.01$,差异具有统计学意义

四、头面部指数值的主成分分析

（一）男性

男性前两个主成分贡献率分别为 37.542%、29.826%，累计贡献率达到 67.368%。PCⅠ载荷较大的指标有形态面指数（0.870）、头宽高指数（0.800）、额顶宽指数（0.770），分别表示的是形态面高与面宽的比值、耳上头高与头宽的比值、额最小宽与头宽的比值，反映的是面的相对高度、头的相对高度、额的相对宽度，PCⅠ值较大，即面相对较高、头较高、额较宽。PCⅡ载荷较大的指标有头长宽指数（0.885）、口指数（0.750），分别表示的是头宽与头长的比值、唇高与口宽的比值，反映的是头的形状、口的高宽比，PCⅡ值大，即头宽与头长比值大，唇高值大。

以 PCⅠ为横坐标、PCⅡ为纵坐标作散点图（图 7-1A），18 个族群分成以下几个组：①新疆察哈尔部、新疆土尔扈特部、赤峰蒙古族、锡林郭勒蒙古族、阿拉善和硕特部 5 个族群共同的特点是 PCⅠ值较大，即面相对较高、头较高、额较宽。②郭尔罗斯部、阜新蒙古族、喀左县蒙古族、科尔沁部、乌拉特部、额济纳土尔扈特部、云南蒙古族共同的特点是 PCⅠ值较小，PCⅡ值中等，即面相对高度较小、头较低、额最小宽较小、头宽与头长比值中等、唇高值中等。③杜尔伯特部、布里亚特部的 PCⅠ值较小，PCⅡ值大，即面相对高度较小、头较低、额较窄、头宽与头长比值大、唇高值大。④巴尔虎部、鄂尔多斯部、青海和硕特部的共同特点是 PCⅠ值小，即面相对高度小、头低、额窄。⑤汉族的 PCⅡ值很小，即头狭、唇薄，明显偏离蒙古族各个族群。

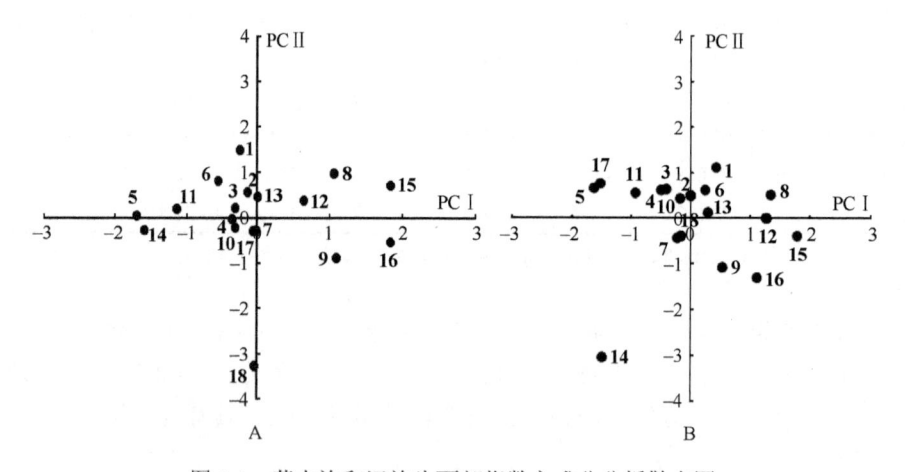

图 7-1 蒙古族和汉族头面部指数主成分分析散点图

A. 男性，B. 女性；1. 杜尔伯特部，2. 郭尔罗斯部，3. 阜新蒙古族，4. 喀左县蒙古族，5. 巴尔虎部，6. 布里亚特部，7. 科尔沁部，8. 赤峰蒙古族，9. 锡林郭勒蒙古族，10. 乌拉特部，11. 鄂尔多斯部，12. 阿拉善和硕特部，13. 额济纳土尔扈特部，14. 青海和硕特部，15. 新疆察哈尔部，16. 新疆土尔扈特部，17. 云南蒙古族，18. 汉族

（二）女性

对蒙古族和汉族（作为对照）18 个族群女性的 8 项头面部指数均数进行主成分分析。前两个主成分贡献率分别为 39.533%、29.826%，累计贡献率达到 67.359%。PCⅠ载荷较大的指标有形态面指数（0.870）、头长高指数（0.796），分别表示的是形态面高与面

宽的比值、头高与头长的比值，反映的是面的相对高度、头的高长比，PCⅠ值较大表示面比较长，头比较高。PCⅡ载荷较大的指标有鼻指数（0.775）、头长宽指数（0.768），分别表示的是鼻宽与鼻高的比值、头宽与头长的比值，反映的是鼻的相对宽度、头的形状，PCⅡ值较大表示鼻较宽，头较圆。

以PCⅠ为横坐标、PCⅡ为纵坐标作散点图（图7-1B），可以把18个族群分成以下6个组：①赤峰蒙古族、阿拉善和硕特部、新疆察哈尔部三个族群的共同特点是PCⅠ值大，即面长、头高。②杜尔伯特部、布里亚特部、额济纳土尔扈特部三个族群的共同特点是PCⅠ值较大，即面较长、头较高。③锡林郭勒蒙古族、新疆土尔扈特部两个族群的共同特点是PCⅠ值较大，PCⅡ值小，即面比较长、头比较高、鼻较窄、头较狭。④郭尔罗斯部、阜新蒙古族、喀左县蒙古族、乌拉特部、汉族、科尔沁部、鄂尔多斯部PCⅠ值较小，即面比较短、头比较低。⑤巴尔虎部、云南蒙古族PCⅠ值很小，具有面短、头低的形态特点。⑥青海和硕特部PCⅠ值小，PCⅡ值小，具有面短、头低、头狭的形态特点。蒙古族多数族群比汉族PCⅡ值大，比汉族鼻略宽、头略圆。

第二节　中国蒙古族头面部指数的分型

为了更好地描述人类头面部的特征，学术界根据人的头面部指数值，制定了头面部指数分型标准，对人的头型、面型、鼻部形态进行判定。

布里亚特部婚礼上的女宾　　　　　　布里亚特部小歌手

一、东北三省蒙古族头面部指数的分型

（一）东北三省蒙古族男性头面部指数的分型

东北三省蒙古族男性头长宽指数以过圆头型率最高，其中杜尔伯特部、郭尔罗斯部、阜新蒙古族都是过圆头型率最高，喀左县蒙古族圆头型率与过圆头型率接近。东北三省蒙古族头宽高指数的中头型率与狭头型率接近，其中杜尔伯特部、郭尔罗斯部的中头型率小于狭头型率，而阜新蒙古族、喀左县蒙古族的中头型率大于狭头型率。东北三省蒙古族4个族群都是高头型率最高。东北三省蒙古族形态面指数以中面型率最高，但与阔面型、狭面型率相差不大。东北三省蒙古族鼻指数以中鼻型率最高，杜尔伯特部、郭尔

罗斯部中鼻型率都超过 50%，阜新蒙古族中鼻型率与狭鼻型率接近，喀左县蒙古族中鼻型率小于狭鼻型率。总的说来，东北三省蒙古族男性以过圆头型率、高头型率、中面型率、中鼻型率最高（表 7-5）。

表 7-5　东北三省蒙古族男性头面部指数的分型

指标		杜尔伯特部		郭尔罗斯部		阜新蒙古族		喀左县蒙古族		合计	
		n	%	n	%	n	%	n	%	n	%
头长宽指数	过长头型	0	0	0	0	0	0	0	0	0	0
	长头型	0	0	2	1.1	0	0	1	0.5	3	0.5
	中头型	4	4.7	13	7.3	13	8.2	15	7.7	45	8.1
	圆头型	27	31.8	53	29.9	56	35.4	58	29.6	194	34.9
	过圆头型	46	54.1	81	45.8	67	42.4	57	29.1	251	45.1
	超圆头型	8	9.4	28	15.8	22	13.9	5	2.6	63	11.3
头宽高指数	阔头型	13	15.3	28	15.8	44	27.8	36	18.4	121	21.8
	中头型	34	40.0	70	39.5	59	37.3	55	28.1	218	39.2
	狭头型	38	44.7	79	44.6	55	34.8	45	23.0	217	39.0
头长高指数	低头型	0	0	0	0	0	0	1	0.5	1	0.2
	正头型	3	3.5	3	1.7	8	5.1	7	3.6	21	3.8
	高头型	82	96.5	174	98.3	158	100.0	128	65.3	542	97.5
形态面指数	超阔面型	14	16.5	15	8.5	8	5.1	7	3.6	44	7.9
	阔面型	28	32.9	55	31.1	31	19.6	27	13.8	141	25.4
	中面型	17	20.0	49	27.7	58	36.7	39	19.9	163	29.3
	狭面型	18	21.2	48	27.1	46	29.1	38	19.4	150	27.0
	超狭面型	8	9.4	10	5.6	15	9.5	25	12.8	58	10.4
鼻指数	超狭鼻型	0	0	2	1.1	1	0.6	5	2.6	8	1.4
	狭鼻型	15	17.6	73	41.2	77	48.7	69	35.2	234	42.1
	中鼻型	58	68.2	98	55.4	76	48.1	61	31.1	293	52.7
	阔鼻型	12	14.1	4	2.3	4	2.5	1	0.5	21	3.8
	过阔鼻型	0	0	0	0	0	0	0	0	0	0

（二）东北三省蒙古族女性头面部指数的分型

东北三省蒙古族女性头长宽指数也以过圆头型率最高，其中杜尔伯特部、郭尔罗斯部、阜新蒙古族、喀左县蒙古族的过圆头型率都最高。东北三省蒙古族中头型率与狭头型率接近，狭头型率略高些，其中杜尔伯特部、郭尔罗斯部的中头型率小于狭头型率，而阜新蒙古族、喀左县蒙古族的中头型率大于狭头型率，这与男性情况一致。东北三省蒙古族 4 个族群都是高头型率最高。东北三省蒙古族以中面型率最高，4 个族群也都是以中面型率最高。东北三省蒙古族以中鼻型为主，杜尔伯特部、郭尔罗斯部、阜新蒙古族中鼻型率都超过 50%，喀左县蒙古族中鼻型率略小于 50%，与狭鼻型率接近（表 7-6）。总的说来，东北三省蒙古族女性以过圆头型率、狭头型率、高头型率、中面型率、中鼻型率最高。

（三）东北三省蒙古族头面部指数的分型

东北三省蒙古族男性、女性合计，头长宽指数以过圆头型率最高，圆头型率次之；

头宽高指数以狭头型率、中头型率较高，二者接近；头长高指数以高头型率最高；形态面指数以中面型率最高，狭面型率次之；鼻指数以中鼻型率最高，狭鼻型率次之（表7-7）。

表 7-6 东北三省蒙古族女性头面部指数的分型

指标		杜尔伯特部		郭尔罗斯部		阜新蒙古族		喀左县蒙古族		合计	
		n	%	n	%	n	%	n	%	n	%
头长宽指数	过长头型	0	0	0	0	0	0	0	0	0	0
	长头型	0	0	1	0.4	0	0	3	1.1	4	0.4
	中头型	15	9.7	13	5.8	8	3.3	22	8.1	58	6.5
	圆头型	52	33.8	79	35.3	80	32.5	79	29.0	290	32.4
	过圆头型	73	47.4	105	46.9	119	48.4	141	51.8	438	48.9
	超圆头型	14	9.1	26	11.6	39	15.9	27	9.9	106	11.8
头宽高指数	阔头型	19	12.3	22	9.8	59	24.0	74	27.2	174	19.4
	中头型	45	29.2	89	39.7	112	45.5	106	39.0	352	39.3
	狭头型	90	58.4	113	50.4	75	30.5	92	33.8	370	41.3
头长高指数	低头型	1	0.6	5	2.2	2	0.8	2	0.7	10	1.1
	正头型	7	4.5	5	2.2	7	2.8	11	4.0	30	3.3
	高头型	146	94.8	214	95.5	237	96.3	259	95.2	856	95.5
形态面指数	超阔面型	7	4.5	18	8.0	10	4.1	13	4.8	48	5.4
	阔面型	26	16.9	37	16.5	46	18.7	45	16.5	154	17.2
	中面型	60	39.0	81	36.2	81	32.9	81	29.8	303	33.8
	狭面型	43	27.9	61	27.2	75	30.5	70	25.7	249	27.8
	超狭面型	18	11.7	27	12.1	34	13.8	63	23.2	142	15.8
鼻指数	超狭鼻型	0	0	2	0.9	0	0	0	0	2	0.2
	狭鼻型	32	20.8	98	43.8	92	37.4	132	48.5	354	39.5
	中鼻型	99	64.3	119	53.1	145	58.9	135	49.6	498	55.6
	阔鼻型	23	14.9	5	2.2	9	3.7	5	1.8	42	4.7
	过阔鼻型	0	0	0	0	0	0	0	0	0	0

表 7-7 东北三省蒙古族头面部指数的分型

指标		杜尔伯特部		郭尔罗斯部		阜新蒙古族		喀左县蒙古族		合计	
		n	%	n	%	n	%	n	%	n	%
头长宽指数	过长头型	0	0	0	0	0	0	0	0	0	0
	长头型	0	0	3	0.7	0	0	4	1.0	7	0.5
	中头型	19	7.9	26	6.5	21	5.2	37	9.1	103	7.1
	圆头型	79	33.1	132	32.9	136	33.7	137	33.6	484	33.3
	过圆头型	119	49.8	186	46.4	186	46.0	198	48.5	689	47.5
	超圆头型	22	9.2	54	13.5	61	15.1	32	7.8	169	11.6
头宽高指数	阔头型	32	13.4	50	12.5	103	25.5	110	27.0	295	20.3
	中头型	79	33.1	159	39.7	171	42.3	161	39.5	570	39.3
	狭头型	128	53.6	192	47.9	130	32.2	137	33.6	587	40.4
头长高指数	低头型	1	0.4	5	1.2	2	0.5	3	0.7	11	0.8
	正头型	10	4.2	8	2.0	15	3.7	18	4.4	51	3.5
	高头型	228	95.4	388	96.8	387	95.8	387	94.9	1390	96.3

续表

指标		杜尔伯特部		郭尔罗斯部		阜新蒙古族		喀左县蒙古族		合计	
		n	%	n	%	n	%	n	%	n	%
形态面指数	超阔面型	21	8.8	33	8.2	18	4.5	20	4.9	92	6.3
	阔面型	54	22.6	92	22.9	77	19.1	72	17.6	295	20.3
	中面型	77	32.2	130	32.4	139	34.4	120	29.4	466	32.1
	狭面型	61	25.5	109	27.2	121	30.0	108	26.5	399	27.5
	超狭面型	26	10.9	37	9.2	49	12.1	88	21.6	200	13.8
鼻指数	超狭鼻型	0	0.0	4	1.0	1	0.2	5	1.2	10	0.7
	狭鼻型	47	19.7	171	42.6	169	41.8	201	49.3	588	40.5
	中鼻型	157	65.7	217	54.1	221	54.7	196	48.0	791	54.5
	阔鼻型	35	14.6	9	2.2	13	3.2	6	1.5	63	4.3
	过阔鼻型	0	0	0	0	0	0	0	0	0	0

二、内蒙古蒙古族头面部指数的分型

（一）内蒙古蒙古族男性头面部指数的分型

内蒙古蒙古族男性合计（表 7-8），头长宽指数以圆头型率最高，过圆头型率次之；头宽高指数以阔头型率最高，中头型率与狭头型率接近；头长高指数以高头型率最高；形态面指数以阔面型率最高，中面型率次之；鼻指数以中鼻型率最高，狭鼻型率次之。

新认识的布里亚特部朋友　　　　　　　布里亚特部母女俩

表 7-8　内蒙古蒙古族男性头面部指数的分型

指标		鄂尔多斯部		巴尔虎部		布里亚特部		锡林郭勒蒙古族		乌拉特部		合计	
		n	%	n	%	n	%	n	%	n	%	n	%
头长宽指数	过长头型	2	1.4	0	0	0	0	0	0	0	0	2	0.2
	长头型	6	4.2	1	0.5	0	0	9	4.7	3	1.4	19	2.1
	中头型	42	29.6	36	18.4	1	0.7	43	22.6	46	22.1	168	18.9
	圆头型	43	30.3	78	39.8	32	21.1	87	45.8	88	42.3	328	36.9
	过圆头型	34	23.9	60	30.6	82	54.0	51	26.8	71	34.1	298	33.6
	超圆头型	15	10.6	21	10.7	37	24.3	0	0	0	0	73	8.2

续表

指标		鄂尔多斯部		巴尔虎部		布里亚特部		锡林郭勒蒙古族		乌拉特部		合计	
		n	%	n	%	n	%	n	%	n	%	n	%
头宽高指数	阔头型	58	40.9	125	63.8	63	41.5	21	11.1	44	21.2	311	35.0
	中头型	45	31.7	51	26.0	53	34.9	47	24.7	82	39.4	278	31.3
	狭头型	39	27.5	20	10.2	36	23.7	122	64.2	82	39.4	299	33.7
头长高指数	低头型	4	2.8	30	15.3	7	4.6	0	0	4	1.9	45	5.1
	正头型	23	16.2	48	24.5	15	9.9	3	1.6	14	6.7	103	11.6
	高头型	115	81.0	118	60.2	130	85.5	187	98.4	190	91.4	740	83.3
形态面指数	超阔面型	44	31.0	33	16.8	22	14.5	2	1.1	44	21.2	145	16.3
	阔面型	47	33.1	57	29.1	48	31.6	4	2.1	85	40.9	241	27.1
	中面型	28	19.7	55	28.1	47	30.9	41	21.6	52	25.0	223	25.1
	狭面型	16	11.3	27	13.8	25	16.5	53	27.9	24	11.5	145	16.3
	超狭面型	7	4.9	24	12.2	10	6.6	90	47.4	3	1.4	134	15.1
鼻指数	超狭鼻型	2	1.4	0	0	0	0	0	0	0	0	2	0.2
	狭鼻型	12	8.5	43	21.9	64	42.1	177	93.2	55	26.4	351	39.5
	中鼻型	83	58.5	123	62.8	84	55.3	10	5.2	134	64.4	434	48.9
	阔鼻型	39	27.5	29	14.8	3	2.0	3	1.6	19	9.1	93	10.5
	过阔鼻型	6	4.2	1	0.5	1	0.7	0	0	0	0	8	1.6

（二）内蒙古蒙古族女性头面部指数的分型

内蒙古蒙古族女性合计（表7-9），头长宽指数以过圆头型率最高，圆头型率次之；头宽高指数以狭头型率最高，中头型率次之；头长高指数以高头型率最高；形态面指数以阔面型率最高，中面型率次之；鼻指数以狭鼻型率最高，中鼻型率次之。

表7-9 内蒙古蒙古族女性头面部指数的分型

指标		鄂尔多斯部		巴尔虎部		布里亚特部		锡林郭勒蒙古族		乌拉特部		合计	
		n	%	n	%	n	%	n	%	n	%	n	%
头长宽指数	过长头型	0	0	0	0	3	1.9	0	0	0	0	3	0.3
	长头型	3	1.6	3	1.5	0	0	6	3.0	4	2.0	16	1.7
	中头型	42	21.7	46	22.6	5	3.2	44	32.0	28	14.3	165	17.3
	圆头型	78	40.2	68	33.3	32	20.3	78	39.0	70	35.7	326	34.2
	过圆头型	60	30.9	67	32.8	78	49.4	72	36.0	94	48.0	371	39.0
	超圆头型	11	5.7	20	9.8	40	25.3	0	0	0	0	71	7.5
头宽高指数	阔头型	72	37.1	108	52.9	49	31.0	25	12.5	35	17.9	289	30.4
	中头型	69	35.6	57	27.9	58	36.7	39	19.5	82	41.8	305	32.0
	狭头型	53	27.3	39	19.1	51	32.3	136	68.0	79	40.3	358	37.6
头长高指数	低头型	2	1.0	27	13.2	2	1.3	3	1.5	3	1.5	37	3.9
	正头型	29	15.0	49	24.0	6	3.8	4	2.0	11	5.6	99	10.4
	高头型	163	84.0	128	62.8	150	94.9	193	96.5	182	92.9	816	85.7
形态面指数	超阔面型	30	15.5	48	23.5	22	13.9	1	0.5	79	40.3	180	18.9
	阔面型	50	25.8	73	35.8	48	30.4	13	6.5	80	40.8	264	27.7
	中面型	47	24.2	50	24.5	43	27.2	34	17.0	31	15.8	205	21.5
	狭面型	49	25.3	27	13.2	40	25.3	65	32.5	6	3.1	187	19.6
	超狭面型	18	9.3	6	2.9	5	3.2	87	43.5	0	0	116	12.2

续表

指标		鄂尔多斯部		巴尔虎部		布里亚特部		锡林郭勒蒙古族		乌拉特部		合计	
		n	%	n	%	n	%	n	%	n	%	n	%
鼻指数	超狭鼻型	38	19.6	1	0.5	1	0.6	0	0	0	0	40	4.2
	狭鼻型	126	65.0	41	20.1	87	55.1	184	92.0	43	21.9	481	50.5
	中鼻型	30	15.5	130	63.7	63	39.9	15	7.5	132	67.4	370	38.9
	阔鼻型	0	0	29	14.2	7	4.4	1	0.5	21	10.7	58	6.1
	过阔鼻型	0	0	3	1.5	0	0	0	0	0	0	3	0.5

（三）内蒙古蒙古族头面部指数的分型

内蒙古蒙古族男性、女性合计（表 7-10），头长宽指数以过圆头型率最高，圆头型率次之，二者接近；头宽高指数以狭头型率最高，中头型率次之；头长高指数以高头型率最高；形态面指数以阔面型率最高，中面型率次之；鼻指数以狭鼻型率最高，中鼻型率次之，二者较接近。

表 7-10 内蒙古蒙古族头面部指数的分型

指标		鄂尔多斯部		巴尔虎部		布里亚特部		锡林郭勒蒙古族		乌拉特部		合计	
		n	%	n	%	n	%	n	%	n	%	n	%
头长宽指数	过长头型	2	0.6	0	0	3	1.0	0	0	0	0	5	0.3
	长头型	9	2.7	4	1.0	0	0	15	3.8	7	1.7	35	1.9
	中头型	84	25.0	82	20.5	6	1.9	87	22.3	74	18.3	333	18.1
	圆头型	121	36.0	146	36.5	64	20.7	165	42.3	158	39.1	654	35.5
	过圆头型	94	28.0	127	31.8	160	51.6	123	31.5	165	40.8	669	36.4
	超圆头型	26	7.7	41	10.3	77	24.8	0	0	0	0	144	7.8
头宽高指数	阔头型	130	38.7	233	58.3	112	36.1	46	11.8	79	19.6	600	32.6
	中头型	114	33.9	108	27.0	111	35.8	86	22.1	164	40.6	583	31.7
	狭头型	92	27.4	59	14.8	87	28.1	258	66.2	161	39.9	657	35.7
头长高指数	低头型	6	1.8	57	14.3	9	2.9	3	0.8	7	1.7	82	4.5
	正头型	52	15.5	97	24.3	21	6.8	7	1.8	25	6.2	202	11.0
	高头型	278	82.7	246	61.5	280	90.3	380	97.4	372	92.1	1556	84.6
形态面指数	超阔面型	74	22.0	81	20.3	44	14.2	3	0.8	123	30.4	325	17.7
	阔面型	97	28.9	130	32.5	96	31.0	17	4.4	165	40.8	505	27.4
	中面型	75	22.3	105	26.3	90	29.0	75	19.2	83	20.5	428	23.3
	狭面型	65	19.4	54	13.5	65	21.0	118	30.3	30	7.4	332	18.0
	超狭面型	25	7.4	30	7.5	15	4.8	177	45.4	3	0.7	250	13.6
鼻指数	超狭鼻型	40	11.9	1	0.3	1	0.3	0	0	0	0	42	2.3
	狭鼻型	138	41.1	84	21.0	151	48.7	361	92.6	98	24.3	832	45.2
	中鼻型	113	33.6	253	63.3	147	47.4	25	6.4	266	65.8	804	43.7
	阔鼻型	39	11.6	58	14.5	10	3.2	4	1.0	40	9.9	151	8.2
	过阔鼻型	6	1.8	4	1.0	1	0.3	0	0	0	0	11	1.1

三、西部蒙古族头面部指数的分型

（一）西部蒙古族男性头面部指数的分型

西部蒙古族男性合计（表 7-11），头长宽指数以圆头型率最高，过圆头型率次之；头宽高指数以狭头型率最高，中头型率次之；头长高指数以高头型率最高；形态面指数以超狭面型率最高；鼻指数以中鼻型率最高，狭鼻型率次之。

表 7-11　西部蒙古族男性头面部指数的分型

指标		阿拉善和硕特部 n	%	额济纳土尔扈特部 n	%	青海和硕特部 n	%	新疆察哈尔部 n	%	新疆土尔扈特部 n	%	合计 n	%
头长宽指数	过长头型	0	0	0	0	0	0	0	0	0	0	0	0
	长头型	2	2.2	1	1.2	5	3.0	1	0.5	6	5.4	15	2.2
	中头型	19	21.3	10	11.9	39	23.5	38	17.5	48	42.9	154	23.1
	圆头型	31	34.8	27	32.1	67	40.4	76	35.0	42	37.5	243	36.4
	过圆头型	27	30.3	40	47.6	41	24.7	85	39.2	15	13.4	208	31.1
	超圆头型	10	11.2	6	7.1	14	8.4	17	7.8	1	0.9	48	7.2
头宽高指数	阔头型	15	16.9	14	16.7	70	42.2	47	21.7	18	16.1	164	24.6
	中头型	34	38.2	31	36.9	69	41.6	67	30.9	31	27.7	232	34.7
	狭头型	40	44.9	39	46.4	27	16.3	103	47.5	68	60.7	277	41.5
头长高指数	低头型	1	1.1	0	0	11	6.6	4	1.8	2	1.8	18	2.7
	正头型	5	5.6	5	6.0	28	16.9	10	4.6	10	8.9	58	8.7
	高头型	83	93.3	79	94.0	127	76.5	203	93.5	100	89.3	592	88.6
形态面指数	超阔面型	5	5.6	16	19.0	41	24.7	0	0	0	0	62	9.3
	阔面型	9	10.1	25	29.8	83	50.0	0	0	0	0	117	17.2
	中面型	24	27.0	23	27.4	27	16.3	1	0.5	0	0	75	11.2
	狭面型	27	30.3	14	16.7	14	8.4	5	2.3	1	0.9	61	9.1
	超狭面型	24	27.0	6	7.1	1	0.6	211	97.2	111	99.1	353	52.8
鼻指数	超狭鼻型	0	0	0	0	0	0	0	0	0	0	0	0
	狭鼻型	37	41.6	22	26.2	10	6.0	118	54.4	65	58.9	252	37.7
	中鼻型	46	51.7	59	70.2	95	57.2	95	43.8	45	40.2	340	50.9
	阔鼻型	6	6.7	3	3.6	57	34.3	4	1.8	2	1.8	72	10.8
	过阔鼻型	0	0	0	0	4	2.4	0	0	0	0	4	0.6

（二）西部蒙古族女性头面部指数的分型

西部蒙古族女性合计（表 7-12），头长宽指数以过圆头型率、圆头型率较高，二者接近；头宽高指数以狭头型率最高，中头型率次之；头长高指数以高头型率最高；形态面指数以超狭面型率最高；鼻指数以中鼻型率最高，狭鼻型率次之。

表 7-12　西部蒙古族女性头面部指数的分型

指标		阿拉善和硕特部 n	%	额济纳土尔扈特部 n	%	青海和硕特部 n	%	新疆察哈尔部 n	%	新疆土尔扈特部 n	%	合计 n	%
头长宽指数	过长头型	0	0	0	0	0	0	0	0	0	0	0	0
	长头型	0	0	0	0	1	0.5	0	0	2	1.6	3	0.4
	中头型	33	22.9	11	9.8	37	19.0	20	8.9	38	29.9	139	17.3
	圆头型	44	30.6	41	36.6	83	42.6	79	35.1	50	39.4	297	36.8
	过圆头型	56	38.9	50	44.6	66	33.8	101	44.4	32	25.2	305	37.9
	超圆头型	11	7.6	10	8.9	8	4.1	26	11.6	5	3.9	60	7.5
头宽高指数	阔头型	19	13.2	26	23.2	102	52.3	50	22.2	32	25.2	229	28.4
	中头型	37	25.7	44	39.3	63	32.3	68	30.2	43	33.9	255	31.7
	狭头型	88	61.1	42	37.5	30	15.4	108	47.6	52	40.9	320	39.8
头长高指数	低头型	2	1.4	2	1.8	7	3.6	0	0	3	2.4	14	1.7
	正头型	6	4.2	6	5.4	40	20.5	11	4.9	13	10.2	76	9.5
	高头型	136	94.4	104	92.9	148	75.9	215	95.1	111	87.4	714	88.8
形态面指数	超阔面型	3	2.1	5	4.5	43	22.1	0	0	0	0	51	6.3
	阔面型	5	3.5	22	19.6	53	27.2	0	0	0	0	80	10.0
	中面型	18	12.5	41	36.6	64	32.8	0	0	0	0	127	15.8
	狭面型	44	30.6	30	26.8	32	16.4	0	0	2	1.6	108	13.4
	超狭面型	74	51.4	14	12.5	3	1.5	226	100	125	98.4	442	55.0
鼻指数	超狭鼻型	2	1.4	1	0.9	0	0	1	0.4	4	3.1	8	1.0
	狭鼻型	73	50.7	45	40.2	25	12.8	116	51.1	72	56.7	331	41.2
	中鼻型	63	43.8	59	52.7	130	66.7	104	46.2	51	40.2	407	50.6
	阔鼻型	6	4.2	7	6.3	40	20.5	5	2.2	0	0	58	7.2
	过阔鼻型	0	0	0	0	0	0	0	0	0	0	0	0

（三）西部蒙古族头面部指数的分型

西部蒙古族男性、女性合计（表 7-13），头长宽指数以圆头型率、过圆头型率较高，二者比较接近；头宽高指数以狭头型率最高，中头型率次之；头长高指数以高头型率最高；形态面指数以超狭面型率最高；鼻指数以中鼻型率最高，狭鼻型率次之。

表 7-13　西部蒙古族头面部指数的分型

指标		阿拉善和硕特部 n	%	额济纳土尔扈特部 n	%	青海和硕特部 n	%	新疆察哈尔部 n	%	新疆土尔扈特部 n	%	合计 n	%
头长宽指数	过长头型	0	0	0	0	0	0	0	0	0	0	0	0
	长头型	2	0.9	1	0.5	6	1.7	1	0.2	8	3.3	18	1.2
	中头型	52	22.3	21	10.7	76	21.1	58	13.1	86	36.0	293	19.9
	圆头型	75	32.2	68	34.7	150	41.6	155	35.1	92	38.5	540	36.7
	过圆头型	83	35.6	90	45.9	107	29.6	186	41.9	47	19.7	513	34.8
	超圆头型	21	9.0	16	8.2	22	6.1	43	9.7	6	2.5	108	7.3

续表

指标		阿拉善和硕特部		额济纳土尔扈特部		青海和硕特部		新疆察哈尔部		新疆土尔扈特部		合计	
		n	%	n	%	n	%	n	%	n	%	n	%
头宽高指数	阔头型	34	14.6	40	20.4	172	47.6	97	21.9	50	20.9	393	26.7
	中头型	71	30.5	74	37.8	132	36.6	135	30.5	74	31.0	486	33.0
	狭头型	128	54.9	82	41.8	57	15.8	211	47.5	120	50.2	593	40.2
头长高指数	低头型	3	1.3	2	1.0	18	5.0	4	0.9	5	2.1	32	2.2
	正头型	11	4.7	11	5.6	68	18.8	21	4.8	23	9.6	134	9.1
	高头型	219	94.0	183	93.4	275	76.2	418	94.3	211	88.3	1306	88.7
形态面指数	超阔面型	8	3.4	21	10.7	84	23.3	0	0	0	0	113	7.7
	阔面型	14	6.0	47	24.0	136	37.1	0	0	0	0	197	13.4
	中面型	42	18.0	64	32.3	91	25.2	1	0.2	0	0	198	13.5
	狭面型	71	30.5	44	22.4	46	12.7	5	1.1	3	1.3	169	11.5
	超狭面型	98	42.1	20	10.2	4	1.1	437	98.6	236	98.8	795	54.0
鼻指数	超狭鼻型	2	0.9	1	0.5	0	0	1	0.2	4	1.7	8	0.5
	狭鼻型	110	47.2	67	34.2	35	9.7	234	52.7	137	57.7	583	39.6
	中鼻型	109	46.8	118	60.2	225	62.3	199	45.0	96	40.2	747	50.8
	阔鼻型	12	5.2	10	5.1	97	26.9	9	2.0	2	0.8	130	8.8
	过阔鼻型	0	0	0	0	4	1.1	0	0	0	0	4	0.3

四、云南蒙古族头面部指数的分型

云南蒙古族男性、女性合计（表 7-14），头长宽指数以中头型率最高，圆头型率次之；头宽高指数以阔头型率最高，中头型率次之；头长高指数以高头型率最高；形态面指数以超狭面型率最高，狭面型率次之；鼻指数以狭鼻型率最高。

表 7-14 云南蒙古族头面部指数的分型

指标		男性		女性		合计		指数	类型	男性		女性		合计	
		n	%	n	%	n	%			n	%	n	%	n	%
头长宽指数	过长头型	2	1.0	1	0.4	3	0.7	头长高指数	低头型	22	10.9	45	19.0	67	15.3
	长头型	40	19.8	29	12.2	69	15.7		正头型	53	26.2	54	22.8	107	24.4
	中头型	114	56.4	117	49.4	231	52.6		高头型	127	62.9	138	58.2	265	60.4
	圆头型	36	17.8	79	33.3	115	26.2	头宽高指数	阔头型	59	29.2	111	46.8	170	38.7
	过圆头型	10	5.0	11	4.6	21	4.8		中头型	72	35.6	70	29.5	142	32.4
形态面指数	超阔面型	2	1.0	4	1.7	6	1.4		狭头型	71	35.2	56	23.6	127	28.9
	阔面型	25	12.4	36	15.2	61	13.9	鼻指数	超狭鼻型	9	4.5	15	6.3	24	5.5
	中面型	30	14.9	48	20.3	78	17.8		狭鼻型	162	80.2	194	81.9	356	81.1
	狭面型	66	32.7	73	30.8	139	31.7		中鼻型	31	15.4	28	11.8	59	13.4
	超狭面型	79	39.1	76	32.1	155	35.3								

五、中国蒙古族头面部指数的分型分析

蒙古族男性、女性资料合计（表 7-15），头长宽指数以过圆头型率最高，圆头型率次之；头宽高指数以狭头型率最高，中头型率次之；头长高指数以高头型率最高；形态面指数以超狭面型率最高，中面型率、阔面型率、狭面型率接近；鼻指数以中鼻型率、狭鼻型率较高，二者接近。

表 7-15　蒙古族头面部指数的分型

指标	指数	n	%	指数	类型	n	%
头长宽指数	过长头型	8	0.2	头宽高指数	阔头型	1458	28.0
	长头型	129	2.5		中头型	1781	34.2
	中头型	960	18.5		狭头型	1964	37.7
	圆头型	1793	34.5	头长高指数	低头型	192	3.7
	过圆头型	1892	36.4		正头型	494	9.5
	超圆头型	421	8.1		高头型	4517	86.8
形态面指数	超阔面型	536	10.3	鼻指数	超狭鼻型	84	1.6
	阔面型	1058	20.3		狭鼻型	2359	45.3
	中面型	1170	22.5		中鼻型	2401	46.1
	狭面型	1039	20.0		阔鼻型	344	6.6
	超狭面型	1400	26.9		过阔鼻型	15	0.3

在新巴尔虎左旗草原上　　　　　呼伦贝尔草原水草丰美

第三节　中国蒙古族头面部指数与经度、纬度、年平均温度、年龄的相关分析

一、男性头面部指数与经度、纬度、年平均温度、年龄的相关分析

蒙古族男性头长宽指数、头长高指数、鼻指数与经度、纬度呈显著正相关，与年平均温度呈显著负相关（表 7-16），即总体上来说，随着经度的增加（从中国西部到东部）、

纬度的增加（从中国南部到北部）、年平均温度的下降，蒙古族男性头趋于圆型、高型、鼻变阔。头宽高指数与经度呈显著负相关，与年平均温度呈显著正相关，即总体上来说，随着经度的增加（从中国西部到东部）、年平均温度的下降，蒙古族男性头变阔。形态面指数与经度呈显著负相关，与年平均温度呈显著正相关，即总体上来说，随着经度的增加（从中国西部到东部）、年平均温度的下降，蒙古族男性面变阔。口指数与经度、年平均温度呈显著正相关，与纬度呈显著负相关，即总体上来说，随着经度的增加（从中国西部到东部）、年平均温度的增加、纬度的下降（从中国北部到南部），蒙古族男性唇变高、变短。

表 7-16　蒙古族男性头面部指数与经度、纬度、年平均温度、年龄的相关分析

指标	经度 r	经度 P	纬度 r	纬度 P	年平均温度 r	年平均温度 P	年龄 r	年龄 P
头长宽指数	0.240**	0.000	0.424**	0.000	−0.415**	0.000	−0.102**	0.000
头长高指数	0.062**	0.007	0.234**	0.000	−0.122**	0.000	−0.125**	0.000
头宽高指数	−0.098**	0.000	−0.029	0.201	0.144**	0.000	−0.068**	0.003
形态面指数	−0.604**	0.000	0.019	0.400	0.142**	0.000	0.090**	0.000
鼻指数	0.069**	0.003	0.198**	0.000	−0.298**	0.000	0.065**	0.004
口指数	0.076**	0.001	−0.217**	0.000	0.178**	0.000	−0.447**	0.000

注：r 为相关系数，**表示 $P<0.01$，相关系数具有统计学意义

头长宽指数、头长高指数、头宽高指数、口指数与年龄呈显著负相关，形态面指数、鼻指数与年龄呈显著正相关，即总体上来说，蒙古族男性老年人与年轻人相比，头更圆、更低、更阔，口裂更细长，面更狭窄，鼻更阔。

二、女性头面部指数与经度、纬度、年平均温度、年龄的相关分析

蒙古族女性头长宽指数、头长高指数、鼻指数与经度、纬度呈显著正相关，与年平均温度呈显著负相关（这与男性一致）（表 7-17），即总体上来说，随着经度的增加（从中国西部到东部）、纬度的增加（从中国南部到北部）、年平均温度的下降，蒙古族女性头趋于圆型、高型，鼻变阔。头宽高指数与纬度呈显著正相关，与经度、年平均温度相关不显著，即总体上来说，随着纬度的增加（从中国南部到北部），蒙古族女性头变窄。形态面指数与经度、纬度呈显著负相关，与年平均温度呈显著正相关，即总体上来说，随着经度的增加（从中国西部到东部）、纬度的增加（从中国南部到北部）、年平均温度的下降，蒙古族女性面变阔。口指数与经度、年平均温度呈显著正相关，与纬度呈显著负相关，即总体上来说，随着经度的增加（从中国西部到东部）、年平均温度的增加、纬度的下降（从中国北部到南部），蒙古族女性唇变高。

头长宽指数、头长高指数、头宽高指数、口指数与年龄呈显著负相关，形态面指数、鼻指数与年龄呈显著正相关，即总体上来说，蒙古族女性老年人与年轻人相比，头更圆、更低、更阔，口裂更细长，面更狭窄，鼻更阔。蒙古族男性、女性头面部指数与经度、围度、年平均温度、年龄的相关分析结果比较一致。

表 7-17 蒙古族女性头面部指数与经度、纬度、年平均温度、年龄的相关分析

指标	经度 r	经度 P	纬度 r	纬度 P	年平均温度 r	年平均温度 P	年龄 r	年龄 P
头长宽指数	0.177**	0.000	0.363**	0.000	−0.311**	0.000	−0.078**	0.000
头长高指数	0.116**	0.000	0.311**	0.000	−0.197**	0.000	−0.091**	0.000
头宽高指数	0.021	0.289	0.127**	0.000	−0.035	0.085	−0.050*	0.013
形态面指数	−0.595**	0.000	−0.110**	0.000	0.120**	0.000	0.060**	0.003
鼻指数	0.095**	0.000	0.252**	0.000	−0.314**	0.000	0.116**	0.000
口指数	0.133**	0.000	−0.165**	0.000	0.147**	0.000	−0.438**	0.000

注：r 为相关系数，*表示 P<0.05，**表示 P<0.01，相关系数具有统计学意义

第四节 中国蒙古族与其他少数民族头的面部指数

一、中国蒙古族与其他少数民族头面部指数的均数

表 7-18 是已经发表的蒙古族等 22 个民族（23 个族群）的头面部指数资料，其中包括 7 个北方族群（本研究蒙古族计入北方族群中）和 16 个南方族群。

表 7-18 蒙古族与其他少数民族头面部指数的均数

民族	男性 头长宽指数	头长高指数	头宽高指数	额顶宽度指数	形态面指数	头面宽指数	鼻指数	女性 头长宽指数	头长高指数	头宽高指数	额顶宽度指数	形态面指数	头面宽指数	鼻指数
蒙古族	84.5	69.5	82.3	68.9	89.1	91.5	72.7	85.2	70.2	82.4	69.5	87.5	90.7	71.8
壮族[2]	80.5	65.7	81.5	75.4	86.7	94.4	72.9	80.5	67.3	83.6	75.6	87.7	93.0	71.6
苗族[3]	82.5	64.3	77.9	68.0	82.4	94.2	68.6	81.7	65.1	79.7	68.7	82.5	93.1	70.1
彝族[3]	78.0	65.2	83.6	70.3	84.8	96.2	73.7	79.4	65.1	81.9	70.3	84.3	94.4	71.4
侗族[4]	82.2	68.3	83.0	67.9	86.6	92.8	72.0	82.2	69.2	84.2	68.9	85.4	92.2	71.2
瑶族[5]	80.5	70.6	87.8	68.5	83.8	93.5	76.4	81.9	71.0	86.7	68.7	82.9	91.7	74.7
仡佬族（广西）[6]	82.4	67.8	82.3	67.4	86.2	92.9	71.9	82.8	70.6	85.2	68.1	86.6	91.3	69.7
黑衣壮族[7]	78.9	66.0	83.6	71.0	86.1	95.9	74.9	78.1	65.0	83.3	71.6	85.8	95.5	70.9
仫佬族[8]	78.4	68.2	87.1	68.7	88.9	93.6	73.5	76.3	65.8	86.3	68.5	87.0	92.2	72.5
拉祜族[9]	80.7	65.4	81.0	68.2	88.3	94.6	68.1	80.7	65.9	81.7	69.0	88.9	92.1	67.3
克木人[10]	83.8	68.2	81.4	70.2	87.4	92.3	67.2	84.0	68.3	81.3	71.4	84.3	91.6	67.4
水族[11]	82.7	67.8	81.9	67.7	84.0	93.6	73.2	82.0	66.3	80.8	69.3	82.8	93.5	72.1
仡佬族（贵州）[12]	79.2	65.7	82.9	69.1	86.6	95.0	68.1	79.4	64.9	81.8	72.9	84.7	94.7	66.4
僜人[13]	81.4	68.5	84.3	68.5	86.5	92.1	71.0	82.0	69.6	85.0	69.5	85.7	90.3	69.2
佤族[14]	82.9	65.9	79.6	69.6	89.6	93.4	69.3	83.7	65.2	78.1	70.8	86.5	92.0	69.0
怒族[15]	80.0	70.0	87.7	72.8	85.9	95.0	71.0	80.2	70.7	88.1	74.4	83.6	93.5	72.6
布依族[16]	80.8	65.1	80.7	68.6	82.3	98.0	88.0	80.6	66.6	82.8	67.1	83.7	97.6	87.3
乌孜别克族[17]	87.3	70.1	80.3	72.1	83.5	91.1	66.2	89.2	72.9	81.8	72.8	81.4	90.4	66.5
维吾尔族[18]	88.5	65.0	73.4	71.5	86.9	90.3	62.2	88.6	66.7	74.6	72.5	87.5	88.0	62.1
锡伯族[19]	87.1	66.5	76.3	74.6	90.2	92.0	65.9	87.4	71.4	79.6	73.8	86.5	91.9	65.8
达斡尔族[20]	83.0	69.1	83.6	75.1	84.4	92.8	71.5	82.9	74.7	83.0	72.4	81.2	93.4	70.2
回族[21]	84.0	72.7	81.5	68.6	85.6	93.7	73.6	85.1	63.2	87.8	70.8	83.6	92.2	73.6
俄罗斯族[22]	85.9	66.9	78.0	69.8	79.6	91.8	68.0	87.2	68.9	79.1	70.2	77.0	91.3	69.1

[2]~[22]见本章参考文献

二、中国蒙古族与其他少数民族头面部指数均数的主成分分析

对蒙古族等 23 个族群男性的 7 项头面部指数均数进行主成分分析。男性前两个主成分的贡献率分别为 41.848%、20.752%，累计贡献率达到 62.600%。PC Ⅰ 载荷较大的指标有头长宽指数（-0.902）、头面宽指数（0.854）、鼻指数（0.825），分别表示头的圆狭，面宽与头宽的比值，鼻的阔狭，PC Ⅰ 值较大表示头比较狭窄，面宽值大，鼻比较阔。PC Ⅱ 载荷较大的指标有头长高指数（0.944）、头宽高指数（0.591），分别表示头的高低、狭阔，PC Ⅱ 值较大表示头高、头狭。

以 PC Ⅰ 为横坐标、PC Ⅱ 为纵坐标作散点图（图 7-2A），可以把 23 个族群分成以下几个组：第一象限的瑶族、仫佬族、怒族为第一组。在纵坐标正轴附近的僜人、侗族、仫佬族（广西）、水族、达斡尔族为第二组。蒙古族、回族为第三组。第二象限的克木人、乌孜别克族为第四组。第三象限的维吾尔族、锡伯族、俄罗斯族为第五组。第四象限的彝族、黑衣壮族、仫佬族（贵州）、壮族、拉祜族为第六组。其他三个族群（苗族、佤族、布依族）未进入任何一个组。中国北方民族男性头面部特征可以分为两个类型。一个类型是蒙古族头面部特征与乌孜别克族、达斡尔族、回族较为接近。蒙古族的 PC Ⅰ 值较小，PC Ⅱ 值较大，在 23 个族群中具有头比较圆，面宽值较小，头较高的特征。另一个类型是 PC Ⅰ 值小，PC Ⅱ 值较小的维吾尔族、锡伯族、俄罗斯族。这两个类型的区别是 PC Ⅱ 值的大小，也就是头的高低、狭阔的差别。

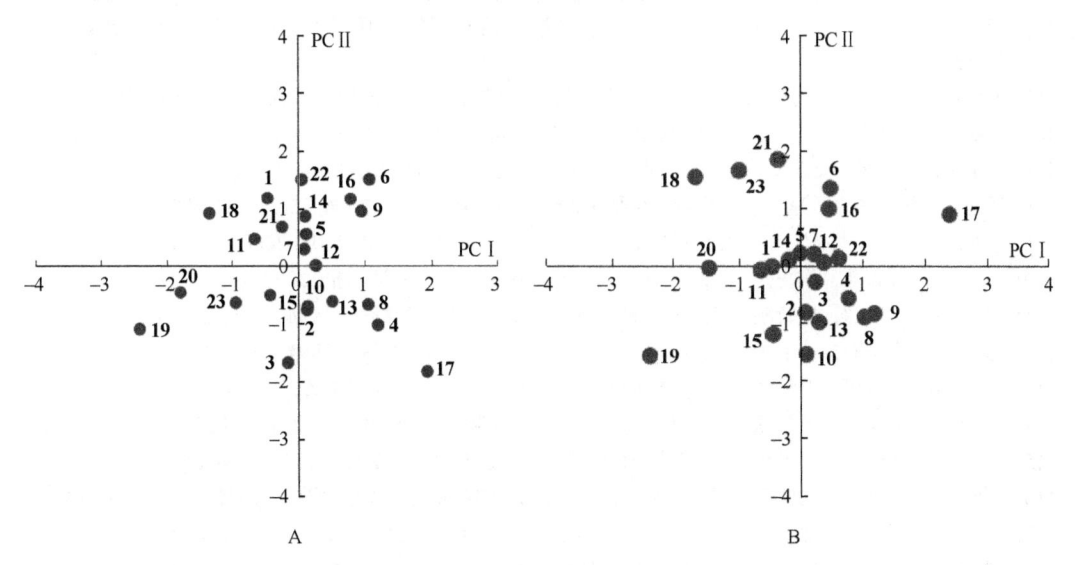

图 7-2 中国少数民族头面部指数主成分分析散点图

A. 男性，B. 女性；1. 蒙古族，2. 壮族，3. 苗族，4. 彝族，5. 侗族，6. 瑶族，7. 仫佬族（广西），8. 黑衣壮族，9. 仫佬族，10. 拉祜族，11. 克木人，12. 水族，13. 仫佬族（贵州），14. 僜人，15. 佤族，16. 怒族，17. 布依族，18. 乌孜别克族，19. 维吾尔族，20. 锡伯族，21. 达斡尔族，22. 回族，23. 俄罗斯族

对蒙古族等 23 个族群女性的 7 项头面部指数均数进行主成分分析。女性前两个主成分的贡献率分别为 39.336%、20.774%，累计贡献率达到 60.110%。PC Ⅰ 载荷较大的指标有鼻指数（0.824）、头长宽指数（-0.823）、头面宽指数（0.821），分别表示鼻的阔狭，头的圆狭，面宽与头宽的比值，PC Ⅰ 值较大表示鼻比较阔，头比较狭窄，面宽值大。

PCⅡ载荷较大的指标有形态面指数（−0.778）、头长高指数（0.702），分别表示头的高低、狭阔，PCⅡ值较大表示面较短，头较高。

以PCⅠ为横坐标、PCⅡ为纵坐标作散点图（图7-2B），可以把23个族群分成以下几个组：第一象限的瑶族、怒族为第一组，PCⅠ值较大，PCⅡ值较大。回族、水族、仫佬族（广西）、侗族、僜人、蒙古族、克木人、苗族为第二组，这些族群位于原点两侧的横坐标上下，共同特点是PCⅡ值中等。乌孜别克族、达斡尔族、俄罗斯族位于第二象限，组成第三组，PCⅠ值较小，PCⅡ值大。第四组包括第四象限的彝族、黑衣壮族、仫佬族，PCⅠ值大，PCⅡ值较小。位于纵坐标负轴两侧的佤族、壮族、仫佬族（贵州）、拉祜族组成第五组。蒙古族与克木人、僜人2个南方未识别民族距离最近，PCⅠ值较小，PCⅡ值中等。布依族和维吾尔族位点与其他族群距离较远，未进入上述五个组中。在中国族群中，蒙古族女性具有鼻比较狭、头比较圆、面宽值较小及面高、头高值中等的特点。

参 考 文 献

[1] 郑连斌, 李咏兰, 席焕久, 等. 中国汉族体质人类学研究. 北京: 科学出版社, 2017.
[2] 朱芳武, 林光琪, 苏曲之, 等. 广西壮族居民三个组群的体质特征. 广西民族研究, 1994, 37(3): 38-49, 61.
[3] 庞祖荫, 李培春, 梁明康, 等. 广西得峨苗族、彝族体质调查. 人类学学报, 1987, 6(4): 324-335.
[4] 庞祖荫, 李培春, 梁明康, 等. 广西三江侗族自治县侗族体质调查. 人类学学报, 1989, 8(3): 248-254.
[5] 庞祖荫, 李培春, 黄秀峰, 等. 广西巴马县瑶族体质特征. 右江民族医学院学报, 1988, 11(3): 28-34.
[6] 梁明康, 李培春, 庞祖荫, 等. 广西隆林县仫佬族体质特征. 右江民族医学院学报, 1989, 11(4): 1-9.
[7] 李培春, 蒲洪琴, 吴荣敏, 等. 广西那坡黑衣壮族的体质特征. 人类学学报, 2004, 23(2): 152-158.
[8] 郑连斌, 陆舜华, 丁博, 等. 仫佬族体质特征研究. 人类学学报, 2006, 25(3): 242-250.
[9] 李明, 李跃敏, 余发昌, 等. 云南拉祜族的体质特征. 人类学学报, 2001, 20(1): 39-44.
[10] 郑连斌, 陆舜华, 陈媛媛, 等. 中国克木人的体质特征. 人类学学报, 2007, 26(1): 45-53.
[11] 李培春, 梁明康, 吴荣敏, 等. 水族的体质特征研究. 人类学学报, 1994, 13(1): 56-63.
[12] 梁明康, 李培春, 吴荣敏, 等. 贵州仫佬族体质特征研究. 人类学学报, 1994, 13(1): 64-71.
[13] 郑连斌, 陆舜华, 于会新, 等. 中国僜人体质特征. 人类学学报, 2009, 28(2): 162-171.
[14] 郑连斌, 陆舜华, 于会新, 等. 佤族的体质特征. 人类学学报, 2007, 26(3): 249-258.
[15] 郑连斌, 陆舜华, 罗东梅, 等. 怒族的体质调查. 人类学学报, 2008, 27(2): 158-166.
[16] 余跃生, 任光祥, 戎聚全, 等. 贵州布依族体质人类学研究. 人类学学报, 2005, 24(3): 204-214.
[17] 郑连斌, 崔静, 陆舜华, 等. 乌孜别克族体质特征研究. 人类学学报, 2004, 23(1): 35-45.
[18] 艾琼华, 肖辉, 赵建新, 等. 维吾尔族的体质特征研究. 人类学学报, 1993, 12(4): 357-365.
[19] 邵兴周, 王笃伦, 崔静, 等. 新疆察布查尔锡伯族体质特征调查. 人类学学报, 1984, 3(4): 349-360.
[20] 朱钦, 富杰, 刘文忠, 等. 达斡尔族成人体格、体型及半个多世纪以来的变化. 人类学学报, 1996, 15(2): 120-126.
[21] 郑连斌, 朱钦, 王巧玲, 等. 宁夏回族体质特征研究. 人类学学报, 1997, 16(1): 11-21.
[22] 陆舜华, 郑连斌, 索利娅, 等. 俄罗斯族体质特征分析. 人类学学报, 2005, 24(4): 291-300.

第八章　中国蒙古族的身高、体重

身高是最重要的体质指标。身高是头颈部高度、躯干高度、下肢高度的综合。体重也是很重要的综合体质指标，是身体各个部位质量之和，也是身体各种组成成分质量之和。身高、体重主要受遗传、环境因素的作用。

第一节　中国蒙古族的身高

一、中国蒙古族各个族群的身高

蒙古族男性平均身高为 1673.2mm±65.2mm，女性为 1555.2mm±60.3mm（表 8-1，表 8-2），男性属于超中等身材，女性属于中等身材。中国汉族北方男性身高为 1677.1mm±62.5mm，南方男性为 1655.1mm±66.6mm，北方女性为 1561.7mm±58.7mm，南方女性为 1545.5mm±58.0mm。与中国同性别汉族身高相比，蒙古族男性身高低于北方汉族男性，高于南方汉族男性；蒙古族女性身高也是低于北方汉族女性，高于南方汉族女性。

测量郭尔罗斯部身高 　　喀左县精严禅寺佛塔 　　红花尔基樟子松国家森林公园

表 8-1　蒙古族 17 个族群男性身高均数（mm，Mean±SD）

族群	20～44 岁组	45～59 岁组	60～80 岁组	合计
杜尔伯特	1695.0±65.7	1676.5±74.7	1629.0±74.4	1662.7±76.9
郭尔罗斯	1680.7±58.2	1646.8±58.2	1621.1±65.2	1653.2±64.0
阜新蒙古族	1682.4±57.5	1656.5±60.1	1645.7±58.1	1661.0±60.0
喀左县蒙古族	1703.3±62.8	1676.0±68.6	1633.0±56.4	1661.4±67.5
巴尔虎部	1711.4±65.3	1674.8±67.6	1679.8±65.2	1694.4±68.0
布里亚特部	1701.8±57.3	1678.1±56.1	1684.6±43.7	1695.4±57.1
科尔沁部				1682.1±60.5

续表

族群	20~44岁组	45~59岁组	60~80岁组	合计
赤峰蒙古族				1706.7±64.0
锡林郭勒蒙古族				1696.7±67.7
乌拉特部				1712.0±68.1
鄂尔多斯部	1714.8±49.7	1675.9±56.5	1670.1±49.9	1690.2±55.6
阿拉善和硕特部	1692.8±56.3	1687.0±65.1	1652.2±59.0	1673.2±62.6
额济纳土尔扈特部	1732.2±43.1	1697.0±50.4	1670.6±69.3	1705.4±56.3
青海和硕特部	1699.6±55.7	1663.3±57.4	1661.5±51.5	1676.9±58.0
新疆察哈尔部	1692.5±67.3	1680.0±62.3	1625.3±70.1	1680.5±68.4
新疆土尔扈特部	1700.0±57.3	1688.7±55.6	1660.7±65.9	1686.2±60.5
云南蒙古族	1643.1±46.8	1610.2±54.1	1606.0±56.8	1632.0±51.7
蒙古族合计	1690.9±62.0	1666.9±63.9	1648.1±63.4	1673.2±65.2

表8-2　蒙古族17个族群女性身高均数（mm，Mean±SD）

族群	20~44岁组	45~59岁组	60~80岁组	合计	u
杜尔伯特	1588.8±50.5	1545.2±59.3	1533.7±49.4	1546.0±56.1	12.30**
郭尔罗斯	1560.6±47.8	1533.2±49.8	1504.9±49.5	1536.0±52.9	19.63**
阜新蒙古族	1579.7±53.0	1555.8±48.7	1537.4±53.7	1556.9±52.8	17.82**
喀左县蒙古族	1581.2±57.7	1557.5±54.2	1516.7±61.4	1549.3±61.5	16.28**
巴尔虎部	1580.5±52.4	1565.1±56.0	1541.0±54.7	1566.7±55.9	21.56**
布里亚特部	1568.3±57.4	1545.4±64.4	1523.2±35.1	1556.9±60.2	21.96**
科尔沁部				1570.9±49.6	20.10**
赤峰蒙古族				1590.7±57.0	10.53**
锡林郭勒蒙古族				1564.1±67.9	19.31**
乌拉特部				1574.0±50.0	28.35**
鄂尔多斯部	1598.6±51.3	1569.2±41.0	1525.5±59.9	1577.4±56.0	18.37**
阿拉善和硕特部	1591.8±59.8	1587.3±57.7	1516.2±61.1	1561.8±69.4	14.10**
额济纳土尔扈特部	1596.3±53.0	1582.0±61.0	1519.8±24.6	1570.4±67.8	15.25**
青海和硕特部	1581.2±53.8	1570.6±56.5	1509.5±55.0	1563.4±61.0	18.09**
新疆察哈尔部	1565.1±59.6	1553.6±53.7	1510.3±51.7	1554.0±58.7	20.84**
新疆土尔扈特部	1576.4±53.8	1578.9±64.3	1550.0±61.5	1571.9±59.5	20.04**
云南蒙古族	1540.0±55.2	1506.7±50.5	1477.0±43.5	1528.9±56.7	19.96**
蒙古族合计	1572.5±57.4	1555.4±57.1	1522.6±57.6	1555.2±60.3	61.54**

注：u为性别间u检验值，**表示$P<0.01$，差异具有统计学意义。

蒙古族各个族群男性身高均数排序（表8-1），乌拉特部、赤峰蒙古族、额济纳土尔扈特部平均身高都超过1700mm，在蒙古族17个族群中分列第1、2、3位，阜新蒙古族、郭尔罗斯部、云南蒙古族平均身材矮，分列第15、16、17位。女性身高排序的前三位依次是赤峰蒙古族、鄂尔多斯部、乌拉特部，第15、16、17位依次是杜尔伯特部、郭尔罗斯部、云南蒙古族。总的看来，东北地区蒙古族身材较矮，云南蒙古族身材最矮。应该说明，随着年龄的增加，人的身高逐渐下降。由于科尔沁部、赤峰蒙古族、锡林郭勒蒙古族、乌拉特部资料调查时间比较早，当时的体质研究样本一般年龄范围在20~60岁，而后来的群体研究，样本的年龄范围延宽为 20～80 岁，乌拉特部、赤峰蒙古族的平均年龄相对年轻，这可能是这两个族群身高排序靠前的原因之一。

按照身高分型标准，男性 17 个族群中，乌拉特部、赤峰蒙古族、额济纳土尔扈特部已经属于高身材，锡林郭勒蒙古族、布里亚特部、巴尔虎部、鄂尔多斯部、新疆土尔扈特部、科尔沁部、新疆察哈尔部、青海和硕特部、阿拉善和硕特部属于超中等身材，杜尔伯特部、阜新蒙古族、喀左县蒙古族、郭尔罗斯部属于中等身材，云南蒙古族属于亚中等身材（表 8-2）。女性 17 个族群中，赤峰蒙古族已经属于高身材，鄂尔多斯部、乌拉特部、新疆土尔扈特部、科尔沁部、额济纳土尔扈特部、巴尔虎部、锡林郭勒蒙古族、青海和硕特部、阿拉善和硕特部属于超中等身材，布里亚特部、阜新蒙古族、新疆察哈尔部、喀左县蒙古族、杜尔伯特部、郭尔罗斯部属于中等身材，云南蒙古族属于亚中等身材。总的说来，内蒙古蒙古族、西部蒙古族个别族群为高身材，多数族群为超中等身材。东北三省蒙古族为中等身材。南方蒙古族为亚中等身材。

东北三省蒙古族男性中杜尔伯特部身材最高，女性阜新蒙古族最高。内蒙古蒙古族男性中乌拉特部最高，女性赤峰蒙古族最高。西部蒙古族男性中额济纳土尔扈特部最高，女性新疆土尔扈特部最高。

二、中国蒙古族不同年龄组之间的身高排序

将蒙古族身高资料按照 20～44 岁组、45～59 岁组、60～80 岁组分别统计，进行不同年龄组之间的身高排序。科尔沁部、赤峰蒙古族、锡林郭勒蒙古族、乌拉特部原始资料散佚，无法划分年龄组，其余 13 个族群身高排序情况如下。

男性的 60～80 岁组中，4 个族群（布里亚特部、巴尔虎部、额济纳土尔扈特部、鄂尔多斯部）为超中等身材，4 个族群（青海和硕特部、新疆土尔扈特部、阿拉善和硕特部、阜新蒙古族）为中等身材，还有 5 个族群（喀左县蒙古族、杜尔伯特部、新疆察哈尔部、郭尔罗斯部、云南蒙古族）为亚中等身材。这三种身高类型比例接近（表 8-1）。45～59 岁组中，13 个族群没有一个族群属于高身材，大多数族群（额济纳土尔扈特部、新疆土尔扈特部、阿拉善和硕特部、新疆察哈尔部、布里亚特部、喀左县蒙古族、杜尔伯特部、鄂尔多斯部、巴尔虎部）属于超中等身材，青海和硕特部、阜新蒙古族、郭尔罗斯部属于中等身材，云南蒙古族属于亚中等身材。与 60～80 岁组相比，亚中等身材的族群数量大大减少。20～44 岁组基本与青年相当，这个组身高值最大，13 个族群中额济纳土尔扈特部、鄂尔多斯部、巴尔虎部、喀左县蒙古族、布里亚特部、新疆土尔扈特部 6 个族群进入高身材的行列，青海和硕特部、杜尔伯特部、阿拉善和硕特部、新疆察哈尔部、阜新蒙古族、郭尔罗斯部属于超中等身材，云南蒙古族属于中等身材；高身材族群的数量突然增加到 6 个，东北三省蒙古族的喀左县蒙古族进入高身材行列，杜尔伯特部、阜新蒙古族、郭尔罗斯部进入超中等身材的行列，就连南方的蒙古族也迈进中等身材的行列，已经没有亚中等身材的族群。

女性的 60～80 岁组中，多数族群（鄂尔多斯部、布里亚特部、额济纳土尔扈特部、喀左县蒙古族、阿拉善和硕特部、新疆察哈尔部、青海和硕特部、郭尔罗斯部）为亚中等身材，新疆土尔扈特部、巴尔虎部、阜新蒙古族、杜尔伯特部为中等身材，云南蒙古

族为矮身材（表8-2）。这个年龄组中，没有高身材、超中等身材的族群。45～59岁组中，依然没有出现高身材族群，由于云南蒙古族已经进入亚中等身材行列，因此也没有矮身材族群，超中等身材（阿拉善和硕特部、额济纳土尔扈特部、新疆土尔扈特部、青海和硕特部、鄂尔多斯部、巴尔虎部）和中等身材（喀左县蒙古族、阜新蒙古族、新疆察哈尔部、布里亚特部、杜尔伯特部、郭尔罗斯部）各为6个族群。西部蒙古族的5个族群中有4个族群是超中等身材，东北三省蒙古族4个族群都是中等身材。20～44岁组出现了三个高身材族群（鄂尔多斯部、额济纳土尔扈特部、阿拉善和硕特部），大多数族群（杜尔伯特部、喀左县蒙古族、青海和硕特部、巴尔虎部、阜新蒙古族、新疆土尔扈特部、布里亚特部、新疆察哈尔部、郭尔罗斯部）属于超中等身材，云南蒙古族也进入中等身材行列，已经没有亚中等身材的族群。

中国蒙古族合计男性60～80岁组、45～59岁组属于中等身材，20～44岁组属于超中等身材。女性60～80岁组属于亚中等身材，45～59岁组为中等身材，20～44岁组为超中等身材。

对蒙古族13个族群身高值进行方差分析，男性 $F=17.0$，$P=0.000$，族群间身高差异具有统计学意义；女性 $F=11.3$，$P=0.000$，族群间身高差异具有统计学意义。对蒙古族合计资料三个年龄组身高值进行方差分析表明，男性 $F=69.1$，$P=0.000$，年龄组间身高差异具有统计学意义；女性 $F=134.2$，$P=0.000$，年龄组间身高差异具有统计学意义。

三、38年间中国蒙古族身高的变化

20～44岁组的中位数年龄是32岁。60～80岁组的中位数年龄是70岁，可以认为这两个年龄组相距38岁。表8-3中给出了13个族群38年间身高增长的量。

表8-3 蒙古族族群38年间身高的变化（mm，Mean）

族群	男性 20～44岁组	男性 60～80岁组	差值	女性 20～44岁组	女性 60～80岁组	差值	族群	男性 20～44岁组	男性 60～80岁组	差值	女性 20～44岁组	女性 60～80岁组	差值
杜尔伯特部	1695.0	1629.0	66.0	1588.8	1533.7	55.1	额济纳土尔扈特部	1732.2	1670.6	61.6	1596.3	1519.8	76.5
阜新蒙古族	1682.4	1645.7	36.7	1579.7	1537.4	42.3	阿拉善和硕特部	1692.8	1652.2	40.6	1591.8	1516.2	75.6
喀左县蒙古族	1703.3	1633.0	70.3	1581.2	1516.7	64.5	青海和硕特部	1699.6	1661.5	38.1	1581.2	1509.5	71.7
郭尔罗斯部	1680.7	1621.1	59.6	1560.6	1504.9	55.7	新疆察哈尔部	1692.5	1625.3	67.2	1565.1	1510.3	54.8
巴尔虎部	1711.4	1679.8	31.6	1580.5	1541.0	39.5	新疆土尔扈特部	1700.0	1660.7	39.3	1576.4	1550.0	26.4
布里亚特部	1701.8	1684.6	17.2	1568.3	1523.2	45.1	云南蒙古族	1643.1	1606.2	37.1	1540.0	1477.0	63.0
鄂尔多斯部	1714.8	1670.1	44.7	1598.6	1525.5	73.1							

38年间，蒙古族各个族群的身高都有不同幅度的增长（表8-3）。按照增长幅度的大小排列，男性族群依次为喀左县蒙古族>新疆察哈尔部>杜尔伯特部>额济纳土尔扈特部>郭尔罗斯部>鄂尔多斯部>阿拉善和硕特部>新疆土尔扈特部>青海和硕特部>云南蒙古族>阜新蒙古族>巴尔虎部>布里亚特部，最多增长了70.3mm，最少增长了17.2mm。增长幅度大的喀左县蒙古族、新疆察哈尔部、杜尔伯特部、郭尔罗斯部都是20～44岁组中身高较矮的几个族群，增长幅度最小的布里亚特部、巴尔虎部恰好是20～44岁组中

身高较高的族群。这意味着,身材矮小的族群今后身高增长的空间比原先身材高大的群体更大一些,潜力更大一些。

女性族群依次为额济纳土尔扈特部>阿拉善和硕特部>鄂尔多斯部>青海和硕特部>喀左县蒙古族>云南蒙古族>郭尔罗斯部>杜尔伯特部>新疆察哈尔部>布里亚特部>阜新蒙古族>巴尔虎部>新疆土尔扈特部,额济纳土尔扈特部增长最多,达到76.5mm,新疆土尔扈特部增长最少,为26.4mm。

应该说明,随年龄增长,人的椎间软骨由于失去弹性和可塑性而变得扁平,身高也逐渐降低。一般认为身高稳定期为45~50岁,55岁以后每5年减少7mm[1]。考虑到这种生理性变化,蒙古族38年间的身高实际增加值比上述计算的增加值小一些。此外,本资料为横断面调查,不是纵向追踪调查(纵向调查在大样本研究中是很困难的),并不能完全反映实际身高的变化幅度,但可以说明变化的规律和趋势。

四、4个地区蒙古族身高的比较

4个地区蒙古族男性、女性身高(表8-4)比较,均以内蒙古蒙古族身高最高,西部蒙古族身高次之,东北三省蒙古族身高居三,云南蒙古族身高最矮。男性20~44岁组和60~80岁组顺序与合计资料一致,女性20~44岁组顺序与合计资料一致。男性、女性45~59岁组西部蒙古族身高均数略大于内蒙古蒙古族。u检验显示,男性地区间身高差异均具有统计学意义($P<0.01$)(表8-5),内蒙古蒙古族女性与西部蒙古族女性间身高差异无统计学意义($P>0.05$),其余族群间差异均具有统计学意义($P<0.01$)。

表8-4 4个地区蒙古族的身高均数(mm,Mean±SD)

族群	男性 20~44岁组	45~59岁组	60~80岁组	合计	女性 20~44岁组	45~59岁组	60~80岁组	合计	u
东北三省蒙古族	1686.6±59.9	1660.5±64.4	1632.7±62.6	1658.9±65.9	1574.9±53.2	1548.6±53.3	1523.7±55.9	1549.5±57.2	32.34**
内蒙古蒙古族	1708.2±59.0	1676.0±60.9	1675.6±56.4	1693.5±61.2	1583.1±55.0	1560.6±55.0	1533.1±54.7	1567.6±57.7	34.13**
西部蒙古族	1700.1±60.6	1680.5±59.4	1654.1±62.2	1682.7±62.9	1578.6±57.3	1570.6±58.5	1519.8±60.7	1562.9±62.8	36.38**
云南蒙古族	1643.1±46.8	1610.2±54.1	1606.0±56.8	1632.0±51.7	1540.0±55.2	1506.7±50.5	1477.0±43.5	1528.9±56.7	19.96**

注:u值为男性、女性合计资料身高均数间的u值,**表示$P<0.01$,差异具有统计学意义

表8-5 4个地区族群身高资料的u检验

族群	东北三省蒙古族	内蒙古蒙古族	西部蒙古族	云南蒙古族
东北三省蒙古族		5.84**	4.58**	4.77**
内蒙古蒙古族	8.80**		1.43	8.44**
西部蒙古族	6.10**	2.93**		7.44**
云南蒙古族	6.23**	13.60**	11.58**	

注:右上为女性间的u检验值,左下为男性的u检验值,**表示$P<0.01$,差异具有统计学意义

五、中国蒙古族身高分型

东北三省蒙古族男性高型率最高,过矮率最低,矮、亚中等、中等、超中等4种身高类型出现率都在15%~21%,比较接近。4个族群中,杜尔伯特部高型率达到31.8%,比例最高(表8-6)。东北三省蒙古族女性也是高型率最高,高型率与中等型率、亚中等

型率比较接近，过矮型率与很高型率都很低（0.6%）（表 8-6）。总而言之，东北三省蒙古族矮、亚中等、中等、超中等、高型率相对接近。

表 8-6　东北三省蒙古族身高分型

身高类型	男性 杜尔伯特部 n	%	郭尔罗斯部 n	%	阜新蒙古族 n	%	喀左县蒙古族 n	%	合计 n	%	女性 杜尔伯特部 n	%	郭尔罗斯部 n	%	阜新蒙古族 n	%	喀左县蒙古族 n	%	合计 n	%
过矮	2	2.4	1	0.6	1	0.6	1	0.7	5	0.9	1	0.6	1	0.4	0	0	3	1.1	5	0.6
矮	14	16.5	35	19.8	20	12.7	24	17.6	93	16.7	25	16.2	39	17.4	27	11.0	47	17.3	138	15.4
亚中等	10	11.8	33	18.6	40	25.3	29	21.3	112	20.1	29	18.8	61	27.2	47	19.1	46	16.9	183	20.4
中等	19	22.4	36	20.3	26	16.5	20	14.7	101	18.2	34	22.1	54	24.1	59	24.0	53	19.5	200	22.3
超中等	10	11.8	30	16.9	26	16.5	24	17.6	90	16.2	28	18.2	36	16.1	46	18.7	49	18.0	159	17.7
高	27	31.8	41	23.2	43	27.2	36	26.5	147	26.4	36	23.4	32	14.3	65	26.4	73	26.8	206	23.0
很高	3	3.5	1	0.6	2	1.3	2	1.5	8	1.4	1	0.6	1	0.4	2	0.8	1	0.4	5	0.6

内蒙古蒙古族男性身材以高型率最高（45.4%），明显高于排序第二的超中等型率（20.5%），很高型率很低，样本中没有过矮型身材的人（表 8-7）。5 个族群中，赤峰蒙古族高型率最高，达到 57.8%，已经有一半以上的赤峰成人男性身材属于高型。女性身高分型情况与男性一致，也是赤峰蒙古族女性高型率（47.7%）最高，即接近一半的赤峰成人女性身材达到高型的标准（表 8-8）。由于缺少科尔沁部身高分型资料，因此内蒙古蒙古族身高分型统计中没有列入科尔沁部。

表 8-7　内蒙古蒙古族男性身高分型

身高类型	鄂尔多斯部 n	%	巴尔虎部 n	%	布里亚特部 n	%	乌拉特部 n	%	锡林郭勒蒙古族 n	%	赤峰蒙古族 n	%	合计 n	%
过矮	0	0	0	0	0	0	0	0	0	0	0	0	0	0
矮	7	4.9	17	8.7	6	4.0	11	5.3	15	7.9	11	3.6	67	5.6
亚中等	18	12.7	26	13.3	14	9.2	25	12.0	24	12.6	29	9.6	136	11.4
中等	22	15.5	27	13.8	30	19.7	32	15.4	30	15.8	36	11.9	177	14.9
超中等	36	25.4	35	17.9	35	23.0	47	22.6	39	20.5	52	17.2	244	20.5
高	56	39.4	80	40.8	62	40.8	93	44.7	75	39.5	175	57.8	541	45.4
很高	3	2.1	11	5.6	5	3.3	0	0	7	3.7	0	0	26	2.2

表 8-8　内蒙古蒙古族女性身高分型

身高类型	鄂尔多斯部 n	%	巴尔虎部 n	%	布里亚特部 n	%	乌拉特部 n	%	锡林郭勒蒙古族 n	%	赤峰蒙古族 n	%	合计 n	%
过矮	0	0	0	0	2	1.3	0	0	0	0	0	0	2	0.2
矮	15	7.7	17	8.3	18	11.4	7	3.6	24	12.0	9	3.0	90	7.2
亚中等	23	11.9	34	16.7	28	17.7	28	14.3	38	19.0	27	9.1	178	14.2
中等	30	15.5	40	19.6	27	17.1	35	17.9	42	21.0	46	15.4	220	17.6
超中等	51	26.3	38	18.6	37	23.4	58	29.6	53	26.5	74	24.8	311	24.9
高	68	35.1	73	35.8	45	28.5	68	34.7	42	21.0	142	47.7	438	35.0
很高	7	3.6	2	1.0	1	0.6	0	0	1	0.5	0	0	11	0.9

西部蒙古族 7 种身高类型中,男性、女性均是以高型率最高(表 8-9,表 8-10),男性为 36.4%,超过 1/3,女性为 30.1%,略低于 1/3。5 个族群中,额济纳土尔扈特部男性、女性高型率都是最高的,额济纳土尔扈特部男性有一半多的成人身材为高型。西部蒙古族身材过矮型率、很高型率均很低。

表 8-9　西部蒙古族男性身高分型

身高类型	阿拉善和硕特部 n	%	额济纳土尔扈特部 n	%	青海和硕特部 n	%	新疆察哈尔部 n	%	新疆土尔扈特部 n	%	合计 n	%
过矮	0	0	1	1.2	0	0	2	0.9	0	0	3	0.4
矮	10	11.2	0	0	12	7.2	31	14.3	9	8.0	62	9.3
亚中等	18	20.2	11	13.1	33	19.9	23	10.6	13	11.6	98	14.7
中等	15	16.9	12	14.3	30	18.1	30	13.8	25	22.3	112	16.8
超中等	17	19.1	12	14.3	32	19.3	47	21.7	23	20.5	131	19.6
高	24	27.0	46	54.8	56	33.7	78	35.9	39	34.8	243	36.4
很高	5	5.6	2	2.4	3	1.8	6	2.8	3	2.7	19	2.8

表 8-10　西部蒙古族女性身高分型

身高类型	阿拉善和硕特部 n	%	额济纳土尔扈特部 n	%	青海和硕特部 n	%	新疆察哈尔部 n	%	新疆土尔扈特部 n	%	合计 n	%
过矮	1	0.7	1	0.9	0	0	0	0	0	0	2	0.2
矮	21	14.6	11	9.8	23	11.8	31	13.7	12	9.4	98	12.2
亚中等	21	14.6	14	12.5	38	19.5	41	18.1	18	14.2	132	16.4
中等	27	18.8	19	17.0	30	15.4	47	20.8	27	21.3	150	18.7
超中等	25	17.4	20	17.9	37	19.0	46	20.4	28	22.0	156	19.4
高	42	29.2	45	40.2	61	31.3	57	25.2	38	29.9	242	30.1
很高	7	4.9	2	1.8	6	3.1	4	1.8	4	3.1	23	2.9

云南蒙古族男性以亚中等率最高(表 8-11),其次是矮型率和中等率,过矮率也很低,样本中没有很高身材的人。女性是以矮型率最高,亚中等率和中等率次之(二者很接近),过矮率、很高率均很低。总的说来,与北方蒙古族相比,南方蒙古族身高分型,在 7 种类型中,亚中等率和矮型率明显增加,超中等率、高型率减少。

表 8-11　云南蒙古族身高分型

身高类型	男性 n	%	女性 n	%	身高类型	男性 n	%	女性 n	%
过矮	2	1.0	1	0.4	超中等	33	16.3	31	13.1
矮	48	23.8	63	26.6	高	19	9.4	36	15.2
亚中等	57	28.2	53	22.4	很高	0	0	2	0.8
中等	43	21.3	51	21.5					

高型率的大小,反映了一个族群中高型身材的人在族群中所占的比例,按照高型率从大到小的排序(表 8-12),16 个族群男性依次为赤峰蒙古族、额济纳土尔扈特部、乌拉特部、巴尔虎部、布里亚特部、锡林郭勒蒙古族、鄂尔多斯部、新疆察哈尔部、新疆

土尔扈特部、青海和硕特部、杜尔伯特部、阜新蒙古族、阿拉善和硕特部、喀左县蒙古族、郭尔罗斯部、云南蒙古族。总体上内蒙古蒙古族高型率最高，西部蒙古族次之，东北三省蒙古族高型率低，云南蒙古族最低。矮型率反映了矮型身材的人在族群中所占的比例，男性矮型率从大到小的排序依次为云南蒙古族、郭尔罗斯部、喀左县蒙古族、杜尔伯特部、新疆察哈尔部、阜新蒙古族、阿拉善和硕特部、巴尔虎部、新疆土尔扈特部、锡林郭勒蒙古族、青海和硕特部、乌拉特部、鄂尔多斯部、布里亚特部、赤峰蒙古族、额济纳土尔扈特部，可以看出云南蒙古族、东北三省蒙古族矮型身材的比例高，西部蒙古族与内蒙古蒙古族比例低。女性的16个族群身高分型情况（表8-13）与男性一致，不再赘述。

表 8-12　中国蒙古族男性 7 种身高类型出现率（%）

族群	过矮	矮	亚中等	中等	超中等	高	很高	族群	过矮	矮	亚中等	中等	超中等	高	很高
杜尔伯特部	2.4	16.5	11.8	22.4	11.8	31.8	3.5	乌拉特部	0	5.3	12.0	15.4	22.6	44.7	0
郭尔罗斯部	0.6	19.8	18.6	20.3	16.9	23.2	0.6	锡林郭勒蒙古族	0	7.9	12.6	15.8	20.5	39.5	3.7
阜新蒙古族	0.6	12.7	25.3	16.5	16.5	27.2	1.3	阿拉善和硕特部	0	11.2	20.2	16.9	19.1	27.0	5.6
喀左县蒙古族	0.7	17.6	21.3	14.7	17.6	26.5	1.5	额济纳土尔扈特部	1.2	0	13.1	14.3	14.3	54.8	2.4
鄂尔多斯部	0	4.9	12.7	15.5	25.4	39.4	2.1	青海和硕特部	0	7.2	19.9	18.1	19.3	33.7	1.8
巴尔虎部	0	8.7	13.3	13.8	17.9	40.8	5.6	新疆察哈尔部	0.9	14.3	10.6	13.8	21.7	35.9	2.8
布里亚特部	0	4.0	9.2	19.7	23.0	40.8	3.3	新疆土尔扈特部	0	8.0	11.6	22.3	20.5	34.8	2.7
赤峰蒙古族	0	3.6	9.6	11.9	17.2	57.8	0	云南蒙古族	1.0	23.8	28.2	21.3	16.3	9.4	0

表 8-13　中国蒙古族女性 7 种身高类型出现率（%）

族群	过矮	矮	亚中等	中等	超中等	高	很高	族群	过矮	矮	亚中等	中等	超中等	高	很高
杜尔伯特部	0.6	16.2	18.8	22.1	18.2	23.4	0.6	乌拉特部	0	3.6	14.3	17.9	29.6	34.7	0
郭尔罗斯部	0.4	17.4	27.2	24.1	16.1	14.3	0.4	锡林郭勒蒙古族	0	12.0	19.0	21.0	26.5	21.0	0.5
阜新蒙古族	0	11.0	19.1	24.0	18.7	26.4	0.8	阿拉善和硕特部	0.7	14.6	14.6	18.8	17.4	29.2	4.9
喀左县蒙古族	1.1	17.3	16.9	19.5	18.0	26.8	0.4	额济纳土尔扈特部	0.9	9.8	12.5	17.0	17.9	40.2	1.8
鄂尔多斯部	0	7.7	11.9	15.5	26.3	35.1	3.6	青海和硕特部	0	11.8	19.5	15.4	19.0	31.3	3.1
巴尔虎部	0	8.3	16.7	19.6	18.6	35.8	1.0	新疆察哈尔部	0	13.8	18.2	20.9	20.4	24.9	1.8
布里亚特部	1.3	11.4	17.7	17.1	23.4	28.5	0.6	新疆土尔扈特部	0	9.4	14.2	21.3	22.0	29.9	3.1
赤峰蒙古族	0	3.0	9.1	15.4	24.8	47.7	0	云南蒙古族	0.4	26.6	22.4	21.5	13.1	15.2	0.8

六、影响中国蒙古族身高的形态学因素

蒙古族男性体重与身高的相关系数 $r=0.552$（$P<0.01$）。一般来说，在体型相似的情况下，身材高大的人体重也较大，体重大的人身材也高一些。我们对可能影响蒙古族身高的一些指标与身高进行了相关分析（表 8-14），坐高反映了上半身的高度，肱骨内外上髁间径、股骨内外上髁间径反映了骨骼发育水平，躯干前高反映了人体躯干的高度，下肢全长反映下半身的高度，以上指标都与身高呈显著正相关，考虑到这些指标与身高的解剖学关系，可以认为这些指标值的增大，会造成蒙古族身高的增大。也可以说，坐高、躯干前高、下肢全长的改变和骨骼发育水平的变化是造成蒙古族身高变化的原因。

表 8-14　蒙古族身体指标与身高的相关分析

指标	身高（男性） r	P	身高（女性） r	P	指标	身高（男性） r	P	身高（女性） r	P
体重	0.552**	0.000	0.367**	0.000	坐高	0.810**	0.000	0.785**	0.000
肱骨内外上髁间径	0.285**	0.000	0.202**	0.000	躯干前高	0.603**	0.000	0.541**	0.000
股骨内外上髁间径	0.440**	0.000	0.307**	0.000	下肢全长	0.368**	0.000	0.660**	0.000

注：r 为相关系数，**表示 $P<0.01$，相关系数具有统计学意义

计算身高坐高指数、身高上肢长指数、身高下肢长指数分别是用坐高、上肢全长、下肢全长除以身高。由于身高是分母，因此身高增大，这三个指数值均下降。蒙古族男性这三个指数与身高呈显著负相关，女性的身高坐高指数、身高下肢长指数与身高呈显著负相关（表 8-15）。马氏指数的分子是身高减去坐高（近似表示下肢全长），分母为坐高。这个指数反映了下肢全长与躯干高度之间的关系，当腿长值增大比例超过躯干高度增大的比例时，指数值增大。蒙古族男性、女性马氏指数与身高呈显著正相关，表明身材高大的人，这个指数值也大，也就是下肢全长增长的比例超过坐高增长的比例。这意味着，身材高的人比身材矮的人主要增加的是下肢的长度。蒙古族男性、女性坐高下身长指数均与身高呈显著负相关也可以验证这个结论。坐高下身长指数的分子为坐高，分母为身高与坐高之差（表示下肢全长）。这个指数与马氏指数互为倒数关系，与身高呈显著负相关，表明身材高大的人，这个指数值小，即坐高与下肢全长的比值小于身材矮的人。有学者认为高身材的人大致都是腿较长，身材的高矮在很大程度上取决于下肢的长短，而不是坐高[8]，本研究支持这一观点。

表 8-15　蒙古族身体指数与身高的相关分析

指标	身高（男性） r	P	身高（女性） r	P	指数	身高（男性） r	P	身高（女性） r	P
身高坐高指数	−0.187**	0.000	−0.152**	0.000	身高上肢长指数	−0.126**	0.000	0.076**	0.000
马氏指数	0.185**	0.000	0.148**	0.000	身高下肢长指数	−0.273**	0.000	−0.152**	0.000
坐高下身长指数	−0.188**	0.000	−0.157**	0.000	上下肢长指数	−0.002	0.920	0.119**	0.000

注：r 为相关系数，**表示 $P<0.01$，相关系数具有统计学意义

第二节　中国蒙古族的体重

体重是全面反映人体高度、围度、宽度、厚度方面体质发育的综合指标，是身体各部分质量（包括人体骨骼、肌肉、皮肤、体脂及体液质量）的总和，是研究身体发育水平、体质强弱与健康水平等问题的体质人类学研究的最重要指标。已经有学者报道了部分蒙古族族群的体重均数。但蒙古族部落众多，尚未对蒙古族体重问题进行全面的研究。

一、中国蒙古族各个族群的体重

蒙古族 17 个族群男性体重均数在（57.3kg±8.1kg）～（81.6kg±12.7kg）（表 8-16）。体重均数从大到小排列，第 1～3 位依次是额济纳土尔扈特部、新疆察哈尔部、鄂尔多

斯部，第 15～17 位依次是赤峰蒙古族、锡林郭勒蒙古族、云南蒙古族。额济纳土尔扈特部男性平均体重达到 81.6kg±12.7kg，这是一个很高的体重均数。此外，还有 10 个族群男性体重均数在 70～80kg，这表明蒙古族具有较高的体重值。男性多数族群 60～80 岁组的体重均数小，但云南蒙古族、布里亚特部、额济纳土尔扈特部男性 60～80 岁组体重均数反而最大。云南蒙古族、布里亚特部、额济纳土尔扈特部男性 60～80 岁组的样本量少，而且样本年龄多集中在 60～70 岁。因此我们认为个别蒙古族族群 60～80 岁组体重超过其他年龄组是一种由抽样不同造成的误差。

蒙古族 17 个族群女性体重均数在（51.6kg±7.6kg）～（67.7kg±12.6kg）（表 8-16）。按照体重均数大小排序，第 1～3 位依次为额济纳土尔扈特部、巴尔虎部、新疆土尔扈特部，第 15～17 位依次为乌拉特部、锡林郭勒蒙古族、云南蒙古族。额济纳土尔扈特部女性平均体重能够达到 67.7kg±12.6kg，这在中国族群中是很罕见的。蒙古族 17 个族群中，有 12 个族群女性体重均数在 60kg 以上，表明蒙古族女性体重值很大。在 13 个族群中有 8 个族群 60～80 岁组体重值低于其他两个组，有 12 个族群 45～59 岁组的体重均数最大（云南蒙古族 20～44 岁组体重值最大）。

表 8-16　中国蒙古族各个族群的体重均数（kg, Mean±SD）

族群	男性 20～44 岁组	男性 45～59 岁组	男性 60～80 岁组	男性 合计	女性 20～44 岁组	女性 45～59 岁组	女性 60～80 岁组	女性 合计	u
杜尔伯特部	73.9±14.3	73.8±15.0	67.1±11.4	71.1±13.7	61.5±10.0	63.1±10.0	61.0±10.4	62.1±10.1	5.31**
郭尔罗斯部	78.0±13.4	71.1±11.0	67.6±11.3	72.8±12.7	60.3±9.1	62.8±8.8	57.7±11.6	60.9±9.7	10.31**
阜新蒙古族	68.8±9.5	70.3±11.4	65.4±10.0	68.5±10.6	61.4±8.8	62.8±8.0	61.8±9.5	62.2±8.6	6.26**
喀左县蒙古族	78.8±17.6	73.0±10.7	66.5±11.1	71.1±13.0	60.0±9.9	64.4±9.9	58.4±11.1	61.3±10.6	7.62**
巴尔虎部	75.4±15.0	75.8±17.2	75.2±13.6	75.5±15.4	60.3±11.7	74.2±16.4	65.1±11.9	66.3±14.9	6.10**
布里亚特部	72.4±15.9	80.7±20.0	80.8±12.7	74.7±17.1	60.2±12.2	74.5±19.9	70.0±13.4	66.1±16.8	4.49**
科尔沁部				69.5±8.4				57.2±7.6	16.75**
赤峰蒙古族				66.6±9.8				58.1±9.8	17.62**
锡林郭勒蒙古族				64.0±11.2				54.6±8.8	8.78**
乌拉特部				68.5±11.1				56.9±9.7	11.20**
鄂尔多斯部	76.5±14.6	79.2±12.8	76.1±11.6	77.2±13.2	62.3±10.4	67.3±9.8	63.7±11.7	64.1±10.6	9.78**
阿拉善和硕特部	77.1±8.2	79.8±15.6	72.4±15.5	75.9±14.3	64.2±12.9	67.6±9.9	62.1±13.6	64.3±12.6	5.77**
额济纳土尔扈特部	81.2±14.0	81.1±10.6	83.7±14.8	81.6±12.7	65.9±14.0	71.7±11.6	64.4±13.3	67.7±12.6	7.63**
青海和硕特部	71.0±11.9	72.5±13.5	71.0±13.1	71.9±11.9	62.2±13.1	68.8±13.9	64.0±12.3	65.0±13.5	4.76**
新疆察哈尔部	78.2±14.7	79.7±13.9	71.2±14.1	78.1±14.5	63.6±11.2	69.1±11.0	61.6±11.3	65.4±11.5	10.20**
新疆土尔扈特部	75.3±14.1	77.8±11.1	73.9±11.2	75.9±12.4	65.3±12.8	70.5±9.3	61.9±11.9	66.3±11.9	8.23**
云南蒙古族	58.3±7.5	54.7±7.9	59.0±13.5	57.3±8.1	51.8±7.5	51.5±8.3	50.4±5.4	51.6±7.6	7.58**

注：u 为性别间 u 检验值，**表示 P<0.01，差异具有统计学意义

二、4 个地区蒙古族体重的比较

按照地区对蒙古族体重值进行统计，西部蒙古族男性的身体最重，均数达到 76.2kg±13.8kg，这是一个很大的体重均数，内蒙古蒙古族的体重均数也很大，达到

75.8kg±15.4kg，排在第三位的东北三省蒙古族体重为 70.9kg±12.4kg，云南蒙古族体重均数最小，为 57.3kg±8.1kg（表 8-17）。蒙古族合计资料的体重均数为 72.6kg±14.5kg。各地区男性三个年龄组体重均数排序与上述排序结果不同，在北方三个地区中内蒙古蒙古族 20~44 岁组体重最低，45~59 岁组、60~80 岁组体重最高。

对蒙古族 13 个族群体重值进行方差分析表明，男性 $F=34.0$，$P=0.000$，族群间体重差异具有统计学意义；女性 $F=26.5$，$P=0.000$，族群间体重差异具有统计学意义。对蒙古族合计资料的三个年龄组体重进行方差分析表明，男性 $F=6.267$，$P=0.002$，年龄组间体重差异具有统计学意义；女性 $F=66.6$，$P=0.000$，年龄组间体重差异也具有统计学意义。

4 个地区女性中，西部蒙古族、内蒙古蒙古族的体重均数很接近，体重均数很大，分别为 65.6kg±12.4kg 和 65.5kg±14.2kg，排在第三位的东北三省蒙古族体重为 61.8kg±9.8kg，云南蒙古族体重均数仍然最小，为 51.6kg±7.6kg。蒙古族合计资料的体重均数为 62.8kg±12.3kg。各地区女性三个年龄组体重均数排序与上述排序结果不同，在北方三个地区中内蒙古蒙古族 45~59 岁组、60~80 岁组体重最高。

最近发表的中国人体重均数，北方汉族男性为 70.9kg±11.0kg，南方汉族男性为 65.7kg±10.1kg，北方汉族女性为 59.5kg±9.2kg，南方汉族女性为 55.4kg±8.6kg。总的说来，蒙古族体重大于汉族。

表 8-17　4 个地区蒙古族的体重（kg，Mean±SD）

族群	男性 20~44 岁组	男性 45~59 岁组	男性 60~80 岁组	男性 合计	女性 20~44 岁组	女性 45~59 岁组	女性 60~80 岁组	女性 合计	u
东北三省蒙古族	74.8±13.8	71.7±11.6	66.6±10.9	70.9±12.4	60.6±9.3	63.3±9.1	59.7±10.7	61.8±9.8	14.65**
内蒙古蒙古族	74.4±15.3	78.2±16.8	76.1±12.6	75.8±15.4	61.0±11.4	72.0±16.1	65.2±12.1	65.5±14.2	11.20**
西部蒙古族	76.3±13.8	77.8±13.4	73.4±14.2	76.2±13.8	63.8±12.5	69.5±11.5	62.8±12.2	65.6±12.4	15.43**
云南蒙古族	58.3±7.5	54.7±7.9	59.0±13.5	57.3±8.1	51.8±7.5	51.5±8.3	50.4±5.4	51.6±7.6	7.58**
蒙古族合计	72.5±14.9	73.9±14.8	70.7±13.2	72.6±14.5	60.3±11.6	66.3±12.6	61.3±11.9	62.8±12.3	23.66**

注：u 为性别间 u 检验值，**表示 $P<0.01$，差异具有统计学意义

三、脂肪质量与去脂质量

兴蒙乡南方高原蒙古族历史文化展馆的建成
（网络照片）

活泼的云南蒙古族妇女
（网络照片）

体重可以分为脂肪质量和去脂质量。为了更详细地分析中国蒙古族体重的构成，计算了蒙古族的脂肪质量和去脂质量，具体计算方法如下。

计算 4 项皮褶厚度（肱三头肌皮褶、肱二头肌皮褶、肩胛下皮褶、髂嵴上皮褶）的总和，求出总和的常用对数，按照 Durnin 和 Womersley 的方法[2]计算体密度（表 8-18），按照 Siri 公式（体脂率=495/体密度−450）计算体脂率（percent body fat, PBF）[3-5]，并且由体脂率和体重（BW）计算脂肪质量（fat mass, FM）、去脂质量（fat free mass, FFM）：FM=PBF×BW；LM=BW−FM。然后，计算脂肪质量指数（fat mass index, FMI；FMI=FM/身高^2，kg/m^2）、去脂质量指数（fat free mass index, FFMI；FMI=FM/身高^2，kg/m^2）。

表 8-18　采用 Durnin 和 Womersley 方法计算不同年龄组男性、女性体密度

年龄	男性	女性	年龄	男性	女性
<17 岁	D=1.1533−(0.0643×L)	D=1.1369−(0.0598×L)	30～39 岁	D=1.1422−(0.0544×L)	D=1.1423−(0.0632×L)
17～19 岁	D=1.1620−(0.0630×L)	D=1.1549−(0.0678×L)	40～49 岁	D=1.1620−(0.0700×L)	D=1.1333−(0.0612×L)
20～29 岁	D=1.1631−(0.0632×L)	D=1.1599−(0.0717×L)	>50 岁	D=1.1715−(0.0779×L)	D=1.1339−(0.0645×L)

注：D 为体密度，L=肱三头肌皮褶、肱二头肌皮褶、肩胛下皮褶、髂嵴上皮褶厚度（mm）总和的 Log 值

（一）脂肪质量

蒙古族 13 个族群男性的脂肪质量均数范围为（9.7kg±4.1kg）～（22.9kg±6.8kg）（表 8-19），最大均数与最小均数相差 13kg 之多。云南蒙古族脂肪质量最小，不足 10kg。在北方蒙古族各族群中，布里亚特部脂肪质量均数最小（16.8kg±9.1kg），北方蒙古族最大均数与最小均数相差 6kg 左右。按照各个族群合计资料排序，蒙古族男性脂肪质量最高的三个族群依次是额济纳土尔扈特部、巴尔虎部、阿拉善和硕特部，脂肪质量排在第 11～13 位的依次是青海和硕特部、布里亚特部、云南蒙古族。三个年龄组均数比较，绝大多数族群 20～44 岁组的脂肪质量均数最小，多数族群 45～59 岁组的脂肪质量大于60～80 岁组。

表 8-19　中国蒙古族 13 个族群的脂肪质量均数（kg，Mean±SD）

族群	男性 20～44 岁组	男性 45～59 岁组	男性 60～80 岁组	男性合计	女性 20～44 岁组	女性 45～59 岁组	女性 60～80 岁组	女性合计	u
杜尔伯特部	17.7±6.0	19.9±6.0	19.0±5.9	18.9±5.9	20.1±4.9	22.9±4.7	22.6±5.0	22.5±4.9	4.79**
郭尔罗斯部	19.8±5.5	20.5±5.6	19.2±5.8	20.0±5.6	20.2±4.2	23.6±4.3	21.1±6.1	22.0±4.9	3.75**
阜新蒙古族	16.4±4.7	19.7±5.1	18.7±5.1	18.4±5.1	20.6±4.0	23.5±4.0	23.7±4.6	22.8±4.3	8.99**
喀左县蒙古族	19.6±6.4	21.8±5.1	19.4±5.6	20.4±5.7	20.1±4.6	24.5±5.1	22.1±5.7	22.7±5.4	3.91**
巴尔虎部	20.7±7.5	24.1±8.1	24.2±6.8	22.4±7.8	18.4±5.5	27.1±7.2	23.8±5.5	22.6±7.3	0.44
布里亚特部	14.5±7.7	22.4±10.4	22.0±6.6	16.8±9.1	14.8±5.5	24.5±8.6	23.9±6.6	19.0±8.3	2.97**
鄂尔多斯部	16.9±5.8	22.5±6.0	22.0±6.3	20.1±6.5	23.4±5.3	26.0±4.8	23.9±5.4	24.3±5.3	6.34**
阿拉善和硕特部	17.9±3.6	23.2±6.4	21.4±7.0	21.1±6.4	19.8±5.1	23.5±4.7	22.5±6.1	21.8±5.6	3.63**
额济纳土尔扈特部	18.9±5.8	24.3±5.1	27.6±7.9	22.9±6.8	22.6±6.9	28.2±6.0	25.5±6.3	25.5±6.6	2.69**
青海和硕特部	14.4±6.1	19.2±6.9	19.5±5.5	17.5±6.6	19.0±6.7	25.3±7.6	23.8±6.4	22.2±7.5	6.42**
新疆察哈尔部	18.5±6.3	22.4±5.1	19.6±6.6	20.1±6.5	19.8±4.8	24.6±5.1	21.9±5.5	21.9±5.4	3.16**
新疆土尔扈特部	17.6±6.0	21.0±6.1	19.7±5.7	19.4±6.1	20.5±5.7	24.8±5.1	22.3±6.4	22.3±5.9	5.17**
云南蒙古族	9.5±3.9	9.8±4.1	12.2±6.4	9.7±4.1	17.4±3.9	17.0±4.2	16.5±3.4	17.2±3.9	19.58**

注：u 为性别间 u 检验值，**表示 P<0.01，差异具有统计学意义

13个族群女性脂肪质量均数范围为（17.2kg±3.9kg）～（25.5kg±6.6kg）（表8-19），最大均数与最小均数相差8kg之多。如果只考虑北方蒙古族，那么布里亚特部脂肪质量均数最小（19.0kg±8.3kg），这样北方蒙古族最大均数与最小均数相差6.5kg左右。按照各个族群合计资料排序，蒙古族女性脂肪质量最高的三个族群依次是额济纳土尔扈特部、鄂尔多斯部、阜新蒙古族，脂肪质量排在第11～13位的依次是阿拉善和硕特部、布里亚特部、云南蒙古族。女性三个年龄组均数比较结果与男性一样，大多数族群20～44岁组的脂肪质量均数最小，多数族群45～59岁组的脂肪质量大于60～80岁组。

各个族群都是女性的脂肪质量大于男性脂肪质量。

（二）去脂质量

蒙古族13个族群男性的去脂质量均数范围为（47.6kg±5.2kg）～（58.7kg±8.1kg）（表8-20），最大均数与最小均数相差11kg左右。云南蒙古族去脂质量最小，不足50kg。北方蒙古族中阜新蒙古族去脂质量均数最小（50.0kg±6.5kg），北方蒙古族最大均数与最小均数相差8.7kg左右。按照各个族群合计资料排序，蒙古族男性去脂质量最高的三个族群依次是额济纳土尔扈特部、新疆察哈尔部、布里亚特部，去脂质量排在第11～13位的依次是喀左县蒙古族、阜新蒙古族、云南蒙古族。三个年龄组均数比较，绝大多数族群20～44岁组的去脂质量均数最大，其次是45～59岁组，60～80岁组的去脂质量最小。

表8-20 中国蒙古族13个族群的去脂质量均数（kg，Mean±SD）

族群	男性 20～44岁组	男性 45～59岁组	男性 60～80岁组	男性 合计	女性 20～44岁组	女性 45～59岁组	女性 60～80岁组	女性 合计	u
杜尔伯特部	56.2±8.9	53.9±9.5	48.1±6.4	52.2±8.8	41.4±5.5	40.1±5.7	38.4±5.7	39.6±5.8	11.86**
郭尔罗斯	58.2±8.7	50.6±6.3	48.3±6.1	52.8±8.3	40.1±5.3	39.2±4.8	36.6±5.8	39.0±5.3	19.24**
阜新蒙古族	52.4±5.6	50.6±7.0	46.8±5.5	50.0±6.5	40.8±5.2	39.3±4.4	38.0±5.2	39.4±4.9	17.55**
喀左县蒙古族	59.2±11.6	51.2±6.2	47.2±6.1	50.7±8.4	39.9±5.6	39.8±5.2	36.3±5.6	38.7±5.7	15.02**
巴尔虎部	54.7±8.2	51.8±9.6	51.0±7.6	53.1±8.7	42.0±6.5	47.1±9.6	41.3±6.6	43.7±8.2	14.06**
布里亚特部	57.8±8.9	58.3±10.0	58.8±6.4	58.0±9.1	45.4±7.4	50.0±11.6	46.2±7.1	47.1±9.3	13.94**
鄂尔多斯部	59.5±9.5	56.7±7.7	54.1±5.9	57.1±8.3	38.9±5.5	41.3±5.3	39.8±6.7	39.8±5.7	21.49**
阿拉善和硕特部	59.1±6.3	56.6±10.1	51.0±8.8	54.8±9.3	44.4±8.2	44.1±6.1	39.6±7.8	42.5±7.8	12.47**
额济纳土尔扈特部	62.3±8.9	56.8±6.3	56.1±7.7	58.7±8.1	43.3±7.5	43.5±6.0	38.9±7.4	42.2±6.7	15.24**
青海和硕特部	56.5±6.8	53.3±7.4	51.5±8.6	54.4±6.9	43.2±6.9	43.5±6.6	40.2±6.1	42.7±6.7	14.76**
新疆察哈尔部	59.7±9.6	57.6±8.6	51.6±8.0	58.0±9.3	43.7±6.8	44.5±6.3	39.6±6.0	43.5±6.7	18.74**
新疆土尔扈特部	57.7±9.1	56.8±6.2	54.2±7.2	56.5±7.7	44.8±7.4	45.7±5.5	39.6±5.9	44.0±6.9	17.91**
云南蒙古族	48.8±4.7	44.9±4.8	46.8±7.5	47.6±5.2	34.4±4.1	34.5±4.4	33.9±2.7	34.4±4.1	29.24**

注：u为性别间u检验值，**表示P<0.01，差异具有统计学意义

13个族群女性去脂质量均数范围为（34.4kg±4.1kg）～（47.1kg±9.3kg）（表8-20），最大均数与最小均数相差13kg左右。北方蒙古族中喀左县蒙古族去脂质量均数最小（38.7kg±5.7kg），这样北方蒙古族最大均数与最小均数相差8.4kg左右。按照各个

群合计资料排序，蒙古族女性去脂质量最高的三个族群依次是布里亚特部、新疆土尔扈特部、巴尔虎部，去脂质量排在第 11~13 位的依次是郭尔罗斯部、喀左县蒙古族、云南蒙古族。女性三个年龄组均数比较结果与男性一样，绝大多数族群 60~80 岁组的去脂质量均数最小，多数族群 45~59 岁组的去脂质量大于 20~44 岁组。

各个族群都是男性去脂质量大于女性去脂质量。

4 个地区男性的脂肪质量以内蒙古蒙古族最大，西部蒙古族其次，东北三省蒙古族居第三，云南蒙古族最小（表 8-21）。女性则是东北三省蒙古族脂肪质量最大，西部蒙古族其次，内蒙古蒙古族居第三，云南蒙古族仍是最小。北方蒙古族 45~59 岁组的脂肪质量均数最大，大于其他两个年龄组。云南蒙古族男性的 60~80 岁组的脂肪质量均数最大，女性则是 20~44 岁组均数最大。

表 8-21　4 个地区蒙古族脂肪质量均数（kg，Mean±SD）

族群	男性 20~44 岁组	45~59 岁组	60~80 岁组	合计	女性 20~44 岁组	45~59 岁组	60~80 岁组	合计	u
东北三省蒙古族	18.4±5.8	20.5±5.4	19.1±5.5	19.4±5.7	20.3±4.3	23.7±4.5	22.5±5.4	22.6±4.9	10.91**
内蒙古族蒙古族	17.4±7.8	23.2±8.2	22.9±6.5	20.0±8.2	19.0±6.5	26.0±7.1	23.8±5.5	22.2±7.3	4.56**
西部蒙古族	17.4±6.2	21.7±6.4	21.0±6.8	19.8±6.7	20.0±5.8	25.3±6.0	23.2±6.1	22.5±6.4	7.98**
云南蒙古族	9.5±3.9	9.8±4.1	12.2±6.4	9.7±4.1	17.4±3.9	17.0±4.2	16.5±3.4	17.2±3.9	19.58**
蒙古族合计	16.3±7.0	20.6±7.2	20.4±6.5	18.7±7.3	19.4±5.5	24.3±5.9	22.7±5.7	21.9±6.1	15.76**

注：u 为性别间 u 检验值，**表示 P<0.01，差异具有统计学意义

4 个地区男性的去脂质量以西部蒙古族最大，内蒙古蒙古族其次，东北三省蒙古族居第三，云南蒙古族最小（表 8-22）。女性则是内蒙古蒙古族最大，西部蒙古族其次，东北三省蒙古族居第三，云南蒙古族仍是最小。4 个地区男性都是 20~44 岁组的去脂质量均数最大，大于其他两个年龄组；女性去脂质量均数则是东北三省蒙古族 20~44 岁组最大，其他三个地区 45~59 岁组最大。

表 8-22　4 个地区蒙古族去脂质量均数（kg，Mean±SD）

族群	男性 20~44 岁组	45~59 岁组	60~80 岁组	合计	女性 20~44 岁组	45~59 岁组	60~80 岁组	合计	u
东北三省蒙古族	56.3±8.9	51.2±7.0	47.5±6.0	51.3±8.4	40.4±5.4	39.6±5.0	37.3±5.6	39.2±5.4	30.08**
内蒙古族蒙古族	57.0±9.0	55.0±9.5	53.1±7.0	55.8±9.0	42.0±7.0	46.1±9.7	41.4±6.9	43.3±8.3	23.27**
西部蒙古族	58.9±8.7	56.2±8.0	52.4±8.3	56.4±8.7	43.8±7.2	44.3±6.2	39.6±6.5	43.0±7.0	32.21**
云南蒙古族	48.8±4.7	44.9±4.8	46.8±7.5	47.6±5.2	34.4±4.1	34.5±4.4	33.9±2.7	34.4±4.1	29.24**
蒙古族合计	56.2±9.0	53.3±8.5	50.3±7.6	53.9±8.8	41.0±7.1	42.1±7.3	38.6±6.3	40.9±7.1	52.83**

注：u 为性别间 u 检验值，**表示 P<0.01，差异具有统计学意义

蒙古族男性平均身高、体重和去脂质量均大于女性，女性肥胖率、脂肪质量大于男性，这与其他学者的研究结论一致[6-12]。本次研究中国蒙古族女性的脂肪质量大于男性，而去脂质量值小于男性，也证实了这一个结论。

有学者认为，这种性别差异是性选择的结果，去脂质量对于男性获得交配机会

很重要[13]，导致去脂质量与后代数量存在相关[14]。同时女性体型相对丰满对男性具有吸引力[15,16]。目前支持性选择学说的实验证据较少。这种研究仍然有争议[17]，但人类性别间的这种差异被认为是由很强的遗传因素造成的，所以男性、女性身体分泌的性激素的差异可能更能解释这种解剖学的差异。

Schutz 等[18]调查了瑞士 24～98 岁的 448 名男性白色人种，其中 55～74 岁组脂肪质量均数为 17.5kg±6.2kg，去脂质量均数为 57.7kg±5.5kg。60～80 岁组北方蒙古族各个族群的脂肪质量均数明显大于瑞士男性白色人种，60～80 岁组云南蒙古族脂肪质量均数则小于瑞士男性白色人种。大多数蒙古族族群 60～80 岁组去脂质量均数小于瑞士男性白色人种，只有布里亚特部、额济纳土尔扈特部相对接近瑞士男性白色人种。

四、中国蒙古族体重与经度、纬度、年平均温度、年龄的相关分析

不同民族的体重可能不同，属于同一个民族但生活在不同环境中的各个族群体重也可能不同。蒙古族是一个分布范围广泛的民族。中国北方、南方都有蒙古族的分布、而在北方，从东北地区到华北地区再到西北地区，都有蒙古族族群的聚居区。在 800 多年前，生活在蒙古高原及其周边的众多游牧、渔猎族群经过融合，形成了分布地域辽阔的蒙古族，这些族群仍然保留有自己的部众，自己的驻牧地，族群之间存在一定的基因结构差异。这些生活在环境温度、经度、纬度不同的地区的族群的体重差异变化是否有一定的规律？人的衰老是一个有规律的变化过程，在年龄增长的过程中，蒙古族体重发生了哪些变化？

为此，我们对蒙古族 13 个族群合计资料进行了体重、脂肪质量、去脂质量与经度、纬度、年平均温度、年龄的相关分析。

蒙古族男性、女性的体重均与经度、年平均温度呈显著负相关，均与纬度呈显著正相关。男性的体重与年龄相关不显著，女性则为显著正相关（表 8-23）。即在中国，从东向西、从南向北、从温暖地区到寒冷地区，蒙古族的体重呈现增大趋势。随着年龄增大，男性体重变化不大，女性则体重增大。体重可以分为脂肪质量和去脂质量，我们也进行了脂肪质量、去脂质量与经度、纬度、年平均温度、年龄的相关分析。男性的脂肪质量与纬度、年龄呈显著正相关，与经度相关不显著，与年平均温度呈显著负相关；而去脂质量与经度、年平均温度、年龄呈显著负相关，与纬度呈显著正相关。可以认为，随着经度的增大（从中国西部到东部），身体去脂质量减少是体重减少的原因；随着纬度的增大（从中国南部到北部），脂肪质量与去脂质量都增大共同造成体重的增大；随着年平均温度升高，脂肪质量与去脂质量都减小是体重减少的原因；随着年龄增大，男性脂肪质量增大而去脂质量减少，导致体重变化不大。

女性脂肪质量、去脂质量与经度、纬度、年平均温度、年龄相关分析的结果和男性相关分析的结果一致。女性的脂肪质量与纬度、年龄呈显著正相关，与经度相关不显著，与年平均温度呈显著负相关；而去脂质量与经度、年平均温度、年龄都呈显著负相关，与纬度呈显著正相关。即随着年龄增长，女性脂肪质量增大幅度超过了去脂质量下降的幅度，导致女性体重随年龄增长而增大。

表 8-23 蒙古族体重、身高、脂肪质量、去脂质量与经度、纬度、年平均温度、年龄的相关分析

指标	男性 经度 r	男性 经度 P	男性 纬度 r	男性 纬度 P	男性 年平均温度 r	男性 年平均温度 P	男性 年龄 r	男性 年龄 P	女性 经度 r	女性 经度 P	女性 纬度 r	女性 纬度 P	女性 年平均温度 r	女性 年平均温度 P	女性 年龄 r	女性 年龄 P
体重	−0.079**	0.001	0.331**	0.000	−0.293**	0.000	−0.019	0.415	−0.056**	0.003	0.269**	0.000	−0.264**	0.000	0.110**	0.000
身高	−0.053*	0.021	0.215**	0.000	−0.225**	0.000	−0.312**	0.000	0.060**	0.003	0.096**	0.000	−0.100**	0.000	−0.335**	0.000
脂肪质量	0.043	0.061	0.380**	0.000	−0.322**	0.000	0.283**	0.000	0.019	0.346	0.164**	0.000	−0.099**	0.000	0.313**	0.000
去脂质量	−0.166**	0.000	0.233**	0.000	−0.237**	0.000	−0.265**	0.000	−0.112**	0.000	0.323**	0.000	−0.369**	0.000	−0.080**	0.000

注：r 为相关系数，*表示 $P<0.05$，**表示 $P<0.01$，相关系数具有统计学意义

对蒙古族 13 个族群的体重进行方差分析，男性族群间 $F=34.0$（$P<0.01$），女性族群间 $F=26.5$（$P<0.01$）。无论男性还是女性，13 个族群间体重的差异均具有统计学意义。对蒙古族合计资料的三个年龄组体重进行方差分析，男性三个年龄组间 $F=6.267$（$P<0.01$），女性 $F=66.6$（$P<0.01$），表明蒙古族三个年龄组之间体重的差异具有统计学意义。

蒙古族男性、女性的身高、体重均与纬度呈显著正相关，与年平均温度呈显著负相关，也就是寒冷地区的人身体更重一些、身材更高一些。中国各地蒙古族身高、体重的不同，反映了他们各自对环境的适应，符合贝格曼法则[19]。

Wells[14]认为，温度每增加 10℃，男性去脂质量减少 1.3kg，女性去脂质量减少 0.5kg。温度对去脂质量的影响在男性中更明显。我们也发现，纬度的增加、年平均温度的下降，使得蒙古族男性、女性去脂质量增加，与 Wells 的研究结果一致。Wells[14]认为，温度每增加 10℃，男性的脂肪质量减少 0.4kg，而女性减少 1.1kg。温度对脂肪质量的影响在女性中明显大于男性。Wells 的这一看法在我们的研究中没有得到证实。

我们发现，蒙古族女性脂肪质量、去脂质量均与纬度呈显著正相关，即在中国，从南向北，女性不仅去脂质量呈线性增大，脂肪质量也呈线性增大。可以认为，女性体重与纬度呈显著正相关，是去脂质量、脂肪质量共同增大导致的。

五、影响中国蒙古族体重的形态学指标

蒙古族的身高与体重呈正相关。在体型基本一致的情况下，身材越高的人，体重越大。在其他因素不变的情况下（单因素相关分析），骨骼的发育程度也影响体重，骨骼越粗大，体重越大。在男性中，肱骨内外上髁间径、股骨内外上髁间径与体重的相关系数分别为 0.333 和 0.612（$P<0.01$）。躯干的宽度越大、围度越大，躯干的质量越大，体重也越大，蒙古族的肩宽、骨盆宽、胸围、腰围、臀围与体重均呈显著正相关。四肢的围度越大，四肢越粗壮，体重就越大，蒙古族的上臂围、前臂围、大腿围、小腿围都与体重呈显著正相关。身体各处的皮褶厚度反映了皮下脂肪发育的水平，皮褶厚度值越大，皮下脂肪越厚，体重越大。此外，蒙古族的总体脂肪率、肌肉量、推定骨量、躯干脂肪率、躯干肌肉量都与体重呈显著正相关（表 8-24）。考虑到上述指标与体重的形态学关系，可以认为蒙古族男性、女性这些指标的大小与体重大小有因果关系。

表 8-24　蒙古族身体指标与体重的相关分析

指标	体重（男性） r	体重（男性） P	体重（女性） r	体重（女性） P	指标	体重（男性） r	体重（男性） P	体重（女性） r	体重（女性） P
身高	0.552**	0.000	0.367**	0.000	前臂围	0.780**	0.000	0.795**	0.000
肱骨内外上髁间径	0.333**	0.000	0.451**	0.000	肱三头肌皮褶	0.640**	0.000	0.551**	0.000
股骨内外上髁间径	0.612**	0.000	0.683**	0.000	肩胛下皮褶	0.711**	0.000	0.596**	0.000
肩宽	0.611**	0.000	0.574**	0.000	髂嵴上皮褶	0.561**	0.000	0.494**	0.000
骨盆宽	0.575**	0.000	0.557**	0.000	小腿内侧皮褶	0.460**	0.000	0.339**	0.000
胸围	0.902**	0.000	0.889**	0.000	体脂率	0.596**	0.000	0.505**	0.000
腰围	0.867**	0.000	0.783**	0.000	肌肉量	0.793**	0.000	0.632**	0.000
臀围	0.895**	0.000	0.886**	0.000	推定骨量	0.870**	0.000	0.281**	0.000
大腿围	0.810**	0.000	0.786**	0.000	躯干脂肪率	0.686**	0.000	0.522**	0.000
小腿围	0.811**	0.000	0.819**	0.000	躯干肌肉量	0.662**	0.000	0.156**	0.000
上臂围	0.836**	0.000	0.847**	0.000					

注：r 为相关系数，**表示 $P<0.01$，相关系数具有统计学意义

第三节　中国蒙古族的身体比例

人体各个部位的长度、宽度、围度之间都有一个大致的比例。在这个比例变化范围之内，我们就觉得人看起来匀称。人刚出生，有一个相对大的头，比较小的躯干、四肢。人身体不同部位发育加速的起止时间、发育的速度并不一致。例如，人出生后头面部生长速度变慢，躯干、四肢生长速度加快。躯干和四肢的发育也有先后、快慢之分。随着生长发育，人的身体比例不断发生变化，到发育成熟，形成我们所熟悉的人体比例。即使是成人，彼此的身体比例也不尽相同，有的人下肢显得长一些，有的人上肢显得长一些，有的人显得躯干长一些。这里面有性别差异（男性、女性长骨骨骺愈合的年龄不同）的原因，也有人种差异的原因，还有个体发育差异的原因。

人身体的各部位比例有人种的差异。有研究发现[20]，远东亚洲人身高比德国人低，四肢的长度比德国人短，但躯干高于德国人。Dewangan 等[21]报道，韩国人与美国或英国人相比一般有一个较矮的身高，但有更大的坐高。Moss 等[22]认为，亚洲人和西方人主要区别是腿的长度。Jung 等[23]研究表明，韩国人比美国人上半身长，但胳膊和腿短。这一类研究当然最好在同等身高的族群中进行。但多数情况下，具有同等身高的样本量不会太大，会影响结论的准确性。所以，比较好的替代方法就是采用指数法，可以消除身高差异对研究结果的干扰。

一、中国蒙古族 13 个族群与身体比例有关的指标、指数

（一）坐高

坐高也是人体最重要的测量指标之一。坐高值在实际生产中有很多应用之处，如桌

面、椅面高度的设计，人的上衣长度的设计都可以参考当代人体的坐高值。坐高相当于哺乳动物的身长。坐高接近于头颈部高度与躯干高度之和。在人的青春发育阶段，先出现下肢的快速生长，呈现"豆芽菜"般的细长身材，然后躯干发育加快，逐渐形成成人的体型。蒙古族13个族群合计资料男性坐高为（895.3mm±37.9mm），女性为（840.2mm±36.8mm）。13个族群男性坐高均数范围为（876.5mm±30.2mm）～（916.5mm±31.1mm），女性坐高均数范围为（820.5mm±32.8mm）～（858.7mm±32.4mm）（表8-25）。13个族群坐高均数从大到小排列，男性第1～3位依次是额济纳土尔扈特部、巴尔虎部、鄂尔多斯部，第11～13位依次是阜新蒙古族、郭尔罗斯部、云南蒙古族，西部蒙古族和内蒙古蒙古族坐高值大，而云南蒙古族、东北三省蒙古族坐高值小；女性第1～3位依次是鄂尔多斯部、额济纳土尔扈特部、新疆察哈尔部，第11～13位依次是郭尔罗斯部、布里亚特部、云南蒙古族。

（二）肩宽

肩宽反映了躯干上部的宽度。肩宽存在性别间差异，男性的肩宽大于同龄女性的肩宽，蒙古族也是这样。蒙古族合计资料男性肩宽均数为382.8mm±21.2mm，女性为349.2mm±18.7mm。13个族群男性肩宽均数范围为（368.5mm±17.8mm）～（390.7mm±23.0mm），女性为（329.8mm±15.5mm）～（357.0mm±16.8mm）（表8-25）。13个族群肩宽均数排序，男性第1～3位依次是额济纳土尔扈特部、新疆土尔扈特部、喀左县蒙古族，第11～13位依次是杜尔伯特部、青海和硕特部、云南蒙古族；女性第1～3位依次是新疆土尔扈特部、阿拉善和硕特部、喀左县蒙古族，第11～13位依次是布里亚特部、青海和硕特部、云南蒙古族。

（三）骨盆宽

骨盆宽反映了躯干下部的宽度。骨盆宽除了受到骨盆本身宽度影响外，还受到髂嵴外软组织厚度的影响。当人肥胖时，骨盆外侧软组织厚度比较大，骨盆宽测量值就大一些。

蒙古族合计资料男性骨盆宽均数为288.2mm±25.2mm，女性为284.1mm±24.1mm。男性比女性大4mm左右（表8-25）。联系到男性、女性肩宽均数的差值为33mm左右，可以发现男性、女性躯干的形状不同，男性、女性虽然都呈上底大、下底小的梯形状，但女性比男性更接近于矩形。13个族群男性骨盆宽均数范围在（263.1mm±38.9mm）～（312.0mm±20.9mm），女性在（260.9mm±36.3mm）～（307.1mm±19.2mm）。按照均数大小排序，男性第1～3位依次是新疆察哈尔部、阿拉善和硕特部、新疆土尔扈特部，第11～13位依次是鄂尔多斯部、云南蒙古族、布里亚特部；女性第1～3位依次是新疆土尔扈特部、新疆察哈尔部、阿拉善和硕特部，第11～13位依次是鄂尔多斯部、云南蒙古族、布里亚特部。男性、女性排序结果比较接近。

13个族群中有7个族群骨盆宽值的性别间差异不具有统计学意义，其余6个族群及蒙古族合计资料骨盆宽值的性别间差异具有统计学意义。蒙古族男性13个族群及蒙古族合计资料坐高、肩宽值大于女性（表8-25）。

表 8-25 蒙古族 13 个族群的坐高等指标均数（mm，Mean±SD）

族群	坐高 男性	坐高 女性	u	肩宽 男性	肩宽 女性	u	骨盆宽 男性	骨盆宽 女性	u
杜尔伯特部	890.2±42.6	837.6±35.1	9.71**	379.1±21.3	351.5±16.6	10.34**	286.1±16.6	284.5±17.3	0.70
郭尔罗斯部	883.5±36.6	835.2±35.6	13.28**	382.8±21.1	350.7±16.2	16.72**	293.4±16.5	285.0±17.2	4.97**
阜新蒙古族	886.0±35.7	841.3±30.7	12.96**	383.2±20.5	351.8±17.7	15.83**	290.2±14.1	290.4±16.2	0.13
喀左县蒙古族	887.8±40.8	841.9±38.2	10.94**	389.8±20.1	354.9±17.5	17.24**	297.1±16.4	292.3±15.8	2.82**
巴尔虎部	910.1±38.0	842.7±36.7	19.34**	388.4±20.3	352.7±19.9	19.26**	287.4±18.5	278.4±17.4	5.45**
布里亚特部	898.6±31.8	830.1±35.6	19.37**	380.5±23.2	343.8±17.6	17.10**	263.1±38.9	260.9±36.3	0.56
鄂尔多斯部	906.1±35.2	858.7±32.4	12.65**	383.0±20.1	351.7±17.2	15.02**	269.5±17.3	264.7±18.0	2.48*
阿拉善和硕特部	891.5±39.4	836.3±43.8	11.05**	384.9±19.0	355.3±18.4	14.57**	307.2±19.5	302.1±16.4	0.05
额济纳土尔扈特部	916.5±31.1	852.4±39.0	12.83**	390.7±23.0	348.3±16.9	14.31**	300.0±16.0	296.1±17.3	1.64
青海和硕特部	896.8±33.6	842.0±34.9	15.17**	374.0±19.5	342.6±17.3	16.05**	278.8±19.4	275.0±22.1	1.74
新疆察哈尔部	904.3±39.6	844.9±36.0	16.48**	388.7±19.9	353.2±16.3	20.51**	312.0±20.9	303.4±19.1	4.52**
新疆土尔扈特部	898.2±37.9	843.8±34.2	15.84**	390.5±17.2	357.0±16.8	20.73**	307.0±18.1	307.1±19.2	0.07
云南蒙古族	876.5±30.2	820.5±32.8	18.65**	368.5±17.8	329.9±15.5	24.14**	268.7±13.6	264.0±15.7	3.37**
蒙古族合计	895.3±37.9	840.2±36.8	48.45**	382.8±21.2	349.2±18.7	54.88**	288.2±25.2	284.1±24.1	5.46**

注：u 为性别间 u 检验值，*表示 P<0.05，**表示 P<0.01，差异具有统计学意义

（四）上肢全长

上肢全长是全臂长与手长之和。上肢全长在选拔某些运动项目的运动员时是要考虑的，如排球运动员的上肢全长值大，有助于拦网和扣球。蒙古族男性上肢全长均数为 733.2mm±35.9mm，女性为 677.8mm±34.7mm。13 个族群上肢全长均数范围男性在（713.1mm±34.8mm）～（749.7mm±30.6mm），最大值与最小值相差 36.6mm；女性在（664.2mm±32.9mm）～（696.1mm±37.1mm），最大值与最小值相差 31.9mm（表 8-26）。按照上肢全长均数从大到小排列，男性第 1～3 位依次是新疆土尔扈特部、阿拉善和硕特部、鄂尔多斯部，第 11～13 位依次是额济纳土尔扈特部、郭尔罗斯部、阜新蒙古族；女性第 1～3 位依次是新疆土尔扈特部、阿拉善和硕特部、新疆察哈尔部，第 11～13 位依次是布里亚特部、郭尔罗斯部、阜新蒙古族。

蒙古族男性 13 个族群及蒙古族合计资料上肢全长值大于女性（表 8-26）。

（五）下肢全长

下肢全长的计算方法有很多，本研究采用髂前上棘值减去一个校正值的方法计算得出。校正值根据身高的大小得出，身材高的人校正值就大一些。由于不同的学者采用不同的计算下肢全长的方法，因此不同资料中下肢全长的比较只能是一种粗略的比较。髂前上棘点是一个骨性测点，对于瘦人来说，容易触摸到，但是对于肥胖的人来说，不易准确触摸到。所以髂前上棘测量容易出现误差，这样也就造成下肢全长出现误差。

蒙古族男性下肢全长均数为 895.0mm±39.7mm，女性为 847.1mm±40.2mm，性别间相差 48mm 左右。13 个族群下肢全长均数范围男性为（859.4mm±46.4mm）～（942.0mm±43.5mm），最大值与最小值相差 83mm 左右；女性为（815.7mm±44.6mm）～

(881.6mm±36.5mm），最大值与最小值相差 66mm 左右（表 8-26）。均数从大到小排列，男性第 1～3 位依次是杜尔伯特部、鄂尔多斯部、青海和硕特部，第 11～13 位依次是阜新蒙古族、喀左县蒙古族、阿拉善和硕特部；女性第 1～3 位依次是杜尔伯特部、新疆土尔扈特部、新疆察哈尔部，第 11～13 位依次是云南蒙古族、喀左县蒙古族、阿拉善和硕特部。

蒙古族男性 13 个族群及蒙古族合计资料下肢全长值大于女性（表 8-26）。

（六）身高坐高指数

身高坐高指数反映了人体的上半身高度在身高中所占的比例。这个值越大，躯干相对越长。女性一般身高坐高指数值大于男性。有学者认为高身材的人大致都是腿较长，身材的高矮在很大程度上取决于下肢的长短，而不是坐高的大小[8]。反之，身材矮的人腿相对短一些，躯干相对高一些，身高坐高指数值会大一些。除云南蒙古族外，其余 12 个蒙古族族群内部比较，女性的身高坐高指数均数都大于男性，符合这一观点（表 8-26）。蒙古族男性指数均数为 53.5±1.4，属于长躯干型。男性 13 个族群中除了布里亚特部为中躯干型外，其余 12 个族群都是长躯干型。女性均数为 54.0±1.5，属于中躯干型。女性 13 个族群中青海和硕特部、巴尔虎部、新疆土尔扈特部、云南蒙古族、阿拉善和硕特部、布里亚特部属于中躯干型，其余 7 个女性族群为长躯干型。13 个族群男性身高坐高指数均数在（53.0±1.3）～（53.8±1.4），按照从大到小的顺序排列，第 1～3 位依次是新疆察哈尔部、额济纳土尔扈特部、巴尔虎部，第 11～13 位依次是新疆土尔扈特部、阿拉善和硕特部、布里亚特部。13 个族群女性身高坐高指数均数在（53.3±1.5）～（54.4±1.7），按照从大到小的顺序排列，第 1～3 位依次是新疆察哈尔部、喀左县蒙古族、郭尔罗斯部，第 11～13 位依次是云南蒙古族、阿拉善和硕特部、布里亚特部。

表 8-26　蒙古族 13 个族群的上肢全长等指标、指数的均数（Mean±SD）

族群	上肢全长 男性	上肢全长 女性	u	下肢全长 男性	下肢全长 女性	u	身高坐高指数 男性	身高坐高指数 女性	u
杜尔伯特部	732.0±37.0	680.7±33.0	10.66**	942.0±43.5	881.6±36.5	10.86**	53.5±1.2	54.2±1.4	4.06**
郭尔罗斯部	720.5±37.8	666.9±33.2	14.87**	895.5±36.5	843.0±33.6	14.81**	53.5±1.3	54.4±1.4	6.65**
阜新蒙古族	713.1±34.8	664.2±32.9	14.08**	879.3±33.0	856.4±33.1	6.80**	53.4±1.2	54.1±1.3	5.54**
喀左县蒙古族	736.6±37.6	675.5±40.3	15.10**	871.3±34.6	827.5±34.5	12.07**	53.4±1.4	54.4±1.7	6.32**
巴尔虎部	736.4±40.0	677.3±33.7	18.03**	903.6±36.0	853.3±32.9	16.48**	53.7±1.3	53.8±1.4	0.60
布里亚特部	735.8±34.2	672.4±42.4	16.85**	885.8±34.8	839.2±42.0	12.19**	53.0±1.3	53.3±1.5	2.26*
鄂尔多斯部	738.4±26.3	681.0±26.4	14.62**	911.5±37.4	856.5±35.9	13.59**	53.6±1.5	54.4±1.3	5.12**
阿拉善和硕特部	744.7±31.8	693.8±37.1	11.96**	859.4±46.4	815.7±44.6	7.11**	53.3±1.4	53.6±1.6	2.07*
额济纳土尔扈特部	721.2±42.1	674.2±30.3	13.13**	889.1±40.9	838.6±46.3	12.12**	53.8±1.2	54.3±1.5	2.60**
青海和硕特部	733.7±32.9	679.7±32.6	15.61**	907.4±35.8	853.3±38.1	13.89**	53.5±1.2	53.9±1.5	2.81**
新疆察哈尔部	736.8±36.2	684.6±34.0	15.63**	902.9±32.6	857.9±34.9	14.05**	53.8±1.4	54.4±1.7	3.83**
新疆土尔扈特部	749.7±30.6	696.1±37.1	16.61**	899.4±36.7	863.9±37.7	10.05**	53.3±1.5	53.7±1.4	2.96**
云南蒙古族	732.4±32.7	675.0±25.2	77.81**	880.4±32.3	832.5±37.9	14.33**	53.7±1.2	53.7±1.2	0.00
蒙古族合计	733.2±35.9	677.8±34.7	20.72**	895.0±39.7	847.1±40.2	39.49**	53.5±1.4	54.0±1.5	11.39**

注：u 为性别间 u 检验值，*表示 P<0.05，**表示 P<0.01，差异具有统计学意义

巴尔虎部、云南蒙古族身高坐高指数值的性别间差异不具有统计学意义，其余11个族群及蒙古族合计资料身高坐高指数值的性别间差异具有统计学意义。蒙古族男性多数族群及蒙古族合计资料身高坐高指数值大于女性（表8-26）。

（七）身高上肢长指数

身高上肢长指数反映了身体上肢长度占全身高度的比例。身高上肢长指数值很大的人买上衣有些困难，衣服长短合适，则衣袖太短，衣袖合适则衣服太大。同样，身高上肢长指数值很小的人买上衣也有困难。因为服装是按照大多数人的身体比例设计的。蒙古族男性上肢全长指数均数为43.8±1.6，女性为43.6±1.7，彼此相差0.2左右。13个族群指数均数范围男性在（42.9±1.5）～（44.9±1.4），最大值与最小值差值为2.0，女性在（42.7±1.7）～（44.4±1.9），最大值与最小值差值为1.7（表8-27）。均数从大到小排序，男性第1～3位依次是云南蒙古族、新疆土尔扈特部、阿拉善和硕特部，第11～13位依次是布里亚特部、额济纳土尔扈特部、阜新蒙古族；女性第1～3位依次是阿拉善和硕特部、新疆土尔扈特部、云南蒙古族，第11～13位依次是额济纳土尔扈特部、鄂尔多斯部、阜新蒙古族。

（八）身高下肢长指数

身高下肢长指数反映了身体下肢长度占全身高度的比例。同性别的人，由于身材高的人主要是腿长，因此一般来说，同性别的身材高大的人身高下肢长指数值大一些。蒙古族男性身高下肢长指数值小于女性，这种性别间差异在汉族中也存在。身高下肢长指数值发生变化，这主要是由于身高随着衰老过程的进展而变小。蒙古族男性身高下肢长指数均数为53.6±2.1，女性为54.6±2.2，女性比男性大1.0。男性13个族群指数均数范围在（51.4±2.3）～（56.7±1.5），最大值与最小值间差距为5.3；女性指数均数范围在（52.2±2.0）～（57.0±1.5），最大值与最小值间差距为4.8（表8-27）。男性13个族群指数均数排序，第1～3位依次是杜尔伯特部、郭尔罗斯部、青海和硕特部，第11～13位依次是喀左县蒙古族、布里亚特部、阿拉善和硕特部。女性13个族群指数均数排序，第1～3位依次是杜尔伯特部、新疆察哈尔部、新疆土尔扈特部，第11～13位依次是额济纳土尔扈特部、喀左县蒙古族、阿拉善和硕特部。在13个族群中，布里亚特部、阿拉善和硕特部男性的身高下肢长指数均数相对较小，表明这两个男性族群相对来说下肢比较短。

（九）上下肢长指数

一般来说，人的上、下肢长度是相关的，上肢较长的人下肢也较长，但二者之间的比例并非是个常数。蒙古族男性上下肢长指数为81.9±4.5，女性为80.0±4.0，男性指数值大于女性。男性13个族群均数范围在（77.8±3.3）～（86.8±4.3），最大值与最小值相差9.0；女性族群指数均数范围在（77.3±3.5）～（85.2±4.5），最大值与最小值相差7.9（表8-27）。按照指数均数从大到小排序，男性第1～3位依次是阿拉善和硕特部、喀左县蒙古族、新疆土尔扈特部，第11～13位依次是郭尔罗斯部、鄂尔多斯部、杜尔伯特部；女性第1～3位依次是阿拉善和硕特部、喀左县蒙古族、云南蒙古族，第11～13位依次是郭尔罗斯部、阜新蒙古族、杜尔伯特部。中国汉族城市男性上下肢长指数均数为83.7±5.4，城市女性为81.5±5.8，乡村男性为84.3±5.0，乡村女性为83.5±6.6。汉族指数值大于蒙古族。

多数族群男性上下肢长指数值大于女性（表8-27）。

表8-27　蒙古族13个族群身高上肢长指数等3项指数的均数（Mean±SD）

族群	身高上肢长指数 男性	身高上肢长指数 女性	u	身高下肢长指数 男性	身高下肢长指数 女性	u	上下肢长指数 男性	上下肢长指数 女性	u
杜尔伯特部	44.0±1.7	44.0±1.6	0	56.7±1.5	57.0±1.5	1.48	77.8±3.3	77.3±3.5	1.10
郭尔罗斯部	43.6±1.5	43.4±1.8	1.21	54.2±1.5	54.9±1.5	4.64**	80.5±3.4	79.2±3.5	3.75**
阜新蒙古族	42.9±1.5	42.7±1.7	1.24	53.0±1.4	55.0±1.5	13.62**	81.1±3.0	77.6±3.8	10.29**
喀左县蒙古族	44.3±1.3	43.6±2.3	3.92**	52.5±1.3	53.4±1.3	6.59**	84.6±3.0	81.7±4.6	7.64**
巴尔虎部	43.5±1.5	43.2±1.6	1.77	53.4±1.5	54.5±1.3	9.69**	81.5±3.4	79.4±3.5	7.31**
布里亚特部	43.4±1.5	43.2±2.1	3.01**	52.3±1.6	53.9±1.5	11.27**	83.1±3.6	80.2±4.2	9.13**
鄂尔多斯部	43.8±1.2	43.0±1.3	2.19*	53.9±1.8	54.3±1.5	2.16*	79.8±2.9	79.6±2.7	3.22**
阿拉善和硕特部	44.5±1.3	44.4±1.9	0.88	51.4±2.3	52.2±2.0	6.68**	86.8±4.3	85.2±4.5	5.27**
额济纳土尔扈特部	43.0±1.6	43.0±1.7	0	53.1±1.7	53.4±2.0	1.14	81.0±3.7	80.6±4.6	0.68
青海和硕特部	43.8±1.3	43.5±1.3	2.19*	54.1±1.6	54.6±1.4	3.13**	80.9±3.1	79.7±2.9	3.78**
新疆察哈尔部	43.9±1.4	44.1±1.4	1.53	53.8±1.7	55.2±1.8	9.77**	81.6±3.4	79.8±3.1	5.79**
新疆土尔扈特部	44.5±1.3	44.3±1.8	1.21	53.4±1.8	55.0±1.8	9.49**	83.4±3.6	80.7±4.3	7.32**
云南蒙古族	44.9±1.4	44.3±1.1	4.92**	54.0±1.3	54.4±1.3	3.22**	83.2±2.8	81.2±2.4	7.95**
蒙古族合计	43.8±1.6	43.6±1.7	1.00	53.6±2.1	54.5±1.8	17.72**	81.9±4.5	80.0±4.0	9.75**

注：u为性别间u检验值，*表示P<0.05，**表示P<0.01，差异具有统计学意义

二、中国蒙古族身体比例的指标、指数与经度、纬度、年平均温度、年龄的相关分析

（一）男性

男性5项指标、4项指数与经度多呈显著负相关（表8-28），即在中国，从西到东，蒙古族男性坐高下降，躯干下部变窄，上肢、下肢变短。坐高和上肢全长减少的比例超过身高减少的比例，上肢全长减小的比例超过下肢全长减小的比例，导致身高坐高指数值变小，身高上肢长指数值变小，上下肢长指数值变小。男性4项指标与纬度呈显著正相关，3项指数与纬度呈显著负相关，即在中国，从南到北，蒙古族坐高增大，躯干变宽，下肢变长，上肢全长、下肢全长与身高的比值下降，上肢全长与下肢全长的比值也下降。指标、指数与年平均温度的相关分析结果多与纬度正好相反，这也很好理解，因为从南到北伴随着纬度的增大，年平均温度却在下降。随着年龄的增加，蒙古族坐高、肩宽、上肢全长、下肢全长都在下降，坐高下降的幅度较大，导致身高坐高指数值下降。随着年龄增大，身高下降比例较大，但上肢全长、下肢全长下降比例较小，导致身高上肢长指数值、身高下肢长指数值反而增大。随着年龄增大，由于上肢全长减小比例小于下肢全长减小比例，导致上下肢长指数值增大。

（二）女性

女性指标、指数与经度、纬度、年平均温度、年龄的相关分析结果与男性相似。女

表 8-28 蒙古族身体比例的指标、指数与经度、围度、年平均温度、年龄的相关分析

变量	男性 经度 r	男性 经度 P	男性 纬度 r	男性 纬度 P	男性 年平均温度 r	男性 年平均温度 P	男性 年龄 r	男性 年龄 P	女性 经度 r	女性 经度 P	女性 纬度 r	女性 纬度 P	女性 年平均温度 r	女性 年平均温度 P	女性 年龄 r	女性 年龄 P
坐高	−0.086**	0.000	0.172**	0.000	−0.177**	0.000	−0.340**	0.000	−0.044*	0.027	0.110**	0.000	−0.363**	0.000	−0.347**	0.000
肩宽	−0.028	0.220	0.237**	0.000	−0.142**	0.000	−0.194**	0.000	0.033	0.096	0.294**	0.000	−0.104**	0.000	0.574**	0.000
骨盆宽	−0.254**	0.000	0.225**	0.000	−0.035	0.128	0.190**	0.000	−0.194**	0.000	0.212**	0.000	0.296**	0.000	0.557**	0.000
上肢全长	−0.134**	0.000	0.012	0.590	−0.016	0.497	−0.113**	0.002	−0.156**	0.000	0.005	0.803	0.004	0.860	−0.086**	0.000
下肢全长	−0.059**	0.009	0.148**	0.000	−0.155**	0.000	−0.099**	0.000	−0.041*	0.042	0.163**	0.000	−0.228**	0.000	−0.226**	0.000
身高坐高指数	−0.064**	0.005	−0.043	0.057	0.050*	0.030	−0.089**	0.000	0.012	0.535	0.040*	0.044	0.013	0.515	−0.108**	0.000
身高上肢长指数	−0.126**	0.000	−0.224**	0.000	0.227**	0.000	0.170**	0.000	−0.114**	0.000	−0.090**	0.000	0.107**	0.000	0.225**	0.000
身高下肢长指数	−0.015	0.511	−0.049*	0.030	0.048*	0.036	0.162**	0.000	0.013	0.531	0.121**	0.000	−0.089**	0.000	0.066**	0.001
上下肢长指数	−0.071**	0.002	−0.103**	0.000	0.110**	0.000	0.014	0.554	−0.120**	0.003	−0.015**	0.000	0.144**	0.000	0.140**	0.000

注：r 为相关系数，*表示 P<0.05，**表示 P<0.01，相关系数具有统计学意义

性坐高、骨盆宽、上肢全长、下肢全长与经度呈显著负相关，身高上肢长指数、上下肢长指数与经度呈显著负相关，肩宽、身高坐高指数、身高下肢长指数与经度相关不显著（表 8-28）。即在中国，从西到东，蒙古族女性身高、坐高下降，躯干下部变窄，上肢全长、下肢全长变短，上肢全长减少的比例超过身高减少的比例，上肢全长与下肢全长的比值变小。

女性坐高、肩宽、骨盆宽、下肢全长及身高坐高指数、身高下肢长指数与纬度呈显著正相关，身高上肢长指数、上下肢长指数与纬度呈显著负相关，即在中国，从南到北，蒙古族女性坐高增大，躯干变宽，下肢变长，上肢全长、下肢全长与身高的比值下降，上肢全长与下肢全长的比值也下降。

女性坐高、肩宽、下肢全长、身高下肢长指数与年平均温度呈显著负相关，而骨盆宽、身高上肢长指数、上下肢长指数与年平均温度呈显著正相关（表 8-28）。

随着年龄的增长，蒙古族女性坐高下降的幅度较大，导致身高坐高指数值下降。随着年龄增大，女性身高下降，但上肢全长、下肢全长下降相对较少，导致身高上肢长指数、身高下肢长指数反而增大。随着年龄增长，由于上肢全长减小幅度小于下肢全长减小幅度，导致女性上下肢长指数增大。

参 考 文 献

[1] 雅·雅·罗金斯基, 马·格·列文. 人类学. 北京: 警官教育出版社, 1993: 65-66, 73-75.
[2] Durnin JVGA, Womersley J. Body fat assessed from total body density and its estimation from skinfold thickness: measurements on 481 men and women aged from 16 to 72 Years. Br J Nutr, 1974, 32(1): 77-97.
[3] Siri WE. Body composition from fluid space and density. *In*: Brozek J, Hanschel A. Techniques for Measuring Body Composition. Washington DC: National Academy of Science, 1961: 223-244.
[4] Yao M, Roberts SB, Ma G, et al. Field methods for body composition assessment are valid in healthy chinese adults. Journal of Nutrition, 2002, 132(2): 310-317.
[5] Wells JCK. Sexual dimorphism in body composition across human populations: associations with climate and proxies for short- and long-term energy supply. American Journal of Human Biology the

Official Journal of the Human Biology Council, 2012, 24(4): 411-419.
[6] Gray JP, Wolfe LD. Height and sexual dimorphism of stature among human societies. American Journal of Physical Anthropology, 1980, 53(3): 441-456.
[7] Gustafsson A, Lindenfors P. Latitudinal patterns in human stature and sexual stature dimorphism. Annals of Human Biology, 2009, 36(1): 74-87.
[8] Norgan NG. Body mass index and body energy stores in developing countries. European Journal of Clinical Nutrition, 1990, 44 (Suppl 1): 79-84.
[9] Seeman E. Clinical review 137: sexual dimorphism in skeletal size, density, and strength. Journal of Clinical Endocrinology & Metabolism, 2001, 86(10): 4576-4584.
[10] Stini WA. Adaptive strategies of human populations under nutritional stress. *In*: Watts ES, Johnson AD, Lasker GW. Biosocial Interrelations in Population Adaptations. The Hague: Mouton, 1975: 19-41.
[11] Wells JC. Sexual dimorphism of body composition. Best Practice & Research Clinical Endocrinology & Metabolism, 2007, 21(3): 415-430.
[12] Wells JC. The Evolutionary Biology of Human Body Fatness: Thrift and Control. Cambridge: Cambridge University Press, 2010.
[13] Hughes SM, Gallup GG. Sex differences in morphological predictors of sexual behavior: shoulder to hip and waist to hip ratios. Evolution & Human Behavior, 2003, 24(3): 173-178.
[14] Wells JC. Ecogeographical associations between climate and human body composition: analyses based on anthropometry and skinfolds. American Journal of Physical Anthropology, 2012, 147(2): 169-186.
[15] Furnham A, Mcclelland A, Omer L. A cross-cultural comparison of ratings of perceived fecundity and sexual attractiveness as a function of body weight and waist-to-hip ratio. Psychology Health & Medicine, 2003, 8(2): 219-230.
[16] Singh D, Young RK. Body weight, waist-to-hip ratio, breasts, and hips: role in judgments of female attractiveness and desirability for relationships. Ethology & Sociobiology, 1995, 16(6): 483-507.
[17] Manning JT, Trivers RL, Singh D, et al. The mystery of female beauty. Nature, 1999, 399(6733): 215-216.
[18] Schutz Y, Kyle UUG, Pichard C. Fat-free mass index and fat mass index percentiles in caucasians aged 18|[Ndash]|98|[Emsp14]|Y. International Journal of Obesity & Related Metabolic Disorders Journal of the International Association for the Study of Obesity, 2002, 26(7): 953-960.
[19] Bergmann C. Über die verhältnisse der wärmeökonomie der thierezuihrer grösse. Göttinger Studien, 1847, 3: 595-708.
[20] Lin YC, Wang MJ, Wang EM. The comparisons of anthropometric characteristics among four peoples in East Asia. Applied Ergonomics, 2004, 35(2): 173-178.
[21] Dewangan KN, Kumar GVP, Suja PL, et al. Anthropometric dimensions of farm youth of the north eastern region of India. International Journal of Industrial Ergonomics, 2005, 35(11): 979-989.
[22] Moss S, Wang Z, Salloum M, et al. Anthropometry for WorldSID, a world-harmonized midsize male side impact crash dummy. Office of Scientific & Technical Information Technical Reports, 2000, 1: 2202.
[23] Jung SG, Kim GH, Roh WJ. Comparison of basic body dimension between Korean and American for design application. Korean Society of Basic Design and Art, 2000, 1(2): 65-75.

第九章 中国蒙古族的体部特征

体部的体质人类学测量指标有很多,包括体部的高度、长度、宽度、围度及皮褶厚度方面的指标。身高为身体各个部分(头颈部、躯干部、下肢部)高度之和,坐高相当于一般哺乳动物的身长,它与身高的比例反映了人体上下身的比例。体重为身体各个部位质量之和,是体内蛋白质、脂肪、碳水化合物、水分、矿物质、维生素等质量之和。肱骨内外上髁间径与肱骨内外上髁间径反映了上臂、大腿骨骼发育的水平。肩宽、骨盆宽反映了躯干上部与下部的宽度,也与骨骼发育有关。上肢全长与下肢全长也是重要的体质指标,具有个体差异和人种差异。

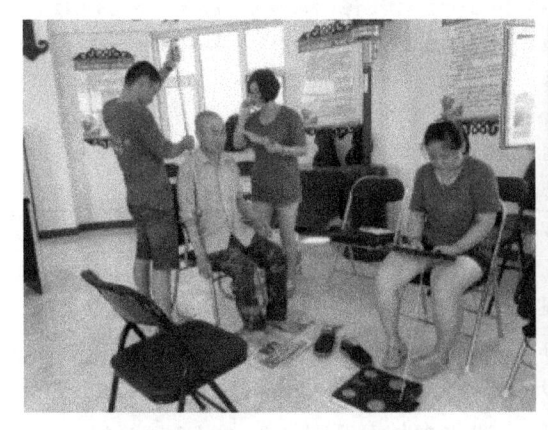

测量郭尔罗斯部坐高和身体组成成分　　　　　第一天野外工作归来

第一节　中国蒙古族13个族群体部主要指标的均数

蒙古族各族群有些体部指标的均数在前面的一些章节中已经介绍,为了本章内容的完整性,这里再予以简单介绍。

蒙古族13个族群男性的体部指标均数范围:身高为(1632.0mm±51.7mm)(云南蒙古族)~(1705.4mm±56.3mm)(额济纳土尔扈特部);坐高为(876.5mm±30.2mm)(云南蒙古族)~(916.5mm±31.1mm)(额济纳土尔扈特部);肱骨内外上髁间径为(63.4mm±4.4mm)(新疆察哈尔部)~(75.7mm±6.5mm)(鄂尔多斯部);股骨内外上髁间径为(90.8mm±5.7mm)(阜新蒙古族)~(99.8mm±6.5mm)(鄂尔多斯部);肩宽为(368.5mm±17.8mm)(云南蒙古族)~(390.7mm±23.0mm)(额济纳土尔扈特部);骨盆宽为(263.1mm±38.9mm)(布里亚特部)~(312.0mm±20.9mm)(新疆察哈尔部);上肢全长为(713.1mm±34.8mm)(阜新蒙古族)~(749.7mm±30.6mm)(新疆土尔扈特部);下肢全长为(859.4mm±46.4mm)(阿拉善和硕特部)~(942.0mm±43.5mm)(杜尔伯特部);体重为(57.3kg±8.1kg)(云南蒙古族)~(81.6kg±12.7kg)(额济纳土尔扈特部)(表9-1)。

表 9-1 蒙古族 13 个族群男性体部主要指标的均数（mm，Mean±SD）

族群	身高	坐高	肱骨内外上髁间径	股骨内外上髁间径	肩宽	骨盆宽	上肢全长	下肢全长	体重/kg
杜尔伯特部	1662.7±76.9	890.2±42.6	69.0±4.1	92.4±5.5	379.1±21.3	286.1±16.6	732.0±37.0	942.0±43.5	71.1±13.7
郭尔罗斯部	1653.2±64.0	883.5±36.6	69.9±4.1	91.3±5.4	382.8±21.1	293.4±16.5	720.5±37.8	895.5±36.5	72.8±12.7
阜新蒙古族	1661.0±60.0	886.0±35.7	69.0±4.5	90.8±5.7	383.2±20.5	290.2±14.1	713.1±34.8	879.3±33.0	68.5±10.6
喀左县蒙古族	1661.4±67.5	887.8±40.8	68.5±3.8	95.8±4.8	389.8±20.1	297.1±16.4	736.6±37.6	871.3±34.6	71.1±13.0
巴尔虎部	1694.4±67.8	910.1±37.9	74.8±5.5	98.1±7.3	388.4±20.3	287.4±18.5	736.4±39.9	903.6±35.9	75.5±15.4
布里亚特部	1695.4±57.1	898.6±31.8	69.7±4.3	99.5±8.7	380.5±23.2	263.1±38.9	735.8±34.2	885.1±34.6	74.7±17.1
鄂尔多斯部	1690.2±55.4	906.1±35.1	75.7±6.5	99.8±6.5	383.0±20.1	269.5±17.2	736.4±30.7	911.5±37.3	77.2±13.2
阿拉善和硕特部	1673.2±62.6	891.5±39.4	64.2±5.6	98.0±6.1	384.9±19.0	307.2±19.5	744.7±31.8	859.4±46.4	75.9±14.3
额济纳土尔扈特部	1705.4±56.3	916.5±31.1	71.9±4.2	98.5±6.0	390.7±23.0	300.0±16.0	732.6±32.5	905.3±32.8	81.6±12.7
青海和硕特部	1676.9±58.0	896.8±33.6	70.6±4.8	97.1±5.0	374.0±19.5	278.8±19.4	733.7±32.9	907.4±35.8	71.9±11.9
新疆察哈尔部	1680.5±68.4	904.3±39.6	63.4±4.4	98.7±6.5	388.7±19.9	312.0±20.9	736.8±36.2	902.9±32.6	78.1±14.5
新疆土尔扈特部	1686.2±60.5	898.2±37.9	64.1±4.1	99.1±5.3	390.5±17.2	307.0±18.1	749.7±30.6	899.4±36.7	75.9±12.4
云南蒙古族	1632.0±51.7	876.5±30.2	65.5±3.4	93.6±4.8	368.5±17.8	268.8±13.6	732.4±32.7	880.4±32.4	57.3±8.1
F	17.0	15.1	110.4	42.3	18.1	95.2	29.2	37.4	34.0
P	0.000	0.000	0.000	0.000	0.000	0.000	0.000	0.000	0.000
北方汉族	1677.1±62.5	898.4±45.4	65.8±13.5	93.7±8.5	380.1±21.5	289.1±21.7	736.5±45.3	895.7±46.7	67.9±11.0
南方汉族	1655.1±66.6	889.8±43.2	65.7±5.0	93.9±6.4	373.7±25.4	280.1±21.6	738.6±35.1	867.8±39.7	63.8±10.2

注：F 为蒙古族族群指标值间的方差分析值，P<0.05 表示差异具有统计学意义

蒙古族 13 个女性族群的均数范围：身高为（1529.0mm±56.8mm）（云南蒙古族）～（1577.4mm±55.9mm）（鄂尔多斯部）；坐高为（820.6mm±32.8mm）（云南蒙古族）～（858.7mm±32.3mm）（鄂尔多斯部）；肱骨内外上髁间径为（55.0mm±5.8mm）（阿拉善和硕特部）～（68.7mm±6.4mm）（巴尔虎部）；股骨内外上髁间径为（84.5mm±4.8mm）（郭尔罗斯部）～（94.4mm±9.9mm）（布里亚特部）；肩宽为（329.9mm±15.5mm）（云南蒙古族）～（357.0mm±16.8mm）（新疆土尔扈特部）；骨盆宽为（260.9mm±36.3mm）（布里亚特部）～（307.1mm±19.2mm）（新疆土尔扈特部）；上肢全长为（664.2mm±32.9mm）（阜新蒙古族）～（696.1mm±37.1mm）（新疆土尔扈特部）；下肢全长为（815.7mm±44.6mm）（阿拉善和硕特部）～（881.6mm±36.5mm）（杜尔伯特部），体重为（51.6kg±7.6kg）（云南蒙古族）～（67.7kg±12.6kg）（额济纳土尔扈特部）（表 9-2）。

综合男性、女性资料可知，云南蒙古族身高、坐高、肩宽、体重最小，额济纳土尔扈特部体重最大，阜新蒙古族上肢最短，布里亚特部骨盆最窄，新疆土尔扈特部上肢最长，阿拉善和硕特部下肢最短。

表 9-2 蒙古族 13 个族群女性体部主要指标的均数（mm，Mean±SD）

族群	身高	坐高	肱骨内外上髁间径	股骨内外上髁间径	肩宽	骨盆宽	上肢全长	下肢全长	体重/kg
杜尔伯特部	1546.0±56.1	837.6±35.1	60.8±3.4	85.8±5.3	351.5±16.6	284.5±17.3	680.7±33.0	881.6±36.5	62.1±10.1
郭尔罗斯部	1536.0±52.9	835.2±35.6	61.3±4.0	84.5±4.8	350.7±16.2	285.0±17.2	666.9±33.2	843.0±33.6	60.9±9.7
阜新蒙古族	1556.9±52.8	841.3±30.7	60.1±3.4	85.7±4.8	351.8±17.7	290.4±16.2	664.2±32.9	856.4±33.1	62.2±8.6
喀左县蒙古族	1549.3±61.5	841.9±38.2	60.0±3.8	88.4±5.3	354.9±17.5	292.3±15.8	675.5±40.3	827.5±34.5	61.3±10.6

续表

族群	身高	坐高	肱骨内外上髁间径	股骨内外上髁间径	肩宽	骨盆宽	上肢全长	下肢全长	体重/kg
巴尔虎部	1566.7±55.8	842.7±36.6	68.7±6.4	93.4±8.9	352.7±19.9	278.4±17.4	677.3±33.7	853.3±32.8	66.6±15.7
布里亚特部	1556.9±60.2	830.1±35.6	62.9±5.0	94.4±9.9	343.8±17.6	260.9±36.3	672.4±42.4	838.5±42.2	66.1±16.8
鄂尔多斯部	1577.4±55.9	858.7±32.3	66.9±6.5	93.0±7.1	351.7±17.1	264.7±18.0	680.1±31.4	856.5±35.8	64.1±10.6
阿拉善和硕特部	1561.8±69.4	836.3±43.8	55.0±5.8	91.2±6.2	355.3±18.4	302.1±16.4	693.8±37.1	815.7±44.6	64.3±12.6
额济纳土尔扈特部	1570.4±67.8	852.4±39.0	64.1±6.0	93.0±7.5	348.3±16.9	296.1±17.3	674.2±30.3	838.6±46.3	67.7±12.6
青海和硕特部	1563.4±61.0	842.0±34.9	64.0±4.6	92.4±6.3	342.6±17.3	275.0±22.1	679.7±32.6	853.3±38.1	65.0±13.5
新疆察哈尔部	1554.0±58.7	844.9±36.0	56.5±4.0	92.1±6.8	353.2±16.3	303.4±19.1	684.6±34.0	857.9±34.9	65.4±11.5
新疆土尔扈特部	1571.9±59.5	843.8±34.2	57.1±5.0	92.7±6.9	357.0±16.8	307.1±19.2	696.1±37.1	863.9±37.7	66.3±11.9
云南蒙古族	1529.0±56.8	820.6±32.8	57.6±3.2	85.3±5.1	329.9±15.5	264.0±15.7	674.9±30.4	832.1±38.1	51.6±7.6
F	11.3	13.6	139.8	61.3	37.5	115.4	74.2	37.8	26.5
P	0.000	0.000	0.000	0.000	0.000	0.000	0.000	0.000	0.000
北方汉族	1561.7±58.7	845.7±45.5	59.2±5.8	86.8±8.5	348.7±27.0	286.4±26.1	677.5±45.3	853.1±66.9	58.7±9.5
南方汉族	1545.5±58.0	839.8±34.8	58.4±4.4	88.1±9.7	339.4±21.6	276.2±21.4	682.5±32.9	822.0±37.7	54.8±8.6

注：F 为蒙古族族群指标值间的方差分析值，$P<0.05$ 表示差异具有统计学意义

第二节 中国蒙古族13个族群的肱骨内外上髁间径、股骨内外上髁间径

一、中国蒙古族13个族群肱骨内外上髁间径、股骨内外上髁间径的均数

蒙古族的身高、坐高、肩宽、骨盆宽、上肢全长、下肢全长、体重在其他章节进行讨论，围度也在其他章节分析。本节主要分析蒙古族的骨骼发育指标——肱骨内外上髁间径、股骨内外上髁间径。这两个指标反映了上臂、大腿骨骼的横径，也就是反映了肱骨、股骨的粗壮水平。测量值实际包括了内外上髁外的皮肤、皮下组织厚度。

蒙古族13个族群男性的肱骨内外上髁间径为（63.4mm±4.4mm）（新疆察哈尔部）～（75.7mm±6.5mm（鄂尔多斯部），股骨内外上髁间径为（90.8mm±5.7mm）（阜新蒙古族）～（99.8mm±6.5mm）（鄂尔多斯部）。蒙古族13个族群女性的肱骨内外上髁间径为（55.0mm±5.8mm）（阿拉善和硕特部）～（68.7mm±6.4mm）（巴尔虎部），股骨内外上髁间径为（84.5mm±4.8mm）（郭尔罗斯部）～（94.4mm±9.9mm）（布里亚特部）。男性、女性方差分析结果显示，蒙古族13个族群间肱骨内外上髁间径、股骨内外上髁间径值的差异具有统计学意义（表9-3）。

表9-3 蒙古族13个族群男性肱骨内外上髁间径、股骨内外上髁间径的均数（mm，Mean±SD）

族群	男性 肱骨内外上髁间径	男性 股骨内外上髁间径	女性 肱骨内外上髁间径	女性 股骨内外上髁间径	族群	男性 肱骨内外上髁间径	男性 股骨内外上髁间径	女性 肱骨内外上髁间径	女性 股骨内外上髁间径
杜尔伯特部	69.0±4.1	92.4±5.5	60.8±3.4	85.8±5.3	青海和硕特部	70.6±4.8	97.1±5.0	64.0±4.6	92.4±6.3
郭尔罗斯部	69.9±4.1	91.3±5.4	61.3±4.0	84.5±4.8	新疆察哈尔部	63.4±4.4	98.7±6.5	56.5±4.0	92.1±6.8

续表

族群	男性 肱骨内外上髁间径	男性 股骨内外上髁间径	女性 肱骨内外上髁间径	女性 股骨内外上髁间径	族群	男性 肱骨内外上髁间径	男性 股骨内外上髁间径	女性 肱骨内外上髁间径	女性 股骨内外上髁间径
阜新蒙古族	69.0±4.5	90.8±5.7	60.1±3.4	85.7±4.8	新疆土尔扈特部	64.1±4.1	99.1±5.3	57.1±5.0	92.7±6.9
喀左县蒙古族	68.5±3.8	95.8±4.8	60.0±3.8	88.4±5.3	云南蒙古族	65.5±3.4	93.6±4.8	57.6±3.2	85.3±5.1
巴尔虎部	74.8±5.5	98.4±7.3	68.7±6.4	93.4±8.9	F	110.4	42.3	139.8	61.3
布里亚特部	69.7±4.3	99.5±8.7	62.9±5.0	94.4±9.9	P	0.000	0.000	0.000	0.000
鄂尔多斯部	75.7±6.5	99.8±6.5	66.9±6.5	93.0±7.1	北方汉族	65.8±13.5	93.7±8.5	59.2±5.8	86.8±8.5
阿拉善和硕特部	64.2±5.6	98.0±6.1	55.0±5.8	91.2±6.2	南方汉族	65.7±5.0	93.9±6.4	58.4±4.4	88.1±90.7
额济纳土尔扈特部	71.9±4.2	98.5±6.0	64.1±6.0	93.0±7.5					

注：F 为蒙古族族群指标值间的方差分析值，$P<0.05$ 表示差异具有统计学意义

运用蒙古族13个族群男性肱骨内外上髁间径、肱骨内外上髁间径合计资料进行这两个指标与经度、纬度、年平均温度、年龄的相关分析（表9-4），发现男性肱骨内外上髁间径和年平均温度呈显著负相关；女性肱骨内外上髁间径和年平均温度呈显著正相关；男性、女性肱骨内外上髁间径和经度、纬度、年龄呈显著正相关；男性股骨内外上髁间径和经度、年平均温度呈显著负相关，和纬度呈显著正相关，和年龄相关不显著；女性股骨内外上髁间径和纬度、年平均温度、年龄呈显著正相关，和经度呈显著负相关。

表9-4　蒙古族男性体部测量指标与经度、纬度、年平均温度、年龄的相关分析

指标	男性 经度 r	男性 经度 P	男性 纬度 r	男性 纬度 P	男性 年平均温度 r	男性 年平均温度 P	男性 年龄 r	男性 年龄 P	女性 经度 r	女性 经度 P	女性 纬度 r	女性 纬度 P	女性 年平均温度 r	女性 年平均温度 P	女性 年龄 r	女性 年龄 P
肱骨内外上髁间径	0.361**	0.000	0.168**	0.000	−0.246**	0.000	0.124**	0.000	0.234**	0.000	0.194**	0.000	0.212**	0.000	0.451**	0.000
股骨内外上髁间径	−0.232**	0.000	0.131**	0.000	−0.181**	0.000	−0.005	0.818	−0.217**	0.000	0.174**	0.000	0.198**	0.000	0.683**	0.000

注：r 为相关系数，**表示 $P<0.01$，相关系数具有统计学意义

二、中国蒙古族三个年龄组肱骨内外上髁间径、股骨内外上髁间径的均数

三个年龄组男性、女性肱骨内外上髁间径最小均数在20～44岁组，最大均数在60～80岁组（表9-5）。男性股骨内外上髁间径最小均数在60～80岁组，最大均数在20～44岁组；女性最小均数在20～44岁组，最大均数在45～59岁组。

表9-5　蒙古族合计资料体部测量指标的均数（mm，Mean±SD）

指标	男性 20～44岁组	男性 45～59岁组	男性 60～80岁组	男性 合计	女性 20～44岁组	女性 45～59岁组	女性 60～80岁组	女性 合计	u
肱骨内外上髁间径	67.9±5.7	69.4±6.1	70.4±6.0	69.0±6.0	59.5±5.6	62.2±6.2	62.4±6.1	61.1±6.1	−43.02**
股骨内外上髁间径	96.4±6.9	96.3±7.1	96.1±6.4	96.3±6.9	88.9±6.7	90.4±8.1	90.0±7.4	89.7±7.4	−30.50**

注：u 为性别间 u 检验值，**表示 $P<0.01$，差异具有统计学意义

年龄组之间的方差分析表明，蒙古族男性肱骨内外上髁间径年龄组间 F=27.6，P=0.000，股骨内外上髁间径年龄组间 F=0.300，P=0.746；蒙古族女性肱骨内外上髁间径年龄组间 F=67.5，P=0.000，股骨内外上髁间径年龄组间 F=11.4，P=0.000。肱骨内外上髁间径值男性、女性年龄组间的差异均有统计学意义。股骨内外上髁间径值男性年龄组间的差异没有统计学意义，而女性年龄组间的差异有统计学意义。性别间比较，肱骨内外上髁间径、股骨内外上髁间径值的差异均具有统计学意义，男性大于女性。

第三节　中国蒙古族13个族群体部指标均数的多元分析

表9-1和表9-2列出了蒙古族13个族群和2个汉族族群的9项体部指标的均数。开展蒙古族体质研究的时间有前有后，早期研究的族群测量指标少。由于科尔沁部、赤峰蒙古族、锡林郭勒蒙古族、乌拉特部缺少肱骨内外上髁间径、股骨内外上髁间径，乌拉特部缺少坐高，赤峰蒙古族缺少上肢全长、下肢全长测量值，因此进行蒙古族诸族群体部指标主成分分析、聚类分析时这4个族群无法参与。为了更好地反映蒙古族的体部发育情况，本研究加入了北方汉族、南方汉族资料[1]，作为对照。将蒙古族13个族群及北方汉族、南方汉族共15个族群的均数进行主成分分析、聚类分析，以比较蒙古族主要族群体部特征的相近之处与相异之处。

前郭尔罗斯蒙古族自治县查干花镇蒙古族新居　　前郭尔罗斯蒙古族自治县乌兰花村村委会民族风格的建筑

一、中国蒙古族体部指标均数的主成分分析

（一）男性

蒙古族和汉族男性15个族群前三个主成分的贡献率依次为48.942%、21.703%、14.556%，累计贡献率为85.202%。PCⅠ载荷较大的指标有身高（0.941）、体重（0.929）、坐高（0.920），这些指标反映的是身体粗壮程度，PCⅠ值越大，则身体越高、越壮实。PCⅡ载荷较大的指标有肱骨内外上髁间径（0.842）、骨盆宽（−0.724），反映的是上肢骨骼发育程度及躯干下部的宽度，PCⅡ值越大，则上肢骨骼越发达，躯干下部越窄。PCⅢ载荷较大的指标有上肢全长（−0.657），反映的是上肢全长，PCⅢ值越大，则上肢越短。

以 PCⅠ为横坐标、PCⅡ为纵坐标作散点图（图 9-1A），可以看出男性 15 个族群大致可分为 6 个组：①第一象限的巴尔虎部、布里亚特部、鄂尔多斯部、额济纳土尔扈特部。②第二象限的杜尔伯特部、青海和硕特部、阜新蒙古族、郭尔罗斯部。③第三象限的喀左县蒙古族、北方汉族、南方汉族。④第四象限的新疆察哈尔部、新疆土尔扈特部。⑤阿拉善和硕特部。⑥云南蒙古族。

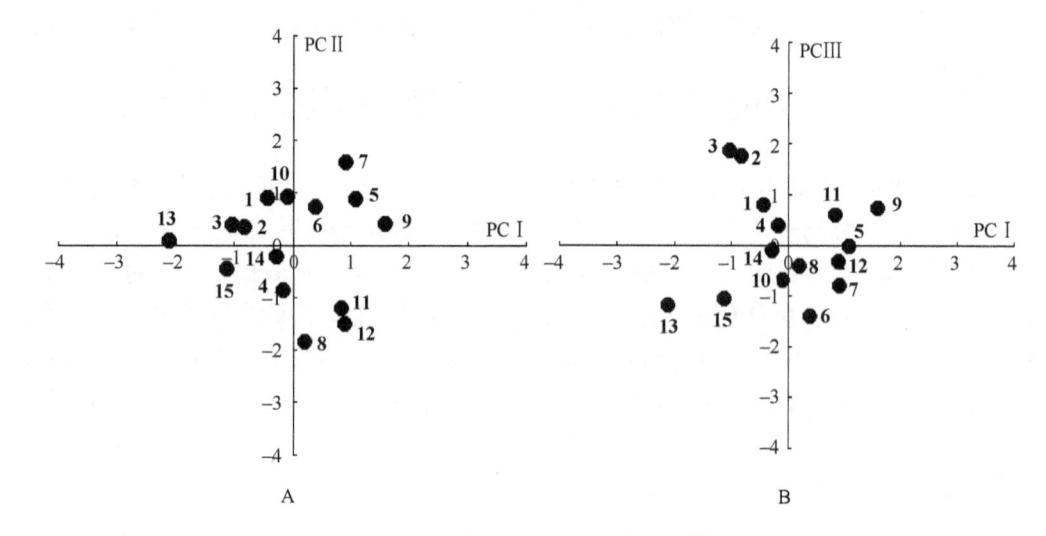

图 9-1 蒙古族族群男性体部指标主成分分析散点图

A. 第 1、2 主成分，B. 第 1、3 主成分；1. 杜尔伯特部，2. 郭尔罗斯部，3. 阜新蒙古族，4. 喀左县蒙古族，5. 巴尔虎部，6. 布里亚特部，7. 鄂尔多斯部，8. 阿拉善和硕特部，9. 额济纳土尔扈特部，10. 青海和硕特部，11. 新疆察哈尔部，12. 新疆土尔扈特部，13. 云南蒙古族，14. 北方汉族，15. 南方汉族

在 15 个族群中，巴尔虎部、鄂尔多斯部、额济纳土尔扈特部的 PCⅠ值大，PCⅡ值大或较大，这三个族群身材高，体格壮实，上肢骨骼粗或较粗，躯干下部窄或较窄。杜尔伯特部、青海和硕特部的 PCⅠ值较小，PCⅡ值大，这两个族群身材较矮，体格相对弱，上肢骨骼粗，躯干下部窄。阜新蒙古族、郭尔罗斯部的 PCⅠ值小，PCⅡ值较大，这两个族群身材矮，体格不粗壮，上肢骨骼较粗，躯干下部较窄。喀左县蒙古族、北方汉族、南方汉族的 PCⅠ值较小，PCⅡ值较小，这三个族群身材较矮，体格较纤弱，上肢骨骼较细，躯干下部较宽。新疆察哈尔部、土尔扈特部的 PCⅠ值较大，PCⅡ值小，这两个族群身材较高，体格较壮实，上肢骨骼细，躯干下部宽。云南蒙古族的 PCⅠ值最小，在 15 个族群中身材最矮，体重最小，体格纤细。额济纳土尔扈特部的 PCⅠ值最大，在 15 个族群中身材最高，体重最大。

以 PCⅠ为横坐标、PCⅢ为纵坐标作散点图（图 9-1B），可以发现第一象限的新疆察哈尔部与额济纳土尔扈特部位点接近。第二象限的郭尔罗斯部与阜新蒙古族位点接近；杜尔伯特部、喀左县蒙古族位点接近。第三、四象限的北方汉族、阿拉善和硕特部、青海和硕特部、新疆土尔扈特部、鄂尔多斯部这 5 个族群位点彼此接近。

郭尔罗斯部与阜新蒙古族的共同点是 PCⅢ值大，上肢短。北方汉族、阿拉善和硕特部、青海和硕特部、新疆土尔扈特部、鄂尔多斯部的共同点是 PCⅢ值较小，上肢较长。云南蒙古族、南方汉族这两个族群的 PCⅠ值和 PCⅢ值均小，身材矮小，下肢较短。

（二）女性

蒙古族和汉族女性 15 个族群前三个主成分贡献率依次为 44.197%、22.854%、13.864%，累计贡献率为 80.915%。PCⅠ载荷较大的指标有身高（0.912）、体重（0.890）、坐高（0.791）、肩宽（0.752），这些指标反映的是身体粗壮程度，PCⅠ值越大，则身体越壮实。PCⅡ载荷较大的指标有肱骨内外上髁间径（–0.889）、骨盆宽（0.800），反映的是上肢骨骼发育程度及躯干下部的宽度，PCⅡ值越大，则上肢骨骼越不发达，躯干下部越宽。PCⅢ载荷较大的指标有下肢全长（0.659）、股骨内外上髁间径（–0.591），反映的是下肢长度和大腿骨骼发育程度，PCⅢ值越大，则腿越长，大腿骨骼越细。

以 PCⅠ为横坐标、PCⅡ为纵坐标作散点图（图 9-2A），可以看出 15 个女性族群可分为 4 个组：①第一象限的阿拉善和硕特部、新疆察哈尔部、新疆土尔扈特部。②喀左县蒙古族、北方汉族、杜尔伯特部、阜新蒙古族、郭尔罗斯部、南方汉族。③鄂尔多斯部、巴尔虎部、布里亚特部、青海和硕特部、额济纳土尔扈特部。④云南蒙古族。

阿拉善和硕特部、新疆察哈尔部、土尔扈特部共同的特点是 PCⅠ值大或较大，PCⅡ值大，说明身体壮实或较壮实，上肢骨骼纤细，躯干下部宽。第二、三象限的喀左县蒙古族、北方汉族、杜尔伯特部、阜新蒙古族、郭尔罗斯部、南方汉族共同的特点是 PCⅠ值小或较小，PCⅡ值中等，说明身体不太壮实，上肢骨骼和躯干下部宽窄程度中等，这 5 个族群分布在 PCⅠ轴附近。鄂尔多斯部、巴尔虎部、布里亚特部、青海和硕特部、额济纳土尔扈特部共同的特点是 PCⅡ值小，说明上肢骨骼发达，躯干下部较窄。

以女性 PCⅠ为横坐标、PCⅢ为纵坐标作散点图（图 9-2B），15 个族群可以分成下列 5 个组：第二象限的杜尔伯特部、郭尔罗斯部、阜新蒙古族组；喀左县蒙古族、北方汉族组。第三、四象限的布里亚特部、南方汉族、阿拉善和硕特部、青海和硕特部组。第一、四象限的新疆察哈尔部、巴尔虎部、鄂尔多斯部、额济纳土尔扈特部、新疆土尔扈特部组。云南蒙古族自成一组。

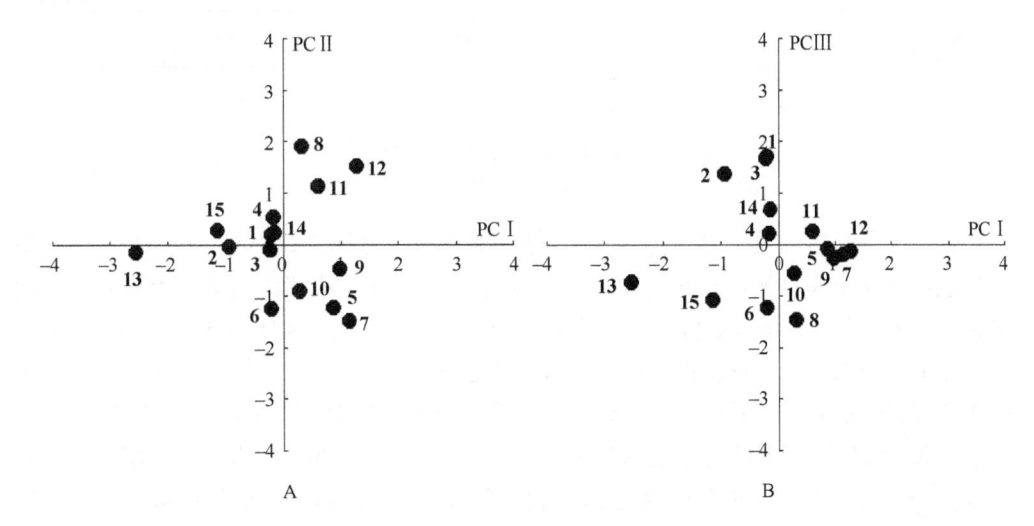

图 9-2 蒙古族族群女性体部指标主成分分析散点图

A. 第 1、2 主成分，B. 第 1、3 主成分；1. 杜尔伯特部，2. 郭尔罗斯部，3. 阜新蒙古族，4. 喀左县蒙古族，5. 巴尔虎部，6. 布里亚特部，7. 鄂尔多斯部，8. 阿拉善和硕特部，9. 额济纳土尔扈特部，10. 青海和硕特部，11. 新疆察哈尔部，12. 新疆土尔扈特部，13. 云南蒙古族，14. 北方汉族，15. 南方汉族杜尔伯特部、郭尔罗斯部、阜新蒙古族的 PCIII 值大，说明腿长，大腿骨骼较细。喀左县蒙古族、北方汉族的 PCIII 值较大，说明大腿骨骼发育较弱。布里亚特部、南方汉族、阿拉善和硕特部共同的特点是 PCIII 值小，说明腿较短，大腿骨骼较粗。第一、四象限的新疆察哈尔部、巴尔虎部、鄂尔多斯部、额济纳土尔扈特部、新疆土尔扈特部共同的特点是 PCIII 值中等，说明腿的长短与大腿骨骼发育水平中等（图 9-2B）。

二、中国蒙古族体部指标均数的聚类分析

（一）男性

在聚合水平为 8 时，15 个男性族群可以分成 6 个组：①新疆察哈尔部、额济纳土尔扈特部等 4 个族群。②青海和硕特部、布里亚特部等 4 个族群。③郭尔罗斯部、阜新蒙古族。④喀左县蒙古族、阿拉善和硕特部、南方汉族。⑤杜尔伯特部。⑥云南蒙古族。第一组与第二组聚合成一个大组，最后杜尔伯特部也加入这个大组。第 3 组与第 4 组聚合成另一个大组，云南蒙古族最后加入这个大组（图 9-3A）。

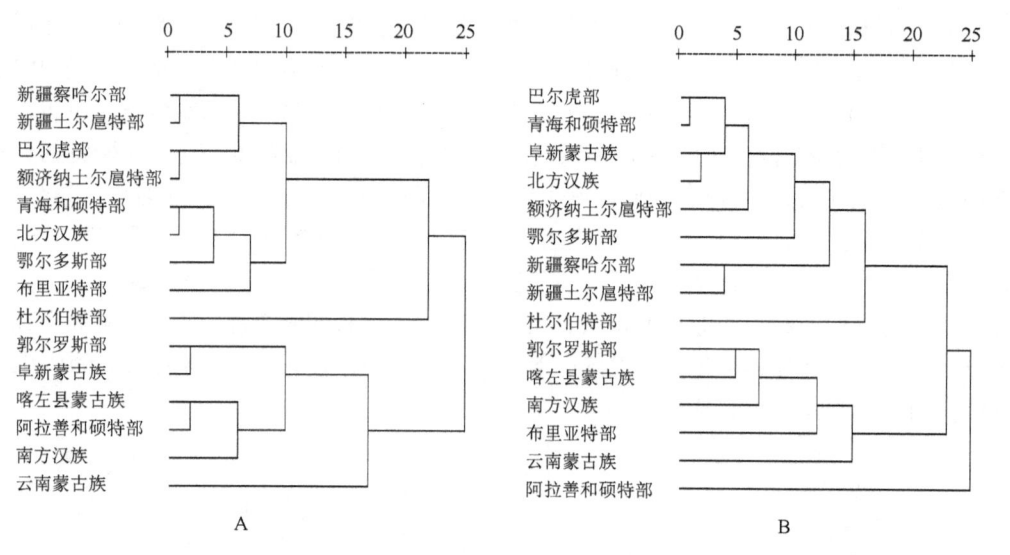

图 9-3　蒙古族族群体部指标聚类图
A. 男性；B. 女性

结合主成分分析结果可以认为，男性新疆察哈尔部、新疆土尔扈特、巴尔虎部、额济纳土尔扈特部 4 个族群聚在一起的原因是身材高，体重大，体格粗壮。青海和硕特部、北方汉族、鄂尔多斯部、布里亚特部 4 个族群由于上肢骨骼发达，体格粗壮程度中等而聚在一起。郭尔罗斯部、阜新蒙古族由于身材矮，体格不粗壮，上肢骨骼较粗，躯干下部较窄而聚在一起。杜尔伯特部最后聚入上述 8 个族群组成的大组中。喀左县蒙古族、阿拉善和硕特部、南方汉族由于上肢骨骼发达程度中等，骨盆宽中等而聚在一起。云南蒙古族具有南方族群一定的特点，与北方族群相比，身材矮小，体重小而没有和其他族群聚在一起。

（二）女性

在聚合水平为 20 时，15 个女性族群可以分成三个组：①巴尔虎部、青海和硕特部、

阜新蒙古族北方汉族、杜尔伯特部等9个族群。②郭尔罗斯部、云南蒙古族等5个族群。③阿拉善和硕特部（表9-3B）。

结合主成分分析结果可以认为，巴尔虎部、青海和硕特部、阜新蒙古族、北方汉族、额济纳土尔扈特部、鄂尔多斯部、新疆察哈尔部、新疆土尔扈特部、杜尔伯特部9个族群相对来说身材比较高，体重比较大，大腿骨骼发育水平中等；巴尔虎部、额济纳土尔扈特部、鄂尔多斯部、新疆察哈尔部、新疆土尔扈特部身体尤其粗壮；新疆察哈尔部、新疆土尔扈特部两个族群的身体均粗壮，上肢骨骼均不发达，骨盆均较宽。郭尔罗斯部、喀左县蒙古族、南方汉族、布里亚特部、云南蒙古族5个族群因为身材较矮，体重较小，上肢骨骼发达程度中等，骨盆宽度中等而聚在一起，尤其云南蒙古族身矮体轻。阿拉善和硕特部上肢骨骼不发达，骨盆宽，腿短，没有聚入上述两个组。

综合男性、女性主成分分析和聚类分析结果可以认为，区分蒙古族各个族群体部特征的主要指标是身高、体重、坐高，其次是骨骼发育程度和躯干下部宽度。根据身体粗壮程度，可以将蒙古族13个族群体部特征分为三类：新疆察哈尔部、新疆土尔扈特部、巴尔虎部、鄂尔多斯部、额济纳土尔扈特部属于身体相对高大、粗壮类型；云南蒙古族、郭尔罗斯部属于身材相对矮小、体重小的类型；其他6个族群属于身体粗壮程度中等的类型。西部蒙古族身材比较粗壮，南方蒙古族身矮体轻，东北三省蒙古族身材比较纤细一些。这提示在中国北方存在一个从东到西蒙古族身体渐趋粗壮的变化趋势。中国东北地区蒙古族相对聚居，和汉族聚居地区呈斑驳交错状态。一部分和蒙古族生活在一起的汉族融入蒙古族中，蒙古族与汉族通婚现象越来越普遍，生产方式也早从以游牧为主转为以农耕为主。在内蒙古地区的城镇，蒙古族异族通婚现象近些年越来越普遍。在牧区、乡村，民族内通婚现象还是比较普遍的。中国西部地近中亚，突厥语族的民族较多，特别是新疆地区，天山北部历来是厄鲁特蒙古族游牧的地域，天山以南主要是维吾尔等民族生活的地区。一部分维吾尔族越过天山进入伊犁河谷、北疆，新疆博州察哈尔部、土尔扈特部就和维吾尔族、汉族、哈萨克族杂居。300年前，土尔扈特部从伏尔加河流域回归，被清政府安置在南疆的库尔勒地区。库尔勒地区也是维吾尔族聚居的地区。蒙古族与周边的突厥语族民族发生基因交流一定程度改变了他们的遗传结构。另外，博州蒙古族至今生产方式还是以牧业为主，饮食因素也是其体格健壮的原因。

北方汉族和南方汉族没有聚在一起，分别进入不同的组中，反映北方、南方汉族体部存在一定的差异，他们的体部特征分别与蒙古族不同的族群接近。北方汉族更接近内蒙古蒙古族，南方汉族更接近东北三省蒙古族。总体来说，蒙古族身体比汉族更壮实些，这是遗传因素和饮食因素共同作用的结果。

第四节　中国蒙古族的体部特征分析

蒙古族是亚美人种中的一个民族，具有亚美人种的基本体质特征。蒙古族的体部特征可以通过与中国其他民族的比较得出。

中午休息时间紧张，一人一碗面　　在温泉县测量新疆察哈尔部头面部

表 9-6 列出 16 个中国北方少数民族（蒙古族计入北方少数民族中）和 19 个南方少数民族的身高、坐高、肩宽、骨盆宽均数。应该说明，由于身高与年龄呈显著正相关，因此样本的年龄构成也影响身高均数。

表 9-6　蒙古族与中国其他少数民族体质特征的比较（mm，Mean）

族群	男性				女性			
	身高	坐高	肩宽	骨盆宽	身高	坐高	肩宽	骨盆宽
蒙古族	1673.2	895.3	382.8	288.2	1555.2	840.2	349.2	284.1
独龙族[2]	1574.3	832.6	361.1	267.8	1464.9	783.2	325.0	263.3
怒族[3]	1608.7	860.0	367.9	276.5	1509.4	808.0	334.7	272.9
佤族[4]	1604.0	862.6	371.1	266.1	1507.0	812.2	331.9	261.0
莽人[2]	1546.1	817.3	360.2	262.3	1468.7	775.5	327.4	266.6
德昂族[5]*	1599.7	835.3	355.5	262.5	1477.5	768.9	312.0	257.6
普米族[6]	1665.2	873.9	366.6	254.7	1554.0	821.6	325.6	259.1
拉祜族[7]	1576.0	839.1	356.6	264.4	1472.6	791.3	322.6	264.6
纳西族[8]	1659.2	876.4	372.9	288.0	1554.3	830.2	343.2	293.6
阿昌族[9]	1629.0	864.9	363.4	270.3	1522.2	811.1	326.8	273.9
仫佬族[10]	1629.8	872.3	375.4	274.4	1514.3	813.7	337.0	271.1
侗族[11]	1579.3	830.0	364.9	265.0	1479.1	778.4	328.2	277.9
彝族[12]	1574.6	842.2	365.7	263.8	1475.2	789.2	337.4	262.2
布依族[13]	1586.0	834.9	373.7	279.6	1493.7	788.4	341.2	278.9
仡佬族[14]	1619.0	868.9	372.0	273.9	1497.9	802.9	344.7	282.7
水族[15]	1601.4	852.7	371.3	275.2	1477.2	786.0	334.6	278.3
苗族[16]	1602.7	848.1	374.5	269.9	1490.3	791.5	336.7	268.0
回族[16]	1629.8	861.0	366.9	261.3	1533.6	808.0	336.6	260.0
黎族[17]	1630.1	855.3	370.6	265.9	1540.0	806.9	349.9	263.8
畲族[18]	1632.2	865.8	375.3	277.2	1527.3	810.1	340.9	278.3
达斡尔族[19]	1694.0	906.0	382.0	287.0	1571.0	845.0	347.0	281.0
鄂伦春族[20]	1651.0	891.0	370.0	282.0	1535.0	837.0	340.0	274.0

续表

族群	男性				女性			
	身高	坐高	肩宽	骨盆宽	身高	坐高	肩宽	骨盆宽
俄罗斯族[21]	1676.7	883.4	387.3	294.2	1558.5	835.0	354.5	287.5
哈萨克族[22]	1692.9	898.4	377.6	279.4	1562.0	832.1	345.6	283.4
塔吉克族[23]	1664.9	861.3	371.1	290.3	1553.4	821.6	345.1	289.9
锡伯族[24]	1697.3	924.4	395.8	292.0	1548.5	852.4	361.0	286.6
维吾尔族[25]	1694.6	886.9	396.8	277.2	1578.8	836.4	359.3	271.2
乌孜别克族[26]	1685.4	901.0	364.6	297.0	1555.5	842.5	331.4	281.6
撒拉族[27]	1673.1	903.0	373.1	282.6	1551.7	832.4	334.9	270.1
土族[28]	1635.0	894.8	369.1	278.5	1544.0	847.0	337.8	275.9
保安族[29]	1634.0	880.2	370.0	283.7	1537.0	827.7	339.3	277.4
东乡族[30]	1667.4	893.3	373.0	277.2	1542.4	833.5	339.8	278.7
藏族[31]	1631.5	860.5	366.1	266.3	1513.8	814.5	333.9	279.6
回族[32]	1671.5	898.5	381.5	281.8	1569.2	852.4	347.1	280.7
赫哲族[33]	1667.1	893.9	388.7	282.7	1553.2	852.4	346.5	277.8

[2]~[33]见本章参考文献；*德昂族也称崩龙族

对蒙古族与中国其他少数民族男性的4项指标均数进行从大到小的排序，35个族群中身高排在第1~8位的依次是锡伯族、维吾尔族、达斡尔族、哈萨克族、乌孜别克族、俄罗斯族、蒙古族、撒拉族，第28~35位依次是水族、德昂族、布依族、侗族、拉祜族、彝族、独龙族、莽人。前8位都是北方少数民族，后8位都是南方少数民族，蒙古族位于第7位。坐高排在第1~8位的依次是锡伯族、达斡尔族、撒拉族、乌孜别克族、回族、哈萨克族、蒙古族、土族，第28~35位依次是苗族、彝族、拉祜族、德昂族、布依族、独龙族、侗族、莽人。和身高排序一样，前8位都是北方少数民族，后8位都是南方少数民族，蒙古族坐高仍然位于第7位。

按照肩宽排序，前8位依然是北方少数民族，后8位中有7位是南方少数民族，北方的乌孜别克族排在第30位，蒙古族排在第5位。按照骨盆宽排序，前8位中有7位是北方少数民族（纳西族排在第6位），后8位均是南方少数民族，蒙古族排在第5位。

女性35个少数民族排序，蒙古族女性的身高、坐高均排在第7位，肩宽、骨盆宽都排在第5位，这与男性完全一致。

可以认为蒙古族在中国少数民族中属于身材较高，在北方族群中属于身材中等偏大。由于蒙古族的身高、坐高都排在第7位，肩宽、骨盆宽排序都在第5位，这提示在同等身材的人中，蒙古族的躯干较宽。

参 考 文 献

[1] 郑连斌, 李咏兰, 席焕久, 等. 中国汉族体质人类学研究. 北京: 科学出版社, 2017.
[2] 郑连斌, 陆舜华, 许渤松, 等. 中国独龙族与莽人的体质特征. 人类学学报, 2008, 27(4): 350-358.
[3] 郑连斌, 陆舜华, 罗东梅, 等. 怒族的体质调查. 人类学学报, 2008, 27(2): 158-166.
[4] 郑连斌, 陆舜华, 于会新, 等. 佤族的体质特征. 人类学学报, 2007, 26(3): 249-258.
[5] 邵象清. 崩龙族的体质人类学研究//邵象清. 人体测量手册. 上海: 上海辞书出版社, 1985:

412-413.
- [6] 李明, 李跃敏, 余发昌, 等. 云南普米族的体质特征研究. 人类学学报, 1995, 14(3): 260-262.
- [7] 李明, 李跃敏, 余发昌, 等. 云南拉祜族的体质特征研究. 人类学学报, 2001, 20(1): 39-44.
- [8] 刘冠豪, 余发昌, 李明, 等. 云南纳西族的体质特征研究. 人类学学报, 1992, 11(1): 13-19.
- [9] 李明, 李跃敏, 陈宏忠, 等. 云南阿昌族的体质特征研究. 人类学学报, 1992, 11(1): 20-26.
- [10] 郑连斌, 陆舜华, 丁博, 等. 仫佬族体质特征研究. 人类学学报, 2006, 25(3): 242-250.
- [11] 庞祖荫, 李培春, 梁明康, 等. 广西三江侗族自治县侗族体质调查. 人类学学报, 1989, 8(3): 248-254.
- [12] 庞祖荫, 李培春, 梁明康, 等. 广西德峨苗族、彝族体质调查. 人类学学报, 1987, 6(4): 324-335.
- [13] 郑连斌, 张淑丽, 陆舜华, 等. 布依族体质特征研究. 人类学学报, 2005, 24(2): 137-144.
- [14] 梁明康, 李培春, 吴荣敏, 等. 贵州仫佬族体质特征. 人类学学报, 1994, 13(1): 64-71.
- [15] 李培春, 梁明康, 吴荣敏, 等. 水族的体质特征研究. 人类学学报, 1994, 13(1): 56-63.
- [16] 吴汝康, 吴新智, 张振标, 等. 海南岛少数民族人类学考察. 北京: 海洋出版社, 1993.
- [17] 张振标. 海南岛黎族体质特征之研究. 人类学学报, 1982, 1(1): 53-71.
- [18] 曾宪, 戴福珍, 史习舜, 等. 福建省福安市畲族成人体质调查报告. 福建医学杂志, 1996, 18(5): 211-214.
- [19] 朱钦, 富杰, 刘文忠, 等. 达斡尔族成人的体格、体型及半个多世纪以来的变化. 人类学学报, 1996, 15(2): 120-126.
- [20] 朱钦, 王树勋, 阎贵彬, 等. 鄂伦春族体质现状及与60年前资料的比较. 人类学学报, 1999, 18(4): 296-306.
- [21] 陆舜华, 郑连斌, 索利娅, 等. 俄罗斯族体质特征分析. 人类学学报, 2005, 24(4): 291-300.
- [22] 崔静, 邵兴周, 王静兰, 等. 新疆哈萨克族体质特征调查. 人类学学报, 1991, 10(4): 305-313.
- [23] 邵兴周, 崔静, 王静兰, 等. 新疆塔什库尔干塔吉克族体质特征调查. 人类学学报, 1990, 9(2): 113-121.
- [24] 邵兴周, 王笃伦, 崔静, 等. 新疆察布查尔锡伯族体质特征调查. 人类学学报, 1984: 3(4): 349-362.
- [25] 艾琼华, 肖辉, 赵建新, 等. 维吾尔族的体质特征. 人类学学报, 1993, 12(4): 357-365.
- [26] 郑连斌, 崔静, 陆舜华, 等. 乌孜别克族体质特征研究. 人类学学报, 2004, 23(1): 35-45.
- [27] 郝瑞生, 戴玉景, 薄岭. 青海撒拉族体质特征研究. 人类学学报, 1995, 14(1): 32-39.
- [28] 戴玉景. 青海土族体质人类学研究. 人类学学报, 1997, 16(4): 274-284.
- [29] 杨东亚, 戴玉景. 甘肃保安族体质特征研究. 人类学学报, 1990, 9(1): 55-63.
- [30] 戴玉景, 杨东亚. 甘肃东乡族体质特征研究. 人类学学报, 1991, 10(2): 127-134.
- [31] 胡兴宇, 顾国雄, 汪澜, 等. 对甘肃省玛曲县境内安多藏族青壮年体质特征的调查研究. 泸州医学院学报, 1991, 14(2): 102-108.
- [32] 郑连斌, 朱钦, 王巧玲, 等. 宁夏回族体质特征研究. 人类学学报, 1997, 16(1): 12-21.
- [33] 施全德, 胡俊清, 赵贵新, 等. 赫哲族体质特征. 人类学学报, 1987, 6(4): 336-342.

第十章　中国蒙古族的体部指数

在体部研究中，可采用两种或两种以上测量指标（指标间往往具有一定的联系），然后通过数学运算符号将其组成指数，以表示身体各部分的比例和性状特征。由于身高是人体最重要的指标，身高的变化会影响很多指标。此外，躯干高也具有身高同样的特点，所以身体各部任何一项测量值均可与身高值或躯干高值有一定比例关系，故上述两种指数称为标准指数。由于指数反映的是两个或两个以上指标的相互关系，因此指数值比较稳定，不像单个指标值变化幅度那样大，这是从标准差的大小就可以得出的结论。

人的体部指数有很多，每个指数都反映了指标间的相互关系，也就反映了体质某一个方面的特征。本章选取7个最重要的指数对蒙古族体质特征进行分析。

第一节　中国蒙古族17个族群的体部指数

一、中国蒙古族17个族群体部指数的均数

蒙古族17个族群男性身高坐高指数均数范围在（53.0±1.3）～（53.8±1.4），均数从大到小排列，第1～3位依次是锡林郭勒蒙古族、新疆察哈尔部、乌拉特部，第15～17位依次是新疆土尔扈特部、阿拉善和硕特部、布里亚特部。由于科尔沁部资料缺失身高体重指数，因此科尔沁身高体重指数是通过体重均数、身高均数计算得到，没有标准差（女性亦如此）。男性身高体重指数均数范围在（350.8±45.5）～（478.2±70.0），均数从大到小排列，第1～3位依次是额济纳土尔扈特部、新疆察哈尔部、鄂尔多斯部，第15～17位依次是赤峰蒙古族、锡林郭勒蒙古族、云南蒙古族。男性身高胸围指数均数范围在（53.8±3.6）～（62.2±4.0），均数从大到小排列，第1～3位依次是赤峰蒙古族、额济纳土尔扈特部、新疆察哈尔部，第15～17位依次是科尔沁部、乌拉特部、云南蒙古族。男性身高肩宽指数均数范围在（22.0±1.0）～（23.5±0.9），均数从大到小排列，第1～3位依次是喀左县蒙古族、郭尔罗斯部、新疆土尔扈特部，第15～17位依次是锡林郭勒蒙古族、青海和硕特部、赤峰蒙古族。男性身高骨盆宽指数均数范围在（15.5±2.2）～（18.6±1.1），均数从大到小排列，第1～3位依次是新疆察哈尔部、阿拉善和硕特部、新疆土尔扈特部，第15～17位依次是云南蒙古族、鄂尔多斯部、布里亚特部。男性身高上肢长指数均数范围在（42.9±1.5）～（44.9±1.4），均数从大到小排列，第1～3位依次是云南蒙古族、阿拉善和硕特部、新疆土尔扈特部，第15～17位依次是布里亚特部、额济纳土尔扈特部、阜新蒙古族。男性身高下肢长指数均数范围在（51.4±2.3）～（56.7±1.5），均数从大到小排列，第1～3位依次是杜尔伯特部、赤峰蒙古族、锡林郭勒蒙古族，第15～17位依次是喀左县蒙古族、布里亚特部、阿拉善和硕特部（表10-1）。

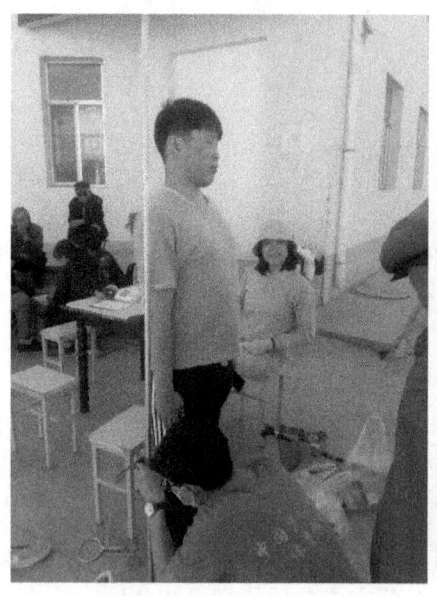

在阿拉善左旗都兰小区测量蒙古族　　　　阿拉善盟浩瀚的腾格里沙漠

表 10-1　蒙古族男性体部指数的均数（Mean±SD）

族群	身高坐高指数	身高体重指数	身高胸围指数	身高肩宽指数	身高骨盆宽指数	身高上肢长指数	身高下肢长指数
杜尔伯特部	53.5±1.2	426.5±71.3	58.1±4.2	22.8±1.1	17.2±0.9	44.0±1.7	56.7±1.5
郭尔罗斯部	53.5±1.3	439.6±69.4	58.1±4.2	23.2±1.1	17.8±0.9	43.6±1.5	54.2±1.5
阜新蒙古族	53.4±1.2	411.4±56.4	55.9±3.9	23.1±1.0	17.5±0.8	42.9±1.5	53.0±1.4
喀左县蒙古族	53.4±1.4	427.0±69.4	56.7±4.2	23.5±0.9	17.9±0.9	44.3±1.3	52.5±1.3
巴尔虎部	53.7±1.3	444.5±82.6	57.2±4.7	22.9±1.1	17.0±0.9	43.5±1.5	53.4±1.5
布里亚特部	53.0±1.3	440.0±95.0	56.9±6.1	22.4±1.2	15.5±2.2	43.4±1.5	52.2±1.6
科尔沁部	53.6±1.5	413.7	55.2±6.4	22.5±1.0	17.0±1.0	43.9±5.1	53.4±1.2
赤峰蒙古族	53.4±1.3	389.1±52.3	62.2±4.0	22.0±1.0	16.9±1.0	43.8±3.1	56.4±2.9
锡林郭勒蒙古族	53.8±1.4	376.7±60.9	55.5±5.4	22.4±1.1	16.7±0.9	43.9±1.3	55.9±2.0
乌拉特部	53.8±1.4	404.1±62.8	54.6±4.5	22.7±1.2	17.1±0.8	43.7±1.2	55.4±1.3
鄂尔多斯部	53.6±1.5	456.5±74.2	58.3±5.0	22.7±1.1	15.9±0.9	43.8±1.2	53.9±1.8
阿拉善和硕特部	53.3±1.4	452.9±80.9	57.6±4.9	23.0±1.1	18.4±1.1	44.5±1.3	51.4±2.3
额济纳土尔扈特部	53.8±1.2	478.2±70.0	60.5±4.8	22.9±1.2	17.6±0.9	43.0±1.6	53.1±1.7
青海和硕特部	53.5±1.2	428.3±65.9	56.8±4.7	22.3±1.0	16.6±1.1	43.8±1.3	54.1±1.6
新疆察哈尔部	53.8±1.4	463.5±77.1	58.3±5.2	23.1±1.0	18.6±1.1	43.9±1.4	53.8±1.7
新疆土尔扈特部	53.3±1.5	449.2±67.0	58.3±4.4	23.2±0.9	18.2±1.0	44.5±1.3	53.4±1.3
云南蒙古族	53.7±1.2	350.8±45.5	53.8±3.6	22.6±1.0	16.5±0.8	44.9±1.4	54.0±1.3
F	4.7	32.2	16.5	15.0	109.6	64.8	78.1
P	0.000	0.000	0.000	0.000	0.000	0.000	0.000

注：F 为蒙古族族群指数值间的方差分析值，$P<0.05$ 表示差异具有统计学意义

蒙古族男性 7 项体部指数值的方差分析结果表明，族群间的差异均具有统计学意义（$P<0.01$）。

蒙古族 17 个族群女性身高坐高指数均数范围在（53.3±1.5）～（54.4±4.2），均数从大到小排列，第 1～3 位依次是锡林郭勒蒙古族、喀左县蒙古族、新疆察哈尔部，第 15～17 位依次是云南蒙古族、阿拉善和硕特部、布里亚特部。女性身高体重指数均数范围在（337.2±45.8）～（430.2±73.3），均数从大到小排列，第 1～3 位依次是额济纳土尔扈特部、巴尔虎部、布里亚特部，第 14～16 位依次是乌拉特部、锡林郭勒蒙古族、云南蒙古族。女性身高胸围指数均数范围在（53.5±5.0）～（62.3±5.4），均数从大到小排列，第 1～3 位依次是额济纳土尔扈特部、新疆土尔扈特部、新疆察哈尔部，第 15～17 位依次是赤峰蒙古族、科尔沁部、乌拉特部。女性身高肩宽指数均数范围在（21.6±0.8）～（22.9±1.0），均数从大到小排列，第 1～3 位依次是喀左县蒙古族、阿拉善和硕特部、郭尔罗斯部，第 15～17 位依次是青海和硕特部、赤峰蒙古族、云南蒙古族。女性身高骨盆宽指数均数范围在（16.8±2.3）～（19.5±1.2），均数从大到小排列，第 1～3 位依次是新疆土尔扈特部、新疆察哈尔部、阿拉善和硕特部，第 15～17 位依次是云南蒙古族、鄂尔多斯部、布里亚特部。女性身高上肢长指数均数范围在（42.7±1.7）～（44.4±1.9），均数从大到小排列，第 1～3 位依次是阿拉善和硕特部、新疆土尔扈特部、新疆察哈尔部，第 15～17 位依次是乌拉特部、额济纳土尔扈特部、阜新蒙古族。女性身高下肢长指数均数范围在（52.2±2.0）～（57.0±1.5），均数从大到小排列，第 1～3 位依次是杜尔伯特部、锡林郭勒蒙古族、赤峰蒙古族，第 15～17 位依次是额济纳土尔扈特部、喀左县蒙古族、阿拉善和硕特部（表 10-2）。

表 10-2　蒙古族女性体部指数的均数（Mean±SD）

族群	身高坐高指数	身高体重指数	身高胸围指数	身高肩宽指数	身高骨盆宽指数	身高上肢长指数	身高下肢长指数
杜尔伯特部	54.2±1.4	401.3±60.4	59.0±4.6	22.7±0.9	18.4±1.1	44.0±1.6	57.0±1.5
郭尔罗斯部	54.4±1.4	396.6±60.7	58.2±4.7	22.8±0.9	18.6±1.3	43.4±1.8	54.9±1.5
阜新蒙古族	54.1±1.3	399.2±52.4	57.6±4.4	22.6±1.1	18.7±1.1	42.7±1.7	55.0±1.5
喀左县蒙古族	54.4±1.7	400.2±62.0	57.6±5.3	22.9±1.0	18.9±1.1	43.6±2.3	53.4±1.3
巴尔虎部	53.8±1.4	424.8±96.9	59.0±6.8	22.5±1.2	17.8±1.1	43.2±1.6	54.5±1.3
布里亚特部	53.3±1.5	423.9±104.7	58.9±7.1	22.1±1.1	16.8±2.3	43.2±2.1	53.8±1.5
科尔沁部	53.7±1.3	364.1	53.7±3.9	22.1±0.8	18.1±1.0	43.4±4.5	53.5±1.6
赤峰蒙古族	53.7±1.4	365.1±57.6	53.7±5.0	21.7±0.9	17.7±1.1	43.4±2.7	56.4±2.4
锡林郭勒蒙古族	54.4±4.2	348.9±54.6	54.5±5.5	22.2±1.2	18.1±1.2	43.5±2.8	56.5±2.7
乌拉特部	54.2±1.1	359.3±58.8	53.5±5.0	22.2±0.9	18.3±0.9	43.1±1.4	55.0±1.5
鄂尔多斯部	54.4±1.3	406.3±64.2	58.4±5.9	22.2±1.5	17.2±2.8	43.1±1.5	54.3±1.5
阿拉善和硕特部	53.6±1.6	411.3±74.3	57.8±5.7	22.8±1.0	19.4±1.2	44.4±1.9	52.2±2.0
额济纳土尔扈特部	54.3±1.5	430.2±73.3	62.3±5.4	22.2±0.8	18.9±1.1	43.0±1.5	53.4±2.0
青海和硕特部	53.9±1.5	415.2±83.0	59.2±6.0	21.9±0.9	17.6±1.5	43.5±1.9	54.6±1.4
新疆察哈尔部	54.4±1.7	420.2±69.2	60.1±5.7	22.7±1.0	19.5±1.1	44.1±1.4	55.2±1.4
新疆土尔扈特部	53.7±1.4	421.8±72.3	60.5±5.9	22.7±1.0	19.5±1.2	44.3±1.4	55.0±1.8
云南蒙古族	53.7±1.3	337.2±45.8	55.0±3.9	21.6±0.8	17.3±1.0	44.1±1.2	54.4±1.3
F	11.7	24.0	17.7	35.3	108.4	88.3	83.9
P	0.000	0.000	0.000	0.000	0.000	0.000	0.000

注：F 为蒙古族族群指数值间的方差分析值，$P<0.05$ 表示差异具有统计学意义

蒙古族女性 7 项体部指数值的方差分析结果表明，族群间的差异均具有统计学意义（$P<0.01$）。

二、中国蒙古族 17 个族群体部指数均数的主成分分析

（一）男性

蒙古族和汉族男性 18 个族群前三个主成分的贡献率依次为 35.038%、23.750%、18.110%，累计贡献率为 76.898%。PCⅠ载荷较大的指标有身高体重指数（0.851）、身高肩宽指数（0.779），PCⅠ值越大，则相对于身高来说体重越大，肩部越宽。PCⅡ载荷较大的指标有身高上肢长指数（0.725）、身高胸围指数（-0.718），PCⅡ值越大，则相对于身高来说上肢越长，胸围越小。

以男性 PCⅠ为横坐标、PCⅡ为纵坐标作散点图（图 10-1A），发现郭尔罗斯部、阜新蒙古族、巴尔虎部的 PCⅠ值大，PCⅡ值中等，即相对于身高来说体重大，肩部宽，上肢长中等，胸围中等。鄂尔多斯部、杜尔伯特部、布里亚特部、青海和硕特部的 PCⅠ值较小，PCⅡ值较小，即相对于身高来说体重较小，肩部较窄，上肢较短，胸围较大。科尔沁部、乌拉特部的 PCⅠ值较小，PCⅡ值较大，即相对于身高来说体重较小，肩部较窄，上肢较长，胸围较小。云南蒙古族、汉族的 PCⅠ小，PCⅡ值很大，即相对于身高来说体重小，肩部窄，上肢很长，胸围很小。喀左县蒙古族、阿拉善和硕特部、新疆察哈尔部、新疆土尔扈特部的 PCⅠ值大，PCⅡ值较大，即相对于身高来说体重大，肩部宽，上肢较长，胸围较小。额济纳土尔扈特部的 PCⅠ值大，PCⅡ值小，即相对于身高来说体重大，肩部宽，上肢短，胸围大。赤峰蒙古族的 PCⅠ值小，PCⅡ值小，即相对于身高来说体重小，肩部窄，胸围大。锡林郭勒蒙古族的 PCⅠ值小，PCⅡ值中等，即相对于身高来说体重轻，肩部窄，上肢长中等，胸围中等。

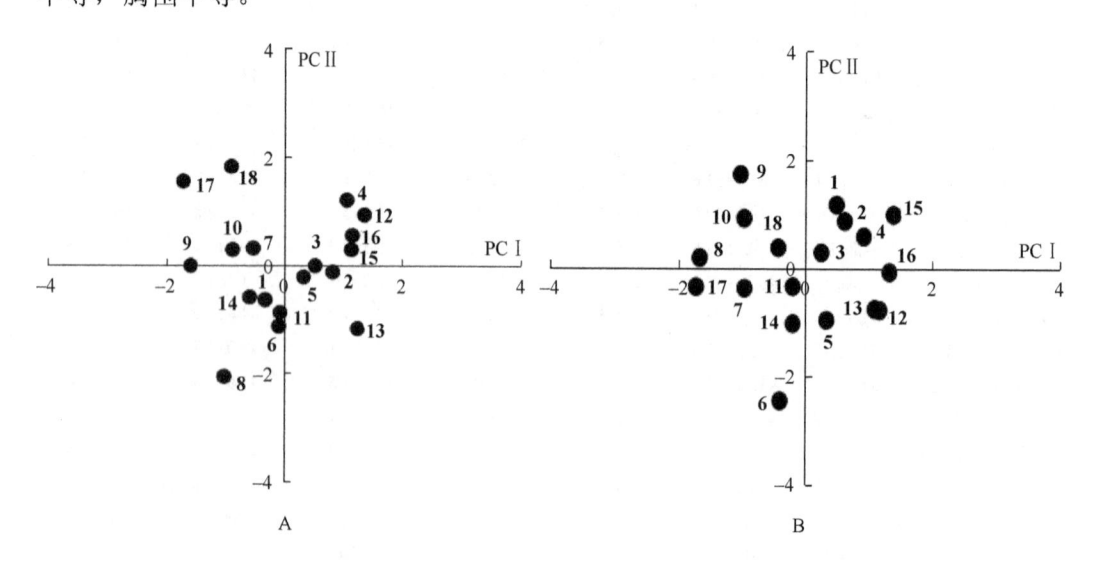

图 10-1　蒙古族体部指数主成分分析散点图

A. 男性，B. 女性；1. 杜尔伯特部，2. 郭尔罗斯部，3. 阜新蒙古族，4. 喀左县蒙古族，5. 巴尔虎部，6. 布里亚特部，7. 科尔沁部，8. 赤峰蒙古族，9. 锡林郭勒蒙古族，10. 乌拉特部，11. 鄂尔多斯部，12. 阿拉善和硕特部，13. 额济纳土尔扈特部，14. 青海和硕特部，15. 新疆察哈尔部，16. 新疆土尔扈特部，17. 云南蒙古族，18. 汉族

（二）女性

蒙古族和汉族女性 18 个族群前两个主成分的贡献率依次为 39.725%、20.985%，累计贡献率为 60.710%。PC Ⅰ 载荷较大的指标有身高肩宽指数（0.847）、身高胸围指数（0.819）、身高体重指数（0.808），PC Ⅰ 值越大，则相对于身高来说肩部越宽，胸围越大，体重越大。PC Ⅱ 载荷较大的指标有身高坐高指数（0.727），PC Ⅱ 值越大，则相对于身高来说坐高越大。

以女性 PC Ⅰ 为横坐标、PC Ⅱ 为纵坐标作散点图（图 10-1B），可以发现杜尔伯特部、郭尔罗斯部、喀左县蒙古族、新疆察哈尔部的 PC Ⅰ 值大，PC Ⅱ 值较大，即相对于身高来说肩部宽，胸围大，体重大，上身较长。新疆土尔扈特部 PC Ⅰ 值大，PC Ⅱ 值中等，即相对于身高来说肩部宽，胸围大，体重大，上身长中等。锡林郭勒蒙古族、乌拉特部的 PC Ⅰ 值小，PC Ⅱ 值大，即相对于身高来说肩部窄，胸围小，体重小，上身长。科尔沁部、赤峰蒙古族、云南蒙古族的 PC Ⅰ 值小，PC Ⅱ 值中等偏小，即相对于身高来说肩部窄，胸围小，体重小，上身长度中等偏小。巴尔虎部、阿拉善和硕特部、额济纳土尔扈特部的 PC Ⅰ 值较大，PC Ⅱ 值较小，即相对于身高来说肩部较宽，胸围较大，体重较大，上身较短。阜新蒙古族、鄂尔多斯部、汉族的 PC Ⅰ 值中等，PC Ⅱ 值中等，即相对于身高来说肩宽、胸围、体重、上身长均中等。布里亚特部与青海和硕特部的共同特点是 PC Ⅱ 值小，表现为上身短。需要说明的是，以上是对各个组体部特征的分析，每一个族群总体符合这种分析，但并不是每一点都符合。

第二节　中国蒙古族各个族群各年龄组体部指数的均数

一、中国蒙古族合计资料各年龄组体部指数的均数

总的说来，蒙古族 20~44 岁组的体部指数均数较小，男性身高坐高指数最大均数出现在 20~44 岁组，身高体重指数、身高肩宽指数最大均数出现在 45~59 岁组，其余 4 项指数最大均数出现在 60~80 岁组。女性身高坐高指数最大均数出现在 20~44 岁组，身高体重指数、身高肩宽指数最大均数出现在 45~59 岁组，身高上肢长指数、身高骨盆宽指数最大均数出现在 60~80 岁组，身高胸围指数、身高下肢长指数 45~59 岁组与 60~80 岁组均数相等（表 10-3）。女性身高坐高指数、身高胸围指数、身高骨盆宽指数、身高下肢长指数值都大于男性（$P<0.01$），这主要是由女性身高较矮导致。所以女性相对于男性来说，上身显得长一些，胸部显得丰满一些，髂嵴部显得宽一些，下肢显得长一些。女性身高体重指数、身高肩宽指数值小于男性，这是由于女性身高虽比男性矮一些，但体重、肩宽明显小于男性，因此女性肩部比男性显得窄一些。

表 10-3　蒙古族 13 个族群合计资料体部指数的均数（Mean±SD）

指标	男性 20~44 岁组	男性 45~59 岁组	男性 60~80 岁组	合计	女性 20~44 岁组	女性 45~59 岁组	女性 60~80 岁组	合计	u
身高坐高指数	53.6±1.3	53.5±1.3	53.3±1.4	53.5±1.4	54.1±1.4	54.1±1.4	53.6±1.7	54.0±1.5	11.39**
身高体重指数	427.7±80.5	441.7±79.1	428.1±74.3	432.7±78.9	383.1±68.9	426.2±76.6	402.2±72.1	403.3±75.0	12.53**
身高胸围指数	55.9±4.9	58.1±4.5	58.4±4.8	57.2±4.9	56.2±5.2	60.0±5.3	60.0±5.6	58.5±5.6	8.20**

续表

指标	男性 20~44岁组	男性 45~59岁组	男性 60~80岁组	男性 合计	女性 20~44岁组	女性 45~59岁组	女性 60~80岁组	女性 合计	u
身高肩宽指数	22.9±1.1	23.0±1.1	22.9±1.1	22.9±1.1	22.2±1.0	22.7±1.0	22.5±1.1	22.5±1.1	11.97**
身高骨盆宽指数	16.8±1.5	17.5±1.3	17.7±1.3	17.2±1.4	17.6±1.6	18.6±1.4	19.0±1.3	18.3±1.6	24.29**
身高上肢长指数	43.6±1.5	43.8±1.6	44.3±1.4	43.8±1.6	43.3±1.6	43.5±1.6	44.3±1.9	43.6±1.7	0.89
身高下肢长指数	53.2±2.4	53.7±1.8	54.1±0.6	53.6±2.1	54.3±1.6	54.6±1.8	54.6±2.2	54.5±1.8	17.72**

注：u 为性别间 u 检验值，**表示 $P<0.01$，差异具有统计学意义

二、中国蒙古族各年龄组之间体部指数值的方差分析

对蒙古族各年龄组之间体部指数值进行方差分析表明（表 10-4），男性身高肩宽指数各年龄组间差异无统计学意义，其他 6 项指数值年龄组间的差异均具有统计学意义（$P<0.01$）。女性 7 项指数值年龄组间的差异均具有统计学意义（$P<0.01$）。

表 10-4　蒙古族各年龄组之间体部指数值的方差分析

指标	男性 F	男性 P	女性 F	女性 P	指标	男性 F	男性 P	女性 F	女性 P
身高坐高指数	10.6	0.000	23.3	0.000	身高骨盆宽指数	84.8	0.000	205.7	0.000
身高体重指数	6.8	0.001	86.0	0.000	身高上肢长指数	25.0	0.000	25.4	0.000
身高胸围指数	58.1	0.000	156.1	0.000	身高下肢长指数	43.3	0.000	6.6	0.001
身高肩宽指数	1.6	0.211	39.4	0.000					

注：F 为蒙古族年龄组指数值间的方差分析值，$P<0.01$ 表示差异具有统计学意义

总体说来，不同年龄组之间的体部指数值是不同的。

第三节　中国蒙古族体部指数的分型

一、东北三省蒙古族男性体部指数的分型

根据体部指数值，遵循国际人体测量学术界的指数分型标准，可以将人体特征分成若干类型。东北三省蒙古族男性合计长躯干型、宽胸型、宽肩型、宽骨盆型、矮胖型的出现率都超过了 50%。按照马氏指数分型标准，东北三省蒙古族男性中腿型出现率最高（表 10-5）。按照 Rohrer 指数分型标准，东北三省蒙古族男性矮胖型率超过 50%，杜尔伯特部、郭尔罗斯部也都超过 50%，阜新蒙古族、喀左县蒙古族虽然小于 50%，但也以矮胖型率最高。东北三省蒙古族男性躯干既长又宽，身体壮实。

表 10-5　东北三省蒙古族男性体部指数的分型

指标		杜尔伯特部 n	杜尔伯特部 %	郭尔罗斯部 n	郭尔罗斯部 %	阜新蒙古族 n	阜新蒙古族 %	喀左县蒙古族 n	喀左县蒙古族 %	合计 n	合计 %
身高坐高指数	短躯干型	1	1.2	6	3.4	5	3.2	4	2.9	16	2.9
	中躯干型	27	31.8	58	32.8	60	38.0	53	39.0	198	35.6
	长躯干型	57	67.1	113	63.8	93	58.9	79	58.1	342	61.5

续表

指标		杜尔伯特部 n	%	郭尔罗斯部 n	%	阜新蒙古族 n	%	喀左县蒙古族 n	%	合计 n	%
身高胸围指数	窄胸型	2	2.4	12	6.8	12	7.6	7	5.1	33	5.9
	中胸型	24	28.2	42	23.7	70	44.3	57	41.9	193	34.7
	宽胸型	59	69.4	123	69.5	76	48.1	72	52.9	330	59.4
身高肩宽指数	窄肩型	20	23.5	20	11.3	22	13.9	8	5.9	70	12.6
	中肩型	31	36.5	54	30.5	57	36.1	36	26.5	178	32.0
	宽肩型	34	40.0	103	58.2	79	50.0	92	67.6	308	55.4
身高骨盆宽指数	窄骨盆型	16	18.8	15	8.5	20	12.7	6	4.4	57	10.3
	中骨盆型	35	41.2	61	34.5	57	36.1	37	27.2	190	34.2
	宽骨盆型	34	40.0	101	57.1	81	51.3	93	68.4	309	55.6
马氏指数	超短腿型	0	0	1	0.6	0	0	1	0.7	2	0.4
	短腿型	4	4.7	7	4.0	3	1.9	8	5.9	22	4.0
	亚短腿型	21	24.7	43	24.3	42	26.6	36	26.5	142	25.5
	中腿型	43	50.6	84	47.5	65	41.1	49	36.0	241	43.3
	亚长腿型	16	18.8	34	19.2	39	24.7	34	25.0	123	22.1
	长腿型	0	0.0	6	3.4	9	5.7	8	5.9	23	4.1
	超长腿型	1	1.2	2	1.1	0	0.0	0	0.0	3	0.5
Rohrer指数	瘦长型	10	11.8	17	9.6	23	14.6	18	13.2	68	12.2
	中间型	31	36.5	43	24.3	59	37.3	39	28.7	172	30.9
	矮胖型	44	51.8	117	66.1	76	48.1	79	58.1	316	56.8

东北三省蒙古族女性合计分型情况与男性一致，也是长躯干型、宽胸型、宽肩型、宽骨盆型、矮胖型的出现率都超过了50%。按照马氏指数分型标准，东北三省蒙古族女性亚短腿型率最高（表10-6）。东北三省蒙古族女性躯干既长又宽，腿较短。

表10-6 东北三省蒙古族女性体部指数的分型

指标		杜尔伯特部 n	%	郭尔罗斯部 n	%	阜新蒙古族 n	%	喀左县蒙古族 n	%	合计 n	%
身高坐高指数	短躯干型	11	7.1	8	3.6	18	7.3	16	5.9	53	5.9
	中躯干型	57	37.0	80	35.7	97	39.4	95	34.9	329	36.7
	长躯干型	86	55.8	136	60.7	131	53.3	161	59.2	514	57.4
身高胸围指数	窄胸型	6	3.9	7	3.1	13	5.3	24	8.8	50	5.6
	中胸型	32	20.8	69	30.8	81	32.9	91	33.5	273	30.5
	宽胸型	116	75.3	148	66.1	152	61.8	157	57.7	573	64.0
身高肩宽指数	窄肩型	14	9.1	14	6.3	27	11.0	15	5.5	70	7.8
	中肩型	51	33.1	63	28.1	94	38.2	70	25.7	278	31.0
	宽肩型	89	57.8	147	65.6	125	50.8	187	68.8	548	61.2
身高骨盆宽指数	窄骨盆型	30	19.5	43	19.2	29	11.8	27	9.9	129	14.4
	中骨盆型	55	35.7	65	29.0	82	33.3	72	26.5	274	30.6
	宽骨盆型	69	44.8	116	51.8	135	54.9	173	63.6	493	55.0
马氏指数	超短腿型	4	2.6	5	2.2	2	0.8	4	1.5	15	1.7
	短腿型	21	13.6	39	17.4	24	9.8	36	13.2	120	13.4
	亚短腿型	59	38.3	92	41.1	104	42.3	118	43.4	373	41.6

续表

指标		杜尔伯特部		郭尔罗斯部		阜新蒙古族		喀左县蒙古族		合计	
		n	%	n	%	n	%	n	%	n	%
马氏指数	中腿型	50	32.5	66	29.5	83	33.7	86	31.6	285	31.8
	亚长腿型	17	11.0	17	7.6	24	9.8	22	8.1	80	8.9
	长腿型	2	1.3	4	1.8	7	2.8	4	1.5	17	1.9
	超长腿型	1	0.6	1	0.4	2	0.8	2	0.7	6	0.7
Rohrer 指数	瘦长型	11	7.1	12	5.4	12	4.9	23	8.5	58	6.5
	中间型	29	18.8	53	23.7	50	20.3	66	24.3	198	22.1
	矮胖型	114	74.0	159	71.0	184	74.8	183	67.3	640	71.4

二、内蒙古蒙古族体部指数的分型

内蒙古蒙古族男性3个族群及合计资料身高坐高指数都是以长躯干型为主；身高胸围指数都是以宽胸型为主；身高肩宽指数鄂尔多斯部、巴尔虎部以宽肩型为主，布里亚特部中肩型率、窄肩型率都超过宽肩型率，合计资料仍以宽肩型率最高；鄂尔多斯部、布里亚特部身高骨盆宽指数以窄骨盆型为主，巴尔虎部以中骨盆型率最高，仍以窄骨盆型为主；3个族群及合计资料的马氏指数都是以中腿型率最高；Rohrer指数都是以矮胖型为主（表10-7）。内蒙古蒙古族男性躯干较长，胸部宽，肩较宽，骨盆较窄，腿长中等，身体矮胖。

表10-7 内蒙古蒙古族体部指数的分型

指标		男性								女性						
		鄂尔多斯部		巴尔虎部		布里亚特部		合计		鄂尔多斯部		巴尔虎部		布里亚特部		合计	
		n	%	n	%	n	%	n	%	n	%	n	%	n	%	n	%
身高坐高指数	短躯干型	5	3.5	5	2.6	14	9.2	24	4.9	6	3.0	22	10.8	31	19.6	59	10.6
	中躯干型	36	25.4	50	25.5	56	36.8	142	29.0	69	35.6	100	49.0	80	50.6	249	44.8
	长躯干型	101	71.1	141	71.9	82	54.0	324	66.1	119	61.3	82	40.2	47	29.8	248	44.6
身高胸围指数	窄胸型	11	7.8	19	9.7	23	15.1	53	10.8	10	5.2	25	12.3	22	13.9	57	10.3
	中胸型	32	22.5	62	31.6	50	32.9	144	29.4	55	28.4	46	22.6	40	25.3	141	25.4
	宽胸型	99	69.7	115	58.7	79	52.0	293	59.8	129	66.5	133	65.2	96	60.8	358	64.4
身高肩宽指数	窄肩型	38	26.8	38	19.4	51	33.6	127	25.9	41	21.1	36	17.7	46	29.1	123	22.1
	中肩型	46	32.4	68	34.7	51	33.6	165	33.7	74	38.1	65	31.9	57	36.1	196	35.3
	宽肩型	58	40.9	90	45.9	50	32.9	198	40.4	79	40.7	103	50.5	55	34.8	237	42.6
身高骨盆宽指数	窄骨盆型	98	69.0	62	31.6	111	73.0	271	55.3	131	67.5	79	38.7	98	62.0	308	55.4
	中骨盆型	36	25.4	81	41.3	18	11.8	135	27.6	51	26.3	70	34.3	27	17.1	148	26.6
	宽骨盆型	8	5.6	53	27.0	23	15.1	84	17.1	12	6.2	55	27.0	33	20.9	100	18.0
马氏指数	超短腿型	1	0.7	1	0.5	0	0	2	0.4	3	1.6	2	1.0	2	1.3	7	1.3
	短腿型	6	4.2	13	6.6	3	2.0	22	4.5	34	17.5	18	8.8	7	4.4	59	10.6
	亚短腿型	50	35.2	65	33.2	33	21.7	148	30.2	81	41.8	65	31.9	38	24.1	184	33.1
	中腿型	56	39.4	81	41.3	57	37.5	194	39.6	63	32.5	88	43.1	59	37.3	210	37.8
	亚长腿型	21	14.8	31	15.8	40	26.3	92	18.8	9	4.6	24	11.8	36	22.8	69	12.4

续表

指标		男性							女性						
		鄂尔多斯部		巴尔虎部		布里亚特部		合计		鄂尔多斯部		巴尔虎部		布里亚特部		合计	
		n	%	n	%	n	%	n	%	n	%	n	%	n	%	n	%
马氏指数	长腿型	4	2.8	3	1.5	16	10.5	23	4.7	3	1.6	5	2.5	15	9.5	23	4.1
	超长腿型	4	2.8	2	1.0	3	2.0	9	1.8	1	0.5	2	1.0	1	0.6	4	0.7
Rohrer指数	瘦长型	20	14.1	35	17.9	37	24.3	92	18.8	20	10.3	26	12.8	20	12.7	66	11.9
	中间型	30	21.1	57	29.1	42	27.6	129	26.3	39	20.1	34	16.7	32	20.3	105	18.9
	矮胖型	92	64.8	104	53.1	73	48.0	269	54.9	135	69.6	144	70.6	106	67.1	385	69.2

内蒙古蒙古族鄂尔多斯部女性以长躯干型率最高，巴尔虎部、布里亚特部以中躯干型率最高，合计资料长躯干型率、中躯干型率接近；3个族群及合计资料身高胸围指数都是以宽胸型为主；身高肩宽指数鄂尔多斯部、巴尔虎部以宽肩型率最高，布里亚特部以中肩型率最高，合计资料仍是以宽肩型率最高；鄂尔多斯部、巴尔虎部、布里亚特部均以窄骨盆型率最高，合计资料以窄骨盆型为主；鄂尔多斯部以亚短腿型率最高，巴尔虎部、布里亚特部以中腿型率最高，合计资料的马氏指数以中腿型率最高；3个族群及合计资料Rohrer指数都以矮胖型率最高（表10-7）。可以说内蒙古蒙古族女性胸部较宽，肩较宽，骨盆较窄，腿长中等，身体矮胖。

三、西部蒙古族男性体部指数的分型

西部蒙古族男性中，5个族群及合计资料统计表明（表10-8）身高坐高指数都是以长躯干型为主；身高胸围指数都是以宽胸型为主；身高肩宽指数新疆察哈尔部、新疆土尔扈特部以宽肩型为主，阿拉善和硕特部、额济纳土尔扈特部以宽肩型率最高，青海和硕特部以中肩型率最高，合计资料仍是以宽肩型率最高；阿拉善和硕特部、新疆察哈尔部、新疆土尔扈特部身高骨盆宽指数以宽骨盆型为主，额济纳土尔扈特部的中骨盆率、宽骨盆型率接近，青海和硕特部的窄骨盆率最高，合计资料仍以宽骨盆型为主；阿拉善和硕特部、青海和硕特部、新疆土尔扈特部的中腿型率最高，额济纳土尔扈特部和新疆察哈尔部的中腿型率、亚短腿型率接近，合计资料仍以中腿型率最高；Rohrer指数都是以矮胖型为主。可以说西部蒙古族男性躯干较长，胸部较宽，肩较宽，骨盆较宽，腿长中等，身体矮胖。

表10-8 西部蒙古族男性体部指数的分型

指标		阿拉善和硕特部		额济纳土尔扈特部		青海和硕特部		新疆察哈尔部		新疆土尔扈特部		合计	
		n	%	n	%	n	%	n	%	n	%	n	%
身高坐高指数	短躯干型	5	5.6	1	1.2	4	2.4	9	4.1	4	3.6	23	3.4
	中躯干型	31	34.8	22	26.2	51	30.7	52	24.0	44	39.3	200	29.9
	长躯干型	53	59.6	61	72.6	111	66.9	156	71.9	64	57.1	445	66.6
身高胸围指数	窄胸型	4	4.5	3	3.6	18	10.8	19	8.8	7	6.3	51	7.6
	中胸型	32	36.0	11	13.1	62	37.3	50	23.0	28	25.0	183	27.4
	宽胸型	53	59.6	70	83.3	86	51.8	148	68.2	77	68.8	434	65.0

续表

指标		阿拉善和硕特部		额济纳土尔扈特部		青海和硕特部		新疆察哈尔部		新疆土尔扈特部		合计	
		n	%	n	%	n	%	n	%	n	%	n	%
身高肩宽指数	窄肩型	14	15.7	14	16.7	59	35.5	28	12.9	1	0.9	116	17.4
	中肩型	31	34.8	31	36.9	75	45.2	70	32.3	25	22.3	232	34.7
	宽肩型	44	49.4	39	46.4	32	19.3	119	54.8	86	76.8	320	47.9
身高骨盆宽指数	窄骨盆型	2	2.2	5	6.0	73	44.0	10	4.6	7	6.3	97	14.5
	中骨盆型	23	25.8	39	46.4	63	38.0	28	12.9	17	15.2	170	25.4
	宽骨盆型	64	71.9	40	47.6	30	18.1	179	82.5	88	78.6	401	60.0
马氏指数	超短腿型	0	0	0	0	0	0	2	0.9	0	0	2	0.3
	短腿型	3	3.4	3	3.6	8	4.8	14	6.5	6	5.4	34	5.1
	亚短腿型	23	25.8	34	40.5	40	24.1	83	38.2	26	23.2	206	30.8
	中腿型	37	41.6	33	39.3	74	44.6	79	36.4	42	37.5	265	39.7
	亚长腿型	18	20.2	13	15.5	38	22.9	28	12.9	30	26.8	127	19.0
	长腿型	6	6.7	0	0	5	3.0	9	4.1	5	4.5	25	3.7
	超长腿型	2	2.2	1	1.2	1	0.6	2	0.9	3	2.7	9	1.3
Rohrer 指数	瘦长型	8	9.0	4	4.8	25	15.1	24	11.1	13	11.6	74	11.1
	中间型	17	19.1	18	21.4	55	33.1	41	18.9	27	24.1	158	23.7
	矮胖型	64	71.9	62	73.8	86	51.8	152	70.0	72	64.3	436	65.3

西部蒙古族女性体部指数的分型与男性有些不同（表10-9）：阿拉善和硕特部、新疆土尔扈特部的身高坐高指数以中躯干型率最高，额济纳土尔扈特部、青海和硕特部、新疆察哈尔部及合计资料则以长躯干型率最高；5个族群及合计资料身高胸围指数都是以宽胸型为主；额济纳土尔扈特部、青海和硕特部身高肩宽指数以中肩型为主，阿拉善和硕特部、新疆察哈尔部、新疆土尔扈特部及合计资料均以宽肩型为主；青海和硕特部以窄骨盆型率最高，其余4个族群均以宽骨盆型为主，合计资料亦以宽骨盆型为主；阿拉善和硕特部、新疆土尔扈特部的中腿型率最高，额济纳土尔扈特部和新疆察哈尔部的亚短腿型率最高，青海和硕特部和合计资料的中腿型率与亚短腿型率接近；5个族群及合计资料Rohrer指数都是以矮胖型为主。可以说西部蒙古族女性躯干较长，胸部宽，肩较宽，骨盆较宽，腿长中等，身体矮胖。

表10-9 西部蒙古族女性体部指数的分型

指标		阿拉善和硕特部		额济纳土尔扈特部		青海和硕特部		新疆察哈尔部		新疆土尔扈特部		合计	
		n	%	n	%	n	%	n	%	n	%	n	%
身高坐高指数	短躯干型	24	16.7	6	5.4	20	10.3	18	8.0	11	8.7	79	9.8
	中躯干型	70	48.6	41	36.6	80	41.0	75	33.3	67	52.8	333	41.5
	长躯干型	50	34.7	65	58.0	95	48.7	132	58.7	49	38.6	391	48.7
身高胸围指数	窄胸型	16	11.1	0	0	15	7.7	11	4.9	4	3.1	46	5.7
	中胸型	36	25.0	14	12.5	46	23.6	52	23.1	29	22.8	177	22.0
	宽胸型	92	63.9	98	87.5	134	68.7	162	72.0	94	74.0	580	72.2
身高肩宽指数	窄肩型	13	9.0	19	17.0	66	33.8	22	9.8	13	10.2	133	16.6
	中肩型	51	35.4	54	48.2	81	41.5	72	32.0	43	33.9	301	37.5
	宽肩型	80	55.6	39	34.8	48	24.6	131	58.2	71	55.9	369	46.0

续表

指标		阿拉善和硕特部		额济纳土尔扈特部		青海和硕特部		新疆察哈尔部		新疆土尔扈特部		合计	
		n	%	n	%	n	%	n	%	n	%	n	%
身高骨盆宽指数	窄骨盆型	10	6.9	10	8.9	99	50.8	5	2.2	4	3.1	128	15.9
	中骨盆型	19	13.2	32	28.6	49	25.1	39	17.3	23	18.1	162	20.2
	宽骨盆型	115	79.9	70	62.5	47	24.1	181	80.4	100	78.7	513	63.9
马氏指数	超短腿型	1	0.7	4	3.6	1	0.5	7	3.1	1	0.8	14	1.7
	短腿型	12	8.3	15	13.4	21	10.8	40	17.8	15	11.8	103	12.8
	亚短腿型	37	25.7	46	41.1	71	36.4	83	36.9	33	26.0	270	33.6
	中腿型	57	39.6	35	31.3	67	34.4	67	29.8	50	39.4	276	34.4
	亚长腿型	25	17.4	9	8.0	26	13.3	20	8.9	23	18.1	103	12.8
	长腿型	11	7.6	2	1.8	7	3.6	6	2.7	4	3.1	30	3.7
	超长腿型	1	0.7	1	0.9	2	1.0	2	0.9	1	0.8	7	0.9
Rohrer 指数	瘦长型	13	9.0	8	7.1	21	10.8	8	3.6	8	6.3	58	7.2
	中间型	25	17.4	19	17.0	34	17.4	50	22.2	26	20.5	154	19.2
	矮胖型	106	73.6	85	75.9	140	71.8	167	74.2	93	73.2	591	73.6

四、云南蒙古族体部指数的分型

云南蒙古族与北方蒙古族体部指数分型的情况有较大差异（表 10-10）：身高坐高指数以中躯干型为主；身高胸围指数以中胸型率最高；身高肩宽指数以中肩型率最高，男性宽肩型率次之，女性窄肩型率次之；身高骨盆宽指数以窄骨盆型为主；马氏指数以中腿型率最高；Rohrer 指数男性以瘦长型率最高，女性以中间型率最高。可以说云南蒙古族躯干长度中等，胸宽中等，肩宽中等，骨盆较窄，腿长中等，男性较瘦，女性胖瘦中等。与北方蒙古族相比，云南蒙古族女性躯干短些，胸围小些，肩部窄些，骨盆较窄，身体较瘦。

表 10-10 云南蒙古族体部指数的分型

指标		男性		女性		合计	
		n	%	n	%	n	%
身高坐高指数	短躯干型	16	7.9	22	9.3	38	8.7
	中躯干型	106	52.5	130	54.9	236	53.8
	长躯干型	80	39.6	84	35.4	164	37.4
身高胸围指数	窄胸型	42	20.8	37	15.6	79	18.0
	中胸型	109	54.0	109	46.0	218	49.7
	宽胸型	52	25.7	91	38.4	143	32.6
身高肩宽指数	窄肩型	59	29.2	91	38.4	150	34.2
	中肩型	75	37.1	116	48.9	191	43.6
	宽肩型	68	33.7	30	12.7	98	22.3
身高骨盆宽指数	窄骨盆型	109	54.0	144	60.8	253	57.6
	中骨盆型	72	35.6	64	27.0	136	31.0
	宽骨盆型	21	10.4	29	12.2	50	11.4

续表

指标		男性 n	男性 %	女性 n	女性 %	合计 n	合计 %
马氏指数	超短腿型	0	0	1	0.4	1	0.2
	短腿型	14	6.9	15	6.3	29	6.6
	亚短腿型	67	33.2	70	29.5	137	31.2
	中腿型	85	42.1	106	44.7	191	43.5
	亚长腿型	33	16.3	38	16.0	71	16.2
	长腿型	3	1.5	7	3.0	10	2.3
Rohrer 指数	瘦长型	93	46.0	59	24.9	152	34.6
	中间型	79	39.1	94	39.7	173	39.4
	矮胖型	30	14.9	84	35.4	114	26.0

五、中国蒙古族体部指数的分型

中国蒙古族男性以长躯干型为主，女性以长躯干型率最高，男性的长躯干型率大于女性（$P<0.01$）；男性、女性都是以宽胸型为主，女性宽胸型率大于男性；男性、女性都是以宽肩型率最高，女性宽肩型率与男性接近（$P>0.05$）；男性、女性都是以宽骨盆型率最高，女性宽骨盆型率大于男性（$P<0.01$）；男性中腿型率大于女性（$P<0.01$），女性亚短腿型率大于男性（$P<0.01$）；男性、女性都是以矮胖型为主，女性矮胖型率大于男性（$P<0.01$）（表10-11）。总的说来，男性比女性躯干更长一些，胸部比女性窄一些，骨盆更窄一些，腿更长一些，更细瘦一些，二者肩部宽窄差不多。

表10-11 中国蒙古族体部指数的分型

指标		男性 n	男性 %	女性 n	女性 %	合计 n	合计 %	u
身高坐高指数	短躯干型	79	4.1	213	8.5	292	6.6	5.85**
	中躯干型	646	33.7	1041	41.8	1687	38.3	5.46**
	长躯干型	1191	62.2	1237	49.6	2428	55.1	8.29**
身高胸围指数	窄胸型	179	9.3	190	7.6	369	8.4	2.04**
	中胸型	629	32.8	700	28.1	1329	30.1	3.40**
	宽胸型	1108	57.8	1602	64.3	2710	61.5	4.33**
身高肩宽指数	窄肩型	372	19.4	417	16.7	789	17.9	2.30**
	中肩型	650	33.9	891	35.8	1541	35.0	13.44**
	宽肩型	894	46.7	1184	47.5	2078	47.1	0.56
身高骨盆宽指数	窄骨盆型	534	27.9	709	28.5	1243	28.2	0.42
	中骨盆型	567	29.6	648	26.0	1215	27.6	2.64**
	宽骨盆型	815	42.5	1135	45.5	1950	44.2	1.99**
马氏指数	超短腿型	6	0.3	37	1.5	43	1.0	3.92**
	短腿型	92	4.8	297	11.9	389	8.8	8.26**
	亚短腿型	563	29.4	897	36.0	1460	33.1	4.66**
	中腿型	785	41.0	877	35.2	1662	37.7	3.92**

续表

指标		男性		女性		合计		u
		n	%	n	%	n	%	
马氏指数	亚长腿型	375	19.6	290	11.6	665	15.1	7.30**
	长腿型	74	3.9	77	3.1	151	3.4	1.40
	超长腿型	21	1.1	17	0.7	38	0.9	1.47
Rohrer 指数	瘦长型	327	17.1	241	9.7	568	12.9	7.27**
	中间型	538	28.1	551	22.1	1089	24.7	4.55**
	矮胖型	1051	54.9	1700	68.2	2751	62.4	9.08**

注：u 为性别间 u 检验值，**表示 $P<0.01$，差异具有统计学意义

第四节 中国蒙古族体部指数与经度、纬度、年平均温度、年龄的相关分析

一、男性体部指数与经度、纬度、年平均温度、年龄的相关分析

蒙古族男性的身高坐高指数、身高体重指数、身高胸围指数、身高骨盆宽指数、身高上肢长指数与经度呈显著负相关（表 10-12），即从中国西部到东部，相对于身高来说，蒙古族男性躯干更短一些，体重更小一些，胸围更小一些，骨盆更窄一些，上肢更短一些。蒙古族男性身高体重指数、身高胸围指数、身高肩宽指数、身高骨盆宽指数与纬度呈显著正相关，身高上肢长指数与纬度呈显著负相关，即从中国南部到北部，相对于身高来说，蒙古族男性体重更大一些，胸部更阔一些，肩部、骨盆更宽一些，上肢更短一些。除了身高肩宽指数与年平均温度相关不显著外，其他 6 项指数均与年平均温度呈显著相关，身高坐高指数、身高骨盆宽指数、身高上肢长指数、身高下肢长指数与年平均温度呈显著正相关，身高体重指数、身高胸围指数与年平均温度呈显著负相关，即随着年平均温度的下降，相对于身高来说，蒙古族男性躯干更短一些，骨盆更窄一些，上肢和下肢短一些，而体重更大一些，胸围更宽一些。除了身高肩宽指数与年龄相关不显著，身高坐高指数与年龄呈显著负相关外，其他 5 项指数均与年龄呈显著正相关，即随着年龄增大，相对于身高来说，蒙古族男性躯干更短一些，体重更大一些，胸围更阔一些，骨盆更宽一些，上肢和下肢更长一些。

表 10-12 蒙古族男性体部指数与经度、纬度、年平均温度、年龄的相关分析

指标	经度		纬度		年平均温度		年龄	
	r	P	r	P	r	P	r	P
身高坐高指数	−0.064**	0.005	−0.043	0.057	0.050*	0.030	−0.089**	0.000
身高体重指数	−0.075**	0.001	0.322**	0.000	−0.278**	0.000	0.045**	0.048
身高胸围指数	−0.052*	0.024	0.212**	0.000	−0.159**	0.000	0.275**	0.000
身高肩宽指数	0.012	0.610	0.102**	0.000	0.015	0.504	0.029	0.206
身高骨盆宽指数	−0.238**	0.000	0.140**	0.000	0.065**	0.500	0.348**	0.000
身高上肢长指数	−0.126**	0.000	−0.224**	0.000	0.227**	0.000	0.170**	0.000
身高下肢长指数	−0.015	0.511	−0.049	0.030	0.048*	0.036	0.162**	0.000

注：r 为相关系数，*表示 $P<0.05$，**表示 $P<0.01$，相关系数具有统计学意义

二、女性体部指数与经度、纬度、年平均温度、年龄的相关分析

蒙古族女性的身高体重指数、身高胸围指数、身高上肢长指数与经度呈显著负相关（表10-13），即从中国西部到东部，相对于身高来说，蒙古族女性体重更小一些，胸围更小些，上肢更短一些。蒙古族女性除了身高上肢长指数与纬度呈显著负相关外，其余6项指数与纬度均呈显著正相关，即从中国南部到北部，相对于身高来说，蒙古族女性躯干更长一些，体重更小一些，胸部更阔一些，肩部更宽一些，骨盆更宽一些，下肢更长一些。除了身高坐高指数、身高骨盆宽指数与年平均温度相关不显著外，身高体重指数、身高胸围指数、身高肩宽指数、身高下肢长指数与年平均温度呈显著负相关，身高上肢长指数与年平均温度呈显著正相关，即随着年平均温度的下降，相对于身高来说，蒙古族女性体重更大一些，胸围更阔一些，肩部更宽一些，下肢更长一些，上肢更短一些。除了身高坐高指数与年龄呈显著负相关外，其余6项指数均与年龄呈显著正相关，即随着年龄增大，相对于身高来说，蒙古族女性躯干更长一些，体重更大一些，胸围更阔一些，肩部和骨盆更宽一些，上肢和下肢更长一些。

表10-13 蒙古族女性体部指数与经度、纬度、年平均温度、年龄的相关分析

指标	经度 r	经度 P	纬度 r	纬度 P	年平均温度 r	年平均温度 P	年龄 r	年龄 P
身高坐高指数	0.012	0.535	0.040*	0.044	0.013	0.515	−0.108**	0.000
身高体重指数	−0.044*	0.028	0.269**	0.000	−0.263**	0.000	0.183**	0.000
身高胸围指数	−0.097**	0.000	0.193**	0.000	−0.168**	0.000	0.345**	0.000
身高肩宽指数	0.087**	0.000	0.257**	0.000	−0.129**	0.000	0.155**	0.000
身高骨盆宽指数	0.163**	0.000	0.170**	0.000	0.034	0.088	0.449**	0.000
身高上肢长指数	−0.114**	0.000	−0.090**	0.000	0.107**	0.000	0.225**	0.000
身高下肢长指数	0.013	0.531	0.121**	0.000	−0.089**	0.000	0.066**	0.001

注：r 为相关系数，*表示 $P<0.05$，**表示 $P<0.01$，相关系数具有统计学意义

可以认为，蒙古族男性、女性体部的一些形态特征随着经度、纬度、年平均温度及年龄的改变而出现规律性的变化。

最近有中国汉族体质指数与纬度、年龄相关分析结果的报道（表10-14）。汉族男性身高体重指数、身高胸围指数、身高肩宽指数、身高骨盆宽指数、身高上肢长指数、身高下肢长指数均与纬度呈显著正相关，身高体重指数、身高胸围指数、身高骨盆宽指数、身高上肢长指数、身高下肢长指数均与年龄呈显著正相关，身高坐高指数与年龄呈显著负相关。蒙古族男性体部主要指数与纬度、年龄的相关分析结果与汉族总体一致。

表10-14 汉族主要体部指数与纬度、经度、年龄的相关分析

指标	男性 纬度 r	P	男性 经度 r	P	男性 年龄 r	P	女性 纬度 r	P	女性 经度 r	P	女性 年龄 r	P
身高坐高指数	−0.010	0.234	0.030**	0.001	−0.028**	0.001	−0.088	0.339	0.051**	0.000	−0.162**	0.000
身高体重指数	0.184**	0.000	0.116**	0.000	0.056**	0.000	0.208**	0.000	0.070**	0.000	0.265**	0.000

续表

指标	男性 纬度 r	男性 纬度 P	男性 经度 r	男性 经度 P	男性 年龄 r	男性 年龄 P	女性 纬度 r	女性 纬度 P	女性 经度 r	女性 经度 P	女性 年龄 r	女性 年龄 P
身高胸围指数	0.099**	0.000	0.063**	0.000	0.384**	0.000	0.146**	0.000	−0.013	0.120	0.441**	0.000
身高肩宽指数	0.049**	0.000	−0.090**	0.000	−0.006	0.491	0.110**	0.000	−0.152**	0.000	0.113**	0.000
身高骨盆宽指数	0.135**	0.000	−0.185**	0.000	0.326**	0.000	0.126**	0.000	−0.208**	0.000	0.410**	0.000
身高上肢长指数	0.203**	0.000	0.246**	0.000	0.044**	0.000	−0.181**	0.000	−0.017*	0.043	0.231**	0.000
身高下肢长指数	0.093**	0.000	0.023**	0.000	0.095**	0.000	0.024**	0.000	−0.036**	0.000	0.122**	0.000

注：r 为相关系数，*表示 P<0.05，**表示 P<0.01，相关系数具有统计学意义

第五节　中国蒙古族与其他族群的体部指数

一、中国 26 个族群 6 项体部指数的均数

选取蒙古族（本研究）、汉族（全国）[1]、京族（广西）、壮族（广西龙胜）[2]、苗族（广西）[3]、彝族（广西）[3]、侗族（广西）[4]、瑶族（广西）[5]、仫佬族（广西）[6]、黑衣壮族（广西）[7]、仫佬族（广西）[8]、拉祜族（云南）[9]、克木人（云南）[10]、水族（贵州）[11]、仡佬族（贵州）[12]、僜人（西藏）[13]、佤族（云南）[14]、怒族（云南）[15]、布依族（贵州）[16]、苗族（贵州王卡）[17]、乌孜别克族（新疆）[18]、维吾尔族（新疆）[19]、锡伯族（新疆）[20]、达斡尔族（内蒙古）[21]、回族（宁夏）[22]、俄罗斯族（内蒙古）[23] 24 个民族的身高坐高指数、身高体重指数、身高胸围指数、身高肩宽指数、身高骨盆宽指数、身高上肢长指数的均数（表 10-15，表 10-16）进行主成分分析，来比较蒙古族与中国各民族体部指数的异同。广西京族的资料为我们研究团队所有。

表 10-15　中国 26 个族群男性 6 项体部指数均数

族群	身高坐高指数	身高体重指数	身高胸围指数	身高肩宽指数	身高骨盆宽指数	身高上肢长指数	族群	身高坐高指数	身高体重指数	身高胸围指数	身高肩宽指数	身高骨盆宽指数	身高上肢长指数
蒙古族	53.5	432.7	57.2	22.9	17.2	43.8	水族	53.3	325.0	52.1	23.2	17.2	44.6
全国汉族	53.7	393.8	54.7	22.6	17.1	45.4	仡佬族（贵州）	53.7	329.0	52.4	23.0	16.9	45.4
京族	53.6	350.0	51.9	22.7	17.2	44.7	僜人	53.7	327.0	52.1	23.0	17.2	44.6
龙胜壮族	53.0	344.0	53.4	23.1	17.4	47.3	佤族	53.8	342.0	53.2	23.2	16.6	44.6
苗族	54.0	325.0	53.2	20.1	16.5	45.3	怒族	53.5	339.0	53.5	22.9	17.2	45.9
彝族	53.5	325.0	55.2	23.2	16.8	45.5	布依族	53.2	331.0	51.1	24.5	16.3	44.2
侗族	52.6	327.0	53.1	23.1	16.8	45.0	王卡苗族	53.1	327.0	53.8	19.5	17.3	43.5
瑶族	52.8	329.0	52.8	22.8	17.0	45.0	乌孜别克族	53.5	514.0	55.2	21.6	17.6	44.2
仫佬族（广西）	53.7	311.0	53.0	23.1	16.7	44.5	维吾尔族	52.3	360.0	50.4	23.4	16.4	44.1
黑衣壮族	52.2	331.0	52.8	23.0	17.6	46.0	锡伯族	54.5	393.0	53.7	23.3	17.2	44.3
仫佬族	53.5	34.0	50.8	23.0	16.8	45.4	达斡尔族	53.5	378.0	53.0	22.6	16.9	44.3
拉祜族	53.2	318.0	52.8	22.8	16.8	45.0	回族	53.8	358.0	52.8	22.8	16.8	44.6
克木人	52.7	361.0	53.7	23.5	16.8	46.3	俄罗斯族	52.7	415.0	56.3	23.1	17.6	43.2

表 10-16　中国 26 个族群女性 6 项体部指数均数

族群	身高坐高指数	身高体重指数	身高胸围指数	身高肩宽指数	身高骨盆宽指数	身高上肢长指数	族群	身高坐高指数	身高体重指数	身高胸围指数	身高肩宽指数	身高骨盆宽指数	身高上肢长指数
蒙古族	54.0	403.3	58.5	22.5	18.3	43.6	水族	53.2	302.0	52.5	22.7	18.8	44.4
全国汉族	54.3	363.7	56.8	22.1	18.1	43.9	仡佬族（贵州）	53.6	320.0	54.0	23.0	18.9	44.9
京族	53.8	334.0	54.7	22.2	18.2	44.0	僜人	54.3	318.5	55.3	22.6	18.1	44.2
龙胜壮族	53.8	316.0	53.7	22.0	18.4	46.1	佤族	53.9	325.6	53.7	22.0	17.3	44.7
苗族	53.7	310.0	54.5	21.5	18.2	44.7	怒族	53.5	327.8	55.4	22.2	18.1	43.6
彝族	53.5	310.0	54.6	22.9	17.8	45.0	布依族	53.2	307.0	52.1	23.7	18.4	44.2
侗族	52.6	296.0	52.0	22.2	18.8	44.3	王卡苗族	53.5	318.0	55.7	21.6	19.1	45.7
瑶族	52.4	307.0	53.8	22.4	18.7	44.9	乌孜别克族	54.2	383.0	56.4	21.5	18.1	43.9
仡佬族（广西）	53.6	303.0	52.7	20.9	18.0	44.5	维吾尔族	53.0	330.0	49.5	22.8	17.2	43.3
黑衣壮族	52.5	315.0	49.6	22.3	18.3	45.7	锡伯族	53.8	361.0	53.8	22.8	18.4	44.2
仫佬族	53.7	315.0	52.6	22.3	17.9	44.8	达斡尔族	53.8	341.0	53.8	22.1	17.9	43.7
拉祜族	53.7	288.0	52.9	21.9	18.0	43.7	回族	54.3	330.0	51.7	22.1	17.9	44.5
克木人	52.7	339.0	52.8	22.4	17.5	45.6	俄罗斯族	53.4	401.2	58.1	22.8	18.5	43.0

二、中国 26 个族群体部指数均数的主成分分析

蒙古族等 26 个族群男性前三个主成分的贡献率依次为 35.713%、20.358%、16.008%，累计贡献率为 72.079%。PC I 载荷较大的指标有身高胸围指数（0.850）、身高体重指数（0.780），这些指标反映的是身体粗壮程度，PC I 值越大，则身体越粗壮。PC II 载荷较大的指标有身高坐高指数（–0.755）、身高上肢长指数（0.514），反映的是坐高与身高、上肢长与身高的比值，PC II 值越大，则坐高与身高的比值越小，而上肢长与身高的比值越大。

以 PC I 为横坐标，PC II 为纵坐标作散点图（图 10-2A），可以看出几乎所有的南方少数民族的位点都在纵坐标的左侧，PC I 值接近于 0 或小于 0，表明南方少数民族与北方少数民族、汉族相比，身体不粗壮。而蒙古族、汉族和北方少数民族中的乌孜别克族、锡伯族、达斡尔族、俄罗斯族位于纵坐标的右侧，身体比较粗壮。南方族群又因为上身与身高、上肢与身高的比值不同而分成三个组：黑衣壮族、壮族、克木人、侗族、瑶族、怒族属于坐高与身高的比值小，而上肢长与身高的比值大的一个组；水族、彝族、拉祜族、僜人、京族、仡佬族（贵州）属于上身与身高的比值中等，上肢与身高的比值中等的族群；苗族、佤族、仡佬族（广西）属于上身与身高的比值大而上肢与身高的比值小的一个组。北方族群根据 PC II 值的大小可以分为三个组：俄罗斯族（内蒙古）上身与身高的比值小而上肢与身高的比值大；蒙古族、汉族、乌孜别克族属于上身与身高的比值中等，上肢与身高的比值中等的族群；锡伯族、达斡尔族的上身与身高的比值较大而上肢与身高的比值较小。

维吾尔族 PC I 值较小，与南方族群比较接近，这可能是由于维吾尔族的样本比较年轻，身体结实程度不够。苗族 PC I 值较大，位点和北方族群位点接近。

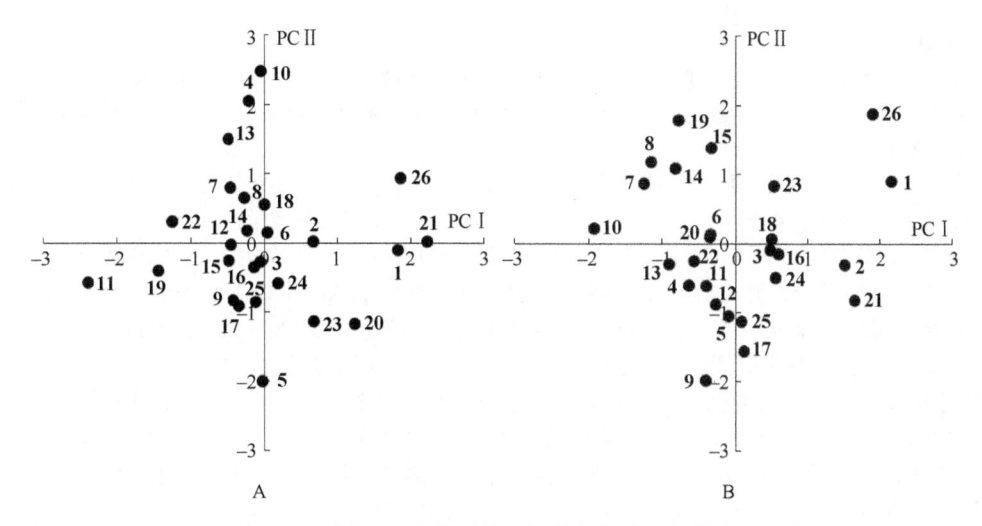

图 10-2　中国 26 个族群体部指数主成分分析散点图

A. 男性，B. 女性；1. 蒙古族（本研究），2. 汉族（全国），3. 京族（广西），4. 壮族（广西龙胜），5. 苗族（广西），6. 彝族（广西），7. 侗族（广西），8. 瑶族（广西），9. 仫佬族（广西），10. 黑衣壮族（广西），11. 仫佬族（广西），12. 拉祜族（云南），13. 克木人（云南），14. 水族（贵州），15. 仡佬族（贵州），16. 僜人（西藏），17. 佤族（云南），18. 怒族（云南），19. 布依族（贵州），20. 苗族（贵州王卡），21. 乌孜别克族（新疆），22. 维吾尔族（新疆），23. 锡伯族（新疆），24. 达斡尔族（内蒙古），25. 回族（宁夏），26. 俄罗斯族（内蒙古）

蒙古族与乌孜别克族位点接近，具有身体粗壮、上身与身高比值中等、上肢与身高比值中等的特点。

蒙古族等26个族群女性前三个主成分的贡献率依次为38.713%、20.654%、19.902%，累计贡献率为79.269%。PCⅠ载荷较大的指标有身高体重指数（0.838）、身高胸围指数（0.831），这些指标反映的是身体粗壮程度，PCⅠ值越大，则身体越粗壮。PCⅡ载荷较大的指标有身高肩宽指数（0.770）、身高骨盆宽指数（0.612），反映的是躯干宽度与身高的比值，PCⅡ值越大，则躯干显得越宽。

以PCⅠ为横坐标，PCⅡ为纵坐标作散点图（图10-2B）。女性和男性PCⅠ载荷大的指标一致，而且族群位点分布也基本一致。北方族群和汉族PCⅠ值较大，位点主要分布在纵坐标的右侧，南方族群PCⅠ值较小，主要分布在纵坐标的左侧。散点图上，女性族群大致可以分为以下几个组：蒙古族、俄罗斯族PCⅠ值大，PCⅡ值大；汉族、乌孜别克族PCⅠ值较大，PCⅡ值较小；锡伯族、怒族、京族、僜人、达斡尔族PCⅠ值较大；彝族、苗族PCⅠ值中等，PCⅡ值中等；布依族、仡佬族（贵州）、瑶族、水族、侗族PCⅠ值小，PCⅡ值较大；克木人、维吾尔族、壮族、仫佬族（广西）PCⅠ值较小，PCⅡ值较小；拉祜族、苗族、回族、佤族PCⅠ值中等，PCⅡ值小。仡佬族（广西）因为PCⅡ值很小，黑衣壮族（广西）因为PCⅠ值很小，与其他族群位点相距较远。

蒙古族与俄罗斯族位点相对接近，PCⅠ值大，PCⅡ值大，在中国族群中属于身体粗壮，躯干宽阔类型。

参 考 文 献

[1] 郑连斌, 李咏兰, 席焕久. 中国汉族体质人类学研究. 北京: 科学出版社, 2017.
[2] 朱芳武, 林光琪, 苏曲之, 等. 广西壮族居民三个组群的体质特征. 广西民族研究, 1994, 37(3):

38-49, 61.
[3] 庞祖荫, 李培春, 梁明康, 等. 广西得峨苗族、彝族体质调查. 人类学学报, 1987, 6(4): 324-335.
[4] 庞祖荫, 李培春, 梁明康, 等. 广西三江侗族自治县侗族体质调查. 人类学学报, 1989, 8(3): 248-254.
[5] 梁明康, 李培春, 庞祖荫, 等. 广西隆林县仡佬族体质特征. 右江民族医学院学报, 1989, 11(4): 1-9.
[6] 庞祖荫, 李培春, 黄秀峰, 等. 广西巴马县瑶族体质特征. 右江医学院学报, 1988, 11(3): 28-34.
[7] 李培春, 蒲洪琴, 吴荣敏, 等. 广西那坡黑衣壮族的体质特征. 人类学学报, 2004, 23(2): 152-158.
[8] 郑连斌, 陆舜华, 丁博. 仫佬族体质特征研究. 人类学学报, 2006, 25(3): 242-250.
[9] 李明, 李跃敏, 余发昌, 等. 云南拉祜族的体质特征. 人类学学报, 2001, 20(1): 39-44.
[10] 郑连斌, 陆舜华, 陈媛媛, 等. 中国克木人的体质特征. 人类学学报, 2007, 26(1): 45-53.
[11] 李培春, 梁明康, 吴荣敏, 等. 水族的体质特征研究. 人类学学报, 1994, 13(1): 56-63.
[12] 梁明康, 李培春, 吴荣敏, 等. 贵州仡佬族体质特征. 人类学学报, 1994, 13(1): 64-71.
[13] 郑连斌, 陆舜华, 于会新, 等. 中国僜人体质特征. 人类学学报, 2009, 28(2): 162-171.
[14] 郑连斌, 陆舜华, 于会新, 等. 佤族的体质特征. 人类学学报, 2007, 26(3): 249-258.
[15] 郑连斌, 陆舜华, 罗东梅, 等. 怒族的体质调查. 人类学学报, 2008, 27(2): 158-166.
[16] 余跃生, 任光祥, 戎聚全, 等. 贵州布依族体质人类学研究. 人类学学报, 2005, 24(3): 204-214.
[17] 余跃生, 陆玉炯, 罗载刚, 等. 贵州王卡苗族体质人类学研究. 人类学学报, 2007, 26(1): 54-63.
[18] 郑连斌, 崔静, 陆舜华, 等. 乌孜别克族体质特征研究. 人类学学报, 2004, 23(1): 35-45.
[19] 艾琼华, 肖辉, 赵建新, 等. 维吾尔族的体质特征研究. 人类学学报, 1993, (4): 357-365.
[20] 邵兴周, 王笃伦, 崔静, 等. 新疆察布查尔锡伯族体质特征调查. 人类学学报, 1984, 3(4): 349-360.
[21] 朱钦, 富杰, 刘文忠, 等. 达斡尔族成人体格、体型及半个多世纪以来的变化. 人类学学报, 1996, 15(2): 120-126.
[22] 郑连斌, 朱钦, 王巧玲, 等. 宁夏回族体质特征研究. 人类学学报, 1997, 16(1): 11-21.
[23] 陆舜华, 郑连斌, 索利娅, 等. 俄罗斯族体质特征分析. 人类学学报, 2005, 24(4): 291-300.

第十一章　中国蒙古族的围度

人的围度是重要的体质指标，是指人身体某一个截面的周长。围度也是一个综合性指标，截面中皮肤、皮下组织、结缔组织、肌肉、骨骼、脂肪、血管等含量的多少都会影响围度值的大小。围度通常是指平行于水平面的截面的周长。应该使用特殊材料制成的卷尺来测量围度。测量时卷尺松紧适度，紧贴皮肤。围度值可以用来估算身体发育的水平，如婴儿的头围就是判断其脑发育水平的重要指标，成年人的吸气胸围与呼气胸围之差反映了肺活量的大小，进而可以说明呼吸系统发育的情况，上臂最大围与上臂围之差反映了上臂肌肉发达程度，腰围、腹围、臀围也是估算身体肥胖程度的重要指标。

第一节　中国蒙古族 9 项围度值

一、中国蒙古族 13 个族群男性 9 项围度值

蒙古族 13 个族群男性头围均数范围在（558.0mm±16.8mm）～（587.6mm±14.7mm），均数从大到小排列，第 1～3 位依次是额济纳土尔扈特部、新疆土尔扈特部、青海和硕特部，第 11～13 位依次是郭尔罗斯部、阜新蒙古族、喀左县蒙古族。男性胸围均数范围在（877.7mm±57.6mm）～（1031.0mm±82.1mm），均数从大到小排列，第 1～3 位依次是额济纳土尔扈特部、鄂尔多斯部、新疆土尔扈特部，第 11～13 位依次是喀左县蒙古族、阜新蒙古族、云南蒙古族。男性腰围均数范围在（836.3mm±50.1mm）～（990.3mm±103.8mm），均数从大到小排列，第 1～3 位依次是额济纳土尔扈特部、布里亚特部、新疆察哈尔部，第 11～13 位依次是喀左县蒙古族、阜新蒙古族、云南蒙古族。男性臀围均数范围在（848.4mm±50.6mm）～（1041.0mm±63.4mm），均数从大到小排列，第 1～3 位依次是额济纳土尔扈特部、鄂尔多斯部、巴尔虎部，第 11～13 位依次是喀左县蒙古族、阜新蒙古族、云南蒙古族。男性大腿围均数范围在（430.1mm±40.3mm）～（559.1mm 40.6mm），均数从大到小排列，第 1～3 位依次是额济纳土尔扈特部、杜尔伯特部、新疆察哈尔部，第 11～13 位依次是阜新蒙古族、布里亚特部、云南蒙古族。男性小腿围均数范围在（325.3mm±28.5mm）～（371.5mm±31.9mm），均数从大到小排列，第 1～3 位依次是额济纳土尔扈特部、鄂尔多斯部、新疆察哈尔部，第 11～13 位依次是杜尔伯特部、阜新蒙古族、云南蒙古族。男性上臂围均数范围在（262.2mm±22.5mm）～（304.9mm±25.8mm），均数从大到小排列，第 1～3 位依次是额济纳土尔扈特部、新疆土尔扈特部、新疆察哈尔部，第 11～13 位依次是喀左县蒙古族、阜新蒙古族、云南蒙古族。男性上臂最大围均数范围在（294.6mm±32.3mm）～（331.6mm±27.0mm），均数从大到小排列，第 1～3 位依次是额济纳土尔扈特部、布里亚特部、新疆土尔扈特部，第 11～13 位依次是阿拉善和硕特部、阜新蒙古族、喀左县蒙古族。男性前臂围均数范围在（248.6mm±18.7mm）～（278.9mm±19.6mm），均数从大到小排列，第 1～3 位依次是新

疆土尔扈特部、额济纳土尔扈特部、布里亚特部，第 11～13 位依次是云南蒙古族、阜新蒙古族、喀左县蒙古族（表 11-1）。

表 11-1 蒙古族 13 个族群男性围度的均数（mm，Mean±SD）

族群	头围	胸围	腰围	臀围	大腿围	小腿围	上臂围	上臂最大围	前臂围
杜尔伯特部	564.8±19.0	966.1±75.2	905.6±104.0	947.6±71.0	532.9±55.0	350.0±32.3	284.1±33.4	312.0±36.4	267.8±25.1
郭尔罗斯部	562.8±16.7	959.8±71.2	909.2±107.7	950.6±71.5	527.5±55.2	350.5±33.8	280.6±32.8	309.6±35.0	258.2±23.4
阜新蒙古族	559.8±15.3	928.6±66.1	847.3±96.1	918.8±57.2	501.6±49.7	346.7±30.4	266.9±24.3	295.5±29.3	249.9±16.4
喀左县蒙古族	558.0±16.8	941.8±70.9	873.2±113.6	940.4±69.3	506.6±53.9	352.1±32.6	267.5±30.8	294.6±32.3	248.6±18.7
巴尔虎部	572.6±17.2	968.9±86.7	915.6±124.5	1009.2±81.1	522.3±50.6	359.7±34.5	285.6±31.7	317.9±36.8	265.7±24.4
布里亚特部	569.3±14.7	964.9±109.7	951.7±111.1	985.9±99.8	481.4±58.2	352.2±33.5	290.2±37.5	330.6±44.5	274.2±24.4
鄂尔多斯部	571.7±16.3	983.4±83.4	929.1±113.0	1019.7±78.7	524.6±43.7	368.5±30.5	284.5±30.2	318.1±36.1	266.4±23.3
阿拉善和硕特部	569.8±21.0	962.6±81.8	919.6±125.6	978.7±86.5	511.3±51.9	358.8±34.3	274.5±26.1	300.9±29.9	259.6±20.1
额济纳土尔扈特部	587.6±14.7	1031.0±82.1	990.3±103.8	1041.0±63.4	559.1±40.6	371.5±31.9	304.9±25.8	331.6±27.0	278.1±17.0
青海和硕特部	577.7±16.1	951.3±79.2	901.2±112.5	989.1±65.4	518.5±44.6	355.2±27.7	278.7±27.8	311.5±29.9	265.8±18.9
新疆察哈尔部	576.6±17.5	978.9±89.5	946.9±119.8	1000.1±78.1	531.0±52.6	362.4±32.9	297.2±34.4	327.5±37.5	273.9±23.2
新疆土尔扈特部	579.7±16.5	981.9±76.1	938.3±110.4	1006.5±65.6	525.0±39.3	360.3±29.6	304.5±29.8	330.6±31.6	278.9±19.6
云南蒙古族	563.1±14.0	877.7±57.6	836.3±50.1	848.4±50.6	430.1±40.3	325.3±28.5	262.2±22.5	301.1±25.3	254.0±17.0

二、中国蒙古族 13 个族群女性 9 项围度值

蒙古族 13 个族群女性头围均数范围在（539.8mm±15.7mm）～（566.3mm±41.8mm），均数从大到小排列，第 1～3 位依次是额济纳土尔扈特部、新疆土尔扈特部、青海和硕特部，第 11～13 位依次是云南蒙古族、郭尔罗斯部、喀左县蒙古族。女性胸围均数范围在（840.3mm±56.7mm）～（977.1mm±83.8mm），均数从大到小排列，第 1～3 位依次是额济纳土尔扈特部、新疆土尔扈特部、新疆察哈尔部，第 11～13 位依次是郭尔罗斯部、喀左县蒙古族、云南蒙古族。女性腰围均数范围在（832.3mm±108.1mm）～（952.2mm±127.6mm），均数从大到小排列，第 1～3 位依次是布里亚特部、额济纳土尔扈特部、巴尔虎部，第 11～13 位依次是喀左县蒙古族、云南蒙古族、阿拉善和硕特部。女性臀围均数范围在（850.4mm±50.1mm）～（1019.5mm±79.2mm），均数从大到小排列，第 1～3 位依次是额济纳土尔扈特部、布里亚特部、新疆土尔扈特部，第 11～13 位依次是阜新蒙古族、喀左县蒙古族、云南蒙古族。女性大腿围均数范围在（442.1mm±37.6mm）～（561.1mm±55.2mm），均数从大到小排列，第 1～3 位依次是额济纳土尔扈特部、新疆土尔扈特部、巴尔虎部，第 11～13 位依次是喀左县蒙古族、布里亚特部、云南蒙古族。女性小腿围均数范围在（322.8mm±27.4mm）～（358.7mm±31.1mm），均数从大到小排列，第 1～3 位依次是新疆土尔扈特部、巴尔虎部、额济纳土尔扈特部，第 11～13 位依次是喀左县蒙古族、郭尔罗斯部、云南蒙古族。女性上臂围均数范围在（248.3mm±21.9mm）～（294.3mm±32.6mm），均数从大到小排列，第 1～3 位依次是新疆土尔扈特部、额济纳土尔扈特部、布里亚特部，第 11～13 位依次是阜新蒙古族、喀左县蒙古族、云南蒙古族。女性上臂最大围均数范围在（272.2mm±30.6mm）～（316.1mm±51.3mm），均数从大到小排列，第 1～3 位依次是布里亚特部、新疆土尔扈特部、额济

纳土尔扈特部，第 11~13 位依次是云南蒙古族、阜新蒙古族、喀左县蒙古族。女性前臂围均数范围在（227.0mm±18.4mm）~（255.6mm±21.0mm），均数从大到小排列，第 1~3 位依次是新疆土尔扈特部、额济纳土尔扈特部、布里亚特部，第 11~13 位依次是云南蒙古族、阜新蒙古族、喀左县蒙古族（表 11-2）。

表 11-2　蒙古族 13 个族群女性围度的均数（mm，Mean±SD）

族群	头围	胸围	腰围	臀围	大腿围	小腿围	上臂围	上臂最大围	前臂围
杜尔伯特部	545.1±16.1	911.4±67.7	879.2±102.2	960.6±71.7	528.6±47.7	338.6±30.4	276.3±27.7	294.0±28.9	240.1±17.8
郭尔罗斯部	542.0±16.0	893.7±67.1	842.9±106.7	941.4±78.3	512.2±49.4	334.8±29.8	269.0±26.1	284.6±27.7	231.2±17.6
阜新蒙古族	543.3±14.7	895.1±62.7	839.7±98.3	932.2±60.7	510.6±42.5	341.7±28.2	262.0±22.4	276.6±24.1	230.0±18.4
喀左县蒙古族	539.8±15.7	891.6±79.9	836.3±110.9	931.5±67.4	508.6±58.0	337.8±31.3	257.4±28.3	272.2±30.6	227.0±18.4
巴尔虎部	558.0±18.1	922.9±101.8	895.8±137.8	1011.4±109.7	542.2±56.8	357.9±35.2	277.6±36.6	298.3±42.7	241.5±22.4
布里亚特部	554.4±14.2	916.7±107.4	952.2±127.6	1015.2±126.0	488.0±58.9	349.6±40.0	281.3±40.7	316.1±51.3	247.9±23.8
鄂尔多斯部	552.0±15.1	919.3±75.7	854.8±105.1	993.5±82.9	533.7±44.4	352.8±25.1	271.0±30.5	290.1±30.2	241.5±21.2
阿拉善和硕特部	550.1±15.6	901.6±85.0	832.3±108.1	956.2±80.4	509.1±55.9	342.7±32.4	264.0±29.8	282.1±31.2	234.0±21.0
额济纳土尔扈特部	566.3±41.8	977.1±83.8	940.5±107.1	1019.5±79.2	561.1±55.2	357.8±32.0	293.5±37.4	306.5±37.9	251.6±22.8
青海和硕特部	562.6±14.7	925.1±89.7	871.2±137.8	999.6±92.4	538.6±53.9	355.2±31.6	273.3±33.0	295.8±35.4	246.4±21.1
新疆察哈尔部	560.3±18.3	932.8±87.2	862.7±118.4	987.8±86.4	527.9±53.0	345.9±31.2	280.2±32.5	297.0±33.1	245.7±20.2
新疆土尔扈特部	565.7±16.9	949.1±87.2	861.4±111.0	1014.2±80.6	544.3±53.6	358.7±31.1	294.3±32.6	311.6±35.2	255.6±21.0
云南蒙古族	542.5±12.1	840.3±56.7	834.1±58.1	850.4±50.1	442.1±37.6	322.8±27.4	248.3±21.9	277.2±22.6	231.2±15.7

三、中国蒙古族各个族群间 9 项围度值的方差分析

对蒙古族 13 个族群间的围度值进行方差分析，结果显示男性族群间 9 项围度值的差异具有统计学意义，女性族群间亦然（表 11-3）。

表 11-3　蒙古族族群间围度值的方差分析

性别	族群	头围	胸围	腰围	臀围	大腿围	小腿围	上臂围	上臂最大围	前臂围
男性	F	35.100	28.700	22.400	80.300	65.500	21.700	28.700	22.000	32.000
	P	0.000	0.000	0.000	0.000	0.000	0.000	0.000	0.000	0.000
女性	F	53.600	28.900	12.400	70.700	67.600	23.600	33.600	31.500	37.600
	P	0.000	0.000	0.000	0.000	0.000	0.000	0.000	0.000	0.000

注：F 为蒙古族族群指数值间的方差分析值，$P<0.01$ 表示差异具有统计学意义

第二节　中国蒙古族族群间围度值的主成分分析

一、男性围度值的主成分分析

蒙古族和汉族男性 15 个族群前两个主成分的贡献率分别为 73.578%、10.992%，累计贡献率达到 84.570%。PCⅠ载荷较大的指标有腰围（0.957）、上臂围（0.955）、臀围（0.934）、前臂围（0.907），PCⅠ值越大，则腰围、上臂围、臀围、前臂围值越大。PCⅡ载荷较大的指标有大腿围（–0.599），PCⅡ值越大，则大腿围越小。

以 PCⅠ为横坐标、PCⅡ为纵坐标作散点图（图 11-1A），可以看出 15 个族群大致可分为三个组：第一象限的布里亚特部、新疆察哈尔部、新疆土尔扈特部为一组，这个组

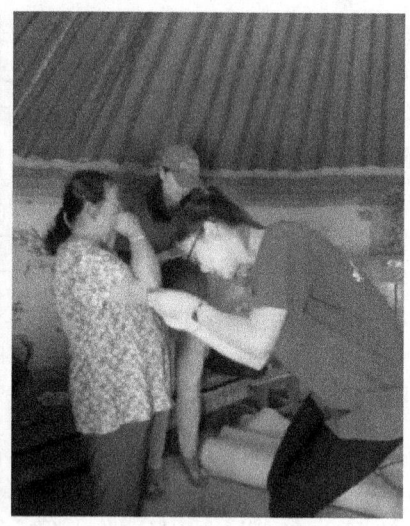

额济纳旗的胡杨渐黄　　　　　　看看骨骼的发育程度

PCⅠ值大，PCⅡ值大，腰围、上臂围、臀围、前臂围大，大腿围小。杜尔伯特部、青海和硕特部、巴尔虎部、鄂尔多斯部、郭尔罗斯部、阿拉善和硕特部为一组，这个组PCⅠ值中等，PCⅡ值中等，腰围、上臂围、臀围、前臂围、大腿围中等。阜新蒙古族、喀左县蒙古族、北方汉族为一组，PCⅠ值小，PCⅡ值小，腰围、上臂围、臀围、前臂围小，而大腿围大。额济纳土尔扈特部由于PCⅠ值很大，PCⅡ值较小，而与其他族群位点距离较远。云南蒙古族由于PCⅠ值很小，PCⅡ值很大，而与其他族群位点距离较远。实际上第一组与第二组位点毗邻，连成一条点的斜带。北方汉族、南方汉族位点挨得很近，体现出南、北方汉族身体围度接近，并与东北的郭尔罗斯部、阜新蒙古族具有相近的围度特征。云南蒙古族腰围、上臂围、臀围、前臂围、大腿围很小，与北方蒙古族围度差距较大。

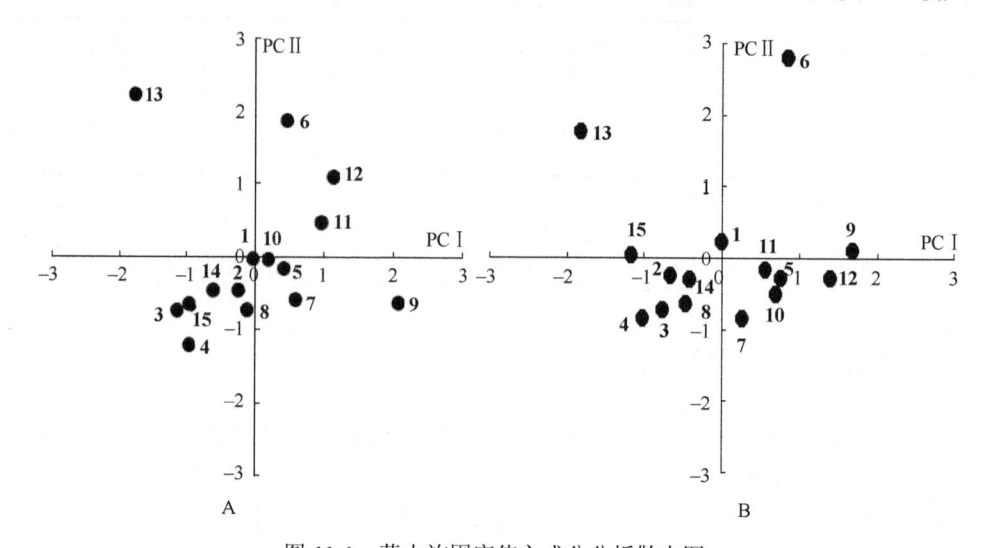

图11-1　蒙古族围度值主成分分析散点图

A. 男性，B. 女性；1. 杜尔伯特部，2. 郭尔罗斯部，3. 阜新蒙古族，4. 喀左县蒙古族，5. 巴尔虎部，6. 布里亚特部，7. 鄂尔多斯部，8. 阿拉善和硕特部，9. 额济纳土尔扈特部，10. 青海和硕特部，11. 新疆察哈尔部，12. 新疆土尔扈特部，13. 云南蒙古族，14. 北方汉族，15. 南方汉族

二、女性围度值的主成分分析

蒙古族和汉族女性 15 个族群前两个主成分的贡献率分别为 81.156%、9.813%，累计贡献率达到 90.969%。PCⅠ载荷较大的指标有上臂围（0.963）、臀围（0.957）、胸围（0.953），PCⅠ值越大，则上臂围、臀围、胸围越大。PCⅡ载荷较大的指标有大腿围（−0.577），PCⅡ值越大，则大腿围越小。由于 PCⅠ的贡献率高达 81.156%，因此在分析时主要考虑 PCⅠ值的大小。

以 PCⅠ为横坐标、PCⅡ为纵坐标作散点图（图 11-1B），可以看出大致可分为三个组：①额济纳土尔扈特部、新疆土尔扈特部的 PCⅠ值大，上臂围、臀围、胸围大。②巴尔虎部、鄂尔多斯部、青海和硕特部、新疆察哈尔部的 PCⅠ值较大，上臂围、臀围、胸围较大。③郭尔罗斯部、阜新蒙古族、喀左县蒙古族、阿拉善和硕特部、北方汉族、南方汉族的 PCⅠ值较小，上臂围、臀围、胸围较小。总体来说，上述三个组的位点距离并不是很远，基本上连成一片，体现出身体围度的共性，共同特点是大腿围中等或偏大。布里亚特部 PCⅠ值、PCⅡ值均大，上臂围、臀围、胸围大，大腿围小。云南蒙古族 PCⅠ值小、PCⅡ值大，上臂围、臀围、胸围、大腿围小。杜尔伯特部 PCⅠ值、PCⅡ值中等。这三个族群与上述三组的位点距离较远。

两个土尔扈特部有相似的围度特点，二者位点接近。东北的郭尔罗斯部、阜新蒙古族、喀左县蒙古族具有相似的围度特点而位于同一组中。南方汉族、北方汉族位点与上述 3 个东北三省蒙古族族群接近，尤其是北方汉族更接近郭尔罗斯部、阜新蒙古族、喀左县蒙古族。云南蒙古族上臂围、臀围、胸围、大腿围小，与北方蒙古族围度差距大。

蒙古族男性的围度在中国少数民族中是比较大的，明显大于南方少数民族。与已经发表的俄罗斯族、乌孜别克族相比，互有高低，蒙古族男性胸围、大腿围大于这两个民族，而腰围、前臂围小于这两个民族，臀围大于俄罗斯族而小于乌孜别克族，上臂围、上臂最大围小于俄罗斯族而与乌孜别克族接近，小腿围与俄罗斯族接近而大于乌孜别克族。

三、中国蒙古族不同年龄组围度均数的比较

蒙古族三个年龄组间各个围度值的方差分析显示，差异均具有统计学意义（$P<0.01$ 或 $P<0.05$）（表 11-4）。

表 11-4　中国蒙古族 3 个年龄组间各个围度值的方差分析

指标	男性 F	男性 P	女性 F	女性 P	指标	男性 F	男性 P	女性 F	女性 P
头围	11.8	0.000	13.0	0.000	小腿围	13.1	0.000	42.0	0.000
胸围	16.0	0.000	89.5	0.000	上臂围	29.9	0.000	66.7	0.000
腰围	18.8	0.000	146.8	0.000	上臂最大围	60.7	0.000	70.7	0.000
臀围	4.4	0.012	67.7	0.000	前臂围	37.1	0.000	46.9	0.000
大腿围	7.9	0.000	56.2	0.000					

注：F 为蒙古族年龄组指标值间的方差分析值，$P<0.01$ 或 $P<0.05$ 表示差异具有统计学意义

蒙古族男性头围、小腿围、上臂围、上臂最大围、前臂围均数都是 20～44 岁组最大，45～59 岁组次之，60～80 岁组最小；胸围、腰围、臀围、大腿围均数都是 45～59 岁组最大，60 岁后下降。女性腰围均数是 20～44 岁组最小，45～59 岁组较大，60～80 岁组最大；头围、胸围、臀围、大腿围、小腿围、上臂围、上臂最大围、前臂围均数都是 20～44 岁组较小，45～59 岁组最大，60～80 岁组又减小，呈倒"V"形变化。总的说来，男性、女性的共同点是躯干部围度均数 45～59 岁组最大（表 11-5）。

表 11-5　蒙古族不同年龄组围度测量指标的均数（mm，Mean±SD）

指标	男性 20～44 岁组	男性 45～59 岁组	男性 60～80 岁组	男性合计	女性 20～44 岁组	女性 45～59 岁组	女性 60～80 岁组	女性合计	u
头围	571.2±17.6	570.4±18.8	566.0±17.8	569.8±18.2	551.7±16.7	552.5±23.5	547.3±17.7	551.0±19.8	32.72**
胸围	944.3±89.0	968.9±86.5	961.4±79.9	956.7±86.9	883.2±82.1	933.4±84.4	912.9±83.7	908.4±86.2	18.36**
腰围	885.2±112.6	921.3±112.0	913.8±117.5	904.8±114.7	812.2±101.9	882.7±106.2	897.7±113.5	858.0±112.7	13.53**
臀围	961.0±88.1	974.3±90.3	970.6±89.8	967.8±89.4	939.2±86.4	988.2±100.2	965.2±92.3	963.2±95.5	1.64
大腿围	512.0±63.4	512.7±57.6	499.5±48.6	509.5±58.6	512.8±59.3	529.7±58.0	497.3±54.1	515.7±59.0	3.47**
小腿围	355.9±33.8	355.4±34.9	346.2±30.7	353.6±33.8	343.8±30.7	350.8±33.5	334.9±33.1	344.5±32.8	8.98**
上臂围	285.8±33.1	284.5±32.4	271.4±30.5	282.2±32.8	265.0±31.3	280.2±33.0	264.6±31.4	270.6±32.8	11.64**
上臂最大围	320.5±35.6	315.3±34.5	297.6±34.4	313.7±36.0	285.8±32.8	300.4±37.0	280.4±33.5	290.1±35.5	21.71**
前臂围	266.9±22.3	265.7±23.7	255.6±22.3	264.1±23.2	236.6±20.2	243.8±21.8	233.8±22.1	238.7±21.6	37.12**

注：u 为性别间 u 检验值，**表示 P<0.01，差异具有统计学意义

蒙古族男性与女性臀围值接近（P > 0.05），蒙古族女性只有大腿围值大于男性，其他 8 项围度值均小于男性（P<0.01）

第三节　中国蒙古族围度指标与经度、纬度、年平均温度、年龄的相关分析

蒙古族男性 9 项围度均与经度呈显著负相关（表 11-6），即从中国西部向东部，围度值呈线性下降。蒙古族男性 9 项围度均与纬度呈显著正相关，即从中国南部向北部，围度值呈线性增大。蒙古族男性 9 项围度均与年平均温度呈显著负相关，即随着年平均温度的下降，围度值呈线性增大。蒙古族男性躯干围度均与年龄呈显著正相关，而头围、四肢围度与年龄呈显著负相关，即随着年龄增长，躯干围度值呈线性增大，而头围、四肢围度呈线性下降。一般来说，随着年龄增长，人的四肢脂肪减少而躯干脂肪增加，蒙古族男性表现出这种生理变化规律。

表 11-6　蒙古族男性围度指标与经度、纬度、年平均温度、年龄的相关分析

指标	经度 r	经度 P	纬度 r	纬度 P	年平均温度 r	年平均温度 P	年龄 r	年龄 P
头围	−0.288**	0.000	0.100**	0.000	−0.123**	0.000	−0.104**	0.000
胸围	−0.072**	0.002	0.288**	0.000	−0.243**	0.000	0.125**	0.000
腰围	−0.150**	0.000	0.214**	0.000	−0.201**	0.000	0.147**	0.000

续表

指标	经度		纬度		年平均温度		年龄	
	r	P	r	P	r	P	r	P
臀围	−0.146**	0.000	0.409**	0.000	−0.404**	0.000	0.052*	0.022
大腿围	−0.056*	0.014	0.385**	0.000	−0.294**	0.000	−0.074**	0.001
小腿围	−0.081**	0.000	0.236**	0.000	−0.208**	0.000	−0.093**	0.000
上臂围	−0.186**	0.000	0.248**	0.000	−0.210**	0.000	−0.124**	0.000
上臂最大围	−0.161**	0.000	0.182**	0.000	−0.190**	0.000	−0.203**	0.000
前臂围	−0.221**	0.000	0.194**	0.000	−0.205**	0.000	−0.149**	0.000

注：r 为相关系数，*表示 $P<0.05$，**表示 $P<0.01$，相关系数具有统计学意义

蒙古族女性有 8 项围度（腰围除外）均与经度呈显著负相关（表 11-7），即从中国西部向东部，8 项围度值呈线性下降。蒙古族女性 9 项围度与纬度呈显著正相关，即从中国南部向北部，围度值呈线性增大。蒙古族女性头围、胸围、腰围、臀围、小腿围、上臂围均与年平均温度呈显著负相关，这与男性一致。蒙古族女性躯干围度与年龄呈显著正相关，这与男性一致；四肢围度均与年龄呈显著正相关，这与男性不同。

表 11-7　蒙古族女性围度指标与经度、纬度、年平均温度、年龄的相关分析

指标	经度		纬度		年平均温度		年龄	
	r	P	r	P	r	P	r	P
头围	−0.310**	0.000	0.132**	0.000	−0.056**	0.005	0.491**	0.000
胸围	−0.125**	0.000	0.232**	0.000	−0.214**	0.000	0.889**	0.000
腰围	−0.038	0.069	0.098**	0.000	−0.346**	0.000	0.783**	0.000
臀围	−0.144**	0.000	0.372**	0.000	−0.174**	0.000	0.886**	0.000
大腿围	−0.083**	0.000	0.330**	0.000	−0.032	0.111	0.786**	0.000
小腿围	−0.090**	0.000	0.185**	0.000	−0.040*	0.048	0.819**	0.000
上臂围	−0.134**	0.000	0.255**	0.000	−0.093**	0.000	0.847**	0.000
上臂最大围	−0.130**	0.000	0.185**	0.000	−0.035	0.080	0.835**	0.000
前臂围	−0.235**	0.000	0.139**	0.000	−0.032	0.109	0.795**	0.000

注：r 为相关系数，*表示 $P<0.05$，**表示 $P<0.01$，相关系数具有统计学意义

第四节　中国蒙古族与其他民族围度值的比较

一、中国蒙古族与汉族围度值的比较

蒙古族男性 9 项围度均数从大到小排列依次是臀围、胸围、腰围、头围、大腿围、小腿围、上臂最大围、上臂围、前臂围。蒙古族的围度均数总体上大于汉族（表 11-8）。北方汉族[1]的大腿围、小腿围、前臂围接近蒙古族，其他 6 项围度均数远小于蒙古族。南方汉族[1] 9 项围度均数均明显小于蒙古族。

表 11-8　蒙古族与汉族的围度的均数（mm，Mean±SD）

族群	头围	胸围	腰围	臀围	大腿围	小腿围	上臂围	上臂最大围	前臂围
蒙古族（男性）	569.8±18.2	956.7±86.9	904.8±114.7	967.8±89.4	509.5±58.6	353.6±33.8	282.2±32.8	313.7±36.0	264.1±23.2
北方汉族（男性）	561.6±23.6	919.6±75.4	868.9±104.1	938.9±72.0	508.7±58.4	352.2±38.4	272.5±32.0	302.4±34.8	260.2±22.0
南方汉族（男性）	561.8±18.5	901.5±71.8	852.0±86.2	916.2±68.9	503.9±80.5	348.9±39.0	271.8±32.8	299.2±34.7	250.2±22.2
蒙古族（女性）	551.0±19.8	908.4±86.2	858.0±112.7	963.2±95.5	515.7±59.0	344.5±32.8	270.6±32.8	290.1±35.5	238.7±21.6
北方汉族（女性）	546.1±24.7	900.6±82.1	856.7±110.5	938.7±71.7	517.1±53.2	343.5±30.5	263.7±30.0	284.4±34.6	236.3±22.8
南方汉族（女性）	544.8±16.4	865.9±69.0	834.2±94.4	913.1±64.3	495.9±48.6	329.8±27.7	257.5±29.2	278.0±32.0	228.5±21.1

女性 9 项围度均数从大到小的排列顺序与男性一致，也依次为臀围、胸围、腰围、头围、大腿围、小腿围、上臂最大围、上臂围、前臂围。蒙古族女性的围度均数总体上大于汉族女性。北方汉族女性的腰围、小腿围、前臂围接近蒙古族女性，大腿围大于蒙古族，其他 5 项围度均数远小于蒙古族女性。南方汉族女性 9 项围度均数均明显小于蒙古族女性。

二、中国蒙古族与其他少数民族围度值的比较

蒙古族男性的胸围、大腿围均数大于其他 8 个族群；腰围均数小于乌孜别克族，与俄罗斯族接近，大于南方族群；臀围均数小于乌孜别克族，大于其他族群；小腿围均数与俄罗斯族接近，大于其他族群；上臂围、上臂最大围均数小于俄罗斯族，与乌孜别克族接近，大于其他族群；前臂围均数小于俄罗斯族、乌孜别克族，大于其他族群。总之，蒙古族男性围度均数与北方的俄罗斯族、乌孜别克族互有高低，高于南方各个族群（表 11-9）。俄罗斯族、乌孜别克族在北方少数民族中属于身材比较高大、体重较大、围度较大的民族。可以认为，蒙古族围度均数在中国少数民族中也是比较大的。

表 11-9　蒙古族与其他少数民族男性 8 项围度的均数（mm，Mean±SD）

族群	胸围	腰围	臀围	大腿围	小腿围	上臂围	上臂最大围	前臂围
蒙古族	956.7±86.9	904.8±114.7	967.8±89.4	509.5±58.6	353.6±33.8	282.2±32.8	313.7±36.0	264.1±23.2
俄罗斯族[2]	841.8±85.7	905.8±90.6	961.7±77.3	456.1±47.8	352.4±35.1	287.8±29.2	326.0±33.4	279.3±22.2
乌孜别克族[3]	929.6±84.1	922.6±95.7	974.6±68.7	483.4±49.3	343.8±28.3	281.0±29.9	312.6±36.2	270.3±23.5
布依族[4]	844.6±47.9	831.8±45.5	856.7±45.6	411.1±34.4	333.6±20.8	252.1±18.7	284.5±20.2	248.7±14.6
仫佬族[5]	827.3±46.8	798.9±45.8	853.8±41.9	424.4±37.2	324.4±21.9	254.9±20.2	280.2±21.4	249.1±16.5
克木人[6]	859.7±59.1	824.7±61.9	877.4±62.3	454.2±49.8	346.1±32.3	275.6±28.6	306.5±30.4	263.8±24.0
怒族[7]	860.6±45.1	832.5±45.8	861.9±43.6	461.5±32.3	333.0±20.8	258.8±21.2	289.9±22.0	251.5±15.7
革家人[7]	872.9±64.1	788.4±87.8	892.4±61.1	470.7±45.9	325.8±29.8	249.1±21.7	272.2±27.3	239.1±17.7
佤族[9]	852.1±49.9	810.7±52.1	842.7±50.2	422.4±45.5	334.3±27.0	268.1±30.1	301.4±28.8	256.6±25.2

蒙古族女性的围度均数在中国少数民族中也是比较大的，明显大于南方少数民族，与已经发表的俄罗斯族、乌孜别克族相比，互有高低（表 11-10）。蒙古族女性胸围、大腿围大于这两个民族，而腰围、上臂最大围、前臂围小于这两个民族，臀围、小腿围小于俄罗斯族而大于乌孜别克族，上臂围小于俄罗斯族而与乌孜别克族接近。

表 11-10　蒙古族与其他少数民族女性 8 项围度的均数

族群	胸围	腰围	臀围	大腿围	小腿围	上臂围	上臂最大围	前臂围
蒙古族	908.4±86.2	858.0±112.7	963.2±95.5	515.7±59.0	344.5±32.8	270.6±32.8	290.1±35.5	238.7±21.6
俄罗斯族[2]	905.0±88.8	891.0±113.5	973.1±83.2	472.9±50.5	351.6±33.8	282.5±35.3	318.4±41.8	255.6±24.4
乌孜别克族[3]	876.6±91.8	890.6±125.3	954.8±88.2	486.3±55.7	337.4±30.7	269.3±35.6	294.3±40.7	247.0±25.8
布依族[4]	809.1±58.2	838.5±56.6	861.9±51.2	420.1±39.4	320.1±23.7	238.3±21.7	265.8±25.1	221.0±13.7
仫佬族[5]	795.7±53.6	795.2±64.5	847.3±48.4	429.1±41.2	313.1±22.9	239.4±25.1	258.6±25.1	222.3±16.9
克木人[6]	799.3±66.8	790.8±74.1	871.5±76.7	457.7±57.0	333.6±35.8	255.3±30.7	282.7±35.0	235.6±20.8
怒族[7]	836.2±47.8	838.2±47.1	873.5±43.7	469.2±36.9	317.9±20.7	251.2±20.9	279.5±23.6	229.3±13.6
革家人[8]	828.3±61.4	778.5±89.3	889.4±64.5	484.9±48.2	314.8±27.3	237.1±23.1	256.1±25.5	217.8±17.2
佤族[9]	808.4±59.6	807.6±66.6	853.3±58.7	441.4±42.9	329.3±26.2	250.2±26.3	281.5±32.0	229.7±19.0

参 考 文 献

[1] 郑连斌, 李咏兰, 席焕久, 等. 中国汉族体质人类学研究. 北京: 科学出版社, 2017.
[2] 陆舜华, 郑连斌, 索利娅, 等. 俄罗斯族体质特征分析. 人类学学报, 2005, 24(4): 291-300.
[3] 郑连斌, 崔静, 陆舜华, 等. 乌孜别克族体质特征研究. 人类学学报, 2004, 23(1): 35-45.
[4] 郑连斌, 张淑丽, 陆舜华, 等. 布依族体质特征研究. 人类学学报, 2005, 24(2): 137-144.
[5] 郑连斌, 陆舜华, 丁博. 仫佬族体质特征研究. 人类学学报, 2006, 25(3): 69-77.
[6] 郑连斌, 陆舜华, 陈媛媛, 等. 中国克木人的体质特征. 人类学学报, 2007, 26(1): 45-53.
[7] 郑连斌, 陆舜华, 罗东梅, 等. 怒族的体质调查. 人类学学报, 2008, 27(2): 158-166.
[8] 李咏兰, 郑连斌, 冯晨露, 等. 革家人的体质特征. 人类学学报, 2015, 34(2): 234-244.
[9] 郑连斌, 陆舜华, 于会新, 等. 佤族的体质特征. 人类学学报, 2007, 26(3): 249-258.

第十二章　中国蒙古族的皮褶厚度

人脂肪的测量方法有很多，如水下称重法、双能 X 线吸收法。这些方法由于仪器、场地等原因，不方便用于大规模的族群测量，更无法应用于野外工作。相比之下，皮褶厚度法由于操作简单，测量迅速，对人体没有伤害而被学者经常使用。人类的皮褶厚度反映了皮下脂肪发育的水平，由于皮下脂肪与人的全身脂肪有显著的正相关关系，因此通过测量皮褶厚度可以估算人的体脂率，进而用于判断超重、肥胖。由于人体测量得到的族群皮褶厚度值往往不呈正态分布，因此计算均数时，不使用算数平均值方法，而是使用几何平均值方法。

皮褶厚度测量使用皮脂卡钳（皮褶厚度计）进行。中国学者多使用改良型仿日本荣研式皮褶厚度计。使用前需要调节仪器的压力，主要是观察指针是否在"0"处。最常测量的指标是肱三头肌皮褶、肩胛下皮褶厚度，因为这两处皮褶和肌肉容易分离，测量起来比较准确，而且这两处皮褶厚度可以近似代表四肢和躯干的皮褶厚度。使用这两项皮褶厚度，可以利用公式推算人体的体密度，进而计算体脂率。此外，测量指标还有肱二肌头皮褶、髂嵴上皮褶、髂前上棘皮褶、小腿内侧皮褶厚度等。肱三头肌皮褶、肩胛下皮褶、髂前上棘皮褶、小腿内侧皮褶厚度还可以用来计算 Heath-Carter 体型，也可以通过测量肱二肌头皮褶、肱三头肌皮褶、髂嵴上皮褶、肩胛下皮褶厚度来计算人体的体密度，进而计算体脂率。一般认为计算体密度的公式中使用的皮褶厚度指标越多，最后计算出的体密度越准确。

按照《人体测量方法》[1] 规定的方法进行测量。

（1）肱二头肌皮褶：取肩峰点与桡骨点连线中点水平处的二头肌肌腹，皮褶方向与上臂长轴平行。

（2）肱三头肌皮褶：取上臂肩峰点与尺骨鹰嘴连线的中点，皮褶方向与上臂长轴方向平行。

（3）肩胛下皮褶：取肩胛下角下端，皮褶方向向下偏外 45°角。

（4）髂嵴上皮褶：取髂嵴上方，皮褶方向向下偏内 45°角。

（5）髂前上棘皮褶：取髂前上棘上方，皮褶方向向下偏内 45°角。

（6）小腿内侧皮褶：取小腿最大水平围内侧，皮褶方向与小腿长轴平行。

第一节　中国蒙古族各个族群皮褶厚度的均数

一、各个族群男性皮褶厚度的均数

蒙古族多数族群的皮褶厚度尚未见报道。由于蒙古族各个族群测量的时间不同，各个课题对皮褶厚度指标的规定不同，因此在表格中有些族群可能缺少个别指标均数。

蒙古族 13 个族群男性肱二头肌皮褶厚度均数范围在（3.5mm±1.5mm）～（10.9mm±

1.4mm），均数从大到小排列，第1~3位依次是额济纳土尔扈特部、喀左县蒙古族、阿拉善和硕特部，第11~13位依次是青海和硕特部、布里亚特部、云南蒙古族。男性肱三头肌皮褶厚度均数范围在（5.8mm±1.6mm）~（17.3mm±1.3mm），均数从大到小排列，第1~3位依次是额济纳土尔扈特部、郭尔罗斯部、喀左县蒙古族，第11~13位依次是杜尔伯特部、布里亚特部、云南蒙古族；乡村汉族均数小，接近于布里亚特部。男性肩胛下皮褶厚度均数范围在（9.1mm±1.4mm）~（21.7mm±1.3mm），均数从大到小排列，第1~3位依次是额济纳土尔扈特部、阿拉善和硕特部、郭尔罗斯部，第11~13位依次是新疆土尔扈特部、布里亚特部、云南蒙古族；乡村汉族均数较小，接近于巴尔虎部。男性髂嵴上皮褶厚度均数范围在（10.4mm±1.5mm）~（21.1mm±1.3mm），均数从大到小排列，第1~3位依次是鄂尔多斯部、新疆察哈尔部、喀左县蒙古族，第8~10位依次是青海和硕特部、额济纳土尔扈特部、新疆土尔扈特部。男性髂前上棘皮褶厚度均数范围在（7.0mm±1.6mm）~（17.9mm±1.4mm），均数从大到小排列，第1~3位依次是新疆察哈尔部、新疆土尔扈特部、喀左县蒙古族，第11~13位依次是额济纳土尔扈特部、布里亚特部、云南蒙古族；乡村汉族均数小。男性小腿内侧皮褶厚度均数范围在（7.7mm±1.6mm）~（13.4mm±1.4mm），均数从大到小排列，第1~3位依次是额济纳土尔扈特部、喀左县蒙古族、新疆土尔扈特部，第11~13位依次是青海和硕特部、新疆察哈尔部、云南蒙古族；乡村汉族均数小（表12-1）。

表12-1 蒙古族男性皮褶厚度的均数（mm，Mean±SD）

族群	肱二头肌皮褶	肱三头肌皮褶	肩胛下皮褶	髂嵴上皮褶	髂前上棘皮褶	小腿内侧皮褶
杜尔伯特部	6.4±1.6	11.4±1.5	17.1±1.4	17.3±1.4	16.0±1.4	9.8±1.5
郭尔罗斯部	8.0±1.5	13.9±1.4	17.9±1.4	18.1±1.4	17.3±1.4	11.7±1.4
阜新蒙古族	8.2±1.4	12.6±1.4	16.3±1.4	17.5±1.4	16.3±1.4	11.0±1.4
喀左县蒙古族	8.7±1.5	13.3±1.4	17.4±1.4	18.6±1.4	17.4±1.4	12.2±1.3
巴尔虎部	7.7±1.6	12.4±1.4	14.1±1.5		15.7±1.4	10.4±1.5
布里亚特部	4.4±1.7	10.2±1.7	13.0±1.6		11.8±1.9	10.9±1.5
鄂尔多斯部	7.9±1.6	12.2±1.4	16.9±1.4	21.1±1.3	15.8±1.4	10.1±1.5
阿拉善和硕特部	8.4±1.5	12.7±1.4	18.7±1.3	17.8±1.4	16.9±1.4	10.1±1.3
额济纳土尔扈特部	10.9±1.4	17.3±1.3	21.7±1.4	15.1±1.4	15.2±1.3	13.4±1.4
青海和硕特部	5.2±1.6	12.1±1.4	15.2±1.6	17.1±1.5	15.3±1.5	9.4±1.4
新疆察哈尔部	7.0±1.6	12.7±1.4	16.5±1.4	19.1±1.4	17.9±1.4	8.3±1.5
新疆土尔扈特部	5.6±1.6	11.7±1.4	14.0±1.3	10.4±1.5	17.4±1.5	12.0±1.4
云南蒙古族	3.5±1.5	5.8±1.6	9.1±1.4		7.0±1.6	7.7±1.6
乡村汉族	6.0±1.7	9.6±1.6	14.2±1.6		13.2±1.7	8.9±1.6
F	52.281	52.160	44.533	7.514	49.821	34.005
P	0.000	0.000	0.000	0.000	0.000	0.000

注：F 为蒙古族族群指标值间的方差分析值，$P<0.01$ 表示差异具有统计学意义

可以发现，6项皮褶厚度中，男性肩胛下皮褶与髂嵴上皮褶厚度均数大，二者接近；肱三头肌皮褶与髂前上棘皮褶厚度均数居中，二者比较接近；小腿内侧皮褶厚度均数较小；肱二头肌皮褶厚度均数最小。蒙古族的皮褶厚度总体上大于汉族。方差分析表明，族群间6项皮褶厚度值的差异具有统计学意义（$P<0.01$）。

二、各个族群女性皮褶厚度的均数

蒙古族13个族群女性肱二头肌皮褶厚度均数范围在（5.6mm±1.6mm）～（13.9mm±1.4mm），均数从大到小排列，第1～3位依次是额济纳土尔扈特部、喀左县蒙古族、鄂尔多斯部，第11～13位依次是青海和硕特部、布里亚特部、云南蒙古族。女性肱三头肌皮褶厚度均数范围在（11.7mm±1.4mm）～（22.8mm±1.2mm），均数从大到小排列，第1～3位依次是额济纳土尔扈特部、郭尔罗斯部、阜新蒙古族，第11～13位依次是巴尔虎部、阿拉善和硕特部、云南蒙古族；乡村汉族均数小，接近于阿拉善和硕特部。女性肩胛下皮褶厚度均数范围在（14.0mm±1.3mm）～（22.8mm±1.3mm），均数从大到小排列，第1～3位依次是额济纳土尔扈特部、阜新蒙古族、喀左县蒙古族，第11～13位依次是新疆土尔扈特部、巴尔虎部、云南蒙古族；乡村汉族均数较小，接近于鄂尔多斯部。女性髂嵴上皮褶厚度均数范围在（18.9mm±1.3mm）～（24.3mm±1.3mm），均数从大到小排列，第1～3位依次是喀左县蒙古族、阜新蒙古族、鄂尔多斯部，第8～10位依次是新疆土尔扈特部、阿拉善和硕特部、额济纳土尔扈特部。女性髂前上棘皮褶厚度均数范围在（10.4mm±1.5mm）～（23.6mm±1.3mm），均数从大到小排列，第1～3位依次是喀左县蒙古族、阜新蒙古族、新疆察哈尔部，第11～13位依次是鄂尔多斯部、布里亚特部、云南蒙古族。女性小腿内侧皮褶厚度均数范围在（9.9mm±1.3mm）～（19.9mm±1.3mm），均数从大到小排列，第1～3位依次是额济纳土尔扈特部、喀左县蒙古族、阜新蒙古族，第11～13位依次是阿拉善和硕特部、新疆察哈尔部、新疆土尔扈特部（表12-2）。

表12-2 蒙古族女性皮褶厚度的均数（mm，Mean±SD）

族群	肱二头肌皮褶	肱三头肌皮褶	肩胛下皮褶	髂嵴上皮褶	髂前上棘皮褶	小腿内侧皮褶
杜尔伯特部	10.5±1.5	19.5±1.3	20.0±1.3	21.6±1.3	20.6±1.3	14.8±1.3
郭尔罗斯部	11.6±1.5	22.2±1.3	21.3±1.3	21.7±1.3	20.5±1.3	14.4±1.3
阜新蒙古族	12.4±1.4	21.5±1.2	22.2±1.2	23.4±1.2	23.2±1.2	15.5±1.3
喀左县蒙古族	12.6±1.5	21.0±1.3	21.4±1.3	24.3±1.3	23.6±1.3	15.8±1.3
巴尔虎部	11.5±1.5	18.1±1.2	17.8±1.3		18.7±1.3	14.6±1.3
布里亚特部	7.2±1.7	18.3±1.4	19.5±1.4		17.2±1.5	14.6±1.4
鄂尔多斯部	12.5±1.4	18.2±1.3	19.0±1.3	22.5±1.2	17.5±1.4	14.4±1.3
阿拉善和硕特部	10.7±1.4	17.9±1.3	19.1±1.4	19.9±1.4	19.6±1.3	11.6±1.3
额济纳土尔扈特部	13.9±1.4	22.8±1.2	22.8±1.3	18.9±1.3	17.6±1.3	19.9±1.3
青海和硕特部	9.4±1.6	19.8±1.3	19.1±1.4	22.2±1.3	19.1±1.4	12.4±1.3
新疆察哈尔部	10.6±1.5	19.6±1.3	19.2±1.3	21.7±1.3	20.8±1.3	10.8±1.3
新疆土尔扈特部	10.9±1.6	20.1±1.3	17.8±1.4	21.2±1.3	20.7±1.3	9.9±1.3
云南蒙古族	5.6±1.6	11.7±1.4	14.0±1.3		10.4±1.5	12.0±1.4
乡村汉族	9.5±1.6	15.9±1.5	18.7±1.4		17.9±1.5	13.5±1.5
F	61.062	84.826	41.865	20.795	89.516	73.924
P	0.000	0.000	0.000	0.000	0.000	0.000

注：F为蒙古族族群指标值间的方差分析值，$P<0.01$表示差异具有统计学意义

方差分析表明，女性族群间 6 项皮褶厚度值的差异具有统计学意义（$P<0.01$），多数指标（如肱二头肌皮褶、肱三头肌皮褶、髂前上棘皮褶、小腿内侧皮褶）最大均数甚至是最小均数的两倍。可以发现，6 项皮褶厚度中，女性髂嵴上皮褶厚度均数最大，其次是肩胛下皮褶厚度均数，第三是肱三头肌皮褶厚度均数，第四是髂前上棘皮褶厚度均数，第五是小腿内侧皮褶厚度均数，肱二头肌皮褶厚度均数最小。蒙古族女性的皮褶厚度大于男性。蒙古族的皮褶厚度总体上大于汉族。

根据上述分析可以发现，额济纳土尔扈特部肱二头肌皮褶、肱三肌头皮褶、肩胛下皮褶、小腿内侧皮褶厚度均数在蒙古族各族群中都是最大的，但髂嵴上皮褶、髂前上棘皮褶厚度均数不是最大的，甚至女性 45～59 岁组、60～80 岁组髂嵴上皮褶厚度均数最小。但总体来说，额济纳土尔扈特部的四肢和背部皮褶厚度无疑在蒙古族各族群中是最大的。此外，皮褶厚度均数较大的族群还有阿拉善和硕特部、喀左县蒙古族。云南蒙古族由于缺少髂嵴上皮褶厚度资料而不能参加比较，除小腿内侧皮褶厚度外，云南蒙古族其他 4 项皮褶厚度均数在蒙古族族群中是最小的。另外，布里亚特部及新疆土尔扈特部女性的皮脂都比较薄。

三、中国蒙古族 13 个族群皮褶厚度均数的主成分分析

对蒙古族 13 个族群和汉族（作为对照族群）的肱二头肌皮褶、肱三头肌皮褶、肩胛下皮褶、髂前上棘皮褶、小腿内侧皮褶 5 项皮褶厚度均数进行主成分分析。因为蒙古族各个族群都是在乡村、牧区测量，所以汉族数据取的是乡村资料。

蒙古族族群和汉族男性前两个主成分的贡献率分别为 78.400%、11.077%，累计贡献率达到 89.477%。PCⅠ载荷较大的指标有肱三头肌皮褶厚度（0.975）、肩胛下皮褶厚度（0.942）、肱二头肌皮褶厚度（0.923）。PCⅡ载荷较大的指标是小腿内侧皮褶厚度（0.577）。

以 PCⅠ为横坐标、PCⅡ为纵坐标作散点图（图 12-1A），可以看出 10 个族群集中

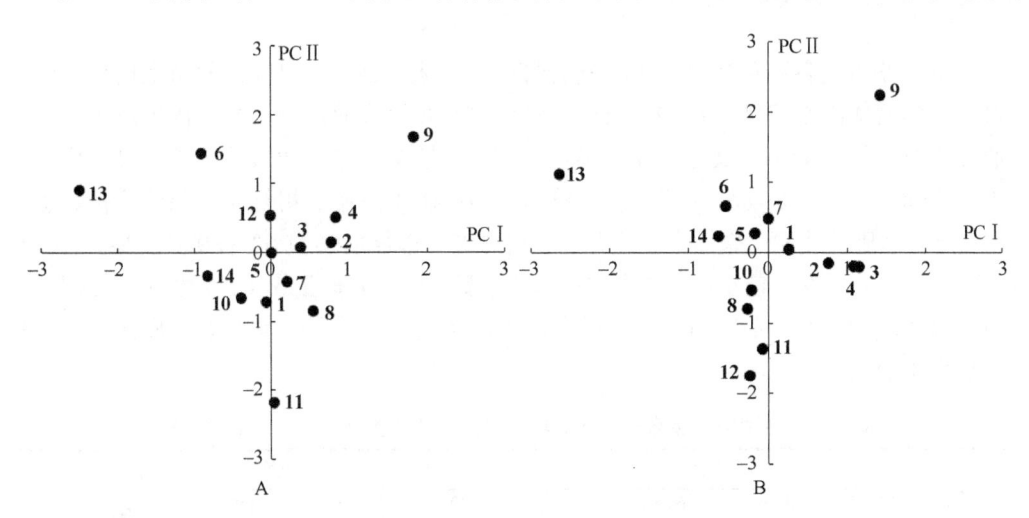

图 12-1 蒙古族 13 个族群皮褶厚度的主成分分析散点图

A. 男性，B. 女性；1. 杜尔伯特部，2. 郭尔罗斯部，3. 阜新蒙古族，4. 喀左县蒙古族，5. 巴尔虎部，6. 布里亚特部，7. 鄂尔多斯部，8. 阿拉善和硕特部，9. 额济纳土尔扈特部，10. 青海和硕特部，11. 新疆察哈尔部，12. 新疆土尔扈特部，13. 云南蒙古族，14. 汉族

在原点周围形成一个原点聚集区，反映了蒙古族族群皮褶厚度的相似性。还有 4 个族群分布在聚集区的周边。额济纳土尔扈特部 PCⅠ值、PCⅡ值都大，表现为肱三头肌皮褶、肩胛下皮褶、肱二头肌皮褶、小腿内侧皮褶厚度均数大。云南蒙古族、布里亚特部 PCⅠ值小，PCⅡ值大，表现为肱三头肌皮褶、肩胛下皮褶、肱二头肌皮褶厚度均数小，小腿内侧皮褶厚度均数大。新疆察哈尔部 PCⅠ值中等，PCⅡ值很小，表现为肱三头肌皮褶、肩胛下皮褶、肱二头肌皮褶厚度均数中等，小腿内侧皮褶厚度均数很小。实际上聚集区内的族群皮褶厚度还是有差异的，如郭尔罗斯部、阜新蒙古族、喀左县蒙古族 PCⅠ值、PCⅡ值都较大，青海和硕特部 PCⅠ值、PCⅡ值都较小，鄂尔多斯部和阿拉善和硕特部 PCⅠ值较大，而 PCⅡ值较小，杜尔伯特部、巴尔虎部、新疆土尔扈特部 PCⅡ值中等。

蒙古族族群和汉族女性前两个主成分贡献率分别为 71.942%、18.736%，累计贡献率达到 90.678%。PCⅠ载荷较大的指标有肩胛下皮褶厚度（0.956）、肱三头肌皮褶厚度（0.942）。PCⅡ载荷较大的指标有小腿内侧皮褶厚度（0.777）。

以 PCⅠ为横坐标、PCⅡ为纵坐标作散点图（图 12-1B），可以看出大致可分为三个组：第一组包括杜尔伯特部、郭尔罗斯部、阜新蒙古族、喀左县蒙古族，都是东北地区的族群，共同特点是 PCⅠ值大，PCⅡ值中等，表现为肩胛下皮褶、肱三头肌皮褶厚度均数大，小腿内侧皮褶厚度均数中等。第二组包括内蒙古蒙古族三个族群（巴尔虎部、布里亚特部、鄂尔多斯部）、汉族，共同特点是 PCⅠ值中等或较小，PCⅡ值较大，表现为肩胛下皮褶、肱三头肌皮褶厚度均数中等或较小，小腿内侧皮褶厚度均数较大。4 个西部蒙古族族群（阿拉善和硕特部、青海和硕特部、新疆察哈尔部、新疆土尔扈特部）为第三组，PCⅠ值较小，PCⅡ值小，表现为肩胛下皮褶、肱三头肌皮褶厚度均数较小，小腿内侧皮褶厚度均数小。额济纳土尔扈特部由于 PCⅠ值、PCⅡ值都大而远离其他族群，云南蒙古族因为 PCⅠ值小、PCⅡ值大而远离其他族群。

四、中国蒙古族的皮褶厚度分析

将中国蒙古族各族群皮褶厚度资料合并统计（表 12-3），男性的髂嵴上皮褶厚度均数最大，然后依次是肩胛下皮褶、髂前上棘皮褶、肱三头肌皮褶、小腿内侧皮褶，肱二头肌皮褶厚度均数最小。女性顺序与男性不同，女性第一位为肩胛下皮褶，第二位是髂前上棘皮褶，第三位是肱三头肌皮褶，第四位为髂嵴上皮褶。男性肱二头肌皮褶、肱三头肌皮褶、肩胛下皮褶、髂前上棘皮褶、小腿内侧皮褶厚度均数 60~80 岁组最大，45~59 岁组与 20~44 岁组较小；髂嵴上皮褶厚度均数 45~59 岁组最大。女性 6 项皮褶厚度均数都是 45~59 岁组最大，60 岁以后女性皮褶厚度有所减小。女性 6 项皮褶厚度均数都明显大于男性（$P<0.01$）。

表 12-3　中国蒙古族合计资料 6 项皮褶厚度的均数（mm，Mean±SD）

指标	男性 20~44 岁组	男性 45~59 岁组	男性 60~80 岁组	男性 合计	女性 20~44 岁组	女性 45~59 岁组	女性 60~80 岁组	女性 合计	u
肱二头肌皮褶	6.1±1.8	6.9±1.7	7.3±1.6	6.6±1.7	9.1±1.7	11.7±1.5	11.0±1.5	10.1±1.6	30.09**
肱三头肌皮褶	10.9±1.7	11.8±1.5	12.1±1.5	11.5±1.6	17.8±1.4	20.2±1.3	19.0±1.3	18.9±1.4	45.93**
肩胛下皮褶	14.3±1.6	15.9±1.5	16.2±1.4	15.3±1.5	17.9±1.4	20.9±1.3	19.4±1.3	19.2±1.4	20.26**

续表

指标	男性 20~44岁组	男性 45~59岁组	男性 60~80岁组	男性 合计	女性 20~44岁组	女性 45~59岁组	女性 60~80岁组	女性 合计	u
髂嵴上皮褶	15.9±1.5	20.8±1.3	16.6±1.6	16.9±1.4	18.3±1.3	23.1±1.3	20.6±1.3	18.3±1.3	20.77**
髂前上棘皮褶	13.6±1.7	15.4±1.6	15.5±1.5	14.6±1.6	17.3±1.5	21.1±1.4	19.1±1.4	18.9±1.5	20.85**
小腿内侧皮褶	9.7±1.5	9.6±1.5	9.9±1.5	9.7±1.5	13.3±1.4	14.2±1.4	13.8±1.4	13.6±1.4	29.86**

注：u 为性别间 u 检验值，**表示 $P<0.01$，差异具有统计学意义

蒙古族各年龄组之间皮褶厚度值的方差分析结果表明（表 12-4），男性的肱三头肌皮褶、小腿内侧皮褶厚度值年龄组间的差异无统计学意义，其余 4 项指标值年龄组间的差异具有统计学意义（$P<0.01$ 或 $P<0.05$）。女性 6 项指标值年龄组间的差异均具有统计学意义（$P<0.01$）。

表 12-4　蒙古族合计资料各年龄组之间皮褶厚度值的方差分析

指标	男性 F	男性 P	女性 F	女性 P	指标	男性 F	男性 P	女性 F	女性 P
肱二头肌皮褶	9.6	0.000	70.7	0.000	髂嵴上皮褶	15.4	0.000	28.4	0.000
肱三头肌皮褶	2.7	0.066	54.1	0.000	髂前上棘皮褶	7.3	0.001	86.5	0.000
肩胛下皮褶	12.3	0.000	71.3	0.000	小腿内侧皮褶	1.2	0.301	18.3	0.000

注：F 为蒙古族年龄组指标值间的方差分析值，$P<0.01$ 表示差异具有统计学意义

第二节　中国蒙古族皮褶厚度指标与经度、纬度、年平均温度、年龄的相关分析

一、男性皮褶厚度指标与经度、纬度、年平均温度、年龄的相关分析

中国蒙古族分布范围非常广泛，全国各地都有蒙古族分布，而且以部落形式分布。北方是蒙古族最主要的聚居区，从东北地区黑龙江省一直到西北地区新疆维吾尔自治区都有蒙古族族群生活。除上述地区以及的区域也有蒙古族呈小地域聚居，这主要是由元朝灭亡后，一部分蒙古人没有退回北方草原而是留居当地所致。为了研究蒙古族的皮下脂肪发育是否有一定的地域规律，我们进行了蒙古族合计资料皮褶厚度指标与经度、纬度、年平均温度、年龄的相关分析。

男性相关分析结果表明（表 12-5），有三项指标与经度呈显著正相关，有三项指标与经度相关不显著，即从中国西部到东部，蒙古族男性四肢的肱二头肌皮褶、肱三头肌皮褶、小腿内侧皮褶厚度呈线性增大趋势，而躯干部的肩胛下皮褶、髂嵴上皮褶、髂前上棘皮褶厚度无此变化规律。从中国南部到北部，除髂嵴上皮褶厚度外，其余 5 项皮褶厚度都呈线性增大。随着年平均温度的下降，蒙古族男性 6 项皮褶厚度都呈线性增大。随着年龄的增大，蒙古族男性的肱二头肌皮褶、肱三头肌皮褶、肩胛下皮褶、髂前上棘皮褶厚度呈线性增大，髂嵴上皮褶厚度呈线性下降，小腿内侧皮褶厚度无线性变化规律。

表 12-5　蒙古族男性皮褶厚度指标与经度、纬度、年平均温度、年龄的相关分析

指标	经度 r	经度 P	纬度 r	纬度 P	年平均温度 r	年平均温度 P	年龄 r	年龄 P
肱二头肌皮褶	0.086**	0.000	0.253**	0.000	−0.113**	0.000	0.119**	0.000
肱三头肌皮褶	0.055*	0.016	0.360**	0.000	−0.248**	0.000	0.060**	0.008
肩胛下皮褶	0.028	0.224	0.269**	0.000	−0.162**	0.000	0.127**	0.000
髂嵴上皮褶	−0.035	0.200	−0.030	0.263	−0.061*	0.024	−0.115**	0.000
髂前上棘皮褶	−0.029	0.208	0.374**	0.000	−0.264**	0.000	0.103**	0.000
小腿内侧皮褶	0.311**	0.000	0.166**	0.000	−0.122**	0.000	−0.002	0.932

注：r 为相关系数，*表示 $P<0.05$，**表示 $P<0.01$，相关系数具有统计学意义

二、女性皮褶厚度指标与经度、纬度、年平均温度、年龄的相关分析

女性相关分析结果表明（表 12-6），6 项指标与经度均呈显著正相关，即从中国西部到东部，蒙古族女性四肢、躯干的皮褶厚度呈线性增大趋势。从中国南部到北部，除髂嵴上皮褶厚度呈线性下降外，其余 5 项皮褶厚度都呈线性增大。随着年平均温度的下降，蒙古族女性除肱二头肌皮褶、髂嵴上皮褶厚度变化很小外，肱三头肌皮褶、肩胛下皮褶、髂前上棘皮褶、小腿内侧皮褶厚度都呈线性下降。随着年龄的增大，除髂嵴上皮褶厚度外，蒙古族其余 5 项皮褶厚度均呈线性增大。

表 12-6　蒙古族女性皮褶厚度指标与经度、纬度、年平均温度、年龄的相关分析

指标	经度 r	经度 P	纬度 r	纬度 P	年平均温度 r	年平均温度 P	年龄 r	年龄 P
肱二头肌皮褶	0.102**	0.000	0.268**	0.000	−0.032	0.113	0.209**	0.000
肱三头肌皮褶	0.106**	0.000	0.374**	0.000	−0.129**	0.000	0.150**	0.000
肩胛下皮褶	0.154**	0.000	0.245**	0.000	−0.166**	0.000	0.186**	0.000
髂嵴上皮褶	0.100**	0.000	−0.047*	0.040	0.033	0.157	−0.020	0.385
髂前上棘皮褶	0.107**	0.000	0.378**	0.000	−0.236**	0.000	0.189**	0.000
小腿内侧皮褶	0.340**	0.000	0.114**	0.000	−0.054**	0.007	0.076**	0.000

注：r 为相关系数，*表示 $P<0.05$，**表示 $P<0.01$，相关系数具有统计学意义

Wells[2]认为，温度对身体组成的影响在女性中明显大于男性。Wells[2]发现男性的肩胛下皮褶厚度与年平均温度相关不显著，女性肩胛下皮褶厚度与年平均温度呈显著负相关，男性、女性肱三头肌皮褶厚度均与年平均温度呈显著负相关。女性肱三头肌皮褶比肩胛下皮褶对温度更为敏感。温度对男性、女性皮褶厚度的影响不完全一致，对人体各处皮褶厚度的影响也不同。不同温度主要影响四肢的脂肪，对躯干的脂肪影响不大。我们发现，温度对男性、女性皮褶厚度的影响基本一致，蒙古族男性、女性的肱三头肌皮褶、肩胛下皮褶、髂前上棘皮褶、小腿内侧皮褶厚度均与年平均温度呈明显负相关。年平均温度既影响四肢的脂肪，也影响躯干的脂肪。

已有学者对中国汉族皮褶厚度与年龄相关性进行了研究，得到的结果与本研究不完全一致。郑连斌等[3]发现屯堡人男性皮褶厚度与年龄相关不显著，屯堡人女性只有面颊皮褶

厚度与年龄呈显著正相关。但也有学者认为皮褶厚度与年龄呈显著相关，王杨等[4]发现广东成年客家人6项皮褶厚度均与年龄呈显著正相关；宇克莉等[5]发现安徽汉族6项皮褶厚度多与年龄呈显著正相关；包金萍等[6,7]发现海南汉族躯干部皮褶厚度与年龄呈显著正相关；李咏兰等[8]认为山西汉族随年龄增长，小腿内侧皮褶厚度变薄。最近学者[9]对汉族资料的综合研究表明，汉族小腿内侧皮褶厚度与年龄呈显著负相关，其余5项皮褶厚度均与年龄呈显著正相关。蒙古族男性多数皮褶厚度指标与年龄呈显著正相关，和王杨等、宇克莉等的研究结果基本一致，表明总体上随着年龄变大，蒙古族皮下脂肪层变厚。

第三节　中国蒙古族与其他民族皮褶厚度值的比较

以男性资料为例，将蒙古族男性的5项皮褶厚度与汉族、仫佬族[10]、布依族[11]、门巴族[12]、乌孜别克族[13]男性皮褶厚度资料进行比较。本研究中蒙古族多为乡村资料，少数民族资料均在乡村测得，故汉族资料也为乡村资料。u 检验显示，蒙古族5项皮褶厚度值均大于汉族和其他少数民族（表12-7）。

巴彦查干乡的工作从大庙村开始　　　　呼伦贝尔草原著名的甘珠尔庙

表 12-7　蒙古族男性与其他族群皮褶厚度的比较（mm，Mean±SD）

族群	肱二头肌皮褶	肱三头肌皮褶	肩胛下皮褶	髂前上棘皮褶	小腿内侧皮褶
蒙古族（1916例）	6.6±1.7	11.5±1.6	15.3±1.5	14.6±1.6	9.7±1.5
汉族（8174例）	6.0±1.7**	9.6±1.6**	14.2±1.6**	13.2±1.7**	8.9±1.6**
仫佬族（232例）	3.0±1.3**	4.9±1.4**	8.7±1.4**	8.2±1.5**	5.7±1.4**
布依族（259例）	3.6±1.4**	6.5±1.5**	9.4±1.3**	10.0±1.5**	7.7±1.7**
门巴族（69例）	3.7±1.6**	9.2±1.7**	11.2±1.5**	10.1±1.7**	7.5±1.6**
乌孜别克族（106例）	4.0±1.6**	7.8±1.6**	13.0±1.7**	11.2±1.8**	7.4±1.6**

注：**是蒙古族与汉族、少数民族皮褶厚度 u 检验的结果，表示差异具有统计学意义

人的皮褶厚度发育受到环境的影响（经度、纬度、温度），也受到年龄的影响。人的内分泌水平是随着年龄而变化的。人体的很多激素，如甲状腺素、胰岛素、性激素等都会影响人体的脂肪代谢，从而影响皮下脂肪的发育。人摄入的食品的产热量过多，会

以脂肪形式储存在身体,也会影响皮下脂肪的发育。人类体力劳动、体育锻炼过少,也会造成皮下脂肪的积累。

人的皮下脂肪发育与遗传因素有关。中国学者通过中国双生子研究证实皮下脂肪发育主要是由遗传因素决定。何鲜桂等[14]测量了 431 对单卵双生双生子,172 对二卵双生双生子的体重、肱三头肌皮褶厚度,计算出体脂率遗传度男为 0.77,女为 0.73;体脂量遗传度男为 0.79,女为 0.78。李玉玲和季成叶[15]测量了 376 对 6～18 岁同性别双生子的肱三头肌皮褶、肩胛下皮褶厚度,发现不同发育期各指标遗传度存在差异,肱三头肌皮褶、肩胛下皮褶厚度遗传度男生在青春期前期最低,分别为 0.55、0.62,女生在青春期晚期最低,分别为 0.53、0.43。王志强和欧阳镇[16,17]对同性别双生儿童研究表明,正常儿童体脂肪的变异主要受遗传因素影响,遗传度为 0.62～0.83;不同部位皮褶厚度受遗传因素影响的程度不同,肩胛下角处遗传度较高(0.65～0.82),而三头肌处则较低(0.32～0.43)。蒙古族与中国其他民族皮褶厚度的差异、蒙古族内部各个族群皮褶厚度的差异也与其遗传结构不同有一定关系。

参 考 文 献

[1] 吴汝康, 吴新智, 张振标. 人体测量方法. 北京: 科学出版社, 1984.
[2] Wells JCK. Ecogeographical associations between climate and human body composition: analyses based on anthropometry and skinfolds. American Journal of Physical Anthropology, 2012, 147: 169-186.
[3] 郑连斌, 李咏兰, 宇克莉, 等. 贵州屯堡人皮褶厚度的研究. 南京医科大学学报, 2013, 33 (7): 970-974.
[4] 王杨, 郑连斌, 陆舜华, 等. 广东客家人皮褶厚度特征研究. 解剖学杂志, 2012, 35(4): 506-509.
[5] 宇克莉, 郑连斌, 赵大鹏, 等. 安徽汉族成人皮褶厚度的研究. 人类学学报, 2014, 33(2): 214-220.
[6] 包金萍, 郑连斌, 张兴华, 等. 海南琼海汉族成人皮褶厚度的年龄变化. 人类学学报, 2015, 34(1): 97-104.
[7] 包金萍, 郑连斌, 宇克莉, 等. 云南汉族成人皮褶厚度的研究. 解剖学杂志, 2014, 37(4): 533-536.
[8] 李咏兰, 陆舜华, 郑连斌, 等. 山西汉族成人皮褶厚度的研究. 解剖学报, 2012, 43(2): 144-148.
[9] 郑连斌, 李咏兰, 席焕久. 中国汉族体质人类学研究. 北京: 科学出版社, 2017: 117-121.
[10] 郑连斌, 陆舜华, 丁博. 仫佬族体质特征研究. 人类学学报, 2006, 25(3): 69-77.
[11] 郑连斌, 张淑丽, 陆舜华, 等. 布依族体质特征研究. 人类学学报, 2005, 24(2): 137-144.
[12] 郑连斌, 陆舜华, 张兴华, 等. 珞巴族与门巴族的体质特征. 人类学学报, 2009, 28(4): 401-406.
[13] 郑连斌, 崔静, 陆舜华, 等. 乌孜别克族体质特征研究. 人类学学报, 2004, 23(1): 35-45.
[14] 何鲜桂, 季成叶, 李玉玲, 等. 儿童青少年体成分影响因素的双生子研究. 中国学校卫生, 2008, 29(4): 295-296.
[15] 李玉玲, 季成叶. 不同发育期双生子皮褶厚度及体成分分析. 中国公共卫生, 2009, 25(8): 897-899.
[16] 王志强, 欧阳镇. 双生儿童体脂肪的研究. 中国学校卫生, 1991, (3): 133-135.
[17] 王志强, 欧阳镇. 双生子皮下脂肪厚度的研究. 哈尔滨医科大学学报, 1991, (2): 125-128.

第十三章　中国蒙古族的体型

第一节　Heath-Carter 体型测量法

一、Heath-Carter 体型测量法简介

体型是身体当前的形态表型，是可以观察到的外在的形态结构，它不考虑身材大小，是对身体形状和相对组成成分的描述[1]。体型因种族、遗传、环境、年龄和生活习惯的不同而产生差异。人类体型研究方法有很多，美国学者 Sheldon 等于 1940 年借用胚胎学术语，在《人类体格种类》中把人类体型解释为内胚型、中胚型、外胚型三种成分统一的整体形态，创建了一种新的、连续的体型分类系统[2]。Haeth 和 Carter 对这一体系改进，建立了一种更为客观的测量方法，即 Heath-Carter 体型测量法。Heath-Carter 法已成为目前国际上最有用途的评价体型的方法。

Heath-Carter 体型测量法是一种连续的体型评价方法，将影响人体体型的因素如身高、体重、围度、骨骼、肌肉、脂肪等予以综合考虑[3]，以测量得到的人体基本数据为依据，通过特定的公式计算内、中、外因子等参数值，将体型进行内、中、外胚层体型分类，准确地阐明人体的体型特征。Heath-Carter 体型测量法是通过测量人体体重、身高、上臂最大围、小腿围、肱骨及股骨内外上髁间径，以及肱三头肌、肩胛下、髂前上棘、小腿内侧皮褶厚度 10 项指标，来分别计算内因子、中因子和外因子值。根据内因子、中因子和外因子值之间的关系，可以将人的体型分成 13 种类型。Heath-Carter 体型测量法是《国际生物发展规划》推荐使用的体型综合评价法[4]，具有客观准确、简便易行、普遍适用等优点，被广泛应用于体型研究中。自 20 世纪 90 年代以来，季成业[5,6]、赵凌霞[7]、朱钦[8-10]、郑连斌[11]学者陆续开展了中国族群的 Heath-Carter 体型法研究。我国学者采用 Heath-Carter 体型法已对部分少数民族，如佤族[12]、克木人[13]及云南汉族[14]、辽宁汉族[15]、广西汉族[16]等部分地区的汉族居民进行了体型研究。

二、Heath-Carter 体型研究方法

按 Carter 和 Heath 规定的方法测量体重、身高、上臂最大围、小腿围、肱骨内外上髁间径、股骨内外上髁间径、肱三头肌皮褶厚度、肩胛下皮褶厚度、髂前上棘皮褶厚度、小腿内侧皮褶厚度 10 项指标，按照公式计算内因子、中因子和外因子值。内因子主要反映个体的相对肥胖程度，中因子主要反映人体骨骼和肌肉的发达程度，外因子反映身体线性度，即苗条程度。

根据现有资料，三因子取值范围分别为：内因子值 0.5～16；中因子值 0.5～12；外因子值 0.5～9。按一般规定，三因子值在 0.5～2.5 为低值，在 3～5 为中等，在 5～7 为高值，大于 7 为极高值。

尽管三维体型图能更准确地反映体型位置及体型点间的确切距离，有利于分析比较，但其在分析体型分布时不太方便。因此，把三维体型点投射到二维平面图上，就可得到一个二维体型点图。平面体型图上 X、Y 轴的坐标值由公式获得。SAD 值表示在三维空间中两个体型点间的差异。SAM 值表示样本中平均体型点到所有体型点的平均空间距离。

依据内因子值、中因子值、外因子值的大小可以把体型分成 13 种类型：①偏外胚层的内胚层体型；②均衡的内胚层体型；③偏中胚层的内胚层体型；④内胚层-中胚层均衡体型；⑤偏内胚层的中胚层体型；⑥均衡的中胚层体型；⑦偏外胚层的中胚层体型；⑧中胚层-外胚层均衡体型；⑨偏中胚层的外胚层体型；⑩均衡的外胚层体型；⑪偏内胚层的外胚层体型；⑫外胚层-内胚层均衡体型；⑬三胚层中间体型。

第二节 东北三省蒙古族的体型

一、东北三省蒙古族体型 3 个因子的均数

对杜尔伯特部、郭尔罗斯部、阜新蒙古族、喀左县蒙古族的测量资料进行合并统计，从总体上研究东北三省蒙古族体型的现状和特点。与蒙古族其他族群、蒙古族合计资料来比较，东北三省蒙古族男性、女性都是内因子值高，中因子值低，外因子值中等。男性 3 个年龄组及合计资料均为内胚层-中胚层均衡体型。女性 3 个年龄组及合计资料均为偏中胚层的内胚层体型。男性的内因子值小于女性，中因子值、外因子值大于女性。男性 HWR 值大于女性，表明男性的身体充实度小于女性（表 13-1）。男性 SAM 值小于女性，表明男性体型离散度小于女性。

表 13-1 东北三省蒙古族的体型（Mean±SD）

指标	男性				女性			
	20～44 岁组	45～59 岁组	60～80 岁组	合计	20～44 岁组	45～59 岁组	60～80 岁组	合计
体重/kg	74.8±13.8	71.7±11.6	66.6±10.9	70.9±12.4	60.6±9.3	63.3±9.1	59.7±10.7	61.8±9.8
身高/mm	1686.6±59.9	1660.5±64.4	1632.7±62.6	1658.9±65.9	1574.9±53.2	1548.6±53.3	1523.7±55.9	1549.5±57.2
内因子	5.2±1.3	5.0±1.1	4.8±1.2	5.0±1.2	6.7±0.9	6.9±0.8	6.5±1.1	6.7±1.0
中因子	5.2±1.4	5.2±1.1	5.0±1.0	5.1±1.2	4.1±1.3	4.8±1.1	4.8±1.3	4.7±1.2
外因子	1.3±1.3	1.1±0.9	1.3±1.0	1.3±1.1	1.3±1.1	0.7±0.7	0.8±0.9	0.9±0.9
HWR	40.3±2.3	40.2±1.8	40.5±1.9	40.3±2.0	40.2±2.1	39.0±1.9	39.2±2.1	39.4±2.0
X	−3.9±2.4	−3.8±1.9	−3.5±2.0	−3.7±2.1	−5.4±1.7	−6.2±1.5	−5.7±1.9	−5.9±1.7
Y	3.8±3.2	4.3±2.5	3.8±2.5	4.0±2.7	0.4±3.1	2.1±2.4	2.2±2.8	1.7±2.8
SAM	2.9±1.3	2.6±1.2	2.5±1.1	2.7±1.2	3.8±0.9	4.1±1.0	3.8±1.2	4.0±1.0

二、东北三省蒙古族 13 种体型的分布

13 种体型中，东北三省蒙古族男性的内胚层-中胚层均衡体型出现率最高，偏内胚层的中胚层体型出现率次之，偏中胚层的内胚层体型出现率居第三，其余 10 种体型都

有出现，但出现率很低。女性的体型集中在偏中胚层的内胚层体型，高达 84.1%，其余体型出现率很低，有 3 种体型没有出现（表 13-2）。

表 13-2　东北三省蒙古族 13 种体型的分布

体型分型	男性 20~44 岁组 n	%	45~59 岁组 n	%	60~80 岁组 n	%	合计 n	%	女性 20~44 岁组 n	%	45~59 岁组 n	%	60~80 岁组 n	%	合计 n	%
偏外胚层的内胚层体型	1	0.6	0	0	1	0.6	2	0.4	12	5.5	5	1.2	4	1.5	21	2.3
均衡的内胚层体型	2	1.3	2	0.9	2	1.1	6	1.1	20	9.1	6	1.5	12	4.5	38	4.2
偏中胚层的内胚层体型	45	28.7	54	24.5	46	25.7	145	26.1	172	78.5	374	91.2	208	77.9	754	84.2
内胚层-中胚层均衡体型	47	29.9	79	35.9	57	31.8	183	32.9	12	5.5	19	4.6	34	12.7	65	7.3
偏内胚层的中胚层体型	43	27.4	72	32.7	53	29.6	168	30.2	1	0.5	4	1.0	5	1.9	10	1.1
均衡的中胚层体型	3	1.9	6	2.7	8	4.5	17	3.1	0	0	0	0	0	0	0	0
偏外胚层的中胚层体型	0	0	1	0.5	4	2.2	5	0.9	0	0	0	0	0	0	0	0
中胚层-外胚层均衡体型	2	1.3	2	0.9	2	1.1	6	1.1	0	0	0	0	0	0	0	0
偏中胚层的外胚层体型	3	1.9	1	0.5	1	0.6	5	0.9	0	0	0	0	1	0.4	1	0.1
均衡的外胚层体型	1	0.6	2	0.9	1	0.6	4	0.7	0	0	0	0	2	0.7	2	0.2
偏内胚层的外胚层体型	2	1.3	0	0	1	0.6	3	0.5	1	0.5	0	0	0	0	1	0.1
外胚层-内胚层均衡体型	3	1.9	0	0	1	0.6	4	0.7	1	0.5	1	0.2	1	0.4	3	0.3
三胚层中间体型	5	3.2	1	0.5	2	1.1	8	1.4	0	0	1	0.2	0	0	1	0.1

三、东北三省蒙古族的体型图

在图 13-1 上可以看到，东北三省蒙古族男性 4 个族群的点很接近，位于外因子轴虚线半轴附近；女性 4 个族群的点也很接近，在内因子轴实线半轴和外因子轴虚线半轴所夹的区域中，均分布在近似扇形之外。体型图上的位点分布，体现了东北三省蒙古族体型的一致性。

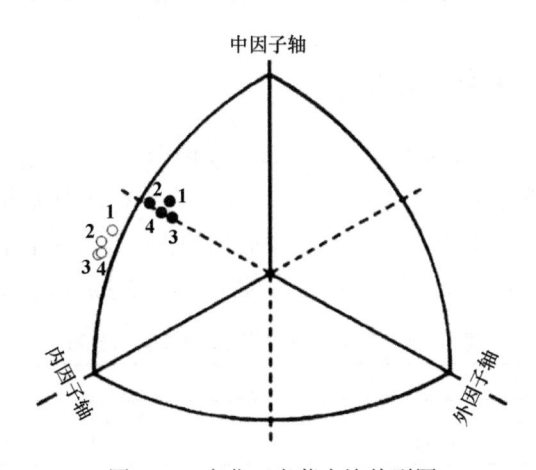

图 13-1　东北三省蒙古族体型图

●男性，○女性；1. 杜尔伯特部，2. 郭尔罗斯部，3. 阜新蒙古族，4. 喀左县蒙古族

第三节　内蒙古蒙古族的体型

一、内蒙古蒙古族体型 3 个因子的均数

对巴尔虎部、布里亚特部、鄂尔多斯部的测量数据合并统计，以求得内蒙古蒙古族体型的现状和特点。阿拉善地区目前由内蒙古自治区管辖，但考虑到阿拉善盟属于中国的西北地区，阿拉善的和硕特部与土尔扈特部均来自新疆，是著名的厄鲁特蒙古族的重要组成部分。所以这两个蒙古族族群没有放在内蒙古蒙古族中统计，而是在西部蒙古族中加以考虑。

内蒙古蒙古族男性 3 个年龄组及合计资料均为偏内胚层的中胚层体型。女性 20~44 岁组为内胚层-中胚层均衡体型，45~59 岁组、60~80 岁组均为偏内胚层的中胚层体型，合计资料为内胚层-中胚层均衡体型。男性的内因子值小于女性，中因子值与女性接近，外因子值大于女性。男性 HWR 值略大于女性。男性 SAM 值略小于女性（表 13-3）。

表 13-3　内蒙古蒙古族体型（Mean±SD）

指标	男性 20~44 岁组	男性 45~59 岁组	男性 60~80 岁组	男性 合计	女性 20~44 岁组	女性 45~59 岁组	女性 60~80 岁组	女性 合计
体重/kg	74.4±15.3	78.2±16.8	76.1±12.6	75.8±15.4	61.0±11.4	72.0±16.1	65.2±12.1	65.5±14.2
身高/mm	1708.2±59.0	1676.0±60.9	1675.6±56.4	1693.5±61.2	1583.1±55.0	1560.6±55.0	1533.1±54.7	1567.6±57.7
内因子	4.2±1.6	4.7±1.3	4.6±1.1	4.4±1.5	5.6±1.2	6.3±0.9	6.0±0.8	5.9±1.1
中因子	5.6±1.5	6.6±1.6	6.3±1.4	6.0±1.6	5.2±1.6	7.0±1.9	6.6±1.7	6.0±1.9
外因子	1.7±1.4	1.0±1.0	1.1±1.0	1.4±1.2	1.5±1.2	0.4±0.6	0.6±0.7	1.0±1.1
HWR	40.9±2.4	39.5±2.2	39.8±2.2	40.3±2.4	40.5±2.5	37.8±2.4	38.3±2.3	39.2±2.7
X	−2.5±2.8	−3.7±2.1	−3.5±2.0	−3.0±2.6	−4.1±2.3	−5.9±1.4	−5.5±1.3	−4.9±2.1
Y	5.4±3.3	7.4±3.2	6.9±2.9	6.3±3.3	3.3±3.6	7.2±3.8	6.6±3.4	5.2±4.1
SAM	2.7±1.5	3.3±1.7	3.0±1.6	2.9±1.6	3.1±1.5	4.6±1.8	4.1±1.6	3.8±1.8

二、内蒙古蒙古族 13 种体型的分布

13 种体型中，内蒙古蒙古族男性的偏内胚层的中胚层体型出现率最高，内胚层-中胚层均衡体型出现率次之，其他体型出现率很低，有 3 种体型没有出现。偏内胚层的中胚层体型在女性中出现率最高，其次是偏中胚层的内胚层体型，内胚层-中胚层均衡体型出现率居第三，其他体型出现率很低，只有偏中胚层的外胚层体型没有出现（表 13-4）。

表 13-4　内蒙古蒙古族 13 种体型的分布

体型分型	男性 20~44 岁组 n	男性 20~44 岁组 %	男性 45~59 岁组 n	男性 45~59 岁组 %	男性 60~80 岁组 n	男性 60~80 岁组 %	男性 合计 n	男性 合计 %	女性 20~44 岁组 n	女性 20~44 岁组 %	女性 45~59 岁组 n	女性 45~59 岁组 %	女性 60~80 岁组 n	女性 60~80 岁组 %	女性 合计 n	女性 合计 %
偏外胚层的内胚层体型	0	0	0	0	0	0	0	0	8	2.9	0	0	0	0	8	1.4
均衡的内胚层体型	0	0	0	0	0	0	0	0	14	5.0	0	0	0	0	14	2.5

续表

体型分型	男性 20~44岁组 n	男性 20~44岁组 %	男性 45~59岁组 n	男性 45~59岁组 %	男性 60~80岁组 n	男性 60~80岁组 %	男性 合计 n	男性 合计 %	女性 20~44岁组 n	女性 20~44岁组 %	女性 45~59岁组 n	女性 45~59岁组 %	女性 60~80岁组 n	女性 60~80岁组 %	女性 合计 n	女性 合计 %
偏中胚层的内胚层体型	11	4.1	6	4.3	5	6.1	22	4.5	99	35.5	45	23.4	21	24.7	165	29.7
内胚层-中胚层均衡体型	35	13.1	12	8.5	6	7.3	53	10.8	75	26.9	44	22.9	26	30.6	145	26.1
偏内胚层的中胚层体型	145	54.3	110	78.0	62	75.6	317	64.6	58	20.8	102	53.1	38	44.7	198	35.6
均衡的中胚层体型	23	8.6	8	5.7	4	4.9	35	7.1	3	1.1	1	0.5	0	0	4	0.7
偏外胚层的中胚层体型	22	8.2	4	2.8	3	3.7	29	5.9	1	0.4	0	0	0	0	1	0.2
中胚层-外胚层均衡体型	14	5.2	1	0.7	0	0	15	3.1	1	0.4	0	0	0	0	1	0.2
偏中胚层的外胚层体型	9	3.4	0	0	0	0	9	1.8	0	0	0	0	0	0	0	0
均衡的外胚层体型	4	1.5	0	0	0	0	4	0.8	4	1.4	0	0	0	0	4	0.7
偏内胚层的外胚层体型	0	0	0	0	0	0	0	0	3	1.1	0	0	0	0	3	0.5
外胚层-内胚层均衡体型	2	0.7	0	0	0	0	2	0.4	3	1.1	0	0	0	0	3	0.5
三胚层中间体型	2	0.7	0	0	2	2.4	4	0.8	10	3.6	0	0	0	0	10	1.8

三、内蒙古蒙古族的体型图

在图 13-2 上可以看到，男性 4 个族群的位点都位于中因子轴实线半轴和外因子轴虚线半轴所夹的近似扇形中，科尔沁部男性位点接近外因子轴虚线半轴，巴尔虎部、布里亚特部、鄂尔多斯部男性的位点靠近，而科尔沁部的位点离这 3 个族群较远；女性 4 个族群中，巴尔虎部、布里亚特部、鄂尔多斯部的位点集中于外因子轴虚线半轴周边，已经分布在近似扇形之外。巴尔虎部、布里亚特部、鄂尔多斯部女性的体型位点靠近，而科尔沁部的点则离开这 3 个族群较远。

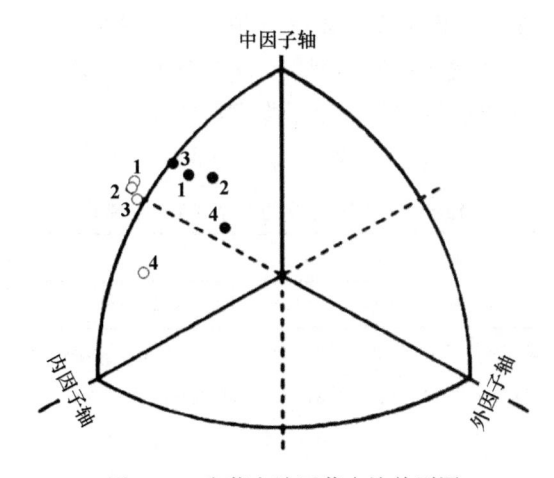

图 13-2 内蒙古地区蒙古族体型图
●男性，○女性；1. 巴尔虎部，2. 布里亚特部，3. 鄂尔多斯部，4. 科尔沁部

第四节 西部蒙古族的体型

一、西部蒙古族体型 3 个因子的均数

本研究的西部蒙古族族群中，有两个族群为土尔扈特部，有两个为和硕特部。如

果只研究这 4 个部落,就可以冠以"卫拉特蒙古"之名。由于还有一个在新疆生活了近 300 年的察哈尔部,那么冠以"卫拉特蒙古"之名就不妥了。察哈尔部原来是属于漠南蒙古(即内蒙古)的一个著名部落。这个察哈尔支系族群在新疆游牧戍边已经度过漫长的历史岁月,已经适应了新疆的环境,和周边的其他民族已经有了密切的交往,所以还将这个族群归为内蒙古蒙古族显然不妥。另外,蒙古族各个部落历史上一直游牧,各个族群虽然有相对固定的驻牧地,但由于政治、战争、气候等因素,也会迁徙到其他地区。我们主要根据族群近百年的实际情况进行归类,所以把新疆察哈尔部归入西部蒙古族中也是恰当的。

海西蒙古族藏族自治州佛寺里虔诚的蒙古人　　德令哈牧人礼佛时请我们吃酥油、青稞炒面、曲娜

在蒙古族各族群中,西部蒙古族男性内因子值略高,中因子值中等,外因子值低;西部蒙古族女性内因子值中等,中因子值中等,外因子值略低。

西部蒙古族男性 20~44 岁组为内胚层-中胚层均衡体型,45~59 岁组、60~80 岁组及合计资料均为偏内胚层的中胚层体型。女性 3 个年龄组及合计资料均为偏中胚层的内胚层体型。合计资料男性的内因子值小于女性,中因子值、外因子值大于女性。男性 HWR 值大于女性。男性 SAM 值小于女性(表 13-5)。

表 13-5　西部蒙古族的体型(Mean±SD)

指标	男性				女性			
	20~44 岁组	45~59 岁组	60~80 岁组	合计	20~44 岁组	45~59 岁组	60~80 岁组	合计
体重/kg	76.3±13.8	77.8±13.4	73.4±14.2	76.2±13.8	63.8±12.5	69.5±11.5	62.8±12.2	65.6±12.4
身高/mm	1700.1±60.6	1680.5±59.4	1654.1±62.2	1682.7±62.9	1578.6±57.3	1570.6±58.5	1519.8±60.7	1562.9±62.8
内因子	4.8±1.4	4.9±1.2	4.9±1.2	4.9±1.3	6.1±1.1	6.5±1.1	6.3±1.2	6.3±1.1
中因子	5.2±1.3	5.7±1.2	5.6±1.4	5.5±1.3	4.7±1.5	5.7±1.5	5.7±1.7	5.3±1.6
外因子	1.3±1.2	0.9±0.9	1.1±1.9	1.1±1.3	1.1±1.1	0.5±0.7	0.7±1.1	0.8±1.0
HWR	40.3±2.2	39.6±1.9	39.9±3.1	39.9±2.4	39.8±2.3	38.4±2.1	38.5±2.6	39.0±2.4
X	−3.4±2.5	−4.0±2.0	−3.7±2.6	−3.7±2.4	−5.0±2.0	−6.0±1.6	−5.6±2.1	−5.5±2.0
Y	4.4±2.9	5.6±2.6	5.2±3.2	5.0±2.9	2.3±3.2	4.4±3.0	4.5±3.5	3.5±3.4
SAM	2.8±1.3	3.0±1.2	3.0±1.8	2.9±1.4	3.4±1.3	4.2±1.3	4.0±1.5	3.8±1.4

二、西部蒙古族 13 种体型的分布

西部蒙古族男性的偏内胚层的中胚层体型出现率最高，内胚层-中胚层均衡体型出现率次之，偏中胚层的内胚层体型出现率居第三，这 3 种体型出现率合计高达 87.6%。其他体型出现率很低，13 种体型都有出现。女性的体型集中在偏中胚层的内胚层体型，其次是内胚层-中胚层均衡体型，偏内胚层的中胚层体型出现率居第三，3 种体型出现率合计为 92.8%（表 13-6）。其他体型出现率很低，有两种体型没有出现。

表 13-6　西部蒙古族 13 种体型的分布

体型分型	男性 20~44 岁组 n	%	男性 45~59 岁组 n	%	男性 60~80 岁组 n	%	男性 合计 n	%	女性 20~44 岁组 n	%	女性 45~59 岁组 n	%	女性 60~80 岁组 n	%	女性 合计 n	%
偏外胚层的内胚层体型	1	0.4	0	0	1	0.7	2	0.3	9	2.6	1	0.4	4	2.3	14	1.7
均衡的内胚层体型	5	1.8	1	0.4	0	0	6	0.9	17	4.9	4	1.4	1	0.6	22	2.7
偏中胚层的内胚层体型	49	18.1	32	12.7	22	15.1	103	15.4	232	66.5	163	58.6	85	48.0	480	59.7
内胚层-中胚层均衡体型	74	27.3	58	23.1	39	26.7	171	25.6	58	16.6	68	24.5	45	25.4	171	21.3
偏内胚层的中胚层体型	99	36.5	139	55.4	73	50.0	311	46.6	20	5.7	38	13.7	37	20.9	95	11.8
均衡的中胚层体型	11	4.1	10	4.0	3	2.1	24	3.6	1	0.3	1	0.4	0	0	2	0.2
偏外胚层的中胚层体型	9	3.3	5	2.0	4	2.7	18	2.7	0	0	1	0.4	0	0	1	0.1
中胚层-外胚层均衡体型	6	2.2	2	0.8	2	1.4	10	1.5	0	0	1	0.4	0	0	1	0.1
偏中胚层的外胚层体型	4	1.5	1	0.4	1	0.7	6	0.9	0	0	0	0	0	0	0	0
均衡的外胚层体型	1	0.4	0	0	1	0.7	2	0.3	0	0	0	0	0	0	0	0
偏内胚层的外胚层体型	2	0.7	0	0	0	0	2	0.3	2	0.6	0	0	3	1.7	5	0.6
外胚层-内胚层均衡体型	0	0	1	0.4	0	0	1	0.1	6	1.7	0	0	1	0.6	7	0.9
三胚层中间体型	10	3.7	2	0.8	0	0	12	1.8	4	1.1	0	0	1	0.6	6	0.7

三、西部蒙古族的体型图

在图 13-3 上可以看到西部蒙古族 5 个族群男性、女性的位点分布情况。男性位点在女性位点的右上方。男性 5 个位点彼此距离很近，女性 5 个位点距离也很近，反映了

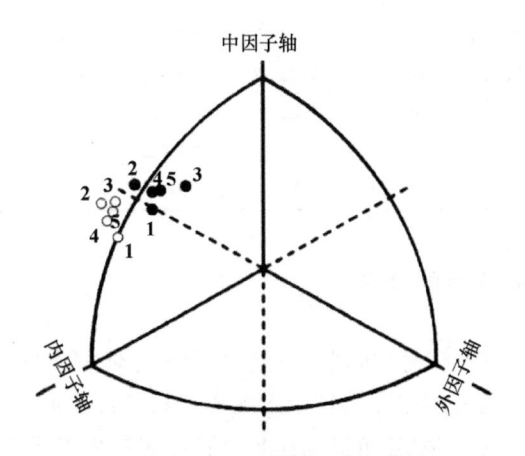

图 13-3　西部地区蒙古族体型图

●男性，○女性；1. 阿拉善和硕特部，2. 额济纳土尔扈特部，3. 青海和硕特部，4. 新疆察哈尔部，5. 新疆土尔扈特部

西部蒙古族体型的一致性。男性阿拉善和硕特部中因子值较低，青海和硕特部内因子值低，外因子值高。女性阿拉善和硕特部中因子值低，外因子值略高。男性与女性体型的主要区别是女性内因子值高，男性内因子值低。

第五节　云南蒙古族的体型

云南蒙古族体质特征具有一定的代表性，反映了生活在南方的蒙古族体质特点。云南蒙古族男性体重为 57.3kg±8.1kg，女性体重为 51.6kg±7.6kg，男性身高为 1632.0mm±51.7mm，女性身高为 1528.9mm±56.7mm。在蒙古族 17 个族群中，云南蒙古族男性、女性都体重最小、身材最矮。在蒙古族各族群中，云南蒙古族男性、女性都是内因子值很低，外因子值高，男性中因子值略低，女性中因子值高。

一、云南蒙古族体型 3 个因子的均数

云南蒙古族男性 20～44 岁组、45～59 岁组及合计资料均为均衡的中胚层体型，60～80 岁组为偏内胚层的中胚层体型（表 13-7）。北方蒙古族很少出现均衡的中胚层体型，这充分反映了南方蒙古族与北方蒙古族体型的巨大差别。女性 3 个年龄组及合计资料均为内胚层-中胚层均衡体型。男性的内因子值小于女性，中因子值和外因子值大于女性。男性和女性的 HWR 值均大，反映云南蒙古族身体充实度小于北方蒙古族。云南蒙古族男性 HWR 值大于女性。男性 SAM 值大于女性（这和北方蒙古族也不同），表明族群内男性体型分布比女性离散。

表 13-7　云南蒙古族体型（Mean±SD）

指标	男性 20～44 岁组	男性 45～59 岁组	男性 60～80 岁组	男性 合计	女性 20～44 岁组	女性 45～59 岁组	女性 60～80 岁组	女性 合计
体重/kg	58.3±7.5	54.7±7.9	59.0±13.5	57.3±8.1	51.8±7.5	51.5±8.4	50.4±5.4	51.6±7.6
身高/mm	1643.1±46.8	1610.2±54.1	1606.0±56.8	1632.0±51.7	1540.0±55.2	1506.7±51.0	1477.0±43.5	1528.9±56.7
内因子	2.5±1.2	2.3±1.0	2.7±1.2	2.5±1.1	4.2±1.1	4.4±1.1	4.4±1.1	4.3±1.1
中因子	5.0±1.0	4.8±1.1	5.7±1.1	5.0±1.1	4.4±1.1	4.7±1.1	4.8±0.7	4.5±1.0
外因子	2.6±1.2	2.6±1.3	2.0±1.2	2.6±1.2	1.9±1.2	1.4±1.3	1.1±1.0	1.8±1.2
HWR	42.5±1.7	42.6±1.9	41.5±2.0	42.5±1.8	41.5±1.9	40.7±2.0	40.1±1.8	41.2±1.9
X	0.1±2.2	0.3±2.1	−0.7±2.2	0.1±2.2	−2.3±2.1	−2.9±2.2	−3.3±1.8	−2.5±2.1
Y	5.0±2.5	4.7±2.8	6.8±2.8	5.0±2.6	2.7±2.6	3.6±2.7	4.1±1.9	3.0±2.6
SAM	2.1±0.8	2.2±0.8	2.4±1.0	2.2±0.8	1.9±1.0	2.3±1.0	2.2±1.0	2.0±1.0

二、云南蒙古族 13 种体型的分布

13 种体型中，云南蒙古族男性的偏内胚层的中胚层体型出现率最高，偏外胚层的中胚层体型出现率次之，均衡的中胚层体型出现率居第三，中胚层-外胚层均衡体型出现率排第四（表 13-8）。这种体型分布情况在北方蒙古族各个族群中均未见。男性有 5 种体型没有出现。女性的体型集中在偏内胚层的中胚层体型，出现率为 32.5%，其次是内

胚层-中胚层均衡体型，偏中胚层的内胚层体型居第三，其他体型出现率很低，有两种体型没有出现。

表 13-8 云南蒙古族 13 种体型的分布

体型分型	男性 20~44岁组 n	%	45~59岁组 n	%	60~80岁组 n	%	合计 n	%	女性 20~44岁组 n	%	45~59岁组 n	%	60~80岁组 n	%	合计 n	%
偏外胚层的内胚层体型	0	0	0	0	0	0	0	0	0	0	0	0	0	0	0	0
均衡的内胚层体型	0	0	0	0	0	0	0	0	4	2.3	1	2.0	1	6.7	6	2.5
偏中胚层的内胚层体型	1	0.7	0	0	0	0	1	0.5	26	15.1	11	22.0	3	20	40	16.9
内胚层-中胚层均衡体型	3	2.2	1	1.7	0	0	4	2.0	51	29.7	12	24.0	3	20	66	27.8
偏内胚层的中胚层体型	44	32.6	21	36.2	3	33.3	68	33.7	51	29.7	19	38.0	7	46.7	77	32.5
均衡的中胚层体型	19	14.1	9	15.5	3	33.3	31	15.3	9	5.2	2	4.0	1	6.7	12	5.1
偏外胚层的中胚层体型	43	31.9	9	15.5	3	33.3	55	27.2	4	2.3	0	0	0	0	4	1.7
中胚层-外胚层均衡体型	15	11.1	7	12.1	0	0	22	10.9	0	0	0	0	0	0	0	0
偏中胚层的外胚层体型	10	7.4	9	15.5	0	0	19	9.4	2	1.2	1	2.0	0	0	3	1.3
均衡的外胚层体型	0	0	0	0	0	0	0	0	5	2.9	3	6.0	0	0	8	3.4
偏内胚层的外胚层体型	0	0	0	0	0	0	0	0	3	1.7	0	0	0	0	3	1.3
外胚层-内胚层均衡体型	0	0	0	0	0	0	0	0	3	1.7	1	2.0	0	0	4	1.7
三胚层中间体型	0	0	2	3.4	0	0	2	1.0	14	8.1	0	0	0	0	14	5.9

三、云南蒙古族的体型图

在云南蒙古族体型图（图 13-4）上可以看到，男性 3 个点分布在中因子轴实线半轴两侧，女性 3 个点分布在外因子轴虚线半轴两侧。与北方蒙古族相比，云南蒙古族男性

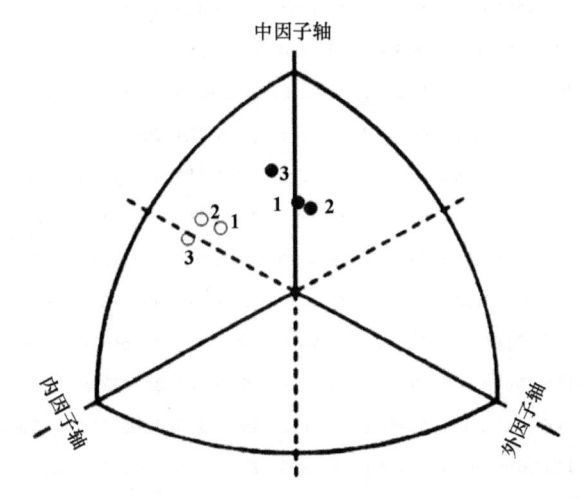

图 13-4 云南蒙古族体型图
●男性，○女性；1. 20~44 岁组，2. 45~59 岁组，3. 60~80 岁组

的位点明显右移,女性位点与北方蒙古族相比也明显向右下移,这是由于与北方蒙古族相比,云南蒙古族外因子值高,内因子值低(云南蒙古族女性中因子值也低),男性、女性都是20~44岁组、45~59岁组与北方蒙古族差距更大。

第六节 中国蒙古族的体型分析

一、中国蒙古族体型10项指标的均数

(一)中国蒙古族13个族群10项指标的均数

表13-9列出13个蒙古族男性的10项指标均数。这10项指标值可以用来计算Heath-Carter体型。虽然皮褶厚度的均数范围在其他章节也介绍过,但那是几何均数,而体型研究采用皮褶厚度原始测量值,所以表13-9中给出的是算术平均值,这里只介绍6项皮褶厚度的情况。男性肱骨内外上髁间径均数范围为(63.4mm±4.4mm)(新疆察哈尔部)~(75.7mm±6.6mm)(鄂尔多斯部),股骨内外上髁间径均数范围为(91.3mm±5.4mm)(郭尔罗斯部)~(99.8mm±6.6mm)(鄂尔多斯部),肱三头肌皮褶厚度均数范围为(6.4mm±3.1mm)(云南蒙古族)~(17.8mm±4.3mm)(额济纳土尔扈特部),肩胛下皮褶厚度均数范围为(9.8mm±3.9mm)(云南蒙古族)~(22.5mm±6.0mm)(额济纳土尔扈特部),髂前上棘皮褶厚度均数范围为(7.9mm±4.1mm)(云南蒙古族)~(19.1mm±6.1mm)(新疆察哈尔部),小腿内侧皮褶厚度均数范围为(7.5mm±2.6mm)(新疆土尔扈特部)~(14.0mm±4.1mm)(额济纳土尔扈特部)。可以发现,鄂尔多斯部上臂、大腿的骨骼比较宽,额济纳土尔扈特部皮褶厚度及小腿、上臂围大。

表13-9 蒙古族各个族群男性10项指标的均数(mm,Mean±SD)

族群	体重/kg	身高	肱骨内外上髁间径	股骨内外上髁间径	小腿围	上臂最大围	肱三头肌皮褶	肩胛下皮褶	髂前上棘皮褶	小腿内侧皮褶
杜尔伯特部	71.1±13.7	1662.7±76.9	69.0±4.1	92.4±5.5	350.0±32.3	312.0±36.4	12.2±4.3	17.9±5.1	16.9±4.9	10.6±4.0
郭尔罗斯部	72.8±12.6	1653.2±63.8	69.9±4.1	91.3±5.4	350.5±33.7	309.6±35.0	14.8±4.9	18.9±5.7	18.1±5.3	12.4±4.1
阜新蒙古族	68.5±10.6	1661.0±60.2	69.2±5.1	92.4±20.6	346.3±30.9	293.8±37.1	13.3±4.1	17.0±4.7	17.2±5.2	11.5±3.5
喀左县蒙古族	71.2±12.9	1661.9±67.6	68.5±3.7	95.8±4.8	352.3±32.4	294.7±32.2	14.0±4.1	18.4±5.5	18.4±5.5	12.7±3.3
巴尔虎部	75.5±15.4	1694.4±68.0	74.8±5.5	98.4±7.3	359.7±34.5	317.9±36.9	13.1±4.2	15.2±5.6	16.6±5.1	11.2±4.1
布里亚特部	74.7±17.1	1695.4±57.1	69.7±4.3	99.5±8.7	352.2±33.5	330.6±44.5	11.6±5.8	14.6±7.0	14.1±7.9	11.8±4.5
鄂尔多斯部	77.2±13.2	1690.2±55.6	75.7±6.6	99.8±6.6	368.5±30.6	318.1±36.2	12.8±4.0	17.9±5.6	16.7±5.0	10.8±3.8
阿拉善和硕特部	75.9±14.3	1673.2±62.6	64.2±5.6	98.0±6.1	358.8±34.3	300.9±29.9	13.3±3.8	19.3±4.6	17.7±5.1	10.6±2.9
额济纳土尔扈特部	81.6±12.7	1705.4±56.3	71.9±4.2	98.5±6.0	371.5±31.9	331.6±27.0	17.8±4.3	22.5±6.0	16.0±4.9	14.0±4.1
青海和硕特部	71.6±12.8	1676.9±58.0	70.6±4.8	97.1±5.0	355.2±27.7	311.5±29.9	11.6±4.3	15.9±6.0	15.5±6.2	8.8±3.6
新疆察哈尔部	78.1±14.5	1680.5±68.4	63.4±4.4	98.7±6.5	362.4±32.9	327.5±37.5	13.5±4.4	17.4±5.3	19.1±6.1	8.9±3.1
新疆土尔扈特部	75.9±12.4	1686.2±60.5	64.1±4.1	99.1±5.3	360.3±29.6	330.6±31.6	12.9±4.5	16.7±5.3	18.7±6.2	7.5±2.6
云南蒙古族	57.3±8.1	1632.0±51.7	65.5±3.4	93.6±4.8	325.3±28.5	301.1±25.3	6.4±3.1	9.8±3.9	7.9±4.1	8.6±3.9

Heath-Carter 体型测量法在计算每个人各个因子值时，采用的是原始测量得到的皮褶厚度值。群体的 3 个因子值是在每个样本因子值的基础上再求得算数平均值，不需要对原始测量得到的皮褶厚度值进行对数转换，因此表 13-9～表 13-11 中的皮褶厚度均数都是算数均数。

女性肱骨内外上髁间径均数范围为（55.0mm±5.8mm）（阿拉善和硕特部）～（68.7mm±6.4mm）（巴尔虎部），股骨内外上髁间径均数范围为（84.5mm±4.8mm）（郭尔罗斯部）～（94.4mm±9.9mm）（布里亚特部），肱三头肌皮褶厚度均数范围为（12.2mm±3.6mm）（云南蒙古族）～（23.3mm±4.4mm）（额济纳土尔扈特部），肩胛下皮褶厚度均数范围为（14.6mm±4.1mm）（云南蒙古族）～（23.5mm±5.9mm）（额济纳土尔扈特部），髂前上棘皮褶厚度均数范围为（11.3mm±4.4mm）（云南蒙古族）～（24.3mm±5.1mm）（喀左县蒙古族），小腿内侧皮褶厚度均数范围为（10.3mm±2.8mm）（新疆土尔扈特部）～（20.3mm±4.3mm）（额济纳土尔扈特部）（表 13-10）。可以发现，云南蒙古族皮褶较薄，额济纳土尔扈特部皮褶厚度值大。

表 13-10　蒙古族各个族群女性 10 项指标的均数（mm，Mean±SD）

族群	体重/kg	身高	肱骨内外上髁间径	股骨内外上髁间径	小腿围	上臂最大围	肱三头肌皮褶	肩胛下皮褶	髂前上棘皮褶	小腿内侧皮褶
杜尔伯特部	62.0±10.1	1546.8±56.9	60.7±3.5	85.8±5.2	338.5±30.3	293.6±29.1	19.9±4.1	20.7±4.9	21.2±4.9	15.4±3.9
郭尔罗斯部	60.9±9.7	1536.0±52.8	61.3±4.0	84.5±4.8	334.8±30.0	284.6±27.8	22.7±4.5	21.9±4.8	21.2±4.8	15.0±3.8
阜新蒙古族	62.2±8.6	1556.9±53.3	60.1±3.4	85.7±4.7	341.7±28.1	276.6±24.1	21.9±3.7	22.7±4.3	23.6±4.1	15.9±3.5
喀左县蒙古族	61.3±10.6	1549.3±62.6	60.0±3.8	88.4±5.3	337.8±31.4	272.2±30.7	21.6±4.7	22.0±5.0	24.3±5.1	16.3±3.6
巴尔虎部	66.6±15.8	1566.7±55.9	68.7±6.4	93.4±8.9	357.9±35.3	298.3±42.8	18.5±3.8	18.4±4.6	19.3±4.4	15.1±3.6
布里亚特部	66.1±16.8	1556.9±60.2	62.9±5.0	94.4±9.9	349.6±40.0	316.1±51.3	19.2±5.6	20.5±6.3	18.7±7.2	15.2±4.3
鄂尔多斯部	64.1±10.6	1577.4±56.0	66.9±6.5	93.0±7.1	352.8±25.1	290.1±30.3	18.7±4.1	19.6±4.5	18.1±4.4	14.9±3.3
阿拉善和硕特部	64.3±12.6	1561.8±69.4	55.0±5.8	91.2±6.2	342.7±32.4	282.1±31.2	18.4±4.3	20.0±5.1	20.3±5.0	11.9±3.0
额济纳土尔扈特部	67.7±12.6	1570.4±67.8	64.1±6.0	93.0±7.5	357.8±32.0	306.5±37.9	23.3±4.4	23.5±5.9	18.4±4.5	20.3±4.3
青海和硕特部	65.0±13.5	1563.4±61.0	64.0±4.6	92.4±6.3	355.2±31.6	295.8±35.4	20.6±5.3	20.2±6.7	20.1±6.1	13.2±4.5
新疆察哈尔部	65.4±11.5	1554.0±58.7	56.5±4.0	92.1±6.8	345.9±31.2	297.0±33.1	20.2±4.6	19.8±4.9	21.6±5.5	11.2±3.1
新疆土尔扈特部	66.3±11.9	1571.9±59.5	57.1±5.0	92.7±6.9	358.7±31.1	311.6±35.2	20.9±4.9	18.6±5.3	22.0±6.6	10.3±2.8
云南蒙古族	51.6±7.6	1529.0±56.8	57.6±3.2	85.3±6.1	322.8±27.5	277.2±22.6	12.2±3.6	14.6±4.1	11.3±4.4	12.7±3.9

（二）中国蒙古族 13 个族群 10 项指标均数的主成分分析

蒙古族男性 13 个族群前两个主成分的贡献率分别为 55.651%、20.612%，累计贡献率达到 76.263%。PC Ⅰ 载荷较大的指标有体重（0.983）、小腿围（0.971）、肱三头肌皮褶厚度（0.870）。PC Ⅱ 载荷较大的指标有股骨内外上髁间径（–0.704）、小腿内侧皮褶厚度（0.671）、上臂最大围（–0.627）。

以 PC Ⅰ 为横坐标、PC Ⅱ 为纵坐标作散点图（图 13-5A），可以看出男性大致可分为两个组：第一组是第二象限的东北三省蒙古族的 4 个族群，这 4 个族群 PC Ⅰ 值小，PC Ⅱ 值大，也就是东北三省蒙古族体重小，小腿较细，肱三头肌皮褶薄，股骨内外上髁间径较小，小腿内侧皮褶较厚，上臂最大围较小。第二组包括第四象限的内蒙古蒙古族的 3

个族群（巴尔虎部、布里亚特部、鄂尔多斯部）和西部蒙古族的4个族群（新疆察哈尔部、新疆土尔扈特部、阿拉善和硕特部、青海和硕特部），这个组PCⅠ值较大，PCⅡ值较小，即体重较大，肱三头肌皮褶较厚，小腿较粗，股骨内外上髁间径较大，小腿内侧皮褶较薄，上臂最大围较大。额济纳土尔扈特部PCⅠ值大，PCⅡ值较大，与其他族群位点相距较远。云南蒙古族由于PCⅠ值太小而与其他族群位点相距较远。

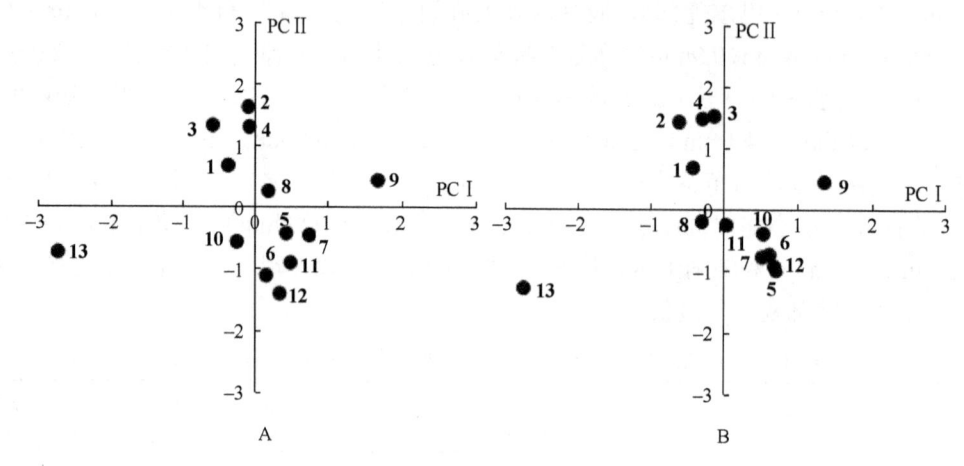

图13-5　蒙古族13个族群10项指标均数的主成分分析散点图
A.男性，B.女性；1.杜尔伯特部，2.郭尔罗斯部，3.阜新蒙古族，4.喀左蒙古族，5.巴尔虎部，6.布里亚特部，7.鄂尔多斯部，8.阿拉善和硕特部，9.额济纳土尔扈特部，10.青海和硕特部，11.新疆察哈尔部，12.新疆土尔扈特部，13.云南蒙古族

可以看出，东北三省蒙古族与内蒙古蒙古族、西部蒙古族测量值差距较大，主要体现在PCⅡ值大小不同。东北三省蒙古族PCⅡ值大，相对来说，股骨内外上髁间径小，小腿内侧皮褶厚，上臂最大围小。内蒙古蒙古族和西部蒙古族很接近。云南蒙古族与北方蒙古族差距很大，主要体现在PCⅠ值大小不同。相对来说，云南蒙古族体重小，小腿细，肱三头肌皮褶薄。

蒙古族女性13个族群前两个主成分的贡献率分别为48.558%、25.081%，累计贡献率达到73.639%。PCⅠ载荷较大的指标有体重（0.966）、小腿围（0.935）、身高（0.852）。PCⅡ载荷较大的指标有肩胛下皮褶厚度（0.792）、肱三头肌皮褶厚度（0.681）、髂前上棘皮褶厚度（0.659）。

以PCⅠ为横坐标、PCⅡ为纵坐标作散点图（图13-5B），可以看出13个族群分组情况与男性一致，大致也可分为两个组：第一组包括内蒙古蒙古族的3个族群和西部蒙古族的4个族群，这个组主要特点是PCⅠ值较大，PCⅡ值小，即体重较小，小腿较粗，身材较高，躯干皮下脂肪不太发达。第二组包括东北三省蒙古族的4个族群，这个组的主要特点是PCⅠ值较小，PCⅡ值大，即体重较轻，小腿较细，身高较矮，躯干皮下脂肪较为发达。额济纳土尔扈特部PCⅠ值大，与其他族群位点相距较远。云南蒙古族由于PCⅠ值和PCⅡ值都太小而与其他族群位点相距较远。

（三）中国蒙古族各年龄组10项指标的均数

表13-11中列出的是计算蒙古族Heath-Cater体型的10项指标的均数。可以看出

中国蒙古族体重大，身材较高，骨骼发育良好，皮下脂肪层较厚，四肢较粗。这和蒙古族生活在北方，处于较为寒冷的环境有关，也和他们的饮食特点有关。

表 13-11　中国蒙古族的 10 项指标的均数（mm，Mean±SD）

指标	男性 20～44 岁组	男性 45～59 岁组	男性 60～80 岁组	男性 合计	女性 20～44 岁组	女性 45～59 岁组	女性 60～80 岁组	女性 合计
体重/kg	72.5±14.9	73.9±14.8	70.7±13.2	72.6±14.5	60.3±11.6	66.4±12.8	61.3±11.6	62.8±12.4
身高	1690.9±61.9	1666.9±63.9	1648.1±63.4	1673.2±65.1	1572.4±57.3	1555.4±57.1	1522.5±57.6	1555.2±60.3
肱骨内外上髁间径	67.9±5.7	69.4±6.1	70.4±6.0	69.0±6.0	59.5±5.6	62.2±6.2	62.4±6.1	61.1±6.1
股骨内外上髁间径	96.4±6.9	96.3±7.1	96.1±6.4	96.3±6.9	88.9±6.7	90.4±8.1	90.0±7.4	89.7±7.4
小腿围	355.9±33.8	355.4±34.9	346.2±30.7	353.6±33.8	343.8±30.7	350.8±33.5	334.9±33.0	344.5±32.8
上臂最大围	320.5±35.6	315.3±34.5	297.6±34.4	313.7±36.0	285.8±32.8	300.4±37.0	280.5±33.6	290.1±35.5
肱三头肌皮褶	12.3±5.5	12.8±4.7	12.9±4.3	12.6±5.0	18.6±5.4	21.0±5.1	19.7±4.9	19.7±5.2
肩胛下皮褶	15.7±6.5	17.1±5.9	17.2±5.6	16.5±6.1	18.7±5.5	21.6±5.2	20.4±5.5	20.2±5.5
髂前上棘皮褶	15.5±7.1	16.7±6.1	16.4±5.3	16.2±6.4	18.4±6.4	21.9±5.6	20.2±5.9	20.1±6.2
小腿内侧皮褶	10.6±4.3	10.4±3.9	10.7±4.0	10.6±4.1	13.8±4.0	14.9±4.5	14.5±4.4	14.4±4.3

二、中国蒙古族体型的现状

（一）中国蒙古族体型 3 个因子的均数

中国蒙古族男性内因子均数为 4.5±1.5，中因子均数为 5.5±1.4，外因子均数为 1.4±1.3。中国蒙古族女性内因子均数为 6.2±1.3，中因子均数为 5.2±1.6，外因子均数为 1.0±1.1（表 13-12）。在中国民族中蒙古族内因子值、中因子值较高，外因子值较低，表现出身体健壮、线性度较小的体型特点。男性内因子值小于女性，中因子值、外因子值大于女性，表现出蒙古族男性具有骨骼粗壮、肌肉发达、身体相对比女性细瘦的特点，而蒙古族女性具有体脂丰满、身体比男性圆润的体型特点。蒙古族男性属于偏内胚层的中胚层体型，女性属于偏中胚层的内胚层体型。对指标与年龄进行相关分析，发现蒙古族男性内因子、中因子与年龄呈显著正相关，即随着年龄增长，蒙古族男性脂肪增多，骨骼肌肉增多。男性外因子与年龄呈显著负相关，即随着年龄增大，男性身体线性度变小，体型趋于圆粗。蒙古族女性也是内因子、中因子与年龄呈显著正相关，外因子与年龄呈显著负相关，体型随着年龄增长变化的趋势与男性一致。

在英雄会"博克"比赛开幕式上　　　　　　　测量新疆察哈尔部的现场

表 13-12　中国蒙古族的体型（Mean±SD）

指标	男性 20~44岁组	男性 45~59岁组	男性 60~80岁组	男性 合计	r	P	女性 20~44岁组	女性 45~59岁组	女性 60~80岁组	女性 合计	r	P
内因子	4.3±1.7	4.7±1.4	4.7±1.2	4.5±1.5	0.016**	0.000	5.7±1.3	6.5±1.1	6.3±1.2	6.2±1.3	0.255**	0.000
中因子	5.3±1.4	5.6±1.4	5.5±1.3	5.5±1.4	0.098**	0.000	4.7±1.5	5.6±1.7	5.4±1.6	5.2±1.6	0.246**	0.000
外因子	1.6±1.3	1.1±1.1	1.2±1.5	1.4±1.3	−0.191**	0.000	1.4±1.2	0.6±0.8	0.8±1.0	1.0±1.1	−0.346**	0.000
HWR	40.9±2.4	40.0±2.1	40.2±2.6	40.4±2.4	−0.187**	0.000	40.4±2.3	38.7±2.2	38.9±2.3	39.4±2.4	−0.339**	0.000
X	−2.6±2.9	−3.5±2.3	−3.5±2.3	−3.1±2.6	−0.189**	0.000	−4.4±2.3	−5.9±1.7	−5.5±1.9	−5.2±2.1	−0.322**	0.000
Y	4.7±3.1	5.5±3.0	5.0±3.1	5.0±3.1	0.091**	0.000	2.3±3.3	3.9±3.5	3.7±3.4	3.2±3.5	0.239**	0.000
SAM	2.7±1.3	2.9±1.3	2.8±1.6	2.8±1.4	0.069**	0.002	3.1±1.4	4.1±1.4	3.9±1.4	3.7±1.4	0.289**	0.000

注：r 为各个因子与年龄的相关系数，**为 P<0.01，相关系数具有统计学意义

（二）中国蒙古族13种体型的分布

中国蒙古族男性的偏内胚层的中胚层体型出现率最高，内胚层-中胚层均衡体型出现率次之，偏中胚层的内胚层体型出现率居第三，这三种体型出现率之和为80.5%。蒙古族女性也是以这三种体型为主，女性的偏中胚层的内胚层体型出现率最高，内胚层-中胚层均衡体型出现率次之，偏内胚层的中胚层体型出现率居第三，这三种体型出现率之和为90.8%（表13-13）。

表 13-13　中国蒙古族13种体型的分布

体型分型	男性20~44岁组 n	%	男性45~59岁组 n	%	男性60~80岁组 n	%	男性合计 n	%	女性20~44岁组 n	%	女性45~59岁组 n	%	女性60~80岁组 n	%	女性合计 n	%
偏外胚层的内胚层体型	2	0.2	0	0	2	0.5	4	0.2	29	2.8	6	0.6	8	1.5	43	1.7
均衡的内胚层体型	7	0.8	3	0.4	2	0.5	12	0.6	55	5.4	11	1.2	14	2.6	80	3.2
偏中胚层的内胚层体型	106	12.8	92	13.7	73	17.5	271	14.1	529	52.0	592	63.7	317	58.3	1438	57.7
内胚层-中胚层均衡体型	158	19.0	151	22.5	102	24.5	411	21.4	196	19.3	143	15.4	108	19.9	447	17.9
偏内胚层的中胚层体型	331	39.9	342	51.0	191	45.9	864	45.0	129	12.7	164	17.6	87	16.0	380	15.2
均衡的中胚层体型	57	6.9	33	4.9	18	4.3	108	5.6	13	1.3	4	0.4	1	0.2	18	0.7
偏外胚层的中胚层体型	74	8.9	19	2.8	14	3.4	107	5.6	5	0.5	1	0.1	0	0	6	0.2
中胚层-外胚层均衡体型	37	4.5	12	1.8	4	1.0	53	2.8	1	0.1	1	0.1	0	0	2	0.1
偏中胚层的外胚层体型	26	3.1	11	1.6	2	0.5	39	2.0	2	0.2	1	0.1	1	0.2	4	0.2
均衡的外胚层体型	6	0.7	2	0.3	2	0.5	10	0.5	9	0.9	3	0.3	2	0.4	14	0.6
偏内胚层的外胚层体型	4	0.5	0	0	1	0.2	5	0.3	9	0.9	0	0	3	0.6	12	0.5
外胚层-内胚层均衡体型	5	0.6	1	0.1	1	0.2	7	0.4	13	1.3	2	0.2	2	0.4	17	0.7
三胚层中间体型	17	2.0	5	0.7	4	1.0	26	1.4	28	2.8	2	0.2	1	0.2	31	1.2

（三）中国蒙古族13种体型与年龄的相关分析

随着年龄增长，蒙古族13种体型的出现率也在发生变化。男性最主要的3种体型

（偏内胚层的中胚层体型、内胚层-中胚层均衡体型、偏中胚层的内胚层体型）出现率均与年龄呈显著正相关，而其他 10 种体型出现率与年龄的相关系数为负值甚至呈显著负相关（表 13-14），即这三种主要体型的出现率随着年龄的增长而增大，蒙古族男性体型有向这 3 种体型集中的趋势。女性 13 种体型出现率与年龄相关分析的结果和男性相似，女性最主要的 3 种体型（偏中胚层的内胚层体型、内胚层-中胚层均衡体型、偏内胚层的中胚层体型）出现率与年龄的相关系数为正值，其中偏中胚层的内胚层体型与偏内胚层的中胚层体型出现率与年龄呈显著正相关，而其他 10 种体型出现率与年龄的相关系数为负值甚至呈显著负相关，这意味着随着年龄增长，女性体型向着偏中胚层的内胚层体型与偏内胚层的中胚层体型的方向集中。

表 13-14 中国蒙古族 13 种体型出现率与年龄的相关分析

体型分型	男性 r	男性 P	女性 r	女性 P	体型分型	男性 r	男性 P	女性 r	女性 P
偏外胚层的内胚层体型	−0.009	0.684	−0.088**	0.000	中胚层-外胚层均衡体型	−0.104**	0.000	−0.008	0.694
均衡的内胚层体型	−0.034	0.140	−0.115**	0.000	偏中胚层的外胚层体型	−0.078**	0.001	−0.009	0.652
偏中胚层的内胚层体型	0.062**	0.006	0.079**	0.000	均衡的外胚层体型	−0.044	0.055	−0.045*	0.025
内胚层-中胚层均衡体型	0.059*	0.010	0.001	0.572	偏内胚层的外胚层体型	−0.044	0.053	−0.063**	0.002
偏内胚层的中胚层体型	0.078**	0.001	0.064**	0.001	外胚层-内胚层均衡体型	−0.061**	0.007	−0.058**	0.004
均衡的中胚层体型	−0.056*	0.014	−0.063**	0.002	三胚层中间体型	−0.045	0.051	−0.124**	0.000
偏外胚层的中胚层体型	−0.112**	0.000	−0.045*	0.026					

注：r 为各体型出现率与年龄相关系数，*为 P<0.05，**为 P<0.01，相关系数具有统计学意义

（四）中国蒙古族各个族群体型 3 个因子的均数

蒙古族 14 个族群与南方汉族、北方汉族（作为对照）男性内因子均数范围在（2.5±1.1）（云南蒙古族）～（5.4±1.1）（额济纳土尔扈特部），中因子均数范围在（4.4±1.1）（科尔沁部）～（6.4±1.6）（鄂尔多斯部），外因子均数范围在（0.9±0.9）（额济纳土尔扈特部）～（2.6±1.2）（云南蒙古族）。北方汉族、南方汉族内因子排在第 11、12 位，脂肪发育水平逊于多数蒙古族族群，外因子均数几乎大于所有蒙古族族群（表 13-15），和蒙古族相比，汉族身体更苗条。

表 13-15 中国蒙古族各个族群体型 3 个因子的均数（Mean±SD）

族群	男性 内因子	男性 中因子	男性 外因子	女性 内因子	女性 中因子	女性 外因子	族群	男性 内因子	男性 中因子	男性 外因子	女性 内因子	女性 中因子	女性 外因子
杜尔伯特部	4.7±1.3	5.3±1.2	1.3±1.1	6.4±1.0	5.0±1.2	0.8±0.9	阿拉善和硕特部	5.1±1.1	5.0±1.4	1.0±1.0	6.1±1.0	4.5±1.6	0.9±1.1
郭尔罗斯部	5.2±1.3	5.3±1.2	1.0±1.0	6.7±1.0	4.8±1.2	0.8±0.9	额济纳土尔扈特部	5.4±1.1	5.9±1.2	0.9±0.9	6.5±1.3	5.8±1.6	0.7±0.9
阜新蒙古族	4.8±1.1	4.9±1.4	1.5±1.1	6.9±0.8	4.4±1.2	0.8±0.8	青海和硕特部	4.3±1.4	5.6±1.2	1.5±2.1	6.2±1.3	5.7±1.6	0.9±1.1
喀左县蒙古族	5.1±1.2	5.1±1.1	1.3±1.1	6.8±1.0	4.6±1.3	1.0±1.0	新疆察哈尔部	5.0±1.3	5.5±1.4	1.1±1.1	6.3±1.5	5.1±1.5	0.7±0.8
巴尔虎部	4.5±1.3	6.0±1.5	1.4±1.2	5.9±1.4	6.3±2.0	1.0±1.1	新疆土尔扈特部	4.8±1.3	5.5±1.4	1.1±1.1	6.2±1.5	5.5±1.6	0.8±1.0
布里亚特部	3.9±1.8	5.7±1.7	1.6±1.4	6.0±1.4	6.1±2.2	1.0±1.1	云南蒙古族	2.5±1.1	5.0±1.2	2.6±1.2	4.3±1.1	4.5±1.0	1.8±1.2
鄂尔多斯部	4.7±1.2	6.4±1.6	1.1±1.1	5.9±1.0	5.7±1.6	1.0±1.1	南方汉族	4.4±1.4	5.0±1.5	2.2±1.3	5.7±1.2	4.7±1.6	1.6±1.2
科尔沁部	4.0±1.4	4.4±1.1	2.1±1.0	6.2±1.3	4.1±1.1	1.6±1.0	北方汉族	4.3±1.6	4.8±1.6	1.8±1.3	5.9±1.6	4.7±1.6	1.3±1.2

女性内因子均数范围在（4.3±1.1）（云南蒙古族）～（6.9±0.8）（阜新蒙古族），中因子均数范围在（4.1±1.1）（科尔沁部）～（6.3±2.0）（巴尔虎部），外因子均数范围在（0.7±0.8）（新疆察哈尔部）～（1.8±1.2）（云南蒙古族）。南方汉族、北方汉族内因子排在第15、12位，脂肪发育水平明显逊于多数蒙古族族群，中因子值排在第10、11位（表13-15），骨骼、肌肉发育水平逊于多数蒙古族族群，外因子均数几乎大于所有的蒙古族族群。与男性相似，汉族女性身体更苗条一些。

（五）中国蒙古族各个族群体型3个因子均数的多元分析

1. 主成分分析

对16个男性族群3个因子均数进行主成分分析，前两个主成分的贡献率分别为71.606%、25.822%，累计贡献率达到97.428%。PCⅠ载荷较大的指标有外因子（-0.973）、内因子（0.882），PCⅠ值越大，线性度越小，身体脂肪含量越多。PCⅡ载荷较大的指标有中因子（0.756），PCⅡ值越大，身体骨骼、肌肉越发达。

以PCⅠ为横坐标、PCⅡ为纵坐标作散点图（图13-6A），可以看出大致可分为3个组：第一象限的巴尔虎部、鄂尔多斯部与第二象限的布里亚特部、青海和硕特部为一个组，这个组PCⅠ值中等、PCⅡ值大，即这4个族群身体线性度中等，身体脂肪发育水平中等，骨骼、肌肉发达。第二组为第三象限的南方汉族、北方汉族、科尔沁部，这个组PCⅠ值小，这3个族群身体线性度大，身体脂肪薄。第三组为第四象限的杜尔伯特部、郭尔罗斯部、喀左县蒙古族、阿拉善和硕特部、新疆察哈尔部、新疆土尔扈特部及第三象限的阜新蒙古族，这个组PCⅠ值较大、PCⅡ值小或较小，也就是身体线性度较小，体脂比较发达，骨骼和肌肉量少或较少。云南蒙古族PCⅠ值小、PCⅡ值大而远离其他族群位点。额济纳土尔扈特部PCⅠ值大、PCⅡ值中等，也未进入其他组中。

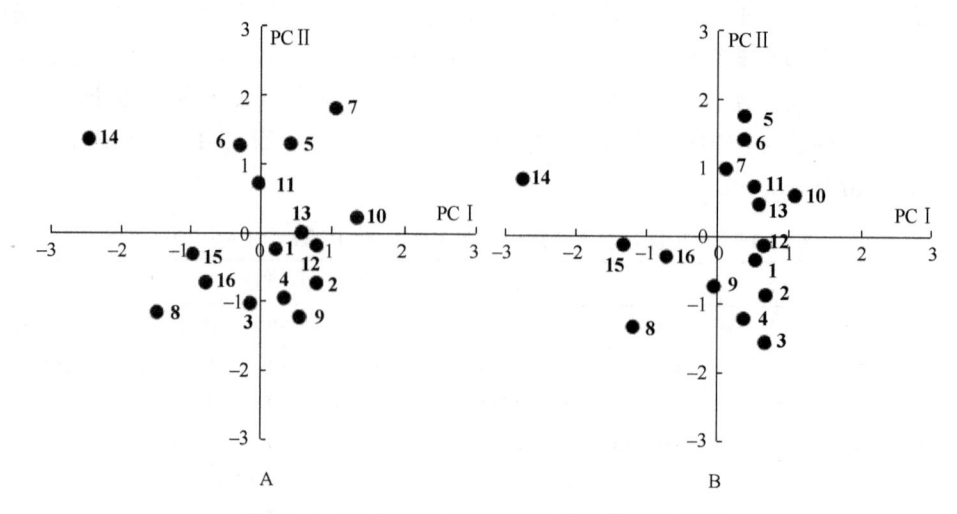

图13-6　16个族群三因子的主成分分析散点图

A. 男性；B. 女性；1. 杜尔伯特部，2. 郭尔罗斯部，3. 阜新蒙古族，4. 喀左县蒙古族，5. 巴尔虎部，6. 布里亚特部，7. 鄂尔多斯部，8. 科尔沁部，9. 阿拉善和硕特部，10. 额济纳土尔扈特部，11. 青海和硕特部，12. 新疆察哈尔部，13. 新疆土尔扈特部，14. 云南蒙古族，15. 南方汉族，16. 北方汉族蒙古族和汉族女性16个族群前两个主成分的贡献率分别为61.730%、33.223%，累计贡献率达到94.953%。PCⅠ载荷较大的指标有外因子(–0.961)、内因子(0.827)，PCⅠ值越大，表示身体线性度越小，脂肪含量越高。PCⅡ载荷较大的指标有中因子(0.858)，PCⅡ值越大，说明身体骨骼，肌肉越发达。

以PCⅠ为横坐标、PCⅡ为纵坐标作散点图（图13-6B），可以看出女性大致可分为4个组：第一象限的西部蒙古族的额济纳土尔扈特部、青海和硕特部、新疆土尔扈特部组成第一组，这个组PCⅠ值大、PCⅡ值较大，说明这3个族群身体线性度小，脂肪含量高，骨骼、肌肉较发达。第一象限的内蒙古蒙古族的巴尔虎部、布里亚特部、鄂尔多斯部为第二组，这个组PCⅠ值中等、PCⅡ值大，即这3个族群身体线性度中等，身体脂肪发育水平中等，骨骼、肌肉发达。第三象限的南方汉族、北方汉族组成第三组，这个组PCⅠ值小、PCⅡ值较小，说明这2个族群身体线性度大，体脂较少，骨骼、肌肉欠发达。第四象限的杜尔伯特部、郭尔罗斯部、喀左县蒙古族、阜新蒙古族、新疆察哈尔部、阿拉善和硕特部组成第四组，这个组PCⅠ值较大或中等、PCⅡ值较小或小，也就是身体线性度较大或中等，体脂发育程度较大或中等，骨骼和肌肉量较少或少。女性的分组情况与男性大致相同。云南蒙古族PCⅠ值很小、PCⅡ值较大，位点远离其他族群。科尔沁部PCⅠ值小、PCⅡ值小，也没有进入任何一个组中。

2. 聚类分析

对16个族群（14个蒙古族族群、2个汉族族群）男性的内、中、外三个因子均数进行聚类分析（图13-7）。在聚合水平为4时聚成4个组。第一组包括新疆察哈尔部、额济纳土尔扈特部等8个蒙古族族群，由东北三省蒙古族和西部蒙古族组成。参考主成分分析结果可知，这个组的共同特点是身体线性度较小，体脂比较发达，骨骼和肌肉量少或较少。第二组包括布里亚特部、青海和硕特部、巴尔虎部、鄂尔多斯部4个族群，这个组主要是内蒙古蒙古族。结合主成分分析结果可知，这4个族群聚在一起的共同原

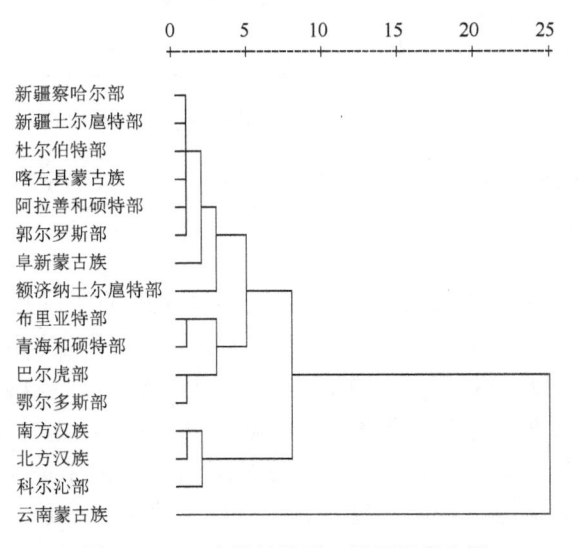

图13-7 16个男性族群三因子聚类分析

因是身体线性度中等，身体脂肪发育水平中等，骨骼、肌肉发达。第三组包括南方汉族、北方汉族、科尔沁部，这 3 个族群由于具有身体线性度大、身体脂肪薄的共同特征而聚在一起。云南蒙古族自成一组。男性聚类分析结果提示，蒙古族体型与汉族体型有较大区别。东北三省蒙古族与西部蒙古族体型比较一致。云南蒙古族体型比较特殊，与北方蒙古族差异很大。

对 16 个族群女性的内、中、外三因子均数进行聚类分析（图 13-8），聚类结果与男性一致。在聚合水平为 5 时，16 个族群可以聚为 4 个组。第一组包括杜尔伯特部、新疆察哈尔部、阿拉善和硕特部、阜新蒙古族、喀左县蒙古族、郭尔罗斯部 6 个族群。这个组基本上相当于男性的第一组，但少了新疆土尔扈特部、额济纳土尔扈特部。第二组包括南方汉族、北方汉族、科尔沁部。第三组包括巴尔虎部、布里亚特部、青海和硕特部、新疆土尔扈特部、鄂尔多斯部、额济纳土尔扈特部 6 个族群，这个组由西部蒙古族 3 个族群和内蒙古蒙古族 3 个族群组成。云南蒙古族自成一组。女性的聚类结果表明，东北三省蒙古族族群体型接近，内蒙古蒙古族一些族群与西部蒙古族一些族群体型接近；巴尔虎部与布里亚特部体型接近；北方汉族、南方汉族体型相似并与科尔沁部接近。女性各个组体型特征的形成原因和男性基本一致。云南蒙古族女性依然没有聚入这 3 个组中。

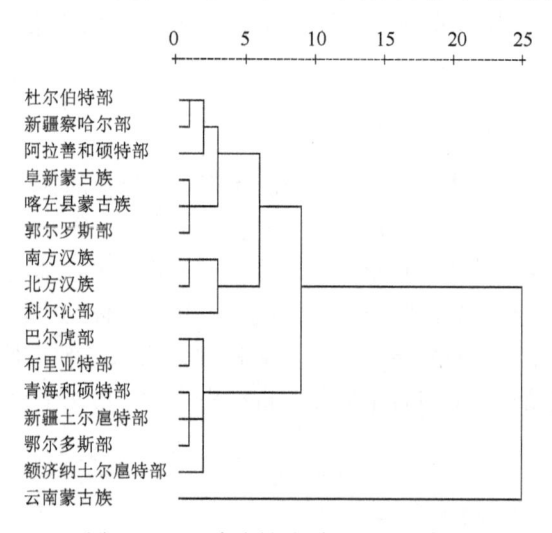

图 13-8　16 个女性族群三因子聚类图

（六）中国蒙古族各个族群的体型图

1. 蒙古族与汉族 15 个族群男性的体型图

北方蒙古族男性的点都在中因子轴实线半轴和外因子轴虚线半轴所夹的近似扇形中，北方蒙古族男性在体型图上的点分布密集，说明北方蒙古族各族群体型彼此比较接近，基本都是偏内胚层的中胚层体型或内胚层-中胚层均衡体型。个别族群（额济纳土尔扈特部）由于外因子值小，位点出了扇形。有些族群（郭尔罗斯部、阿拉善和硕特部、喀左县蒙古族、阜新蒙古族）由于内因子值小，位点极为靠近外因子轴虚线半轴。云南蒙古族体型特殊，由于线性度大、体脂少，位点在中因子轴附近。相对于其他蒙古族族群，由于线性度大（身体相对细瘦），汉族与科尔沁部位点在密集区的右下方（图 13-9A），这也提示，绝大多数蒙古族族群与汉族体型还是有区别的。

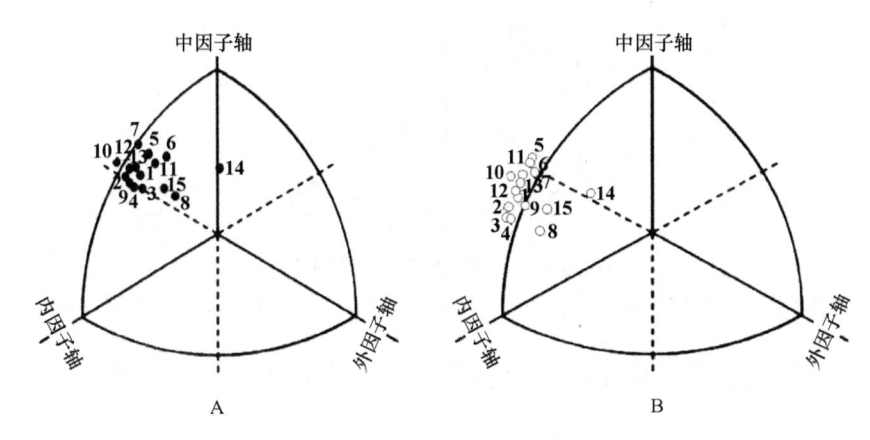

图 13-9 蒙古族 14 个族群体型图

A. 男性，B. 女性；1. 杜尔伯特部，2. 郭尔罗斯部，3. 阜新蒙古族，4. 喀左县蒙古族，5. 巴尔虎部，6. 布里亚特部，7. 鄂尔多斯部，8. 科尔沁部，9. 阿拉善和硕特部，10. 额济纳土尔扈特部，11. 青海和硕特部，12. 新疆察哈尔部，13. 新疆土尔扈特部，14. 云南蒙古族，15. 汉族（合计资料）

2. 蒙古族与汉族 15 个族群女性的体型图

15 个族群的女性位点多密集集中成一片，表明蒙古族女性体型具有相似性，基本都位于外因子轴虚线半轴的下方（男性多在上方），显示出男性、女性体型的差异。女性体型主要是内胚层-中胚层均衡体型和偏中胚层的内胚层体型。女性多数族群的位点在近似扇形之外，这是由于这些族群的外因子值较小。云南蒙古族、汉族、科尔沁部的外因子值较大，所以这 3 个族群与多数族群的位点分离开。东北三省蒙古族的内因子值比较大，所以它们的位点在密集区的下方（图 13-9B）。

3. 4 个地区蒙古族体型 3 个因子的均数

由于科尔沁部没有原始数据，因此只能对 13 个蒙古族族群按照地区进行统计。男性、女性内因子均数均是东北三省蒙古族最大，内蒙古蒙古族最小；中因子均数均是内蒙古蒙古族最大，东北三省蒙古族最小；外因子均数均是内蒙古蒙古族、云南蒙古族最大，西部蒙古族最小（表 13-16）。从图 13-10 上可以看到男性、女性均是北方三个地区蒙古族位点靠近，云南蒙古族与北方蒙古族位点距离较远。

表 13-16　4 个地区蒙古族体型 3 个因子的均数（Mean±SD）

族群	男性			女性		
	内因子	中因子	外因子	内因子	中因子	外因子
东北三省蒙古族	5.0±1.2	5.1±1.2	1.3±1.1	6.7±1.0	4.7±1.2	0.9±0.9
内蒙古蒙古族	4.4±1.5	6.0±1.6	1.4±1.2	5.9±1.1	6.0±1.9	1.0±1.1
西部蒙古族	4.9±1.3	5.5±1.3	1.1±1.3	6.3±1.1	5.3±1.6	0.8±1.0
云南蒙古族	4.5±1.5	5.5±1.4	1.4±1.3	6.2±1.3	5.2±1.6	1.0±1.1

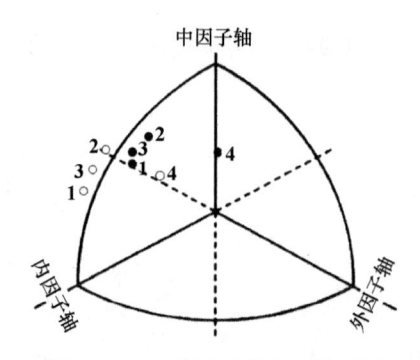

图 13-10 4 个地区蒙古族体型图

●男性，○女性；1. 东北三省蒙古族，2. 内蒙古蒙古族，3. 西部蒙古族，4. 云南蒙古族

第七节 中国蒙古族与其他族群体型的比较

中国学者开展了一些中国族群的 Heath-Carter 体型研究，报道了这些族群的内因子、中因子、外因子，以及在直角坐标系中的 X、Y 值。本研究选取一些主要族群的资料，绘制体型散点图，以了解蒙古族体型的特点。这些族群多数是南方族群，少数是北方族群。各个族群测量时间不同，年龄分布也有些差异，但都是成人资料。

我们选取蒙古族（本研究）、汉族[17]、回族（宁夏）[18]、达斡尔族（内蒙古）[19]、鄂伦春族（内蒙古）[9]、鄂温克族（内蒙古）[10]、壮族（广西那坡）[20]、瑶族（广西）[21]、苗族（广西）[22]、侗族（广西）[23]、布依族（贵州）[24]、乌孜别克族（新疆）[25]、克木人（云南）[13]、仫佬族（广西）[26]、俄罗斯族（内蒙古）[27]、怒族（云南）[28]、佤族（云南）[12]、独龙族（云南）[29]、京族（广西）[30]、莽人（云南）[31]、僜人（西藏）[31]、珞巴族（西藏）[31]、门巴族（西藏）[31]共 23 个族群的 Heath-Carter 体型资料（表 13-17）。

表 13-17 中国 23 个族群内因子、中因子、外因子、X、Y 均数

族群	男性						女性					
	内因子	中因子	外因子	X	Y	体型类型	内因子	中因子	外因子	X	Y	体型类型
蒙古族	4.5	5.5	1.4	−3.1	5.1	偏内胚层的中胚层体型	6.2	5.2	1.0	−5.2	3.2	偏中胚层的内胚层体型
汉族	4.4	4.9	1.9	−2.5	3.5	内胚层-中胚层均衡体型	5.9	4.6	1.5	−4.4	1.8	偏中胚层的内胚层体型
莽人	2.2	4.9	2.5	0.3	5.1	均衡的中胚层体型	3.0	4.4	2.1	−0.9	3.7	偏内胚层的中胚层体型
僜人	2.9	4.6	2.7	−0.2	3.6	均衡的中胚层体型	5.1	4.3	1.9	−3.2	1.6	偏中胚层的内胚层体型
珞巴族	3.0	4.4	2.5	−0.5	3.3	均衡的中胚层体型	5.0	3.9	1.6	−3.4	1.2	偏中胚层的内胚层体型
门巴族	3.5	4.1	2.3	−1.2	2.4	偏内胚层的中胚层体型	4.9	4.1	1.6	−3.3	1.7	偏中胚层的内胚层体型
独龙族	2.2	4.5	2.4	0.2	4.4	均衡的中胚层体型	3.9	4.1	1.8	−2.1	2.5	内胚层-中胚层均衡体型
怒族	2.1	4.9	2.6	0.5	5.1	均衡的中胚层体型	4.3	4.5	1.7	−2.6	3.0	内胚层-中胚层均衡体型
佤族	2.2	5.5	2.5	0.3	6.3	均衡的中胚层体型	4.0	5.0	1.9	−2.1	4.1	偏中胚层的内胚层体型
克木人	2.7	6.0	2.0	−0.7	7.3	偏内胚层的中胚层体型	4.3	5.4	1.8	−2.5	4.7	偏中胚层的内胚层体型
壮族	1.6	5.2	2.7	1.1	6.1	偏外胚层的中胚层体型	3.0	4.4	1.8	−1.2	4.0	偏中胚层的内胚层体型
仫佬族	2.4	4.5	2.8	0.4	3.8	均衡的中胚层体型	4.1	4.0	2.2	−1.9	1.7	内胚层-中胚层均衡体型
布依族	3.0	5.3	2.4	−0.6	5.2	偏内胚层的中胚层体型	4.3	4.9	1.9	−2.4	3.6	偏中胚层的内胚层体型
侗族	2.2	4.5	2.4	0.2	4.4	均衡的中胚层体型	4.3	4.2	1.5	−2.8	2.6	内胚层-中胚层均衡体型
苗族	1.9	4.7	1.9	0.0	5.6	均衡的中胚层体型	3.2	4.2	1.3	−1.9	3.9	偏内胚层的中胚层体型

续表

族群	男性						女性					
	内因子	中因子	外因子	X	Y	体型类型	内因子	中因子	外因子	X	Y	体型类型
京族	3.5	4.6	2.1	−1.4	3.6	偏内胚层的中胚层体型	4.9	4.2	2.1	−2.8	1.4	偏中胚层的内胚层体型
瑶族	1.8	4.9	2.2	0.4	5.8	均衡的中胚层体型	3.1	4.4	1.9	−1.2	3.8	偏中胚层的内胚层体型
达斡尔族	3.4	4.8	2.3	−1.1	3.9	偏内胚层的中胚层体型	5.2	4.2	1.9	−3.3	1.3	偏中胚层的内胚层体型
回族	2.7	4.2	2.8	0.1	2.9	均衡的中胚层体型	4.4	3.6	2.4	−2.0	0.4	偏中胚层的内胚层体型
鄂温克族	3.5	5.0	1.6	−1.9	4.9	偏内胚层的中胚层体型	5.2	4.4	1.5	−3.7	2.1	偏中胚层的内胚层体型
鄂伦春族	3.3	4.8	2.3	−1.0	4.0	偏内胚层的中胚层体型	5.2	4.0	1.7	−3.5	1.1	偏中胚层的内胚层体型
俄罗斯族	3.3	5.8	1.7	−1.6	6.6	偏内胚层的中胚层体型	5.7	6.2	1.1	−4.6	5.6	内胚层-中胚层均衡体型
乌孜别克族	3.7	5.1	2.0	−1.7	4.5	偏内胚层的中胚层体型	5.9	4.9	1.4	−4.5	2.5	偏中胚层的内胚层体型

7 个北方少数民族男性主要是偏内胚层的中胚层体型，15 个南方少数民族男性主要是均衡的中胚层体型。汉族男性为内胚层-中胚层均衡体型。男性共包括 4 种体型：内胚层-中胚层均衡体型、偏内胚层的中胚层体型、均衡的中胚层体型、偏外胚层的中胚层体型。这 4 种体型构成了完整的中胚层体型体系，可以说，中国族群男性成人是中胚层体型。男性 23 个族群中有 1 个内胚层-中胚层均衡体型，有 10 个是偏内胚层的中胚层体型，有 11 个是均衡的中胚层体型，有 1 个是偏外胚层的中胚层体型。

从男性 23 个族群体型的散点图上可见，男性族群都分布在内因子轴虚线半轴和外因子轴虚线半轴所夹的区域（图 13-11A）。蒙古族男性位于所有族群的最左边，主要特点是内因子值高，外因子值低。这说明蒙古族在上述族群中是体脂最发达、身体线性度很小的民族。除了回族外，几个北方族群和汉族都分布在近似扇形的左侧，表明北方族群和汉族与多数南方族群相比，也具有脂肪较为发达、身体线性度较小的特点。南方族群身体相对细瘦（如仫佬族）、体部脂肪薄（如广西那坡壮族）。

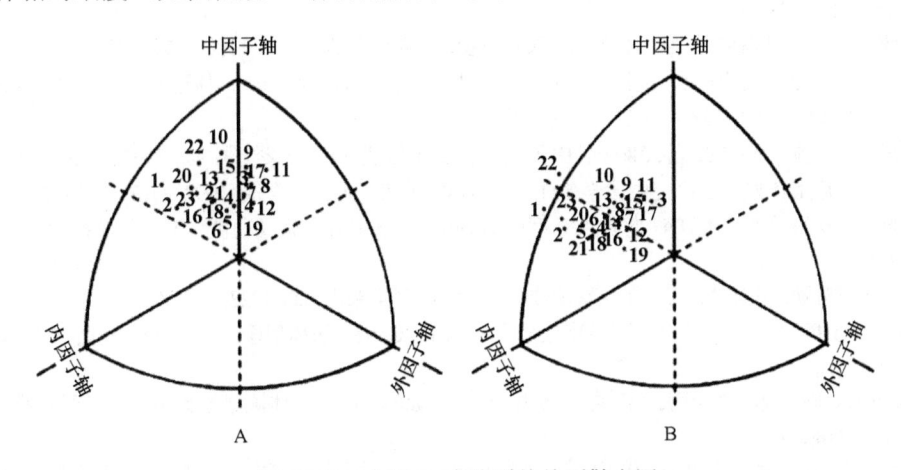

图 13-11 中国 23 个族群的体型散点图
A. 男性，B. 女性；1. 蒙古族，2. 汉族，3. 莽人，4. 僜人，5. 珞巴族，6. 门巴族，7. 独龙族，8. 怒族，9. 佤族，10. 克木人，11. 壮族，12. 仫佬族，13. 布依族，14. 侗族，15. 苗族，16. 京族，17. 瑶族，18. 达斡尔族，19. 回族，20. 鄂温克族，21. 鄂伦春族，22. 俄罗斯族，23. 乌孜别克族

7个北方少数民族女性主要是偏中胚层的内胚层体型，15个南方少数民族中有7个族群为偏内胚层的中胚层体型，有4个族群为内胚层-中胚层均衡体型，有4个族群为偏中胚层的内胚层体型。汉族女性为偏中胚层的内胚层体型。蒙古族女性为偏中胚层的内胚层体型。女性包括3种体型：偏中胚层的内胚层体型、内胚层-中胚层均衡体型、偏内胚层的中胚层体型。23个女性族群中，有11个族群是偏中胚层的内胚层体型，有5个族群是内胚层-中胚层均衡体型，有7个族群是偏内胚层的中胚层体型。

女性位点都分布在中因子轴实线半轴和内因子轴实线半轴所夹的区域（图13-11B）。

中国族群中汉族属于东亚族群，一部分族群属于北亚族群（如蒙古族），还有一部分族群属于南亚族群（如云南、广西、贵州的少数民族）。已有研究认为，体型出现差异受遗传因素的作用[32,33]，也受环境因素[34,35]、疾病因素[36]、饮食因素、劳作强度因素共同作用。Heath 和 Carter 已经收集了大量的国外族群的资料[3]，如按照内因子、中因子、外因子顺序，加拿大人男性分别为 3.5、5.2、1.0，女性分别为 4.7、4.0、2.2；墨西哥人男性分别为 3.4、4.6、2.9，女性分别为 5.2、3.9、2.3；美国因纽特人男性分别为 3.4、5.9、1.3，女性则分别为 6.1、4.8、0.8。中国蒙古族与加拿大男性的 SAD=1.12，与加拿大女性的 SAD=2.26。中国蒙古族与墨西哥男性的 SAD=2.07，与墨西哥女性的 SAD=2.09。中国蒙古族与美国因纽特男性的 SAD=1.17，与美国因纽特女性的 SAD=0.49。相比之下，中国蒙古族男性体型与加拿大男性更接近，女性与美国因纽特女性更接近。

中国族群的 Heath-Carter 体型的研究成果是对国际学术界这一研究方向的极大丰富。

参 考 文 献

[1] 梁军, 聂绍发. Heath-Carter体型方法及应用. 实用预防医学, 2001, 8 (5): 397-400.

[2] Sheldon WH, Steven SS, Jucker WH. The Varieties of Human Physique. New York : Harper and Brothersu Prothers, 1940.

[3] Carter JEL, Heath BH. Somatotyping Development and Applications. London: Cambridge University Press, 1999: 373-387.

[4] 郑连斌, 朱钦, 阎桂彬, 等. 达斡尔族成人体型. 人类学学报, 1998, 17(2): 151-157.

[5] 季成叶, 于道中, 陈明达. 中日两国青少年体型比较——Heath-Carter 体型图应用. 中华预防医学杂志, 1991, 25(2): 95-98.

[6] 季成叶, 袁捷, 肖建文, 等. 3802 名中国城市青少年体型分析. 人类学学报, 1992, 11(3): 250-259.

[7] 赵凌霞. 运用体型方法研究中国学生(山西)的体格发育. 人类学学报, 1992, 11(3): 260-271.

[8] 朱钦, 阎桂彬, 刘东海, 等. 蒙古族体型的 Heath-Carter 人体测量法研究. 人类学学报, 1996, 15(3): 218-224.

[9] 朱钦, 王树勋, 阎桂彬, 等. 鄂伦春族成人体型. 解剖学杂志, 2000, 23(3): 208-212.

[10] 朱钦, 王树勋, 陆舜华, 等. 鄂温克族成人的Heath-Carter 法体型研究. 人类学学报, 2000, 19(2): 114-120.

[11] 郑连斌, 阎桂彬, 刘东海, 等. 蒙古族体型的 Heath-Carter 人体测量法研究. 人类学学报, 1996, 15(3): 218-224.

[12] 于会新, 郑连斌, 陆舜华, 等. 佤族成人Heath-Carter法体型研究. 天津师范大学学报(自然科学版), 2008, 28(2): 18-22.

[13] 陈媛媛, 郑连斌, 陆舜华, 等. 中国克木人体型的Heath-Carter人体测量法研究. 天津师范大学学报(自然科学版), 2006, 2(64): 28-35.

[14] 邹智荣, 李雪雁, 刘承杏, 等. 云南汉族成人的 Heath-Carter 法体型研究. 四川大学学报(医学版),

2006, 37 (2): 321-323.
- [15] 姜东, 赵宝东, 刘素伟, 等. Heath-Carter 法分析辽西农村汉族成人的体型特征. 中国组织工程研究, 2005, 9(48): 146-148.
- [16] 梁明康, 朱钦, 蒋葵, 等. 广西汉族成人的体型研究. 广西医科大学学报, 2008, 25(4): 501-505.
- [17] 郑连斌, 李咏兰, 席焕久, 等. 中国汉族体质人类学研究. 北京: 科学出版社, 2017: 164-177.
- [18] 朱钦, 郑连斌, 王巧玲, 等. 回族成人的 Heath-Carter 法体型研究. 解剖学杂志, 1997, 20(6): 600-604.
- [19] 郑连斌, 朱钦, 阎桂彬, 等. 达斡尔族成人体型研究. 人类学学报, 1998, 17(2): 151-157.
- [20] 黄世宁, 浦洪琴, 凌雁武, 等. 壮族成人Heath-Carter法体型研究. 广西医科大学学报, 2002, 19(1): 60-63.
- [21] 黄秀峰, 周庆辉, 钟斌. 瑶族体型的 Heath-Carter 人体测量法研究. 右江民族医学院学报, 2003, 25(1): 1-5.
- [22] 黄秀峰, 滕少康, 周庆辉, 等. 苗族成人体型研究. 解剖学杂志, 2003, 26(56): 491-494.
- [23] 黄世宁, 浦洪琴, 庞祖荫. 侗族成人 Heath-Carter 法体型研究. 人类学学报, 2004, 3(1): 73-78.
- [24] 杨建辉, 郑连斌, 陆舜华, 等. 布依族成人 Heath-Carter 法体型研究. 人类学学报, 2005, 24(3): 198-203.
- [25] 陆舜华, 郑连斌, 栗淑媛, 等. 乌孜别克族成人的体型特点. 人类学学报, 2004, 23(3): 224-228.
- [26] 丁博, 郑连斌, 陆舜华, 等. 仫佬族成人 Heath-Carter 法体型研究. 天津师范大学学报(自然科学版), 2006, 27(2): 19-23.
- [27] 索利娅, 陆舜华, 郑连斌, 等. 运用 Heath-Carter 法对俄罗斯族体型的研究. 沈阳师范大学学报(自然科学版), 2006, 24(4): 478-481.
- [28] 罗东梅, 郑连斌, 陆舜华, 等. 怒族成人 Heath-Carter 法体型研究. 天津师范大学学报(自然科学版), 2007, 27(4): 19-23.
- [29] 张兴华, 郑连斌, 陆舜华, 等. 独龙族成人的Heath-Carter法体型研究. 天津师范大学学报(自然科学版), 2008, 28(3): 15-18.
- [30] 梁明康, 郑连斌, 朱芳武, 等. 广西京族成人的体型特点. 解剖学杂志, 2008, 31(2): 249-252.
- [31] 郑连斌, 陆舜华, 张兴华, 等. 中国莽人、僜人、珞巴族与门巴族Heath-Carter法体型研究. 人类学学报, 2010, 29(2): 176-181.
- [32] Sanchez-Andres A. Genetic and environmental influences on somatotype components: family study in a Spanish population. Hum Biol, 1995, 67(5): 727-738.
- [33] Katzmarzyk PT, Malina RM, Perusse L, et al. Familial resemblance for physique: heritabilities for somatotype components. Ann Hum Biol, 2000, 27(5): 467-477.
- [34] Toselli S, Tarazona-Santos E, Pettener D. Body size, composition, and blood pressure of high-altitude Quechua from the Peruvian Central Andes (Huancavelica, 3,680 m). Am J Human Biol, 2001, 13(4): 539-547.
- [35] Sukhanova NN. Somatotype as an indicator of individual growth rates and maturation of a child. Gig Sanit, 1998, (5): 36-37.
- [36] Koleva M, Nacheva A, Boev M. Somatotype and disease prevalence in adults. Rev Environ Heath, 2002, 17(1): 65-84.

第十四章　中国蒙古族的超重与肥胖

超重和肥胖是很多人关心的话题，也是人类学、医学、解剖学、生理学、遗传学、社会学专家研究的方向之一。如何控制体重，在半个世纪前这还是人类不太关注的问题，现在成了摆在很多人面前的一个现实问题。独特的生产、生活方式，对蒙古族的身体构成有何影响，蒙古族目前的体脂率是多少，超重率与肥胖率又是多少？这是学术界感兴趣的问题。

第一节　中国蒙古族的身体密度

一、中国蒙古族 13 个族群的身体密度

人体密度是人体在空气中质量和身体体积之比。人体密度=陆地体重（W）/人体体积（V）。人体不同组织器官有不同的密度。根据阿基米德原理，通过测量人在陆地和水中的质量，便可求得人体体积。人体体积=（陆地体重–水下体重）/水的密度，将此式代入人体密度公式，便得人体密度=陆地体重/［（陆地体重–水下体重）/水密度］。如果精确计算，人体体积还应该刨除人体气道的体积。准确测量水下体重也是比较麻烦的，所以学术界通常采用测量皮褶厚度的方法来求得人的身体密度。

人体内存在大量的水分，也存在着各种营养物质。人体由骨骼、肌肉、脂肪、结缔组织等有机组合在一起。人体组成成分是相对稳定的，但当这些人体组成成分由于环境、营养状况、生活习惯、年龄的变化而发生改变时，也会导致人体密度的微小变化。由于不同人种的骨骼肌、脂肪的含量存在差异，因此人的身体密度也存在人种间差异。由于脂肪组织密度小，因此一般来说，肥胖的人身体密度通常小一些。尼格罗人种由于骨骼和骨骼肌发达，体脂率低，身体密度大，在体育运动的径赛方面成绩突出，但在游泳这一类与身体密度有关的比赛中不占有优势。一般来说，人的身体密度在 1.020～1.060kg/dm³。

关于人体密度的研究不多。我们对蒙古族 13 个族群的身体密度进行了计算。测量肱三头肌皮褶和肩胛下皮褶厚度，求得二者之和（A），按照日本长岭晋吉公式：男性身体密度（D）=1.0913–0.00116×A，女性身体密度（D）=1.0897–0.00133×A 来计算求得[1]。男性中，云南蒙古族、杜尔伯特部、布里亚特部、青海和硕特部 4 个族群的身体密度大于蒙古族合计资料的身体密度（1.057kg/dm³±0.01kg/dm³），新疆土尔扈特部与其相等，其余 8 个族群身体密度小于蒙古族合计资料值。女性中，云南蒙古族、布里亚特部、巴尔虎部、阿拉善和硕特部、鄂尔多斯部 5 个族群的身体密度大于蒙古族合计资料的身体密度（1.037kg/dm³±0.01kg/dm³），新疆土尔扈特部、新疆察哈尔部与其相等，其余 6 个族群身体密度小于蒙古族合计资料值（表 14-1）。

表 14-1　蒙古族的身体密度 （kg/dm³, Mean±SD）

族群	男性 20~44 岁组	男性 45~59 岁组	男性 60~80 岁组	男性 合计	女性 20~44 岁组	女性 45~59 岁组	女性 60~80 岁组	女性 合计	u
杜尔伯特部	1.056±0.01	1.057±0.01	1.056±0.01	1.065±0.01	1.037±0.01	1.035±0.01	1.036±0.01	1.036±0.01	21.46**
郭尔罗斯	1.048±0.01	1.054±0.01	1.057±0.01	1.050±0.01	1.031±0.01	1.027±0.01	1.037±0.01	1.030±0.01	19.89**
阜新蒙古族	1.055±0.01	1.056±0.01	1.057±0.01	1.056±0.01	1.031±0.01	1.030±0.01	1.032±0.01	1.030±0.01	30.34**
喀左县蒙古族	1.050±0.01	1.053±0.01	1.056±0.01	1.054±0.01	1.030±0.01	1.029±0.01	1.036±0.01	1.032±0.01	19.56**
巴尔虎部	1.051±0.01	1.053±0.01	1.053±0.01	1.050±0.01	1.043±0.01	1.037±0.01	1.041±0.01	1.041±0.01	12.43**
布里亚特部	1.062±0.01	1.057±0.01	1.058±0.01	1.061±0.01	1.048±0.01	1.041±0.01	1.042±0.01	1.045±0.01	13.52**
鄂尔多斯部	1.058±0.01	1.054±0.01	1.055±0.01	1.056±0.01	1.041±0.01	1.036±0.01	1.038±0.01	1.039±0.01	15.44**
阿拉善和硕特部	1.056±0.01	1.052±0.01	1.053±0.01	1.053±0.01	1.039±0.01	1.038±0.01	1.038±0.01	1.039±0.01	13.04**
额济纳土尔扈特部	1.038±0.01	1.037±0.01	1.031±0.01	1.036±0.01	1.032±0.01	1.024±0.01	1.026±0.16	1.027±0.01	5.03**
青海和硕特部	1.061±0.01	1.059±0.01	1.058±0.01	1.059±0.01	1.039±0.02	1.032±0.02	1.033±0.02	1.035±0.02	17.32**
新疆察哈尔部	1.055±0.01	1.055±0.01	1.058±0.00	1.055±0.01	1.038±0.011	1.033±0.01	1.040±0.01	1.037±0.01	18.61**
新疆土尔扈特部	1.056±0.01	1.056±0.01	1.060±0.01	1.057±0.01	1.039±0.01	1.034±0.01	1.039±0.01	1.037±0.01	18.16**
云南蒙古族	1.072±0.01	1.074±0.01	1.072±0.01	1.072±0.01	1.054±0.01	1.053±0.01	1.053±0.01	1.054±0.01	22.23**
蒙古族合计	1.058±0.01	1.056±0.01	1.056±0.01	1.057±0.01	1.041±0.01	1.034±0.01	1.037±0.01	1.037±0.01	48.72**

注：u 为性别间 u 检验值，**表示 $P<0.01$，差异具有统计学意义

蒙古族男性的身体密度均数范围在（1.036kg/dm³±0.01kg/dm³）（额济纳土尔扈特部）～（1.072kg/dm³±0.01kg/dm³）（云南蒙古族）。13 个蒙古族族群男性按照身体密度大小排列，第 1~3 位依次是云南蒙古族、杜尔伯特部、布里亚特部，第 11~13 位依次是巴尔虎部、郭尔罗斯部、额济纳土尔扈特部。

女性族群的身体密度均数范围在（1.027kg/dm³±0.01kg/dm³）（额济纳土尔扈特部～（1.054kg/dm³±0.01kg/dm³）（云南蒙古族），也是额济纳土尔扈特部身体密度最小，云南蒙古族身体密度最大。13 个蒙古族族群女性按照身体密度大小排列，第 1~3 位依次是云南蒙古族、布里亚特部、巴尔虎部，第 11~13 位依次是郭尔罗斯部、阜新蒙古族、额济纳土尔扈特部。

蒙古族 13 个族群身体密度的性别间差异均具有统计学意义（$P<0.01$），男性的身体密度大于女性。这与性别间内分泌存在差异，导致身体组成成分出现差异有关。对 13 个族群身体密度进行方差分析显示，13 个族群男性间 $F=27.5$（$P<0.01$），女性间 $F=27.5$（$P<0.01$），这表明，蒙古族不同族群身体密度的差异具有统计学意义。对蒙古族合计资料的 20~44 岁组、45~59 岁组、60~80 岁组的身体密度进行方差分析，男性间 $F=6.340$（$P<0.01$），女性间 $F=79.1$（$P<0.01$），表明不同年龄组间的身体密度也是不一致的。

二、中国蒙古族身体密度与经度、纬度、年平均温度、年龄的相关分析

对蒙古族合计资料男性的身体密度与经度、纬度、年平均温度、年龄进行相关分析，发现男性身体密度与经度、纬度、年龄呈显著负相关，与年平均温度呈显著正相关（表 14-2）。也就是说，总体上在中国，从西向东，随着经度的增加，蒙古人身体密度减小；从南向北，随着纬度的增加，蒙古人身体密度减小；从年轻到老年，蒙古人的身体密度减小；随着年平均温度的上升，蒙古人身体密度增大。

表 14-2 蒙古族身体密度与经度、纬度、年平均温度、年龄的相关分析

指标	经度 r	经度 P	纬度 r	纬度 P	年平均温度 r	年平均温度 P	年龄 r	年龄 P
身体密度（男性）	−0.064*	0.005	−0.362**	0.000	0.272**	0.000	−0.084**	0.000
身体密度（女性）	−0.111**	0.000	−0.288**	0.000	0.152**	0.000	−0.202**	0.000

注：r 为相关系数，*为 $P<0.05$，**为 $P<0.01$，相关系数具有统计学意义

对蒙古族合计资料女性的身体密度与经度、纬度、平均温度、年龄进行相关分析，发现与男性一致，女性身体密度也与经度、纬度、年龄呈显著负相关，而与年平均温度呈显著正相关。

按照地区分类，比较各个地区蒙古族身体密度的大小，可以发现云南蒙古族身体密度最大，内蒙古蒙古族次之，西部蒙古族男性与东北三省蒙古族男性身体密度接近，西部蒙古族女性身体密度略大于东北三省蒙古族（表 14-3）。

表 14-3 4 个地区中国蒙古族身体密度（kg/dm^3，Mean±SD）

族群	男性 20～44 岁组	男性 45～59 岁组	男性 60～80 岁组	男性 合计	女性 20～44 岁组	女性 45～59 岁组	女性 60～80 岁组	女性 合计	u
东北三省蒙古族	1.052±0.012	1.055±0.010	1.057±0.010	1.054±0.011	1.031±0.010	1.030±0.010	1.035±0.012	1.032±0.011	39.58**
内蒙古族蒙古族	1.057±0.014	1.054±0.012	1.054±0.010	1.056±0.013	1.044±0.012	1.038±0.010	1.040±0.009	1.041±0.011	20.02**
西部蒙古族	1.055±0.013	1.053±0.012	1.054±0.013	1.054±0.013	1.038±0.012	1.033±0.013	1.035±0.013	1.035±0.013	27.61**
云南蒙古族	1.072±0.008	1.074±0.006	1.072±0.009	1.072±0.008	1.054±0.009	1.054±0.008	1.053±0.010	1.054±0.009	22.23**
蒙古族合计	1.058±0.014	1.056±0.012	1.056±0.011	1.057±0.013	1.041±0.013	1.034±0.012	1.037±0.013	1.037±0.013	48.72**

注：u 为性别间 u 检验值，**表示 $P<0.01$，差异具有统计学意义

第二节 中国蒙古族的身体质量指数

随着社会的发展，最近几十年以来，营养过剩的人越来越多[2,3]。由于人类社会经济的快速发展，人们生活习惯、饮食成分发生变化，营养过剩的人比例增大，身体超重乃至肥胖的人越来越多。肥胖作为疾病已成为当前国际学术界极为关注的问题[4-6]。肥胖会引发 2 型糖尿病、心血管疾病、肌肉骨骼失调、阻塞性睡眠呼吸暂停、高血压、前列腺癌、直肠癌、子宫内膜癌、乳腺癌等重要疾病[7-10]。如何准确评价个人和族群肥胖是学术界要解决的问题[11]。

身体质量指数是通过人的身高与体重这两个体质人类学最主要的指标的关系，来评价人的体重是否符合标准，进而判断是否超重或肥胖。由于身高、体重容易测得，因此身体质量指数在学术研究中得到了广泛的应用。身体质量指数=体重/身高^2（kg/m^2）。世界卫生组织制定了世界各个族群相应的用身体质量指数来评价超重、肥胖的标准：当身体质量指数为 25.0～29.9kg/m^2 为超重，身体质量指数≥30kg/m^2 为肥胖[12]。2000 年亚洲国家学者建议亚洲族群以身体质量指数为 23.0～24.9kg/m^2 为超重，身体质量指数≥25kg/m^2 为肥胖。中国学术界也推荐用以下标准来评价中国成年人：身体质量指数<18.5kg/m^2 为体重过低，身体质量指数为 18.5～23.9kg/m^2 为体重正常，身体质量指数 24.0～

27.9kg/m² 为超重，身体质量指数≥28kg/m² 为肥胖[13]。

蒙古族传统上是个游牧民族，生活在比较寒冷的蒙古高原及其周边地区，肉类、乳类的摄入量比较高，蔬菜相对进食较少。特殊的生活环境、独特的饮食特点会对蒙古族身体产生怎样的影响？这是一个很有意思的研究内容。

一、中国蒙古族 13 个族群身体质量指数的均数

蒙古族 13 个族群男性身体质量指数均数在（21.5kg/m²±2.7kg/m²）～（28.8kg/m²±3.5kg/m²）。多数族群身体质量指数均数在 24～28kg/m²，总体上达到超重的水平，个别族群均数超过 28kg/m²，总体进入肥胖的行列。这种情况在中国民族中很罕见。按照身体质量指数均数大小排列，第 1～3 位依次为额济纳土尔扈特部、新疆察哈尔部、阿拉善和硕特部，第 11～13 位依次为青海和硕特部、阜新蒙古族、云南蒙古族。可以看出，南方蒙古族、东北三省蒙古族指数均数较小，内蒙古、西部蒙古族指数均数较大。多数族群 3 个年龄组中 20～44 岁组指数均数最小，45 岁以后指数均数增大，多数族群 45～59 岁组均数大于 60～80 岁组（表 14-4）。

表 14-4 蒙古族 13 个族群身体质量指数的均数（kg/m²，Mean±SD）

族群	男性 20～44岁组	男性 45～59岁组	男性 60～80岁组	男性 合计	女性 20～44岁组	女性 45～59岁组	女性 60～80岁组	女性 合计	u
杜尔伯特部	25.6±4.1	26.1±4.1	25.2±3.6	25.6±3.9	24.4±4.0	26.4±3.7	25.9±3.9	26.0±3.8	0.77
郭尔罗斯	27.6±4.7	26.2±3.5	25.6±3.2	26.6±4.0	24.7±3.5	26.7±3.6	25.5±5.1	25.8±4.0	1.99*
阜新蒙古族	24.3±3.1	25.5±3.3	24.1±2.8	24.8±3.1	24.7±3.8	26.0±3.1	26.1±3.3	25.7±3.4	2.74**
喀左县蒙古族	27.0±4.8	26.0±3.2	25.0±4.0	25.7±3.9	24.0±3.7	26.5±3.8	25.3±4.2	25.5±4.0	0.48
巴尔虎部	25.7±4.4	26.8±4.8	26.7±4.6	26.2±4.6	24.2±4.7	30.5±6.4	27.5±5.4	27.1±6.1	2.06*
布里亚特部	24.9±4.8	28.5±6.1	28.6±5.5	25.9±5.4	24.5±4.7	31.0±7.3	30.3±6.3	27.2±6.7	2.35*
鄂尔多斯部	25.9±4.5	28.2±4.1	27.3±4.2	27.0±4.3	24.4±4.1	27.3±3.3	27.3±4.2	25.8±4.1	2.58**
阿拉善和硕特部	26.9±2.8	27.9±4.5	26.6±5.8	27.1±4.8	25.3±4.2	26.8±3.5	27.0±5.6	26.4±4.7	0.40
额济纳土尔扈特部	27.4±3.1	28.7±2.4	32.0±4.6	28.8±3.5	31.7±3.9	34.3±5.0	36.4±6.5	33.9±4.8	8.62**
青海和硕特部	24.5±3.9	26.1±4.0	25.7±4.5	25.5±3.8	24.8±4.9	27.9±5.2	28.1±5.4	26.6±5.3	2.42*
新疆察哈尔部	27.2±4.4	28.2±4.0	27.0±5.2	27.6±4.3	25.9±4.0	28.6±4.3	27.0±4.7	27.0±4.4	-1.27
新疆土尔扈特部	26.0±4.2	27.3±3.6	26.7±3.2	26.6±4.3	26.2±4.8	28.3±3.8	25.8±4.7	26.9±4.6	0.56
云南蒙古族	21.6±2.6	21.1±2.7	22.7±3.9	21.5±2.7	21.8±2.9	22.6±3.2	23.1±2.8	22.1±3.0	2.21*

注：u 为性别间 u 检验值，*表示 P<0.05，**表示 P<0.01，差异具有统计学意义

13 个族群女性身体质量指数均数也很大，均数范围在（22.1kg/m²±3.0kg/m²）～（33.9kg/m²±4.8kg/m²）。多数族群身体质量指数均数在 24～28kg/m²，属于超重族群，个别族群均数超过 33kg/m²，达到肥胖水平。按照指数均数大小排列，第 1～3 位依次为额济纳土尔扈特部、布里亚特部、巴尔虎部，第 11～13 位依次为阜新蒙古族、喀左县蒙古族、云南蒙古族。与男性一样，女性也是南方蒙古族、东北三省蒙古族指数均数小，内蒙古蒙古族、西部蒙古族指数均数大。女性 20～44 岁组在 3 个年龄组中指数均数最小，45 岁以后指数均数明显增大。

中国北方蒙古族各个族群的身体质量指数值明显偏大，应该与其遗传结构、饮食习

惯、生活环境有较大关系。

蒙古族 13 个族群间身体质量指数方差分析显示，男性 $F=27.7$，$P<0.01$，女性 $F=20.0$，$P<0.01$，这表明族群间身体质量指数的差异具有统计学意义。蒙古族合计资料 3 个年龄组之间的方差分析显示，男性 $F=13.7$，$P<0.01$，女性 $F=112.9$，$P<0.01$，这意味着年龄组间身体质量指数的差异也具有统计学意义。

二、4 个地区蒙古族身体质量指数的均数

蒙古族合计资料的指数均数男性为 $25.8kg/m^2\pm4.4kg/m^2$，女性为 $25.9kg/m^2\pm4.7kg/m^2$，男性、女性均达到超重水平。对 4 个地区蒙古族身体质量指数均数比较，男性中西部蒙古族均数最大，内蒙古蒙古族次之，东北三省蒙古族居第三，云南蒙古族最小。女性顺序也是如此（表 14-5）。

表 14-5 4 个地区蒙古族身体质量指数的均数（kg/m^2，Mean±SD）

族群	男性 20~44岁组	男性 45~59岁组	男性 60~80岁组	男性 合计	女性 20~44岁组	女性 45~59岁组	女性 60~80岁组	女性 合计	u
东北三省蒙古族	26.3±4.4	25.9±3.4	24.9±3.5	25.7±3.8	24.5±3.7	26.4±3.5	25.7±4.1	25.7±3.8	0.22
内蒙古族蒙古族	25.4±4.6	27.7±5.0	27.1±4.5	26.4±4.8	24.3±4.5	29.6±6.1	27.8±5.1	26.7±5.7	0.92
西部蒙古族	26.3±4.2	27.5±3.9	26.8±4.9	26.9±4.3	25.6±4.5	28.2±4.4	27.2±5.0	26.8±4.7	0.18
云南蒙古族	21.6±2.6	21.1±2.7	22.7±3.9	21.5±2.7	21.8±2.9	22.6±3.2	23.1±2.8	22.1±3.0	2.21*
蒙古族合计	25.3±4.5	26.5±4.3	26.0±4.4	25.8±4.4	24.4±4.3	27.4±4.7	26.4±4.7	25.9±4.7	0.78

注：u 为性别间 u 检验值，*表示 $P<0.05$，差异具有统计学意义

有学者报道了中国不同地区族群的身体质量指数，广州人为 $21.51kg/m^2\pm3.1kg/m^2$ [14]，珠海人为 $23.03kg/m^2\pm3.33kg/m^2$ [15]，德阳人为 $22.45kg/m^2\pm3.77kg/m^2$ [16]，南京地区成人为 $23.28kg/m^2\pm3.49kg/m^2$ [17]，哈尔滨成人为 $24.14kg/m^2\pm3.13kg/m^2$ [18]。北方蒙古族的身体质量指数均数高于上述族群，云南蒙古族则与广州人接近，低于其他族群。

国外学者报道了非洲尼日利亚人（$22.1kg/m^2$）、马里人（$21.1kg/m^2$）[19]、太平洋岛屿族群（$32.8kg/m^2$）[20]、欧洲地区族群（$26.1kg/m^2$）[21]的身体质量指数。北方蒙古族的指数均数大于非洲尼日利亚人、马里人，与欧洲地区族群相对接近，低于太平洋岛屿族群。有学者[22]报道了美国加利福尼亚州不同族裔大学生的身体质量指数均数：亚洲裔学生身体质量指数均数（男性为 $23.7kg/m^2$，女性为 $21.5kg/m^2$）最低，而西班牙裔（男性为 $25.9kg/m^2$，女性为 $23.5kg/m^2$）最高。蒙古族的 20~44 岁组年龄相对接近大学生的年龄，男性、女性身体质量指数均数均大于亚洲裔大学生，女性指数均数大于西班牙裔大学生，男性与西班牙裔互有高低，鄂尔多斯部男性与西班牙裔接近。

由于各个族群测量的时间不同，且由不同的研究组完成测量工作，族群内的城市人与乡村人的比例不同，样本量年龄分布也不同，因此上述这些比较只是一种粗略的对比。

云南蒙古族身体质量指数的性别间差异具有统计学意义，其他 3 个地区蒙古族及蒙古族合计资料的身体质量指数性别间差异不具有统计学意义。

三、中国蒙古族 13 个族群超重、肥胖率

按照学术界对中国人身体质量指数分类的标准,我们统计了蒙古族 13 个族群 4 种类型的出现率。

男性中,除了巴尔虎部、布里亚特部、青海和硕特部、云南蒙古族体重正常(身体质量指数为 18.5～23.9kg/m^2)率大于超重(身体质量指数为 24.0～27.9kg/m^2)率外,其余 9 个族群都是超重率大于体重正常率。除了云南蒙古族体重过低(身体质量指数<18.5kg/m^2)率刚刚超过 10%外,其他 12 个族群体重过低率都很小,额济纳土尔扈特部、新疆土尔扈特部样本中没有体重过低的人。按照男性肥胖(身体质量指数≥28kg/m^2)率排序,第 1～3 位依次是新疆察哈尔部、额济纳土尔扈特部、喀左县蒙古族,第 11～13 位依次是青海和硕特部、阜新蒙古族、云南蒙古族。很多族群有接近1/3,甚至接近 1/2 的人为肥胖。云南蒙古族肥胖率很低,只有 3%(表 14-6)。

表 14-6 蒙古族 13 个族群身体质量指数的分布

族群	男性 <18.5kg/m² n	%	18.5～23.9kg/m² n	%	24.0～27.9kg/m² n	%	≥28kg/m² n	%	女性 <18.5kg/m² n	%	18.5～23.9kg/m² n	%	24.0～27.9kg/m² n	%	≥28kg/m² n	%
杜尔伯特部	1	1.2	29	34.1	32	37.6	23	27.1	3	1.9	46	29.9	54	35.1	51	33.1
郭尔罗斯部	2	1.1	47	26.6	65	36.7	63	35.6	4	1.8	71	31.7	88	39.3	61	27.2
阜新蒙古族	2	1.3	60	38.0	70	44.3	26	16.5	2	0.8	77	31.3	106	43.1	61	24.8
喀左县蒙古族	2	1.5	44	32.4	50	36.8	60	44.1	8	2.9	97	35.7	86	31.6	81	29.8
巴尔虎部	3	1.5	73	37.2	51	26.0	69	35.2	6	2.9	60	29.4	57	27.9	81	39.7
布里亚特部	2	1.3	62	40.3	43	27.9	47	30.5	3	1.9	55	34.0	42	25.9	62	38.3
鄂尔多斯部	3	2.1	30	21.3	52	36.8	57	40.4	4	2.1	61	31.4	75	38.7	54	27.8
阿拉善和硕特部	1	1.1	18	20.2	39	43.8	31	34.8	3	2.1	39	27.1	53	36.8	49	34.0
额济纳土尔扈特部	0	0	14	16.7	31	36.9	39	46.4	0	0	29	25.9	33	29.5	50	44.6
青海和硕特部	2	1.2	64	38.6	58	34.9	42	25.3	5	2.6	56	28.7	71	36.4	63	32.3
新疆察哈尔部	2	0.9	46	21.2	67	30.9	102	47.0	0	0	57	25.2	71	31.4	98	43.4
新疆土尔扈特部	0	0	25	22.3	47	42.0	40	35.7	2	1.6	35	27.6	38	29.9	52	40.9
云南蒙古族	21	10.4	146	72.3	29	14.4	6	3.0	21	8.9	150	63.3	58	24.5	8	3.4

女性中,除了喀左县蒙古族、巴尔虎部、布里亚特部、云南蒙古族体重正常率大于超重率外,其余 9 个族群都是超重率大于体重正常率。除了云南蒙古族体重过低率接近10%外,其他 12 个族群体重过低率都小于 3%,新疆察哈尔部、额济纳土尔扈特部样本中没有体重过低的人。按照女性肥胖率排序,第 1～3 位依次是额济纳土尔扈特部、新疆察哈尔部、新疆土尔扈特部,第 11～13 位依次是郭尔罗斯部、阜新蒙古族、云南蒙古族。新疆族群女性肥胖率高。

四、4 个地区蒙古族超重、肥胖率

4 个地区蒙古族男性肥胖率以西部蒙古族最高,内蒙古蒙古族次之,东北三省蒙古族居第三,云南蒙古族最低。超重率还是以西部蒙古族最高,云南蒙古族最低,东北三

省蒙古族超过内蒙古蒙古族居第二。体重过低率除云南蒙古族外都很低。女性肥胖率排序与男性一致，但超重率排序出现变化，东北三省蒙古族超重率最高，西部蒙古族第二，内蒙古蒙古族第三，云南蒙古族最低（表14-7）。

表14-7　4个地区蒙古族身体质量指数的分布

族群	男性 <18.5kg/m² n	%	18.5～23.9kg/m² n	%	24.0～27.9kg/m² n	%	≥28kg/m² n	%	女性 <18.5kg/m² n	%	18.5～23.9kg/m² n	%	24.0～27.9kg/m² n	%	≥28kg/m² n	%
东北三省蒙古族	7	1.3	180	32.4	217	39.0	172	30.9	17	1.9	291	32.5	334	37.3	254	28.3
内蒙古蒙古族	8	1.6	167	33.9	146	29.7	171	34.8	13	2.3	176	31.4	174	31.1	197	35.2
西部蒙古族	5	0.7	166	29.3	242	42.7	254	44.8	10	1.2	216	26.9	266	33.1	312	38.8
云南蒙古族	21	10.4	146	72.3	29	14.4	6	3.0	21	8.9	150	63.3	58	24.5	8	3.4
蒙古族合计	42	2.2	644	33.9	621	32.6	595	31.3	61	2.5	823	33.3	820	33.2	764	31.0

如果综合考虑超重与肥胖的合计出现率，那么超重与肥胖的合计出现率由高到低依次是男性为西部蒙古族（87.5%）、东北三省蒙古族（69.9%）、内蒙古蒙古族（64.5%）、云南蒙古族（17.4%），女性为西部蒙古族（71.9%）、内蒙古蒙古族（66.3%）、东北三省蒙古族（65.6%）、云南蒙古族（27.9%）。可以发现，北方蒙古族的超重、肥胖问题已经很突出了。

据最近中国汉族身体质量指数资料显示：东北方言族群男性超重率、肥胖率分别为35.0%、23.4%，女性分别为33.0%、13.0%；华北方言族群男性分别为41.8%、19.0%，女性分别为33.3%、16.0%；西北方言族群男性分别为35.9%、16.0%，女性分别为31.3%、12.4%。按照超重率与肥胖率合并计算，东北三省蒙古族高于东北方言族群，内蒙古蒙古族高于华北方言族群，西部蒙古族高于西北方言族群。

五、中国蒙古族身体质量指数与经度、纬度、年平均温度、年龄的相关分析

对蒙古族合计资料的男性、女性身体质量指数分别与经度、纬度、年平均温度、年龄进行相关分析（表14-8），发现男性、女性的身体质量指数与年平均温度呈显著负相关，与纬度、年龄呈显著正相关，也就是说随着年平均温度的升高，蒙古族的身体质量指数值总体呈现下降变化；从中国南部到北部或者随着年龄的增大，蒙古族身体质量指数值总体增大。男性身体质量指数与经度呈显著负相关，女性则呈负相关，但不显著。前面的分析已经提及西部蒙古族、内蒙古蒙古族身体质量指数值大，而东北三省、云南蒙古族身体质量指数值小。相关分析的结果与前面的分析结果一致。Wells[23]认为，年平均温度降低使得身体质量指数值增大，本研究中男性、女性的身体质量指数均与年平均温度呈显著负相关，与Wells的看法一致。

表14-8　蒙古族身体质量指数与经度、纬度、年平均温度、年龄的相关分析

指标	经度 r	P	纬度 r	P	年平均温度 r	P	年龄 r	P
身体质量指数（男性）	−0.068**	0.000	0.296**	0.000	−0.261**	0.000	0.117**	0.000
身体质量指数（女性）	−0.031	0.119	0.257**	0.000	−0.250**	0.000	0.256**	0.000

注：r 为相关系数，**为 $P<0.01$，相关系数具有统计学意义

第三节　中国蒙古族的体脂率

目前，超重率和肥胖率在许多国家快速增长[24-27]。据美国资料[28]显示，2003～2004年成年人中约30%的非西班牙裔白人、45.0%的非西班牙裔黑人、36.8%的墨西哥裔美国人是肥胖患者。

一、体脂率的计算方法

身体脂肪比例过高，是导致肥胖的原因。体脂的测量方法有很多，水下称重法是测量体脂的"金指标"，但耗时长，所用仪器不方便携带，并需要被测者的配合，在老人、儿童及患者中应用非常困难，且不能测定局部体脂。此外，还有体重指数法、腰围臀围比法、皮褶厚度法、超声检测、双能X线吸收法、计算机断层（CT）、核磁共振成像（MRI）、同位素释法、生物电阻抗法、中子激活法、红外线感应法、体钾测定法，这些方法各有优缺点。由于可能存在价格昂贵、操作难度大、不能测量局部体脂、同位素辐射大、需要较长的测试和分析时间等问题，多数方法只适宜于对个体的肥胖进行评价。较适宜进行族群研究的是指数法、腰围臀围比法、皮褶厚度法、生物电阻抗法。可以通过测量体重、身高，通过公式计算出瘦体质量（LBM）[30]，再计算出体脂量，通过得出体脂率来判断肥胖。

目前，适宜于大样本野外测量的方法中，学术界常用皮褶厚度法与电阻抗法来估算人体脂率。一般来说，用于估算体脂的指标越多，估算结果越准确。采用皮褶厚度法评价肥胖，国际上最常见的是测量肱三头肌皮褶、肱二头肌皮褶、肩胛下皮褶、髂嵴上皮褶厚度。本研究采用皮褶厚度法计算了当代中国蒙古族13个族群的体脂率，根据体脂率判断是否肥胖。根据性别、年龄、4项皮褶厚度总和的对数值 L，按照Durnin和Womersley[30]公式计算身体密度 D。根据身体密度值，按照Siri（1961）公式计算体脂率[31-33]（表14-9）。国际学术界以男性体脂率>25%、女性>35%为标准判断为肥胖[34-36]。

表14-9　计算身体密度的Durnin和Womersley公式

年龄	男性	女性	年龄	男性	女性
<17岁	$D=1.1533-(0.0643×L)$	$D=1.1369-(0.0598×L)$	30～39岁	$D=1.1422-(0.0544×L)$	$D=1.1423-(0.0632×L)$
17～19岁	$D=1.1620-(0.0630×L)$	$D=1.1549-(0.0678×L)$	40～49岁	$D=1.1620-(0.0700×L)$	$D=1.1333-(0.0612×L)$
20～29岁	$D=1.1631-(0.0632×L)$	$D=1.1599-(0.0717×L)$	>50岁	$D=1.1715-(0.0779×L)$	$D=1.1339-(0.0645×L)$

二、中国蒙古族13个族群体脂率的均数

中国蒙古族13个族群之间体脂率的方差分析显示（表14-10），男性 $F=73.1$（$P<0.01$），女性 $F=77.3$（$P<0.01$），这表明蒙古族不同族群间体脂率的差异具有统计学意义（表14-10）。对蒙古族合计资料的20～44岁组、45～59岁组、60～80岁组体脂率进行年龄组间方差分析，男性 $F=271.1$（$P<0.01$），女性 $F=418.8$（$P<0.01$），表明蒙古族不同年龄组间的体脂率也是不一致的。

表 14-10 蒙古族 13 个族群体脂率的均数（%，Mean±SD）

族群	男性 20~44 岁组	男性 45~59 岁组	男性 60~80 岁组	男性 合计	女性 20~44 岁组	女性 45~59 岁组	女性 60~80 岁组	女性 合计	u
杜尔伯特部	23.2±4.7	26.5±3.8	27.9±4.7	26.1±4.8	32.3±3.5	36.1±3.0	36.8±3.0	35.8±3.4	16.49**
郭尔罗斯	25.0±4.0	28.4±4.4	27.9±4.5	27.0±5.0	33.2±2.9	37.3±2.3	36.0±4.0	35.9±3.1	13.84**
阜新蒙古族	23.4±4.0	27.7±3.6	28.1±4.5	30.0±2.1	33.4±2.5	37.2±2.4	38.2±2.5	36.5±3.1	36.96**
喀左县蒙古族	24.3±3.6	29.6±3.6	28.6±4.4	30.0±2.3	33.2±2.9	37.8±2.9	37.4±3.3	37.0±4.0	39.22**
巴尔虎部	26.7±5.3	31.0±4.4	31.7±4.0	28.9±5.3	29.9±3.9	36.0±2.7	36.2±2.2	33.5±4.5	11.6**
布里亚特部	19.0±6.3	26.5±6.1	26.7±4.5	21.1±6.8	24.0±4.8	32.1±3.5	33.6±3.5	27.6±6.1	11.6**
鄂尔多斯部	21.6±4.3	28.1±3.6	28.4±4.3	25.5±5.3	37.2±3.3	38.5±2.4	37.3±2.7	37.6±3.1	24.57**
阿拉善和硕特部	23.2±3.4	28.8±3.6	29.0±4.1	27.5±4.6	30.6±3.1	34.6±3.3	35.9±2.8	33.7±3.8	12.65**
额济纳土尔扈特部	22.8±3.7	29.8±3.3	32.5±4.0	27.6±5.3	33.7±3.7	39.1±2.9	39.3±6.6	37.2±4.2	13.74**
青海和硕特部	19.6±6.0	25.8±5.1	27.2±4.1	23.7±6.2	29.8±5.0	36.2±3.9	36.6±3.5	33.4±5.4	9.47**
新疆察哈尔部	23.2±4.9	27.4±4.0	26.9±4.5	25.2±4.9	31.0±3.0	35.4±2.7	35.3±2.9	33.1±3.6	19.21**
新疆土尔扈特部	22.9±4.6	26.6±4.9	26.3±5.3	25.0±5.1	30.9±3.1	35.0±3.9	35.4±4.1	33.2±4.2	18.35**
云南蒙古族	15.8±4.8	17.3±5.2	19.7±6.4	16.4±5.1	33.3±3.2	32.6±3.8	32.5±3.7	33.1±3.4	39.73**
族群间方差分析		F=73.1, P=0.000				F=77.3, P=0.000			

注：u 为性别间 u 检验值，** 表示 P<0.01，差异具有统计学意义

分析男性各个族群合计资料，13 个族群的体脂率均数在（16.4%±5.1%）~（30.0%±2.3%），族群间差距较大。即使不考虑云南蒙古族，12 个北方族群体脂率均数最大差距也达到 8.9%。喀左县蒙古族、阜新蒙古族、巴尔虎部的体脂率排在第 1~3 位，青海和硕特部、布里亚特部、云南蒙古族体脂率则排在第 11~13 位（表 14-10）。额济纳土尔扈特部、新疆察哈尔部的身体质量指数排在 13 个族群的最前面，但体脂率并非排在 13 个族群之首，这是由于身体质量指数是根据体重与身高计算得到，而本研究体脂率是根据皮褶厚度值计算得到，体重大，既可能是脂肪含量高造成的，又可能是骨骼发达、骨骼肌发达造成的。

女性各个族群合计资料的体脂率均数范围在（27.6%±6.1%）~（37.6%±3.1%），排在 1~3 位的依次为鄂尔多斯部、额济纳土尔扈特部、喀左县蒙古族，排在 11~13 位的依次为新疆察哈尔部、云南蒙古族、布里亚特部。值得注意的是，云南蒙古族女性虽然身体质量指数大于 28kg/m^2 的比例只有 3%，但是其体脂率达到 33.1%±3.4%，与一些西部蒙古族、内蒙古蒙古族族群接近，原因是云南蒙古族体重不大，但皮褶厚度并不薄。蒙古族多数族群女性 3 个年龄组中以 20~44 岁组体脂率最低，45 岁后体脂率明显增加，这与 45 岁后女性内分泌及劳作强度发生变化有关。

中国汉族 31 个族群乡村男性体脂率分布范围为（17.1%±6.0%）~（26.6%±5.1%），最小值略高于蒙古族，最大值明显小于蒙古族。女性体脂率分布范围为（30.0%±4.6%）~（38.2%±4.9%），最小值与最大值均高于蒙古族。

三、4 个地区蒙古族体脂率的均数

4 个地区蒙古族体脂率均数比较，男性东北三省蒙古族体脂率最高，内蒙古蒙古族

与西部蒙古族接近，云南蒙古族最低。女性仍然是东北三省蒙古族体脂率最高，其他 3 个地区体脂率比较接近，都在 33%～34%（表 14-11）。

表 14-11 4 个地区蒙古族体脂率的均数（%，Mean±SD）

族群	男性 20～44岁组	男性 45～59岁组	男性 60～80岁组	男性 合计	女性 20～44岁组	女性 45～59岁组	女性 60～80岁组	女性 合计	u
东北三省蒙古族	24.1±4.3	28.2±4.0	28.2±4.4	27.0±4.8	33.2±2.9	37.2±2.7	37.2±3.3	36.2±3.4	39.87**
内蒙古族蒙古族	22.4±6.5	28.9±5.1	29.7±4.5	25.5±6.7	30.6±6.8	35.8±4.0	36.3±2.8	33.3±6.1	19.61**
西部蒙古族	22.2±5.1	27.4±4.5	28.0±4.7	25.4±5.5	30.9±3.8	36.0±3.6	36.5±3.5	33.9±4.5	32.03**
云南蒙古族	15.8±4.8	17.3±5.2	19.7±6.4	16.4±5.1	33.3±3.2	32.6±3.8	32.5±3.7	33.1±3.4	39.73**
蒙古族合计	21.6±6.0	27.1±5.5	28.2±4.8	25.0±6.3	31.7±4.7	36.3±3.5	36.7±3.4	34.5±4.7	55.56**

注：u 为性别间 u 检验值，**表示 P<0.01，差异具有统计学意义

四、中国蒙古族体脂率与经度、纬度、年平均温度、年龄的相关分析

蒙古族合计资料体脂率与经度、纬度、年平均温度、年龄的相关分析结果显示，蒙古族男性的体脂率与年平均温度呈显著负相关，与经度、纬度、年龄呈显著正相关，但女性不是这样，女性体脂率与经度、年平均温度、年龄均呈显著正相关，而与纬度呈显著负相关（表14-12）。从中国西部到东部，蒙古族体脂率上升。从中国南部到北部，蒙古族男性体脂率上升，而女性体脂率下降。随着年平均温度的升高，男性体脂率下降，但女性体脂率上升。随着年龄的增加，男性、女性的体脂率均升高。女性、男性体脂率与年平均温度进行相关分析出现不同的结果，生活在年平均温度较高的南方的云南蒙古族女性体脂率与北方蒙古族接近，而男性体脂率远远低于北方蒙古族。

表 14-12 蒙古族男性 13 个族群体脂率与经度、纬度、年平均温度、年龄的相关分析

指标	经度 r	经度 P	纬度 r	纬度 P	年平均温度 r	年平均温度 P	年龄 r	年龄 P
体脂率（男性）	0.139**	0.000	0.399**	0.000	-0.314**	0.000	0.493**	0.000
体脂率（女性）	0.127**	0.000	-0.043*	0.033	0.185**	0.000	0.516**	0.000

注：r 为相关系数，*为 P<0.05，**为 P<0.01，相关系数具有统计学意义

学术界认为男性体脂率>25%、女性体脂率>35%可以判断为肥胖[37-39]。如果按此标准，东北三省蒙古族男性、女性的肥胖率高达 70.3%和 69.0%（表 14-13），这和用身体质量指数评价东北三省蒙古族得到的肥胖率 30.3%、28.5%相差甚远，也不符合目前东北三省蒙古族的实际情况。我们认为用男性体脂率>25%、女性体脂率>35%判断肥胖不合适，至少不适用于蒙古族。

表 14-13 中国蒙古族体脂率的分布

地区	男性 体脂率≤25% n	男性 体脂率≤25% %	男性 体脂率>25% n	男性 体脂率>25% %	女性 体脂率≤35% n	女性 体脂率≤35% %	女性 体脂率>35% n	女性 体脂率>35% %
东北三省蒙古族	165	29.7	391	70.3	278	31.0	619	69.0

续表

地区	男性 体脂率≤25% n	男性 体脂率≤25% %	男性 体脂率>25% n	男性 体脂率>25% %	女性 体脂率≤35% n	女性 体脂率≤35% %	女性 体脂率>35% n	女性 体脂率>35% %
内蒙古蒙古族	214	43.7	276	56.3	278	50.0	278	50.0
西部蒙古族	275	41.2	393	58.8	468	58.3	335	41.7
云南蒙古族	188	93.1	14	6.9	165	69.6	72	30.1
合计	842	43.9	1074	56.1	1189	47.7	1304	52.3

第四节　中国蒙古族的身体肥胖指数

一、身体肥胖指数的提出

身体质量指数的计算公式使用的是体重，而不区分体重中脂肪质量和去脂质量之间比例。此外，身体质量指数受到年龄、性别和种族的影响，限制了它的使用[40-42]。同时，人的体重在一天不同时刻测量，得到的值是有一些差异的，在进行大样本野外测量工作时，脱衣服不是很方便，精准测量体重也是有些困难的。2011年Bergman提出用身体肥胖指数衡量人体肥胖程度[43]。根据臀围、身高计算身体肥胖指数，身体肥胖指数=[臀围（cm）/身高（m）$^{1.5}$]–18。Barreira[44]发现身体肥胖指数与体脂率之间有密切关联。与身体质量指数相比，身体肥胖指数更适用于评估体脂率。用身体肥胖指数研究肥胖具有巨大的优势，因为身体肥胖指数并不需要测量体重，从而避免了体重数据波动的影响。Lopez[45]认为人类的身体质量指数与身体肥胖指数呈现显著的相关性。

临别前和新疆察哈尔部合影留念　　　　博州察哈尔牧民村，牧民早已等候我们多时了

自从Bergman提出身体肥胖指数以来，许多学者已经在欧洲裔、非洲裔、西班牙裔白人和白种人样本中开展了用身体肥胖指数、身体质量指数估计体脂率的一些验证比较研究，用来分析身体肥胖指数是否比身体质量指数能更好地预测体脂率，对不同族群研究的结果不一致。一些研究显示，身体质量指数比身体肥胖指数能更好地估算体脂率[44,46-51]。但也有些研究[52-55]认为，身体肥胖指数比身体质量指数能够更好地估算体脂率。

二、中国蒙古族 13 个族群的身体肥胖指数

我们采用 Bergman 公式计算了中国蒙古族的身体肥胖指数（表 14-14）。蒙古族 13 个族群男性的指数均数范围在（22.7±2.6）～（28.8±3.5），指数均数从大到小排列，第 1～3 位依次是额济纳土尔扈特部、鄂尔多斯部、新疆土尔扈特部，第 11～13 位依次是喀左县蒙古族、阜新蒙古族、云南蒙古族。多数族群 20～44 岁组的身体肥胖指数均数最小。女性族群的指数均数范围是（26.0±3.8）～（34.4±6.8），布里亚特部、额济纳土尔扈特部、新疆土尔扈特部在 13 个族群中指数均数居前三位，阜新蒙古族、云南蒙古族、杜尔伯特部则居后三位。女性 20～44 岁组均数较小，60～80 岁组均数较大。

表 14-14　蒙古族身体肥胖指数的均数（Mean±SD）

族群	男性 20～44 岁组	男性 45～59 岁组	男性 60～80 岁组	男性 合计	女性 20～44 岁组	女性 45～59 岁组	女性 60～80 岁组	女性 合计	u
杜尔伯特部	25.6±4.1	26.1±4.1	25.2±3.6	25.6±3.9	24.4±4.0	26.4±3.7	25.9±3.9	26.0±3.8	0.77
郭尔罗斯	26.9±4.1	26.8±3.2	26.5±3.1	26.8±3.5	29.7±3.9	32.3±4.5	32.5±5.3	31.5±4.7	11.47**
阜新蒙古族	24.4±2.7	25.4±2.4	24.8±2.4	25.0±2.5	28.7±4.1	30.2±3.1	31.1±3.5	30.1±3.6	16.79**
喀左县蒙古族	26.0±3.3	25.8±3.0	26.1±3.6	26.0±3.3	28.5±3.2	30.9±3.6	31.1±4.2	30.4±3.9	11.93**
巴尔虎部	26.7±3.2	28.7±3.2	29.3±4.6	27.8±3.6	30.1±4.5	36.7±5.6	36.1±6.2	33.7±6.2	14.36**
布里亚特部	25.6±3.5	29.4±5.1	29.9±6.3	26.7±4.4	31.1±4.7	38.4±6.9	39.7±6.8	34.4±6.8	15.54**
鄂尔多斯部	26.7±3.4	29.6±3.6	29.8±4.1	28.5±3.9	30.0±4.4	33.8±3.6	36.3±4.1	32.3±4.8	8.02**
阿拉善和硕特部	26.0±2.2	27.3±3.7	28.0±5.4	27.3±4.3	28.7±3.6	30.8±3.5	33.6±5.6	31.1±4.9	10.80**
额济纳土尔扈特部	27.4±3.1	28.7±2.4	32.0±4.6	28.8±3.5	31.7±3.9	34.3±5.0	36.4±6.5	33.9±4.8	8.62**
青海和硕特部	25.9±3.2	28.3±2.9	29.3±3.1	27.6±3.4	30.5±4.3	34.5±5.3	37.3±4.9	33.3±5.5	12.02**
新疆察哈尔部	27.0±3.4	28.6±3.2	30.4±4.5	28.0±3.8	31.5±4.0	34.6±4.5	34.9±5.4	33.1±4.6	12.87**
新疆土尔扈特部	27.1±3.1	28.1±2.9	29.5±2.9	28.3±3.0	32.6±4.6	34.5±4.7	34.2±4.8	33.8±3.2	11.20**
云南蒙古族	22.5±2.5	23.0±2.6	24.7±2.9	22.7±2.6	26.6±2.7	27.8±2.6	29.3±3.4	27.0±2.6	16.71**

注：u 为性别间 u 检验值，**表示 $P<0.01$，差异具有统计学意义

三、4 个地区蒙古族身体肥胖指数的均数

将 13 个族群按照族群聚居地域归为 4 个地区。对 4 个地区蒙古族的身体肥胖指数进行统计（表 14-15）。可以看出，按照指数均数从大到小依次排列，男性为西部蒙古族、内蒙古蒙古族、东北三省蒙古族、云南蒙古族，女性为内蒙古蒙古族、西部蒙古族、东北三省蒙古族、云南蒙古族。男性、女性都是西部蒙古族和内蒙古蒙古族的指数均数较大，东北三省蒙古族和云南蒙古族指数均数较小。3 个年龄组按照指数均数大小依次排列，4 个地区蒙古族都是 20～44 岁最小，45～59 岁组居中，60～80 岁组最大。男性 3 个年龄组间指数方差分析 $F=58.75$（$P<0.01$），女性方差分析 $F=158.9$（$P<0.01$），表明身体肥胖指数在年龄组间的差异存在统计学意义。

表 14-15　4 个地区蒙古族身体肥胖指数的均数（Mean±SD）

族群	男性 20~44 岁组	男性 45~59 岁组	男性 60~80 岁组	男性 合计	女性 20~44 岁组	女性 45~59 岁组	女性 60~80 岁组	女性 合计	u
东北三省蒙古族	25.8±3.6	26.0±2.9	26.1±3.2	26.0±3.2	29.0±3.8	31.4±3.9	31.6±4.2	30.8±4.1	25.13**
内蒙古族蒙古族	26.3±3.4	29.2±3.9	29.6±4.5	27.7±4.0	30.4±4.6	36.2±5.8	36.6±5.7	33.4±6.0	18.28**
西部蒙古族	26.7±3.2	28.3±3.1	29.5±4.3	27.9±3.6	31.0±4.2	34.0±4.8	35.1±5.3	33.0±5.0	22.51**
云南蒙古族	22.5±2.5	23.0±2.6	24.7±2.9	22.7±2.6	26.6±2.7	27.8±2.6	29.3±3.4	27.0±2.8	16.71**
蒙古族合计	25.7±3.6	27.3±3.6	27.9±4.3	26.7±3.9	29.7±4.3	33.0±5.1	33.5±5.3	31.7±5.1	36.93**

注：u 为性别间 u 检验值，**表示 $P<0.01$，差异具有统计学意义

四、4 个地区蒙古族身体肥胖指数的分级

我们在研究中国汉族身体肥胖指数时，建议将男性身体肥胖指数分为三个等级：第一等级为身体肥胖指数≥26.00，第二等级为身体肥胖指数在 25.00~25.99，第三等级为身体肥胖指数<25.00。将女性身体肥胖指数分为三个等级：第一等级为身体肥胖指数≥30.00，第二等级为身体肥胖指数在 29.00~29.99，第三等级为身体肥胖指数<29.00。这种分级方法只适用于对均数进行分类，如果要对个人进行分类归属，分类标准则要划分得更细一些。

将蒙古族男性身体肥胖指数分为 7 个等级。蒙古族男性有 99 人指数值<21.00，有 194 人指数值在 21.00~22.99，有 370 人指数值在 23.00~24.99，有 369 人指数值在 25.00~26.99，有 386 人指数值在 27.00~28.99，有 263 人指数值在 29.00~30.99，有 235 人指数值≥31.00。

将蒙古族女性身体肥胖指数分为 8 个等级。蒙古族女性有 417 人指数值<27.00，有 357 人指数值在 27.00~28.99，有 439 人指数值在 29.00~30.99，有 421 人指数值在 31.00~32.99，有 286 人指数值在 33.00~34.99，有 206 人指数值在 35.00~36.99，有 140 人指数值在 37.00~38.99，有 227 人指数值≥39.00。

可以发现蒙古族男性、女性身体肥胖指数在分类距离一致（都是 2.00）的情况下，指数值没有明显集中的趋势。

五、中国蒙古族身体肥胖指数与血压、心率的相关分析

蒙古族男性 3 个年龄组及合计资料的身体肥胖指数均与收缩压呈显著正相关，20~44 岁组、45~59 岁组及合计资料均与舒张压呈显著正相关。蒙古族女性身体肥胖指数与血压的相关分析结果与男性一致（表 14-16）。

表 14-16　蒙古族身体肥胖指数与血压、心率的相关分析

指标	20~44 岁组 r	20~44 岁组 P	45~59 岁组 r	45~59 岁组 P	60~80 岁组 r	60~80 岁组 P	合计 r	合计 p
收缩压（男性）	0.393**	0.000	0.169**	0.000	0.188**	0.002	0.253**	0.000
舒张压（男性）	0.458**	0.000	0.169**	0.000	0.109	0.078	0.245**	0.000

续表

指标	20~44 岁组		45~59 岁组		60~80 岁组		合计	
	r	P	r	P	r	P	r	p
心率（男性）	0.137*	0.014	0.028	0.590	−0.017	0.778	0.047	0.144
收缩压（女性）	0.299**	0.000	0.154**	0.000	0.138**	0.000	0.260**	0.000
舒张压（女性）	0.265**	0.000	0.145**	0.000	0.157**	0.003	0.236**	0.000
心率（女性）	−0.034	0.357	0.041	0.347	0.089	0.093	0.025	0.357

注：r 为相关系数，*为 $P<0.05$，**为 $P<0.01$，相关系数具有统计学意义

目前学者对肥胖与高血压的关系进行了大量的研究。王宏宇等[56]对镇江市≥35岁居民进行 Logistic 回归分析，结果表明调整年龄和性别后，超重、肥胖、腹型肥胖居民患高血压的危险性分别为正常体重居民2.06倍、4.67倍、2.19倍。芦文丽等[57]发现天津市社区成年人超重和肥胖者与正常体重者相比患高血压危险增加。张丽等[58]研究发现高血压各期人数均随身体质量指数的增加而呈增加的趋势。马福敏等[59]证实肥胖是导致高血压的主要危险因素之一，腹型肥胖者患高血压的比例更高。

对蒙古族身体肥胖指数与体脂率进行了相关分析，男性、女性身体肥胖指数与体脂率均呈显著正相关（男性：$r=0.632$，$P=0.000$；女性：$r=0.632$，$P=0.000$）。这表明随着指数增大，体脂率呈线性升高。肥胖是导致高血压的重要因素，这是身体肥胖指数与血压呈显著正相关的原因。

第五节　中国蒙古族的脂肪质量指数与去脂质量指数

一、脂肪质量指数与去脂质量指数

由于身高、体重测量起来比较容易，近些年来研究者多用身体质量指数（kg/m^2）来评价个体的超重、肥胖或者评价群体的超重率和肥胖率。由于身体质量指数可能受到年龄、性别和种族影响，而且对脂肪质量和去脂质量不区分，限制了它的应用。人的身体由脂肪和非脂肪两部分物质组成，所以人的体重可以分为脂肪质量和去脂质量。一些人骨骼、肌肉发达，去脂质量过大，也会导致体重大，使得身体质量指数值变大，超重率、肥胖率增加。因此，将体重区分成脂肪质量和去脂质量，进而将身体质量指数区分为脂肪质量指数（kg/m^2）和去脂质量指数（kg/m^2），用脂肪质量指数来评价肥胖，是更好的研究肥胖问题的思路。目前，学术界尚未给出用脂肪质量指数评价超重率、肥胖率的标准。对中国人的脂肪质量指数、去脂质量指数进行研究的资料很少，尚未见蒙古族脂肪质量指数的研究报道。

脂肪质量指数的计算：首先测量肱三头肌皮褶、肱二头肌皮褶、肩胛下皮褶、髂嵴上皮褶厚度。计算 4 项皮褶厚度之和。按照 Durnin 和 Womersley[30]公式计算身体密度（D）。根据身体密度值，按照 Siri 公式计算体脂肪率[31-33]。根据体脂率和体重，计算出脂肪质量和去脂质量，再根据公式脂肪质量指数=脂肪质量（kg）/身高（m）^{2}，去脂质量指数=去脂质量（kg）/身高（m）^{2} 来计算脂肪质量指数、去脂质量指数。

二、中国蒙古族脂肪质量指数、去脂质量指数的均数

中国蒙古族 13 个族群男性间脂肪质量指数的方差分析 $F=45.5$（$P<0.01$），去脂质量指数的方差分析 $F=22.8$（$P<0.01$）；13 个族群女性间脂肪质量指数的方差分析 $F=19.6$（$P<0.01$），去脂质量指数的方差分析 $F=47.9$（$P<0.01$）（表 14-17，表 14-18）。这表明，蒙古族不同族群之间的脂肪质量指数、去脂质量指数差异均具有统计学意义。对蒙古族合计资料 20～44 岁组、45～59 岁组、60～80 岁组的脂肪质量指数进行方差分析，男性年龄组间 $F=129.3$（$P<0.01$），对去脂质量指数进行方差分析，男性年龄组间 $F=27.9$（$P<0.01$）；对女性年龄组间脂肪质量指数进行方差分析，$F=273.9$（$P<0.01$），对女性年龄组间去脂质量指数进行方差分析，$F=26.6$（$P<0.01$）。表明蒙古族 3 个年龄组间的脂肪质量指数差异具有统计学意义，去脂质量指数差异也具有统计学意义。

表 14-17　蒙古族脂肪质量指数的均数（kg/m², Mean±SD）

族群	男性 20～44 岁组	男性 45～59 岁组	男性 60～80 岁组	男性 合计	女性 20～44 岁组	女性 45～59 岁组	女性 60～80 岁组	女性 合计	u
杜尔伯特部	6.1±1.9	7.0±1.9	7.2±2.0	6.8±2.0	8.0±2.0	9.6±1.9	9.6±2.0	9.4±2.0	9.62**
郭尔罗斯部	7.0±2.0	7.5±2.0	7.3±1.9	7.3±2.0	8.3±1.7	10.0±1.8	9.3±2.7	9.3±2.1	9.73**
阜新蒙古族	5.8±1.7	7.1±1.6	6.8±1.6	6.7±1.7	8.3±1.7	9.7±1.6	10.0±1.7	9.4±1.8	15.22**
喀左县蒙古族	6.7±1.9	7.8±1.7	7.3±2.1	7.4±1.9	8.0±1.8	10.1±2.0	9.6±2.2	9.4±2.2	9.50**
巴尔虎部	7.0±2.4	8.5±2.5	8.6±2.4	7.8±2.5	7.4±2.2	11.0±2.7	10.0±2.4	9.2±2.9	6.77**
布里亚特部	5.0±2.5	7.9±3.4	7.8±2.6	5.8±3.0	6.0±2.2	10.2±3.3	10.3±3.1	7.8±3.4	7.36**
鄂尔多斯部	5.7±1.9	8.0±2.0	7.9±2.3	7.0±2.3	9.1±2.1	10.5±1.7	10.2±2.1	9.8±2.1	11.47**
阿拉善和硕特部	6.3±1.4	8.1±2.0	7.9±2.6	7.5±2.3	7.8±1.8	9.3±1.8	9.8±2.5	9.0±2.3	7.55**
额济纳土尔扈特部	6.3±1.9	8.4±1.7	9.9±2.7	7.9±2.4	8.8±2.5	11.3±2.4	11.0±2.5	10.3±2.6	6.71**
青海和硕特部	5.0±2.1	6.9±2.3	7.0±1.9	6.2±2.3	7.6±2.6	10.2±2.9	10.4±2.8	9.1±3.0	10.38**
新疆察哈尔部	6.5±2.1	7.8±2.0	7.4±2.5	7.1±2.2	8.1±1.8	10.2±2.1	9.6±2.3	9.1±2.2	9.42**
新疆土尔扈特部	6.1±2.0	7.4±2.1	7.1±1.9	6.8±2.1	8.2±2.2	10.0±2.2	9.3±2.5	9.0±2.4	10.57**
云南蒙古族	3.5±1.4	3.8±1.5	4.6±2.2	3.6±1.5	7.3±1.6	7.5±1.7	7.6±1.6	7.4±1.6	25.71**
族群间方差分析		$F=45.5$, $P=0.000$				$F=19.6$, $P=0.000$			

注：u 为性别间 u 检验值，**表示 $P<0.01$，差异具有统计学意义

表 14-18　蒙古族去脂质量指数的均数（kg/m², Mean±SD）

族群	男性 20～44 岁组	男性 45～59 岁组	男性 60～80 岁组	男性 合计	女性 20～44 岁组	女性 45～59 岁组	女性 60～80 岁组	女性 合计	u
杜尔伯特部	19.5±2.4	19.1±2.4	18.1±1.9	18.8±2.3	16.4±2.1	16.8±2.0	16.3±2.1	16.6±2.0	7.41**
郭尔罗斯	20.6±3.0	18.6±1.8	18.4±1.7	19.3±2.5	16.5±2.0	16.7±1.9	16.2±2.5	16.5±2.1	11.94**
阜新蒙古族	18.5±1.7	18.4±1.9	17.2±1.6	18.1±1.8	16.4±2.2	16.2±1.6	16.1±1.7	16.2±1.8	10.35**
喀左县蒙古族	20.3±3.0	18.2±1.7	17.7±2.1	18.3±2.3	16.0±2.1	16.4±1.9	15.8±2.0	16.1±2.0	9.50**
巴尔虎部	18.6±2.3	18.4±2.5	18.1±2.7	18.4±2.4	16.8±2.6	19.2±3.3	17.4±3.0	17.8±3.1	3.00**
布里亚特部	19.9±2.5	20.6±2.9	20.8±2.9	20.1±2.6	18.4±2.8	20.9±4.1	20.0±3.4	19.4±3.5	2.69**
鄂尔多斯部	20.2±2.8	20.2±2.4	19.4±2.1	20.0±2.5	15.2±2.1	16.7±1.7	17.0±2.3	16.0±2.2	15.28**
阿拉善和硕特部	20.6±1.8	19.8±2.8	18.7±3.4	19.5±3.0	17.5±2.6	17.5±2.0	17.2±3.2	17.4±2.7	6.49**

续表

族群	男性 20~44岁组	男性 45~59岁组	男性 60~80岁组	男性 合计	女性 20~44岁组	女性 45~59岁组	女性 60~80岁组	女性 合计	u
额济纳土尔扈特部	20.7±2.7	19.7±1.7	20.1±2.2	20.2±2.2	16.9±2.3	17.4±2.4	16.8±2.9	17.1±2.2	9.80**
青海和硕特部	19.6±2.1	19.2±2.0	18.7±3.0	19.3±1.9	17.2±2.4	17.6±2.5	17.3±3.8	17.4±2.8	6.70**
新疆察哈尔部	20.8±2.6	20.3±2.3	19.6±2.9	20.5±2.5	17.8±2.4	18.4±2.4	17.4±2.5	18.0±2.4	10.59**
新疆土尔扈特部	19.9±2.6	19.9±1.8	19.6±1.9	19.8±2.1	18.0±2.8	18.3±2.0	16.5±2.4	17.8±2.5	9.05**
云南蒙古族	18.1±1.5	17.3±1.5	18.1±2.1	17.9±1.5	14.5±1.5	15.2±1.6	15.6±1.5	14.7±1.5	−2.33**
族群间方差分析		F=22.8, P=0.000				F=47.9, P=0.000			

注：u 为性别间 u 检验值，**表示 P<0.01，差异具有统计学意义

（一）中国蒙古族脂肪质量指数均数

蒙古族族群男性脂肪质量指数均数的范围在（3.6kg/m²±1.5kg/m²）～（7.9kg/m²±2.4kg/m²）。按照指数均数的大小依次排列，第1~3位为额济纳土尔扈特部、巴尔虎部、阿拉善和硕特部，第11~13位为青海和硕特部、布里亚特部、云南蒙古族。男性20~44岁组脂肪质量指数较小，其他两个年龄组指数较大，有些族群45~59岁组均数大于60~80岁组均数，有些族群则相反，是60~80岁组均数大于45~59岁组均数。东北三省蒙古族的脂肪质量指数均数并不低，与体脂率的排序结果基本一致，与男性族群身体质量指数、身体肥胖指数的排序结果不一致。这样看来，用脂肪质量指数、身体质量指数评价同一个族群的超重、肥胖时可能会出现结果不一致的情况。

女性脂肪质量指数均数范围为（7.4kg/m²±1.6kg/m²）～（10.3kg/m²±2.6kg/m²）。女性的指数均数显著高于男性（P<0.01）。按照指数均数的大小依次排列，第1~3位为额济纳土尔扈特部、鄂尔多斯部、喀左县蒙古族。第11~13位为阿拉善和硕特部、布里亚特部、云南蒙古族。女性20~44岁组脂肪质量指数较小，其余两个年龄组指数均数较大。

中国汉族脂肪质量指数均数城市男性为 5.8kg/m²±2.1kg/m²，乡村男性为5.3kg/m²±2.1kg/m²，城市女性为7.8kg/m²±2.1kg/m²，乡村女性为8.0kg/m²±2.2kg/m²。中国汉族脂肪质量指数与布里亚特部相对接近，明显小于多数蒙古族族群。蒙古族合计资料男性脂肪质量指数均数为 6.6kg/m²±2.5kg/m²，女性指数均数为 9.1kg/m²±2.5kg/m²，明显高于汉族的指数均数。

（二）中国蒙古族去脂质量指数均数

蒙古族族群男性去脂质量指数均数的范围在（17.9kg/m²±1.5kg/m²）～（20.5kg/m²±2.5kg/m²）。按照指数均数的大小依次排列，第1~3位为新疆察哈尔部、额济纳土尔扈特部、布里亚特部，第11~13位为喀左县蒙古族、阜新蒙古族、云南蒙古族。西部蒙古族、内蒙古蒙古族指数均数大，东北三省蒙古族、云南蒙古族指数均数小。和身体质量指数、体脂率、身体肥胖指数不一样的是，多数族群男性20~44岁组去脂质量指数均数最大，45~59岁组次之，60~80岁组最小。东北三省蒙古族的脂肪质量指数均数不低，但去脂质量指数均数较小。

女性去脂质量指数均数的范围在（14.7kg/m²±1.5kg/m²）～（19.4kg/m²±3.5kg/m²）。女性的指数均数显著低于男性（P<0.01）。按照指数均数的大小依次排列，第1~3位为

布里亚特部、新疆察哈尔部、巴尔虎部。第 11~13 位为喀左县蒙古族、鄂尔多斯部、云南蒙古族。多数族群女性 45~59 岁组去脂质量指数均数最大。

中国汉族去脂质量指数均数城市男性为 18.2kg/m²±2.0kg/m²，乡村男性为 18.1kg/m²±1.9kg/m²，城市女性为 15.6kg/m²±1.9kg/m²，乡村女性为 15.5kg/m²±1.8kg/m²。阜新蒙古族、喀左县蒙古族男性与汉族男性接近。蒙古族合计指数均数男性为 19.2kg/m²±2.5kg/m²，女性为 16.9kg/m²±2.6kg/m²，大于汉族的去脂质量指数均数。

三、4 个地区蒙古族脂肪质量指数、去脂质量指数的均数

东北三省蒙古族、内蒙古蒙古族、西部蒙古族男性的脂肪质量指数均数很接近，都在 7.0kg/m² 左右。云南蒙古族男性脂肪质量指数均数明显小于上述 3 个地区蒙古族。东北三省蒙古族、内蒙古蒙古族、西部蒙古族女性的脂肪质量指数均数也很接近，在 9.0~9.4kg/m²（表 14-19）。

表 14-19　4 个地区蒙古族脂肪质量指数的均数（kg/m²，Mean±SD）

族群	男性 20~44 岁组	45~59 岁组	60~80 岁组	合计	女性 20~44 岁组	45~59 岁组	60~80 岁组	合计	u
东北三省蒙古族	6.4±2.0	7.4±1.8	7.1±1.9	7.0±1.9	8.2±1.7	9.9±1.8	9.6±2.2	9.4±2.0	22.26**
内蒙古族蒙古族	5.9±2.5	8.2±2.6	8.2±2.3	6.9±2.8	7.6±2.5	10.6±2.6	10.1±2.4	9.0±2.9	11.91**
西部蒙古族	6.0±2.1	7.6±2.1	7.6±2.4	7.0±2.3	8.0±2.2	10.2±2.4	10.0±2.5	9.2±2.6	17.70**
云南蒙古族	3.5±1.4	3.8±1.5	4.6±2.2	3.6±1.5	7.3±1.6	7.5±1.7	7.6±1.6	7.4±1.6	25.71**
蒙古族合计	5.7±2.3	7.3±2.4	7.5±2.3	6.6±2.5	7.8±2.1	10.0±2.3	9.8±2.3	9.1±2.5	32.27**

注：u 为性别间 u 检验值，**表示 $P<0.01$，差异具有统计学意义

去脂质量指数均数的地区间差异较大。西部蒙古族男性（19.9kg/m²±2.5kg/m²）大于内蒙古蒙古族男性（19.4kg/m²±2.6kg/m²）、东北三省蒙古族男性（18.6kg/m²±2.5kg/m²），明显大于云南蒙古族男性（17.9kg/m²±1.5kg/m²）。蒙古族男性合计指数均数为 19.2kg/m²±2.5kg/m²。西部蒙古族女性与内蒙古蒙古族女性的去脂质量指数均数相等，都是 17.6kg/m²，大于东北三省蒙古族女性（16.3kg/m²±2.0kg/m²），明显大于云南蒙古族（14.7kg/m²±1.5kg/m²）。蒙古族女性合计指数均数是 16.9kg/m²±2.6kg/m²（表 14-20）。

表 14-20　4 个地区蒙古族去脂质量指数的均数（kg/m²，Mean±SD）

族群	男性 20~44 岁组	45~59 岁组	60~80 岁组	合计	女性 20~44 岁组	45~59 岁组	60~80 岁组	合计	u
东北三省蒙古族	19.8±2.8	18.5±1.9	17.8±1.9	18.6±2.5	16.3±2.1	16.5±1.9	16.0±2.1	16.3±2.0	17.96**
内蒙古族蒙古族	19.5±2.6	19.5±2.8	18.9±2.6	19.4±2.6	16.8±2.8	18.9±3.6	17.6±2.9	17.6±3.3	9.86**
西部蒙古族	20.3±2.5	19.8±2.1	19.1±2.9	19.9±2.5	17.5±2.5	17.9±2.3	17.1±2.9	17.6±2.6	17.49**
云南蒙古族	18.1±1.5	17.3±1.5	18.1±2.1	17.9±1.5	14.5±1.5	15.2±1.6	15.6±1.5	14.7±1.5	22.33**
蒙古族合计	19.6±2.5	19.1±2.3	18.5±2.5	19.2±2.5	16.5±2.6	17.4±2.7	16.6±2.6	16.9±2.6	30.04**

注：u 为性别间 u 检验值，**表示 $P<0.01$，差异具有统计学意义

四、中国蒙古族脂肪质量指数、去脂质量指数与经度、纬度、年平均温度、年龄的相关分析

蒙古族男性13个族群脂肪质量指数与经度、纬度、年龄均呈显著正相关（$P<0.01$），与年平均温度呈显著负相关（$P<0.01$），也就是说，从中国西部向东部、从南部向北部，蒙古族男性脂肪质量指数增大；随着年龄的增大，蒙古族男性脂肪质量指数呈增大趋势；随着年平均温度增加，蒙古族男性脂肪质量指数呈下降趋势。男性去脂质量指数与纬度呈显著正相关（$P<0.01$），与经度、年平均温度、年龄呈显著负相关（$P<0.01$），即从中国西部向东部，蒙古族男性去脂质量指数下降；从南部向北部，蒙古族男性去脂质量指数增大；随着年平均温度的增加和年龄的增大，蒙古族男性去脂质量指数呈现下降趋势（表14-21）。

表14-21　蒙古族脂肪质量指数、去脂质量指数与经度、纬度、年平均温度、年龄的相关

指标	经度 r	经度 P	纬度 r	纬度 P	年平均温度 r	年平均温度 P	年龄 r	年龄 P
脂肪质量指数（男性）	0.056*	0.014	0.365**	0.000	−0.302*	0.000	0.358**	0.000
去脂质量指数（男性）	−0.177**	0.000	0.168**	0.000	−0.168**	0.000	−0.148**	0.000
脂肪质量指数（女性）	0.039	0.053	0.149**	0.000	−0.081**	0.000	0.413**	0.000
去脂质量指数（女性）	−0.092**	0.000	0.320**	0.000	−0.368**	0.000	0.071**	0.000

注：r为相关系数，*为$P<0.05$，**为$P<0.01$，相关系数具有统计学意义

蒙古族女性13个族群脂肪质量指数与纬度、年龄均呈显著正相关（$P<0.01$），与年平均温度呈显著负相关（$P<0.01$），与男性相似。女性去脂质量指数与经度、年平均温度呈显著负相关（$P<0.01$），与纬度、年龄呈显著正相关（$P<0.01$），即从中国西部向东部，蒙古族女性去脂质量指数下降；随着年平均温度的增加，蒙古族女性去脂质量指数下降；随着年龄的增长，蒙古族女性去脂质量指数呈现上升趋势；从中国南部向北部，蒙古族女性去脂质量指数呈现上升趋势。

参 考 文 献

[1] 唐锡麟. 儿童少年生长发育. 北京：人民卫生出版社, 1991: 271-272.
[2] Wang YF, Lobstein T. Worldwide trends in childhood overweight and obesity. Int J Pediatr Obes, 2006, 1(1): 11-25.
[3] Low LCK. Childhood obesity in developing countries. World J Pediatr, 2010, 6(3): 197-199.
[4] Popkin BM, Gordon-Larsen P. The nutrition transition: worldwide obesity dynamics and their determinants. Int J Obes, 2004, 28: 52-59.
[5] James WP. The epidemiology of obesity: the size of the problem. J Intern Med, 2008, 263(4): 336-352.
[6] Weitz CA, Friedlaender FR, Horn AV, et al. Modernization and the onset of overweight and obesity in Bougainville and Solomon Islands children: cross-sectional and longitudinal comparisons between 1966 and 1986. Am J Phys Anthropol, 2012, 149(3): 435-446.
[7] Donohoe CL, Pidgeon GP, Lysaght J, et al. Obesity and gastrointestinal cancer. Br J Surg, 2010, 97(5): 628-642.

[8] Gade W, Schmit J, Collins M, et al. Beyond obesity: the diagnosis and pathophysiology of metabolic syndrome. Clin Lab Sci, 2010, 23: 51-61.

[9] Lobstein T, Baur L, Uauy R. Obesity in children and young people: a crisis in public health. Obes Rev, 2004, 5(Suppl 1): 84-85.

[10] De Onis M, Blossner M, Borghi E. Global prevalence and trends of overweight and obesity among preschool children. Am J Clin Nutr, 2010, 92: 1257-1264.

[11] Stein CJ, Colditz GA. The epidemic of obesity. J Clin Endocrinol Metab, 2004, 89: 522-525.

[12] Report of a WHO Consultation. Obesity: Preventing and Managing the Global Epidemic. WHO Technical Report Series, Geneva, 2000, 894.

[13] 中国肥胖问题工作组数据汇总分析协作组. 我国成人体重指数和腰围对相关疾病危险因素异常的预测价值: 适宜体重指数和腰围切点的研究. 中华流行病学杂志, 2002, 23(1): 5-10.

[14] 徐恩, 陆雪芬, 伍健伟, 等. 广东中山古镇健康中老年人体质指数的流行病学研究. 中国慢性病预防与控制, 1997, 5(3): 125-127.

[15] 金莉子, 马英东, 黄日荷, 等. 珠海市斗门区居民体重指数、腹围与血压的关系. 中国卫生监督, 2009, 16(5): 474-477.

[16] 陈捷, 杨遇春, 林志国, 等. 哈尔滨、德阳两地人群血压差异与肥胖关系的研究. 中国慢性病预防与控制, 1995, 3(4): 145-146.

[17] 邵加庆, 于镁, 田成功. 南京地区健康人群体重指数分布状况的流行病学研究. 医学研究生学报, 2003, 16(10): 752-755.

[18] 陈捷, 杨遇春, 林志国, 等. 哈尔滨、德阳两地人群血压差异与肥胖关系的研究. 中国慢性病预防与控制, 1995, 3(4): 145-146.

[19] Cooper RS, Rotimi CN, Wilks R, et al. Prevalence of NIDDM among populations of the African diaspora. Diabetes Care, 1997, 20(3): 342-345.

[20] Mcanulty J, Scragg R. Body mass index and cardiovascular risk factors in pacific island polynesians and europeans in New Zealand. Ethn Health, 1996, 1(3): 187-195.

[21] Unwin N, Harland J, White M, et al. Body mass index, waist circumference, waist-to-hip ratio, and glucose intolerance in Chinese and Europid adults in Newcastle, UK. J Epidemiol Community Health, 1997, 5(2): 160-166.

[22] Carpenter CL, Yan E, Chen S, et al. Body fat and body-mass index among a multiethnic sample of college-age men and women. Journal of Obesity, 2013, (5): 790654.

[23] Wells JCK. Ecogeographical associations between climate and human body composition:analyses based on anthropometry and skinfolds. Am J Physi Anthropol, 2012, 147: 169-186.

[24] Hur M, Kaprio J. Genetic influences on the difference in variability of height, body weight and body mass index between Caucasian and East Asian adolescent twins. Int J Obes (Lond), 2008, 32: 1455-1467.

[25] Popkin BM, Gordon-Larsen P. The nutrition transition: worldwide obesity dynamics and their determinants. Int J Obes, 2004, 28: 52-59.

[26] James WP. The epidemiology of obesity: the size of the problem. J Intern Med, 2008, 263: 336-352.

[27] Weitz CA, Friedlaender FR, Horn AV, et al. Modernization and the onset of overweight and obesity in Bougainville and Solomon Islands children: cross-sectional and longitudinal comparisons between 1966 and 1986. Am J Phys Anthropol, 2012, 149: 435-446.

[28] Gade W, Schmit J, Collins M, et al. Beyond obesity: the diagnosis and pathophysiology of metabolic syndrome. Clin Lab Sci, 2010, 23: 51-61.

[29] 徐爱华, 秦正誉. 对肥胖的几种估计方法. 中华医学杂志, 1983, 63(6): 386-389.

[30] Durnin JV, Womersley J. Body fat assessed from total body density and its estimation from skinfold thickness: measurements on 481 men and women aged from 16 to 72 years. Br J Nutr, 1974, 32: 77-97.

[31] Siri WE. Body composition from fluid space and density. *In*: Brozek J. Hanschel A. Techniques for Measuring Body Composition. Washington, DC: National Academy of Science, 1961: 223-244.

[32] Yao M, Roberts SB, Ma G, et al. Field methods for body composition assessment are valid in healthy

Chinese adults. J Nutr, 2002, 132: 310-317.
[33] Wells JCK. Sexual dimorphism in body composition across human populations: associations with climate and proxies for short and long-term energy supply. Am J Hum Biol, 2012, 24: 411-419.
[34] World Health Organization(WHO). Physical Status: the Use and Interpretation of Anthropometry. Report of a WHO Consultation. WHO Technical Report Series, 1995, 854.
[35] Deurenberg P, Yap M, van Staveren WA. Body mass index and percent body fat:a meta-analysis among different ethnic groups. Int J Obes Relat Metab Disord, 1998, 22: 1164-1171.
[36] De Lorenzo A, Deurenberg P, Pietrantuono M, et al. How fat is obese? Acta Diabetol, 2003, 40: 254-257.
[37] World Health Organization (WHO). Physical Status: the Use and Interpretation of Anthropometry. Report of a WHO Consultation. WHO Technical Report Series, 1995, 854.
[38] Deurenberg P, Yap M, van Staveren WA. Body mass index and percent body fat: a meta-analysis among different ethnic groups. Int J Obes Relat Metab Disord, 1998, 22: 1164-1171.
[39] De Lorenzo A, Deurenberg P, Pietrantuono M, et al. How fat is obese? Acta Diabetol, 2003, 40: 254-257.
[40] Garn SM, Leonard WR, Hawthorne VM. Three limitations of the body mass index. Am J Clin Nutr, 1986, 44: 996-997.
[41] Jackson AS, Stanforth PR, Gagnon J, et al. The effect of sex, age and race on estimating percentage body fat from body mass index: the heritage family study. Int J Obes, 2002, 26: 789-796.
[42] Nevill AM, Stewart AD, Olds T, et al. Relationship between adiposity and body size reveals limitations of BMI. Am J Phys Anthropol, 2006, 129: 151-156.
[43] Bergman RN, Stefanovski D, Buchanan TA, et al. A better index of body adiposity. Obesity, 2011, 19: 1083-1089.
[44] Barreira TV, Harrington DM, Staiano AE, et al. Body adiposity index, body mass index, and body fat in white and black adults. J Am Med Assoc, 2011, 306: 828-830.
[45] Lopez AA. In a Spanish Mediterranean population: comparison with the body mass index. PLoS One, 2011, 7: e35281.
[46] Gibson C, Atalayer D, Flancbaum L, et al. Body adiposity index (BMI) correlates with BMI and body fat measures pre and post Roux-en-Y Gastric Bypass (RYGB) but is not an adequate substitute for BMI. Am J Gastroenterol, 2011, 106: 77-78.
[47] Freedman DS, Thornton JC, Pi-Sunyer X, et al. The 1.5 body adiposity index (hip circumference 4 height) is not amore accurate measure of adiposity than is BMI, waist circumference, or hip circumference. Obesity, 2012, 20: 2438-2444.
[48] Lopez AA, Cespedes ML, Vicente T, et al. Body adiposity index utilization in a Spanish Mediterranean population: comparison with the body mass index. PLoS One, 2012, 7: e35281.
[49] Schulze MB, Thorand B, Fritsche A, et al. Body adiposity index, body fat content and incidence for type 2 diabetes. Diabetologia, 2012, 55: 1660-1667.
[50] Geliebter A, Atalayer D, Flancbaum L, et al. Comparison of body adiposity index and BMI with estimations of % body fat in clinically severe obese women. Obesity, 2013, 21: 493-498.
[51] Vinknes KJ, Elshorbagy AK, Drevon CA, et al. Evaluation of the body adiposity index in a Caucasian population: the hordaland health study. Am J Epidemiol, 2013, 177: 586-592.
[52] Appelhans BM, Kazlauskaite R, Karavolos K, et al. How well does the body adiposity index capture adiposity change in midlife women? The SWAN fat patterning study. Am J Hum Biol, 2012, 24: 866-869.
[53] Godoy-Matos AF, Moreira RO, Valerio CM, et al. A new method for body fat evaluation, body adiposity index, is useful in women with familial partial lipodystrophy. Obesity, 2012, 20: 440-443.
[54] Johnson W, Chumlea WC, Czerwinski SA, et al. Concordance of the recently published body adiposity index with measured body fat percent in European-American adults. Obesity, 2012, 20: 900-903.
[55] Sun G, Cahill F, Gulliver W, et al. Concordance of BAI and BMI with DXA in the Newfoundland population. Obesity, 2012, 21: 499-503.

[56] 王宏宇. 姜方平. 覃玉. 等. 镇江市≥35岁居民超重肥胖与高血压关系. 中国公共卫生, 2013, 29(12): 1825-1827.

[57] 芦文丽, 王媛, 李永乐, 等. 天津市社区成年人超重肥胖与高血压关系. 中国慢性病预防与控制, 2010, 18(5): 470-471.

[58] 张丽, 刘伟, 杨晓燕, 等. 乌鲁木齐市成年女性超重、肥胖与高血压关系的调查分析. 广东医学, 2010, 31(14): 1861-1863.

[59] 马福敏, 唐晓峰, 温凌洁, 等. 社区人群腹型肥胖与高血压关系调查. 心脑血管病防治, 2011, 11(5): 383-385.

第十五章　中国蒙古族的身体组成成分

人体组成学主要研究人体内诸多成分的含量与分布、成分间的数量规律、体内外各种因素对诸多成分含量与分布的影响及活体测定人体组成成分的方法。人类生物学以往包含许多分支，每个分支多不涉及探讨人体内众多成分的含量及成分间的数量关系。人体组成学则填补了人体生物学这个空白[1,2]。1992年，美国哥伦比亚大学Wang等[3]提出可以在元素、分子、细胞、组织-器官和整体5个层次对人体组成成分（体成分）开展研究。生物电阻抗分析（bioelectrical impedance analysis，BIA）法是目前学术界大样本测量群体身体组成成分的常用方法。体液是电解质的水溶液，具有良好的导电性，脂肪和不溶的矿物质则是电的不良导体。受试者生物电阻的大小，与身体的组成成分存在着密切的联系，由此可以用于确定身体组成成分。生物电阻的大小还与身体的形状、细胞内液与细胞外液的比例等因素有关。因生物电阻抗分析法设备简单、检测快捷，配合形态学测量能准确地反映身体组成成分等优点，在北美、欧洲和大洋洲的一些国家广泛应用于人体组成成分研究，并取得较多的研究成果[4-6]。

中国人身体组成成分的研究处于初步阶段，主要集中在用生物电阻抗分析法对青少年、成人、运动员进行身体组成成分测定与分析，人体组成的研究尚不成体系，只有零星的未成系统的报道[7-13]。中国科学院吴新智院士在2009年国际人类学与民族学联合会第16届大会的"人类适应与差异"专题会议上强调，体成分的研究将是体质人类学现阶段的研究重点。此后，陈昭教授在锦州医科大学和贵州医科大学"人体组成学培训班"的主讲，有力推动了中国人身体组成学研究的开展。席焕久教授、何烨教授、邓琼英博士和徐飞教授分别对西藏藏族青少年、甘肃特有少数民族、广西少数民族绝经女性、回族等群体进行身体组成成分相关研究，为中国人体组成学研究与世界接轨做了努力。中国身体组成成分研究目前主要还是对青少年、成人和运动员进行身体组成成分测定，而应用于临床、流行病学、营养学和运动生理学的相关研究极少，国人身体组成成分数据很多还是空白，用国外族群的数据作为参考可能有误差。郑连斌等[14]研究证实人的体质指标主要受遗传因素的影响；席焕久等[15]研究发现人的差异不仅表现在生物学上（包括形态学、生理学、生物化学、药物代谢、免疫学与疾病易感性、体成分、体能等），还表现在地域、时间、种族与民族、性格、性别等多方面。而现有的资料表明，东亚人种与白色人种比较，一些主要身体组成成分的含量与分布存在着差异，以及这些组分与健康指标的关系也存在差异。如果将适用于白色人种的概念和数量关系简单地套用到中国族群可能会导致误差，是不恰当的。

数千年来，中国各地族群形成了各自的生活习俗。由于经济发展水平、各地物产的不同，不同地区族群的食物构成、各类营养素摄入和劳作强度存在差异。不同族群生活的地理环境（地形地貌、降水量、温度、光照）的差异也会影响身体成分的构成[16-18]。

尚未见对蒙古族各个族群身体组成成分进行大样本测量的研究。研究组 2016 年应用人体脂肪测量仪（百利达，日产），采用生物电阻抗法测量了东北三省蒙古族 4 个族群的身体组成成分，2015～2017 年测量了阿拉善和硕特部、青海和硕特部、新疆察哈尔部、新疆土尔扈特部 4 个西部蒙古族族群的身体组成成分。本章是对上述 8 个族群测量数据进行分析。

第一节　中国蒙古族 8 个族群不同年龄组的身体组成成分

一、男性的身体组成成分

考虑到随着年龄的增长，人的代谢的变化，身体组成成分可能发生变化。因此，我们分年龄组对测量数据进行了统计。

（一）蒙古族男性 20～44 岁组的身体组成成分

蒙古族 8 个族群男性 20～44 岁组的身体组成成分均数范围：体脂率为（19.2%±5.7%）（阜新蒙古族）～（26.9%±5.1%）（阿拉善和硕特部），肌肉量为（51.7kg±5.9kg）（青海和硕特部）～（56.6kg±8.7kg）（喀左县蒙古族），推定骨量为（2.9kg±0.3kg）（阿拉善和硕特部）～（3.1kg±0.5kg）（喀左县蒙古族），水分率为（47.9%±6.8%）（阿拉善和硕特部）～（55.6%±6.0%）（阜新蒙古族），躯干脂肪率为（19.2%±7.0%）（阜新蒙古族）～（28.4%±5.9%）（阿拉善和硕特部），躯干肌肉量为（28.4kg±2.1kg）（阜新蒙古族）～（30.1kg±3.7kg）（喀左县蒙古族）（表 15-1）。各个族群都是下肢脂肪率高于上肢脂肪率，左上肢脂肪率高于右上肢脂肪率，左下肢脂肪率与右下肢脂肪率接近。各个族群都是下肢肌肉量多于上肢肌肉量，左上肢肌肉量略少于右上肢肌肉量，多数族群左下肢肌肉量少于右下肢肌肉量，但阿拉善和硕特部左下肢肌肉量多于右下肢肌肉量。各个族群都是躯干肌肉量多于四肢肌肉量，但躯干脂肪率与下肢脂肪率互有高低。

表 15-1　蒙古族男性 20～44 岁组的身体组成成分（Mean±SD）

指标	杜尔伯特部	郭尔罗斯部	阜新蒙古族	喀左县蒙古族	阿拉善和硕特部	青海和硕特部	新疆察哈尔部	新疆土尔扈特部
体脂率/%	20.9±6.0	23.7±6.3	19.2±5.7	23.4±7.1	26.9±5.1	21.8±6.8	26.1±5.9	24.0±6.6
体脂率判断	2.5±0.6	2.6±0.5	2.2±0.7	2.9±1.0	3.2±0.8	2.6±0.8	3.1±0.8	2.9±0.9
肌肉量/kg	54.2±7.6	55.5±6.2	52.6±4.5	56.6±8.7	53.4±6.3	51.7±5.9	53.9±8.0	53.8±7.4
肌肉量判断	2.5±0.7	2.6±0.6	2.2±0.5	2.5±0.7	2.4±0.5	2.2±0.6	2.5±0.6	2.3±0.6
推定骨量/kg	3.0±0.4	3.0±0.3	2.9±0.3	3.1±0.5	2.9±0.3	2.9±0.3	3.0±0.4	3.0±0.4
身体质量指数/（kg/m²）	25.3±3.9	27.6±4.7	24.3±3.2	26.9±4.9	27.0±2.7	24.7±3.9	27.4±4.4	26.1±4.3
热量/kcal	2422.7±376.5	2498.3±298.8	2319.6±254.0	2532.6±442.9	2774.6±360.9	2338.0±274.0	2865.5±418.4	2826.6±416.7
生理年龄/岁	33.4±13.4	38.8±13.5	30.3±11.9	38.9±12.1	45.6±13.1	34.0±14.3	44.4±14.6	40.5±14.6
水分率/%	55.0±4.1	52.7±5.2	55.6±6.0	52.6±5.9	47.9±6.8	52.8±5.1	49.7±4.1	51.5±4.5
内脏脂肪等级	10.3±4.5	11.3±4.3	8.4±4.4	11.0±4.8	11.9±3.2	8.8±4.4	11.7±4.1	10.8±4.2
内脏脂肪等级判断	2.6±0.6	2.8±0.4	2.5±0.6	3.0±0.8	2.8±0.8	2.5±0.7	3.0±0.8	2.8±0.7
右上肢脂肪率/%	15.7±3.9	18.4±4.6	15.1±4.2	17.9±5.4	21.2±5.2	16.9±5.7	19.7±5.1	18.3±5.8

续表

指标	杜尔伯特部	郭尔罗斯部	阜新蒙古族	喀左县蒙古族	阿拉善和硕特部	青海和硕特部	新疆察哈尔部	新疆土尔扈特部
右上肢脂肪率判断	2.0±0.7	2.5±0.6	2.0±0.6	2.5±0.7	2.7±0.5	2.1±0.7	2.5±0.6	2.3±0.6
右上肢肌肉量/kg	3.0±0.5	3.0±0.4	2.8±0.4	3.0±0.5	3.0±1.2	2.7±0.4	2.8±0.4	2.8±0.4
右上肢肌肉量判断	2.7±0.6	2.7±0.5	2.4±0.6	2.6±0.6	2.5±0.5	2.2±0.6	2.5±0.5	2.4±0.5
左上肢脂肪率/%	16.8±4.2	19.1±4.6	15.9±3.8	19.2±5.9	21.4±4.1	17.8±5.4	20.3±4.5	19.1±5.7
左上肢脂肪率判断	2.1±0.7	2.6±0.6	2.1±0.6	2.5±0.7	2.8±0.4	2.3±0.7	2.6±0.6	2.5±0.6
左上肢肌肉量/kg	2.9±0.5	2.8±0.4	2.6±0.3	2.8±0.5	2.9±1.6	2.6±0.4	2.7±0.4	2.7±0.4
左上肢肌肉量判断	2.5±0.7	2.5±0.6	2.1±0.5	2.4±0.7	2.1±0.6	2.0±0.6	2.3±0.6	2.2±0.5
右下肢脂肪率/%	22.4±4.0	23.9±4.9	20.7±4.1	23.7±5.2	25.9±4.6	22.6±5.2	25.7±4.7	24.2±5.1
右下肢脂肪率判断	2.5±0.6	2.6±0.6	2.2±0.6	2.5±0.7	2.7±0.5	2.5±0.6	2.7±0.5	2.5±0.6
右下肢肌肉量/kg	9.7±1.9	10.3±1.5	9.3±1.2	10.7±2.9	9.8±1.4	9.1±1.4	9.9±2.4	9.7±1.8
右下肢肌肉量判断	2.2±0.7	2.4±0.6	2.0±0.6	2.3±0.8	2.3±0.5	1.9±0.5	2.2±0.6	2.2±0.7
左下肢脂肪率/%	22.3±4.2	23.9±4.6	20.9±4.1	23.8±5.0	25.8±4.3	22.6±5.1	25.4±4.9	24.1±5.0
左下肢脂肪率判断	2.5±0.6	2.6±0.6	2.2±0.6	2.5±0.8	2.7±0.5	2.4±0.6	2.7±0.5	2.5±0.6
左下肢肌肉量/kg	9.6±1.8	10.1±1.6	9.3±1.2	10.1±2.0	10.8±4.4	9.0±1.4	9.8±2.6	9.5±1.7
左下肢肌肉量判断	2.1±0.7	2.4±0.6	2.0±0.6	2.3±0.7	2.4±0.5	1.9±0.6	2.2±0.7	2.1±0.6
躯干脂肪率/%	21.3±8.3	24.5±7.7	19.2±7.0	24.1±8.8	28.4±5.9	21.8±8.2	27.1±7.3	24.9±8.1
躯干脂肪率判断	2.0±0.7	2.3±0.7	2.0±0.6	2.4±0.8	2.6±0.5	2.1±0.7	2.5±0.6	2.3±0.7
躯干肌肉量/kg	29.0±3.2	29.2±2.5	28.4±2.1	30.1±3.7	29.4±4.3	28.6±2.4	29.2±5.5	29.2±3.1
躯干肌肉量判断	2.6±0.6	2.7±0.5	2.5±0.5	2.5±0.6	2.5±0.6	2.4±0.6	2.7±0.6	2.5±0.5

（二）蒙古族男性45～59岁组的身体组成成分

蒙古族8个族群男性45～59岁组的身体组成成分均数范围：体脂率为（21.6%±4.9%）（阜新蒙古族）～（28.9%±4.7%）（阿拉善和硕特部），肌肉量为（51.0kg±5.9kg）（郭尔罗斯部）～（54.5kg±6.8kg）（阿拉善和硕特部），推定骨量为（2.8kg±0.3kg）（郭尔罗斯部）～（3.0kg±0.4kg）（阿拉善和硕特部），水分率为（48.4%±4.0%）（阿拉善和硕特部）～（55.8%±4.3%）（阜新蒙古族），躯干脂肪率为（22.8%±6.2%）（阜新蒙古族）～（31.8%±6.2%）（阿拉善和硕特部），躯干肌肉量为（26.8kg±2.5kg）（郭尔罗斯部）～（28.9kg±4.1kg）（新疆察哈尔部）（表15-2）。各个族群都是下肢脂肪率高于上肢脂肪率，多数族群（阿拉善和硕特部除外）左上肢脂肪率高于右上肢脂肪率，多数族群（如杜尔伯特部）左下肢脂肪率与右下肢脂肪率接近。各个族群都是下肢肌肉量多于上肢肌肉量，左上肢肌肉量少于右上肢肌肉量，多数族群左下肢肌肉量与右下肢肌肉量接近。各个族群都是躯干肌肉量多于四肢肌肉量，但躯干脂肪率高于下肢脂肪率。

表15-2 蒙古族男性45～59岁组的身体组成成分（Mean±SD）

指标	杜尔伯特部	郭尔罗斯部	阜新蒙古族	喀左县蒙古族	阿拉善和硕特部	青海和硕特部	新疆察哈尔部	新疆土尔扈特部
体脂率/%	23.4±5.2	23.5±5.7	21.6±4.9	23.4±5.1	28.9±4.7	24.0±5.8	27.6±5.4	26.0±6.0
体脂率判断	2.5±0.5	2.5±0.6	2.5±0.7	2.8±0.7	3.5±0.7	2.7±0.8	3.3±0.8	3.0±0.8
肌肉量/kg	53.8±7.9	51.0±5.9	51.2±7.8	52.7±5.7	54.5±6.8	51.6±6.2	53.9±8.0	54.1±5.2

续表

指标	杜尔伯特部	郭尔罗斯部	阜新蒙古族	喀左县蒙古族	阿拉善和硕特部	青海和硕特部	新疆察哈尔部	新疆土尔扈特部
肌肉量判断	2.4±0.6	2.4±0.6	2.3±0.5	2.4±0.6	2.6±0.5	2.3±0.6	2.6±0.6	2.5±0.6
推定骨量/kg	2.9±0.4	2.8±0.3	2.8±0.3	2.9±0.3	3.0±0.4	2.9±0.4	3.0±0.3	3.0±0.3
身体质量指数/(kg/m^2)	25.9±3.4	26.1±3.5	25.4±3.3	25.9±3.3	28.5±4.2	26.1±4.1	28.3±4.0	27.4±3.6
热量/kcal	2367.1±402.1	2229.9±280.0	2254.1±300.4	2305.2±286.6	2821.8±412.9	2253.7±313.3	2806.6±398.3	2795.3±305.2
生理年龄/岁	42.7±11.4	45.2±12.9	40.7±9.8	45.4±11.8	59.1±13.0	46.8±15.0	54.3±13.8	49.7±14.4
水分率/%	54.3±4.5	54.4±5.4	55.8±4.3	53.8±4.5	48.4±4.0	52.9±4.8	50.0±5.5	51.9±4.3
内脏脂肪等级	13.3±3.1	12.8±4.0	12.5±3.2	13.5±3.1	15.8±3.1	13.2±3.7	14.8±3.3	14.1±3.9
内脏脂肪等级判断	2.9±0.3	2.8±0.4	3.1±0.7	3.3±0.7	3.5±0.7	3.2±0.7	3.5±0.6	3.4±0.7
右上肢脂肪率/%	16.8±4.0	17.5±4.8	15.5±3.9	17.0±3.7	21.4±4.2	17.5±4.6	20.2±4.9	19.2±5.6
右上肢脂肪率判断	2.2±0.6	2.3±0.7	2.1±0.6	2.2±0.7	2.7±0.6	2.3±0.6	2.6±0.6	2.5±0.6
右上肢肌肉量/kg	3.0±0.5	2.8±0.4	2.9±0.4	2.9±0.4	2.8±0.5	2.8±0.4	2.9±0.4	3.0±0.3
右上肢肌肉量判断	2.5±0.5	2.7±0.5	2.7±0.5	2.6±0.5	2.4±0.6	2.4±0.5	2.7±0.5	2.7±0.5
左上肢脂肪率/%	18.0±4.0	18.5±4.1	16.8±3.8	18.0±3.6	21.2±3.7	18.2±4.1	20.6±4.2	19.9±5.6
左上肢脂肪率判断	2.4±0.5	2.5±0.6	2.3±0.6	2.5±0.5	2.7±0.6	2.4±0.6	2.6±0.6	2.6±0.6
左上肢肌肉量/kg	2.8±0.5	2.6±0.5	2.7±0.4	2.7±0.4	2.7±0.6	2.6±0.5	2.8±0.4	2.8±0.3
左上肢肌肉量判断	2.5±0.5	2.4±0.6	2.3±0.6	2.3±0.6	2.3±0.6	2.1±0.6	2.4±0.6	2.4±0.6
右下肢脂肪率/%	22.8±4.4	23.2±4.8	21.6±3.7	22.6±3.4	26.0±3.7	22.9±4.6	26.0±4.6	25.1±4.9
右下肢脂肪率判断	2.5±0.6	2.5±0.6	2.4±0.7	2.5±0.6	2.8±0.4	2.5±0.6	2.7±0.5	2.6±0.5
右下肢肌肉量/kg	10.0±2.2	9.4±1.6	9.6±1.6	9.8±1.5	10.3±1.9	9.4±2.0	10.0±1.8	10.1±2.3
右下肢肌肉量判断	2.4±0.7	2.3±0.6	2.2±0.6	2.2±0.6	2.4±0.6	2.2±0.6	2.4±0.6	2.4±0.6
左下肢脂肪率/%	23.1±3.9	22.8±4.7	21.6±3.6	22.3±3.7	25.8±3.6	23.0±4.5	25.7±4.4	25.2±4.8
左下肢脂肪率判断	2.6±0.5	2.4±0.6	2.4±0.6	2.5±0.6	2.8±0.4	2.5±0.6	2.7±0.4	2.6±0.5
左下肢肌肉量/kg	9.8±2.0	9.5±1.5	9.5±1.5	9.7±1.4	10.2±1.8	9.3±1.5	10.0±1.7	10.3±3.5
左下肢肌肉量判断	2.3±0.7	2.2±0.6	2.1±0.6	2.2±0.5	2.5±0.6	2.1±0.6	2.4±0.6	2.4±0.6
躯干脂肪率/%	24.9±6.3	24.9±7.2	22.8±6.2	25.2±6.4	31.8±6.2	25.9±7.1	30.0±6.4	27.8±6.9
躯干脂肪率判断	2.3±0.5	2.3±0.7	2.2±0.6	2.4±0.6	2.8±0.4	2.4±0.5	2.7±0.5	2.5±0.6
躯干肌肉量/kg	28.1±3.1	26.8±2.5	27.1±2.5	27.6±2.4	28.7±3.1	27.3±2.6	28.9±4.1	28.4±2.7
躯干肌肉量判断	2.5±0.5	2.4±0.6	2.3±0.5	2.3±0.5	2.6±0.5	2.4±0.6	2.6±0.6	2.6±0.6

（三）蒙古族男性60～80岁组的身体组成成分

蒙古族8个族群男性60～80岁组的身体组成成分均数范围：体脂率为（21.4%±4.7%）（阜新蒙古族）～（28.6%±8.5%）（新疆察哈尔部），肌肉量为（46.9kg±7.5kg）（新疆察哈尔部）～（50.8kg±4.9kg）（青海和硕特部），推定骨量为（2.7kg±0.3kg）（阿拉善和硕特部等）～（2.9kg±0.3kg）（新疆土尔扈特部），水分率为（49.8%±5.9%）（新疆察哈尔部）～（56.4%±4.9%）（阜新蒙古族），躯干脂肪率为（23.0%±6.2%）（阜新蒙古族）～（31.8%±9.5%）（阿拉善和硕特部），躯干肌肉量为（24.8kg±2.6kg）（喀左县蒙古族）～（27.1kg±3.0kg）（新疆土尔扈特部）（表15-3）。各个族群都是下肢脂肪率高于上肢脂肪率，左上肢脂肪率高于右上肢脂肪率，多数族群左下肢脂肪率与右下肢脂肪率接近。各个族群都是下肢肌肉量多于上肢肌肉量,绝大多数族群左上肢肌肉量略少于右上肢肌肉量,多数族群左下肢肌肉量与右下肢肌肉量接近。各个族群都是躯干肌肉量多于四肢肌肉量,但躯干脂肪率高于下肢脂肪率。

表 15-3 蒙古族男性 60~80 岁组的身体组成成分(Mean±SD)

指标	杜尔伯特部	郭尔罗斯部	阜新蒙古族	喀左县蒙古族	阿拉善和硕特部	青海和硕特部	新疆察哈尔部	新疆土尔扈特部
体脂率/%	23.8±5.4	23.8±5.5	21.4±4.7	22.7±6.6	28.1±7.9	25.6±5.5	28.6±8.5	27.4±5.5
体脂率判断	2.4±0.6	2.4±0.6	2.3±0.6	2.4±0.8	2.8±0.9	2.8±0.9	3.0±0.9	3.1±0.8
肌肉量/kg	47.8±5.9	48.3±5.7	48.5±5.7	48.3±5.3	48.0±7.1	50.8±4.9	46.9±7.5	50.1±10.4
肌肉量判断	2.2±0.6	2.2±0.6	2.0±0.6	2.1±0.6	2.1±0.6	2.3±0.6	2.1±0.7	2.6±0.5
推定骨量/kg	2.7±0.3	2.7±0.3	2.7±0.3	2.7±0.3	2.7±0.3	2.8±0.3	2.7±0.3	2.9±0.3
身体质量指数/(kg/m^2)	25.3±3.6	25.6±3.3	24.0±2.9	24.9±4.1	26.9±6.7	26.2±3.0	27.5±5.3	27.5±3.3
热量/kcal	2055.9±341.4	2080.4±276.3	2080.3±275.6	2069.3±257.2	2450.4±373.9	2196.7±236.3	2467.4±364.7	2662.8±385.7
生理年龄/岁	52.0±11.6	52.3±12.8	46.5±7.9	51.8±12.2	60.9±15.5	57.1±14.6	62.8±18.5	59.2±14.3
水分率/%	54.9±3.9	54.4±5.5	56.4±4.9	55.6±6.6	51.7±7.6	52.7±5.8	49.8±5.9	50.1±7.1
内脏脂肪等级	15.1±3.4	15.0±3.0	13.4±3.1	14.3±4.6	16.1±5.1	16.2±2.8	16.0±3.9	16.4±3.2
内脏脂肪等级判断	3.0±0.2	2.9±0.3	3.3±0.7	3.4±0.7	3.6±0.7	3.7±0.5	3.6±0.6	3.7±0.5
右上肢脂肪率/%	16.6±3.8	16.9±3.9	15.0±3.6	15.7±5.2	20.5±6.9	18.2±3.7	19.3±4.8	19.4±5.2
右上肢脂肪率判断	2.2±0.6	2.2±0.5	2.0±0.7	2.0±0.7	2.5±0.7	2.4±0.5	2.5±0.6	2.6±0.5
右上肢肌肉量/kg	2.6±0.4	2.6±0.6	2.7±0.4	2.7±0.4	2.5±0.4	2.8±0.5	2.6±0.4	2.8±0.4
右上肢肌肉量判断	2.4±0.5	2.4±0.6	2.3±0.6	2.4±0.6	2.1±0.6	2.5±0.6	2.5±0.6	2.6±0.6
左上肢脂肪率/%	17.4±3.6	17.5±4.0	16.0±3.4	16.8±5.2	20.6±7.5	19.0±3.2	19.8±5.1	20.2±4.9
左上肢脂肪率判断	2.3±0.5	2.3±0.6	2.0±0.6	2.2±0.6	2.5±0.6	2.6±0.5	2.5±0.6	2.7±0.5
左上肢肌肉量/kg	2.5±0.5	2.5±0.4	2.5±0.4	2.5±0.4	2.4±0.4	2.6±0.4	2.8±1.5	2.7±0.4
左上肢肌肉量判断	2.2±0.6	2.2±0.6	2.1±0.7	2.2±0.6	1.9±0.6	2.1±0.7	2.2±0.6	2.4±0.5
右下肢脂肪率/%	21.4±4.2	22.6±5.3	20.3±3.5	20.7±5.8	23.8±7.1	23.4±3.5	25.8±6.9	24.9±5.3
右下肢脂肪率判断	2.3±0.6	2.4±0.6	2.2±0.6	2.2±0.7	2.5±0.6	2.6±0.6	2.7±0.5	2.6±0.6
右下肢肌肉量/kg	9.1±1.7	8.9±1.7	9.0±1.5	9.1±1.5	9.2±2.2	9.8±2.2	9.6±4.1	9.7±1.5
右下肢肌肉量判断	2.2±0.5	2.1±0.6	2.1±0.6	2.2±0.6	2.2±0.7	2.2±0.6	2.2±0.7	2.3±0.6
左下肢脂肪率/%	21.4±3.9	21.9±4.2	20.5±3.2	20.9±5.4	23.5±6.8	23.3±3.3	25.0±7.1	24.9±4.9
左下肢脂肪率判断	2.4±0.5	2.4±0.6	2.3±0.6	2.2±0.6	2.4±0.7	2.6±0.5	2.6±0.5	2.6±0.6
左下肢肌肉量/kg	9.0±1.6	9.0±1.5	8.8±1.4	9.0±1.4	9.5±1.9	9.4±1.3	8.9±1.5	9.6±1.5
左下肢肌肉量判断	2.2±0.5	2.2±0.6	2.0±0.6	2.1±0.7	2.2±0.7	2.1±0.5	2.2±0.7	2.3±0.6
躯干脂肪率/%	26.4±6.4	26.3±6.9	23.0±6.2	25.4±8.1	31.8±9.5	28.3±7.2	31.5±9.8	29.6±6.2
躯干脂肪率判断	2.4±0.6	2.4±0.5	2.2±0.6	2.4±0.6	2.6±0.6	2.6±0.6	2.6±0.6	2.7±0.5
躯干肌肉量/kg	25.0±2.5	25.4±2.9	25.6±2.5	24.8±2.6	25.0±2.8	26.4±2.2	25.6±7.3	27.1±3.0
躯干肌肉量判断	2.1±0.6	2.1±0.5	2.0±0.4	2.0±0.6	1.9±0.5	2.2±0.5	2.2±0.5	2.4±0.6

(四)男性的身体组成成分

蒙古族 8 个族群男性的身体组成成分均数范围:体脂率为(20.8%±4.7%)(阜新蒙古族)~(28.0%±6.5%)(阿拉善和硕特部),肌肉量为(50.8kg±5.7kg)(阜新蒙古族)~

（53.2kg±8.2kg）（新疆察哈尔部），推定骨量为（2.8kg±0.4kg）（杜尔伯特部等）～（3.0kg±0.4kg）（新疆察哈尔部），水分率为（49.5%±6.6%）（阿拉善和硕特部）～（55.9%±4.9%）（阜新蒙古族），躯干脂肪率为（21.8%±6.2%）（阜新蒙古族）～（31.0%±7.9%）（阿拉善和硕特部），躯干肌肉量为（26.8kg±3.3kg）（喀左县蒙古族）～（28.7kg±5.3kg）（新疆察哈尔部）（表15-4）。

表15-4　蒙古族男性的身体组成成分（Mean±SD）

指标	杜尔伯特部	郭尔罗斯部	阜新蒙古族	喀左县蒙古族	阿拉善和硕特部	青海和硕特部	新疆察哈尔部	新疆土尔扈特部
体脂率/%	22.8±5.6	23.7±5.9	20.8±4.7	23.1±6.1	28.0±6.5	23.6±6.3	26.9±6.0	25.6±6.2
体脂率判断	2.5±0.5	2.5±0.6	2.4±0.6	2.6±0.8	3.1±0.8	2.7±0.8	3.2±0.8	3.0±0.8
肌肉量/kg	51.6±7.7	52.0±6.6	50.8±5.7	51.4±6.8	51.3±7.4	51.4±5.8	53.2±8.2	53.1±7.7
肌肉量判断	2.4±0.6	2.4±0.6	2.2±0.6	2.3±0.6	2.3±0.6	2.2±0.6	2.5±0.6	2.4±0.6
推定骨量/kg	2.8±0.4	2.9±0.3	2.8±0.3	2.8±0.4	2.8±0.3	2.8±0.3	3.0±0.4	2.9±0.3
身体质量指数/（kg/m²）	25.5±3.6	26.6±4.0	24.7±2.9	25.6±4.0	27.4±5.2	25.6±3.8	27.7±4.3	26.9±3.8
热量/kcal	2260.7±403.5	2293.5±329.2	2224.0±275.6	2241.7±347.6	2641.3±416.8	2272.5±285.2	2802.2±419.6	2776.0±373.9
生理年龄/岁	43.7±14.2	44.4±14.0	39.4±7.9	47.1±12.8	56.5±15.5	44.3±17.2	50.2±15.9	48.3±16.1
水分率/%	54.7±4.2	53.8±5.4	55.9±4.9	54.4±5.8	49.5±6.6	52.8±5.1	49.8±4.9	51.3±5.2
内脏脂肪等级	13.1±4.1	12.8±4.2	11.5±3.1	13.4±4.2	14.9±4.5	12.2±4.8	13.4±4.1	13.3±4.4
内脏脂肪等级判断	2.8±0.4	2.8±0.4	3.0±0.7	3.3±0.7	3.4±0.8	3.1±0.8	3.3±0.7	3.2±0.7
右上肢脂肪率/%	16.4±3.9	17.7±4.5	15.2±3.6	16.6±4.7	20.9±5.8	17.4±4.8	19.9±5.0	18.9±5.5
右上肢脂肪率判断	2.1±0.6	2.3±0.6	2.0±0.7	2.2±0.7	2.6±0.6	2.3±0.6	2.5±0.6	2.4±0.6
右上肢肌肉量/kg	2.9±0.5	2.8±0.4	2.8±0.4	2.8±0.4	2.7±0.7	2.8±0.4	2.8±0.4	2.9±0.4
右上肢肌肉量判断	2.5±0.5	2.6±0.6	2.5±0.6	2.5±0.6	2.3±0.6	2.3±0.6	2.6±0.5	2.5±0.5
左上肢脂肪率/%	17.4±3.9	18.5±4.3	16.3±3.4	17.7±4.8	21.0±5.7	18.2±4.5	20.4±4.4	19.6±5.5
左上肢脂肪率判断	2.3±0.6	2.5±0.6	2.2±0.6	2.4±0.6	2.6±0.5	2.4±0.6	2.6±0.6	2.6±0.6
左上肢肌肉量/kg	2.7±0.5	2.7±0.4	2.6±0.4	2.6±0.4	2.6±0.9	2.6±0.4	2.7±0.6	2.7±0.4
左上肢肌肉量判断	2.4±0.6	2.4±0.6	2.2±0.7	2.2±0.6	2.1±0.6	2.1±0.6	2.3±0.6	2.3±0.6
右下肢脂肪率	22.1±4.2	23.3±5.0	21.0±3.5	22.0±5.0	25.0±5.7	22.9±4.6	25.8±4.9	24.7±5.1
右下肢脂肪率判断	2.4±0.6	2.5±0.6	2.3±0.6	2.4±0.7	2.6±0.5	2.5±0.5	2.7±0.5	2.5±0.6
右下肢肌肉量/kg	9.6±1.9	9.6±1.7	9.3±1.5	9.7±1.9	9.7±1.9	9.4±1.8	9.9±2.4	9.8±1.9
右下肢肌肉量判断	2.3±0.6	2.3±0.6	2.1±0.6	2.2±0.6	2.3±0.6	2.1±0.6	2.3±0.6	2.3±0.6
左下肢脂肪率/%	22.2±4.0	23.0±4.6	21.1±3.2	21.9±4.8	24.8±5.5	22.9±4.5	25.5±4.9	24.7±4.9
左下肢脂肪率判断	2.5±0.5	2.5±0.6	2.3±0.5	2.4±0.6	2.6±0.6	2.5±0.6	2.7±0.5	2.6±0.6
左下肢肌肉量/kg	9.4±1.8	9.6±1.6	9.2±1.4	9.5±1.6	10.0±2.7	9.2±1.4	9.8±2.2	9.8±2.5
左下肢肌肉量判断	2.2±0.6	2.3±0.6	2.1±0.6	2.2±0.6	2.3±0.6	2.0±0.6	2.3±0.7	2.3±0.6
躯干脂肪率/%	24.5±7.2	25.1±7.3	21.8±6.2	25.1±7.5	31.0±7.9	24.9±7.9	28.7±7.4	27.0±7.4
躯干脂肪率判断	2.3±0.6	2.4±0.6	2.1±0.6	2.4±0.6	2.7±0.5	2.3±0.6	2.6±0.6	2.4±0.6
躯干肌肉量/kg	27.1±3.4	27.3±3.0	27.1±2.5	26.8±3.3	27.2±3.9	27.6±2.6	28.7±5.3	28.4±3.0
躯干肌肉量判断	2.3±0.6	2.5±0.6	2.3±0.4	2.2±0.6	2.3±0.6	2.3±0.6	2.6±0.6	2.5±0.6

总体来说，东北三省蒙古族男性的体脂率低于西部蒙古族，肌肉量略少于西部蒙古族，身体质量指数（kg/m²）小于西部蒙古族，水分率大于西部蒙古族，内脏脂肪少于

西部蒙古族，四肢脂肪率低于西部蒙古族。除左下肢肌肉量少于西部蒙古族，上肢、右下肢肌肉量与西部蒙古族接近。东北三省蒙古族躯干脂肪率、躯干肌肉量都低于西部蒙古族。

二、女性的身体组成成分

（一）蒙古族女性 20～44 岁组的身体组成成分

蒙古族 8 个族群女性 20～44 岁组的身体组成成分均数范围：体脂率为（33.2%±7.7%）（杜尔伯特部和喀左县蒙古族）～（37.0%±6.0%）（新疆察哈尔部），肌肉量为（37.0kg±3.6kg）（郭尔罗斯部）～（38.6kg±3.1kg）（杜尔伯特部），推定骨量为（2.2kg±0.2kg）（郭尔罗斯部）～（2.4kg±0.6kg）（新疆土尔扈特部等），水分率为（45.3%±3.3%）（新疆察哈尔部）～（48.6%±4.4%）（杜尔伯特部），躯干脂肪率为（32.2%±9.7%）（杜尔伯特部）～（36.6%±7.0%）（新疆察哈尔部），躯干肌肉量为（21.2kg±3.3kg）（郭尔罗斯部）～（22.1kg±2.6kg）（阿拉善和硕特部）（表 15-5）。各个族群都是下肢脂肪率高于上肢脂肪率，左上肢脂肪率高于右上肢脂肪率，左下肢脂肪率与右下肢脂肪率接近。各个族群都是下肢肌肉量多于上肢肌肉量，左上肢肌肉量略少于右上肢肌肉量，左下肢肌肉量与右下肢肌肉量接近。各个族群都是躯干肌肉量多于四肢肌肉量，躯干脂肪率低于下肢脂肪率。

表 15-5 蒙古族女性 20～44 岁组的身体组成成分（Mean±SD）

指标	杜尔伯特部	郭尔罗斯部	阜新蒙古族	喀左县蒙古族	阿拉善和硕特部	青海和硕特部	新疆察哈尔部	新疆土尔扈特部
体脂率/%	33.2±7.7	33.9±6.0	33.5±6.0	33.2±5.9	35.7±6.6	34.7±7.7	37.0±6.0	36.3±7.5
体脂率判断	2.4±0.7	2.4±0.6	2.5±0.7	2.4±0.7	2.8±0.9	2.7±0.8	2.8±0.9	2.8±0.8
肌肉量/kg	38.6±3.1	37.0±3.6	38.5±4.2	37.5±4.2	38.0±3.8	37.4±3.4	37.3±4.0	38.2±3.5
肌肉量判断	2.2±0.7	2.2±0.7	2.2±0.6	2.1±0.7	2.1±0.6	2.1±0.6	2.2±0.6	2.4±0.6
推定骨量/kg	2.4±0.3	2.2±0.2	2.4±0.3	2.3±0.4	2.4±0.4	2.3±0.3	2.3±0.3	2.4±0.3
身体质量指数/(kg/m^2)	24.5±4.0	24.7±3.6	24.5±3.7	24.0±3.8	25.1±4.3	24.9±4.8	26.0±4.0	25.9±4.6
热量/kcal	1852.2±189.0	1784.7±176.7	1830.7±150.6	1819.3±203.8	2176.7±285.8	1832.8±216.5	2143.2±258.1	2163.2±255.0
生理年龄/岁	42.7±17.9	43.6±11.0	41.8±12.5	39.8±13.7	45.0±12.6	42.4±15.6	47.7±11.6	45.9±14.2
水分率/%	48.6±4.4	48.2±4.0	48.3±3.1	47.9±3.8	45.6±4.1	46.4±4.8	45.3±3.3	46.5±3.9
内脏脂肪等级	5.9±2.7	6.2±2.0	5.9±2.3	5.4±2.5	6.1±2.4	5.8±2.9	6.7±2.3	6.9±3.0
内脏脂肪等级判断	2.0±0.2	2.0±0.2	2.0±0.3	2.0±0.2	2.0±0.1	2.1±0.4	2.1±0.3	2.2±0.2
右上肢脂肪率/%	30.2±8.6	30.3±7.3	31.0±7.0	30.6±7.1	32.7±7.3	32.0±8.3	34.1±6.7	33.7±8.5
右上肢脂肪率判断	2.3±0.7	2.2±0.5	2.2±0.5	2.1±0.6	2.4±0.6	2.2±0.6	2.4±0.5	2.3±0.6
右上肢肌肉量/kg	1.9±0.2	1.9±0.3	1.9±0.3	1.8±0.3	1.8±0.3	1.8±0.3	1.8±0.3	1.9±0.3
右上肢肌肉量判断	2.4±0.5	2.5±0.6	2.4±0.6	2.2±0.7	2.1±0.6	2.2±0.7	2.3±0.6	2.4±0.5
左上肢脂肪率/%	31.4±8.5	32.0±7.1	32.3±6.7	31.7±6.9	34.1±7.1	33.2±8.1	35.3±6.7	34.9±8.2
左上肢脂肪率判断	2.4±0.7	2.3±0.5	2.3±0.5	2.3±0.5	2.5±0.5	2.4±0.6	2.4±0.5	2.4±0.5
左上肢肌肉量/kg	1.8±0.3	1.8±0.3	1.8±0.3	1.7±0.4	1.7±0.3	1.7±0.3	1.7±0.3	1.8±0.3
左上肢肌肉量判断	2.2±0.6	2.2±0.6	2.1±0.7	2.0±0.7	1.8±0.7	1.9±0.7	2.1±0.6	2.2±0.6
右下肢脂肪率/%	35.5±5.0	35.7±5.1	35.6±4.6	35.4±4.3	36.7±4.9	36.5±5.1	38.0±4.2	37.4±5.2
右下肢脂肪率判断	2.4±0.6	2.3±0.5	2.3±0.5	2.3±0.5	2.4±0.6	2.3±0.6	2.5±0.5	2.5±0.5
右下肢肌肉量/kg	6.6±0.8	6.4±0.7	6.6±0.7	6.3±0.8	6.3±0.9	6.1±0.8	6.2±0.8	6.5±0.7
右下肢肌肉量判断	1.9±0.7	1.9±0.7	1.9±0.7	1.7±0.7	1.7±0.5	1.7±0.6	1.8±0.6	2.0±0.6

续表

指标	杜尔伯特部	郭尔罗斯部	阜新蒙古族	喀左县蒙古族	阿拉善和硕特部	青海和硕特部	新疆察哈尔部	新疆土尔扈特部
左下肢脂肪率/%	35.5±4.9	35.6±4.8	35.4±4.8	35.5±4.0	37.0±5.9	36.3±5.0	37.7±4.1	37.2±5.0
左下肢脂肪率判断	2.5±0.6	2.3±0.6	2.3±0.5	2.2±0.5	2.4±0.6	2.3±0.6	2.5±0.5	2.4±0.5
左下肢肌肉量/kg	6.5±0.8	6.3±0.8	6.5±0.7	6.3±1.0	6.4±0.7	6.2±0.7	6.1±0.7	6.5±0.8
左下肢肌肉量判断	1.9±0.7	1.8±0.7	1.8±0.6	1.7±0.6	1.7±0.5	1.6±0.5	1.7±0.6	1.9±0.7
躯干脂肪率/%	32.2±9.7	33.0±7.2	32.4±6.9	32.6±7.0	35.5±7.7	34.3±9.4	36.6±7.0	35.7±8.5
躯干脂肪率判断	2.4±0.7	2.2±0.5	2.2±0.5	2.2±0.5	2.5±0.5	2.2±0.7	2.5±0.5	2.4±0.5
躯干肌肉量/kg	21.4±2.1	21.2±3.3	21.3±1.5	21.4±1.9	22.1±2.6	21.5±2.1	21.5±2.1	21.7±2.3
躯干肌肉量判断	2.3±0.7	2.5±0.6	2.4±0.5	2.4±0.6	2.5±0.6	2.5±0.5	2.6±0.5	2.5±0.5

（二）蒙古族女性45～59岁组的身体组成成分

蒙古族8个族群女性45～59岁组的身体组成成分均数范围：体脂率为（35.7%±5.6%）（阜新蒙古族）～（41.2%±5.2%）（新疆土尔扈特部），肌肉量为（36.5kg±3.7kg）（郭尔罗斯部）～（39.3kg±3.5kg）（新疆土尔扈特部），推定骨量为（2.1kg±0.3kg）（郭尔罗斯部）～（2.5kg±0.3kg）（新疆土尔扈特部），水分率为（44.4%±3.6%）（新疆察哈尔部）～（48.5%±3.7%）（阜新蒙古族），躯干脂肪率为（35.0%±7.0%）（阜新蒙古族）～（41.8%±7.0%）（新疆察哈尔部），躯干肌肉量为（19.9kg±2.1kg）（郭尔罗斯部）～（22.5kg±3.6kg）（新疆土尔扈特部）（表15-6）。各个族群都是下肢脂肪率高于上肢脂肪率，左上肢脂肪率高于右上肢脂肪率，左下肢脂肪率与右下肢脂肪率接近。各个族群都是下肢肌肉量多于上肢肌肉量，左上肢肌肉量略少于右上肢肌肉量，左下肢肌肉量与右下肢肌肉量接近。各个族群都是躯干肌肉量多于四肢肌肉量，但躯干脂肪率与下肢脂肪率互有高低。

表15-6 蒙古族女性45～59岁组的身体组成成分（Mean±SD）

指标	杜尔伯特部	郭尔罗斯部	阜新蒙古族	喀左县蒙古族	阿拉善和硕特部	青海和硕特部	新疆察哈尔部	新疆土尔扈特部
体脂率/%	37.4±6.6	37.7±6.3	35.7±5.6	36.9±6.8	38.5±5.2	40.1±7.4	40.9±6.5	41.2±5.2
体脂率判断	2.6±0.5	3.0±0.0	2.7±0.8	2.8±0.9	2.9±0.8	3.2±0.9	3.3±0.8	3.3±0.8
肌肉量/kg	36.8±3.8	36.5±3.7	37.7±2.7	37.9±3.6	38.3±3.8	38.3±3.1	37.8±4.4	39.3±3.5
肌肉量判断	2.3±0.6	2.5±0.7	2.3±0.5	2.4±0.5	2.2±0.6	2.4±0.5	2.5±0.5	2.4±0.5
推定骨量/kg	2.3±0.4	2.1±0.3	2.3±0.3	2.4±0.3	2.4±0.4	2.4±0.3	2.4±0.3	2.5±0.3
身体质量指数/（kg/m^2）	26.5±3.8	26.6±3.7	25.8±3.1	26.5±3.7	26.4±3.5	27.8±5.3	28.7±4.2	28.4±3.8
热量/kcal	1767.9±219.4	1746.3±163.4	1789.4±153.4	1813.2±191.4	2170.1±231.1	1863.2±210.7	2158.3±239.5	2218.7±209.6
生理年龄/岁	56.9±14.2	56.7±13.7	52.7±12.9	56.2±14.4	58.0±10.8	61.1±14.4	62.6±13.3	60.5±13.8
水分率/%	47.0±4.8	47.0±4.2	48.5±3.7	47.4±4.2	45.1±2.8	44.5±5.0	44.4±3.6	44.6±4.2
内脏脂肪等级	8.0±2.3	8.0±2.1	7.7±1.9	8.1±2.3	8.0±1.9	8.8±2.8	9.1±2.5	9.0±1.9
内脏脂肪等级判断	2.2±0.4	2.2±0.4	2.2±0.4	2.3±0.4	2.2±0.4	2.4±0.5	2.5±0.5	2.3±0.5
右上肢脂肪率/%	34.0±7.6	34.3±7.5	33.0±6.1	34.2±7.6	35.2±5.9	36.6±8.2	38.4±7.1	38.6±5.9
右上肢脂肪率判断	2.5±0.6	2.5±0.5	2.3±0.5	2.4±0.6	2.4±0.6	2.6±0.5	2.7±0.4	2.8±0.5
右上肢肌肉量/kg	1.9±0.3	1.9±0.3	1.9±0.3	1.9±0.3	1.9±0.3	2.0±0.3	2.0±0.3	2.0±0.2
右上肢肌肉量判断	2.6±0.5	2.6±0.5	2.7±0.5	2.6±0.5	2.4±0.6	2.6±0.5	2.6±0.5	2.8±0.4

续表

指标	杜尔伯特部	郭尔罗斯部	阜新蒙古族	喀左县蒙古族	阿拉善和硕特部	青海和硕特部	新疆察哈尔部	新疆土尔扈特部
左上肢脂肪率/%	35.3±7.3	35.7±6.9	34.2±5.9	35.4±7.4	35.9±5.9	38.2±8.0	39.1±7.1	39.6±5.9
左上肢脂肪率判断	2.5±0.6	2.5±0.6	2.4±0.5	2.5±0.6	2.5±0.6	2.7±0.6	2.8±0.5	2.8±0.5
左上肢肌肉量/kg	1.8±0.3	1.8±0.2	1.8±0.2	1.8±0.3	1.8±0.3	1.9±0.3	1.9±0.3	1.9±0.3
左上肢肌肉量判断	2.4±0.6	2.4±0.5	2.4±0.6	2.4±0.6	2.2±0.5	2.4±0.6	2.5±0.5	2.5±0.5
右下肢脂肪率/%	37.5±4.9	38.1±4.7	37.0±3.8	37.8±4.9	38.1±3.8	39.6±5.4	40.6±4.2	40.3±4.2
右下肢脂肪率判断	2.5±0.6	2.5±0.6	2.4±0.5	2.5±0.6	2.4±0.6	2.7±0.6	2.8±0.4	2.7±0.5
右下肢肌肉量/kg	6.5±0.8	6.4±0.8	6.7±0.6	6.6±0.8	6.6±0.6	6.8±1.4	6.5±0.9	6.6±0.6
右下肢肌肉量判断	2.2±0.6	2.2±0.6	2.2±0.6	2.1±0.5	2.0±0.5	2.1±0.6	2.1±0.6	2.1±0.5
左下肢脂肪率/%	37.5±4.8	37.8±4.6	36.9±3.8	37.7±4.7	38.1±3.7	39.6±5.1	40.3±4.1	40.3±3.4
左下肢脂肪率判断	2.6±0.6	2.5±0.6	2.4±0.5	2.5±0.6	2.5±0.6	2.7±0.5	2.8±0.5	2.7±0.5
左下肢肌肉量/kg	6.4±0.9	6.4±0.7	6.6±0.6	6.5±0.8	6.6±0.6	6.6±1.1	6.5±0.9	6.5±0.7
左下肢肌肉量判断	2.1±0.7	2.2±0.6	2.1±0.5	2.1±0.5	1.9±0.7	2.0±0.7	2.0±0.6	2.0±0.6
躯干脂肪率/%	37.3±9.0	37.8±7.8	35.0±7.0	36.7±8.3	38.7±5.7	40.8±9.0	41.8±7.0	41.8±6.1
躯干脂肪率判断	2.5±0.6	2.5±0.6	2.3±0.6	2.5±0.6	2.5±0.6	2.7±0.6	2.8±0.4	2.7±0.5
躯干肌肉量/kg	20.0±2.6	19.9±2.1	20.8±2.2	21.0±1.8	21.5±2.0	20.9±2.1	21.3±2.0	22.5±3.6
躯干肌肉量判断	2.3±0.6	2.4±0.6	2.4±0.6	2.6±0.5	2.4±0.5	2.4±0.6	2.7±0.5	2.8±0.4

（三）蒙古族女性60～80岁组的身体组成成分

蒙古族8个族群女性60～80岁组的身体组成成分均数范围：体脂率为（35.5%±7.6%）（喀左县蒙古族）～（40.6%±8.2%）（青海和硕特部），肌肉量为（33.5kg±3.2kg）（郭尔罗斯部）～（36.7kg±3.6kg）（阜新蒙古族），推定骨量为（1.8kg±0.3kg）（郭尔罗斯部）～（2.2kg±0.3kg）（阜新蒙古族和新疆土尔扈特部），水分率为（44.7%±5.2%）（阿拉善和硕特部）～（48.8%±4.8%）（喀左县蒙古族），躯干脂肪率为（35.9%±9.2%）（喀左县蒙古族）～（42.0%±9.1%）（青海和硕特部），躯干肌肉量为（18.2kg±2.2kg）（郭尔罗斯部）～（20.8kg±4.4kg）（新疆察哈尔部）（表15-7）。各个族群都是下肢脂肪率高于上肢脂肪率，左上肢脂肪率高于右上肢脂肪率，多数族群左下肢脂肪率与右下肢脂肪率接近。各个族群都是下肢肌肉量多于上肢肌肉量，左上肢肌肉量略少于或等于右上肢肌肉量，左下肢肌肉量与右下肢肌肉量接近。各个族群都是躯干肌肉量多于四肢肌肉量，但躯干脂肪率与下肢脂肪率互有高低。

表15-7 蒙古族女性60～80岁组的身体组成成分（Mean±SD）

指标	杜尔伯特部	郭尔罗斯部	阜新蒙古族	喀左县蒙古族	阿拉善和硕特部	青海和硕特部	新疆察哈尔部	新疆土尔扈特部
体脂率/%	36.7±6.7	37.1±8.6	36.4±6.2	35.5±7.6	39.3±8.8	40.6±8.2	39.3±7.4	37.3±7.5
体脂率判断	2.4±0.6	2.5±0.7	2.6±0.8	2.6±0.9	3.1±0.9	3.0±0.9	3.0±0.9	2.9±1.0
肌肉量/kg	35.9±3.2	33.5±3.2	36.7±3.6	35.1±3.5	34.7±4.1	35.0±2.9	34.8±2.8	36.6±4.0
肌肉量判断	2.2±0.6	1.7±0.6	2.3±0.6	2.2±0.6	2.1±0.6	2.3±0.6	2.2±0.5	2.2±0.5
推定骨量/kg	2.2±0.3	1.8±0.3	2.2±0.3	2.1±0.3	2.0±0.3	2.1±0.3	2.1±0.3	2.2±0.3
身体质量指数/（kg/m²）	25.9±3.9	25.8±5.1	25.9±3.3	25.3±4.4	27.0±5.8	27.9±5.6	26.9±4.7	25.7±5.0
热量/kcal	1692.8±191.3	1608.2±262.2	1728.4±190.0	1635.5±205.1	1924.5±269.7	1676.6±186.0	1940.1±219.2	1995.0±228.8

续表

指标	杜尔伯特部	郭尔罗斯部	阜新蒙古族	喀左县蒙古族	阿拉善和硕特部	青海和硕特部	新疆察哈尔部	新疆土尔扈特部
生理年龄/岁	58.5±14.2	60.5±17.0	58.0±12.2	58.6±13.8	66.9±15.9	67.9±15.6	64.6±16.3	60.7±16.1
水分率/%	47.6±4.2	47.5±5.4	48.1±4.0	48.8±4.8	44.7±5.2	45.1±5.4	45.2±4.9	47.7±5.5
内脏脂肪等级	8.3±2.2	8.1±2.8	8.7±2.7	8.3±2.6	9.4±3.5	9.9±3.0	8.9±2.5	8.7±2.5
内脏脂肪等级判断	2.4±0.5	2.4±0.5	2.3±0.6	2.4±0.5	2.5±0.7	2.6±0.6	2.4±0.5	2.4±0.5
右上肢脂肪率/%	33.1±7.6	33.2±10.1	32.6±6.6	31.4±9.2	35.3±9.7	37.1±9.2	35.2±8.3	33.3±8.4
右上肢脂肪率判断	2.3±0.7	2.4±0.7	2.3±0.6	2.2±0.7	2.5±0.6	2.6±0.6	2.4±0.7	2.3±0.7
右上肢肌肉量/kg	1.8±0.2	1.8±0.3	1.9±0.3	1.8±0.3	1.7±0.3	1.8±0.3	1.8±0.3	1.8±0.2
右上肢肌肉量判断	2.5±0.5	2.5±0.6	2.6±0.5	2.5±0.6	2.2±0.7	2.5±0.5	2.4±0.5	2.6±0.5
左上肢脂肪率/%	34.1±7.3	33.4±9.7	33.7±6.7	32.4±9.0	35.8±10.1	38.5±8.5	36.7±7.8	34.5±8.3
左上肢脂肪率判断	2.4±0.6	2.4±0.7	2.4±0.6	2.3±0.6	2.5±0.7	2.6±0.6	2.6±0.6	2.4±0.6
左上肢肌肉量/kg	1.8±0.3	1.6±0.2	1.8±0.3	1.7±0.4	1.6±0.3	1.7±0.3	1.6±0.3	1.8±0.3
左上肢肌肉量判断	2.4±0.6	2.3±0.7	2.4±0.6	2.3±0.6	2.1±0.6	2.4±0.7	2.3±0.5	2.2±0.6
右下肢脂肪率/%	37.0±5.3	36.9±6.3	36.9±4.3	36.4±5.6	37.5±7.6	39.7±5.7	38.9±5.0	37.1±5.9
右下肢脂肪率判断	2.5±0.6	2.5±0.6	2.4±0.6	2.4±0.6	2.5±0.6	2.6±0.6	2.6±0.5	2.3±0.6
右下肢肌肉量/kg	6.4±0.8	6.1±0.8	6.5±0.8	6.2±0.6	6.3±0.8	6.1±1.3	5.9±0.5	5.9±1.4
右下肢肌肉量判断	2.1±0.6	2.1±0.6	2.1±0.4	2.0±0.5	2.1±0.6	2.1±0.6	1.9±0.6	2.0±0.5
左下肢脂肪率/%	37.0±4.7	36.6±6.3	36.7±4.1	36.5±5.3	37.5±7.0	39.6±5.5	38.3±4.7	37.0±5.7
左下肢脂肪率判断	2.4±0.6	2.4±0.6	2.4±0.6	2.4±0.6	2.5±0.6	2.6±0.6	2.5±0.6	2.3±0.6
左下肢肌肉量/kg	6.3±0.8	6.0±0.9	6.4±0.8	6.0±0.7	6.2±0.9	6.1±1.0	5.8±0.6	6.1±0.7
左下肢肌肉量判断	2.1±0.6	1.9±0.7	2.1±0.4	1.9±0.6	2.1±0.6	1.9±0.6	1.8±0.7	2.0±0.5
躯干脂肪率/%	37.0±8.2	38.0±10.5	36.3±7.2	35.9±9.2	41.5±9.6	42.0±9.1	39.8±8.8	36.7±9.3
躯干脂肪率判断	2.5±0.6	2.5±0.6	2.4±0.6	2.4±0.6	2.7±0.6	2.6±0.6	2.5±0.5	2.3±0.7
躯干肌肉量/kg	19.4±2.1	18.2±2.2	20.0±2.1	19.1±2.3	19.0±2.1	19.1±2.1	20.8±4.4	20.1±2.0
躯干肌肉量判断	2.1±0.5	2.1±0.7	2.2±0.6	2.1±0.6	2.1±0.6	2.3±0.6	2.4±0.6	2.4±0.5

（四）女性的身体组成成分

蒙古族8个族群女性的身体组成成分均数范围：体脂率为（35.3%±5.9%）（阜新蒙古族）～（38.7%±6.6%）（新疆察哈尔部），肌肉量为（36.0kg±3.8kg）（郭尔罗斯部）～（38.2kg±3.7kg）（新疆土尔扈特部），推定骨量为（2.1kg±0.3kg）（郭尔罗斯部）～（2.4kg±0.3kg）（新疆土尔扈特部），水分率为（45.0%±3.6%）（新疆察哈尔部）～（48.3%±3.6%）（阜新蒙古族），躯干脂肪率为（34.7%±7.2%）（阜新蒙古族）～（38.9%±7.6%）（新疆察哈尔部），躯干肌肉量为（19.9kg±2.7kg）（杜尔伯特部和郭尔罗斯部）～（21.7kg±2.8kg）（新疆土尔扈特部）（表15-8）。

表15-8 蒙古族女性的身体组成成分（Mean±SD）

指标	杜尔伯特部	郭尔罗斯部	阜新蒙古族	喀左县蒙古族	阿拉善和硕特部	青海和硕特部	新疆察哈尔部	新疆土尔扈特部
体脂率/%	36.5±6.9	36.4±6.9	35.3±5.9	35.6±7.0	37.8±7.4	37.8±8.2	38.7±6.6	38.1±7.1
体脂率判断	2.5±0.6	2.4±0.6	2.6±0.8	2.7±0.9	2.9±0.9	2.9±0.9	3.0±0.9	3.0±0.9
肌肉量/kg	36.7±3.6	36.0±3.8	37.6±3.4	36.8±3.9	36.8±4.2	37.2±3.4	37.2±4.2	38.2±3.7
肌肉量判断	2.3±0.6	2.1±0.7	2.3±0.5	2.2±0.6	2.1±0.6	2.2±0.6	2.3±0.6	2.4±0.6
推定骨量/kg	2.2±0.3	2.1±0.3	2.3±0.3	2.3±0.4	2.2±0.4	2.3±0.3	2.3±0.3	2.4±0.3
身体质量指数/(kg/m^2)	26.0±3.9	25.8±4.1	25.5±3.4	25.5±4.1	26.1±4.8	26.5±5.3	27.1±4.3	26.7±4.5
热量/kcal	1749.6±210.4	1729.5±201.9	1782.9±167.4	1753.0±216.0	2078.1±291.4	1814.6±218.7	2126.6±254.8	2147.6±247.2

续表

指标	杜尔伯特部	郭尔罗斯部	阜新蒙古族	喀左县蒙古族	阿拉善和硕特部	青海和硕特部	新疆察哈尔部	新疆土尔扈特部
生理年龄/岁	55.6±15.5	53.4±15.2	51.4±13.9	53.4±15.8	56.7±16.5	54.1±18.5	55.2±15.0	53.9±16.1
水分率/%	47.5±4.5	47.5±4.4	48.3±3.6	48.0±4.3	45.1±4.3	45.5±5.0	45.0±3.6	46.1±4.5
内脏脂肪等级	7.8±2.4	7.5±2.4	7.5±2.5	7.5±2.7	7.9±3.1	7.7±3.3	7.9±2.7	8.0±2.7
内脏脂肪等级判断	2.3±0.4	2.2±0.4	2.2±0.4	2.3±0.4	2.2±0.5	2.3±0.5	2.3±0.5	2.3±0.5
右上肢脂肪率/%	33.1±7.8	32.8±8.2	32.4±6.5	32.4±8.2	34.3±8.1	34.7±8.7	35.8±7.3	35.3±8.0
右上肢脂肪率判断	2.4±0.7	2.4±0.6	2.3±0.5	2.3±0.6	2.4±0.6	2.4±0.6	2.5±0.5	2.5±0.6
右上肢肌肉量/kg	1.9±0.3	1.9±0.3	1.9±0.2	1.9±0.3	1.8±0.3	1.8±0.3	1.9±0.3	1.9±0.3
右上肢肌肉量判断	2.6±0.5	2.5±0.5	2.6±0.5	2.5±0.6	2.2±0.6	2.4±0.6	2.4±0.6	2.6±0.5
左上肢脂肪率/%	34.3±7.5	34.0±7.8	33.6±6.4	33.5±8.1	35.2±8.1	36.1±8.5	36.9±7.2	36.4±7.8
左上肢脂肪率判断	2.5±0.6	2.4±0.6	2.4±0.5	2.4±0.6	2.5±0.6	2.5±0.6	2.6±0.5	2.5±0.6
左上肢肌肉量/kg	1.8±0.3	1.7±0.2	1.8±0.3	1.8±0.3	1.7±0.3	1.7±0.3	1.8±0.3	1.8±0.3
左上肢肌肉量判断	2.4±0.6	2.3±0.6	2.3±0.6	2.3±0.7	2.0±0.7	2.2±0.7	2.3±0.6	2.3±0.6
右下肢脂肪率/%	37.0±5.1	37.1±5.3	36.6±4.2	36.8±5.1	37.3±5.8	38.3±5.5	39.1±4.5	38.3±5.2
右下肢脂肪率判断	2.5±0.6	2.4±0.6	2.4±0.5	2.4±0.6	2.5±0.6	2.5±0.6	2.6±0.5	2.5±0.6
右下肢肌肉量/kg	6.5±0.8	6.4±0.8	6.6±0.7	6.4±0.8	6.4±0.8	6.4±1.2	6.2±0.8	6.4±0.9
右下肢肌肉量判断	2.1±0.6	2.0±0.6	2.1±0.5	2.0±0.5	1.9±0.6	1.9±0.6	1.9±0.6	2.0±0.5
左下肢脂肪率/%	37.0±4.8	36.9±5.1	36.5±4.2	36.8±4.8	37.5±5.9	38.2±5.4	38.8±4.3	38.2±4.9
左下肢脂肪率判断	2.5±0.6	2.4±0.6	2.4±0.5	2.4±0.6	2.5±0.6	2.5±0.6	2.6±0.5	2.5±0.6
左下肢肌肉量/kg	6.4±0.8	6.3±0.8	6.5±0.7	6.3±0.8	6.4±0.8	6.3±1.0	6.2±0.8	6.4±0.8
左下肢肌肉量判断	2.1±0.6	2.0±0.6	2.0±0.6	1.9±0.6	1.9±0.6	1.8±0.6	1.8±0.6	2.0±0.6
躯干脂肪率/%	36.5±8.9	36.3±8.5	34.7±7.2	35.5±8.5	38.6±8.4	38.2±9.8	38.9±7.6	38.0±8.4
躯干脂肪率判断	2.5±0.6	2.4±0.6	2.3±0.6	2.4±0.6	2.6±0.6	2.5±0.6	2.6±0.5	2.5±0.6
躯干肌肉量/kg	19.9±2.4	19.9±2.7	20.7±2.1	20.4±2.2	20.8±2.7	20.8±2.2	21.3±2.4	21.7±2.8
躯干肌肉量判断	2.2±0.6	2.4±0.6	2.3±0.6	2.4±0.6	2.3±0.6	2.4±0.6	2.6±0.5	2.6±0.5

总体来说，东北三省蒙古族女性的体脂率低于西部蒙古族，肌肉量少于西部蒙古族，身体质量指数（kg/m²）小于西部蒙古族，热量小于西部蒙古族，水分率大于西部蒙古族，内脏脂肪少于西部蒙古族，四肢脂肪率低于西部蒙古族，四肢肌肉量略大于西部蒙古族。东北三省蒙古族躯干脂肪率、躯干肌肉量都低于西部蒙古族。

三、东北三省蒙古族与西部蒙古族的身体组成成分

（一）东北三省蒙古族的身体组成成分

东北三省蒙古族男性体脂率45~59岁组与60~80岁组稳定在一个较高水平。内脏脂肪等级、躯干脂肪率和水分率都是20~44岁组最小，45~59岁组较大，60~80岁组最大。肌肉量、推定骨量、身体质量指数（kg/m²）、热量都是20~44岁组最大，45~59岁组次之，60~80岁组最小。四肢脂肪率、四肢肌肉量、躯干肌肉量也都是20~44岁组最大，45~59岁组次之，60~80岁组最小（表15-9）。可以发现男性的四肢脂肪率、躯干和四肢肌肉量、推定骨量年轻时较高，年老时下降；躯干脂肪率和内脏脂肪等级、水分率年轻时较低，年老时升高。

表 15-9　东北三省蒙古族身体组成成分指标的均数（Mean±SD）

指标	男性 20～44 岁组	男性 45～59 岁组	男性 60～80 岁组	女性 20～44 岁组	女性 45～59 岁组	女性 60～80 岁组
体脂率/%	21.9±6.5	22.9±5.3	22.8±5.7	33.5±6.1	36.9±6.3	36.3±7.2
体脂率判断	2.5±0.7	2.6±0.6	2.4±0.7	2.4±0.7	2.7±0.8	2.6±0.8
肌肉量/kg	54.6±6.5	51.8±6.8	48.3±5.6	37.7±3.9	37.3±3.5	35.4±3.6
肌肉量判断	2.5±0.6	2.4±0.5	2.1±0.6	2.2±0.6	2.3±0.5	2.2±0.5
推定骨量/kg	3.0±0.3	2.9±0.3	2.7±0.3	2.3±0.3	2.3±0.3	2.2±0.3
身体质量指数/（kg/m^2）	26.2±4.4	25.8±3.4	24.9±3.5	24.4±3.7	26.3±3.6	25.7±4.2
热量/kcal	2439.6±331.3	2273.1±306.8	2072.6±280.6	1814.2±179.1	1780.8±181.1	1667.3±213.5
生理年龄/岁	35.5±13.3	43.6±11.7	50.5±11.5	41.9±13.0	55.5±13.8	58.8±14.1
水分率/%	53.9±5.5	54.6±4.8	55.4±5.5	48.2±3.7	47.5±4.2	48.1±4.6
内脏脂肪等级	10.2±4.6	12.9±3.5	14.4±3.7	5.9±2.3	7.9±2.1	8.4±2.6
内脏脂肪等级判断	2.7±0.6	3.0±0.6	3.2±0.6	2.0±0.2	2.2±0.4	2.4±0.5
右上肢脂肪率/%	17.0±4.7	16.7±4.2	15.9±4.3	30.6±7.3	33.9±7.1	32.4±8.4
右上肢脂肪率判断	2.2±0.7	2.2±0.6	2.1±0.6	2.2±0.5	2.4±0.6	2.3±0.6
右上肢肌肉量/kg	2.9±0.4	2.9±0.4	2.7±0.5	1.8±0.3	1.9±0.3	1.8±0.3
右上肢肌肉量判断	2.6±0.6	2.6±0.5	2.4±0.6	2.4±0.6	2.6±0.5	2.5±0.6
左上肢脂肪率/%	17.8±4.7	17.8±3.9	16.9±4.3	31.9±7.0	35.1±6.9	33.3±8.2
左上肢脂肪率判断	2.4±0.7	2.4±0.6	2.2±0.6	2.3±0.5	2.5±0.6	2.4±0.6
左上肢肌肉量/kg	2.8±0.4	2.7±0.4	2.5±0.4	1.7±0.3	1.8±0.3	1.7±0.3
左上肢肌肉量判断	2.4±0.6	2.3±0.6	2.2±0.6	2.1±0.7	2.4±0.6	2.3±0.6
右下肢脂肪率/%	22.7±4.8	22.6±4.1	21.1±5.0	35.6±4.7	37.6±4.6	36.7±5.3
右下肢脂肪率判断	2.5±0.6	2.5±0.6	2.3±0.6	2.3±0.5	2.5±0.6	2.4±0.6
右下肢肌肉量/kg	10.0±1.8	9.6±1.6	9.0±1.6	6.4±0.8	6.6±0.7	6.3±0.7
右下肢肌肉量判断	2.3±0.7	2.3±0.6	2.2±0.6	1.8±0.6	2.1±0.5	2.1±0.5
左下肢脂肪率/%	22.7±4.6	22.4±4.0	21.1±4.3	35.5±4.6	37.5±4.5	36.7±5.0
左下肢脂肪率判断	2.5±0.6	2.5±0.6	2.3±0.6	2.3±0.5	2.5±0.6	2.4±0.6
左下肢肌肉量/kg	9.8±1.6	9.6±1.6	9.0±1.4	6.4±0.8	6.5±0.8	6.2±0.8
左下肢肌肉量判断	2.2±0.6	2.2±0.6	2.1±0.6	1.8±0.6	2.1±0.5	2.0±0.6
躯干脂肪率/%	22.3±8.1	24.4±6.6	25.1±7.1	32.6±7.3	36.6±8.0	36.6±8.7
躯干脂肪率判断	2.2±0.7	2.3±0.6	2.3±0.6	2.2±0.5	2.5±0.6	2.4±0.6
躯干肌肉量/kg	29.1±2.8	27.3±2.6	25.1±2.6	21.3±2.4	20.5±2.2	19.2±2.3
躯干肌肉量判断	2.6±0.5	2.4±0.5	2.0±0.6	2.4±0.6	2.4±0.6	2.1±0.6

女性情况与男性不完全一致，体脂率、身体质量指数（kg/m^2）、四肢脂肪率、四肢肌肉量都是 45～59 岁组最大，60 岁以后下降。女性水分率 45～59 岁组最小，60 岁以后增大。

u 检验显示（表 15-10），男性肌肉量、推定骨量、水分率、四肢肌肉量、躯干肌肉量、内脏脂肪等级大于女性，而女性体脂率、四肢脂肪率、躯干脂肪率大于男性。

表15-10　东北三省蒙古族身体组成成分指标值的性别间比较（Mean±SD）

指标	男性	女性	u	指标	男性	女性	u
体脂率/%	22.6±5.8	35.9±6.7	39.72**	左上肢脂肪率判断	2.3±0.6	2.4±0.6	1.90
体脂率判断	2.5±0.7	2.6±0.8	2.73**	左上肢肌肉量/kg	2.7±0.4	1.8±0.3	43.22**
肌肉量/kg	51.5±6.8	36.8±3.7	46.33**	左上肢肌肉量判断	2.3±0.6	2.3±0.6	0.75
肌肉量判断	2.3±0.6	2.3±0.6	1.88	右下肢脂肪率/%	22.1±4.6	36.9±4.9	57.14**
推定骨量/kg	2.8±0.3	2.3±0.3	30.28**	右下肢脂肪率判断	2.4±0.6	2.4±0.6	1.14
身体质量指数/(kg/m^2)	25.6±3.8	25.7±3.9	0.20	右下肢肌肉量/kg	9.5±1.7	6.5±0.7	39.92**
热量/kcal	2256.2±337.2	1754.6±199.7	31.57**	右下肢肌肉量判断	2.2±0.6	2.0±0.6	5.89**
生理年龄/岁	43.5±13.4	53.2±15.2	12.62**	左下肢脂肪率/%	22.1±4.4	36.8±4.7	59.99**
水分率/%	54.7±5.2	47.9±4.2	−25.69**	左下肢脂肪率判断	2.4±0.6	2.4±0.6	0.33
内脏脂肪等级	12.6±4.2	7.6±2.5	25.46**	左下肢肌肉量/kg	9.4±1.6	6.4±0.8	42.45**
内脏脂肪等级判断	3.0±0.6	2.2±0.4	25.69**	左下肢肌肉量判断	2.2±0.6	2.0±0.6	5.39**
右上肢脂肪率/%	16.5±4.4	32.7±7.7	50.26**	躯干脂肪率/%	24.0±7.3	35.7±8.2	27.79**
右上肢脂肪率判断	2.2±0.7	2.3±0.6	4.62**	躯干脂肪率判断	2.3±0.6	2.4±0.6	3.36**
右上肢肌肉量/kg	2.8±0.4	1.9±0.3	44.27**	躯干肌肉量/kg	27.1±3.0	20.3±2.4	44.51**
右上肢肌肉量判断	2.5±0.6	2.5±0.5	0.13	躯干肌肉量判断	2.3±0.6	2.3±0.6	0.05
左上肢脂肪率/%	17.5±4.3	33.8±7.5	52.49**				

注：u 为性别间 u 检验值，**表示 P<0.01，差异具有统计学意义

（二）西部蒙古族的身体组成成分

西部蒙古族男性与东北三省蒙古族男性不太一样，四肢脂肪率和身体质量指数45～59岁组最大，60岁以后下降，20～44岁组四肢肌肉量不是最大，多数为45～59岁组最大。热量、躯干肌肉量20～44岁组最大，60～80岁组最小。体脂率、水分率和内脏脂肪等级是20～44岁组最小，60～80岁组最大（表15-11）。

入疆车过吐鲁番　　　　　乌鲁木齐著名的国际大巴扎

表 15-11　西部蒙古族身体组成成分指标的均数（Mean±SD）

指标	男性 20～44 岁组	男性 45～59 岁组	男性 60～80 岁组	女性 20～44 岁组	女性 45～59 岁组	女性 60～80 岁组
体脂率/%	24.6±6.5	26.4±5.8	27.2±6.9	36.0±7.0	40.3±6.4	39.3±8.2
体脂率判断	3.0±0.9	3.1±0.8	2.9±0.9	2.8±0.8	3.2±0.8	3.0±0.9
肌肉量/kg	53.3±7.2	53.3±6.9	49.1±7.5	37.6±3.7	38.3±3.8	35.1±3.6
肌肉量判断	2.4±0.6	2.5±0.6	2.3±0.6	2.2±0.6	2.4±0.5	2.2±0.6
推定骨量/kg	3.0±0.3	2.9±0.3	2.8±0.3	2.3±0.3	2.4±0.3	2.1±0.3
身体质量指数/(kg/m^2)	26.4±4.2	27.5±4.1	26.9±4.8	25.5±4.4	28.0±4.5	27.0±5.4
热量/kcal	2705.5±439.7	2644.6±437.8	2416.5±373.9	2066.5±289.6	2081.0±266.7	1876.2±261.4
生理年龄/岁	40.9±15.0	51.8±14.7	59.6±15.5	45.4±13.6	61.1±13.4	65.6±16.0
水分率/%	50.7±5.0	51.0±5.1	51.2±6.7	45.9±4.0	44.6±4.1	45.5±5.3
内脏脂肪等级	10.8±4.3	14.3±3.6	16.2±3.8	6.4±2.7	8.8±2.4	9.3±3.0
内脏脂肪等级判断	2.8±0.8	3.4±0.7	3.6±0.6	2.1±0.4	2.4±0.5	2.5±0.6
右上肢脂肪率/%	18.8±5.5	19.4±5.0	19.3±5.3	33.2±7.6	37.4±7.2	35.4±9.1
右上肢脂肪率判断	2.4±0.7	2.5±0.6	2.5±0.6	2.3±0.6	2.7±0.5	2.5±0.6
右上肢肌肉量/kg	2.8±0.5	2.9±0.4	2.7±0.5	1.8±0.3	2.0±0.3	1.7±0.3
右上肢肌肉量判断	2.4±0.6	2.6±0.5	2.4±0.6	2.3±0.6	2.6±0.5	2.4±0.6
左上肢脂肪率/%	19.5±5.1	19.9±4.5	19.9±5.4	34.4±7.5	38.5±7.1	36.4±9.0
左上肢脂肪率判断	2.5±0.6	2.6±0.6	2.5±0.5	2.4±0.5	2.7±0.5	2.5±0.6
左上肢肌肉量/kg	2.7±0.6	2.7±0.4	2.6±0.7	1.7±0.3	1.9±0.3	1.7±0.3
左上肢肌肉量判断	2.1±0.6	2.3±0.6	2.1±0.6	2.0±0.7	2.4±0.6	2.2±0.7
右下肢脂肪率/%	24.6±5.1	24.9±4.7	24.2±5.8	37.3±4.8	39.9±4.6	38.2±6.4
右下肢脂肪率判断	2.6±0.5	2.6±0.5	2.6±0.5	2.5±0.6	2.7±0.5	2.5±0.6
右下肢肌肉量/kg	9.6±2.0	9.9±2.0	9.6±2.5	6.2±0.8	6.6±1.0	6.1±1.0
右下肢肌肉量判断	2.1±0.6	2.4±0.6	2.2±0.6	1.8±0.6	2.1±0.6	2.0±0.6
左下肢脂肪率/%	24.4±5.0	24.9±4.6	24.0±5.6	37.1±4.8	39.7±4.3	38.1±6.0
左下肢脂肪率判断	2.6±0.5	2.6±0.5	2.5±0.6	2.4±0.5	2.7±0.5	2.5±0.6
左下肢肌肉量/kg	9.6±2.5	9.9±2.1	9.4±1.6	6.2±0.7	6.6±0.9	6.1±0.9
左下肢肌肉量判断	2.1±0.6	2.3±0.6	2.2±0.6	1.7±0.6	2.0±0.6	2.0±0.6
躯干脂肪率/%	25.4±7.9	28.6±7.0	30.2±8.3	35.6±8.1	41.0±7.4	40.4±9.4
躯干脂肪率判断	2.4±0.7	2.6±0.5	2.6±0.5	2.4±0.6	2.7±0.5	2.6±0.6
躯干肌肉量/kg	29.0±4.3	28.3±3.4	26.0±3.8	21.6±2.2	21.4±2.4	19.6±2.7
躯干肌肉量判断	2.6±0.5	2.5±0.5	2.1±0.5	2.5±0.5	2.6±0.5	2.2±0.6

女性体脂率、肌肉量、推定骨量、身体质量指数、热量、四肢脂肪率、四肢肌肉量、躯干脂肪率都是 45～59 岁组最大，60 岁以后下降。躯干肌肉量 20～44 岁组最大，45～59 岁组次之，60～80 岁组最小。内脏脂肪等级正好相反，20～44 岁组最小，45～59 岁组较大，60～80 岁组最大（表 15-11）。

u 检验显示（表 15-12），男性肌肉量、推定骨量、热量、水分率、内脏脂肪等级、四肢肌肉量、躯干肌肉量大于女性，而女性体脂率、四肢脂肪率、躯干脂肪率大于男性。这与东北三省蒙古族情况基本一致。

表 15-12　西部蒙古族身体组成成分指标值的性别间比较（Mean±SD）

指标	男性	女性	u	指标	男性	女性	u
体脂率/%	25.9±6.4	38.2±7.3	31.66**	左上肢脂肪率判断	2.5±0.6	2.5±0.6	0.20
体脂率判断	3.0±0.9	3.0±0.9	0.64	左上肢肌肉量/kg	2.7±0.6	1.7±0.3	34.20**
肌肉量/kg	52.4±7.4	37.3±3.9	43.85**	左上肢肌肉量判断	2.2±0.6	2.2±0.6	0.20
肌肉量判断	2.4±0.6	2.3±0.6	3.52**	右下肢脂肪率/%	24.6±5.1	38.4±5.2	46.66**
推定骨量/kg	2.9±0.3	2.3±0.3	30.82**	右下肢脂肪率判断	2.6±0.5	2.5±0.6	2.11*
身体质量指数/（kg/m²）	26.9±4.3	26.7±4.8	0.85	右下肢肌肉量/kg	9.7±2.1	6.3±1.0	35.33**
热量/kcal	2619.3±438.9	2032.2±287.1	27.40**	右下肢肌肉量判断	2.2±0.6	1.9±0.6	8.85**
生理年龄/岁	49.1±16.7	55.0±16.5	6.23**	左下肢脂肪率/%	24.5±5.0	38.4±5.1	48.05**
水分率/%	50.9±5.5	45.4±4.4	19.62**	左下肢脂肪率判断	2.6±0.5	2.5±0.6	2.02*
内脏脂肪等级	13.3±4.5	7.8±3.0	24.63**	左下肢肌肉量/kg	9.7±2.2	6.3±0.8	34.70**
内脏脂肪等级判断	3.2±0.8	2.3±0.5	24.90**	左下肢肌肉量判断	2.2±0.6	1.9±0.6	9.55**
右上肢脂肪率/%	19.1±5.3	35.1±8.0	41.90**	躯干脂肪率/%	27.6±7.9	38.5±8.6	23.19**
右上肢脂肪率判断	2.4±0.6	2.5±0.6	0.78	躯干脂肪率判断	2.5±0.6	2.5±0.6	0.79
右上肢肌肉量/kg	2.8±0.5	1.8±0.3	41.83**	躯干肌肉量/kg	28.1±4.1	21.1±2.5	35.67**
右上肢肌肉量判断	2.5±0.6	2.4±0.6	1.70	躯干肌肉量判断	2.5±0.6	2.5±0.6	0.97
左上肢脂肪率/%	19.7±5.0	36.2±7.9	44.92**				

注：u 为性别间 u 检验值，*表示 P<0.05，**表示 P<0.01，差异具有统计学意义

四、中国蒙古族的身体组成成分分析

将蒙古族 8 个族群身体组成成分数据合计，蒙古族男性肌肉量、热量、推定骨量、四肢脂肪率、躯干肌肉量都是 20～44 岁组最大，45～59 岁组次之，60～80 岁组最小。内脏脂肪等级、躯干脂肪率正好相反，20～44 岁组最小，45～59 岁组较大，60～80 岁组最大。20～44 岁组的四肢肌肉量与 45～59 岁组接近，都比较大，60 岁以后下降（表 15-13）。

表 15-13　蒙古族身体组成成分的均数（Mean±SD）

指标	男性 20～44 岁组	男性 45～59 岁组	男性 60～80 岁组	女性 20～44 岁组	女性 45～59 岁组	女性 60～80 岁组
体脂率/%	23.7±6.9	24.6±5.8	24.6±6.7	34.9±7.2	38.1±6.7	37.1±8.1
体脂率判断	2.8±0.8	2.8±0.8	2.6±0.8	2.6±0.8	2.9±0.8	2.7±0.9
肌肉量/kg	53.7±7.2	52.6±6.9	48.6±6.4	37.5±4.3	37.6±4.1	35.3±3.6
肌肉量判断	2.4±0.6	2.4±0.6	2.2±0.6	2.2±0.6	2.4±0.6	2.2±0.6
推定骨量/kg	3.0±0.4	2.9±0.3	2.7±0.3	2.3±0.3	2.4±1.4	2.1±0.3
身体质量指数/（kg/m²）	26.3±4.3	26.6±3.8	25.7±4.3	25.1±4.2	26.9±4.0	26.1±4.7
热量/kcal	2602.0±429.6	2455.8±419.9	2215.5±364.3	1958.9±291.9	1887.5±270.5	1739.2±251.2
生理年龄/岁	39.2±16.8	47.6±13.9	54.3±14.0	44.0±13.4	57.5±13.9	61.1±15.1
水分率/%	51.8±5.8	52.9±5.3	53.7±6.4	46.8±4.3	46.3±4.9	47.3±5.3
内脏脂肪等级	10.5±4.4	13.6±3.6	15.0±4.0	6.2±2.5	8.3±2.3	8.7±2.8
内脏脂肪等级判断	2.8±0.7	3.2±0.7	3.4±0.6	2.1±0.3	2.3±0.5	2.4±0.5
右上肢脂肪率/%	18.2±5.8	18.0±4.9	17.3±5.2	32.1±7.6	35.0±7.6	33.3±9.0
右上肢脂肪率判断	2.3±0.7	2.3±0.6	2.3±0.7	2.3±0.6	2.5±0.6	2.3±0.6

续表

指标	男性 20~44岁组	男性 45~59岁组	男性 60~80岁组	女性 20~44岁组	女性 45~59岁组	女性 60~80岁组
右上肢肌肉量/kg	2.9±0.5	2.9±0.4	2.8±2.0	1.9±0.6	2.0±0.5	1.9±1.0
右上肢肌肉量判断	2.5±0.6	2.6±0.5	2.4±0.6	2.3±0.6	2.6±0.5	2.5±0.6
左上肢脂肪率/%	18.9±5.3	18.8±4.4	18.1±5.1	33.4±7.4	36.2±7.4	34.1±9.1
左上肢脂肪率判断	2.4±0.6	2.5±0.6	2.4±0.6	2.4±0.5	2.6±0.6	2.4±0.6
左上肢肌肉量/kg	2.7±0.5	2.8±1.2	2.6±1.4	1.8±1.7	1.9±0.8	1.8±1.9
左上肢肌肉量判断	2.2±0.6	2.3±0.6	2.1±0.6	2.1±0.7	2.4±0.6	2.3±0.6
右下肢脂肪率/%	24.0±5.3	23.7±4.6	22.4±5.6	36.6±4.8	38.3±5	37.2±6.0
右下肢脂肪率判断	2.5±0.6	2.5±0.6	2.4±0.6	2.4±0.5	2.6±0.6	2.5±0.6
右下肢肌肉量/kg	9.8±1.9	9.8±2.0	9.2±2.1	6.4±2.9	6.6±0.9	6.3±2.0
右下肢肌肉量判断	2.2±0.6	2.3±0.6	2.2±0.6	1.8±0.6	2.1±0.6	2.1±0.5
左下肢脂肪率/%	23.9±5.3	23.5±4.5	22.3±5.1	36.5±5.3	38.0±5.4	36.9±6.1
左下肢脂肪率判断	2.5±0.6	2.6±0.6	2.4±0.6	2.4±0.5	2.6±0.5	2.5±0.6
左下肢肌肉量/kg	9.7±2.2	9.7±1.9	9.1±1.6	6.4±1.2	6.6±1.9	6.3±2.2
左下肢肌肉量判断	2.1±0.6	2.3±0.6	2.1±0.6	1.7±0.6	2.1±0.6	2.0±0.6
躯干脂肪率/%	24.3±8.3	26.4±7.2	27.2±8.1	34.9±18.2	38.1±8.3	37.6±9.8
躯干脂肪率判断	2.3±0.7	2.5±0.6	2.4±0.6	2.3±0.6	2.5±0.6	2.5±0.6
躯干肌肉量/kg	29.1±3.7	27.8±3.1	25.5±3.2	22.5±20.7	20.9±3.0	19.4±3.2
躯干肌肉量判断	2.6±0.5	2.4±0.5	2.1±0.5	2.5±0.6	2.5±0.6	2.2±0.6

女性热量、躯干肌肉量20~44岁组最大，45~59岁组次之，60~80岁组最小。水分率、内脏脂肪等级20~44岁组最小，45~59岁组较大，60~80岁组最大。体脂率、肌肉量、推定骨量、身体质量指数（kg/m²）、四肢脂肪率、四肢肌肉量都是45~59岁组最大（表15-13）。

3个年龄组中，男性、女性60~80岁组肌肉量最少，60岁以后男性、女性均出现四肢脂肪量减少的变化规律。60岁以后男性躯干脂肪率增加，女性则略有下降。

表15-14 蒙古族身体组成成分值的性别间比较（Mean±SD）

指标	男性	女性	u	指标	男性	女性	u
体脂率/%	24.3±6.4	36.8±7.4	60.03**	左上肢脂肪率判断	2.4±0.6	2.5±0.6	5.49**
体脂率判断	2.8±0.8	2.7±0.8	4.11**	左上肢肌肉量/kg	2.7±1.1	1.8±1.5	22.98**
肌肉量/kg	51.9±7.2	37.0±4.2	80.65**	左上肢肌肉量判断	2.2±0.6	2.3±0.6	5.49**
肌肉量判断	2.4±0.6	2.3±0.6	5.49**	右下肢脂肪率/%	23.4±5.2	37.4±5.3	87.87**
推定骨量/kg	2.9±0.4	2.3±1.0	27.25**	右下肢脂肪率判断	2.5±0.6	2.5±0.6	0.00
身体质量指数/(kg/m²)	26.3±4.1	26.1±4.3	1.57	右下肢肌肉量/kg	9.6±2.0	6.5±2.0	51.01**
热量/kcal	2442.1±435.9	1872.5±285.7	49.59**	右下肢肌肉量判断	2.2±0.6	2.0±0.6	10.97**
生理年龄/岁	46.5±16.1	54.0±15.8	15.46**	左下肢脂肪率/%	23.3±5.0	37.2±5.6	86.82**
水分率/%	52.7±5.8	46.7±4.8	36.65**	左下肢脂肪率判断	2.5±0.6	2.5±0.6	0.00
内脏脂肪等级	12.9±4.4	7.7±2.7	45.55**	左下肢肌肉量/kg	9.5±1.9	6.4±1.8	54.94**
内脏脂肪等级判断	3.1±0.7	2.3±0.5	42.40**	左下肢肌肉量判断	2.2±0.6	1.9±0.6	16.46**
右上肢脂肪率/%	17.9±5.3	33.6±8.1	77.55**	躯干脂肪率/%	25.9±7.9	36.9±12.8	35.08**
右上肢脂肪率判断	2.3±0.7	2.4±0.6	5.00**	躯干脂肪率判断	2.4±0.6	2.5±0.6	5.49**
右上肢肌肉量/kg	2.9±1.1	1.9±0.7	34.75**	躯干肌肉量/kg	27.6±3.6	21.1±12.2	25.21**
右上肢肌肉量判断	2.5±0.6	2.5±0.6	0.00	躯干肌肉量判断	2.4±0.6	2.4±0.6	0.00
左上肢脂肪率/%	18.6±4.9	34.7±8.0	82.36**				

注：u为性别间u检验值，**表示$P<0.01$，差异具有统计学意义

男性的四肢脂肪率、躯干脂肪率小于女性，而四肢肌肉量、躯干肌肉量大于女性。男性的推定骨量、热量、水分率均大于女性（表15-14）。

一般认为，内脏脂肪等级在9以下，属于"标准"，表示身体状况正常；如果内脏脂肪等级在10~14，属于"偏高"，应持续保持均衡的饮食和适当的运动；内脏脂肪等级在15以上，属于"过高"，有必要积极地运动和限制饮食。蒙古族男性内脏脂肪等级为12.9，群体已经达到偏高水平，特别是男性60~80岁组均数已经达到15.0，应该引起有关部门的重视。女性内脏脂肪等级为7.7，还在标准范围内。

第二节 中国蒙古族族群间、性别间、年龄组间身体组成成分的比较

一、中国蒙古族各个族群之间身体组成成分指标的方差分析

方差分析表明（表15-15），蒙古族男性8个族群之间绝大多数身体组成成分指标值的差异具有统计学意义，女性也是如此。男性的右上肢肌肉量和左上肢肌肉量、右下肢肌肉量、女性的内脏脂肪等级的族群间差异不具有统计学意义。

表15-15 蒙古族各个族群之间身体组成成分指标的方差分析

指标	男性 F	男性 P	女性 F	女性 P	指标	男性 F	男性 P	女性 F	女性 P
体脂率	21.0	0.000	6.8	0.000	左上肢脂肪率判断	10.4	0.000	4.0	0.001
体脂率判断	25.3	0.000	13.6	0.000	左上肢肌肉量	1.4	0.220	3.5	0.001
肌肉量	2.3	0.028	5.5	0.000	左上肢肌肉量判断	6.1	0.000	5.1	0.000
肌肉量判断	4.7	0.000	2.3	0.023	右下肢脂肪率	18.9	0.000	6.4	0.003
身体质量指数	10.7	0.000	3.8	0.000	右下肢脂肪率判断	9.1	0.000	3.4	0.001
推定骨量	4.3	0.000	5.5	0.000	右下肢肌肉量	1.9	0.074	0.8	0.002
热量	75.1	0.000	122.1	0.000	右下肢肌肉量判断	2.8	0.008	3.3	0.000
生理年龄	14.3	0.000	2.0	0.046	左下肢脂肪率	17.2	0.000	6.0	0.014
水分率	27.8	0.000	20.6	0.000	左下肢脂肪率判断	8.1	0.000	2.9	0.005
内脏脂肪等级	6.4	0.000	0.9	0.500	左下肢肌肉量	2.9	0.005	3.0	0.004
内脏脂肪等级判断	12.7	0.000	2.3	0.022	左下肢肌肉量判断	4.1	0.000	4.1	0.000
右上肢脂肪率	20.5	0.000	6.0	0.000	躯干脂肪率	18.7	0.000	7.2	0.000
右上肢脂肪率判断	13.2	0.000	4.3	0.000	躯干脂肪率判断	11.8	0.000	4.9	0.000
右上肢肌肉量	1.4	0.187	3.9	0.012	躯干肌肉量	5.8	0.000	10.6	0.000
右上肢肌肉量判断	4.5	0.000	8.6	0.000	躯干肌肉量判断	10.2	0.000	11.1	0.000
左上肢脂肪率	16.2	0.000	5.5	0.000					

注：F为蒙古族族群指标值间的方差分析值，$P<0.05$表示差异具有统计学意义

二、中国蒙古族身体组成成分的性别间差异

蒙古族各个族群内男性、女性身体组成成分比较结果表现出高度的一致性，具有一定的规律性。男性合计资料与女性合计资料之间的比较结果也体现了同样的规律：男性肌肉量、推定骨量、热量、水分率、内脏脂肪等级、四肢肌肉量、躯干肌肉量都高于女

性，而女性体脂率、身体质量指数、四肢脂肪率、躯干脂肪率都高于男性（表 15-14，表 15-16）。总的看来，男性的肌肉量、推定骨量、水分率高于女性，女性的脂肪率高于男性，但内脏脂肪等级低于男性。

表 15-16　蒙古族男性、女性身体组成成分的 u 检验

指标	杜尔伯特部	郭尔罗斯部	阜新蒙古族	喀左县蒙古族	阿拉善和硕特部	青海和硕特部	新疆察哈尔部	新疆土尔扈特部
体脂率	16.65**	19.84**	27.17**	18.26**	10.48**	18.58**	19.27**	14.52**
体脂率判断	0.90	1.58	3.54**	0.29	1.51	2.50*	2.32*	0.08
肌肉量	16.85**	28.79**	25.96**	22.83**	16.55**	27.78**	25.35**	18.41**
肌肉量判断	1.05	4.83**	1.14	0.84	2.55*	0.18	2.95**	1.26
推定骨量	11.55**	22.47**	15.80**	14.88**	12.06**	16.13**	19.51**	13.21**
身体质量指数	0.96	−1.81	2.64**	−0.23	−1.79	2.00*	−1.50	0.33
热量	10.83**	19.97**	17.96**	14.82**	10.97**	16.82**	20.08**	14.96**
生理年龄	5.98**	6.08**	10.94**	4.23**	0.09	5.21**	3.35**	2.65**
水分率	12.43**	12.65**	16.57**	11.25**	5.43**	13.60**	11.67**	8.15**
内脏脂肪等级	10.76**	15.09**	13.61**	14.56**	12.85**	10.15**	16.39**	10.97**
内脏脂肪等级判断	10.63**	15.93**	13.41**	15.17**	11.52**	10.50**	16.39**	11.29**
右上肢脂肪率	22.08**	23.34**	34.03**	24.21**	14.50**	23.41**	26.49**	18.44**
右上肢脂肪率判断	2.89**	0.80	4.45**	1.49	1.94	2.47*	0.02	0.53
右上肢肌肉量	17.06**	24.86**	23.99**	21.78**	11.65**	23.71**	27.63**	21.38**
右上肢肌肉量判断	0.81	0.83	1.25	0.55	1.05	0.62	2.60**	0.73
左上肢脂肪率	22.86**	25.39**	34.96**	24.40**	15.31**	25.20**	28.89**	19.30**
左上肢脂肪率判断	2.27*	1.71	3.69**	0.07	1.91	1.92	0.06	0.10
左上肢肌肉量	15.72**	26.26**	23.05**	20.13**	9.11**	22.65**	20.83**	20.02**
左上肢肌肉量判断	0.21	0.63	1.50	0.75	0.41	1.53	0.91	0.08
右下肢脂肪率	24.19**	26.80**	40.32**	27.71**	15.54**	28.58**	29.31**	20.39**
右下肢脂肪率判断	0.80	1.34	2.25*	0.87	2.34*	0.11	1.82	0.03
右下肢肌肉量	14.06**	23.92**	21.07**	19.38**	14.95**	18.17**	20.95**	16.87**
右下肢肌肉量判断	1.54	4.14**	1.39	4.05**	4.27**	2.92*	6.66**	3.59**
左下肢脂肪率	25.35**	28.47**	41.39**	29.16**	16.41**	29.14**	29.68**	21.18**
左下肢脂肪率判断	0.31	1.54	1.97*	0.37	1.87	0.81	2.16*	0.81
左下肢肌肉量	14.60**	25.50**	22.60**	21.68**	12.00**	22.25**	22.23**	13.75**
左下肢肌肉量判断	1.66	4.32**	0.83	3.47**	4.79**	3.40**	7.09**	3.75**
躯干脂肪率	11.29**	14.21**	19.07**	12.39**	6.87**	14.09**	14.10**	10.62**
躯干脂肪率判断	2.72**	0.95	3.39**	0.04	1.66	1.91	0.28	0.74
躯干肌肉量	17.18**	25.38**	26.55**	19.92**	13.48**	26.39**	18.57**	17.66**
躯干肌肉量判断	1.69	1.69	1.13	2.89**	0.54	1.11	0.43	1.02

注：u 为性别间 u 检验值，*表示 $P<0.05$，**表示 $P<0.01$，差异具有统计学意义

三、中国蒙古族三个年龄组之间身体组成成分指标的方差分析

蒙古族大多数身体组成成分值3个年龄组之间的差异具有统计学意义。男性的体脂率、右上肢脂肪率、右上肢肌肉量、左上肢脂肪率、左上肢肌肉量3个年龄组之间的差异无统计学意义。女性的左上肢肌肉量、右下肢肌肉量3个年龄组之间的差异无统计学意义（表15-17）。由此看来，男性各个年龄组的上肢肌肉量和脂肪率的值接近，女性各个年龄组的左上肢肌肉量和右下肢肌肉量变化不大。蒙古族男性绝大多数指标3个年龄组之间的差异具有统计学意义，女性亦然。

表 15-17　蒙古族 3 个年龄组之间身体组成成分指标的方差分析

指标	男性 F	男性 P	女性 F	女性 P	指标	男性 F	男性 P	女性 F	女性 P
体脂率	2.8	0.061	27.2	0.000	左上肢脂肪率判断	4.2	0.016	19.9	0.000
体脂率判断	9.2	0.000	15.0	0.000	左上肢肌肉量	1.6	0.196	0.4	0.670
肌肉量	49.9	0.000	46.0	0.000	左上肢肌肉量判断	8.5	0.000	48.3	0.000
肌肉量判断	15.9	0.000	20.3	0.000	右下肢脂肪率	8.5	0.000	16.3	0.000
身体质量指数	4.5	0.011	27.6	0.000	右下肢脂肪率判断	7.4	0.001	12.8	0.000
推定骨量	54.3	0.000	11.1	0.000	右下肢肌肉量	7.9	0.000	2.6	0.077
热量	76.4	0.000	74.8	0.000	右下肢肌肉量判断	5.0	0.007	47.1	0.000
生理年龄	89.0	0.000	200.7	0.000	左下肢脂肪率	9.6	0.000	11.9	0.000
水分率	8.9	0.000	4.7	0.009	左下肢脂肪率判断	7.4	0.001	15.6	0.000
内脏脂肪等级	121.3	0.000	143.4	0.000	左下肢肌肉量	10.8	0.000	4.8	0.008
内脏脂肪等级判断	79.2	0.000	59.4	0.000	左下肢肌肉量判断	5.7	0.003	51.9	0.000
右上肢脂肪率	2.9	0.058	18.7	0.000	躯干脂肪率	13.1	0.000	9.6	0.000
右上肢脂肪率判断	1.6	0.192	23.1	0.000	躯干脂肪率判断	9.9	0.000	22.2	0.000
右上肢肌肉量	0.1	0.865	3.9	0.021	躯干肌肉量	97.5	0.000	7.3	0.001
右上肢肌肉量判断	11.2	0.000	51.8	0.000	躯干肌肉量判断	75.8	0.000	39.7	0.000
左上肢脂肪率	2.5	0.086	19.2	0.000					

注：F 为蒙古族年龄组指标值间的方差分析值，$P<0.05$ 表示差异具有统计学意义

第三节　中国蒙古族体成分指标与经度、纬度、年平均温度、年龄的相关分析

蒙古族男性内脏脂肪等级、右上肢肌肉量、左上肢肌肉量、右下肢肌肉量与经度相关不显著，肌肉量、身体质量指数、推定骨量、热量、右上肢脂肪率、左上肢脂肪率、右下肢肌肉量、左下肢脂肪率、左下肢肌肉量、躯干脂肪率、躯干肌肉量与经度呈显著负相关，体脂率、水分率、右下肢脂肪率与经度呈显著正相关（表15-18）。即从中国西部向东部，蒙古族男性肌肉量、推定骨量、上肢脂肪率、下肢肌肉量、左下肢脂肪率、

躯干脂肪率都减少,而体脂率、水分率、右下肢脂肪率升高。

表 15-18 蒙古族男性身体组成成分指标与经度、纬度、年平均温度、年龄的相关分析

指标	经度 r	经度 P	纬度 r	纬度 P	年平均温度 r	年平均温度 P	年龄 r	年龄 P
体脂率	0.247**	0.006	0.058	0.052	−0.097**	0.001	−0.098**	0.001
肌肉量	−0.095**	0.001	0.069*	0.020	−0.046	0.127	−0.274**	0.000
身体质量指数	−0.618**	0.000	0.098**	0.001	−0.092**	0.002	−0.010	0.732
推定骨量	−0.135**	0.000	0.084**	0.005	−0.069*	0.020	−0.297**	0.000
热量	−0.487**	0.000	0.206**	0.000	−0.102**	0.001	−0.348**	0.000
水分率	0.309**	0.000	−0.027	0.366	0.112**	0.000	0.107**	0.000
内脏脂肪等级	−0.056	0.061	0.033	0.276	0.016	0.583	0.484**	0.000
右上肢脂肪率	−0.232**	0.000	0.052	0.083	−0.112**	0.000	−0.047	0.118
右上肢肌肉量	0.024	0.423	0.018	0.542	0.058	0.051	0.003	0.931
左上肢脂肪率	−0.207**	0.000	0.045	0.130	−0.092**	0.002	−0.030	0.318
左上肢肌肉量	0.019	0.520	0.043	0.149	0.048	0.106	−0.022	0.459
右下肢脂肪率	0.251**	0.000	0.096**	0.001	−0.140**	0.000	−0.093**	0.002
右下肢肌肉量	−0.017	0.564	0.094**	0.002	−0.006	0.840	0.051	0.086
左下肢脂肪率	−0.250**	0.000	0.084**	0.005	−0.127**	0.000	−0.103**	0.001
左下肢肌肉量	−0.064*	0.032	0.055	0.066	−0.003	0.922	−0.100**	0.001
躯干脂肪率	−0.207**	0.000	0.044	0.140	−0.062*	0.039	0.196**	0.000
躯干肌肉量	−0.172**	0.000	0.074*	0.013	−0.093**	0.002	−0.405**	0.000

注:r 为相关系数,*为 $P<0.05$,**为 $P<0.01$,相关系数具有统计学意义

随着纬度增大,蒙古族男性体脂率、水分率、内脏脂肪等级、右上肢肌肉量、右上肢脂肪率、左上肢脂肪率、左上肢肌肉量、左下肢肌肉量、躯干脂肪率无显著线性变化,肌肉量、身体质量指数、推定骨量、热量、右上肢脂肪率、右下肢脂肪率、右下肢肌肉量、左下肢脂肪率、躯干肌肉量呈显著线性增大。没有指标与纬度呈显著负相关。

随着年平均温度的增加,蒙古族男性体脂率、身体质量指数、推定骨量、热量、右上肢脂肪率、左上肢脂肪率、右下肢脂肪率、左下肢脂肪率、躯干脂肪率、躯干肌肉量呈线性下降,水分率呈线性增大,肌肉量、内脏脂肪等级、右上肢肌肉量、左上肢肌肉量、右下肢肌肉量、左下肢肌肉量无显著线性变化。

随着年龄的增加,蒙古族男性身体质量指数、右上肢肌肉量、左上肢脂肪率、右上肢脂肪率、左上肢肌肉量、右下肢肌肉量没有出现规律性的线性变化,体脂率、肌肉量、推定骨量、热量、右下肢脂肪率、左下肢脂肪率、左下肢肌肉量、躯干肌肉量出现规律性的线性下降,水分率、内脏脂肪等级、躯干脂肪率出现规律性的线性增大。

女性体成分指标与经度、纬度、年平均温度、年龄的相关分析结果不再讨论(表 15-19)。

表 15-19 蒙古族女性身体组成成分指标与经度、纬度、年平均温度、年龄的相关分析

指标	经度 r	经度 P	纬度 r	纬度 P	年平均温度 r	年平均温度 P	年龄 r	年龄 P
体脂率	−0.130**	0.000	0.019	0.465	−0.084**	0.001	0.143**	0.000
肌肉量	−0.072**	0.002	−0.003	0.806	0.042	0.095	−0.187**	0.000

续表

指标	经度 r	经度 P	纬度 r	纬度 P	年平均温度 r	年平均温度 P	年龄 r	年龄 P
身体质量指数	-0.121**	0.000	-0.003	0.806	0.042	0.095	-0.133**	0.000
推定骨量	-0.071**	0.005	0.012	0.628	-0.012	0.638	-0.087**	0.001
热量	-0.496**	0.000	0.051*	0.043	-0.035	0.163	-0.294**	0.000
生理年龄	-0.040	0.113	0.008	0.765	-0.037	0.148	0.487**	0.000
水分率	0.227**	0.000	0.037	0.147	0.142**	0.000	0.034	0.183
内脏脂肪等级	-0.046	0.071	0.008	0.738	-0.016	0.516	0.425**	0.000
右上肢脂肪率	-0.137**	0.000	0.000	0.997	-0.075**	0.003	0.087**	0.001
右上肢肌肉量	-0.010	0.689	0.059*	0.020	-0.002	0.948	0.004	0.874
左上肢脂肪率	-0.146**	0.000	0.005	0.846	-0.080**	0.002	0.064*	0.012
左上肢肌肉量	-0.045	0.078	0.047	0.063	-0.037	0.148	0.022	0.393
右下肢脂肪率	-0.126**	0.000	0.002	0.929	-0.081**	0.001	0.074**	0.000
右下肢肌肉量	-0.027	0.296	0.027	0.294	-0.016	0.531	-0.000	0.997
左下肢脂肪率	-0.094**	0.002	-0.026	0.307	-0.047	0.063	0.059*	0.019
左下肢肌肉量	-0.020	0.429	0.001	0.954	0.000	0.986	0.004	0.865
躯干脂肪率	-0.111**	0.000	0.022	0.390	-0.085**	0.001	0.116**	0.000
躯干肌肉量	-0.085**	0.001	0.009	0.717	-0.026	0.201	-0.088**	0.000

注：r 为相关系数，*为 $P<0.05$，**为 $P<0.01$，相关系数具有统计学意义

第四节 中国蒙古族 8 个族群身体组成成分指标的多元分析

一、中国蒙古族 8 个族群身体组成成分指标的均数

以右侧的上下肢作为四肢的代表，表 15-20 中共列出了 8 个族群男性的 11 项最主要指标的均数。体脂率：阿拉善和硕特部明显大于其他族群，西部蒙古族值较大，东北三省蒙古族值较小。肌肉量：新疆的两个族群值较大，郭尔罗斯部值较大，其他 5 个族群值较小（阜新蒙古族值最小）。推定骨量也是新疆的两个族群和郭尔罗斯部值较大。水分率的情况则不同，新疆的两个族群和阿拉善和硕特部值较小，东北三省蒙古族 4 个族群的值大于西部蒙古族的 4 个族群。阿拉善和硕特部、新疆的两个族群、喀左县蒙古族、杜尔伯特部内脏脂肪等级值较大，其他族群值较小。新疆两个族群的四肢脂肪率、躯干脂肪率、躯干肌肉量明显大于其他族群。阿拉善和硕特部的四肢脂肪率、躯干脂肪率也很大。

表 15-20 蒙古族男性 11 项体成分指标的均数（Mean）

族群	体脂率/%	肌肉量/kg	推定骨量/kg	水分率/%	内脏脂肪等级	右上肢脂肪率/%	右上肢肌肉量/kg	右下肢脂肪率/%	右下肢肌肉量/kg	躯干脂肪率/%	躯干肌肉量/kg
杜尔伯特部	22.8	51.6	2.8	54.7	13.1	16.4	2.9	22.1	9.6	24.5	27.1
郭尔罗斯部	23.7	52.0	2.9	53.8	12.8	17.7	2.8	23.3	9.6	25.1	27.3
阜新蒙古族	20.8	50.8	2.8	55.9	11.5	15.2	2.8	21.0	9.3	21.8	27.1
喀左县蒙古族	23.1	51.4	2.8	54.4	13.4	16.6	2.8	22.0	9.7	25.1	26.8

续表

族群	体脂率/%	肌肉量/kg	推定骨量/kg	水分率/%	内脏脂肪等级	右上肢脂肪率/%	右上肢肌肉量/kg	右下肢脂肪率/%	右下肢肌肉量/kg	躯干脂肪率/%	躯干肌肉量/kg
阿拉善和硕特部	28.0	51.3	2.8	49.5	14.9	20.9	2.7	25.0	9.7	31.0	27.2
青海和硕特部	23.6	51.4	2.8	52.8	12.2	17.4	2.8	22.9	9.4	24.9	27.6
新疆察哈尔部	26.9	53.2	3.0	49.8	13.4	19.9	2.8	25.8	9.9	28.7	28.7
新疆土尔扈特部	25.6	53.1	2.9	51.3	13.3	18.9	2.9	24.7	9.8	27.0	28.4

8个族群女性的11项最主要指标的均数比较（表15-21），西部蒙古族的体脂率、肌肉量、内脏脂肪等级、四肢脂肪率、躯干脂肪率、躯干肌肉量都大于东北三省蒙古族，水分率小于东北三省蒙古族。也就是说蒙古族族群身体组成成分值表现出一定的地域差异，这种差异在男性、女性中都存在。东北三省蒙古族与西部蒙古族的族源不同，生活环境差异较大，生产方式不同，这些对身体组成成分都会产生影响。

表15-21　蒙古族女性11项体成分指标的均数（Mean）

族群	体脂率/%	肌肉量/kg	推定骨量/kg	水分率/%	内脏脂肪等级	右上肢脂肪率/%	右上肢肌肉量/kg	右下肢脂肪率/%	右下肢肌肉量/kg	躯干脂肪率/%	躯干肌肉量/kg
杜尔伯特部	36.5	36.7	2.2	47.5	7.8	33.1	1.9	37.0	6.5	36.5	19.9
郭尔罗斯部	36.4	36.0	2.1	47.5	7.5	32.8	1.9	37.1	6.4	36.3	19.9
阜新蒙古族	35.3	37.6	2.3	48.3	7.5	32.4	1.9	36.6	6.6	34.7	20.7
喀左县蒙古族	35.6	36.8	2.3	48.0	7.5	32.4	1.9	36.8	6.4	35.5	20.4
阿拉善和硕特部	37.8	36.8	2.2	45.1	7.9	34.3	1.8	37.3	6.4	38.6	20.8
青海和硕特部	37.8	37.2	2.3	45.5	7.7	34.7	1.8	38.3	6.4	38.2	20.8
新疆察哈尔部	38.7	37.2	2.3	45.0	7.9	35.8	1.9	39.1	6.2	38.9	21.3
新疆土尔扈特部	38.1	38.2	2.4	46.1	8.0	35.3	1.9	38.3	6.4	38.0	21.7

二、中国蒙古族8个族群身体组成成分均数的主成分分析

蒙古族8个族群的11项身体组成成分指标均数的主成分分析结果显示，男性的前两个主成分贡献率分别为69.483%、23.385%，累计贡献率达到92.868%。PCⅠ载荷较大的指标有右下肢脂肪率（0.986）、体脂率（0.946）、水分率（-0.945）、右上肢脂肪率（0.935）、躯干脂肪率（0.902），分别反映四肢、躯干脂肪发育水平、身体总体脂率及全身水分率，总体反映脂肪发育水平。PCⅡ载荷较大的指标有右上肢肌肉量（0.916）、肌肉量（0.621）、躯干肌肉量（0.543），分别反映上肢、躯干肌肉发育水平和身体总肌肉量，总体反映肌肉发达程度。

以PCⅠ为横坐标、PCⅡ为纵坐标作散点图（图15-1A），可以看出8个族群分为两个组。新疆察哈尔部、新疆土尔扈特部两个新疆族群位于第一象限，PCⅠ值、PCⅡ值都大，表现为四肢、躯干脂肪发育水平高，身体总体脂率高，全身水分率低，上肢、躯干肌肉发育水平较高，身体总肌肉量大。杜尔伯特部、郭尔罗斯部、阜新蒙古族、喀左县蒙古族、青海和硕特部的点位于纵坐标左侧、横坐标上下，PCⅠ值小，PCⅡ值中等，表现为四肢、躯干脂肪发育水平低，身体总体脂率低，全身水分率高，上肢、躯干肌肉

发育水平中等，身体总肌肉量中等。阿拉善和硕特部与上述两组的位点距离较远，PC Ⅰ 值较大，PC Ⅱ 值小，表现为四肢、躯干脂肪发育水平较高，身体总体脂率较高，全身水分率较低，上肢、躯干肌肉发育水平低，身体总肌肉量少。总体来看，东北三省蒙古族和西部蒙古族体成分的差异主要表现在四肢、躯干脂肪发育水平、身体总体脂率、水分率这些指标上。

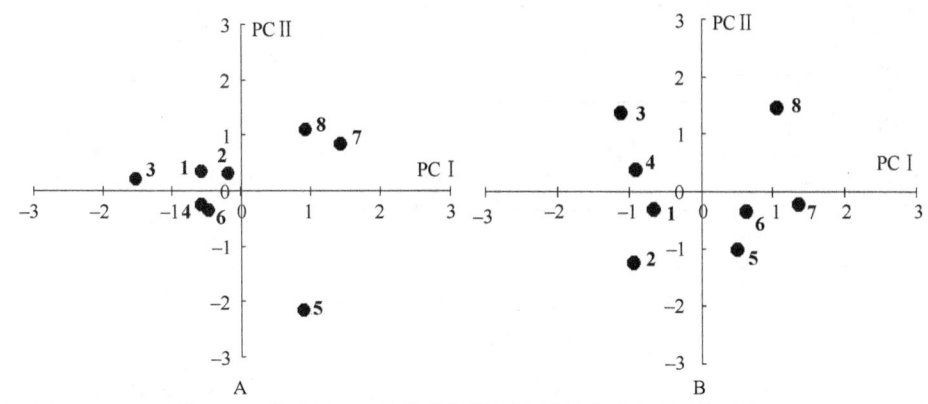

图 15-1 蒙古族 13 项体成分指标均数的主成分分析散点图

A. 男性，B. 女性；1. 杜尔伯特部，2. 郭尔罗斯部，3. 阜新蒙古族，4. 喀左县蒙古族，5. 阿拉善和硕特部，6. 青海和硕特部，7. 新疆察哈尔部，8. 新疆土尔扈特部

蒙古族女性 8 个族群主成分分析结果显示，前两个主成分贡献率分别为 63.386%、20.612%，累计贡献率达到 83.998%。PC Ⅰ 载荷较大的指标有右上肢脂肪率（0.992）、体脂率（0.969）、躯干脂肪率（0.933），PC Ⅰ 值大反映上肢、躯干脂肪发育水平高，身体总体脂率高，总体反映脂肪发育水平。PC Ⅱ 载荷较大的指标有肌肉量（0.851）、推定骨量（0.827），PC Ⅱ 值大反映身体总肌肉量大和骨骼发育水平较高。

以 PC Ⅰ 为横坐标、PC Ⅱ 为纵坐标作散点图（图 15-1B），可以看出 8 个族群分为两个组。阿拉善和硕特部、青海和硕特部、新疆察哈尔部 PC Ⅰ 值大，PC Ⅱ 值较小，表现为上肢、躯干脂肪发育水平高，身体总体脂率高，身体总肌肉量较少和骨骼发育水平较低。杜尔伯特部、郭尔罗斯部、阜新蒙古族、喀左县蒙古族的位点位于纵坐标左侧，PC Ⅰ 值小，PC Ⅱ 值或大（阜新蒙古族）或中等（杜尔伯特部和喀左县蒙古族）或小（郭尔罗斯部），具有上肢、躯干脂肪发育水平低，身体总体脂率低的共同特点，而身体总肌肉量大小、骨骼发育水平高低不等。新疆土尔扈特部 PC Ⅰ 值、PC Ⅱ 值都大，说明其上肢、躯干脂肪发育水平高，身体总体脂率高，身体总肌肉量大和骨骼发育水平较高。总体来看，西部 4 个族群具有共同的特点，即 PC Ⅰ 值大，上肢、躯干脂肪发育水平高，身体总体脂率高，东北三省蒙古族 4 个族群的共同特点是 PC Ⅰ 值小，上肢、躯干脂肪发育水平低，身体总体脂率低。

综合男性、女性主成分分析结果，总体来看，西部蒙古族身体脂肪发育水平高于东北三省蒙古族，这是二者体成分的主要差异。

三、中国蒙古族 8 个族群身体组成成分均数的聚类分析

对蒙古族 8 个族群男性的 11 项身体组成成分指标均数，采用 Between-groups linkage 法进行系统聚类（图 15-2A），在聚合水平为 10 时，8 个族群聚为两个组，第一组包括

杜尔伯特部、阜新蒙古族等5个族群，第二组包括新疆察哈尔部、新疆土尔扈特部、阿拉善和硕特部3个族群。参考主成分分析结果可以认为，第一组5个族群聚在一个组的原因是具有共同的体成分特点：脂肪发育水平低，全身水分率高，肌肉发育水平中等。第二组3个族群聚在一起的原因是身体脂肪发育水平高，全身水分率低。

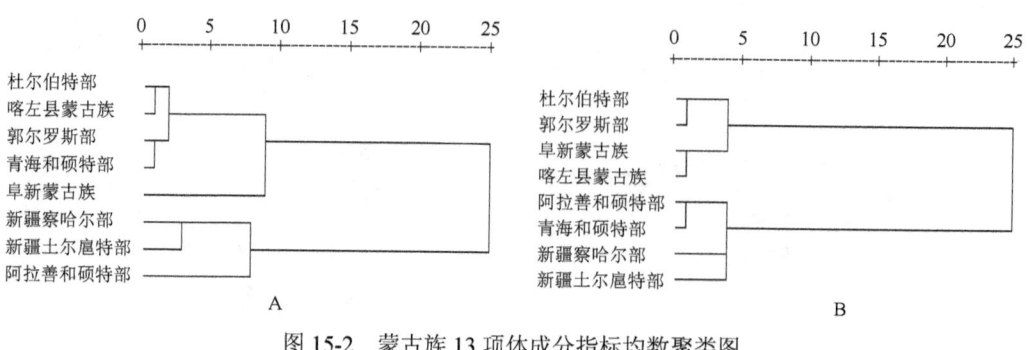

图 15-2 蒙古族13项体成分指标均数聚类图
A. 男性；B. 女性

女性聚类分析结果表明（图15-2B），在聚合水平为5时，8个族群聚为两个组，第一组由东北三省蒙古族4个族群组成，第二组由西部蒙古族4个族群组成。参考主成分分析结果可以认为，第一组4个族群因为四肢、躯干脂肪发育水平低，身体总体脂率低的共同特点而聚在一起。第二组4个族群由于四肢、躯干脂肪发育水平高，身体总体脂率高的共同特点而聚在一起。

第五节 中国蒙古族等少数民族身体组成成分指标均数的主成分分析

近年来，中国学者开始报道中国族群身体组成成分，张海龙等[19]分析了辽宁汉族成人脂肪分布特点；宇克莉等[20]、李咏兰等[21]分别报道了海南临高人、黎族体成分；王迎彬等[22]研究了广西瑶族中老年人骨密度与体成分的相关性；周璇等[23]对广西4个少数民族成年女性体成分的差异及年龄变化规律进行了探讨；李文慧等[24]、王健等[25]分别对西藏那曲藏族、拉萨藏族成人体成分进行了报道；李文慧等[26]研究了那曲藏族成人身体各部肌肉量。有些学者报道的是肌肉量，有些学者报道的是脂肪量，有些学者报道的是脂肪率。有些学者报道的是老年人，有些学者报道的是女性。

由于各个族群的报道指标不一致，因此进行族群的多元分析时在选取族群或选取指标时困难很大。

一、男性身体组成成分指标均数的主成分分析

我们对蒙古族男性资料与已经发表的临高人、黎族、汉族（锦州）、藏族（拉萨）、藏族（那曲）的体脂率、总肌肉量、推定骨量均数（表15-22）进行主成分分析。

中国6个族群男性主成分分析结果显示，男性的前两个主成分贡献率分别为92.137%、7.701%，累计贡献率达到99.838%。PCⅠ载荷较大的指标有推定骨量（0.995）、

表 15-22　中国族群男性身体组成成分均数

指标	蒙古族	临高人	黎族	汉族（锦州）	藏族（拉萨）	藏族（那曲）
体脂率/%	24.30	20.30	19.50	22.91	19.26	21.32
总肌肉量/kg	51.90	46.30	45.80	53.19	49.32	50.78
推定骨量/kg	2.90	2.60	2.60	2.91	2.70	2.78

总肌肉量（0.968）、体脂率（0.924），全面反映身体骨量、肌肉、脂肪发育水平。PCⅡ载荷较大的指标有体脂率（0.382），反映身体脂肪含量。因为PCⅡ贡献率很小，所以主要看PCⅠ值的大小。

以 PCⅠ为横坐标、PCⅡ为纵坐标作散点图（图 15-3），可以看出 6 个族群分为两个组，第二象限的临高人、黎族为一个组，这个组 PCⅠ值小，即骨量小，肌肉少，身体脂肪含量较低。第三象限的拉萨藏族 PCⅠ值较小，即骨量较小，肌肉较少，身体脂肪含量较低。第四象限的汉族、藏族（那曲）因为 PCⅠ值较大，具有骨量较大，肌肉较为发达，脂肪发育水平较高的共同点而成为一组。蒙古族的 PCⅠ值大，PCⅡ大，具有骨量大，肌肉发达，脂肪发育水平高的特点。蒙古族与其他族群位点距离较远，说明其身体组成成分和其他 5 个族群有较大的差距。

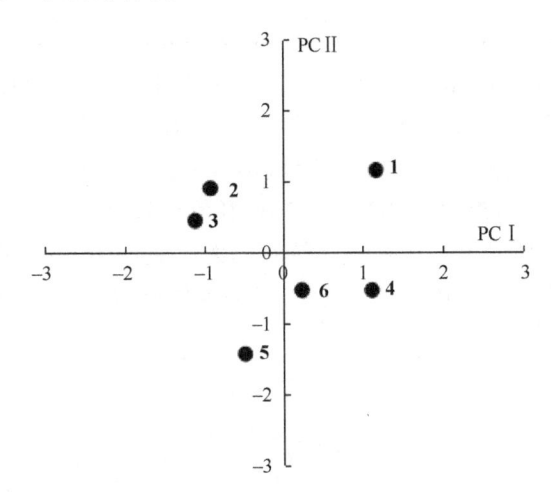

图 15-3　中国族群男性身体组成成分的散点图
1. 蒙古族；2. 临高人；3. 黎族；4. 汉族；5. 藏族（拉萨）；6. 藏族（那曲）

二、女性身体组成成分指标均数的主成分分析

我们对蒙古族女性资料与已经发表的临高人、黎族、藏族（那曲）、毛南族、仫佬族、苗族、瑶族的体脂率、总肌肉量、推定骨量、躯干肌肉量均数（表 15-23）进行主成分分析。

中国 8 个族群女性主成分分析结果显示，前两个主成分贡献率分别为 86.197%、11.312%，累计贡献率达到 97.509%。PCⅠ载荷较大的指标有推定骨量（0.984）、躯干肌肉量（0.968）、总肌肉量（0.947），PCⅠ值越大，则身体骨量、肌肉量（特别是躯干肌肉量）越大。PCⅡ载荷较大的指标有体脂率（0.592），反映身体脂肪含量。同男性一样第一主成分贡献率很大，第二主成分贡献率很小，所以主要看 PCⅠ值的大小。

在阜新超市购买礼品　　　　　　　　　　　终于请来了一位阜新蒙古族

表 15-23　中国族群女性身体组成成分均数（Mean）

指标	蒙古族	临高人	黎族	藏族	毛南族	仫佬族	苗族	瑶族
体脂率/%	36.80	32.80	31.20	33.11	26.60	25.64	31.39	27.83
总肌肉量/kg	37.00	34.40	34.00	36.61	35.08	34.40	34.32	34.41
推定骨量/kg	2.30	2.10	2.00	2.23	2.09	2.03	2.02	2.03
躯干肌肉量/kg	21.10	19.80	19.50	20.47	19.52	19.32	18.89	19.44

以 PCⅠ为横坐标、PCⅡ为纵坐标作散点图（图 15-4），可以看出 8 个族群分为三个组。蒙古族、藏族 PCⅠ值大，PCⅡ值中等，具有身体骨量、肌肉量（特别是躯干肌肉量）大的特点。临高人、黎族、苗族由于 PCⅠ值较小、PCⅡ值大而成为一个组。毛南族、仫佬族、瑶族由于 PCⅠ值和 PCⅡ值均较小而成为一个组。这两个组的 PCⅠ值均较小，即身体骨量、肌肉量（特别是躯干肌肉量）小，区别主要是 PCⅡ值的大小，即体脂率的大小，临高人、黎族、苗族体脂率大，而毛南族、仫佬族、瑶族体脂率小。

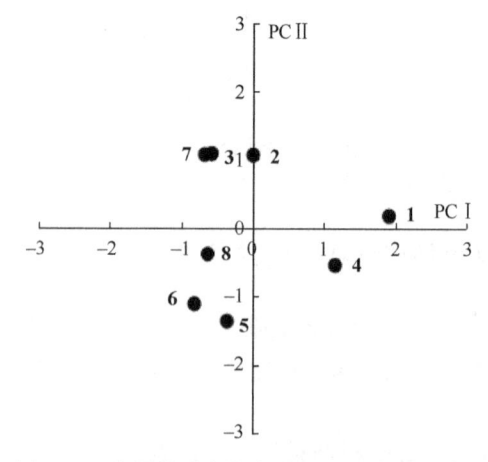

图 15-4　中国族群女性身体组成成分的散点图
1. 蒙古族；2. 临高人；3. 黎族；4. 藏族；5. 毛南族；6. 仫佬族；7. 苗族；8. 瑶族

综合男性、女性主成分分析结果可以认为，蒙古族在上述中国族群中具有骨量大、肌肉发达、脂肪发育水平高的特点。

参 考 文 献

[1] 王自勉. 人体组成学: 历史、现状和未来. 生理科学进展, 2000, 31(2): 185-192.
[2] 王自勉. 人体组成学. 北京: 高等教育出版社, 2008.
[3] Wang ZM, Pierson RN Jr, Heymstield SB. The five-level model: a new approach to organizing body-composition research. Am J of Clinical Nutrition, 1992, 56: 19-28.
[4] Baumgartner RN, Chumlea WC, Roche AF. Bioelectric impedance for body composition. Exercise and Sport Sciences Reviews, 1990, 18: 193-224.
[5] Kyle UG, Bo saeus I, De Lorenzo AD. Bioelectrical impedance analysis-part I: review of principles and methods. Clin Nutr, 2004, 23(5): 1226.
[6] Kyle UG, Bosaeus I, De Lorenzo AD. Bioelectrical impedance analysis-part II: utilization in clinical practice. Clin Nutr, 2004, 23(6): 1430.
[7] 王京钟, 王筱桂, 胡小琪, 等. 中国 7-18 岁人群应用生物电阻抗法估算体脂方程. 卫生研究, 2008, 37(1): 68-70.
[8] 袁中满, 吴秋莲, 谢金球, 等. 广州地区健康成年汉族人群身体组成成分调查. 中国组织工程研究与临床康复, 2007, 11(30): 5986-5988.
[9] 方秀新, 郑春辉, 王庆华, 等. 应用生物电阻抗法分析围绝经期妇女人体成分. 护理学杂志, 2009, 24(20): 35-37.
[10] 沙凯辉, 刘同刚, 王虹, 等. 太极拳运动对老年女性身体成分的影响. 中国老年学杂志, 2010, 6: 53-55.
[11] 高春娟, 崔俊, 王好, 等. 生物电阻抗法人体成分测量对慢性肾病非透析患者营养状态评估. 中国中西医结合肾病杂志, 2011, 12(12): 1076-1078.
[12] 韦荣耀, 黄秀峰. 百色市壮族中老年农民人体成分的测定与分析. 解剖学杂志, 2012, 35(3): 370-373.
[13] 林朝文, 王金花, 周庆辉, 等. 广西百色市壮族与汉族大学生身体成分比较研究. 解剖学研究, 2012, 34(2): 124-128.
[14] 郑连斌, 武亚文, 张兴华, 等. 四川汉族体质特征. 解剖学报, 2011, 42(5): 695-702.
[15] 席焕久, 李文慧, 张美芝, 等. 人的差异及其影响因素. 解剖科学进展, 2011, 17(5): 478-483, 486.
[16] Norgan NG. Interpretation of low body mass indices: Australian aborigines. Am J Phys Anthropol, 1994, 94: 229-237.
[17] Norgan NG. Population differences in the body composition in relation to the body mass index. Eur J Clin Nutr, 1994, 42: 510-525.
[18] Leonard WR, Katzmarzyk PT. Body size and shape: climatic and nutritional influences on human body morphology. In: Muehlenbein MP. Human Evolutionary Biology. Cambridge: Cambridge University Press, 2010: 157-169.
[19] 张海龙, 席焕久, 李文慧, 等. 利用生物电阻抗法分析辽宁汉族成人脂肪分布特点. 解剖学报, 2012, 43(6): 850-854.
[20] 宇克莉, 郑连斌, 李咏兰, 等. 海南临高人身体成分分析. 人类学学报, 2017, 36(1): 101-109.
[21] 李咏兰, 郑连斌, 包金萍, 等. 黎族的人体测量学研究及近 30 余年来体质的变化. 中国解剖学会, 2015 年年会论文文摘汇编, 2015.
[22] 王迎彬, 黄秀峰, 林朝文, 等. 广西瑶族中老年人骨密度与体成分的相关性分析. 解剖学杂志, 2016, 39(6): 724-726.
[23] 周璇, 玉洪荣, 李炎, 等. 广西少数民族成年女性体成分的差异及年龄变化规律. 人类学学报, 2017, 36(2): 260-267.
[24] 李文慧, 席焕久, 侯续伟, 等. 西藏那曲藏族成人体成分分析. 解剖学杂志, 2017, 40(1): 63-67.
[25] 王健, 席焕久, 李文慧, 等. 拉萨藏族成人体成分现状. 解剖学杂志, 2017, 40(2): 192-196.
[26] 李文慧, 席焕久, 侯续伟, 等. 那曲藏族成人身体各部肌肉量分析. 解剖学杂志, 2017, 40(3): 326-329.

第十六章 中国蒙古族的经典遗传学指标研究

人类许多体质人类学指标的出现率主要受基因控制，这些指标经常被用来进行遗传学研究，通过大样本的群体调查可以估计表型在族群中的出现率，通过家系调查可判断表型的遗传方式。这些指标大致可以分为三类，一类是不对称行为方面的指标，一类是舌运动类型指标，一类是头面部指标及与手足有关的指标。对个人来说，这些指标的表型具有稳定不变性。

内蒙古师范大学人类生物学研究团队与天津师范大学人类生物学研究团队合作对内蒙古蒙古族的 9 个族群开展了经典遗传学指标的研究，作为比较、对照的群体，同时研究了内蒙古地区其他民族经典遗传学指标的出现率。由于本章的研究工作是在 20 世纪 80~90 年代，因此本章中的地名沿用的是旧名或者是简称，伊克昭盟简称为伊盟，今鄂尔多斯市；巴彦淖尔盟简称巴盟，今巴彦淖尔市。

第一节 内蒙古蒙古族 7 项不对称行为特征的研究

人类的一些行为特征（如利手、扣手、叠臂、叠腿、起步、利足、利眼等）具有不对称性。这些不对称行为特征的出现率往往存在族群间差异，所以成为学者常用的体质人类学研究指标，用以分析不同族群的亲疏关系[1]。国外学者对此已有过较多的研究。近年来，我国学者也已开展了对我国族群这方面的研究[2-8]。内蒙古自治区是一个多民族共同生活的地区。因此，研究内蒙古蒙古族和其他民族及同一民族内不同族群的遗传关系是一项很有意义的工作。我们对内蒙古 7 个民族 18 个族群的 7 项不对称行为特征的出现率进行了调查。

两个布里亚特部小朋友　　　　我们来到锡尼河镇庙会上测量

我们在内蒙古调查了蒙古族、汉族、鄂温克族、达斡尔族、鄂伦春族、朝鲜族、回族的利手、扣手、叠臂、叠腿、起步、利足、利眼 7 项指标。蒙古族包括 9 个族群：巴尔虎部、厄鲁特部、布里亚特部、科尔沁部、锡林郭勒蒙古、察哈尔部、鄂尔多斯部、乌拉特部和阿拉善和硕特部。汉族包括 4 个群体：兴安盟汉族、伊盟汉族、巴盟汉族、阿拉善盟汉族。调查时记录被测者性别、其父母的民族，先示范讲解，再嘱其练习，最后正式逐人逐项观察记录。

一、不对称行为特征的研究概况

（一）利手

利手又称惯用手、优势手，是人类最为明显的不对称行为特征。若在日常生活中右手较灵活，易于从事精细工作，则为右型。若左手较灵活，易于从事精细工作，则为左型。

在判断左利手还是右利手时，不同的学者常采用不同的方法，如感知挂在两食指上相同重物的轻重[1]，测定两手握力大小[2]，观察取物时用手情况[3]，让受试者自我主观判断（自述）。后来学者为了调查结果的可靠，多采用多项目综合判断法[4,5]。自述法是一种简单、可靠的判断法。

Pelecanos[6]对希腊人的研究表明，左型出现率不存在性别间差异。但 Hardyck[4]等对加利福尼亚州大样本调查显示存在性别间差异。其后 Plato 等[5]对白色人种测试 10 项与利手有关的项目，发现有两项存在性别间差异。Datta 等[7]调查了印度 3 个族群后指出，其中 1 个部落右型率存在两性差异。郑连斌等[8]对内蒙古汉、回、蒙古族调查时发现，右型率汉、蒙古族女性均明显高于男性，但回族右型率则无性别间差异。

Hardyck 等[4]认为利手与年龄无关，不同年龄段中右型率基本一致。

利手的遗传机制研究较少，周希澄等[9]认为是常染色体单基因遗传，右利对左利是显性性状。也有作者[10]认为左利对右利是显性性状。

世界各地族群利手左型出现率的调查结果如下：Pelecanos 等[6]调查希腊北部塞萨洛尼基 2274 例（男为 1185 例，女为 1089 例）小学生，男为 11.16%，女为 9.28%，男女合计为 10.35%。Hardyck 等[4]调查美国 7684 例小学生表明，3820 例白色人种为 10.20%，3178 例黑色人种为 9.50%，538 例亚洲后裔为 6.50%，148 例墨西哥-美洲后裔为 8.80%。Pandey 等[11]调查了印度古吉拉特邦 Thakurs 人（男为 110 例，女为 90 例），男性为 7.28%，女性为 4.45%。Plato 等[5]调查美国 461 例男性为 6.90%，244 例女性为 4.10%。Bhasin 等[12]调查印度锡金 310 例 Sherpas 人为 3.90%，315 例 Rais 人为 2.90%。Datta 等[7]调查了印度中央邦 3 个群体，其中穆里亚人 153 例男性为 1.97%，129 例女性为 6.98%，哈尔巴人 82 例男性为 1.22%，56 例女性为 0，Bisonhorn Marias 人 155 例男性为 3.87%，95 例女性为 3.15%。大量调查资料显示，世界各族群左型率均低于右型率，一般左型率多小于 15%。

（二）扣手

扣手是左右手互相对叉手指，若习惯左手拇指在上则为左型，若习惯右手拇指在上则为右型。

扣手是学者研究最多的不对称行为特征。最早研究扣手的是Lutz[13]。他通过对苏格兰家系调查,证明扣手与遗传有关,在小时候就固定了型式,且以后不再改变。Downey[14]调查了美国人的扣手情况。Gieseler[15]调查了同卵双生和异卵双生者的扣手情况,认为尚无证据证实扣手与遗传有关。Lai和Walsh[16]对巴布亚新几内亚人家系调查后也赞同扣手和遗传无关的观点。但更多的研究资料,如日本人、朝鲜人[17,18]、巴西人[19]、西班牙人[20]、秘鲁人[21]、印度人[12]的扣手资料均支持Lutz的遗传假说,并认为其遗传模式不能用孟德尔定律简单地予以解释。Freire-Maia等[19]指出,扣手在遗传上受一对等位基因控制,右型与左型分别受隐性与显性基因控制,但部分隐性纯合体表现为左型。Kawabe[18]主张右型和左型分别受显性和隐性基因控制,但部分隐性纯合体表现为右型。

Lutz认为扣手的出现率与性别无关,Wiener[22]、Kawabe[18]的研究结果都支持这一观点。目前已有不少群体扣手右型率的报道:Lutz[13]调查苏格兰人为59.5%。1926年Downey调查美国白色人种为48.76%。Freire-Maia等[19]调查巴西489例黑色人种为68.71%,192例印第安人为54.69%,1077例Mulattoes人为61.47%,1566例高加索人为55.17%。Freire-Maia等[23]调查俄罗斯人为56.90%。Lai和Walsh[16]调查207例澳大利亚白色人种为49.30%,480例巴布亚新几内亚人为62.70%,70例中国香港人为48.60%,70例日本人为55.70%,49例菲律宾人为63.30%。Freire-Maia等[24]调查安哥拉黑色人种,1357例男性为62.27%,74例女性为58.11%。Pelecanos[6]调查希腊北部塞萨洛尼基2274例学生为81.30%。Tyagi[25]调查印度勒克脑市伊斯兰教什叶派人为52.27%,逊尼派人为54.83%。Frisancho等[21]调查秘鲁东部低地466例Quechuas男性为60.10%,291例女性为58.80%,441例混血男性为55.80%,432例混血女性为62.00%。Булаева[26]等调查俄罗斯达吉斯坦共和国166例鲍特里赫人为54.80%,147例穆尼人为52.40%。Plato等[5]调查美国马里兰州白色人种,305例男性为51.20%,179例女性为48.00%。Arrieta等[27]调查了西班牙741例巴斯克人,286例男性为56.29%,455例女性为51.43%。Pentzos-Daponte[28]调查了希腊塞萨洛尼基人,3860例男性为48.86%,3903例女性为50.37%。Bhasin等[29]调查印度中部430例加迪斯人为53.00%。Datta等[7]调查印度中央邦109例穆里亚人为38.65%,70例哈尔巴人为50.72%。Mian[30]等调查巴基斯坦189例拉其普特人为59.78%。已有的世界各族群资料显示,扣手右型率多数族群在50%~68%,略超过半数;少数族群在45%~50%,略低于半数。一般来说,黑色人种右型率较高。

(三)叠臂

叠臂也是研究较多的不对称行为特征之一。将左、右臂交叉抱于胸前,若左臂在上时感到习惯,则为左型,若右臂在上时感到习惯则为右型。

Plato等[5]、Peleeanos[6]、Datta等[7]、Freire-Maia等[19]认为叠臂与性别无关。Freire-Maia等[19]在安哥拉黑色人种中发现,叠臂右型率随年龄增长而递减。但Plato等[5]认为右型率并不随年龄增长而发生明显变化。Pelecanos[6]也认为叠臂与年龄无关。

目前已见较多族群叠臂右型出现率的报道。已有的世界各族群资料显示,叠臂右型率多数族群在40%~60%。Pons[20]认为扣手与叠臂是彼此独立的。后来,Pelecanos[6]、Plato等[5]、Mian等[30]均持与Pons[20]同样的观点。Pelecanos[6]还认为叠臂与利手不相关。但Arrieta等[27]认为叠臂与扣手存在联系,左型叠臂与右型扣手之间有密切的联系。

（四）利足

在受试者正中前方放一足球，令其用足踢，用右足踢为右型，用左足踢为左型。

利足的研究资料很少。Plato 等[5]调查了美国马里兰州 705 例白色人种，461 例男性右型率为 91.1%，244 例女性右型率为 95.9%。Plato 等[5]认为男女间利足左型率存在显著性差异。此外，在他们的样本中未发现利足与年龄间存在着必然联系。

（五）叠腿

令受试者取坐姿，一腿搭在另一腿上。若右腿在上感到习惯自然为右型，若左腿在上感到习惯自然为左型。Plato 等[5]对白色人种研究表明，男性左型率是女性的两倍，存在明显的性别差异。Datta 等[7]在印度的一个群体中也发现叠腿左型率与性别有关。Reiss[31]认为叠腿可能受遗传因素控制，但机制较为复杂。

Plato 等[5]调查美国马里兰州白色人种叠腿，Bhasin 等[12]调查印度北部 3 个群体，右型率均大于 60%。Mian 等[30]认为叠腿与叠臂、扣手是互相独立的。

（六）起步

令受试者立正后向前迈步，先迈右腿者为右型，先迈左腿者为左型。起步类型尚未见国外群体调查资料。

（七）利眼

我们双眼中有一只眼在观察物体空间位置时起着主要作用。利眼判断方法：双眼凝视前方远处一点，随后用一拇指置于点-眼视线上。闭左眼，若该点被拇指挡住为右型，若该点明显偏离拇指位置为左型。

Plato 等[5]认为利眼与优势足（利足）存在着密切联系（$P<0.01$），而利眼与扣手、叠臂之间彼此独立、互不相关。他们对美国巴尔的摩成人调查，右型男性为 67.4%，女性为 71.6%，男女合计为 68.8%，男女间不存在明显的性别间差异。

二、内蒙古 18 个族群 7 项不对称行为特征的聚类分析和主成分分析

我们采用学术界通用方法[32,33]在内蒙古调查了蒙古族、汉族、鄂温克族、达斡尔族、鄂伦春族、朝鲜族、回族的 7 种不对称行为特征。蒙古族共调查了 9 个群体：巴尔虎部、厄鲁特部、布里亚特部、科尔沁部、锡林郭勒蒙古族、察哈尔部、鄂尔多斯部、乌拉特部和阿拉善和硕特部（表 16-1）。汉族共调查了 4 个族群：兴安盟汉族（代表内蒙古东部区汉族）和代表西部区汉族的伊盟汉族、巴盟汉族、阿拉善盟汉族。调查时先向被测者演示并讲述 7 项不对称行为特征，嘱其反复练习，待练习结束后正式逐人逐项调查。统计时摒除其父母为异族通婚的资料。应用计算机对数据进行统计，对 18 个族群统计结果进行聚类分析与主成分分析。

（一）内蒙古 18 个族群 7 项不对称行为特征的出现率

本研究中鄂温克族、达斡尔族、鄂伦春族均为生活在呼伦贝尔市的族群，其资料来

表 16-1　内蒙古 18 个族群 7 项不对称行为特征的出现率（%）

族群	人数	利手 右型	利手 左型	扣手 右型	扣手 左型	叠臂 右型	叠臂 左型	叠腿 右型	叠腿 左型	起步 右型	起步 左型	利足 右型	利足 左型	利眼 右型	利眼 左型
鄂温克族	332	92.55	7.45	53.73	46.27	48.76	51.24	75.47	24.53	60.87	39.13	92.55	7.45	64.29	35.71
达斡尔族	485	90.31	9.69	46.60	53.40	49.49	50.51	70.72	29.28	54.64	45.36	90.10	9.90	72.17	27.83
鄂伦春族	100	96.00	4.00	54.00	46.00	45.00	55.00	82.00	18.00	58.00	42.00	98.00	2.00	76.00	24.00
朝鲜族	479	91.44	8.56	46.14	53.86	52.19	47.81	74.11	25.89	39.88	60.12	92.07	7.93	66.60	33.40
回族	475	87.74	12.20	46.59	53.41	50.68	49.32	76.21	23.79	41.89	58.11	90.95	9.05	69.70	30.30
蒙古族															
巴尔虎部	413	85.23	14.77	53.51	46.49	54.72	45.28	73.12	26.88	51.43	48.57	87.89	12.11	67.31	32.69
厄鲁特部	426	92.02	7.98	47.42	52.58	44.84	55.16	77.93	22.07	53.52	46.48	94.13	5.87	71.13	28.87
布里亚特部	108	84.26	15.74	59.26	40.74	50.00	50.00	70.37	29.63	58.33	41.67	85.19	14.81	62.96	37.04
科尔沁部	729	90.53	9.47	52.13	47.87	52.54	47.46	73.66	26.34	52.40	47.60	91.91	8.09	68.45	31.55
锡林郭勒蒙古族	522	93.57	6.43	53.07	46.93	54.60	45.40	74.52	25.48	62.45	37.55	87.17	12.83	61.49	38.51
察哈尔部	287	94.43	5.57	55.05	44.95	58.54	41.46	72.13	27.87	57.49	42.51	91.64	8.36	68.29	31.71
鄂尔多斯部	508	94.09	5.91	53.74	46.26	49.21	50.79	72.44	27.56	46.26	53.74	93.31	6.69	64.37	35.63
乌拉特部	474	93.46	6.54	51.69	48.31	50.84	49.16	74.26	25.74	45.36	54.64	91.35	8.65	59.49	40.51
阿拉善和硕特部	447	92.84	7.16	52.35	47.65	52.57	47.43	77.18	22.82	51.45	48.55	94.86	5.14	61.75	38.25
汉族															
兴安盟汉族	644	93.01	6.99	49.69	50.31	46.74	53.26	75.16	24.84	40.22	59.78	94.10	5.90	64.29	35.71
伊盟汉族	461	91.76	8.24	52.06	47.94	45.55	54.45	69.41	30.59	49.24	50.76	87.42	12.58	62.69	37.31
巴盟汉族	508	92.13	7.87	48.62	51.38	47.44	52.56	70.67	29.33	42.52	57.48	91.54	8.46	69.09	30.91
阿拉善盟汉族	414	94.20	5.80	44.44	55.56	50.24	49.76	75.85	24.15	32.37	67.63	95.41	4.59	67.87	32.13

自陆舜华等[34,35]。朝鲜族、科尔沁部、兴安盟汉族均为生活在兴安盟的族群，其资料来自韩在柱等[32]。巴尔虎部、厄鲁特部、布里亚特部亦为生活在呼伦贝尔市的族群，其资料来自郑连斌等[36]。其余族群的资料均出自本研究组，其中回族资料取自于呼和浩特市，锡林郭勒蒙古族、察哈尔部资料取自锡林郭勒盟，鄂尔多斯部、伊盟汉族资料取自鄂尔多斯市，乌拉特部、巴盟汉族资料取自于巴彦淖尔市，阿拉善和硕特部、阿拉善盟汉族资料取自于阿拉善盟。

（二）内蒙古 18 个族群 7 项不对称行为特征的聚类分析和主成分分析

1. 聚类分析

应用聚类分析的方法可以综合 7 项不对称行为特征对 18 个族群进行分类研究。图 16-1 显示，当聚合水平为 16 时 18 个族群可以聚成 3 个组：第一组又可以分为两个小组。第一小组包括朝鲜族、回族、兴安盟汉族、巴盟汉族、阿拉善盟汉族。巴盟汉族与阿拉善盟汉族分布于内蒙古的西部，均源于周边省区（甘肃、宁夏、陕西、山西）的汉族，兴安盟的汉族和朝鲜族共同生活在兴安盟内，呼和浩特的回族也长期与汉族共同居住在同一区域，彼此间有一定的基因交流。第二小组为西部蒙古族、汉族混合组，包括鄂尔多斯部、乌拉特部、阿拉善和硕特部及伊盟汉族，3 个蒙古族族群均分布于西部地区。伊盟汉族与鄂尔多斯部长期共同生活在同一地域，有一定的基因交流，所以也聚入此组。第二组为中东部蒙古族组，包括锡林郭勒蒙古族、鄂温克族、巴尔虎部、科尔沁部、察哈尔部、布里亚特部。锡林郭勒蒙古族聚居在辽阔的锡林郭勒草原。巴尔虎部、布里亚特部和鄂温克族均居住在水草肥美的呼伦贝尔草原。布里亚特部原居于俄罗斯贝加尔湖，20世纪初迁入我国呼伦贝尔草原。蒙古族本身在其形成过程中融合了游牧部落，所以蒙古族族群之间在历史上有一定的渊源。第三组为东部区少数民族组，包括达斡尔族、厄鲁特部和鄂伦春族。达斡尔族和厄鲁特部均生活在呼伦贝尔市的鄂温克自治旗，族间通婚比较常见。鄂伦春族虽也居于呼伦贝尔市，但主要生活在大兴安岭的林区，与达斡尔族、厄鲁特部遗传距离相距较远。

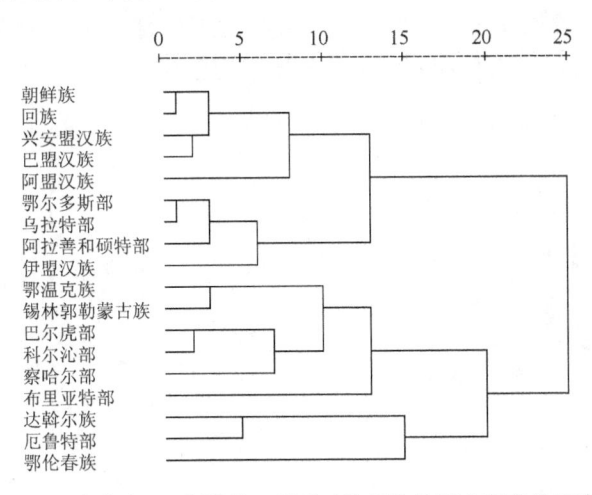

图16-1 内蒙古18个族群7项不对称行为特征出现率的聚类图

聚类分析的结果显示（图16-1）：生活在不同地区的不同民族间的遗传距离最远，生活在同一地区的不同民族既存在着差异性，也存在着一定的相似性。其差异性源自于遗传因素的不同，其相似性源自于长期的基因交流。例如，巴盟汉族与乌拉特部未能聚在一组，阿拉善盟汉族与阿拉善和硕特部也未能聚在一起，表现出了强烈的民族间差异；一些生活在同一地区的不同民族聚在一起，如第一组中的朝鲜族与兴安盟汉族，第二组中的鄂尔多斯部与伊盟汉族，第三组中的达斡尔族与厄鲁特部，这反映了同一地区不同民族间存在基因交流。生活在同一地域的同一民族的多支系族群，其遗传距离较近，如第二组包括了全部在内蒙古中东部地区生活的蒙古族。

2. 主成分分析

主成分分析可以对各组内及组间族群的7项不对称行为特征的共同点及差异性作出详细的分析。前3个主成分的贡献率分别为40.710%、21.319%、14.691%，累计贡献率达76.720%。PCⅠ载荷较大的特征为右利足（0.918）和右叠腿（0.716），一个族群的PCⅠ值越大，表明其右利足和右叠腿的出现率越高。PCⅡ载荷较大的特征为右起步（0.808）与右扣手（0.671），一个族群的PCⅡ值越大，表明其右起步与右扣手的出现率越高。PCⅢ载荷较大的指标为右利眼（−0.700）和右利手（0.555），PCⅢ值越大，表明其右利眼的出现率越低和右利手的出现率越高。

图16-2A反映以PCⅠ为横轴、PCⅡ为纵轴的直角坐标系中18个族群的分布情况。18个族群可以分成3个组：第一组包括鄂温克族、锡林郭勒蒙古族、巴尔虎部、科尔沁

部、察哈尔部、布里亚特部，此组的共同特征是 PCⅠ值比较小，即右利足和右叠腿的出现率相对比较低，其中布里亚特部的右利足出现率最低，即左利足的出现率最高。第二组包括鄂尔多斯部、乌拉特部、达斡尔族、伊盟汉族，这两个族群的 PCⅠ值和PCⅡ值都比较居中。第三组包括朝鲜族、回族、兴安盟汉族、巴盟汉族和阿拉善盟汉族，这个组位于第四象限，共同特征为 PCⅠ值比较大，PCⅡ值比较小，即右利足和右叠腿在这几个族群的出现率比较高，而右起步和右扣手的出现率相对比较低。其中阿拉善盟汉族的右起步和右扣手出现率在所有族群中最低，左起步达到 67.63%，左扣手达到 55.56%。第四组包括鄂伦春族、阿拉善和硕特部、厄鲁特部，PCⅠ值大，PCⅡ值比较大，右利足和右叠腿、右起步类型和右扣手的出现率均较高。

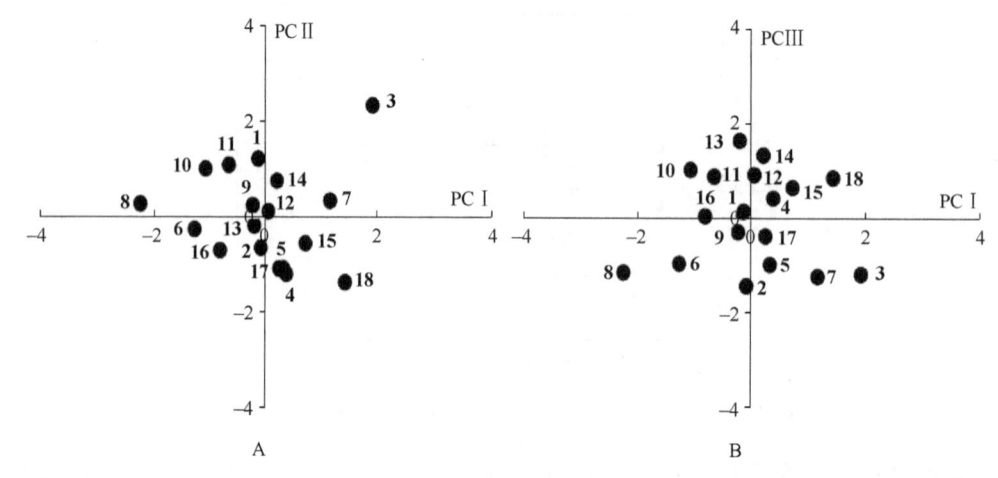

图 16-2　18 个族群主成分分析散点图

A. 第 1、2 主成分，B. 第 1、3 主成分；1. 鄂温克族，2. 达斡尔族，3. 鄂伦春族，4. 朝鲜族，5. 回族，6. 巴尔虎部，7. 厄鲁特部，8. 布里亚特部，9. 科尔沁部，10. 锡林郭勒蒙古族，11. 察哈尔部，12. 鄂尔多斯部，13. 乌拉特部，14. 阿拉善和硕特部，15. 兴安盟汉族，16. 伊盟汉族，17. 巴盟汉族，18. 阿拉善盟汉族

图 16-2B 反映以 PCⅠ为横轴、PCⅢ为纵轴的直角坐标系中 18 个族群的分布情况。18 个族群可以分成 5 个组：第一组包括厄鲁特部和鄂伦春族，这两个族群的 PCⅠ值大，PCⅢ值比较小，鄂伦春族的右利手和右叠腿出现率分别达到了 98%和82%，是这些族群中最大的。第二组包括朝鲜族、回族、兴安盟汉族、巴盟汉族、阿拉善盟汉族、鄂尔多斯部和阿拉善和硕特部，这几个族群的共同特征是集中在纵轴右侧，PCⅠ值较大。根据 PCⅢ值的大小，又可以分成两个亚组，回族和巴盟汉族亚组的 PCⅢ值比较小，即右利眼与左利手出现率较高；其余 4 个族群组成的亚组 PCⅢ值比较大。第三组包括达斡尔族、科尔沁部和鄂温克族，居于第三象限靠近纵轴侧，其中达斡尔族的右利眼和左利手出现率分别为 72.16%和9.67%。第四组包括巴尔虎部和布里亚特部，其 PCⅠ值小，PCⅢ值小。第五组位于第二象限，包括锡林郭勒蒙古族、察哈尔部、乌拉特部、伊盟汉族，其共同点为 PCⅠ值小和PCⅢ值大，乌拉特部的左利眼出现率达到40.51%，是所有族群中最大的。

综合上述对 PCⅠ、PCⅡ、PCⅢ 的分析来看，内蒙古东部族群与西部族群在不对称行为特征方面的差异主要体现在 PCⅠ和PCⅡ主成分上：西部族群的 PCⅠ值比较大，PCⅡ值比较小，即右利足与右叠腿出现率较高，而右起步与右扣手出现率较低；东部区族群的 PCⅠ值比较小，PCⅡ值比较大。

第二节　内蒙古蒙古族舌运动类型的研究

卷舌、叠舌、翻舌、尖舌、三叶舌在不同族群中的出现率可能不同，是人类群体遗传学常用的研究指标。已有研究认为，卷舌对非卷舌为显性性状[37]，叠舌对非叠舌为隐性性状[39]，翻舌对非翻舌为隐性性状[38]，尖舌对非尖舌为显性性状[38]。我们陆续对内蒙古蒙古族及其他民族 5 项舌运动类型进行了调查。被测者人数达 7555 例，分布于内蒙古广大城镇、乡村、牧区。

一、舌运动类型的研究简介

国外学者对舌运动类型已经进行过比较多的研究。对舌运动类型进行研究是从 20 世纪 40 年代开始。Sturtevant[37]发现了人类一个新的遗传特征——卷舌，这是舌运动类型研究的开端。他研究了有欧洲祖先的 282 例美洲人，男性卷舌率 62.9%，女性卷舌率 67.2%，提出卷舌可能由在同一位点上的两个纯粹单位形质所控制，提出能卷舌是显性性状，不能卷舌为隐性性状。Urbanonski 和 Wilson[38]在芝加哥调查 1009 例大学生，65.6%男性与 71.7%女性能卷舌，存在性别间差异，并证实了 Sturtevant 的观点。

1948 年，中国人类和哺乳动物细胞遗传学的开拓者徐道觉[39]发现了叠舌，当时他还是浙江农学院的一名年轻教师。他通过调查由 4 例叠舌个体所得到的有代表性的系谱，说明了该性状是由隐性基因控制。徐道觉的研究不仅开创了我国舌运动类型研究的先例，也是中国人类遗传学研究的一项重要成果。1949 年，他又和刘祖洞一道发表了《Tongue-folding and tongue-rolling in a sample of the Chinese population》[40]一文，在 1043 例样本中，得出折叠舌基因频率为 0.18，而且叠舌基因和卷舌基因之间不是自由组合，而是基因互作。这一理论得到 Gahres[41]的赞同，Gahres 在华盛顿调查了混杂有欧洲祖先的 865 人，卷舌率 73.6%。但是 Lee[42]、Hirschhorn[43]并没有发现这样的作用。Lee[42]在美国黑色人种中发现了能叠舌却不能卷舌的人，Hirschhorn[43]则在 1 个具有北欧背景的美国家系中的 4 个成员中有同样发现，因此，他们认为这 2 个基因是相互独立的。Bell 和 Clegg[44]在 Aberdeen 地区调查卷舌率，男性和女性分别为 74.38%和 78.74%。

也有学者的研究表明，卷舌与遗传无关，或认为卷舌为不完全遗传。Matlock[45]的研究：在 33 对双胞胎中观察 7 项遗传性状，21.2%的双胞胎在卷舌性状中出现不一致的情况，作者认为卷舌的遗传方式为不完全遗传。Martin[46]调查了 47 对 20 岁左右的同性别双胞胎卷舌和扣手的一致性表现，得出结论：扣手与遗传无关，卷舌与遗传无关。

卷舌率是否存在性别间的差异，学者也进行了研究。有学者[37,41,42,44,47]认为卷舌不存在性别间差异。Caroi[48]在俄亥俄州各大学测试了 948 名在校大学生的习惯用手和卷舌能力，发现左利手人中的卷舌率（62.8%）低于右利手人中的卷舌率（74.8%），卷舌能力有性别间差异，403 名男生 77.4%能卷，491 名女生 69.7%能卷，左利手和右利手中都是男生卷舌能力高于女生。

Azimi-Garakani 和 Beardmore[47,49]报道了英国 Swansea 大学的卷舌情况，165 例苏格兰人中有 132 人卷舌，卷舌率 80%；312 例英格兰人中有 229 人卷舌，卷舌率 73.4%。

Azimi-Garakani 和 Beardmore[50]研究了英国 1066 名本科生中不同专业与卷舌表型的关系，认为不同专业的学生卷舌表型的出现率不同。Medyckyj 和 Cook[51]的研究结果显示：生命科学系学生为 72.3%，物理与应用科学系学生为 74.9%，社会和经济系为 75.0%，艺术系为 74.5%，认为各专业卷舌率无差异。

进入 21 世纪，还有一些学者仍然在开展舌运动类型的研究，但显然这个领域已经不是研究热点。Bulliyya[52]在印度安得拉邦调查 215 例（男为 125 例，女为 90 例）样本，男女合计卷舌率 30.7%（男性为 27.2%，女性为 35.5%）；男女合计叠舌率 23.7%（男性为 20.0%，女性为 28.9%。Odokuma 等[53]在尼日利亚调查 Delta 州大学的学生，该州学生来自于 Urhobe 部落，样本量 143 例（男性为 70 例，女性为 73 例），总卷舌率 60.84%（男性为 55.71%，女性为 65.75%）。

Hoch[54]于 1949 年发现了三叶舌性状，郑连斌[55]于 1997 年首次报道了尖舌性状。

自 1997 年以来，我们在内蒙古调查了鄂温克族、达斡尔族、鄂伦春族、朝鲜族、回族、蒙古族、汉族人的卷舌、叠舌、翻舌、尖舌、三叶舌 5 项指标。蒙古族共调查了 9 个群体：巴尔虎部、厄鲁特部、布里亚特部、科尔沁部、锡林郭勒蒙古族、察哈尔部、鄂尔多斯部、乌拉特部和阿拉善和硕特部。汉族共调查了 4 个族群：代表内蒙古东部区汉族的兴安盟汉族和代表西部区汉族的伊盟汉族、巴盟汉族、阿拉善盟汉族。调查时先向被测者演示并讲述 5 种舌运动类型的特征，嘱其反复练习，待练习结束后正式逐人逐项调查。统计时摒除其父母为异族通婚的资料。应用计算机对数据进行统计，对 18 个族群统计结果进行聚类分析与主成分分析。

调查方法与判断标准如下。

1）卷舌 舌的两侧边缘同时上卷，形成筒状，称为卷舌型；否则为非卷舌型。

2）叠舌 舌的前部能够向上向后返折紧贴舌面为叠舌型；否则为非叠舌型。

3）翻舌 仅舌的右侧边缘能够向上，同时舌的左侧边缘能够向下，使舌翻转 90°，呈直立状，为右翻舌型；仅舌的左侧边缘能够向上，同时舌的右侧边缘能够向下，使舌翻转 90°，呈直立状为左翻舌型；两侧均可翻转为全翻舌型；只要有一侧能翻即为翻舌，不可翻转为非翻舌型。

4）尖舌 尽力将舌伸出口腔，舌的两边向中间收缩，舌的前部可变窄变尖，为舌尖；否则为非尖舌型。

5）三叶舌 在口腔内，舌前端、两侧部分边缘能够回缩，整个舌边缘呈三叶草状为三叶舌型；否则为非三叶舌型。

二、内蒙古 18 个族群舌运动类型的出现率

内蒙古 18 个族群舌运动类型的出现率见表 16-2。18 个族群 5 项舌运动类型聚类分析图见图 16-3。主成分分析的散点图见图 16-4。本研究回族资料取自郑连斌等[55]。达斡尔族、鄂温克族、鄂伦春族资料取自李咏兰等[56,57]。朝鲜族、兴安盟汉族、科尔沁部资料取自栗淑媛等[58]。巴尔虎部、厄鲁特部、布里亚特部资料取自郑连斌等[59]。锡林郭勒蒙古族、察哈尔部、鄂尔多斯部、乌拉特部及伊盟汉族、巴盟汉族资料取自郑连斌等[60]。阿拉善和硕特部与阿拉善盟汉族取自我们的调查结果。

表 16-2 内蒙古 18 个族群舌运动类型出现率（%）

族群	样本量	能卷舌	能叠舌	能翻舌	能尖舌	能三叶舌
巴尔虎部	413	81.8	4.4	27.1	72.9	29.1
厄鲁特部	426	78.9	5.2	34.7	81.7	29.6
布里亚特部	108	83.3	5.6	15.7	76.9	23.2
科尔沁部	729	78.1	11.3	37.7	77.5	30.6
锡林郭勒蒙古族	522	82.0	6.7	31.2	74.9	21.8
察哈尔部	287	76.0	3.1	26.8	75.3	16.4
鄂尔多斯部	508	75.0	5.9	24.4	81.5	24.4
乌拉特部	474	74.3	12.5	29.3	62.8	27.3
阿拉善和硕特部	447	62.8	8.7	21.3	68.7	23.9
兴安盟汉族	644	78.9	11.2	33.9	78.0	24.4
伊盟汉族	461	75.1	4.3	24.7	78.7	23.0
巴盟汉族	508	67.3	10.2	24.4	72.4	13.8
阿拉善盟汉族	414	71.5	9.4	30.4	77.1	15.7
鄂温克族	332	72.1	2.8	17.7	71.2	31.4
达斡尔族	485	80.4	4.7	31.8	81.9	31.1
鄂伦春族	100	75.0	2.0	28.0	85.0	20.0
朝鲜族	479	83.7	9.8	37.8	77.5	23.4
回族	218	82.1	6.0	53.2	87.2	9.2

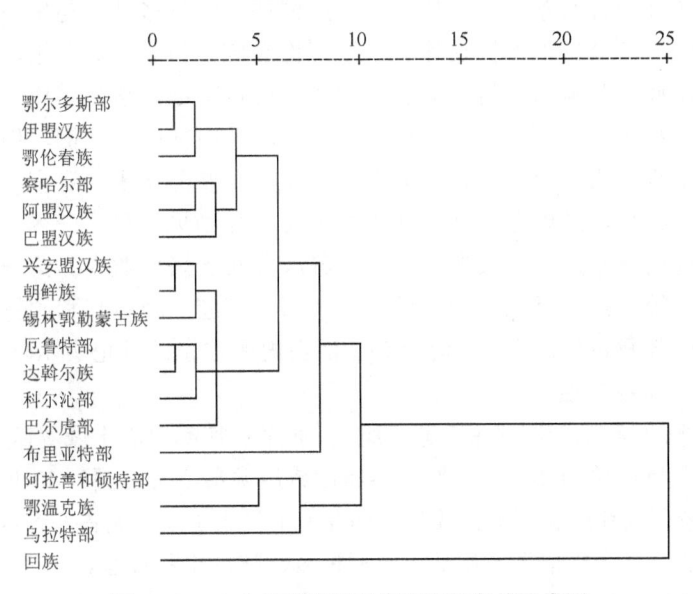

图 16-3 18 个族群舌运动类型出现率的聚类图

三、内蒙古 18 个族群舌运动类型的多元分析

（一）内蒙古 18 个族群舌运动类型出现率的聚类分析

应用聚类分析的方法可以综合 5 项舌运动类型来对 18 个族群进行分类研究。图 16-3

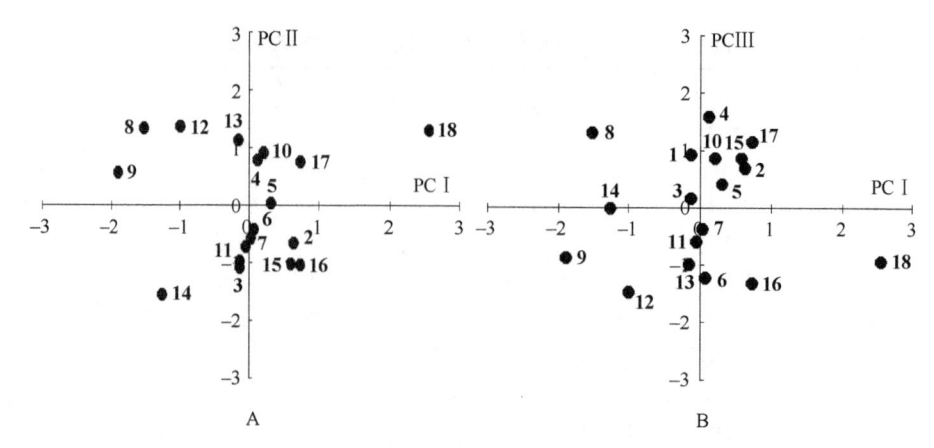

图 16-4 内蒙古 18 个族群舌运动类型的主成分散点图

A. 第1、2主成分；B. 第1、3主成分；1. 巴尔虎部，2. 厄鲁特部，3. 布里亚特部，4. 科尔沁部，5. 锡林郭勒蒙古族，6. 察哈尔部，7. 鄂尔多斯部，8. 乌拉特部，9. 阿拉善和硕特部，10. 兴安盟汉族，11. 伊盟汉族，12. 巴盟汉族，13. 阿拉善盟汉族，14. 鄂温克族，15. 达斡尔族，16. 鄂伦春族，17. 朝鲜族，18. 回族

显示，在聚合水平为 5.5 时，18 个族群可聚成 6 个组：第一组为中、西部区蒙古族，汉族混合组，包括鄂尔多斯部、伊盟汉族、鄂伦春族、察哈尔部、阿拉善盟汉族、巴盟汉族。这个组除鄂伦春族外，其余 5 个族群分布于内蒙古中、西部。巴盟汉族主要分布于巴彦淖尔市的后套地区，源于陕西、山西、河北汉族。阿拉善盟汉族生活在内蒙古最西部的阿拉善盟，源于陕西、宁夏、甘肃汉族。伊盟汉族主要与山西、陕西汉族有渊源。鄂尔多斯部与察哈尔部历史上关系密切。鄂尔多斯部与伊盟汉族长期共同生活在同一地域，有一定的基因交流。至于鄂伦春族为何进入第一组，尚待研究。第二组为兴安盟汉族、朝鲜族、锡林郭勒蒙古族、厄鲁特部、达斡尔族、科尔沁部、巴尔虎部。这些族群主要生活于内蒙古广大的东部区及中部区的北侧，地域广阔。科尔沁部是蒙古族诸部中人数众多、地位显赫的一支，主要分布于通辽市、兴安盟一带。巴尔虎部、厄鲁特部、达斡尔族居住在水草丰美的呼伦贝尔草原。锡林郭勒蒙古族聚居于辽阔的锡林郭勒草原。兴安盟汉族与朝鲜族分布于兴安盟内。第一组与第二组又聚为一个大组。第三组包括阿拉善和硕特部、鄂温克族。阿拉善和硕特部与乌拉特部为两个毗邻的西部蒙古族族群，鄂温克族生活在内蒙古东部呼伦贝尔草原。乌拉特部、回族、布里亚特部各单独成为一组。

布里亚特部、回族未能明显聚于某一组中。布里亚特部原居于俄罗斯贝加尔湖一带，20 世纪初迁入我国呼伦贝尔草原。呼和浩特回族族源最早可追溯到 13 世纪迁入我国境内的中亚人、波斯人和阿拉伯人，其在长期发展中吸收了汉、蒙古、维吾尔等民族成分逐渐形成。显然这 2 个族群遗传特征与内蒙古多数族群相距较远。

聚类分析结果大致呈现以下特点：①地域特点。第一组集中了一些内蒙古中、西部族群，第二组集中了一些内蒙古中、东部族群。②民族特点。巴盟汉族与乌拉特部均分布于巴彦淖尔市，二者未能聚在一组。阿拉善盟汉族与阿拉善和硕特部亦是如此。阿拉善盟汉族与巴盟汉族聚在一起，阿拉善和硕特部与乌拉特部聚在一起，表现出较强的民族特点。③民族间出现一定程度的融合。第一组与第三组均体现了这一特点。生活在鄂尔多斯市的鄂尔多斯部与伊盟汉族距离最近，兴安盟汉族与生活在同一地区的科尔沁部距离最近，表现出在长期的共同生活中，不同民族间通婚日益频繁而出现基因交流的趋势。④民族内部的多元性。一个民族的基因形成过程中往往吸收了众多体质特征不同族群的基因加入。蒙古族是13世纪以来生活在蒙古高原及其周边地区的众多草原部落统一后而形成。本研究蒙古族9个族群未能聚成一组；汉族内部各族群也存在遗传结构的不同，4个族群未能聚成一组，原因与上述内容有关。

（二）内蒙古18个族群舌运动类型出现率的主成分分析

主成分分析可以较详细地分析组内各族群舌运动能力方面的共同点及不同组间舌运动能力方面的差异所在。前3个主成分贡献率分别为40.525%、26.348%、21.526%，累计贡献率达88.399%。PCⅠ载荷较大的指标为能尖舌（0.873）、能翻舌（0.758），可以认为PCⅠ表示能尖舌与能翻舌，一个族群PCⅠ值越大，表明其能尖舌率和（或）能翻舌率越高。PCⅡ载荷较大的指标为能叠舌（0.853），可以认为PCⅡ表示能叠舌，一个族群PCⅡ值越大，表明其能叠舌率越高。PCⅢ载荷较大的指标为能三叶舌（0.747），一个族群PCⅢ值越大，表明其能三叶舌率越高。18个族群能卷舌率均数为76.84%，能叠舌率均数为6.88%，能翻舌率均数为29.46%，能尖舌率均数为76.99%，能三叶舌率均数为23.23%。

图16-4A反映以PCⅠ为横轴、PCⅡ为纵轴的直角坐标系中18个族群的分布情况。18个族群可分为4个组：第一组包括巴尔虎部、厄鲁特部、布里亚特部、察哈尔部、鄂尔多斯部、伊盟汉族、达斡尔族、鄂伦春族、鄂温克族，这个组的共同特征是PCⅡ值小，即能叠舌率较低，如巴尔虎部能叠舌率为4.4%，达斡尔族能叠舌率为4.7%，均低于18个族群能叠舌率均数（6.88%）。根据PCⅠ值的大小，第一组还可分为2个小组：布里亚特部、巴尔虎部、伊盟汉族、察哈尔部、鄂尔多斯部、鄂温克族这个小组PCⅠ值较小，即能尖舌率和（或）能翻舌率偏低，如巴尔虎部能尖舌率为72.9%，能翻舌率为27.1%；另3个族群PCⅠ值较大，如达斡尔族能尖舌率为81.9%，翻舌率为31.8%。第一组可称为呼伦贝尔组。第二组位于第一象限，包括朝鲜族、兴安盟汉族、科尔沁部、锡林郭勒蒙古族，这些族群共同的特点是PCⅡ值较大，PCⅠ值则略大（如科尔沁部和兴安盟汉族）或大（朝鲜族），表现出能尖舌率、能翻舌率高或略高而能叠舌率亦高的特点，如朝鲜族能尖舌率为77.5%，能翻舌率为37.8%，能叠舌率为9.81%。由于这3个族群均生活在内蒙古东部区，故可称为东部区组。第三组包括巴盟汉族、阿拉善盟汉族，可称为西部区汉族组，这个组PCⅠ值中等或较小，PCⅡ值较大，如巴盟汉族能尖舌率为77.4%，能翻舌率为24.4%，能叠舌率为10.2%。第四组和第三组一样，也位于第二象限，只是PCⅠ值更小，包括乌拉特部与阿拉善和硕特部。这两个族群聚居于内蒙古最西部区域，故可称为西部区蒙古族组，能尖舌率和（或）能翻舌率低、能叠舌率高是第四组的特点，如阿拉善和硕特部能尖舌率为68.7%。回族位于第一象限，PCⅠ值最大，其能尖舌率和（或）能翻舌率高。

图16-4B反映以PCⅠ为横轴、PCⅢ为纵轴的直角坐标系中18个族群的分布情况。18个族群可分为2个组。第一组包括科尔沁蒙古族、朝鲜族、兴安盟汉族、达斡尔族、锡林郭勒蒙古族、厄鲁特部、巴尔虎部、布里亚特部、乌拉特部、鄂温克族10个族群，这个组主要为内蒙古东部区族群，分布于第一、二象限，PCⅠ值多为正值（其中巴尔虎

部、布里亚特部、乌拉特部、鄂温克族为负值），PCⅢ为正值，即能三叶舌率和（或）能卷舌率较高。根据 PCⅠ值的正、负可将第一组分成两个亚组：第一亚组为巴尔虎部与布里亚特部、乌拉特部、鄂温克族，PCⅠ值为负值，即能尖舌率和（或）能翻舌率较低。第二亚组包括另外 6 个族群，其能尖舌率和（或）能翻舌率较高。第二组包括鄂尔多斯部、伊盟汉族、阿拉善盟汉族、察哈尔部 4 个族群，这 4 个族群位点分布于纵轴两侧，PCⅠ值居于中等，PCⅢ值较小，能三叶舌率和（或）能卷舌率较低，如阿拉善盟汉族能三叶舌率为 15.7%、能卷舌率为 71.5%，表现出这一特点。第二组 4 个族群分布于内蒙古西部区，考虑到阿拉善和硕特部、巴盟汉族虽未归入第二组，但 PCⅢ值亦为负值，这两个族群也分布于内蒙古西部区，可以认为内蒙古东部区族群与西部区族群舌运动能力方面的主要区别是东部区族群能卷舌率高，而西部区族群能卷舌率低。第三组包括鄂伦春族和回族，PCⅠ值大，PCⅢ值小，即能尖舌率和（或）能翻舌率高，能三叶舌率低。

第三节　内蒙古蒙古族 13 项遗传指标的聚类分析与主成分分析

人体的一些形态特征往往因存在族群间差异而被学者作为研究指标，用以分析不同种族、民族或民族内隔离族群的亲疏关系或遗传距离。这些指标的相对性状反映了人类形态特征的多样性。内蒙古自治区是一个多民族共同生活的地区。蒙古族在其形成过程中融合了大量游牧于蒙古高原及其邻近区域的部落。内蒙古不同地区的汉族来源也有一定的区别，因此研究内蒙古各民族族群及同一民族内隔离族群的形态特征，并据此探讨他们之间的遗传关系是一项很有意义的工作。

一、内蒙古蒙古族 13 项遗传指标的研究方法

自 1997 年以来我们在进行不对称行为、舌运动类型调查时，也开展了头面部和与手足有关的 13 项指标研究。这 13 项指标分别为拇指类型、环食指长、指甲形状、足趾长、蒙古褶、上眼睑皱褶、门齿类型、鼻背侧面观、鼻孔形状、下颏类型、耳垂类型、额头发际、头发类型。本研究选取 18 个族群的过伸拇指、环指长、扁形指甲、踇趾长、有蒙古褶、上眼睑有皱褶、铲形门齿、凸鼻背、窄鼻孔、凸型下颏、有耳垂、额头发际有尖、卷发的出现率，对之进行聚类分析与主成分分析。

1）蒙古褶：亦称内眦褶。上眼睑皱褶的延续部于眼内角处或多或少覆盖泪阜为有眦褶型；泪阜不被覆盖，完全暴露为无眦褶型。

2）上眼睑皱褶：上眼睑的皮肤有一横向皱褶为有皱褶型；无此皱褶为无皱褶型。

3）门齿类型：上门齿齿冠侧面边缘隆起，使齿冠舌侧面出现一个明显的窝而边缘隆起形如铲状，称铲型门齿；否则为平型门齿。

4）鼻背侧面观：从侧面观察，如果鼻背呈隆突状为凸鼻背型；否则为非凸鼻背型。

5）鼻孔形状：在鼻孔平面，鼻孔最大径呈纵向位置或两鼻孔最大径形成的夹角小于 90°为窄鼻孔型；鼻孔最大径呈横向位置或两鼻孔最大径形成的夹角大于 90°为宽鼻孔型。

6）下颏类型：下唇皮肤部以下与颏下点之间的下颏轮廓明显前突为凸颏型；否则为非凸颏型。

7）耳垂类型：耳垂与颊部皮肤连接几乎成一水平线或耳垂向下悬垂呈圆形为有耳

垂型；否则为无耳垂型。

8) 额头发际：额头发际中部有一个三角形小尖为尖型；无小尖则为无尖型。

9) 头发类型：头发先天呈波状或卷状为卷发型；先天呈平直状为直发型。应该说明，人类遗传学上所说的卷发实际上在人体测量学中为波状发。

10) 拇指类型：被测者拇指指间关节尽力后伸，从侧面观察，指间关节线和近节指节中心线的交点（O）与拇指末端（A）的连线 OA 跟近节指中心线相交呈一角度。若该角度小于 30° 为直型；大于 30° 为过伸型。

11) 环食指长：将一纸两次对折呈相互垂直的十字线迹，被测者手指并拢，中指压贴于十字线下方的垂线，沿此线逐渐上移，若食指指尖先触及水平线为食指长型；环食指尖先触及水平线则为环指长型。

12) 指甲形状：环指、中指、食指的指甲根部纵径（平行于手指）较横径长为长形指甲；纵径较横径短为扁形指甲；横、纵径长度接近为方形指甲；长形与方形指甲合称非扁形指甲。

13) 足趾长：踇趾长于第二趾为踇趾长型；踇趾短于第二趾为第二趾长型。

二、内蒙古 18 个族群 13 项遗传指标的出现率

呼伦贝尔市蒙古族拇指类型、环食指长、指甲形状、足趾长资料取自郑连斌等[61]，兴安盟与阿拉善盟各族群拇指类型、环食指长、指甲形状、足趾长资料取自栗淑媛等[62,63]，兴安盟 3 个族群另外 9 项形态资料取自栗淑媛等[64]，达斡尔族、鄂温克族、鄂伦春族 13 项形态资料取自李咏兰等[65]，其余族群的资料为本研究组所有。

如果不分民族将 18 个族群资料合计，那么 13 项指标的出现率分别如下：过伸拇指率为 38.41%，环指长率为 91.72%，扁形指甲率为 10.67%，踇趾长率为 57.58%，有蒙古褶率为 94.88%，上眼睑有皱褶率为 78.32%，铲型门齿率为 90.85%，凸鼻背率为 18.06%，窄鼻孔率为 30.13%，下颏凸型率为 24.40%，有耳垂率为 78.15%，额头发际有尖率为 44.23%，卷发率为 12.64%。实际上，各个族群各个指标的出现率是不一样的（表 16-3），如 18 个族群过伸拇指率范围在 26.0%（鄂伦春族）~51.2%（阿拉善和硕特部）。

表 16-3　内蒙古 18 个族群 13 项遗传指标的调查结果（%）

族群	过伸拇指	环指长	扁形指甲	踇趾长	有蒙古褶	有上眼睑皱褶	铲型门齿	凸鼻背	窄鼻孔	凸型下颏	有耳垂	发际有尖	卷发
鄂温克族	38.2	96.0	14.9	51.9	88.5	82.0	87.3	14.6	46.9	23.9	83.5	42.2	10.6
达斡尔族	36.9	93.0	12.2	59.8	96.3	75.5	89.7	15.7	35.3	19.2	73.0	47.6	6.4
鄂伦春族	26.0	89.0	8.0	59.0	98.0	52.0	99.0	16.0	30.0	42.0	80.0	56.0	12.0
朝鲜族	43.6	94.2	6.3	51.6	96.0	78.5	94.4	30.5	21.5	25.3	77.0	44.9	12.7
回族	48.2	83.9	13.1	56.0	96.8	82.4	90.0	16.8	21.1	31.6	59.5	21.1	11.8
巴尔虎部	44.3	95.6	17.9	59.6	96.6	84.5	89.4	16.5	33.4	37.1	78.0	44.3	9.9
厄鲁特部	38.0	93.9	13.6	61.7	97.8	81.2	85.0	22.1	30.5	15.5	80.3	43.7	8.0
布里亚特部	46.3	99.1	14.8	55.6	94.4	75.0	95.9	21.3	36.1	25.0	75.9	28.7	11.1
科尔沁部	38.4	95.2	12.2	62.3	97.1	85.3	91.6	21.7	28.9	22.1	76.4	49.1	9.3
锡林郭勒蒙古族	36.4	95.4	4.2	60.7	94.8	72.2	92.5	18.8	30.3	24.9	84.7	49.6	15.7
察哈尔部	33.1	91.6	6.3	56.8	93.7	63.4	91.3	21.6	31.4	29.3	83.6	54.4	19.9
鄂尔多斯部	32.7	92.3	10.2	51.0	97.8	81.7	91.5	8.5	25.2	16.0	83.9	49.4	19.7

续表

族群	过伸拇指	环指长	扁形指甲	踇趾长	有蒙古褶	有上眼睑皱褶	铲型门齿	凸鼻背	窄鼻孔	凸型下颏	有耳垂	发际有尖	卷发
乌拉特部	34.8	90.7	12.7	54.6	90.5	78.1	80.8	11.2	28.3	25.7	73.8	38.8	16.7
阿拉善和硕特部	51.2	89.5	15.0	53.9	89.5	82.1	92.0	22.2	34.0	23.0	80.5	43.6	15.2
兴安盟汉族	45.7	85.9	7.6	57.1	92.2	87.9	91.0	16.9	31.7	24.5	75.0	50.6	11.7
伊盟汉族	32.5	88.1	7.6	57.1	97.8	85.3	88.7	13.7	25.0	16.1	82.9	48.6	14.8
巴盟汉族	30.7	90.0	8.1	60.8	93.6	80.7	91.7	16.9	25.2	18.1	73.8	36.8	12.2
阿拉善盟汉族	34.3	87.7	7.5	67.2	96.1	81.9	93.5	20.3	27.8	20.1	84.8	46.6	9.9

（一）18 个族群 13 项指标出现率的聚类分析

对 18 个族群 13 项指标出现率进行聚类分析，当聚合水平为 7.5 时，18 个族群可分为 6 个组（图 16-5）：第一组包括鄂尔多斯部、伊盟汉族、科尔沁部、厄鲁特部、达斡尔族、阿拉善盟汉族、乌拉特部、巴盟汉族 8 个族群，可称为内蒙古东、西部混合组，主要聚居于东部区的呼伦贝尔市、兴安盟、通辽市和西部区的巴彦淖尔市、阿拉善盟、鄂尔多斯市的广大地区。这个组可以分成 2 个小组，第一小组是东部区的科尔沁部、厄鲁特部、达斡尔族，其余的 5 个西部区族群为第二小组。这 2 个小组都由地理位置相近的族群组成。第二组包括阿拉善和硕特部、兴安盟汉族、巴尔虎部、鄂温克族，主要由东部区族群组成。第三组有锡林郭勒蒙古族、察哈尔部、朝鲜族 3 个族群，主要由内蒙古中部的蒙古族组成。兴安盟汉族与多数我国东北地区汉族一样，主要源于河北、山东等省的汉族，而阿拉善和硕特部源于新疆，这两个族群聚在一起的原因尚待分析。二者的距离值为 3.29（最短距离法），并不很小，但是因为二者与其他族群的距离值均大于 3.29，这两个族群才聚在一起。其他 7 个族群未能明显聚到某一组中。布里亚特部、回族、鄂伦春族各为一个组。

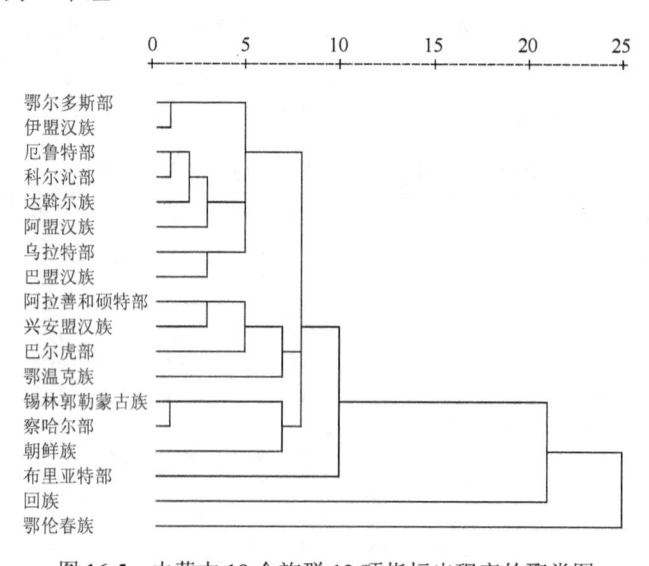

图 16-5 内蒙古 18 个族群 13 项指标出现率的聚类图

从聚类结果看，在同一地区生活的族群形态特征有一定的相似性。这反映近 20 年来，同一地区不同民族、族群间通婚更为普遍，基因交流更为频繁。

（二）18个族群13项指标出现率的主成分分析

聚类分析结果反映了综合13项指标信息后18个族群总的分类情况，但无法了解各族群聚合在一起的原因。主成分分析则可帮助我们了解18个族群分类的主要原因，其缺点是综合性较差，每一张主成分分析图只反映在部分指标信息的参与下，18个族群的分类情况。

前3个主成分贡献率分别为24.393%、16.981%、14.994%，累计贡献为56.368%。PCⅠ载荷较大的指标为扁形指甲（−0.784）、过伸拇指（−0.760），可以认为PCⅠ主要反映手指形态，PCⅠ值越大，过伸拇指与扁形指甲的总和出现率越低。PCⅡ载荷较大的指标为窄鼻孔（0.795）、有耳垂（0.668），可以认为PCⅡ主要反映鼻孔、耳垂的形态，PCⅡ值越大，表明窄鼻孔与有耳垂的总和出现率越高。PCⅢ载荷较大的指标为凸鼻背（0.618）、卷发（−0.585），可以认为PCⅢ主要反映鼻背与头发的形态，PCⅢ值越大，表明凸鼻背与直发的总和出现率越高。

图16-6A反映以PCⅠ为横轴、PCⅡ为纵轴所建立的直角坐标系中18个族群的分布情况。18个族群可分为4个组。第一组包括巴尔虎部、布里亚特部、乌拉特部、阿拉善和硕特部、鄂温克族，这个组均为蒙古族族群，可称为蒙古族一组。第一组位于第二象限，PCⅠ值为负值，PCⅡ值为正值，表明这个组5个族群总的共同特点是过伸拇指率、扁形指甲率高，同时窄鼻孔率与有耳垂率亦高，如阿拉善和硕特部过伸拇指率为51.2%（18个族群的均数为38.41%），扁形指甲率为15.0%（18个族群的均数为10.67%），窄鼻孔率为34.0%（均数为30.13%），有耳垂率为80.54%（18个族群的均数为78.15%），集中地表现出这一组的共同特点。第二组包括锡林郭勒蒙古族、察哈尔部、鄂尔多斯部，这3个族群也均为蒙古族。如果说第一组的蒙古族或生活在内蒙古的最东部，或生活在内蒙古的最西部，第二组的蒙古族聚居于二者之间，可称为蒙古族二组。图16-6A中第二组位于第一象限，PCⅠ值、PCⅡ值均大，如察哈尔部过伸拇指率为33.1%，扁形指甲率为6.3%，窄鼻孔率为31.4%，有耳垂率为83.6%。综合第一组、第二组情况，可以认为蒙古族诸族群的共同特点为PCⅡ值大，即鼻孔较窄而耳垂较为发达。第三组包括朝鲜族、伊盟汉族、巴盟汉族、阿拉善盟汉族、鄂伦春族，这个组可称为西部区汉族组。图16-6A中这个组位于第四象限，PCⅠ值大，PCⅡ值小，如巴盟汉族过伸拇指率、扁形指甲率、窄鼻孔率、有耳垂率均低于18个族群的均数，典型地体现了这个组的特点。第四组位于第三象限，但相对靠近原点，即PCⅠ值、PCⅡ值略小，这个组包括科尔沁部、厄鲁特部、达斡尔族、兴安盟汉族、回族，这5个族群均生活在内蒙古东部区，可称为东部区多民族混合组。

总的看来，图16-6A基本上是按民族分组的。尽管当代社会已不再封闭，民族的同一性仍然明显存在。

图16-6B反映以PCⅠ为横轴、PCⅢ为纵轴所建立的直角坐标系中18个族群的分布情况。18个族群可分为6个组：第一组包括巴尔虎部与布里亚特部，PCⅠ值小，PCⅢ值大，即过伸拇指率、扁形指甲率、凸鼻背率、直发率较高。第二组包括鄂温克族、阿拉善和硕特部，PCⅠ值小，PCⅢ值中等。第一组与第二组的区别主要在PCⅢ值。第三

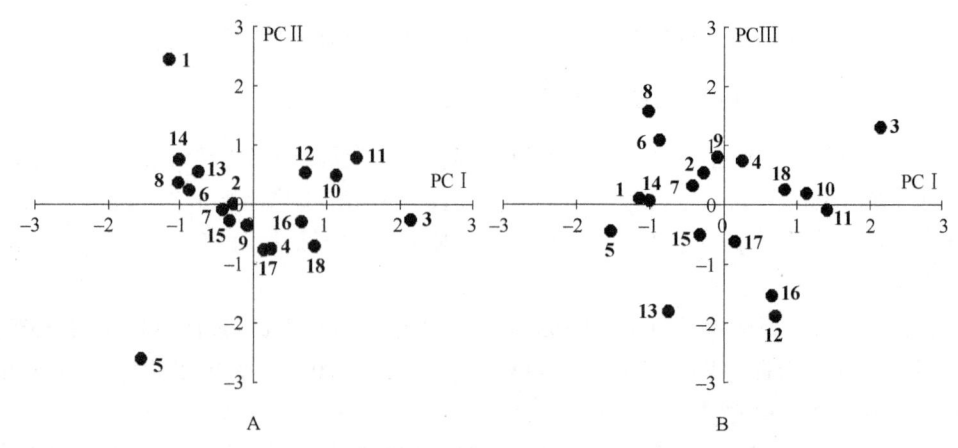

图 16-6 18 个族群 13 项指标的主成分分析散点图

A. 第 1、2 主成分，B. 第 1、3 主成分；1. 鄂温克族，2. 达斡尔族，3. 鄂伦春族，4. 朝鲜族，5. 回族，6. 巴尔虎部，7. 厄鲁特部，8. 布里亚特部，9. 科尔沁部，10. 锡林郭勒蒙古族，11. 察哈尔部，12. 鄂尔多斯部，13. 乌拉特部，14. 阿拉善和硕特部，15. 兴安盟汉族，16. 伊盟汉族，17. 巴盟汉族，18. 阿拉善盟汉族

组包括朝鲜族、科尔沁部、达斡尔族、厄鲁特部，这个组 PCⅠ值或略大或略小，PCⅢ值较大，横跨第一、二象限。第四组包括兴安盟汉族、巴盟汉族、回族、乌拉特部，PCⅠ值或略大或略小，PCⅢ值较小，横跨第三、四象限。第三、四组的区别亦在 PCⅢ值。第五组横跨第二、三象限，包括阿拉善盟汉族、锡林郭勒蒙古族、察哈尔部、鄂伦春族，PCⅠ值很大，PCⅢ值中等。第六组包括鄂尔多斯部、伊盟汉族，这个组位于第三象限，PCⅠ值大，PCⅢ值小。第五、六组主要区别也在 PCⅢ值，此外第六组 PCⅠ值比第五组略小些。

将图 16-6A 和图 16-6B 联系一起分析，可以发现巴尔虎部与布里亚特部，科尔沁部、达斡尔族与厄鲁特部，锡林郭勒蒙古族与察哈尔部无论在图 16-6A 中还是在图 16-6B 中均位于同一组中，说明他们彼此之间在一些遗传特征方面很接近。在图 16-6A 中，科尔沁部、厄鲁特部、达斡尔族聚在一起，锡林郭勒蒙古族、察哈尔部聚在一起更说明了这一点。

（三）呼伦贝尔市巴尔虎部、厄鲁特部、布里亚特部 7 项指标的基因频率

调查显示，呼伦贝尔市 3 个蒙古族族群的被测者多为直发，额头发际多无小尖，上眼睑多具褶皱，有蒙古褶，直鼻背，宽鼻孔，多有耳垂。目前认为，卷发对直发为显性性状[10]，额头发际有尖对无尖为显性性状[10]，上眼睑有褶皱对无褶皱为显性性状[10,66]，眼内角有蒙古褶对无蒙古褶为显性性状[10,66]，有耳垂对无耳垂为显性性状[67]，凸鼻背对直鼻背为显性性状[10]，宽鼻孔对窄鼻孔为显性性状[10]。根据指标的表型出现率及遗传方式还可以计算出族群的基因频率。我们计算了呼伦贝尔市巴尔虎部、厄鲁特部、布里亚特部发形、额头发际、上眼睑褶皱、蒙古褶、耳垂类型、鼻背侧面观、鼻孔形状 7 项头面部遗传性状的基因频率，并进行了三个族群间的比较分析（表 16-4）。

3 个蒙古族群体中，7 对性状显性基因频率分布如下：发形为布里亚特部>巴尔虎部>厄鲁特部；额头发际、上眼睑褶皱与蒙古褶均为：巴尔虎部>厄鲁特部>布里亚特部；耳垂类型与鼻孔形状均为：厄鲁特部>巴尔虎部>布里亚特部；鼻背侧面观为：厄鲁特

部>布里亚特部>巴尔虎部。

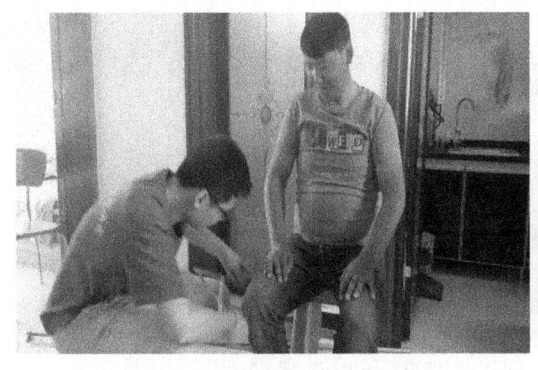

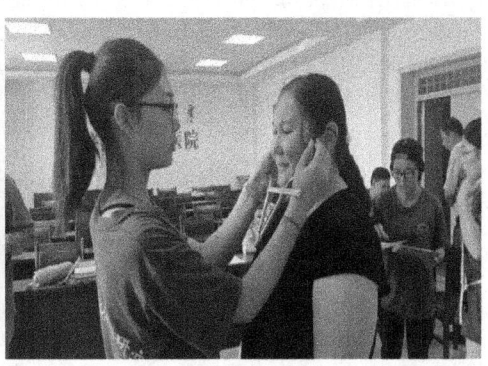

额济纳土尔扈特小伙子身体不错　　　　　　在额济纳旗蒙医院测量

表 16-4　呼伦贝尔蒙古族 7 项指标的基因频率

性状		巴尔虎部	厄鲁特部	布里亚特部	总计	性状		巴尔虎部	厄鲁特部	布里亚特部	总计
发形	H	0.0509	0.0407	0.0572	0.0471	耳垂类型	L	0.5306	0.5559	0.5094	0.5382
	h	0.9491	0.9593	0.9428	0.9529		l	0.4694	0.4441	0.4906	0.4618
额头发际	F	0.2537	0.2494	0.1556	0.2400	鼻背侧面观	N	0.0860	0.1172	0.1129	0.1029
	f	0.7463	0.7506	0.8444	0.7600		n	0.9140	0.8828	0.8871	0.8971
上眼睑褶皱	E	0.6063	0.5666	0.5000	0.5750	鼻孔形状	W	0.4220	0.4476	0.3991	0.4306
	e	0.3937	0.4333	0.5000	0.4250		w	0.5780	0.5524	0.6009	0.5694
蒙古褶	M	0.8159	0.7943	0.7642	0.7998						
	m	0.1841	0.2057	0.2358	0.2002						

与内蒙古兴安盟汉族、朝鲜族、蒙古族资料[68]相比，呼伦贝尔蒙古族 3 个族群合计卷发基因频率、额头发际有尖基因频率、宽鼻孔基因频率均低于兴安盟的汉族、朝鲜族、蒙古族；上眼睑有褶皱基因频率低于兴安盟蒙古族、汉族，但高于朝鲜族；眼内角有蒙古褶基因频率和直鼻背基因频率均低于兴安盟蒙古族、朝鲜族，但高于汉族；有耳垂基因频率均高于兴安盟的汉族、朝鲜族、蒙古族。这就是说，与毗邻的兴安盟蒙古族（属科尔沁部）相比，呼伦贝尔蒙古族人上眼睑褶皱、蒙古褶欠发达，额头发际多无尖，鼻孔较窄，鼻背较凸，多为直发，耳垂较为发达。

参 考 文 献

[1] van Biervliet JJ. L'asymetrie sensorielle. Bulletin de I'Academie royale de Belgique, 1899, 34: 326-366.
[2] Woo TL, Pearson K. Dextrality and sinistrality. Biometrika, 1927, 19: 168-182.
[3] Wile IS. Handedness: Right and Left Lothrop. Boston: Lee & Sheppard, 1934.
[4] Hardyck C, Goldman R, Petrinovich L. Handedness and sex, race and age. Hum Biol, 1975, 47: 369-375.
[5] Plato CC, Fox KM, Garruto RM. Measures of lateral functional dominance: foot preference, eye preference, digital interlocking, arm foot overlapping. Hum Biol, 1985, 57: 321-334.
[6] Pelecanos M. Some greek data on handedness, hand clasping and arm folding. Hum Biol, 1969, 41:

275-278.

[7] Datta U, Mitra M, Singhrol CS. Study of nine anthroposcopic traits among the three tribes of Bastar district in Madhya Pradesh, India. Anthrop Anz, 1989, 47: 57-71.

[8] 郑连斌, 陆舜华, 李晓卉, 等. 汉、回、蒙古族拇指类型、环食指长、扣手、交叉臂及惯用手的研究. 遗传, 1998, 20(4): 12-17.

[9] 周希澄, 郭平仲, 冀耀如, 等. 遗传学. 北京: 高等教育出版社, 1991.

[10] 人类遗传学基础编写组. 人类遗传学基础. 北京: 高等教育出版社, 1987.

[11] Pandey AK, Nigam S, Agnihotri A, et al. A study of bilateral variation (handedness, hand clasping, and arm folding) among Thakurs from the Village Shobhasan (Gujarat, India). Anthrop Anz, 1982, 40: 45-49.

[12] Bhasin MK, Shil AP, Sharma MB, et al. Biology of the people of sikkim, India. 2. Colour blindness, ear lobe attachment, mid-phalangeal hair and behavioural traits. Anthrop Anz, 1987, 45: 351-360.

[13] Lutz FE. The inheritance of the measure of clasping the hands. Am Nat, 1908, 42: 195-196.

[14] Downey JE. Further observation on the manner of clasping the hands. Am Nat, 1926, 60: 387-390.

[15] Gieseler R B W. Twin Births and Twins from a Hereditary Point of Viewby G. Dahlberg[J]. Anthropologischer Anzeiger, 1926, 3(4): 229.

[16] Lai LYS, Walsh RJ. The patterns of hand clasping in different ethnic groups. Hum Biol, 1965, 37: 312-319.

[17] Yamaura A. On some harydítary characters in the Japanese race including the Tyosenese (coreans). Jap J Genetics, 1940, 16: 1-19.

[18] Kawabe M. A study on the mode of clasping the hands. Trans Sapporo Nat Hist Soc, 1949, 18: 49-52.

[19] Freire-Maia N, Quelce-Salgado A, Freire-Maia A. Hand clasping in different ethnic groups. Hum Biol, 1958, 30: 271-291.

[20] Pons J. Hand clasping (Spanish data). Ann Hum Genet Lond, 1961, 25: 141-144.

[21] Frisancho AR, Klayman JE, Schessier T, et al. Taste sensitivity to phenylthiourea (PTC), tongue rolling, and hand clasping among peruvian and other native American populations. Hum Biol, 1977, 49: 155-163.

[22] Wiener AS. Observations on the manner of clasping the hands and folding the arms. Am Nat, 1932, 66: 365-370.

[23] Freire-Maia A, Freire-Maia N, Quelce-Salgado A. Genetic analysis in Russian immigrants. Amer J Phys Anthrop, 1960, 18: 235-240.

[24] Freire-Maia A, Almeida J. Hand clasping and arm folding among African negroes. Hum Biol, 1966, 38: 175-179.

[25] Tyagi D. Hand clasping and arm folding among Shias and Sunnis of Lucknow. Anthrop Anz, 1974, 34: 124-125.

[26] Булаева КБ, Дубинин НП, Шамов ИА, и др. Популяционая генетика горцев дагестана. Генетика, 1985, 21: 1749-1757.

[27] Arrieta I, Aragones A, Gonzalez E, et al. Hand clasping and arm folding in the Basque population. Anthrop Anz, 1985, 43: 227-230.

[28] Pentzos-Daponte A. 4 anthroposcopic markers in the Northern Greece population: hand folding, arm folding, tongue rolling and tongue folding. Anthrop Anz, 1986, 44: 45-60.

[29] Bhasin MK, Singh IP, Walter H, et al. Genetic studies of Pangwalas, transhumant and settled Gaddis. Anthrop Anz, 1986, 44: 45-53.

[30] Mian A, Bhutta AM, Mushtaq R. Genetic studies in some ethnic groups of Pakistan (Southern Punjab): colour Blindness, ear lobe attachment and behavioural traits. Anthrop Anz, 1994, 52: 17-22.

[31] Reiss M. Leg-crossing: incidence and inheritance. Neuropsychologio, 1994, 32(6): 747-750.

[32] 韩在柱, 陆舜华, 郑连斌, 等. 兴安盟 3 个民族 7 种不对称行为特征的研究. 人类学学报, 2001, 20(2): 137-143.

[33] 郑连斌, 陆舜华, 李晓卉, 等. 汉、回、蒙古族拇指类型、环食指长、扣手、交叉臂及惯用手的研究. 遗传, 1998, 20(4): 12-17.

[34] 陆舜华, 郑连斌, 李咏兰 等. 鄂伦春、鄂温克、达斡尔族一侧优势功能特征研究. 遗传, 2000, 22(5): 287-291.
[35] Lu SH, Han ZZ, Zheng LB, et al. Lateral functional dominance in behavioral traits observed in five populations of Inner Mongolia. Anthrop Sci, 2002, 110(3): 267-278.
[36] Zheng LB, Zheng Q, Lu SH, et al. Study on seven asymmetric behavioral traits in three Mongolian groups. Anthrop Sci, 2003, 111(2): 231-244.
[37] Sturtevant AH. A new inherited character in man. Proceedings of the National Academy of Sciences of the United States of America, 1940, 26: 100-102.
[38] Urbanowski A, Wilson J. Tongue curling. Journal of Heredity, 1947, 38: 365-366.
[39] Hus TC. Tongue unfolding. Journal of heredity, 1948, 39(6): 187-188.
[40] Liu TT, Hsu TC. Tongue-folding and tongue-rolling in a sample of the Chinese population. Journal of Hered, 1949, 40(1): 19-21.
[41] Gahres EE. Tongue rolling and tongue folding. J Hered, 1952, 43: 221-225.
[42] Lee JW. Tongue-folding and tongue-rolling in an American Negro population sample. Journal of Heredity, 1955, 46: 289-291.
[43] Hirschhorn HH. Transmission and learning of tongue gymnastic ability. American Journal of Physical Anthropology, 1970, 32(3): 451-454.
[44] Bell LM, Clegg EJ. An association between tongue-rolling phenotypes and subjects of study of undergraduates (a further comment). J Biosoc Sci, 1983, 15: 519-521.
[45] Matlock P. Identical twins discordant in tongue-rolling. J Hered, 1952, 43: 24.
[46] Martin NG. No evidence for genetic basis of tongue rolling or hand clasping. The Journal of Heredity, 1975, 66: 179-180.
[47] Azimi-Garakani C, Beardmore JA. An association between tongue-rolling phenotypes and subjects of study of undergraduates. Biosoc Sci, 1979, 11: 193-199.
[48] Caroi J. Fry left-handedness and tongue-rolling ability. Perceptual and Motor Skills, 1988, 67: 168-170.
[49] Azimi-Garakani C, Beardmore J A. Tongue-rolling phenotypes and geographical variation in the United Kingdom. Anthrop Anz, 1989, 47(4): 305-310.
[50] Azimi-Garakani C, Beardmore JA. An association between tongue-rolling phenotypes and subjects of study of undergraduates. Biosoc Sci, 1979, 11: 193-199.
[51] Medyckyj M, Cook LM. An association between tongue-rolling phenotypes and subjects of study of undergraduates. Biosoc Sci, 1983, 15: 107-109.
[52] Bulliyya G. Study on anthropogenetic traits in a caste group of Andhra Pradesh. Anthropologist, 2003, 5(3): 197-199.
[53] Odokuma EI, Eghworo O, Avwioro G, et al. Tongue rolling and tongue folding traits in an African population. International Journal of Morphology, 2008, 26(3): 533-535.
[54] Hoch MO. Clover-leaf tongues. Journal of Hered, 1949, 40(5): 132.
[55] 郑连斌, 陆舜华, 李晓卉, 等. 内蒙古三个民族舌运动类型的遗传学研究. 遗传, 1997, 19(3): 23-25.
[56] 李咏兰, 郑连斌, 陆舜华, 等. 内蒙古达斡尔族舌运动类型的遗传学研究. 遗传, 1999, 21(5): 20-22.
[57] 李咏兰, 陆舜华, 栗淑媛, 等. 鄂温克族与鄂伦春族舌运动类型的遗传学研究. 内蒙古师大学报(自然科学汉文版), 2001, 30(2): 146-149.
[58] 栗淑媛, 韩在柱, 郑连斌, 等. 兴安盟3个民族舌运动类型的研究. 人类学学报, 2001, 20(1): 76-78.
[59] 郑连斌, 谢宾, 陆舜华, 等. 内蒙古呼伦贝尔盟3个群体5项舌运动类型的研究. 人类学学报, 2001, 20(2): 130-136.
[60] 郑连斌, 陆舜华, 栗淑媛. 内蒙古6个人群舌运动类型的研究. 人类学学报, 2003, 22(3): 241-245.
[61] 郑连斌, 曹东宁, 冯郁, 等. 呼伦贝尔盟蒙古族4项人类学特征的研究. 天津师范大学学报(自然科学版), 2001, 21(1): 47-50.

[62] 栗淑媛, 陆舜华, 李咏兰, 等. 兴安盟3个民族4种形态特征的研究. 内蒙古师大学报(自然科学汉文版), 2001, 30(2): 142-145.
[63] 栗淑媛, 郑连斌, 陆舜华, 等. 阿拉善盟蒙古族、汉族4项人类群体遗传学指标的调查. 生物学通报, 2001, 26(3): 12-14.
[64] 栗淑媛, 郑连斌, 陆舜华, 等. 兴安盟3个民族9种形态特征的研究. 天津师范大学学报(自然科学版), 2000, 20(4): 39-44.
[65] 李咏兰, 郑连斌, 陆舜华. 达斡尔族、鄂温克族、鄂伦春族13项形态特征的研究. 人类学学报, 2001, 20(3): 217-222.
[66] 杜传书, 刘祖洞. 医学遗传学. 北京: 人民卫生出版社, 1983.
[67] 郑连斌, 李咏兰, 陆舜华. 内蒙古4个民族耳垂基因频率. 遗传, 1995, 17(2): 12-13.
[68] 韩在柱, 郑连斌, 陆舜华, 等. 兴安盟3个民族10对性状的基因频率. 遗传, 2000, 22(4): 241-242.

第十七章　中国蒙古族体质特征

多年来，课题组陆续开展了蒙古族各个族群的体质测量工作，先后完成了蒙古族 13 个族群的体质测量工作。此外，我们也参加了科尔沁部的体质测量工作，搜集了赤峰蒙古族、锡林郭勒蒙古族、乌拉特部的发表数据。由于族群间遗传结构的差异、生活环境的区别、生产方式的变化，蒙古族族群间的体质还是存在一定差异的。为此，前面一些章节介绍了蒙古族各个族群、4 个地区族群的体质特征。这种民族内的体质差异，是本研究的重点，但民族的体质也是存在共性的。为了得到中国蒙古族体质总体情况，对本研究团队测量取得的数据进行了总计，以期得出综合的中国蒙古族体质特征。

第一节　中国蒙古族体质数据

一、中国蒙古族头面部测量指标的均数

蒙古族 24 项头面部测量指标值都是男性高于女性（表 17-1），u 检验显示，性别间差异具有统计学意义（$P<0.01$）。最近发表了中国汉族头面部测量指标值，汉族男性头长为 186.0mm±8.3mm，头宽为 155.2mm±8.5mm，耳上头高为 129.1mm±15.6mm。蒙古族男性的头长值小于汉族，头宽值大于汉族，耳上头高值小于汉族，表明蒙古族男性比汉族头更圆一些、更矮一些。蒙古族男性的额最小宽值大于汉族（106.7mm±11.6mm），面宽值大于汉族（141.9mm±9.8mm），表明蒙古族男性的额部、面部都比较宽。蒙古族男性的眼内角间宽值小于汉族（35.4mm±4.5mm），而眼外角间宽值大于汉族（90.7mm±7.3mm），说明蒙古族男性的眼裂更长一些。蒙古族男性的鼻宽值明显小于汉族（38.9mm±4.4mm），鼻高值也小于汉族（54.1mm±5.7mm），看来蒙古族男性有一个比汉族更小而精致的鼻子。蒙古族男性的容貌面高值、形态面高值均大于汉族（分别为 190.5mm±13.5mm 和 125.1mm±12.4mm），表明蒙古族男性的面部更高一些。蒙古族男性的上唇皮肤部高值大于汉族（16.3mm±3.4mm），唇高值、红唇厚度值都小于汉族（分别为 16.4mm±4.1mm 和 7.6mm±5.7mm），这说明蒙古族男性鼻与唇的距离较大，但红唇较薄。蒙古族男性的容貌耳长值、容貌耳宽值都大于汉族（分别为 64.8mm±6.1mm 和 32.2mm±6.5mm），提示蒙古族男性应该比汉族的耳朵大一些。u 检验显示，蒙古族男性上述头面部测量指标值与汉族男性的差异都具有统计学意义（$P<0.01$）。

二、中国蒙古族体部指标的均数

蒙古族男性 33 项体部指标值都大于女性（表 17-2）。u 检验显示，指标值的性别间差异具有统计学意义（$P<0.01$）。蒙古族与汉族男性间比较，蒙古族身高、体重值大于汉族

测量阿拉善和硕特部头面部　　　　　穿着民族服装的和硕特部青年

表 17-1　蒙古族头面部测量指标的均数（mm，Mean±SD）

指标	男性 20~44岁组	45~59岁组	60~80岁组	合计	女性 20~44岁组	45~59岁组	60~80岁组	合计	u
头长	185.1±7.9	184.9±7.9	184.4±8.0	184.9±7.9	175.0±7.6	175.2±7.7	175.6±7.6	175.2±7.6	41.08**
头宽	157.1±8.3	155.5±7.6	155.1±7.1	156.1±7.9	149.1±7.1	149.1±7.1	148.5±7.0	149.0±7.1	30.90**
额最小宽	108.9±6.7	107.0±6.4	105.1±6.4	107.4±6.7	104.0±5.8	103.4±6.0	101.9±5.6	103.3±5.9	21.20**
乳突间宽	129.5±6.7	127.7±7.4	125.4±6.9	127.7±7.2	119.9±6.3	118.5±6.5	116.9±7.1	118.5±6.7	43.34**
耳屏间宽	141.1±7.8	140.2±7.1	138.0±7.5	139.9±7.5	132.8±6.5	132.4±6.2	131.0±6.9	132.2±6.5	35.78**
面宽	143.6±9.4	142.7±8.7	141.7±8.1	142.9±8.9	135.4±7.8	135.6±7.5	133.6±7.8	135.1±7.7	30.56**
下颌角间宽	112.2±8.4	113.5±9.5	113.1±8.0	112.8±8.7	105.8±6.7	106.8±6.7	106.0±6.2	106.2±6.6	27.65**
眼内角间宽	34.1±2.9	32.8±3.1	33.0±2.8	33.4±3.0	33.1±3.2	32.1±2.8	32.5±3.0	32.6±3.0	8.78**
眼外角间宽	92.7±6.6	91.5±7.2	89.4±6.3	91.6±6.9	88.9±6.1	86.8±6.1	85.5±6.3	87.4±6.3	20.80**
鼻宽	37.6±2.9	38.9±3.4	39.8±3.6	38.5±3.4	34.5±2.6	35.4±2.6	36.3±3.0	35.2±2.8	34.44**
口宽	49.6±4.2	50.8±4.5	50.8±4.9	50.3±4.5	46.1±4.1	46.8±3.9	47.1±4.2	46.6±4.1	28.12**
容貌面高	193.8±10.6	195.2±10.0	196.3±10.7	194.9±10.5	186.3±8.8	185.3±9.0	183.1±9.0	185.2±9.0	32.33**
形态面高	126.3±8.9	127.2±9.0	126.3±8.7	126.6±8.9	117.7±8.1	118.0±7.9	117.1±7.4	117.7±7.9	34.54**
鼻高	52.9±6.3	53.7±4.4	54.2±4.5	53.5±5.3	49.0±4.4	49.5±4.1	49.9±4.1	49.4±4.2	27.81**
鼻长	45.7±4.9	47.4±4.8	48.3±5.1	47.0±5.0	42.1±4.2	42.9±4.2	43.2±4.4	42.7±4.3	30.06**
鼻翼高	14.3±1.8	14.3±1.6	14.6±1.9	14.4±1.8	12.9±1.7	13.1±2.5	13.0±1.5	13.0±2.0	24.39**
鼻下颏	69.5±5.7	70.0±6.3	70.1±5.9	69.9±6.0	63.8±4.8	65.4±5.0	64.9±5.6	64.8±5.1	29.83**
上唇皮肤部高	15.4±3.0	17.3±3.1	18.1±3.2	16.7±3.3	14.2±2.6	16.2±2.8	17.1±3.0	15.6±3.0	11.41**
唇高	17.5±3.7	15.2±3.7	13.4±4.1	15.8±4.1	16.3±3.2	14.6±3.2	12.8±3.8	14.9±3.6	7.61**
红唇厚度	8.1±2.2	6.9±2.1	5.8±2.3	7.1±2.4	7.5±1.8	6.7±1.8	5.5±2.0	6.7±2.0	5.89**
容貌耳长	65.0±5.6	67.8±5.9	70.0±6.1	67.1±6.1	60.8±5.6	63.6±5.9	66.3±6.0	63.1±6.2	21.43**
容貌耳宽	33.6±4.1	34.9±4.2	35.7±4.1	34.5±4.2	31.4±3.7	33.1±3.7	34.2±3.6	32.6±3.8	15.51**
头围	571.2±17.6	570.4±18.8	566.0±17.8	569.8±18.2	551.7±16.7	552.5±23.5	547.3±17.7	551.0±19.8	32.72**
耳上头高	129.7±10.9	127.5±10.8	126.6±10.3	128.2±10.8	123.5±10.3	122.0±11.0	122.1±9.9	122.6±10.5	17.27**

注：u 为性别间 u 检验值，**表示 $P<0.01$，差异具有统计学意义

（分别是 1664.9mm±65.7mm 和 65.6kg±10.7kg），这表明蒙古族比汉族身体更强壮些。蒙古族体部高度指标如肩峰点高、髂前上棘点高值均大于汉族（分别是 1363.4mm±59.3mm 和 914.1mm±88.5mm），但蒙古族的坐高与汉族（893.6mm± 44.4mm）接近，这提示蒙

古族高度超过汉族主要是由于蒙古族的下肢全长较长。蒙古族的肱骨内外上髁间径、股骨内外上髁间径值大于汉族（分别是 65.7mm±9.7mm 和 93.8mm±7.4mm），说明蒙古族的骨骼宽度大于汉族。蒙古族的足长大于汉族（241.7mm±12.4mm）。蒙古族的肩宽、骨盆宽值都大于汉族（分别是 376.3mm±24.1mm 和 284.4mm±22.7mm），即躯干的宽度大于汉族。蒙古族下肢的各项长度指标值都大于汉族（如汉族的下肢全长为 880.1mm±88.9mm，全腿长为 809.2mm±85.3mm，大腿长为 440.4mm±79.7mm），但蒙古族的上肢全长、全臂长、上臂长值都小于汉族（分别是 738.0mm±39.1mm、556.1mm±33.8mm、319.0mm±30.9mm）。u 检验显示，蒙古族男性上述体部指标值与汉族男性的差异都具有统计学意义（$P<0.01$）。蒙古族的前臂长值与汉族（237.2mm±27.9mm）接近，手宽值也与汉族的手宽值（81.9mm±8.2mm）接近。

表 17-2　蒙古族体部指标的均数（mm，Mean±SD）

指标	男性 20～44 岁组	45～59 岁组	60～80 岁组	合计	女性 20～44 岁组	45～59 岁组	60～80 岁组	合计	u
体重/kg	72.5±14.9	73.9±14.8	70.7±13.2	72.6±14.5	60.3±11.6	66.3±12.6	61.3±11.6	62.8±12.3	23.74**
身高	1690.9±62.0	1666.9±63.9	1648.1±63.4	1673.2±65.2	1572.5±57.4	1555.4±57.1	1522.6±57.6	1555.2±60.3	61.53**
耳屏点高	1561.3±59.4	1539.4±61.5	1521.6±62.5	1545.0±62.8	1449.0±55.4	1433.4±55.6	1400.5±56.5	1432.6±58.6	60.63**
颏下点高	1463.0±59.9	1442.2±59.8	1412.6±59.7	1441.4±62.9	1359.6±52.9	1342.3±55.5	1307.0±56.4	1338.9±58.5	55.28**
肩峰点高	1382.3±55.4	1366.9±59.3	1355.7±57.3	1371.1±58.1	1285.1±52.0	1273.3±52.7	1246.6±52.9	1272.3±54.4	57.53**
胸上点高	1380.6±56.7	1364.9±57.5	1352.1±56.7	1368.9±58.0	1283.6±51.8	1273.7±52.6	1247.0±54.3	1271.9±54.4	56.54**
桡骨点高	1065.8±46.3	1052.2±50.9	1037.6±47.4	1054.9±49.4	991.8±41.3	982.2±42.5	956.4±45.7	980.5±44.8	51.60**
茎突点高	825.0±39.4	815.8±43.6	804.2±41.2	817.3±42.1	771.0±36.2	763.5±37.1	739.4±41.8	761.3±39.7	44.87**
髂前上棘高	936.0±40.8	930.4±44.5	925.6±46.3	931.8±43.5	883.3±40.4	877.0±40.1	857.4±47.2	875.3±43.0	42.96**
胫骨上点高	455.6±25.9	450.2±25.5	445.6±23.1	451.6±25.4	422.8±22.7	417.7±22.4	410.5±23.7	418.2±23.3	44.85**
内踝下点高	62.4±8.3	59.7±8.1	58.0±7.9	60.5±8.3	55.2±7.6	52.9±7.9	51.6±7.9	53.5±7.9	28.34**
坐高	907.0±35.5	891.8±36.3	877.9±37.2	895.3±37.9	851.1±33.6	841.8±33.5	816.7±37.6	840.2±36.8	48.45**
肱骨内外上髁间径	67.9±5.7	69.4±6.1	70.4±6.0	69.0±6.0	59.5±5.6	62.2±6.2	62.4±6.1	61.1±6.1	43.02**
股骨内外上髁间径	96.4±6.9	96.3±7.1	96.1±6.4	96.3±6.9	88.9±6.7	90.4±8.1	90.0±7.4	89.7±7.4	30.50**
足长	244.8±12.5	241.9±11.9	241.4±11.8	242.9±12.2	223.5±10.9	224.0±10.7	222.5±9.6	223.4±10.5	55.85**
足宽	92.9±6.0	93.5±6.1	94.0±6.2	93.4±6.1	85.1±5.5	86.5±5.8	86.2±6.3	85.9±5.9	41.04**
手宽	81.8±5.9	82.1±5.2	82.1±5.1	82.0±5.5	72.1±5.1	74.1±4.5	74.1±4.6	73.4±4.8	54.35**
肩宽	386.4±21.5	382.5±21.4	376.4±18.9	382.8±21.2	349.7±18.5	352.4±18.2	342.9±18.5	349.2±18.7	54.88**
骨盆宽	283.5±26.8	291.9±24.9	291.6±20.8	288.2±25.2	276.7±25.4	289.1±22.6	289.4±19.9	284.1±24.1	5.46**
躯干前高	596.7±33.8	589.8±33.2	581.9±34.8	591.1±34.3	562.2±31.5	560.2±33.5	541.1±37.7	556.8±34.7	32.75**
上肢全长	737.0±34.7	730.4±37.0	730.0±6.1	733.2±35.9	680.5±34.0	676.8±35.1	674.1±34.9	677.8±34.7	20.72**
下肢全长	897.6±36.9	894.2±40.6	891.1±43.1	895.0±39.7	854.1±37.7	848.8±37.6	831.4±44.4	847.1±40.2	39.49**
全臂长	557.2±29.1	551.1±31.4	551.5±31.4	553.9±30.5	514.1±28.8	509.8±29.6	507.2±29.9	511.0±29.4	47.02**
上臂长	316.4±20.7	314.7±20.0	318.1±24.3	316.2±21.3	293.3±21.4	291.6±23.2	290.2±23.8	291.8±22.4	36.86**
前臂长	240.8±19.1	236.4±21.3	233.4±21.7	237.7±20.7	220.5±18.7	218.7±19.1	217.0±22.8	219.2±19.5	30.16**
全腿长	838.6±37.9	835.9±40.9	832.9±42.8	836.4±40.1	794.9±37.8	791.2±37.9	773.6±45.4	788.9±40.4	38.86**
大腿长	446.7±32.3	446.5±32.7	446.4±35.5	446.6±33.1	428.2±30.2	427.2±30.7	415.6±34.9	425.1±31.8	21.74**

续表

指标	男性 20~44岁组	男性 45~59岁组	男性 60~80岁组	男性 合计	女性 20~44岁组	女性 45~59岁组	女性 60~80岁组	女性 合计	u
小腿长	393.2±25.4	390.6±24.9	387.6±23.2	391.1±24.9	367.6±21.8	364.8±22.2	359.0±24.0	364.7±22.6	36.31**
右手长	181.0±8.3	179.3±8.5	178.7±8.1	179.5±8.4	167.9±7.2	167.6±7.8	167.7±7.8	167.7±7.6	48.17**
左手长	180.4±8.5	178.9±8.2	178.0±8.2	179.0±8.3	170.6±43.0	167.3±7.5	167.3±7.8	167.8±24.2	21.57**
左足宽	94.1±5.3	93.9±5.5	93.7±5.6	93.9±5.5	85.0±5.1	86.6±5.4	86.2±5.3	85.8±6.7	43.89**
左手宽	79.8±4.0	79.7±3.4	80.1±3.5	79.8±3.6	70.6±3.5	72.4±3.6	72.5±3.2	71.8±5.0	62.23**
左足长	244.8±12.3	241.4±11.1	239.6±11.2	241.8±11.6	223.0±10.3	223.2±9.0	221.5±9.2	222.1±14.5	50.04**

注：u 为性别间 u 检验值，**表示 P<0.01，差异具有统计学意义

三、中国蒙古族头面部观察指标的平均级

观察指标的研究可以采取传统的统计方法，计算指标的各种类型出现率。观察指标的资料属于计数资料，为了方便比较，同时这些指标的分类又呈连续等级。所以，还可以计算各个指标的平均级，将计数资料转变为计量资料，这样以便于进行族群间的比较。例如，眉毛发达度可分为 3 个等级：①稀少，②中等，③浓密，可以求得其平均级，眉毛发达度平均级的值越大，表明眉毛越浓密。眼裂高度可以分为 3 个等级：①狭窄，②中等，③较宽，眼裂高度平均级的值越大，表明眼裂越宽。

蒙古族头面部观察指标中，男性有 10 项平均级大于女性，有 8 项小于女性，有 13 项与女性接近（表 17-3）。具体来说，蒙古族男性的眉毛发达度、眉弓粗壮度、鼻根高度、鼻背侧面观、鼻基部、鼻孔最大径、颧部突出度、翻舌、上唇皮肤部高、红唇厚度的平均级大于女性，即与女性相比，男性的眉毛更浓密一些，眉弓更粗壮一些，鼻根更高一些，鼻背更凸一些，鼻基部更趋于水平，鼻孔最大径更直立一些，颧部不突出，能翻舌的人更少一些，上唇（皮肤部）高更高一些，红唇更厚一些。

表 17-3 蒙古族头面部观察指标的平均级（Mean±SD）

指标	男性 20~44岁组	男性 45~59岁组	男性 60~80岁组	男性 合计	女性 20~44岁组	女性 45~59岁组	女性 60~80岁组	女性 合计	u
额头发际	1.5±0.7	1.4±0.5	1.4±0.5	1.4±0.6	1.6±0.5	1.5±0.5	1.5±0.5	1.5±0.5	5.89**
前额倾斜度	1.6±0.8	1.6±0.7	1.5±0.6	1.6±0.7	2.0±0.7	1.9±0.7	1.7±0.6	1.9±0.7	14.11**
眉毛发达度	2.1±0.6	1.9±0.7	1.7±0.7	1.9±0.7	1.5±0.6	1.6±0.6	1.4±0.5	1.5±0.6	19.99**
眉弓粗壮度	1.4±0.5	1.2±0.4	1.1±0.4	1.2±0.5	1.0±0.2	1.1±0.5	1.1±0.2	1.0±0.4	14.33**
右上眼睑皱褶	0.6±0.5	0.7±0.5	0.7±0.5	0.7±0.5	0.8±0.4	0.8±0.4	0.7±0.5	0.8±0.4	7.17**
左上眼睑皱褶	0.6±0.5	0.7±0.5	0.7±0.5	0.7±0.5	0.8±0.4	0.8±0.4	0.7±0.5	0.8±0.4	7.17**
右蒙古褶	0.6±0.5	0.2±0.4	0.1±0.3	0.4±0.5	0.7±0.5	0.5±0.5	0.3±0.4	0.5±0.5	6.58**
左蒙古褶	0.6±0.5	0.2±0.4	0.1±0.3	0.3±0.5	0.7±0.6	0.5±0.5	0.2±0.4	0.5±0.6	12.06**
眼裂高度	1.5±0.5	1.5±0.5	1.4±0.5	1.4±0.5	1.8±0.6	1.6±0.6	1.6±0.6	1.7±0.6	18.09**
眼裂倾斜度	2.4±0.6	2.3±0.6	2.2±0.5	2.3±0.6	2.6±0.7	2.4±0.7	2.4±1.2	2.5±0.8	9.48**
鼻根高度	1.8±0.5	1.8±1.0	1.7±0.5	1.8±0.7	1.6±0.5	1.6±0.5	1.5±0.5	1.6±0.5	10.60**

续表

指标	男性 20~44岁组	男性 45~59岁组	男性 60~80岁组	男性 合计	女性 20~44岁组	女性 45~59岁组	女性 60~80岁组	女性 合计	u
鼻背侧面观	2.1±0.6	2.1±0.6	2.1±0.5	2.1±0.6	1.9±0.6	1.9±0.5	1.9±0.5	1.9±0.5	11.78**
鼻基部	1.7±0.5	1.8±0.6	1.9±0.6	1.8±0.6	1.6±0.5	1.6±0.6	1.6±0.6	1.6±0.6	10.97**
鼻孔最大径	1.8±0.8	1.8±0.7	1.7±0.7	1.8±0.7	1.8±0.7	1.7±0.7	1.5±0.7	1.7±0.7	4.70**
颏部突出度	1.9±0.9	1.9±1.0	2.0±1.0	1.9±1.0	1.6±0.9	1.6±0.9	1.7±0.9	1.7±0.9	6.87**
翻舌	2.1±1.5	2.1±1.2	2.0±0.2	2.1±1.2	1.9±0.3	1.9±0.3	2.0±0.2	1.9±0.3	7.13**
上唇皮肤部高	2.2±0.5	2.4±0.5	2.5±0.5	2.4±0.5	2.0±0.3	2.1±0.4	2.3±0.5	2.1±0.4	21.50**
红唇厚度	1.9±0.8	1.6±0.8	1.6±0.8	1.7±0.8	1.5±0.6	1.3±0.5	1.2±0.4	1.3±0.5	19.19**

注：u 为性别间 u 检验值，**表示 $P<0.01$，差异具有统计学意义

蒙古族男性的额头发际、前额倾斜度、右上眼睑皱褶、左上眼睑皱褶、右蒙古褶、左蒙古褶、眼裂高度、眼裂倾斜度的平均级都小于女性，即男性比女性额头发际有小尖的人更少一些，额头更倾斜一些，上眼睑皱褶更不发达，蒙古褶出现率更低一些，眼裂更狭窄一些，眼裂外角高的人更少一些。

四、中国蒙古族头面部、体部指数的均数

表 17-4 给出了蒙古族头面部、体部指数的均数。按照头面部指数均数分型，蒙古族男性、女性分型情况一致，头长宽指数均为圆头型，头宽高指数均为中头型，头长高指数均为高头型，形态面指数均为狭面型，鼻指数均为中鼻型。按照体部指数均数分型，蒙古族男性、女性分型情况也一致，身高胸围指数均为宽胸型，身高肩宽指数均为中肩型，身高骨盆宽指数均为中骨盆型，马氏指数均为中腿型。

表17-4 蒙古族身体指数的均数（Mean±SD）

指标	男性 20~44岁组	男性 45~59岁组	男性 60~80岁组	男性 合计	女性 20~44岁组	女性 45~59岁组	女性 60~80岁组	女性 合计	u
头长宽指数	85.0±5.0	84.2±4.8	84.2±4.5	84.5±4.9	85.3±4.7	85.2±4.5	84.7±4.3	85.2±4.6	4.83**
头长高指数	70.2±6.4	69.1±6.7	68.8±6.1	69.5±6.5	70.7±6.7	69.8±6.9	69.6±6.3	70.2±6.7	3.50**
头宽高指数	82.7±7.0	82.1±7.0	81.7±7.0	82.3±7.0	82.9±6.9	81.9±7.7	82.3±7.0	82.4±7.2	0.46
额顶宽度指数	69.4±4.6	68.9±4.6	67.9±4.6	68.9±4.6	69.8±4.1	69.5±4.6	68.7±4.2	69.5±4.4	4.37**
容貌面指数	135.5±11.2	137.2±10.5	138.9±10.0	136.9±10.8	138.0±9.6	137.0±9.3	137.5±9.8	137.5±9.5	1.93
形态面指数	88.4±9.8	89.6±9.6	89.5±8.7	89.1±9.5	87.3±9.1	87.4±8.4	88.0±8.4	87.5±8.7	5.75**
头面宽指数	91.3±5.7	91.9±4.6	91.4±4.1	91.5±5.0	90.9±4.2	91.0±4.4	90.4±4.3	90.7±4.3	5.59**
头面高指数	98.0±10.6	100.5±11.0	100.5±10.5	99.4±10.8	96.0±10.8	97.5±11.5	96.4±9.6	96.7±10.8	8.23**
颧额宽指数	76.1±6.2	75.2±5.9	74.4±5.8	75.4±6.0	77.0±5.3	76.5±5.5	76.5±5.3	76.7±5.4	7.44**
鼻指数	71.9±9.1	73.0±8.9	74.0±9.2	72.7±9.1	70.9±8.2	72.1±8.0	73.3±8.7	71.8±8.3	3.38**
口指数	35.4±8.0	30.1±7.6	26.7±8.6	31.7±8.7	35.6±7.7	31.5±7.4	27.3±8.3	32.3±8.4	2.30*
容貌耳指数	51.8±5.4	51.7±5.6	51.2±5.7	51.6±5.5	51.7±5.5	52.3±5.5	51.7±5.5	51.9±5.5	1.80
身高坐高指数	53.6±1.3	53.5±1.3	53.3±1.4	53.5±1.4	54.1±1.4	54.1±1.4	53.6±1.7	54.0±1.5	11.39**
身高体重指数	427.7±80.5	441.7±79.1	428.1±74.3	432.7±78.9	383.1±68.9	426.2±76.6	402.2±72.1	403.3±75.0	12.53**
身高胸围指数	55.9±4.9	58.1±4.5	58.4±4.8	57.2±4.9	56.2±5.2	60.0±5.3	60.0±5.6	58.5±5.6	8.20**

续表

指标	男性 20~44岁组	男性 45~59岁组	男性 60~80岁组	男性 合计	女性 20~44岁组	女性 45~59岁组	女性 60~80岁组	女性 合计	u
身高肩宽指数	22.9±1.1	23.0±1.1	22.9±1.1	22.9±1.1	22.2±1.0	22.7±1.0	22.5±1.1	22.5±1.1	11.97**
身高骨盆宽指数	16.8±1.5	17.5±1.3	17.7±1.3	17.2±1.4	17.6±1.6	18.6±1.4	19.0±1.3	18.3±1.6	24.29**
身高躯干前高指数	35.3±1.7	35.4±1.6	35.3±1.7	35.3±1.7	35.8±1.7	36.0±1.9	35.5±2.1	35.8±1.9	9.19**
肩宽骨盆宽指数	73.4±5.9	76.4±5.5	77.6±5.5	75.4±6.0	79.2±6.5	82.1±5.7	84.5±6.0	81.4±6.5	31.74**
马氏指数	86.5±4.7	87.0±4.7	87.8±4.9	87.0±4.8	84.8±4.9	84.8±4.9	86.6±5.6	85.2±5.1	12.01**
坐高下身长指数	1.2±0.1	1.2±0.1	1.1±0.1	1.2±0.1	1.2±0.1	1.2±0.1	1.2±0.1	1.2±0.1	0.00
Erismann指数	9.9±8.3	13.5±7.6	13.7±7.8	12.0±8.2	9.7±8.1	15.6±8.2	15.2±8.4	13.1±8.7	4.30**
Vervaeck指数	98.6±12.5	102.3±11.9	101.2±11.5	100.5±12.2	94.5±11.6	102.7±12.3	100.2±12.2	98.8±12.5	4.54**
Rohrer指数	131.5±54.1	144.5±50.6	144.1±51.1	138.8±52.6	142.0±50.4	161.1±54.2	159.8±55.0	153.0±53.7	8.80**
Broca指数	3.4±12.9	7.2±12.0	5.9±11.8	5.3±12.4	3.1±10.7	10.9±11.5	9.1±10.9	7.3±11.6	5.46**
Livi指数	24.5±1.4	25.1±1.3	25.0±1.5	24.8±1.4	24.9±1.5	25.9±1.5	25.8±1.5	25.5±1.6	15.46**
Pelidisi指数	98.6±5.8	100.9±5.2	101.1±5.6	100.0±5.7	98.9±5.9	103.3±6.0	103.7±6.6	101.6±6.5	8.69**
身高上肢长指数	43.6±1.5	43.8±1.6	44.3±1.4	43.8±1.6	43.3±1.6	43.5±1.6	44.3±1.9	43.6±1.7	0.89
身高下肢长指数	53.2±2.4	53.7±1.8	54.1±0.6	53.6±2.1	54.3±1.6	54.6±1.8	54.6±2.2	54.5±1.8	17.72**
上下肢长指数	82.0±5.1	81.8±3.8	82.0±0.6	81.9±4.5	79.7±3.4	79.8±3.8	81.2±4.9	80.0±4.0	9.75**
身体质量指数/(kg/m²)	25.3±4.5	26.5±4.3	26.0±4.4	25.8±4.4	24.4±4.3	27.4±4.7	26.4±4.7	25.9±4.7	0.73
上前臂长度指数	76.4±7.6	75.4±7.6	73.8±9.2	75.5±8.0	75.6±7.9	75.6±9.1	75.4±10.5	75.6±9.0	0.39
前臂手长指数	76.2±7.3	76.9±8.5	77.9±8.2	76.7±8.0	77.7±8.6	78.0±9.0	77.9±11.4	77.8±9.5	4.32**
大小腿长指数	88.5±9.1	88.0±8.6	87.4±8.6	88.1±8.8	86.3±7.9	85.8±8.3	86.9±8.6	86.2±8.2	7.32**
小腿足长指数	41.2±29.4	52.1±22.5	59.4±13.0	49.1±25.2	43.6±27.5	53.5±20.5	58.7±14.3	50.6±23.4	2.02*
上下肢长指数Ⅱ	66.5±3.4	66.0±3.6	66.3±3.9	66.3±3.6	64.7±3.4	64.4±3.7	65.6±4.8	64.8±3.9	13.22**
大腿上臂长度指数	71.5±5.9	71.1±6.3	71.9±6.8	71.5±6.2	69.0±6.1	68.6±6.7	70.4±8.2	69.2±6.9	11.62**
小腿前臂长度指数	60.9±5.1	60.2±5.4	60.0±5.6	60.5±5.3	59.9±5.0	59.7±5.5	60.3±6.9	59.9±5.7	3.61**
上臂长围指数	100.4±13.6	99.7±12.7	93.4±13.1	98.6±13.5	97.4±13.3	103.2±15.2	96.7±13.7	99.4±14.4	1.89
前臂长围指数	111.4±11.6	113.1±12.7	110.3±13.1	111.8±12.4	107.8±12.0	112.2±12.3	109.0±16.4	109.7±13.3	5.40**
臂围度指数	119.8±6.6	118.6±6.9	116.2±8.3	118.6±7.3	120.8±7.1	122.7±7.8	119.5±7.4	121.2±7.5	11.58**
大腿长围指数	114.9±14.6	115.1±13.1	112.4±13.1	114.5±13.8	120.0±13.9	124.4±14.4	120.3±15.3	121.7±14.5	16.80**
小腿长围指数	90.8±9.8	91.3±10.3	89.7±9.9	90.7±10.0	93.8±10.0	96.5±10.9	93.8±11.9	94.8±10.8	13.03**
大小腿围度指数	70.0±5.6	69.6±5.4	69.6±5.0	69.8±5.4	67.4±5.1	66.5±5.0	67.6±5.4	67.1±5.1	16.86**
体质指数	2.5±21.3	-3.9±19.8	-1.7±18.6	-0.7±20.4	8.4±18.1	-3.1±18.2	-0.1±18.4	2.2±18.9	4.83**
鼻眶间指数	0.907±0.097	0.843±0.095	0.832±0.094	0.867±0.101	0.961±0.115	0.909±0.094	0.896±0.100	0.927±0.108	18.97**
面鼻宽指数	0.263±0.022	0.273±0.024	0.281±0.024	0.271±0.024	0.256±0.021	0.261±0.020	0.272±0.024	0.261±0.022	14.22**
口裂鼻宽指数	0.759±0.077	0.768±0.079	0.786±0.082	0.768±0.079	0.748±0.076	0.759±0.070	0.771±0.080	0.757±0.075	4.680**
下颌角面宽指数	1.288±0.106	1.292±0.575	1.256±0.082	1.282±0.352	1.285±0.091	1.273±0.087	1.261±0.077	1.275±0.087	0.850

注：u 为性别间 u 检验值，*表示 $P<0.05$，**表示 $P<0.01$，差异具有统计学意义

49项主要体质指数中，蒙古族男性有17项大于女性，有23项小于女性（表17-4）。u 检验显示，这40项指标值的性别间差异具有统计学意义（$P<0.01$）。还有9项指标值性别间差异无统计学意义。蒙古族男性指数值与汉族男性相比，蒙古族的头长宽指数、容貌面指数、容貌耳指数值大于汉族（分别是83.6±5.9、135.0±18、50.4±45.6），头宽高指数、形态面指数、口指数值小于汉族（分别是83.3±10.0、89.7±15.3、32.3±8.8）。可再一次证实与汉族男性相比，蒙古族男性头更圆些。此外，蒙古族男性脸更长一些，耳更圆一些，头更低一些，面更阔一些，口更细长一些。蒙古族男性的容貌面指数值大于

汉族，而形态面指数小于汉族，可能的原因是蒙古族额部比汉族更高一些。蒙古族男性上述头面部指数值与汉族男性的差异都具有统计学意义（$P<0.01$ 或 $P<0.05$）。

蒙古族男性的身高坐高指数、身高躯干前高指数小于汉族（分别是 53.7±4.4、35.9±5.4），表明蒙古族的坐高、躯干高度在整个身高中的比例小于汉族，上身短一些，而马氏指数、身高下肢长指数值大于汉族（86.5±20.3 和 52.9±5.0），说明蒙古族下身更长一些。这也符合身材高的人主要是下肢全长长一些，而不是坐高高的观点[1]。蒙古族男性的身高体重指数值大于汉族（393.8±60.2），说明体格比汉族更粗壮些。蒙古族男性的身高胸围指数、身高肩宽指数、身高骨盆宽指数值均明显大于汉族（分别是 54.7±4.7、22.6±1.4、17.1±1.4），表明蒙古族的躯干围度、宽度大于汉族。蒙古族男性上述体部指数值与汉族男性的差异都具有统计学意义（$P<0.01$ 或 $P<0.05$）。

五、中国蒙古族体脂发育指标、指数的均数

蒙古族男性身体密度、去脂质量指数、去脂质量指数值大于女性，而身体肥胖指数、体脂率、脂肪质量指数、脂肪质量指数值小于女性。男性骨骼、肌肉比女性发达，而脂肪比例小于女性，这表现出性别间身体发育存在差异（表 17-5）。蒙古族男性的脂肪质量（kg）、去脂质量（kg）大于汉族（分别是 15.2±5.9 和 50.4±6.8），身体肥胖指数（$cm/m^{1.5}$）、脂肪质量指数（kg/m^2）、去脂质量指数（kg/m^2）均超过汉族（分别是 23.7±3.5、25.2±3.5、5.5±2.1、18.2±2.0）。这表明蒙古族体重大于汉族由其脂肪质量、去脂质量均超过汉族所致，蒙古族身体质量指数大于汉族是由脂肪质量指数、去脂质量指数超过汉族所致。蒙古族男性上述指标、指数值与汉族男性的差异都具有统计学意义（$P<0.01$）。

表 17-5 蒙古族体脂发育指标、指数的均数（Mean±SD）

指标	男性 20~44岁组	男性 45~59岁组	男性 60~80岁组	男性 合计	女性 20~44岁组	女性 45~59岁组	女性 60~80岁组	女性 合计	u
身体密度/(kg/dm³)	1.058±0.014	1.056±0.012	1.056±0.011	1.057±0.013	1.040±0.010	1.030±0.010	1.040±0.010	1.040±0.010	47.45**
身体肥胖指数	25.7±3.6	27.3±3.6	27.9±4.3	26.7±3.9	29.7±4.3	33.0±5.1	33.5±5.3	31.7±5.1	36.88**
体脂率/%	0.216±0.060	0.271±0.055	0.282±0.048	0.250±0.063	0.317±0.047	0.363±0.035	0.367±0.034	0.345±0.047	55.24**
脂肪质量/kg	16.3±7.0	20.6±7.2	20.4±6.5	18.7±7.3	19.4±5.5	24.3±5.9	22.7±5.7	21.9±6.1	15.48**
去脂质量/kg	56.2±9.0	53.3±8.5	50.3±7.6	53.9±8.8	41.0±7.1	42.1±7.3	38.6±6.3	40.9±7.1	52.79**
脂肪质量指数/(kg/m²)	5.7±2.3	7.3±2.4	7.5±2.3	6.6±2.5	7.8±2.1	10.0±2.3	9.8±2.3	9.1±2.5	32.91**
去脂质量指数/(kg/m²)	19.6±2.5	19.1±2.3	18.5±2.5	19.2±2.5	16.5±2.6	17.4±2.7	16.6±2.6	16.9±2.6	29.76**

注：u 为性别间 u 检验值，** 表示 $P<0.01$，差异具有统计学意义

许多研究表明，长期高水平的中心性体脂会增加患心血管疾病的危险[2-4]。但是，中心性体脂已经被认为有助于蒙古人种的产热[5]，而且大部分中心性体脂与免疫功能相关[6]，对北方蒙古族适应严寒气候、抵御疾病有利。

六、中国蒙古族的血压与心率

蒙古族相对于其他民族来说,饮食中的肉类、脂肪、乳类较多,并且生活在比较寒冷的北方地区,这样的生活环境会对心血管系统产生影响。不过,我们的测量结果发现,蒙古族男性、女性的血压均数还是正常的,小于140mmHg。但是,男性、女性60~80岁组的收缩压超过 140mmHg,已经超过高血压诊断的下限。男性的收缩压、舒张压都高于女性。男性、女性心率接近,也都是正常的。男性、女性收缩压20~44岁组最低,45~59岁组中等,60~80岁组最高,男性的舒张压也呈此变化特点。女性45~59岁组、60~80岁组舒张压接近,都高于20~44岁组(表17-6)。

表17-6 蒙古族的血压与心率(mmHg,Mean±SD)

指标	男性 20~44岁组	男性 45~59岁组	男性 60~80岁组	男性 合计	女性 20~44岁组	女性 45~59岁组	女性 60~80岁组	女性 合计	u
收缩压	129.8±16.6	135.8±19.7	146.4±22.3	136.8±20.6	116.7±18.1	132.4±20.6	144.2±24.2	130.5±23.5	9.46**
舒张压	80.7±12.1	85.1±13.3	87.2±14.8	84.2±13.6	76.0±12.2	84.5±13.3	84.6±12.8	81.8±13.4	5.85**
心率/(次/min)	78.5±13.0	78.0±12.2	77.5±12.6	78.0±12.6	78.9±11.0	76.9±11.1	79.3±11.7	78.2±11.3	0.55

注:u为性别间u检验值,**表示$P<0.01$,差异具有统计学意义

七、中国蒙古族和汉族体质指标、指数的比较

将蒙古族资料和最近发表的汉族资料进行比较可以发现,二者差异较大(表17-7)。这两个民族大多数指标值的差异都具有统计学意义(有6项头面部指数值差异无统计学意义)。这种差异是由民族间遗传结构不同、生活环境不同、生产方式不同、饮食结构不同等多方面因素造成的。在前面已经对蒙古族和汉族主要指标、指数值的差异进行过分析,这里不再赘述。

表17-7 蒙古族男性与汉族男性体质指标、指数值的u检验

指标	u	指标	u	指标	u	指标	u
头长	5.63**	耳屏点高	-5.90**	前臂长	-0.93	身高躯干前高指数	9.59**
头宽	-4.59**	肩峰点高	-5.38**	全腿长	-22.67**	肩宽骨盆宽指数	2.66**
额最小宽	-3.77**	胸上点高	-6.50**	大腿长	-5.92**	马氏指数	2.33*
面宽	-4.51**	桡骨点高	-8.65**	小腿长	-33.71**	下身长坐高指数	15.70**
下颌角间宽	7.30**	茎突点高	-9.70**	头长宽指数	-7.25**	Erismann指数	21.47**
眼内角间宽	25.07**	髂前上棘点高	-13.85**	头长高指数	0.00	Vervaeck指数	21.86**
眼外角间宽	-5.26**	胫上点高	-16.77**	头宽高指数	5.44**	Rohrer指数	2.95**
鼻宽	4.58**	内踝下高	47.46**	额顶宽度指数	0.00	Broca指数	20.51**
口宽	8.99**	坐高	-1.71	容貌面指数	-6.42**	Livi指数	17.08**
容貌面高	-16.34**	肱骨内外上髁间径	-20.26**	形态面指数	2.33*	Pelidisi指数	16.85**
形态面高	-6.45**	股骨内外上髁间径	-14.59**	头面宽指数	1.14	身高上肢长指数	17.87**

续表

指标	u	指标	u	指标	u	指标	u
鼻高	4.56**	足长	-3.99**	头面高指数	0.32	身高下肢长指数	10.60**
鼻长	5.51**	足宽	9.16**	颧额宽指数	0.00	上下肢长指数	36.45**
上唇皮肤部高	-4.91**	手宽	-0.68	鼻指数	0.00	身体质量指数	19.92**
唇高	5.95**	肩宽	-12.23**	口指数	2.80**	体质指数	21.66**
红唇厚度	6.63**	骨盆宽	-6.22**	容貌耳指数	-2.77**	鼻眶间指数	13.43**
容貌耳长	-15.34**	躯干前高	-3.20**	身高坐高指数	3.91**	身体肥胖指数	15.86**
容貌耳宽	-20.42**	上肢全长	5.37**	身高体重指数	-20.87**	脂肪质量指数	18.27**
耳上头高	3.16**	下肢全长	-12.27**	身高胸围指数	-20.87**	去脂质量指数	16.69**
体重	-20.28**	全臂长	2.89**	身高肩宽指数	-10.65**	脂肪质量	19.99**
身高	-5.17**	上臂长	4.99**	身高骨盆宽指数	-2.91**	去脂质量	16.65**

注：u 为性别间 u 检验值（负号表示蒙古族值大于汉族，正号表示蒙古族值小于汉族），*表示 $P<0.05$，**表示 $P<0.01$，差异具有统计学意义

第二节 中国蒙古族体质指标与经度、纬度、年平均温度、年龄相关分析

Ruff[7]认为在完全直立行走之后到采用粮食生产之前，对身高和体型影响最大的环境因素可能是气候。

种族的形态学特征与环境适应相关[8]。林琬生和胡承康[9]研究认为，身高与年平均气温、气温年较差、降水量、日照时数、平均风速和相对湿度有很大的线性关系。日照时间长、一定范围内年均温差较大的地区，族群的生长发育状况相应较好，温热及降水较多地区的儿童发育水平却相对较低。季成叶[10]认为身高、体重与日照间存在高度正相关。马立广等[11]也认为，族群的平均身高数据与地区的日照时数有很大的线性关系。

经度、纬度、年平均温度是自然地理学涉及的概念。人的体质与自然环境有一定的关系。中国各个地区环境差异较大，就北方地区而言，东北平原、华北平原位于东部，这是中国重要的粮食产区，环渤海地区是北方经济发达地区。北方中部是蒙古高原、黄土高原。越过祁连山进入青藏高原，这是草原、戈壁、盐湖相间的高寒地区，再往西是降水稀少的荒漠、半荒漠地区，进入新疆，在浩瀚的沙漠，天山融化的雪水培育出片片绿洲，这里昼夜温差很大，降水稀少，冬季寒冷，夏季炎热，但光照充足，这里已经是亚洲的腹地。北方蒙古族就以族群的形式聚居在这些地区。经度、纬度的不同，实际上是环境不同，是海拔、降水量、气温年较差、日照时数、平均风速和相对湿度的差异，当然也包含年平均气温的差异。经度的变化，对蒙古族来说，还包括生产方式的变化，现在东北地区蒙古族已经从事农业生产，西部地区蒙古族多从事牧业生产，北部呼伦贝尔草原、锡林郭勒草原的蒙古族也多从事牧业生产，内蒙古南部的蒙古族则多半农半牧。一般来说，由南向北，年平均温度降低，不过，纬度的变化并不完全等同于年平均温度的变化。以上的各种因素都会或多或少影响着蒙古族的体质。研究种族特征的年龄变化，

可以得出具有普遍意义的结论[7]。因为人类结构的形态学基础是一致的,生理变化规律是一致的,各族群体质特征的年龄变化趋势也基本一致。

一、中国蒙古族头面部测量指标与经度、纬度、年平均温度、年龄的相关分析

(一)男性

蒙古族男性头长、眼内角间宽、鼻宽、鼻翼高、上唇皮肤部高、唇高、红唇厚度、容貌耳宽与经度相关不显著。头宽、耳屏间宽、面宽、鼻下颏、耳上头高与经度呈显著正相关,即从西向东蒙古族男性头面部这些指标值线性增大。额最小宽、乳突间宽、下颌角间宽、眼外角间宽、口宽、容貌面高、形态面高、鼻高、鼻长、容貌耳长、头围与经度呈显著负相关(表17-8),即从西向东蒙古族男性这些指标值线性下降。

表17-8 蒙古族头面部测量指标与经度、纬度、年平均温度、年龄的相关分析

指标	男性 经度 r	男性 经度 P	男性 纬度 r	男性 纬度 P	男性 年平均温度 r	男性 年平均温度 P	男性 年龄 r	男性 年龄 P	女性 经度 r	女性 经度 P	女性 纬度 r	女性 纬度 P	女性 年平均温度 r	女性 年平均温度 P	女性 年龄 r	女性 年龄 P
头长	0.019	0.40	−0.184**	0.00	0.044	0.06	−0.041	0.07	0.008	0.68	−0.132**	0.00	−0.045*	0.02	0.030	0.14
头宽	0.290**	0.00	0.336**	0.00	−0.443**	0.00	−0.152**	0.00	0.211**	0.00	0.295**	0.00	−0.398**	0.00	−0.059**	0.00
额最小宽	−0.228**	0.00	0.075**	0.00	−0.117**	0.00	−0.234**	0.00	−0.202**	0.00	0.050*	0.01	−0.102**	0.00	−0.136**	0.00
乳突间宽	−0.221**	0.00	−0.108**	0.00	−0.150**	0.00	−0.254**	0.00	−0.286**	0.00	−0.067*	0.01	−0.108**	0.00	−0.174**	0.00
耳屏间宽	0.062*	0.04	−0.201**	0.00	−0.221**	0.00	−0.179**	0.00	0.060*	0.02	−0.143**	0.00	−0.218**	0.00	−0.110**	0.00
面宽	0.439**	0.00	−0.026	0.26	−0.123**	0.00	−0.119**	0.00	0.398**	0.00	−0.013	0.51	−0.120**	0.00	−0.099**	0.00
下颌角间宽	−0.125**	0.00	0.022	0.33	−0.008	0.72	0.053*	0.02	−0.107**	0.00	−0.039	0.05	0.060**	0.00	0.040	0.05
眼内角间宽	0.043	0.26	−0.336**	0.00	0.089**	0.00	−0.037**	0.00	−0.018	0.36	0.145**	0.00	−0.201**	0.00	−0.149**	0.00
眼外角间宽	−0.505**	0.00	0.096**	0.00	−0.052*	0.02	−0.195**	0.00	0.522**	0.00	0.04	0.05	−0.038*	0.06	−0.211**	0.00
鼻宽	−0.033	0.23	0.299	0.06	−0.115**	0.00	0.063**	0.00	0.062*	0.00	0.032	0.11	−0.083**	0.00	0.279**	0.00
口宽	−0.198**	0.00	−0.027	0.23	−0.029	0.20	0.139**	0.00	−0.220**	0.00	−0.114**	0.00	0.036	0.07	0.134**	0.00
容貌面高	−0.059*	0.01	0.107**	0.00	−0.041	0.07	0.107**	0.00	−0.043*	0.03	0.122**	0.00	−0.122**	0.00	−0.125**	0.00
形态面高	−0.470**	0.00	−0.014	0.55	0.121**	0.00	0.040	0.08	−0.485**	0.00	−0.029	0.15	0.091**	0.00	0.003	0.89
鼻高	−0.063*	0.01	−0.238**	0.00	0.302**	0.00	0.128**	0.00	−0.073**	0.00	−0.345**	0.00	0.368**	0.00	0.096**	0.00
鼻长	−0.291**	0.00	−0.184**	0.00	0.359**	0.00	0.240**	0.00	−0.288**	0.00	−0.268**	0.00	0.375**	0.00	0.154**	0.00
鼻翼高	−0.038	0.21	0.089**	0.00	0.035	0.23	0.088**	0.00	0.074**	0.00	0.047	0.06	0.009	0.72	0.034	0.18
鼻下颏	0.151**	0.00	−0.163**	0.00	0.124**	0.00	0.034	0.25	0.163**	0.00	−0.199**	0.00	0.140**	0.00	0.077**	0.00
上唇皮肤部高	0.006	0.16	−0.402**	0.00	0.201**	0.00	0.199**	0.00	0.055*	0.01	0.318**	0.00	−0.193**	0.00	0.433**	0.00
唇高	0.012	0.59	−0.249**	0.00	0.188**	0.00	−0.426**	0.00	0.061*	0.00	−0.227**	0.00	0.178**	0.00	−0.419**	0.00
红唇厚度	−0.031	0.20	−0.441	0.11	0.165*	0.02	−0.072**	0.00	0.028	0.20	0.040	0.07	−0.005	0.81	−0.402**	0.00
容貌耳长	−0.094**	0.00	0.268**	0.00	−0.264**	0.00	0.330**	0.00	−0.184**	0.00	0.208**	0.00	−0.258**	0.00	0.358**	0.00
容貌耳宽	−0.029	0.21	0.225**	0.00	−0.297**	0.00	0.209**	0.00	0.028	0.16	0.176**	0.00	−0.242**	0.00	0.307**	0.00
头围	−0.288**	0.00	0.100**	0.00	−0.123**	0.00	−0.104**	0.00	−0.310**	0.00	0.132**	0.00	−0.186**	0.00	−0.056*	0.01
耳上头高	0.079**	0.00	0.167**	0.00	−0.113**	0.00	−0.159**	0.00	0.139**	0.00	0.284**	0.00	−0.245**	0.00	−0.245**	0.00

注:r 为相关系数,*为P<0.05,**为P<0.01,相关系数具有统计学意义

男性与纬度呈显著正相关的指标多数与年平均温度呈显著负相关,如头宽、额最小

宽、眼外角间宽、鼻宽、容貌耳长、容貌耳宽、头围、耳上头高，这些指标值随着纬度的增加和年平均温度的下降呈线性增大。男性与纬度呈显著负相关的指标多数与年平均温度呈显著正相关（表17-8），如眼内角间宽、鼻高、鼻长、鼻下颏、上唇皮肤部高、唇高、红唇厚度，这些指标值随着纬度的下降和年平均温度的上升呈线性增大。不过也有个别指标不是这样，如乳突间宽、耳屏间宽、面宽与纬度和年平均温度均呈负相关。

人的容颜会随着年龄的增大而逐渐变化。蒙古族男性下颌角间宽、口宽、容貌面高、鼻宽、鼻高、鼻长、鼻翼高、上唇皮肤部高、容貌耳长、容貌耳宽与年龄呈显著正相关，头宽、额最小宽、乳突间宽、耳屏间宽、面宽、眼内角间宽、眼外角间宽、唇高、红唇厚度、头围、耳上头高与年龄呈显著负相关（表17-8）。已经发表的北方汉族男性资料也显示其口宽、容貌面高、鼻宽、鼻高、鼻长、上唇皮肤部高、容貌耳长、容貌耳宽与年龄呈显著正相关，头宽、额最小宽、面宽、眼外角间宽、唇高、头围、耳上头高与年龄呈显著负相关。蒙古族和汉族这些指标与年龄相关分析的结果高度一致，说明人类容貌特征随着年龄增长而变化的规律是一致的。

眼外角间宽值随年龄增长而明显下降。这与眼睑内部结构变化导致眼睑松弛有一定的关系。研究表明，老年人由于脂肪和弹力纤维的消失，皮肤会松弛，眼睑下垂[8]。上唇皮肤部高值的增大与该部位皮下组织结构变化有关。用唇高值减去红唇厚度值就可得到下红唇厚度近似值。随年龄增长，上唇变薄，下唇也变薄。所以整个唇高变小。唇高值的减小与上唇皮肤部高值增加是相伴出现的。

随着年龄增大，头侧皮下脂肪层变薄使得头宽值下降。测量头围时包括头发在内，随年龄增长头发逐渐稀薄，会使头围的测量值略下降。面宽值减小与颧弓处软组织厚度减小有一定的关系。耳上头高为身高与耳屏点高之差，随年龄增长，身高值、耳屏点高值均下降，耳屏点高值减少得更多，导致耳上头高值下降。随着年龄增大，鼻翼发生形态变化，导致鼻宽与年龄呈正相关，同时口角皮肤的松弛引起口宽增加。

随年龄增长，由于脂肪与弹力纤维的减少，耳部皮肤下垂[12]，可能是耳随年龄增长而增大的原因。人耳的增大是成年后还在继续缓慢生长，还是耳的皮肤下垂造成的，尚待研究。

通过上述分析可知，随年龄增长，蒙古族容貌特征发生了以下的变化：头、额、面的宽度都在变小，头变得狭长些，头变得低些，头围变小，面的高度增加，两眼间距离变近，眼裂变小，上、下红唇变薄，鼻翼宽增加，口变宽而显得狭长，鼻和口之间的距离加大，耳变得长些、宽些。

吴汝康等[13]发现上唇皮肤部高、口宽与年龄存在正相关；红唇厚度与年龄存在负相关。他们认为正相关的指标多含软性组织，是受老年化的影响。郑连斌等[14]在研究回族体质特征的年龄变化时发现，u检验显示差异具有统计学意义的指标多涉及软性组织。陈廷瑜等[15]认为中国土家族成年人头面部软组织厚度存在着性别间差异和年龄间差异。田金源等[16]研究河北保定汉族头面部特征的年龄变化时发现，人头面部软组织指标值多随年龄增长呈规律性变化，而骨性指标值相对稳定。

（二）女性

蒙古族女性头长、红唇厚度、容貌耳宽与经度相关不显著。头宽、耳屏间宽、面宽、眼外角间宽、鼻宽、鼻翼高、鼻下颏、上唇皮肤部高、唇高、耳上头高与经度呈显著正相关，即从西向东蒙古族女性头面部这些指标值线性增大。额最小宽、乳突间宽、下颌角间宽、口宽、容貌面高、形态面高、鼻高、鼻长、容貌耳长、头围与经度呈显著负相关（表17-8），即从西向东蒙古族女性这些指标值线性下降。

女性面宽、下颌角间宽、眼外角间宽、鼻宽、形态面高、鼻翼高、红唇厚度与纬度相关不显著，头宽、额最小宽、眼内角间宽、容貌面高、上唇皮肤部高、容貌耳长、容貌耳宽、头围、耳上头高与纬度呈显著正相关，头长、乳突间宽、耳屏间宽、口宽、鼻高、鼻长、鼻下颏、唇高与纬度呈显著负相关。

多数与纬度呈显著正相关的指标与年平均温度呈显著负相关，反之，多数与纬度呈显著负相关的指标则与年平均温度呈显著正相关。

女性鼻宽、口宽、鼻高、鼻长、鼻下颏、上唇皮肤部高、容貌耳长、容貌耳宽与年龄呈显著正相关，头宽、额最小宽、乳突间宽、耳屏间宽、面宽、眼内角间宽、眼外角间宽、容貌面高、唇高、红唇厚度、头围、耳上头高与年龄呈显著负相关，头长、形态面高、鼻翼高与年龄相关不显著（表17-8）。可以看出，蒙古族女性相关分析的结果与男性基本一致。

二、中国蒙古族体部指标与经度、纬度、年平均温度、年龄的相关分析

与头面部指标相比，人的体部很多指标与软组织有关，因而更易受到环境、饮食等因素的影响。但人的身高及身体高度、长度方面的其他指标值还是主要受遗传因素影响。许多群体研究资料显示，体型、躯干和四肢长度的比例也主要受种族遗传因素的影响[17]。

满洲里国门　　　　　　　　　额尔古纳河穿过了草原

（一）男性

相关分析结果表明，蒙古族男性的胸上点高、茎突点高、足宽、肩宽、上臂长与经度相关不显著，体重、身高、耳屏点高、颏下点高、肩峰点高、桡骨点高、髂前上棘高、坐高、股骨内外上髁间径、骨盆宽、上肢全长、下肢全长、全臂长、前臂长、全腿长、大腿长、右手长与经度呈显著负相关，胫骨上点高、内踝下点高、肱骨内外上髁间径、足长、手宽、躯干前高与经度呈显著正相关（表17-9）。总的说来，从西向东，随着经

度的增加，蒙古族男性身体高度、躯干宽度的指标值多出现线性减小。

表 17-9　蒙古族体部指标与经度、纬度、年平均温度、年龄的相关分析

指标	男性 经度 r	P	纬度 r	P	年平均温度 r	P	年龄 r	P	女性 经度 r	P	纬度 r	P	年平均温度 r	P	年龄 r	P
体重	−0.079**	0.00	0.331**	0.00	−0.293**	0.00	−0.019	0.42	−0.056**	0.00	0.269**	0.00	−0.264**	0.00	0.110**	0.00
身高	−0.053*	0.02	0.215**	0.00	−0.225**	0.00	−0.312**	0.00	−0.060**	0.00	0.096**	0.00	−0.100**	0.00	−0.335**	0.00
耳屏点高	−0.068**	0.00	0.195**	0.00	−0.214**	0.00	−0.297**	0.00	−0.087**	0.00	0.048*	0.02	−0.059**	0.00	−0.330**	0.00
颏下点高	−0.172**	0.00	0.011	0.71	−0.075*	0.01	−0.363**	0.00	−0.105**	0.00	−0.038	0.13	−0.019	0.444	−0.380**	0.00
肩峰点高	−0.067**	0.00	0.162**	0.00	−0.182**	0.00	−0.216**	0.00	−0.043*	0.03	0.047*	0.02	−0.057**	0.00	−0.277**	0.00
胸上点高	0.029	0.21	0.234**	0.00	−0.271**	0.00	−0.242**	0.00	0.010	0.61	0.082**	0.00	−0.115**	0.00	−0.271**	0.00
桡骨点高	−0.074**	0.00	0.235**	0.00	−0.244**	0.00	−0.253**	0.00	−0.036	0.07	0.097**	0.00	−0.108**	0.00	−0.303**	0.00
茎突点高	−0.020	0.38	0.267**	0.00	−0.261**	0.00	−0.219**	0.00	0.039	0.05	0.106**	0.00	−0.103**	0.00	−0.297**	0.00
髂前上棘高	−0.062*	0.01	0.160**	0.00	−0.168**	0.00	−0.132**	0.00	−0.043*	0.03	0.163**	0.00	−0.144**	0.00	−0.242**	0.00
胫骨上点高	0.073**	0.00	0.051*	0.03	−0.003	0.90	−0.177**	0.00	0.015	0.47	−0.047*	0.02	0.070**	0.00	−0.229**	0.00
内踝下点高	0.104**	0.00	0.171**	0.00	−0.342**	0.00	−0.253**	0.00	−0.157**	0.00	0.060**	0.00	−0.233**	0.00	−0.211**	0.00
坐高	−0.086**	0.00	0.172**	0.00	−0.177**	0.00	−0.340**	0.00	−0.044*	0.03	0.110**	0.00	−0.080**	0.00	−0.363**	0.00
肱骨内外上髁间径	0.361**	0.00	0.168**	0.00	−0.246**	0.00	0.124**	0.00	0.234**	0.00	0.194**	0.00	−0.298**	0.00	0.212**	0.00
股骨内外上髁间径	−0.232**	0.00	0.131**	0.00	−0.181**	0.00	−0.005	0.82	−0.217**	0.00	0.174**	0.00	−0.252**	0.00	0.093**	0.00
足长	0.054*	0.03	0.003	0.90	−0.048	0.06	−0.166**	0.00	0.022	0.32	−0.022	0.31	−0.021	0.30	−0.041**	0.00
足宽	−0.017	0.51	−0.064*	0.01	0.022	0.39	0.076**	0.00	−0.025	0.25	−0.092**	0.00	0.024	0.27	0.111**	0.00
手宽	0.209**	0.00	0.053*	0.04	−0.280**	0.00	−0.005	0.85	0.166**	0.00	0.055*	0.01	−0.220**	0.00	0.180**	0.00
肩宽	−0.028	0.22	0.237**	0.00	−0.142**	0.00	−0.194**	0.00	0.033	0.10	0.294**	0.00	−0.184**	0.00	−0.104**	0.00
骨盆宽	−0.254**	0.00	0.225**	0.00	−0.035	0.13	0.190**	0.00	−0.194**	0.00	0.212**	0.00	0.008	0.68	0.296**	0.00
躯干前高	0.053*	0.02	0.177**	0.00	−0.227**	0.00	−0.191**	0.00	0.073**	0.00	0.078**	0.00	−0.075**	0.00	−0.228**	0.00
上肢全长	−0.134**	0.00	0.012	0.59	−0.016	0.50	−0.113**	0.00	−0.156**	0.00	0.005	0.80	0.004	0.86	−0.086**	0.00
下肢全长	−0.059*	0.01	0.148**	0.00	−0.155**	0.00	−0.099**	0.00	−0.041*	0.00	0.163**	0.00	−0.228**	0.00	−0.226**	0.00
全臂长	−0.100**	0.00	−0.059*	0.01	0.013	0.56	−0.110**	0.00	−0.131**	0.00	−0.057*	0.01	0.033	0.10	−0.113**	0.00
上臂长	−0.011	0.64	−0.103**	0.00	0.069**	0.00	−0.004	0.87	−0.032	0.11	−0.080**	0.00	0.096**	0.00	−0.690**	0.00
前臂长	−0.137**	0.00	0.019	0.40	−0.052*	0.02	−0.159**	0.00	−0.161**	0.00	0.007	0.73	−0.060**	0.00	−0.092**	0.00
全腿长	−0.085**	0.00	0.133**	0.00	−0.107**	0.00	−0.087**	0.00	−0.014	0.49	0.155**	0.00	−0.104**	0.00	−0.207**	0.00
大腿长	−0.127**	0.00	0.159**	0.00	−0.203**	0.00	−0.036	0.12	−0.064**	0.00	0.236**	0.00	−0.229**	0.00	−0.148**	0.00
小腿长	0.040	0.08	−0.005	0.83	0.112**	0.00	−0.095**	0.00	0.071**	0.00	−0.069**	0.00	−0.153**	0.00	−0.161**	0.00
右手长	−0.323**	0.00	0.039	0.19	−0.076*	0.01	−0.033	0.27	−0.052	0.12	−0.040	0.23	0.051	0.13	−0.003	0.94

注：r 为相关系数，*为 P<0.05，**为 P<0.01，相关系数具有统计学意义

男性的颏下点高、足长、上肢全长、前臂长、小腿长、右手长与纬度相关不显著，体重、身高、耳屏点高、肩峰点高、胸上点高、桡骨点高、茎突点高、髂前上棘高、胫骨上点高、内踝下点高、坐高、肱骨内外上髁间径、股骨内外上髁间径、手宽、肩宽、骨盆宽、躯干前高、下肢全长、全腿长、大腿长都与纬度呈显著正相关，只有足宽、全臂长、上臂长与纬度呈显著负相关（表 17-9）。可以说，从南到北，随着纬度的增高，

蒙古族男性身体高度、长度，四肢骨骼宽度，躯干宽度，下肢长度值呈线性增大，而臂的长度值呈线性下降。

蒙古族男性多数与纬度呈显著正相关的指标也往往与年平均温度呈显著负相关，与纬度呈显著负相关的指标也往往与年平均温度呈显著正相关。

男性除了体重、股骨内外上髁间径、手宽、上臂长、大腿长、右手长6个指标与年龄相关不显著外，其他23项指标值都随着年龄增加或减小而呈线性变化，肱骨内外上髁间径、足宽、骨盆宽与年龄呈显著正相关，其他身体高度、长度、宽度值都随着年龄的增加而呈线性减小（表17-9）。

汉族体质研究资料表明，男性的体重、身高、坐高、肩宽、骨盆宽、下肢全长都与纬度呈显著正相关，主要体部指标与年龄均呈显著负相关，这与蒙古族的研究结果一致。但汉族体部主要指标与经度呈显著正相关，这与蒙古族相反。

（二）女性

相关分析结果表明，从中国西部到东部，蒙古族女性的胸上点高、桡骨点高、茎突点高、胫骨上点高、足长、足宽、肩宽、上臂长、全腿长、右手长值无规律性的线性变化，身高、体重、耳屏点高、颏下点高、肩峰点高、髂前上棘高、内踝下点高、坐高、股骨内外上髁间径、骨盆宽、上肢全长、下肢全长、全臂长、前臂长、大腿长值呈线性下降，肱骨内外上髁间径、手宽、躯干前高、小腿长值呈线性增大（表17-9）。总的说来，从西向东，随着经度的增加，蒙古族女性身体高度、躯干宽度的指标值多出现线性减少。

从中国南部到北部，女性的颏下点高、足长、上肢全长、前臂长、右手长值无显著变化，体重、身高、耳屏点高、肩峰点高、胸上点高、桡骨点高、茎突点高、髂前上棘高、内踝下点高、坐高、肱骨内外上髁间径、股骨内外上髁间径、手宽、肩宽、骨盆宽、躯干前高、下肢全长、全腿长、大腿长值都呈线性增大，只有胫骨上点高、足宽、全臂长、上臂长、小腿长值呈线性下降（表17-9）。可以说，从南到北，随着纬度的增高，蒙古族女性身体高度、长度，四肢骨骼宽度，躯干宽度，下肢长度值呈线性增大，而臂的长度值呈线性下降。

随着年平均温度的增大，蒙古族女性颏下点高、足长、足宽、骨盆宽、上肢全长、全臂长、右手长值没有显著线性变化，体重、身高、耳屏点高、肩峰点高、胸上点高、桡骨点高、茎突点高、髂前上棘高、内踝下点高、坐高、肱骨内外上髁间径、股骨内外上髁间径、手宽、肩宽、躯干前高、下肢全长、前臂长、全腿长、大腿长、小腿长值呈线性减少，胫骨上点高、上臂长值呈线性增大（表17-9）。

女性除了右手长与年龄相关不显著外，身高、耳屏点高、颏下点高、肩峰点高、胸上点高、桡骨点高、茎突点高、髂前上棘高、胫骨上点高、内踝下点高、坐高、足长、肩宽、躯干前高、上肢全长、下肢全长、全臂长、上臂长、前臂长、全腿长、大腿长、小腿长与年龄呈显著负相关，体重、肱骨内外上髁间径、股骨内外上髁间径、足宽、手宽、骨盆宽与年龄呈显著正相关。

汉族体质研究资料表明，汉族女性的体重、身高、坐高、肩宽、骨盆宽、下肢全长都与纬度呈显著正相关，主要体部指标与年龄均呈显著负相关，这与蒙古族的研究结果一致。但汉族体部主要指标与经度呈显著正相关，这与蒙古族相反。

三、中国蒙古族头面部观察指标与经度、纬度、年平均温度、年龄的相关分析

人体的形态学指标中有一部分指标不用仪器测量,而是通过观察来进行分类、分级,这类指标称为观察指标。头面部观察指标的特点也参与构成容貌特征。观察指标往往也是遗传学经常研究的内容。观察指标本身是计数资料,但可以将指标的分级用数字表示,这样就把它变成计量资料。经过这样的转换,就可以对观察指标与经度、纬度、年平均温度、年龄进行相关分析。

(一)男性

随着经度的增大,蒙古族男性发形、眉弓粗壮度、左上眼睑皱褶、右蒙古褶、眼裂高度、眼裂倾斜度、鼻根高度、鼻背侧面观、鼻孔最大径、颧部突出度、上唇侧面观、耳尖、尖舌、卷舌、扣手、叠臂、拇指类型、美人沟、上唇皮肤部高、红唇类型平均级无显著的线性变化,额头发际、前额倾斜度、右上眼睑皱褶、翻舌、利手平均级呈线性下降,眉毛发达度、左蒙古褶、左耳垂、鼻翼宽平均级呈显著线性增大(表 17-10)。也就是说随着经度增大,蒙古族男性额头发际有尖的人比例少了,但额部更后斜,右眼的上眼睑有皱褶率下降,能翻舌率增加,下颌前突的人少了,但眉毛更浓密,左眼有蒙古褶率升高,左耳三角形率增加,有更多的人鼻翼宽超过眼内角宽。

表 17-10 蒙古族头面部观察指标平均级与经度、纬度、年平均温度、年龄的相关分析

指标	男性 经度 r	P	纬度 r	P	年平均温度 r	P	年龄 r	P	女性 经度 r	P	纬度 r	P	年平均温度 r	P	年龄 r	P
发形	0.008	0.80	−0.064	0.05	−0.015	0.64	−0.063	0.06	0.064*	0.01	−0.026	0.31	0.007	0.79	0.060*	0.02
额头发际	−0.192**	0.00	0.264**	0.00	0.062*	0.04	−0.067*	0.03	−0.128**	0.00	−0.090**	0.00	0.006**	0.00	−0.037**	0.00
前额倾斜度	−0.198**	0.00	0.192**	0.00	−0.082*	0.01	−0.052	0.08	−0.293**	0.00	0.196**	0.00	−0.097**	0.00	−0.187**	0.00
眉毛发达度	0.089**	0.00	−0.003	0.92	0.004	0.89	−0.277**	0.00	0.164**	0.00	−0.053*	0.04	0.088**	0.00	−0.072**	0.00
眉弓粗壮度	0.003	0.92	−0.095**	0.00	0.009	0.76	−0.222**	0.00	0.043	0.08	0.023	0.36	−0.009	0.71	0.032	0.20
右上眼睑皱褶	−0.066*	0.01	−0.153**	0.00	0.154**	0.00	0.101**	0.00	−0.048*	0.02	−0.077**	0.00	0.083**	0.00	−0.080**	0.00
左上眼睑皱褶	0.047	0.12	0.066*	0.03	−0.147**	0.00	0.078*	0.01	−0.014	0.57	0.083**	0.00	−0.216**	0.00	−0.127**	0.00
右蒙古褶	−0.015	0.53	0.080**	0.00	−0.116**	0.00	−0.462**	0.00	0.157**	0.00	0.064*	0.01	−0.029	0.17	−0.362**	0.00
左蒙古褶	0.144**	0.00	0.102**	0.00	−0.175**	0.00	−0.506**	0.00	0.139**	0.00	0.052*	0.04	−0.032	0.20	−0.360**	0.00
眼裂高度	−0.047	0.08	0.066*	0.02	0.061*	0.02	−0.044	0.09	−0.022	0.34	0.076*	0.00	−0.003	0.91	−0.229**	0.00
眼裂倾斜度	0.018	0.51	0.312**	0.00	0.144**	0.00	−0.152**	0.00	0.046	0.05	0.252**	0.00	0.120**	0.00	−0.110**	0.00
鼻根高度	−0.130	0.80	0.034	0.16	−0.014	0.56	−0.021	0.39	−0.153**	0.00	0.063*	0.01	−0.037	0.08	−0.020	0.35
鼻背侧面观	−0.021	0.39	0.016	0.52	−0.030	0.25	−0.014	0.60	−0.041	0.06	−0.028	0.21	0.043	0.05	0.025	0.25
鼻孔最大径	0.020	0.38	−0.013	0.66	−0.042	0.14	−0.061*	0.03	0.031	0.16	0.040	0.08	0.016	0.47	−0.141**	0.00
颧部突出度	0.051	0.07	0.148**	0.00	0.151**	0.00	0.058*	0.04	0.116**	0.00	0.048*	0.04	0.308**	0.00	0.042	0.09
耳尖	−0.101	0.92	−0.013	0.66	−0.039	0.19	−0.013	0.67	−0.012	0.65	0.015	0.59	−0.005	0.85	0.036	0.19
左耳垂	0.146*	0.01	0.018	0.54	0.049	0.10	−0.128**	0.00	0.233**	0.00	−0.019	0.36	0.043*	0.04	−0.081**	0.00
上唇侧面观	0.026	0.12	−0.031	0.30	0.017	0.56	0.136**	0.00	0.001	0.96	−0.014	0.59	0.041	0.11	0.111**	0.00
尖舌	−0.034	0.53	−0.025	0.41	−0.016	0.58	0.054	0.07	−0.046*	0.01	−0.005	0.84	−0.075**	0.00	0.131**	0.00

续表

指标	男性 经度 r	男性 经度 P	男性 纬度 r	男性 纬度 P	男性 年平均温度 r	男性 年平均温度 P	男性 年龄 r	男性 年龄 P	女性 经度 r	女性 经度 P	女性 纬度 r	女性 纬度 P	女性 年平均温度 r	女性 年平均温度 P	女性 年龄 r	女性 年龄 P
卷舌	0.054	0.05	−0.049	0.08	0.099**	0.00	0.125**	0.00	−0.012	0.61	−0.022	0.37	0.069**	0.00	0.058*	0.02
翻舌	−0.072*	0.02	0.067*	0.02	−0.002	0.94	−0.082*	0.01	−0.049	0.05	−0.023	0.35	0.063*	0.01	0.170**	0.00
利手	−0.065*	0.03	0.047	0.12	−0.074*	0.01	0.007	0.80	−0.046	0.07	−0.057*	0.02	−0.007	0.77	−0.004	0.87
扣手	−0.035	0.22	−0.022	0.44	−0.020	0.48	0.056	0.05	0.026	0.27	0.016	0.50	−0.002	0.93	0.086**	0.00
叠臂	−0.059	0.05	−0.072*	0.02	−0.030	0.31	−0.011	0.71	−0.052*	0.04	0.016	0.52	−0.016	0.53	−0.003	0.89
拇指类型	0.042	0.13	0.050	0.07	−0.045	0.10	−0.024	0.39	−0.044	0.07	0.014	0.69	−0.019	0.44	−0.013	0.58
美人沟	−0.035	0.44	0.019	0.67	−0.025	0.57	−0.051	0.26	−0.051	0.20	0.046	0.25	−0.083*	0.04	−0.009	0.82
下颏类型	−0.225**	0.00	−0.001	0.96	−0.084**	0.00	−0.147**	0.00	−0.212**	0.00	−0.105**	0.00	−0.010	0.68	−0.087**	0.00
上唇皮肤部高	0.019	0.46	−0.164**	0.00	0.148**	0.00	0.288**	0.00	−0.007	0.78	−0.103**	0.00	0.081**	0.00	0.114**	0.00
红唇类型	−0.018	0.50	−0.332**	0.00	0.130**	0.00	−0.153**	0.00	−0.123**	0.00	−0.279**	0.00	0.084**	0.00	−0.291**	0.00
鼻翼宽	0.079**	0.00	0.177**	0.00	−0.069*	0.01	0.150**	0.00	0.168**	0.00	0.128**	0.00	−0.062*	0.02	0.266**	0.00

注：r 为相关系数，*为 $P<0.05$，**为 $P<0.01$，相关系数具有统计学意义

随着纬度增大，蒙古族男性发形、眉毛发达度、鼻根高度、鼻背侧面观、鼻孔最大径、耳尖、左耳垂、上唇侧面观、尖舌、卷舌、利手、扣手、拇指类型、美人沟、下颏类型平均级没有显著的线性变化，眉弓粗壮度、右上眼睑皱褶、叠臂、上唇皮肤部高、红唇类型平均级出现线性减小，额头发际、前额倾斜度、左上眼睑皱褶、右蒙古褶、左蒙古褶、眼裂高度、眼裂倾斜度、颧部突出度、翻舌、鼻翼宽平均级出现线性增大（表17-10）。也就是说随着纬度的增大，蒙古族男性眉弓粗壮度变弱，右眼有上眼睑褶率下降，左型叠臂率增加，上唇（皮肤部）高降低，红唇变薄，额头发际有尖率升高，额头更直立，左眼有上眼睑皱褶率与双眼有蒙古褶率增加，眼裂更高，眼外角高的比例升高，颧骨突出度下降，能翻舌率下降，有更多的人鼻翼宽超过眼内角宽。

随着年平均温度上升，蒙古族男性的发形、眉毛发达度、眉弓粗壮度、鼻根高度、鼻背侧面观、鼻孔最大径、耳尖、左耳垂、上唇侧面观、尖舌、翻舌、扣手、叠臂、拇指类型、美人沟平均级无显著线性变化，前额倾斜度、左上眼睑皱褶、右蒙古褶、左蒙古褶、利手、下颏类型、鼻翼宽平均级呈线性下降，额头发际、右上眼睑皱褶、眼裂高度、眼裂倾斜度、颧部突出度、卷舌、上唇皮肤部高、红唇类型平均级呈线性上升（表17-10）。也就是说蒙古族男性随着年平均温度升高，额部变得后斜，有蒙古褶率下降，左利手率增加，下颏后斜率增加，鼻翼宽超过眼内角宽的比例下降，额头发际有尖率增加，右眼有上眼睑皱褶率增加，眼裂变高，外角高眼裂增多，颧部突出度下降，能卷舌率下降，上唇（皮肤部）高增加，红唇厚度增加。

随着年龄增长，蒙古族男性的发形、前额倾斜度、眼裂高度、鼻根高度、鼻背侧面观、耳尖、尖舌、利手、叠臂、拇指类型、美人沟平均级无显著线性变化，额头发际、眉毛发达度、眉弓粗壮度、右蒙古褶、左蒙古褶、眼裂倾斜度、鼻孔最大径、左耳垂、翻舌、下颏类型、红唇类型平均级呈线性下降，右上眼睑皱褶、左上眼睑皱褶、颧部突出度、上唇侧面观、卷舌、扣手、上唇皮肤部高、鼻翼宽平均级呈线性上升（表17-10）。

也就是说随着年龄增大，蒙古族男性额头发际有尖率升高，眉毛发达度减弱，眉弓粗壮度减弱，有蒙古褶率下降，眼外角高率下降，鼻孔最大径趋于水平，左耳垂圆形率升高，能翻舌率增加，下颏趋于后斜，红唇变薄，上眼睑有皱褶率增加，颧部突出度趋于微弱，上唇后缩，能卷舌率下降，扣手右型率升高，上唇（皮肤部）高增加，有更多的人鼻翼宽超过眼内角宽。

总的看来，有不少观察指标（如发形）平均级出现率并不随着环境、年龄变化而发生规律的线性变化，表现出性状稳定性，也有一些指标出现规律性的线性变化。

有一点要说明，人体测量时，有的人调查了观察指标，有的人没有调查观察指标，而且被观察的人中，也有人缺少某项观察值，所以各个指标的调查样本量略有不同。

（二）女性

随着经度的增大，蒙古族女性眉弓粗壮度、左上眼睑皱褶、眼裂高度、眼裂倾斜度、鼻背侧面观、翻舌、鼻孔最大径、耳尖、上唇侧面观、卷舌、利手、扣手、拇指类型、美人沟、上唇皮肤部高平均级无显著线性变化，额头发际、前额倾斜度、右上眼睑皱褶、鼻根高度、尖舌、叠臂、下颏类型、红唇类型平均级呈线性下降，发形、眉毛发达度、右蒙古褶、左蒙古褶、颧部突出度、左耳垂、鼻翼宽平均级呈线性上升（表17-10）。也就是说随着经度增大，女性发形波型率增大，眉毛更浓密，左眼有蒙古褶率升高，眼裂变宽，颧骨变得不太突出，左耳垂圆形率下降，鼻翼变得更宽，额头发际有尖的人比例高了，额部更后斜，右眼上眼睑有皱褶率下降，鼻根降低，能尖舌率、能翻舌率都增大，叠臂左型率增加，下颏更后斜。

随着纬度增大，蒙古族女性发形、眉弓粗壮度、鼻背侧面观、鼻孔最大径、耳尖、左耳垂、上唇侧面观、尖舌、卷舌、翻舌、扣手、叠臂、拇指类型、美人沟平均级没有线性变化，前额倾斜度、左上眼睑皱褶、右蒙古褶、左蒙古褶、眼裂高度、眼裂倾斜度、鼻根高度、颧部突出度、鼻翼宽平均级呈显著的线性增大，额头发际、眉毛发达度、右上眼睑皱褶、利手、下颏类型、上唇皮肤部高、红唇类型平均级出现显著的线性下降（表17-10）。也就是说随着纬度的增大，女性额部趋于直立，左上眼睑皱褶有皱褶率增加，蒙古褶率增加，眼裂变宽，眼外角高率增加，鼻根升高，颧骨突出度下降，鼻翼变宽，额头发际有尖率升高，眉毛变稀少，右眼有上眼睑褶率下降，左利手率增加，下颏凸型率下降，上唇皮肤部高减少，红唇厚度减小。

随着年平均温度上升，蒙古族女性的发形、眉弓粗壮度、右蒙古褶、左蒙古褶、眼裂高度、鼻根高度、鼻背侧面观、鼻孔最大径、耳尖、上唇侧面观、利手、扣手、叠臂、拇指类型、下颏类型平均级无显著线性变化，额头发际、眉毛发达度、右上眼睑皱褶、眼裂倾斜度、颧部突出度、左耳垂、卷舌、翻舌、上唇皮肤部高、红唇类型平均级呈线性增大，前额倾斜度、左上眼睑皱褶、尖舌、美人沟、鼻翼宽平均级呈线性下降（表17-10）。

蒙古族女性的眉弓粗壮度、鼻根高度、鼻背侧面观、颧部突出度、耳尖、利手、叠臂、拇指类型、美人沟平均级与年龄相关不显著，额头发际、前额倾斜度、眉毛发达度、右上眼睑皱褶、左上眼睑皱褶、右蒙古褶、左蒙古褶、眼裂高度、眼裂倾斜度、鼻孔最大径、左耳垂、下颏类型、红唇类型平均级与年龄呈显著负相关，发形、上唇侧面观、尖舌、卷舌、翻舌、扣手、上唇皮肤部高、鼻翼宽平均级与年龄呈显著正相关（表 17-13）。也就是说，随着年龄增大，蒙古族女性额头发际有尖率升高，额部变后斜，眉毛减少，上眼睑有皱褶率减少，有蒙古褶率下降，眼裂更狭窄，眼外角高率下降，鼻孔最大径趋于水平，左耳垂圆形率升高，下颏趋于后斜，红唇厚度减小，发形波型率升高，能尖舌率、能卷舌率、能翻舌率上升，右型扣手率增加，上唇（皮肤部）高增加，有更多的人鼻翼宽超过眼内角宽。

四、中国蒙古族体质指数与经度、纬度、年平均温度、年龄的相关分析

（一）男性

由于测量指标值往往随着经度、纬度、年平均温度、年龄的变化而变化，因此根据指标而派生出来的指数值也会随着经度、纬度、年平均温度、年龄的变化而变化。

蒙古族男性头长宽指数、头长高指数、鼻指数与经度、纬度呈显著正相关，与年平均温度呈显著负相关（表 17-11），即从总体上来说，随着经度的增加（从中国西部到东部）、纬度的增加（从中国南部到北部）、年平均温度的下降，蒙古族男性头变圆、变高，鼻变阔。头宽高指数与经度呈显著负相关，与年平均温度呈显著正相关，即从总体上来说，随着经度的增加（从中国西部到东部）、纬度的增加（从中国南部到北部）、年平均温度的下降，蒙古族男性头变阔。形态面指数与经度呈显著负相关，与年平均温度呈显著正相关，即从总体上来说，随着经度的增加（从中国西部到东部）、年平均温度的下降，蒙古族男性面变阔。口指数与经度、年平均温度呈显著正相关，与纬度呈显著负相关，即从总体上来说，随着经度的增加（从中国西部到东部）、年平均温度的增加、纬度的下降（从中国北部到南部），蒙古族男性唇变高变短。随着经度的增大，蒙古族男性肩宽骨盆宽指数、坐高下身长指数、上下肢长指数、身体质量指数值都出现线性下降，即从西向东，蒙古族男性肩部变得更宽些，下身变得更长些，体重更小一些。随着纬度的增大（从中国南部到北部），男性肩宽骨盆宽指数、身体质量指数值都出现线性增大，而上下肢长指数值出现线性下降，即躯干下部变得更宽些，体重更重一些，下肢变得更长些。随着年平均温度的增大，男性身高坐高指数、肩宽骨盆宽指数、坐高下身长指数、身高下肢长指数、上下肢长指数值呈线性增大，而身高体重指数、身高胸围指数、身体质量指数值呈线性下降，即躯干变得更高一些，躯干下部变得更宽一些，上身变得更长一些，体重更轻一些，胸部变得更窄一些，身体变得更单薄一些。

表 17-11 蒙古族体质指数与经度、纬度、年平均温度、年龄的相关分析

指标	男性								女性							
	经度		纬度		年平均温度		年龄		经度		纬度		年平均温度		年龄	
	r	P	r	P	r	P	r	P	r	P	r	P	r	P	r	P
头长宽指数	0.240**	0.00	0.424**	0.00	−0.415**	0.00	−0.102**	0.00	0.177**	0.00	0.363**	0.00	−0.311**	0.00	−0.078**	0.00
头长高指数	0.062*	0.01	0.234**	0.00	−0.122**	0.00	−0.125**	0.00	0.116**	0.00	0.311**	0.00	−0.197**	0.00	−0.091**	0.00
头宽高指数	−0.098**	0.00	−0.029	0.20	0.144**	0.00	−0.068**	0.00	0.021	0.29	0.127**	0.00	−0.035	0.09	−0.050*	0.01
额顶宽度指数	−0.436**	0.00	−0.185**	0.00	0.255**	0.00	−0.105**	0.00	−0.344**	0.00	−0.179**	0.00	0.206**	0.00	−0.077**	0.00
容貌面指数	−0.418**	0.00	0.105**	0.00	0.059*	0.01	0.162**	0.00	−0.389**	0.00	0.106**	0.00	0.005	0.80	−0.003	0.89

续表

指标	男性 经度 r	P	纬度 r	P	年平均温度 r	P	年龄 r	P	女性 经度 r	P	纬度 r	P	年平均温度 r	P	年龄 r	P
形态面指数	−0.604**	0.00	0.019	0.40	0.142**	0.00	0.090**	0.00	−0.595**	0.00	−0.110**	0.00	0.120**	0.00	0.060**	0.00
头面宽指数	0.248**	0.00	−0.342**	0.00	0.277**	0.00	0.022	0.35	0.280**	0.00	−0.319**	0.00	0.258**	0.00	−0.061**	0.00
头面高指数	−0.360**	0.00	−0.140**	0.00	0.165**	0.00	0.148**	0.00	−0.395**	0.00	−0.254**	0.00	0.258**	0.00	0.067**	0.00
颧额宽指数	−0.554**	0.00	0.093**	0.00	−0.006	0.79	−0.092**	0.00	−0.522**	0.00	0.062**	0.00	0.005	0.80	0.027	0.17
鼻指数	0.069**	0.00	0.198**	0.00	−0.298**	0.00	0.065**	0.00	0.095**	0.00	0.252**	0.00	−0.314**	0.00	0.116**	0.00
口指数	0.076**	0.00	−0.217**	0.00	0.178**	0.00	−0.447**	0.00	0.133**	0.00	−0.165**	0.00	0.147**	0.00	−0.438**	0.00
容貌耳指数	0.042	0.07	0.019	0.41	−0.105**	0.00	−0.038	0.10	0.198**	0.00	−0.002	0.93	−0.024	0.23	0.016	0.43
身高坐高指数	−0.064*	0.01	−0.043	0.06	0.050*	0.03	−0.089**	0.00	0.012	0.54	0.040*	0.04	0.013	0.52	−0.108**	0.00
身高体重指数	−0.075**	0.00	0.322**	0.00	−0.278**	0.00	0.045	0.05	−0.044*	0.03	0.269**	0.00	−0.263**	0.00	0.183**	0.00
身高胸围指数	−0.052*	0.02	0.212**	0.00	−0.159**	0.00	0.275**	0.00	−0.097**	0.00	0.193**	0.00	−0.168**	0.00	0.345**	0.00
身高肩宽指数	0.012	0.61	0.102**	0.00	0.015	0.50	0.029	0.21	0.087**	0.00	0.257**	0.00	−0.129**	0.00	0.155**	0.00
身高骨盆宽指数	−0.238**	0.00	0.140**	0.00	0.065	0.50	0.348**	0.00	0.163**	0.00	0.170**	0.00	0.034	0.09	0.449**	0.00
身高躯干前高指数	0.109**	0.00	0.042	0.07	−0.095**	0.00	0.022	0.34	0.130**	0.00	0.022	0.26	−0.015	0.47	−0.026	0.19
肩宽骨盆宽指数	−0.255**	0.00	0.083**	0.00	0.061*	0.01	0.351**	0.00	−0.223**	0.00	0.028	0.17	0.116**	0.00	0.395**	0.00
马氏指数	0.062*	0.01	0.045	0.05	−0.051*	0.03	0.089**	0.00	−0.014	0.49	−0.039	0.05	−0.015	0.45	0.112**	0.00
坐高下身长指数	−0.066**	0.00	−0.042	0.07	0.048*	0.03	−0.089**	0.00	0.011	0.58	0.042*	0.04	0.011	0.58	−0.100**	0.00
Erismann 指数	−0.056*	0.02	0.221**	0.00	−0.168**	0.00	0.257**	0.00	−0.103**	0.00	0.198**	0.00	−0.173**	0.00	0.330**	0.00
Vervaeck 指数	−0.069**	0.00	0.294**	0.00	−0.244**	0.00	0.139**	0.00	−0.070**	0.00	0.248**	0.00	−0.233**	0.00	0.265**	0.00
Rohrer 指数	−0.243**	0.00	−0.174**	0.00	0.245**	0.00	0.157**	0.00	−0.180**	0.00	−0.149**	0.00	0.212**	0.00	0.197**	0.00
Broca 指数	−0.064*	0.01	0.274**	0.00	−0.225**	0.00	0.141**	0.00	−0.027	0.19	0.237**	0.00	−0.230**	0.00	0.290**	0.00
Livi 指数	−0.053*	0.02	0.262**	0.00	−0.205**	0.00	0.192**	0.00	−0.017	0.40	0.237**	0.00	−0.222**	0.00	0.330**	0.00
Pelidisi 指数	−0.025	0.28	0.281**	0.00	−0.227**	0.00	0.232**	0.00	−0.022	0.28	0.211**	0.00	−0.220**	0.00	0.367**	0.00
身高上肢长指数	−0.126**	0.00	−0.224**	0.00	0.227**	0.00	0.170**	0.00	−0.114**	0.00	−0.090**	0.00	0.107**	0.00	0.225**	0.00
身高下肢长指数	−0.015	0.51	−0.049*	0.03	0.048*	0.04	0.162**	0.00	0.013	0.53	0.121**	0.00	−0.089**	0.00	0.066**	0.00
上下肢长指数	−0.071**	0.00	−0.103**	0.00	0.110**	0.00	0.014	0.55	−0.120**	0.00	−0.015	0.00	0.144**	0.00	0.140**	0.00
身体质量指数	−0.068**	0.00	0.296**	0.00	−0.261**	0.00	0.117**	0.00	−0.031	0.12	0.257**	0.00	−0.250**	0.00	0.256**	0.00
上前臂长度指数	−0.100**	0.00	0.088**	0.00	−0.080**	0.00	−0.120**	0.00	−0.093**	0.00	0.069**	0.00	−0.116**	0.00	−0.014	0.48
前臂手长指数	−0.108**	0.00	−0.434**	0.00	0.267**	0.00	−0.263**	0.00	−0.006	0.77	0.454**	0.00	−0.196**	0.00	0.287**	0.00
大小腿长指数	0.125**	0.00	−0.118**	0.00	0.253**	0.00	−0.034	0.14	0.106**	0.00	−0.234**	0.00	0.278**	0.00	0.017	0.41
小腿足长指数	−0.135**	0.00	0.105**	0.00	0.059**	0.00	0.162**	0.00	−0.060**	0.00	0.457**	0.00	−0.244**	0.00	0.295**	0.00
足长宽指数	−0.059*	0.03	−0.059*	0.03	0.052	0.06	0.203**	0.00	−0.037	0.10	−0.090**	0.00	0.048*	0.04	0.128**	0.00
上下肢长指数 II	−0.034	0.16	−0.205**	0.00	0.168**	0.00	0.026	0.28	−0.129**	0.00	−0.225**	0.00	0.162**	0.00	0.074**	0.00
大腿上臂长度指数	0.152**	0.00	−0.179**	0.00	0.217**	0.00	0.013	0.58	0.050*	0.02	−0.234**	0.00	0.240**	0.00	0.060**	0.00
小腿前臂长度指数	−0.239**	0.00	−0.057*	0.01	−0.051*	0.03	−0.062*	0.01	−0.252**	0.00	−0.013	0.54	−0.092**	0.00	0.032	0.12
上臂长围指数	−0.185**	0.00	0.130**	0.00	−0.194**	0.00	−0.141	0.54	−0.114**	0.00	0.163**	0.00	−0.198**	0.00	0.071**	0.00
前臂长围指数	−0.057*	0.01	0.145**	0.00	−0.138**	0.00	0.014	0.54	−0.046*	0.02	0.103**	0.00	−0.090**	0.00	0.103**	0.00
臂围度指数	0.005	0.83	0.046	0.05	−0.038	0.11	−0.168**	0.00	0.075**	0.00	0.141**	0.00	−0.166**	0.00	−0.003	0.87
大腿长围指数	−0.028	0.20	0.282**	0.00	0.179	0.09	−0.044	0.06	−0.032	0.11	0.178**	0.00	−0.129**	0.00	0.069**	0.00
小腿长围指数	−0.091**	0.00	0.209**	0.00	−0.277**	0.00	−0.026	0.26	−0.109**	0.00	0.195**	0.00	−0.258**	0.00	0.059**	0.00

续表

指标	男性 经度 r	男性 经度 P	男性 纬度 r	男性 纬度 P	男性 年平均温度 r	男性 年平均温度 P	男性 年龄 r	男性 年龄 P	女性 经度 r	女性 经度 P	女性 纬度 r	女性 纬度 P	女性 年平均温度 r	女性 年平均温度 P	女性 年龄 r	女性 年龄 P
大小腿围度指数	−0.014	0.55	−0.322**	0.00	0.255**	0.00	−0.020	0.39	0.008	0.70	−0.297**	0.00	0.190**	0.00	−0.006	0.78
体质指数	0.085**	0.00	−0.313**	0.00	0.278**	0.00	−0.142**	0.00	0.091**	0.00	−0.254**	0.00	0.239**	0.00	−0.257**	0.00
鼻眶间指数	−0.084**	0.00	0.040	0.08	−0.015	0.53	−0.345**	0.00	−0.092**	0.00	0.073**	0.00	−0.080**	0.00	−0.306**	0.00
面鼻宽指数	−0.313**	0.00	0.087**	0.00	−0.069**	0.00	0.309**	0.00	−0.239**	0.00	0.054*	0.01	−0.009	0.66	0.318**	0.00
口裂鼻宽指数	0.188**	0.00	0.037	0.12	−0.070**	0.00	0.106**	0.00	0.229**	0.00	0.086**	0.00	−0.047*	0.03	0.115**	0.00
下颌角面宽指数	0.168**	0.00	−0.005	0.08	−0.022	0.35	−0.036	0.14	0.466**	0.00	0.041	0.05	−0.201	0.00	−0.146**	0.00

注：r 为相关系数，*为 $P<0.05$，**为 $P<0.01$，相关系数具有统计学意义

头长宽指数、头长高指数、头宽高指数、口指数与年龄呈显著负相关，形态面指数、鼻指数与年龄呈显著正相关，即从总体上来说，蒙古族男性老年人与年轻人相比，头更狭长、更低、更阔，口裂更细长，面更狭窄，鼻更阔。随着年龄增大，男性身高体重指数、身高胸围指数、肩宽骨盆宽指数、身高上肢长指数、身高下肢长指数、身体质量指数值呈线性增大，坐高下身长指数值呈线性下降，即身体变得更粗壮一些，躯干变得更宽一些，上、下肢变得更长一些，头相对狭长一些、低一些，体重更大一些，上身变得更短一些（表17-11）。

（二）女性

随着经度的增大（从中国西部到东部），蒙古族女性头宽高指数、身高坐高指数、坐高下身长指数、身高下肢长指数、身体质量指数值没有明显的变化，头长宽指数、头长高指数、鼻指数、口指数、身高肩宽指数、身高骨盆宽指数、肩宽骨盆宽指数值出现线性增大，形态面指数、身高胸围指数、身高上肢长指数值出现线性下降，即从西向东，蒙古族女性头更圆一些、更高一些，鼻更阔一些，唇更厚一些，躯干更宽一些，躯干下部更宽一些，脸更阔些，胸部更宽一些，上肢更长一些，

随着纬度的增大（从中国南部到北部），女性容貌耳指数、身高躯干前高指数、肩宽骨盆宽指数、马氏指数值没有明显变化，头长宽指数、头长高指数、头宽高指数、鼻指数、身高坐高指数、身高胸围指数、身高肩宽指数、身高骨盆宽指数值出现线性增大，形态面指数、口指数、身高上肢长指数值出现线性下降，即从南到北，女性头更圆一些、更高一些、更狭一些，鼻更阔一些，躯干更高一些，胸、肩、骨盆更宽一些，脸变得更狭一些，唇更薄一些，上肢更长一些。

随着年平均温度的增大，女性形态面指数、口指数、肩宽骨盆宽指数、身高上肢长指数、上下肢长指数值出现线性增大，头长宽指数、头长高指数、鼻指数、身高胸围指数、身高肩宽指数、身高下肢长指数值出现线性下降，即随着年平均温度的增大，女性脸变得更长一些，唇变得更厚一些，躯干下部变得更宽一些，上肢更长一些，头更狭一些、更高一些，鼻更狭窄一些，胸部、肩部更宽一些，下身变得更短一些。

随着年龄增大，女性形态面指数、鼻指数、身高胸围指数、身高肩宽指数、身高骨

盆宽指数、肩宽骨盆宽指数、身高上肢长指数、身高下肢长指数、上下肢长指数值出现线性增大，头长宽指数、头长高指数、头宽高指数、口指数、身高坐高指数、坐高下身长指数值呈线性下降，即随着年龄增大，脸变得更长一些，鼻更宽一些，胸、肩、骨盆更宽一些，躯干下部变得更宽一些，四肢变得更长一些，头变得更狭窄一些、更低一些，唇更薄一些，躯干变得更短一些（表 17-11）。

五、中国蒙古族血压、心率与经度、纬度、年平均温度、年龄的相关分析

蒙古族男性的收缩压、舒张压与经度、年龄呈显著正相关，与纬度、年平均温度相关不显著。即从西向东，蒙古族男性血压升高，随着年龄增长，血压升高。男性的心率与纬度呈显著正相关，而与经度、年平均温度、年龄相关不显著（表 17-12）。蒙古族女性的收缩压、舒张压与经度、年龄呈显著正相关，与纬度、年平均温度相关不显著。即从西向东，蒙古族女性血压升高，随着年龄增长，血压升高。女性的心率与经度呈显著正相关，而与纬度、年平均温度、年龄相关不显著（表 17-12）。

你要注意血压啦　　　　　　　　　　和土尔扈特部老人合影

表 17-12　蒙古族血压、心率与经度、纬度、年平均温度、年龄的相关分析

指标	男性 经度 r	男性 经度 P	男性 纬度 r	男性 纬度 P	男性 年平均温度 r	男性 年平均温度 P	男性 年龄 r	男性 年龄 P	女性 经度 r	女性 经度 P	女性 纬度 r	女性 纬度 P	女性 年平均温度 r	女性 年平均温度 P	女性 年龄 r	女性 年龄 P
收缩压	0.104**	0.00	0.022	0.50	0.055	0.09	0.333**	0.00	0.095**	0.00	0.012	0.67	0.051	0.06	0.467**	0.00
舒张压	0.093**	0.00	−0.003	0.94	0.016	0.63	0.225**	0.00	0.084**	0.00	−0.035	0.20	0.014	0.61	0.265**	0.00
心率	0.008	0.81	0.101**	0.00	−0.011	0.74	−0.015	0.64	0.059*	0.03	0.038	0.17	−0.039	0.16	0.017	0.55

注：r 为相关系数，**为 P<0.01，相关系数具有统计学意义

六、中国蒙古族体脂发育指标、指数与经度、纬度、年平均温度、年龄的相关分析

身体密度与体脂率有密切关系。由于脂肪的密度较小，因此体脂率大的人身体密度就小，反之，瘦的人身体密度就大一些。此外，应用身体密度值可以计算体脂率。身体

肥胖指数是最近由学者提出的评价身体肥胖程度的指标。

蒙古族男性脂肪质量与经度相关不显著，体脂率、脂肪质量指数与经度呈显著正相关，身体密度、身体肥胖指数、去脂质量、去脂质量指数与经度呈显著负相关。蒙古族男性除身体密度与纬度呈显著负相关外，身体肥胖指数、体脂率、脂肪质量、去脂质量、脂肪质量指数、去脂质量指数均与纬度呈显著正相关。而年平均温度与纬度正好相反，除身体密度与年平均温度呈显著正相关外，身体肥胖指数、体脂率、脂肪质量、去脂质量、脂肪质量指数、去脂质量指数均与年平均温度呈显著负相关。蒙古族男性身体密度、去脂质量、去脂质量指数与年龄呈显著负相关，身体肥胖指数、体脂率、脂肪质量、脂肪质量指数与年龄呈显著正相关（表17-13）。

表17-13　蒙古族体脂发育指标、指数与经度、纬度、年平均温度、年龄的相关分析

指标	男性 经度 r	男性 经度 P	男性 纬度 r	男性 纬度 P	男性 年平均温度 r	男性 年平均温度 P	男性 年龄 r	男性 年龄 P	女性 经度 r	女性 经度 P	女性 纬度 r	女性 纬度 P	女性 年平均温度 r	女性 年平均温度 P	女性 年龄 r	女性 年龄 P
身体密度	-0.064**	0.01	-0.362**	0.00	0.272**	0.00	-0.084**	0.00	-0.111**	0.00	-0.288**	0.00	0.152**	0.00	-0.202**	0.00
身体肥胖指数	-0.120**	0.00	0.303**	0.00	-0.308**	0.00	0.270**	0.00	-0.075**	0.00	0.301**	0.00	-0.335**	0.00	0.358**	0.00
体脂率	0.139**	0.00	0.399**	0.00	-0.314**	0.00	0.493**	0.00	0.127**	0.00	-0.043*	0.03	0.185**	0.00	0.516**	0.00
脂肪质量	0.043	0.06	0.380**	0.00	-0.322**	0.00	0.283**	0.00	0.019	0.35	0.164**	0.00	-0.099**	0.00	0.313**	0.00
去脂质量	-0.166**	0.00	0.233**	0.00	-0.237**	0.00	-0.265**	0.00	-0.112**	0.00	0.323**	0.00	-0.369**	0.00	-0.080**	0.00
脂肪质量指数	0.056*	0.01	0.365**	0.00	-0.302**	0.00	0.358**	0.00	0.039	0.05	0.149**	0.00	-0.081**	0.00	0.413**	0.00
去脂质量指数	-0.177**	0.00	0.168**	0.00	-0.168**	0.00	-0.148**	0.00	-0.092**	0.00	0.320**	0.00	-0.368**	0.00	0.071**	0.00

注：r 为相关系数，*为 $P<0.05$，**为 $P<0.01$，相关系数具有统计学意义

蒙古族女性脂肪质量、脂肪质量指数与经度相关不显著，体脂率与经度呈显著正相关，身体密度、身体肥胖指数、去脂质量、去脂质量指数与经度呈显著负相关。蒙古族女性除身体密度、体脂率与纬度呈显著负相关外，身体肥胖指数、脂肪质量、去脂质量、脂肪质量指数、去脂质量指数均与纬度呈显著正相关。而年平均温度与纬度正好相反，除身体密度、体脂率与年平均温度呈显著正相关外，身体肥胖指数、脂肪质量、去脂质量、脂肪质量指数、去脂质量指数均与年平均温度呈显著负相关。蒙古族女性身体密度、去脂质量与年龄呈显著负相关，身体肥胖指数、体脂率、脂肪质量、脂肪质量指数、去脂质量指数与年龄呈显著正相关（表17-13）。

第三节　中国蒙古族各个族群之间体质指标的方差分析

一、中国蒙古族各个族群头面部测量指标的方差分析

通过多个族群间指标值的方差分析，可以总体上判断族群间指标值的差异是否具有统计学意义。蒙古族13个族群间24项头面部测量指标值的差异均具有统计学意义（表17-14），这说明蒙古族内部各个族群的容貌特征还是不同的。

表 17-14　蒙古族各个族群之间头面部测量指标的方差分析

指标	男性 F	男性 P	女性 F	女性 P	指标	男性 F	男性 P	女性 F	女性 P
头长	57.5	0.000	107.3	0.000	形态面高	88.6	0.000	123.3	0.000
头宽	86.0	0.000	102.9	0.000	鼻高	30.6	0.000	76.6	0.000
额最小宽	39.2	0.000	74.2	0.000	鼻长	92.1	0.000	131.5	0.000
乳突间宽	15.6	0.000	23.6	0.000	鼻翼高	5.3	0.000	2.8	0.008
耳屏间宽	36.7	0.000	74.7	0.000	鼻下颏	16.4	0.000	30.8	0.000
面宽	142.3	0.000	179.0	0.000	上唇皮肤部高	76.5	0.000	92.8	0.000
下颌角间宽	38.8	0.000	53.2	0.000	唇高	17.7	0.000	25.1	0.000
眼内角间宽	25.8	0.000	31.5	0.000	红唇厚度	24.0	0.000	5.1	0.000
眼外角间宽	113.2	0.000	158.4	0.000	容貌耳长	48.7	0.000	70.8	0.000
鼻宽	28.8	0.000	21.8	0.000	容貌耳宽	78.8	0.000	87.9	0.000
口宽	32.1	0.000	42.5	0.000	头围	35.1	0.000	53.6	0.000
容貌面高	16.8	0.000	29.6	0.000	耳上头高	23.7	0.000	39.5	0.000

注：F 为蒙古族族群指标值间的方差分析值，$P<0.05$ 表示差异具有统计学意义

二、中国蒙古族各个族群体部指标的方差分析

13个族群28项体部指标值的差异也都具有统计学意义（表17-15），提示蒙古族族群间体部特征存在一定的不同。这些差异与各个族群遗传结构的不同有关，也与各个族群生活环境的差异有关，还与各个族群营养摄入、劳动强度、生产方式等多方面因素有关。

表 17-15　蒙古族各个族群之间体部指标的方差分析

指标	男性 F	男性 P	女性 F	女性 P	指标	男性 F	男性 P	女性 F	女性 P
体重	34.0	0.000	26.5	0.000	足长	6.8	0.000	7.4	0.000
身高	17.0	0.000	11.3	0.000	足宽	12.7	0.000	21.2	0.000
耳屏点高	17.3	0.000	11.4	0.000	手宽	97.7	0.000	97.6	0.000
颏下点高	6.3	0.000	5.8	0.000	肩宽	18.1	0.000	37.5	0.000
肩峰点高	14.7	0.000	81.0	0.000	骨盆宽	95.2	0.000	115.4	0.000
胸上点高	20.2	0.000	9.2	0.000	躯干前高	16.6	0.000	11.1	0.000
桡骨点高	19.0	0.000	9.6	0.000	上肢全长	290.2	0.000	744.2	0.000
茎突点高	19.9	0.000	10.3	0.000	下肢全长	37.4	0.000	37.8	0.000
髂前上棘高	32.6	0.000	33.9	0.000	全臂长	13.1	0.000	15.1	0.000
胫骨上点高	41.5	0.000	27.0	0.000	上臂长	13.6	0.000	9.2	0.000
内踝下点高	300.4	0.000	699.6	0.000	前臂长	16.4	0.000	21.4	0.000
坐高	15.1	0.000	13.6	0.000	全腿长	33.7	0.000	40.6	0.000
肱骨内外上髁间径	110.4	0.000	139.8	0.000	大腿长	99.3	0.000	89.5	0.000
股骨内外上髁间径	42.3	0.000	61.3	0.000	小腿长	56.5	0.000	39.3	0.000

注：F 为蒙古族族群指标值间的方差分析值，$P<0.05$ 表示差异具有统计学意义

三、中国蒙古族各个族群头面部观察指标平均级的方差分析

13 个族群 27 项头面部观察指标的方差分析显示,大多数指标平均级的差异具有统计学意义(表 17-16)。女性族群间眉弓粗壮度、上唇侧面观、卷舌、利手、扣手、美人沟平均级的差异无统计学意义,男性族群间上唇侧面观、尖舌、利手、扣手、拇指类型、美人沟平均级的差异无统计学意义。

表 17-16 蒙古族各个族群之间头面部观察指标平均级的方差分析

指标	男性 F	男性 P	女性 F	女性 P	指标	男性 F	男性 P	女性 F	女性 P
发形	2.5	0.023	5.8	0.017	鼻孔最大径	6.4	0.000	4.5	0.000
额头发际	25.9	0.000	9.2	0.000	颧部突出度	33.1	0.000	84.8	0.000
前额倾斜度	13.9	0.000	35.9	0.000	左耳垂	4.0	0.000	21.8	0.000
眉毛发达度	2.8	0.007	8.3	0.000	上唇侧面观	0.8	0.588	0.7	0.665
眉弓粗壮度	3.5	0.001	1.5	0.150	尖舌	1.2	0.309	3.4	0.001
右上眼睑皱褶	27.9	0.000	19.2	0.000	卷舌	3.1	0.002	1.9	0.057
左上眼睑皱褶	2.6	0.012	15.7	0.000	翻舌	4.0	0.000	23.0	0.000
右蒙古褶	4.6	0.000	47.3	0.000	利手	1.5	0.181	1.5	0.157
左蒙古褶	2.6	0.010	45.4	0.000	扣手	1.0	0.474	0.7	0.667
眼裂高度	4.4	0.000	3.1	0.001	交叉臂	2.1	0.038	2.1	0.043
眼裂倾斜度	47.4	0.000	45.2	0.000	拇指类型	1.7	0.090	7.8	0.000
鼻根高度	5.6	0.000	11.9	0.000	美人沟	0.3	0.817	1.4	0.224
鼻背侧面观	2.1	0.023	3.5	0.000	下颌类型	10.6	0.000	12.6	0.000
鼻基部	4.1	0.000	7.5	0.000					

注:F 为蒙古族族群平均级间的方差分析值,$P<0.05$ 表示差异具有统计学意义

四、中国蒙古族各个族群体质指数的方差分析

蒙古族 13 个族群间体质指标值的不同,会导致他们之间体质指数值也不同。方差分析显示,族群指数值之间的差异都具有统计学意义(表 17-17),反映了蒙古族不同族群之间体质指数值的区别。

测量东北三省蒙古族坐高和身体组成成分

蒙古包前合影

表 17-17　蒙古族各个族群之间体质指数的方差分析

指标	男性 F	男性 P	女性 F	女性 P	指标	男性 F	男性 P	女性 F	女性 P
头长宽指数	56.7	0.000	52.1	0.000	Livi 指数	22.2	0.000	15.6	0.000
头长高指数	45.3	0.000	68.8	0.000	Pelidisi 指数	23.5	0.000	15.1	0.000
头宽高指数	27.0	0.000	32.1	0.000	身高上肢长指数	669.4	0.000	104.6	0.000
额顶宽度指数	66.3	0.000	87.7	0.000	身高下肢长指数	64.8	0.000	88.3	0.000
容貌面指数	112.0	0.000	127.0	0.000	上下肢长指数	478.1	0.000	831.9	0.000
形态面指数	279.6	0.000	332.4	0.000	身体质量指数	27.7	0.000	20.0	0.000
头面宽指数	58.3	0.000	82.5	0.000	上前臂长度指数	45.3	0.000	14.4	0.000
头面高指数	56.6	0.000	88.7	0.000	前臂手长指数	27.0	0.000	40.1	0.000
颧额宽指数	152.2	0.000	220.6	0.000	大小腿长指数	112.0	0.000	113.0	0.000
鼻指数	69.3	0.000	75.0	0.000	小腿足长指数	279.6	0.000	111.1	0.000
口指数	16.1	0.000	22.3	0.000	足长宽指数	58.3	0.000	83.0	0.000
容貌耳指数	55.7	0.000	62.7	0.000	上下肢长指数II	56.6	0.000	78.7	0.000
身高坐高指数	4.7	0.000	11.7	0.000	大腿上臂长度指数	152.2	0.000	74.7	0.000
身高体重指数	32.2	0.000	24.0	0.000	小腿前臂长度指数	69.3	0.000	38.1	0.000
身高胸围指数	16.5	0.000	17.7	0.000	上臂长围指数	16.1	0.000	33.4	0.000
身高肩宽指数	15.0	0.000	35.3	0.000	前臂长围指数	55.7	0.000	6.4	0.000
身高骨盆宽指数	109.6	0.000	108.4	0.000	臂围度指数	4.6	0.000	13.8	0.000
身高躯干前高指数	8.6	0.000	12.5	0.000	大腿长围指数	32.2	0.000	39.7	0.000
肩宽骨盆宽指数	64.9	0.000	66.1	0.000	小腿长围指数	16.5	0.000	51.2	0.000
马氏指数	4.6	0.000	11.8	0.000	大小腿围度指数	15.0	0.000	68.1	0.000
坐高下身长指数	4.6	0.000	11.2	0.000	体质指数	109.5	0.000	24.0	0.000
Erismann 指数	17.7	0.000	19.2	0.000	鼻眶间指数	8.6	0.000	28.1	0.000
Vervaeck 指数	27.5	0.000	22.0	0.000	面鼻宽指数	64.9	0.000	29.0	0.000
Rohrer 指数	657.4	0.000	559.5	0.000	口裂鼻宽指数	4.6	0.000	70.7	0.000
Broca 指数	23.4	0.000	16.3	0.000	下颌角面宽指数	4.6	0.000	234.7	0.000

注：F 为蒙古族族群指数值间的方差分析值，$P<0.05$ 表示差异具有统计学意义

五、中国蒙古族各个族群体脂发育指标、指数的方差分析

蒙古族 13 个族群之间 7 项与体脂有关的指标、指数值的差异也具有统计学意义（表 17-18）。

表 17-18　蒙古族各个族群之间体脂发育指标、指数的方差分析

指标	男性 F	男性 P	女性 F	女性 P	指标	男性 F	男性 P	女性 F	女性 P
身体密度	27.5	0.000	80.5	0.000	去脂质量	28.7	0.000	50.8	0.000
身体肥胖指数	38.2	0.000	38.1	0.000	脂肪质量指数	45.5	0.000	19.6	0.000
体脂率	73.1	0.000	77.3	0.000	去脂质量指数	22.8	0.000	47.9	0.000
脂肪质量	47.1	0.000	23.7	0.000					

注：F 为蒙古族族群指标值间的方差分析值，$P<0.05$ 表示差异具有统计学意义

第四节　中国蒙古族年龄组间体质数据的方差分析

一、中国蒙古族三个年龄组测量指标的方差分析

（一）中国蒙古族三个年龄组头面部测量指标的方差分析

蒙古族男性、女性的头长、形态面高、鼻翼高，男性的鼻下颏长，女性的头宽3个年龄组之间的差异不具有统计学意义，其余绝大多数指标值各年龄组间的差异都具有统计学意义（表17-19）。

表 17-19　蒙古族三个年龄组之间头面部测量指标的方差分析

指标	男性 F	男性 P	女性 F	女性 P	指标	男性 F	男性 P	女性 F	女性 P
头长	1.10	0.350	1.3	0.271	形态面高	2.5	0.084	2.4	0.090
头宽	12.6	0.000	1.6	0.202	鼻高	9.6	0.000	7.1	0.001
额最小宽	48.5	0.000	24.3	0.000	鼻长	35.1	0.000	11.5	0.000
乳突间宽	29.5	0.000	24.8	0.000	鼻翼高	2.8	0.062	1.9	0.148
耳屏间宽	15.3	0.000	9.1	0.000	鼻下颏长	0.9	0.413	15.0	0.000
面宽	6.3	0.002	13.4	0.000	上唇皮肤部高	118.8	0.000	216.1	0.000
下颌角间宽	4.6	0.010	6.0	0.003	唇高	171.1	0.000	202.5	0.000
眼内角间宽	41.5	0.000	26.5	0.000	红唇厚度	132.8	0.000	160.3	0.000
眼外角间宽	23.0	0.000	61.1	0.000	容貌耳长	107.8	0.000	164.7	0.000
鼻宽	71.7	0.000	80.3	0.000	容貌耳宽	39.7	0.000	116.7	0.000
口宽	16.6	0.000	12.3	0.000	头围	11.8	0.000	13.0	0.000
容貌面高	8.9	0.000	23.9	0.000	耳上头高	14.1	0.000	5.8	0.003

注：F 为蒙古族年龄组指标值间的方差分析值，$P<0.05$ 表示差异具有统计学意义

（二）中国蒙古族三个年龄组体部指标值的方差分析

蒙古族三个年龄组绝大多数指标值之间的差异都具有统计学意义。男性3个年龄组间股骨内外上髁间径、手宽、全腿长、大腿长值的差异无统计学意义，女性3个年龄组间上肢全长值的差异无统计学意义（表17-20）。

表 17-20　蒙古族合计资料三个年龄组体部指标值之间的方差分析

指标	男性 F	男性 P	女性 F	女性 P	指标	男性 F	男性 P	女性 F	女性 P
体重	6.3	0.002	66.6	0.000	足长	12.6	0.000	3.1	0.044
身高	69.1	0.000	134.2	0.000	足宽	4.1	0.016	12.8	0.000
耳屏点高	63.3	0.000	134.1	0.000	手宽	0.9	0.407	41.0	0.000
颏下点高	61.8	0.000	108.7	0.000	肩宽	32.0	0.000	47.0	0.000
肩峰点高	32.5	0.000	95.7	0.000	骨盆宽	25.9	0.000	87.1	0.000

续表

指标	男性 F	男性 P	女性 F	女性 P	指标	男性 F	男性 P	女性 F	女性 P
胸上点高	37.4	0.000	86.0	0.000	躯干前高	27.2	0.000	76.5	0.000
桡骨点高	48.9	0.000	122.2	0.000	上肢全长	8.4	0.000	0.2	0.838
茎突点高	35.8	0.000	126.1	0.000	下肢全长	3.9	0.020	60.6	0.000
髂前上棘高	8.4	0.000	68.8	0.000	全臂长	8.9	0.000	11.1	0.000
胫骨上点高	23.3	0.000	52.1	0.000	上臂长	3.3	0.037	4.2	0.015
内踝下点高	45.7	0.000	43.0	0.000	前臂长	19.7	0.000	7.1	0.001
坐高	94.2	0.000	178.1	0.000	全腿长	2.9	0.054	53.7	0.000
肱骨内外上髁间径	27.6	0.000	67.5	0.000	大腿长	0.0	0.984	31.8	0.000
股骨内外上髁间径	0.3	0.746	11.4	0.000	小腿长	7.3	0.001	26.4	0.000

注：F 为蒙古族年龄组指标值间的方差分析值，$P<0.05$ 表示差异具有统计学意义

二、中国蒙古族三个年龄组头面部观察指标分级的方差分析

三个年龄组之间有一部分头面部观察指标平均级的差异不具有统计学意义，如男性的发形、眼裂高度、鼻根高度、鼻背侧面观、耳尖、鼻孔最大径、尖舌、翻舌、利手、扣手、叠臂、拇指类型、美人沟，又如女性的眉弓粗壮度、鼻根高度、鼻背侧面观、颧部突出度、耳尖、利手、叠臂、鼻基部、美人沟。但多数指标平均级在三个年龄组值之间的差异具有统计学意义（表17-21）。

表17-21 蒙古族三个年龄组之间观察指标平均级的方差分析

指标	男性 F	男性 P	女性 F	女性 P	指标	男性 F	男性 P	女性 F	女性 P
上唇侧面观	10.4	0.000	6.3	0.002	发形	2.9	0.057	4.3	0.013
额头发际	3.3	0.039	3.9	0.019	耳尖	0.1	0.931	1.9	0.152
前额倾斜度	4.1	0.017	27.2	0.000	右耳垂	17.8	0.000	7.8	0.000
眉毛发达度	34.4	0.000	8.7	0.000	左耳垂	8.2	0.000	3.3	0.036
眉弓粗壮度	23.4	0.000	0.6	0.576	尖舌	2.0	0.129	12.8	0.000
右上眼睑皱褶	6.8	0.001	20.7	0.000	卷舌	8.3	0.000	6.1	0.002
左上眼睑皱褶	4.6	0.010	25.1	0.000	翻舌	2.2	0.115	15.6	0.000
右蒙古褶	178.4	0.000	130.2	0.000	利手	1.9	0.158	0.3	0.739
左蒙古褶	174.3	0.000	95.9	0.000	扣手	2.3	0.099	7.6	0.001
眼裂高度	1.0	0.376	47.1	0.000	叠臂	1.6	0.210	0.1	0.918
眼裂倾斜度	16.0	0.000	14.2	0.000	拇指类型	0.8	0.461	3.2	0.039
鼻根高度	0.3	0.712	1.4	0.241	美人沟	0.4	0.650	0.7	0.502
鼻背侧面观	1.1	0.318	1.3	0.273	下颏	20.0	0.000	4.6	0.010
鼻孔最大径	2.8	0.059	18.2	0.000	红唇厚度	17.2	0.000	53.7	0.000
上唇皮肤部高	51.7	0.000	11.9	0.000	鼻基部	8.4	0.000	0.5	0.580
颧部突出度	1.4	0.253	1.9	0.154	鼻翼宽	22.0	0.000	47.4	0.000

注：F 为蒙古族年龄组平均级间的方差分析值，$P<0.05$ 表示差异具有统计学意义

三、中国蒙古族三个年龄组体质指数的方差分析

蒙古族大多数体质指数值三个年龄组之间的差异具有统计学意义。男性的头宽高指数、头面宽指数、容貌耳指数、身高肩宽指数、身高躯干前高指数、前臂手长指数、足长宽指数、前臂长围指数、大小腿围度指数、鼻眶间指数值三个年龄组之间的差异无统计学意义。女性的容貌面指数、形态面指数、颧额宽指数、容貌耳指数、上前臂长度指数、大小腿长指数、小腿前臂长度指数值三个年龄组之间的差异无统计学意义（表 17-22）。

表 17-22 蒙古族三个年龄组之间体质指数的方差分析

指标	男性 F	男性 P	女性 F	女性 P	指标	男性 F	男性 P	女性 F	女性 P
头长宽指数	6.0	0.002	4.2	0.015	Livi 指数	28.9	0.000	151.3	0.000
头长高指数	8.6	0.000	6.7	0.001	Pelidisi 指数	43.0	0.000	166.1	0.000
头宽高指数	2.7	0.065	4.5	0.011	身高上肢长指数	25.0	0.000	25.4	0.000
额顶宽度指数	15.8	0.000	12.4	0.000	身高下肢长指数	43.3	0.000	6.6	0.001
容貌面指数	14.5	0.000	2.6	0.077	上下肢长指数	7.6	0.001	56.5	0.000
形态面指数	3.2	0.043	1.3	0.267	身体质量指数	13.7	0.000	112.9	0.000
头面宽指数	2.1	0.121	10.2	0.000	上前臂长度指数	8.7	0.000	0.1	0.864
头面高指数	12.3	0.000	5.2	0.005	前臂手长指数	2.7	0.067	78.9	0.000
颧额宽指数	12.4	0.000	2.9	0.058	大小腿长指数	14.6	0.000	2.9	0.056
鼻指数	8.0	0.000	15.2	0.000	小腿足长指数	3.3	0.038	84.2	0.000
口指数	186.7	0.000	211.8	0.000	足长宽指数	2.1	0.122	83.1	0.000
容貌耳指数	1.7	0.176	2.7	0.070	上下肢长指数II	12.5	0.000	16.0	0.000
身高坐高指数	10.6	0.000	23.3	0.000	大腿上臂长度指数	12.3	0.000	10.8	0.000
身高体重指数	6.8	0.001	86.0	0.000	小腿前臂长度指数	7.9	0.000	2.4	0.090
身高胸围指数	58.1	0.000	156.1	0.000	上臂长围指数	187.8	0.000	53.1	0.000
身高肩宽指数	1.6	0.211	39.4	0.000	前臂长围指数	1.8	0.164	27.9	0.000
身高骨盆宽指数	84.8	0.000	205.7	0.000	臂围度指数	10.6	0.000	31.5	0.000
身高躯干前高指数	0.7	0.514	11.9	0.000	大腿长围指数	6.9	0.001	25.5	0.000
肩宽骨盆宽指数	90.0	0.000	144.8	0.000	小腿长围指数	58.8	0.000	18.2	0.000
马氏指数	10.5	0.000	25.1	0.000	大小腿围度指数	1.5	0.215	11.1	0.000
坐高下身长指数	10.5	0.000	20.1	0.000	体质指数	85.3	0.000	94.7	0.000
Erismann 指数	51.4	0.000	147.8	0.000	鼻眶间指数	0.7	0.510	85.6	0.000
Vervaeck 指数	18.0	0.000	117.9	0.000	面鼻宽指数	90.6	0.000	94.3	0.000
Rohrer 指数	14.2	0.000	37.5	0.000	口裂鼻宽指数	10.5	0.000	16.2	0.000
Broca 指数	18.0	0.000	129.6	0.000	下颌角面宽指数	10.5	0.000	13.5	0.000

注：F 为蒙古族年龄组指标值间的方差分析值，$P<0.05$ 表示差异具有统计学意义

四、中国蒙古族三个年龄组体脂发育指标、指数的方差分析

蒙古族男性 7 项体质发育指标、指数值三个年龄组之间的差异具有统计学意义。女

性亦然（表17-23）。方差分析的结果与体脂发育指标、指数和年龄呈显著相关的结论是一致的。这说明在不同年龄时期内分泌水平变化的情况下，蒙古族与肥胖、体脂有关的指标、指数值也在变化，而且是有规律的线性变化。

表 17-23　蒙古族三个年龄组之间体脂发育指标、指数的方差分析

指标	男性 F	男性 P	女性 F	女性 P	指标	男性 F	男性 P	女性 F	女性 P
身体密度	6.3	0.002	79.1	0.000	去脂质量	68.2	0.000	42.3	0.000
身体肥胖指数	58.8	0.000	158.9	0.000	脂肪质量指数	129.3	0.000	273.9	0.000
体脂率	271.1	0.000	418.8	0.000	去脂质量指数	27.9	0.000	26.6	0.000
脂肪质量	84.8	0.000	188.2	0.000					

注：F 为蒙古族年龄组指标值间的方差分析值，$P<0.05$ 表示差异具有统计学意义

参 考 文 献

[1] 雅·雅·罗金斯基, 马·格·列文. 人类学. 王培英, 汪连庆, 史庆礼, 贺国安译. 北京: 警官教育出版社, 1993: 65-66, 73-75.

[2] Fernandez-Real JM, Ricart W. Insulin resistance and chronic cardiovascular inflammatory syndrome. Endocr Rev, 2003, 24: 278-301.

[3] Yusuf S, Hawken S, Ounpuu S, et al. Obesity and the risk of myocardial infarction in 27,000 participants from 52 countries: a case-control study. Lancet, 2005, 366: 1640-1649.

[4] Manco M, Fernandez-Real JM, Equitani F, et al. Effect of massive weight loss on inflammatory adipocytokines and the innate immune system in morbidly obese women. J Clin Endocrinol Metab, 2007, 92: 483-490.

[5] Beall CM, Goldstein MC. High prevalence of excess fat and central fat patterning among Mongolian pastoral nomads. Am J Hum Biol, 1992, 4: 747-756.

[6] Gabrielsson BG, Johansson JM, Lonn M, et al. High expression of complement components in omental adipose tissue in obese men. Obes Res, 2003, 11: 699-708.

[7] Ruff C. Variation in human body size and shape. Ann Rev Anthropol, 2002, 31: 211-232.

[8] 季林丹, 徐进, 张亚平. 人类群体环境适应性进化研究进展. 科学通报, 2012, 57: 112-119.

[9] 林琬生, 胡承康. 中国青年生长发育环境差异的研究. 人类学学报, 1990, 9(2): 152-159.

[10] 季成叶. 农村青年学生生长发育的环境差异. 中国校医, 1991, 5(3): 125.

[11] 马立广, 曹彦荣, 徐玖瑾, 等. 中国102个人群的身高与地理环境相关性研究. 人类学学报, 2008, 27(3): 223-231.

[12] 席焕久. 新编老年医学. 北京: 人民卫生出版社, 2001: 45-46.

[13] 吴汝康, 吴新智, 张振标. 海南岛少数民族人类学考察. 北京: 海洋出版社, 1993: 31-32.

[14] 郑连斌, 陆舜华, 赵晓光, 等. 宁夏回族体质特征的年龄变化. 内蒙古师大学报(自然科学汉文版), 1997, 20: 66-71.

[15] 陈廷瑜, 余家树, 钟山, 等. 中国土家族人群头面部软组织厚度的测量. 中国法医学杂志, 2005, 20: 213-215.

[16] 田金源, 宇克莉, 郑连斌, 等. 河北汉族群体头面部形态特征的年龄变化. 天津师范大学学报(自然科学版), 2015, (1): 75-80.

[17] Reddy BM, PferrerA, Crawford MH, et al. Population substructure and patterns of quantitative variation among the Gollas of southern Andhra PradeshIndia. Human Biology, 2001, 73(2): 291-306.